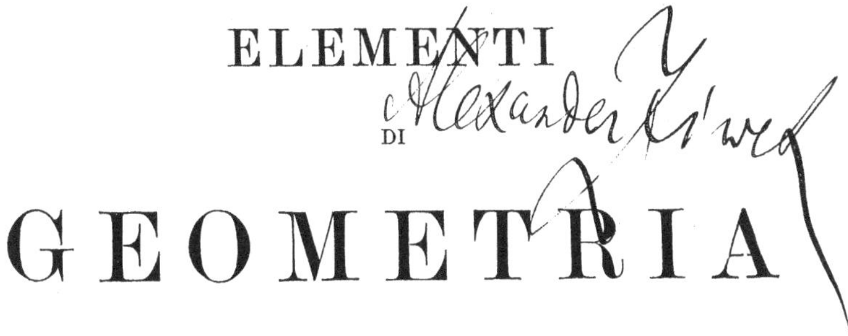

ELEMENTI DI GEOMETRIA

PER

RICCARDO DE PAOLIS

Prof. di Geometria superiore nella R. Università di Pisa.

« Si la difficulté de faire de bons éléments,
« dans quelque science que ce soit, est
« très grande, il y a plusieurs raisons qui
« l'augmentent encore à l'égard de ceux
« de la Géométrie ».

(Lacroix, *Essais sur l'enseignement en général, et sur celui des mathématiques en particulier*).

TORINO
ERMANNO LOESCHER
FIRENZE — ROMA
Via Tornabuoni, 20 — Via del Corso, 307
1884

Torino — VINCENZO BONA Tip. di S. M. e dei RR. Principi.

PREFAZIONE

Scrivendo questi *Elementi* mi proposi un doppio scopo: abbandonare l'antica separazione della Geometria piana dalla solida, tentare di stabilire rigorosamente le verità fondamentali della Geometria e le teorie dell'equivalenza, dei limiti, della misura. È naturale che io dovessi sempre cercare il rigore scientifico, ed apparirà dalle seguenti considerazioni perchè volli fondere la Geometria piana colla solida.

Esiste molta analogia tra certe figure del piano e certe figure dello spazio, studiandole separatamente rinunziamo a conoscere tutte le cose che questa analogia ci insegna, e cadiamo volontariamente in ripetizioni inutili. Di più obbligandoci a cercare le proprietà di una linea o di una superficie, senza potere utilizzare gli enti geometrici posti fuori della linea o della superficie stessa, limitiamo le forze di cui possiamo disporre, e rinunziamo spontaneamente a materiali geometrici coi quali si potrebbero semplificare le costruzioni e le dimostrazioni. Infatti, come si può costruire il punto medio di un dato segmento senza uscire dal segmento stesso? Adoperando enti geometrici di un piano che lo contenga la costruzione è nota e semplicissima. Come si può costruire un triangolo isoscele che abbia ciascuno dei due angoli uguali doppio del rimanente, senza uscire dal suo piano e senza applicare la teoria dell'equivalenza o delle proporzioni? Il triangolo si costruisce facilmente, e senza applicare la teoria dell'equivalenza o delle proporzioni, se adoperiamo enti geometrici posti fuori del suo piano (pag. 92). Potrei portare altri esempî per far vedere sempre più quanta semplificazione si può introdurre, nelle dimostrazioni e nelle costruzioni, studiando insieme le figure piane e le solide, e se molti di questi esempî finora non si sono presentati, nella Geometria elementare, è proprio l'antica e costante divisione che ha impedito di scoprirli.

Non si obbietti poi che per i principianti sia più facile concepire un angolo che un diedro, un triangolo che un triedro; è perchè si costringe la mente degli allievi a pensare e disegnare solamente figure piane nei primi anni dei loro studi geometrici, se trovano in seguito difficoltà, quando sono costretti a pensare e disegnare figure solide.

RICCARDO DE PAOLIS.

Roma, 12 Agosto 1884.

INDICE

LIBRO I.

Le verità fondamentali della Geometria.

LIBRO II.

Le figure geometriche fondamentali.

LIBRO III.

I circoli, le superficie cilindriche e coniche, le sfere.

LIBRO IV.

Teoria dell' equivalenza.

LIBRO V.

Teoria delle proporzioni.

LIBRO VI.

Teoria della misura.

NOZIONI PRELIMINARI (N. 1).

Si dice *proprietà* di una *cosa,* ogni verità, che si concepisce considerandola.

Si dice *rapporto* tra più cose, ogni verità concepita considerandole insieme.

Dalla natura intima delle cose discendono dei rapporti, *necessarî ed immutabili,* che si chiamano *leggi.*

I rapporti che legano una cosa ad altre cose cognite, necessarî e sufficienti per fissarne la natura, costituiscono la *definizione* della cosa.

Per definire una cosa bisogna fissare i rapporti che ha con altre, quindi non tutte le cose possono essere definite (N II).

DEFINIZIONI

1ª *Dedurre* significa partire da rapporti cogniti e giungere a nuovi rapporti, che ne siano *conseguenze.*

2ª *Ridurre* significa riportare la conoscenza di un rapporto a quella di altri, che lo diano come conseguenza (N. III).

3ª Una cosa si dice *data,* quando è rigorosamente determinata la sua natura, sia con una definizione, se può riportarsi completamente ad altre cose cognite, sia convenendo di concederle proprietà sufficienti per dedurne col ragionamento tutte le altre.

4ª La *scienza* di una data cosa è il complesso di tutte le sue proprietà.

5ª Le proprietà di una data cosa vengono espresse per mezzo di *proposizioni,* il cui enunciato è composto di due parti: l'*ipotesi,* cioè l'insieme delle verità supposte, e la *tesi,* cioè l'insieme delle verità che se ne deducono.

6ª Due proposizioni si dicono *inverse*, quando ciascuna si deduce dall'altra scambiando l'ipotesi e la tesi; *reciproche*, quando ciascuna è conseguenza dell'altra; *incompatibili*, quando non possono essere vere contemporaneamente; *contradittorie*, quando ciascuna è la negazione dell'altra (N. IV).

7ª Le proposizioni che è impossibile non ammettere, essendo *evidenti* per se stesse, si dicono *assiomi;* quelle che conveniamo di ammettere, affinchè una certa cosa sia data, si dicono *postulati;* quelle che si deducono come conseguenze necessarie degli assiomi e dei postulati, si dicono *teoremi* (N. V).

8ª La *dimostrazione* di un teorema è il ragionamento, che si fa per dedurre la tesi dalla ipotesi.

9ª Le conseguenze immediate, che si possono dedurre da una o più proposizioni, si chiamano *corollarî* (N. VI).

10ª *Risolvere* un *problema* significa dare una o più cose, *soluzioni* del problema, quando si conoscano i rapporti che debbono avere con altre cose cognite, *dati* del problema.

11ª Un problema è *determinato*, se ammette un numero finito di soluzioni, se ne ammette infinite è *indeterminato*, se non ne ammette alcuna è *impossibile.*

12ª Se un problema determinato ammette 1, 2, 3... soluzioni, dicesi di 1º, 2º, 3º... *grado.*

13ª Due problemi, necessariamente dello stesso grado, si dicono *reciproci*, quando le soluzioni di uno dànno tutte le soluzioni dell'altro, e viceversa (N. VII).

I varî metodi escogitati per guidare nella ricerca e nella dimostrazione dei teoremi, come pure nella risoluzione dei problemi, si riducono ai tre seguenti:

1º **Analisi.** — Il metodo analitico, per la dimostrazione di un teorema, consiste nel trovarne un secondo, di cui il primo sia conseguenza, poi un terzo, di cui sia conseguenza il secondo, e così di seguito, finchè si giunga ad una proposizione già stabilita, dalla cui verità discende naturalmente la dimostrazione del teorema dato.

Il metodo analitico è essenzialmente di riduzione.

La scelta dei successivi teoremi è arbitraria, purchè da ciascuno si deduca il precedente: ne segue che il metodo analitico è semplicemente un aiuto, potendo accadere, secondo la maggiore o minore attitudine individuale, che venga indefinitamente prolungata la catena dei successivi teoremi, senza riuscire a ridurre quello dato a dipendere da una proposizione stabilita.

Ordinariamente, invece di cercare un teorema di cui sia conseguenza quello dato, è più facile trovarne un secondo conseguenza del primo, poi un terzo conseguenza del secondo, e così di seguito. Se questi teoremi sono *successivamente reciproci due a due,* giungendo ad una proposizione stabilita, veniamo a dimostrare il teorema dato.

Il metodo analitico, per risolvere un problema, consiste nel trovare un secondo problema reciproco del primo, poi un terzo reciproco del secondo, e così di seguito, fino a che si giunga ad un problema che sappiamo risolvere; allora tutte le sue soluzioni ci danno tutte le soluzioni del problema proposto.

Se invece di essere reciproci due problemi consecutivi, tutte le soluzioni di uno qualunque fornissero soluzioni del precedente, si avrebbero soluzioni del problema dato, ma potrebbe darsi che non fossero tutte. Se poi le soluzioni di un problema qualunque fornissero soluzioni del seguente, arrivati ad un problema risoluto, si avrebbero soluzioni, che darebbero tutte quelle del problema proposto, ma ce ne potrebbero essere anche delle intruse. Infine può darsi, in questi due ultimi casi, che si perdano soluzioni del problema dato e se ne acquistino delle estranee (N. VIII).

2° **Sintesi.** — Il metodo sintetico, per la dimostrazione di un teorema, consiste nel partire da una proposizione già stabilita e dedurne una seconda, da questa una terza, e così di seguito, finchè si giunga al teorema proposto, che allora rimane dimostrato.

Il metodo sintetico è essenzialmente di deduzione.

Conoscendo una dimostrazione analitica di un teorema, se ne può avere una sintetica rovesciando l'ordine delle considerazioni.

Il metodo sintetico, per la risoluzione di un problema, consiste nel partire da un primo problema e dedurre dalla sua risoluzione quella di un secondo, da questa quella di un terzo, e così di seguito, finchè si arrivi alla risoluzione del problema proposto.

Nel metodo sintetico la maggior difficoltà consiste nella scelta del punto di partenza. Non si può fissare a capriccio, perchè probabilmente si farebbe una infinità di tentativi inutili. In una ricerca bisogna dunque intuire un certo legame, sia pure vago, tra la proposizione da cui si parte e quella a cui si vuol giungere; ed allora si viene, più o meno latentemente, a seguire il metodo analitico.

In generale nella ricerca delle proprietà di una cosa è da preferire il metodo analitico, perchè offre un punto di partenza sicuro; quando invece le proprietà sono trovate, trattandosi di dimostrarle, è preferibile il metodo sintetico, poichè la sintesi ha il vantaggio di farci vedere come da una proprietà semplice, che piano piano si feconda, nasce la proprietà che si vuole dimostrare. Durante la dimostrazione di una proprietà assistiamo al suo sviluppo, rimanendo pienamente soddisfatti della sua maniera di essere, dopo di aver veduto perchè la proposizione è così e non altrimenti (N. IX).

3° **Riduzione all'assurdo.** — Date due proporzioni contraddittorie, dalla verità di una consegue necessariamente la falsità dell'altra, e viceversa. Una proposizione resta dunque stabilita, quando si provi falsa la sua contraddittoria. In ciò consiste un metodo di dimostrazione rigoroso, ma che deve essere ordinariamente evitato, preferendo i metodi antecedenti, che non sono così artificiosi ed indiretti, che convincono ed illuminano. Alcune volte però la riduzione all'assurdo, e per la dimostrazione delle proprietà reciproche specialmente, si presenta come un metodo semplice e breve; non riteniamo quindi che questo metodo debba essere completamente escluso (N. X).

ABBREVIAZIONI

D.	Definizione.	*T.*	Teorema.
A.	Assioma.	*C.*	Corollario.
P.	Postulato.	*Np.*	Nozioni preliminari.
Pr.	Problema.	*N.*	Nota.

ELEMENTI DI GEOMETRIA

Che cosa è la Geometria?

1. Considerando i corpi circostanti, nasce spontaneamente in noi il concetto della *estensione,* alla quale non sappiamo concepire un limite assegnato, quantunque tutti i corpi ci si manifestino terminati. Esprimiamo, così dicendo, che i corpi sono immersi in uno *spazio* non interrotto, *illimitato* (N. XI).

2. Definizione.— La *Geometria* è la scienza della estensione (N. XII).

Una cosa deve essere *data*, onde sia possibile fondarne la scienza. Trattandosi della Geometria, e non potendo definirne l'estensione, siamo costretti ad ammettere un sistema di postulati conformi ai risultati della esperienza ripetuta (N. XIII).

3. Noi daremo sempre un carattere generale alle verità dedotte dall'osservazione, benchè questa sia possibile solo dentro limiti assegnati, e ciò equivale a ritenere lo spazio *omogeneo,* ossia ugualmente costituito ed accessibile in ogni sua parte. Così, mentre guidati dalla esperienza riconosciamo che certi corpi (solidi) non vengono *deformati,* quando si movono, ossia ci producono le stesse impressioni, qualunque posto occupino nello spazio, generalizziamo dicendo:

In tutto lo spazio è possibile il movimento di certi corpi (solidi), senza *deformazione* (N. XIV).

LIBRO I.

LE VERITÀ FONDAMENTALI DELLA GEOMETRIA

I. Le figure geometriche ed i loro elementi.

4. Fissando l'attenzione sopra un dato corpo, ci formiamo l'idea di una porzione di spazio da esso occupata, la quale si chiama *solido.* Considerando due parti consecutive di un solido, arriviamo a formarci l'idea astratta di un limite che le separa, il quale si chiama *superficie:* analogamente nasce l'idea di un limite che separa due parti consecutive di una superficie, il quale si chiama *linea,* e di un limite che separa due parti consecutive di una linea, il quale si chiama *punto.*

5. Possiamo immaginare in un solido innumerevoli superficie, linee e punti; sopra una superficie innumerevoli linee e punti; sopra una linea innumerevoli punti.

Così possiamo immaginare innumerevoli superficie, che abbiano comuni una o più linee, innumerevoli linee e superficie, che abbiano comuni uno o più punti.

6. Definizione. — *Figura* è un complesso qualunque di solidi, superficie, linee e punti, che si chiamano i suoi *elementi.*

Rappresenteremo le figure con un disegno composto da immagini *materiali,* atte a dipingere la forma e la posizione relativa dei loro elementi; per distinguerli basta indicare i punti, le linee e le superficie, rispettivamente coi simboli A, B, C,...; *a, b, c*,...; α, β, γ,...

7. Una superficie rispetto allo spazio possiede due *lati;* lo stesso dicasi rispetto ad una superficie per ogni sua linea, che non la limita, e rispetto ad una linea per ogni suo punto, che non la limita.

8. La più semplice tra le linee è la *retta,* tra le superficie è il *piano.* Tutti hanno un concetto esatto della loro forma e delle loro prime proprietà, rivelate continuamente dai sensi, e ripetutamente verificate colla esperienza. La retta ed il piano non si possono definire, senza supporre la nozione di altre linee e superficie meno semplici; perciò domanderemo la concessione delle loro proprietà più ovvie, necessarie e sufficienti per individuarle (N. XV).

Definizioni. — 1ª I punti, le rette ed i piani, si dicono gli *elementi fondamentali* dello spazio.

2ª Una figura si dice *fondamentale,* quando sono fondamentali tutti i suoi elementi.

9. Come noi passiamo dall'idea concreta dei corpi (solidi) a quella astratta delle figure geometriche, così possiamo passare dal concetto del loro movimento a quello astratto del movimento geometrico delle figure, ammettendo i seguenti fatti:

Postulato I.

1° In tutto lo spazio è possibile il movimento delle figure geometriche, e senza deformazione.

2° Una figura si può movere tenendo fisso uno dei suoi punti.

3° Una figura si può movere tenendo fissi tutti i suoi punti situati sopra una stessa retta.

4° Per fissare una figura è necessario e sufficiente fissare tre dei suoi punti, non situati sopra una stessa retta (N. XVI).

10. Definizioni. — 1ª Quando una figura si move, rimanendo fisso uno dei suoi punti, diciamo che *rota* intorno ad esso come *centro.*

2ª Quando una figura si move, rimanendo fissi tutti i suoi punti situati sopra una stessa retta, diciamo che *rota* intorno ad essa come *asse*.

11. In generale, date due figure geometriche, un punto, ed uno solo, di una si può trasportare in un punto dell'altra, scelto ad arbitrio, poichè dopo ciò la figura, avendo un punto fisso, non può che rotare intorno ad esso.

12. Definizioni. — 1ª Diremo che due figure sono *coincidenti*, quando ogni punto di una è un punto dell'altra, e viceversa.

2ª Due figure si dicono *uguali*, quando, trasportate convenientemente nello spazio, possono coincidere.

3ª Se una figura, ed una sola, soddisfa certe date condizioni, diremo che rimane da esse *individuata*.

4ª Una figura, che soddisfacendo le condizioni imposte in una data questione, non rimane da esse individuata, potendo passare da una posizione ad un'altra, si dice *variabile* colla *legge* espressa dalle date condizioni.

5ª Due figure variabili si dicono *dipendenti*, se ciascuna, in ogni sua posizione, determina una o più figure *corrispondenti*, che siano posizioni dell'altra.

6ª La dipendenza fra due figure variabili è *univoca*, se ad una posizione di ciascuna corrisponde una posizione, ed una sola, dell'altra.

Considerando due figure uguali come posizioni di una stessa figura variabile, vediamo che si può stabilire una dipendenza fra i loro elementi, chiamando corrispondenti quelli che vengono a coincidere, quando coincidono le due figure. Se le due figure uguali possono coincidere in più modi, si può stabilire in più modi la corrispondenza tra i loro elementi; se possono coincidere in un modo solo, la corrispondenza tra i loro elementi è univoca.

Corollarî. — 1° Onde far coincidere una figura con un'altra uguale, basta porre tre dei suoi punti, non situati in linea retta, sopra tre punti corrispondenti dell'altra, ovvero fare coincidere tanti elementi corrispondenti, finchè non sia più possibile il movimento della figura.

2° Può darsi che una figura sia individuata, quando siano dati alcuni dei suoi elementi. Due figure sono uguali, se possono contemporaneamente coincidere gli elementi che le individuano.

3° Due figure uguali ad una terza sono uguali fra loro.

Esprimeremo l'uguaglianza di due figure F_1, F_2 col simbolo $F_1 \equiv F_2$, e leggeremo: F_1 *è uguale* ad F_2.

Se $F_1 \equiv F$, $F_2 \equiv F$ abbiamo anche $F_1 \equiv F_2$ (N. XVII).

II. Gli elementi fondamentali dello spazio.

13. La retta è una linea *indefinita*, in altre parole non ha punti, che la limitano *necessariamente*. Nelle figure rappresentiamo una retta con una sua parte limitata.

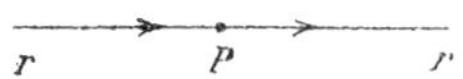

Un punto, movendosi sopra una retta, non può passare da un lato all'altro di un suo punto fisso, senza prenderne la posizione. Comunemente esprimiamo questo fatto dicendo che una retta è *divisa*, in due parti, da ciascuno dei suoi punti.

Definizione. — Un punto di una linea la *divide*, quando un punto, mobile sopra di essa, non può passare da un lato all'altro del punto fisso, senza prenderne la posizione.

14. Le proprietà già concesse alla retta, ed altre, che pure esprimono nozioni comuni, vengono enunciate nel seguente

Postulato II.

1° La retta è una linea *indefinita*, individuata quando sono dati due dei suoi punti.

2° Ciascuno dei suoi punti la divide in due parti (13, D).

3° Rotando intorno ad un suo punto (P. I, 2°), ciascuna delle parti, in cui esso la divide, può venire a passare per un punto arbitrario dello spazio.

La retta r, individuata dai due punti A, B, si può indicare con AB.

Corollarî. — 1°. Due rette distinte non possono avere più di un punto comune. Se un punto P è comune a due rette a, b, possiamo indicarlo con ab.

2° Ciascuna delle infinite rette, che passano per un punto, è individuata prendendone un altro punto arbitrariamente nello spazio.

3° Tutte le rette sono uguali (12, D. 2ª), poichè due rette a, b si possono sempre far coincidere, ponendo un punto P′ di b sopra un punto P di a, e poi facendo rotare b intorno a P′, finchè una delle due parti in cui P′ la divide venga a passare per un punto di a. Due rette possono coincidere in più modi (12).

4° Facendo rotare una retta intorno ad un suo punto, finchè una delle parti, in cui è divisa da esso, venga a passare per un punto dell'altra, le due parti della retta si scambiano (14, C. 1°), quindi una retta è divisa in due parti uguali da ciascuno dei suoi punti.

15. Il piano è una superficie *indefinita*, in altre parole non ha linee, che lo limitano *necessariamente*. Nelle figure rappresentiamo un piano con una sua parte limitata. Un punto mobile nello spazio non può passare da un lato all'altro di un piano, senza prendere la posizione di uno dei suoi punti. Comunemente esprimiamo questo fatto dicendo che lo spazio è *diviso*, in due parti, da ciascuno dei suoi piani.

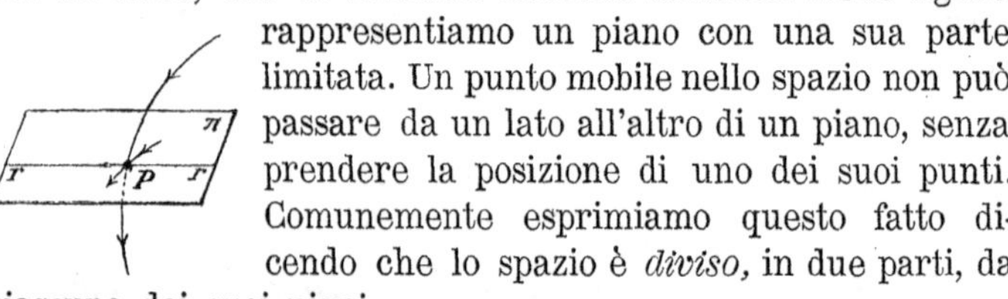

Sopra un piano vi sono infinite rette: segnata una fra esse, un punto mobile sul piano non può passare da un suo lato all'altro senza prendere la posizione di uno dei suoi punti. Comunemente esprimiamo questo fatto dicendo che il piano è *diviso*, in due parti, da ciascuna delle sue rette.

Definizioni. — 1ª Una superficie è *divisa* da una sua linea, quando un punto mobile sulla superficie non può passare da un lato all'altro della linea, senza prendere la posizione di uno dei suoi punti.

2ª Una superficie *divide* lo spazio, o un solido, quando un punto movendosi comunque, o nel solido, non può passare da un lato all'altro della superficie, senza prendere la posizione di uno dei suoi punti.

16. Le proprietà già concesse al piano, ed altre che pure esprimono nozioni comuni, vengono enunciate nel seguente

Postulato III.

1° Il piano è una superficie *indefinita*, che divide lo spazio in due parti.

2° Contiene tutte le rette, che lo incontrano in due punti.

3° È diviso in due parti da ciascuna delle sue rette (15, D. 1ª).

4° Rotando intorno ad una sua retta (P. I, 3°), ciascuna delle sue parti, in cui essa lo divide, può venire a passare per un punto arbitrario dello spazio.

Corollarî. — 1° Per due punti di un piano passa una sola delle sue rette: tra esse infinite ne passano per un sol punto, ciascuna individuata prendendone un altro punto arbitrariamente nel piano.

2° Un piano ed una retta, fuori di esso, non possono avere più di un punto comune, poichè, se ne avessero due, la retta giacerebbe nel piano. Se un punto P è comune ad un piano α ed a una retta a, si può indicare con αa.

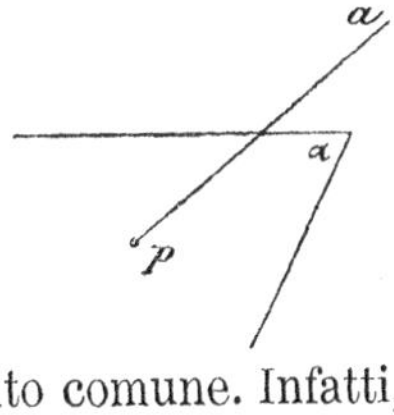

3° Tre piani, che non passino per una stessa retta, non possono avere più di un punto comune. Infatti, se ne avessero due, dovrebbero tutti e tre contenere la loro retta.

Un punto P si può indicare con $\alpha\beta\gamma$, se è comune ai tre piani α, β, γ.

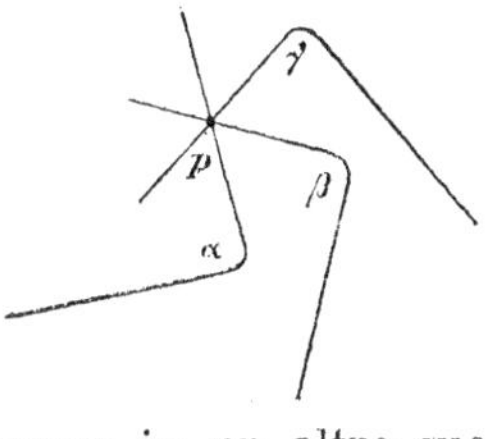

17. Ammetteremo che una retta r, senza staccarsi mai dalla data posizione, possa moversi secondo due *direzioni opposte,* in modo che ogni suo punto A venga in un altro suo

punto A', o viceversa, acquistando successivamente tutte le posizioni intermedie....,B, C, D,....., o ..., D, C, B,.....

Definizione. — Diremo che una retta *scorre* su se stessa, quando si move senza staccarsi mai dalla data posizione.

18. Ammetteremo che un piano π, senza staccarsi mai dalla data posizione, possa moversi secondo due *direzioni opposte*, in modo che una sua retta *r* venga a scorrere su se stessa. Con questo movimento tutti i punti A, B, C.... di π si spostano prendendo nuove posizioni A', B', C'..., pure situate sul piano π, ed ogni punto C di *r* viene in un punto C' pure di *r*, acquistando successivamente tutte le posizioni intermedie.

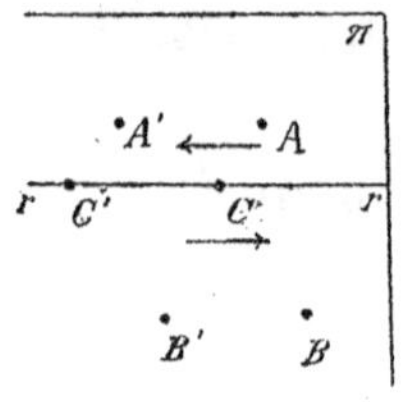

Definizione. — Diremo che un piano *scorre* su se stesso, *strisciando* lungo una retta, che chiameremo *asse*, quando si move senza staccarsi mai dalla data posizione, ed in modo che l'asse venga a scorrere su se stesso.

19. Ammetteremo che un piano π, senza staccarsi mai dalla data posizione, possa moversi, secondo due *direzioni opposte*, in modo che un suo punto P rimanga fisso, e che una parte PA di una sua retta, condotta per P, venga in un'altra parte PA' di una sua retta, pure condotta per P, o viceversa, acquistando successivamente tutte le posizioni intermedie .....,PB, PC, PD....., o .....,PD, PC, PB,......

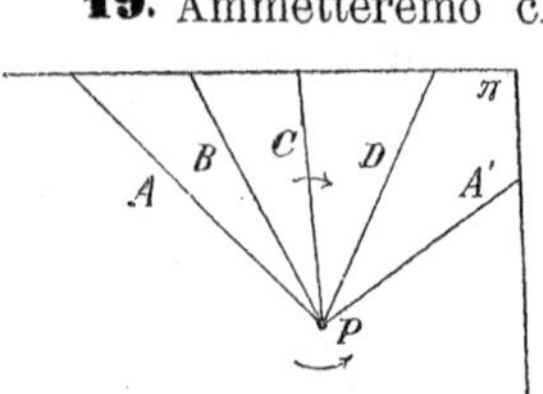

Definizione. — Diremo che un piano *scorre* su se stesso, rotando intorno ad un punto, che chiameremo *centro*, quando si move senza staccarsi mai dalla data posizione, in modo che il centro rimanga fisso.

20. Postulato IV.

1° Una retta può scorrere su se stessa, secondo due direzioni opposte.

2° Un piano può scorrere su se stesso, strisciando lungo un asse, secondo due direzioni opposte.

3° Un piano può scorrere su se stesso, rotando intorno ad un centro, secondo due direzioni opposte.

21. Noi ammettiamo sempre che due rette, o una retta ed un piano, si segano se hanno un punto comune; cioè ammettiamo, nel primo caso, che un punto, mobile sopra una qualunque delle due rette, può passare per il punto comune, passando da un lato all'altro dell'altra retta; nel secondo caso, che un punto, mobile sopra la retta, può passare per il punto comune, passando da un lato all'altro del piano.

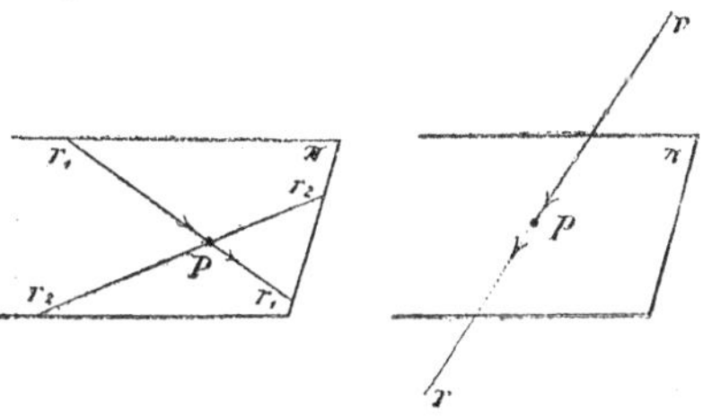

Così ammettiamo pure che si segano due piani, se hanno una retta comune, cioè che un punto, mobile sopra uno di essi, può passare da un lato all'altro della retta comune, passando da un lato all'altro dell'altro piano.

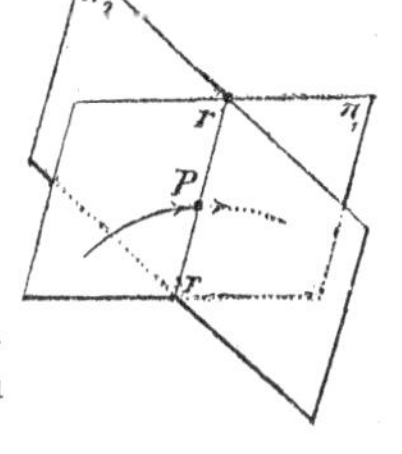

Definizioni. — 1ª Due linee, segnate sopra una stessa superficie, si *segano* in un punto comune, quando un punto, mobile sopra una qualunque di esse, può prendere la sua posizione, passando da un lato all'altro dell'altra linea.

2ª Una superficie ed una linea si *segano* in un punto comune, quando un punto, mobile sulla linea, può prendere la sua posizione, passando da un lato all'altro della superficie.

3ª Due superficie si *segano* in una linea comune, quando un punto, mobile sopra una qualunque di esse, può passare da un lato all'altro della linea comune, passando da un lato all'altro dell'altra superficie.

Da queste definizioni discende immediatamente che, se due linee di una superficie si segano, su ciascuna vi sono punti situati in lati opposti rispetto all'altra; se una linea sega una superficie, contiene punti situati in lati opposti rispetto alla superficie; se due superficie si segano, su ciascuna vi sono punti situati in lati opposti rispetto all'altra.

Postulato V.

1° Due rette, che hanno un punto comune, si segano in esso (21, D. 1ª).

2° Una retta ed un piano, che hanno un punto comune, si segano in esso (21, D. 2ª).

3° Due piani, che hanno una retta comune, si segano in essa (21, D. 3ª).

22. Teorema 1° — Un piano è individuato da tre dei suoi punti, non situati sopra una stessa retta.

Siano A, B, C i tre punti dati, non situati sopra una stessa retta, ed *a, b, c* le tre rette BC, CA, AB, che determinano due a due; per cui A, B, C sono i punti *bc, ca, ab*. Facendo rotare un dato piano π intorno ad una sua retta, possiamo farlo passare per il punto A (P. III, 4°); facendolo rotare intorno ad una sua retta, condotta per A, possiamo farlo passare anche per B, e finalmente, facendolo rotare intorno alla sua retta *c* (P. III, 2°), possiamo farlo passare per C. In questa posizione π contiene i tre punti A, B, C, e quindi le tre rette *a, b, c*. Resta così dimostrato che almeno un piano passa per i tre punti dati.

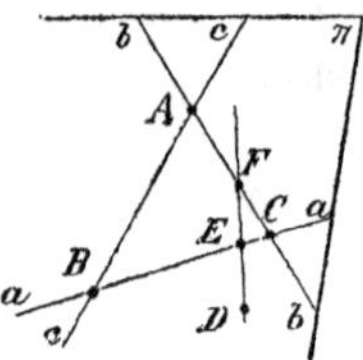

Supponiamo ora che vi passi anche un secondo piano π′. Dato un punto qualunque D di π, se prendiamo sopra *b* un punto F, in modo che D, F siano in parti opposte rispetto ad *a*, ciò che è sempre possibile, poichè *b* ed *a* hanno un punto comune C (P.V, 1°), la retta DF incontra necessariamente *a* in un punto E (P. III, 3°), ed avendo i punti E, F comuni con π, π′, è comune ai due piani (P. III, 2°), quindi D è anche un punto di π′; ma D è preso comunque sopra π, dunque tutti i punti di π′ sono punti di π, dunque π e π′ coincidono (12, D, 1ª), e perciò per i tre punti dati passa un piano, ed uno solo.

Il piano individuato dei tre punti A, B, C, si può rappresentare con ABC.

Corollari. — 1° Ciascuno degli infiniti piani, che passano per due punti dati, e quindi per la loro retta, è individuato prendendone un altro punto arbitrariamente nello spazio, ma fuori della retta fissata.

2° Ciascuno degli infiniti piani, che passano per un dato punto, è individuato prendendone arbitrariamente nello spazio due punti, che non siano in linea retta con quello fisso, cioè prendendone una retta, che non passi per il punto fisso.

Il piano individuato dalla retta a e dal punto A, dato fuori di essa, si può indicare con aA.

3° Per due rette, che s'incontrano, passa un piano ed uno solo. Se le rette a, b s'incontrano in C, e se A è un punto di b e B un punto di a, il piano ABC contiene a, b, e per queste rette non ve ne passa un altro, perchè uno solo contiene A, B, C.

Il piano individuato da due rette a, b, che s'incontrano, si può indicare con ab.

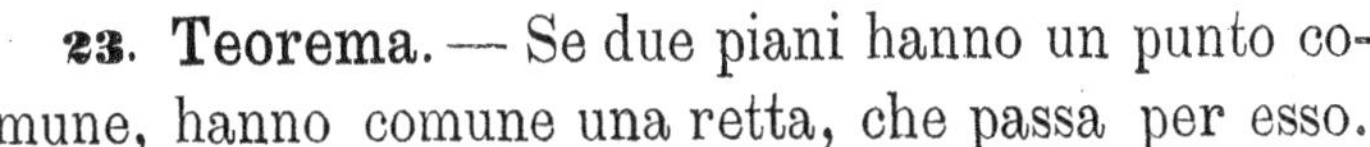

23. Teorema. — Se due piani hanno un punto comune, hanno comune una retta, che passa per esso.

Siano α, β due piani, e sia C un punto comune. Nel piano α conduciamo per il punto C due rette r_1, r_2; essendo ciascuna divisa in C dal piano β, ciascuna contiene punti situati in parti opposte rispetto ad esso (P.V, 2°), quindi possiamo prendere sulla r_1, un punto E e sulla r_2 un punto F, in modo che E, F siano uno nell'una e l'altro nell'altra delle due parti in cui β divide lo spazio (P. III, 1°). La retta EF incontra β in un punto D (15, D. 2ª), evidentemente comune ad α, β, quindi la retta CD appartiene ad ambidue i piani dati, perchè incontra ciascuno di essi in due punti C, D. Di più fuori di CD i piani α, β non possono avere altri punti comuni, poichè, se ciò non fosse, essi coinciderebbero, dunque il teorema è dimostrato.

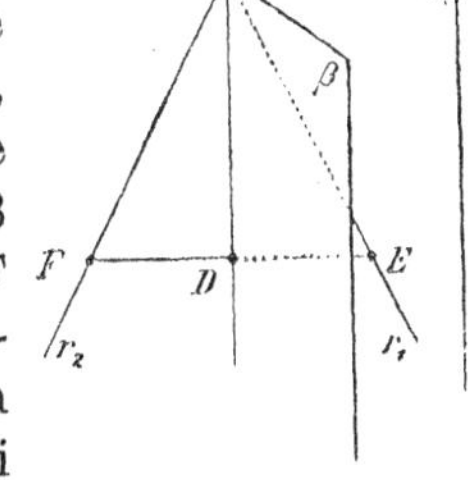

Se una retta è comune a due piani α, β si può rappresentare con αβ.

Corollario. — Se tre piani hanno un punto comune, due a due s'intersecano secondo tre rette, che passano per esso.

24. Corollarî. — 1° Tutti i piani sono uguali. Due piani α, β si possono sempre far coincidere, in modo che una data faccia di α cada sopra una data faccia di β, ponendo una retta *b* di β sopra una retta *a* di α (13, C, 3°), un punto P di *b* sopra un altro arbitrario P′ di *a*, e poi facendo rotare β intorno a *b*, finchè una delle sue parti venga a passare per un punto di α.

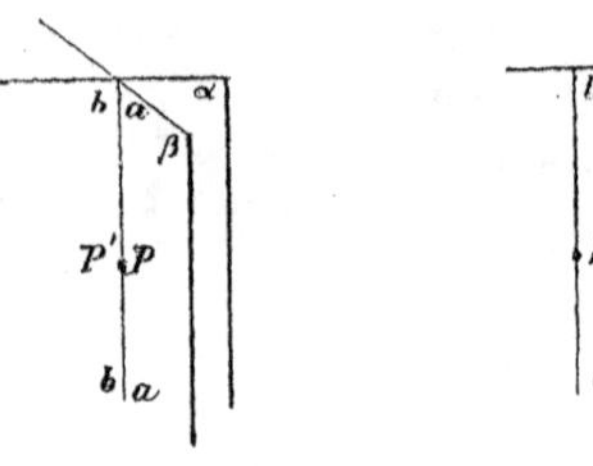

Due piani possono coincidere in più modi (12).

2° Dato un piano π, una sua retta *r*, ed un punto P di *r*, facciamo scorrere π su se stesso, rotando intorno al centro P, finchè una delle parti staccate da P sulla *r* venga a coincidere coll'altra (P. IV, 3°). I punti A, B, C......., posti sopra una delle parti di π, staccate da *r*, vengono a prendere le posizioni A′, B′, C′..., corrispondenti sull'altra, e si scambiano le due parti di π; perciò diremo che un piano è diviso in due parti uguali da ciascuna delle sue rette.

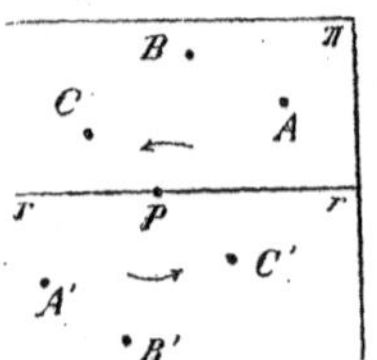

Possiamo giungere a questa conclusione in altro modo, facendo rotare π intorno ad *r* finchè una delle due parti in cui è diviso da *r* passi per un punto dell'altra, ritornando così il piano nella primitiva posizione, dopo avere scambiato le sue facce. I punti A, B, C,....... posti sopra una delle parti di π, staccate da *r*, prendono le posizioni A′, B′, C′,..... corrispondenti sull'altra, e le due parti si scambiano, però in modo diverso dal precedente, poichè mutano faccia.

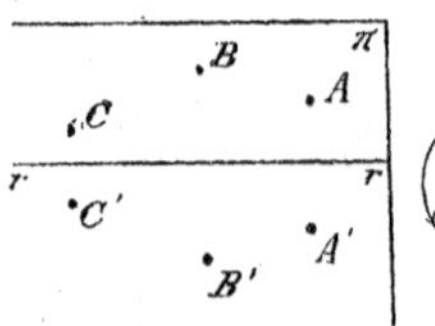

Definizioni. — 1ª Due figure di uno stesso piano sono *direttamente uguali*, quando fissandone una, l'altra si può far coincidere con essa movendola convenientemente sul piano.

2ª Due figure di uno stesso piano si dicono *inversamente uguali*, quando fissandone una, l'altra si può far coincidere con essa, scambiando le due facce del piano, e movendola convenientemente su di esso.

Un piano è diviso da ciascuna delle sue rette in due parti, che sono direttamente e inversamente uguali.

III. Le figure geometriche elementari.

25. Definizione. — Si chiamano figure *elementari*, quelle che hanno per elementi o due punti, o due rette di uno stesso piano, o due piani.

Postulato VI.

Data una figura elementare, è sempre possibile far coincidere contemporaneamente ciascuno dei suoi due elementi coll'altro (N. XVIII).

Ora passiamo a considerare separatamente le tre diverse specie di figure elementari.

1. I segmenti.

26. Definizioni. — 1ª Due punti staccano dalla loro retta una parte finita, la quale si dice il *segmento*, che ha per *estremi* i due punti.

Un punto di una retta può percorrerla, movendosi da un lato o dall'altro, in due *direzioni opposte*, e così un segmento, i cui estremi sono A, B, può immaginarsi percorso da un punto, che, partendo da A, arrivi in B, movendosi forzatamente nella direzione AB, ovvero che, partendo da B, arrivi in A, movendosi forzatamente nella direzione BA. Questi due casi si possono distinguere rappresentando il segmento con AB, o con BA.

A → B
←

2ª Dei due estremi di un segmento, descritto in un dato senso, l'*origine* è quello che lo descrive, l'altro è il *termine*.

Così l'origine di AB è A, e il termine è B.

27. Due segmenti AB, A′ B′ sono uguali, se possiamo far coincidere contemporaneamente A con A′ e B con B′. Dato un segmento AB, possiamo sempre porre A in B e B in A (P. VI), dunque AB ≡ BA.

Definizione. — Un segmento si dice che è la *distanza* della sua origine dal suo termine.

Il segmento AB è la distanza del punto A dal punto B. Essendo AB ≡ BA, abbiamo che A è distante da B, come B è distante da A.

Dati tre punti A, B, C, se AB ≡ AC il punto A è *equidistante* da B e da C.

2. *Gli angoli.*

28. Passando alle rimanenti figure elementari, dobbiamo distinguere due casi: le due rette, o i due piani, elementi della figura, possono o no incontrarsi.

Che le due rette possano avere un punto comune, e i due piani una retta comune, è evidente; vedremo poi che si possono anche pensare figure elementari formate da due rette, o da due piani, che non s'incontrano. Per ora limitiamo le nostre considerazioni al primo caso.

29. Definizioni. — 1ª Due parti indefinite di retta, uscenti da uno stesso punto, tagliano il loro piano in due parti, che si dicono *angoli*.

2ª I *lati* di un angolo sono le due parti di retta, che lo determinano; le due parti rimanenti si dicono i *prolungamenti* dei lati; il loro punto comune si dice il *vertice* dell'angolo.

Così le due rette APC, BPD, di uno stesso punto P, si dividono in quattro parti PA, PC, PB, PD, e due di queste parti PA, PB dividono il loro piano in due angoli. I loro lati sono PA, PB, i prolungamenti sono PC, PD, e il punto P è il vertice.

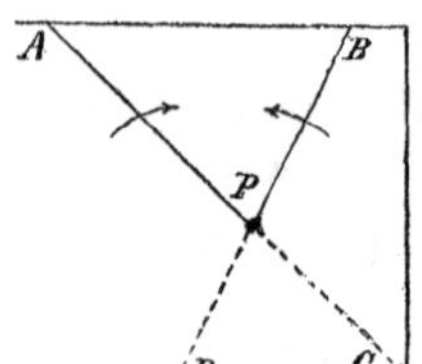

Definendo l'angolo non abbiamo escluso che PA, PB possano essere due parti di una stessa retta: se ciò avviene, i due angoli si riducono alle due parti staccate dalla retta AB sopra uno dei suoi piani.

3ª Un angolo si dice *piatto*, quando i suoi lati sono due parti di una stessa retta.

Naturalmente qualunque punto di questa retta si può considerare come vertice dell'angolo piatto.

Parlando degli angoli di due segmenti, le cui rette s'incontrano, intendiamo di considerare quelli delle loro rette.

30. Una retta può rotare in un suo piano ed intorno ad un suo punto come centro, movendosi da un lato o dall'altro in due *direzioni opposte;* così uno degli angoli, che hanno per lati PA, PB, si può immaginare descritto dal lato PA, che si mova nel piano rotando in una data direzione intorno al vertice P, finchè acquisti la posizione dell'altro lato PB, ovvero si può immaginare descritto dal lato PB, che si mova nel piano rotando nella direzione opposta intorno al vertice P, finchè acquisti la posizione dell'altro lato PA.

Evidentemente dati i due lati di un angolo e la direzione in cui si deve movere uno di essi per descriverlo, l'angolo è individuato.

Definizioni. — 1ª Dei due lati di un angolo, descritto in un dato senso, l'*origine* è quello che lo descrive, l'altro è il *termine.*

2ª Quando un lato descrive un angolo, acquista infinite posizioni, che si dicono *comprese* dentro l'angolo.

3ª Un angolo, che non sia piatto, si dice *concavo* o *convesso*, se comprende o no i prolungamenti dei due lati.

Così dei due angoli formati dei lati PA, PB uno comprende i prolungamenti PC, PD, ed è concavo, l'altro non li comprende, ed è convesso.

Dicendo: l'angolo dei lati PA, PB, intenderemo sempre quello convesso; se invece dovremo considerare quello concavo, lo avvertiremo esplicitamente.

Quando un angolo ha per origine il lato PA e per termine il lato PB, si può indicare con $\widehat{P.AB}$; e quando ha per origine il lato PB e per termine il lato PA, si può indicare con $\widehat{P.BA}$, senza temere equivoci, avendo convenuto di considerare il solo angolo convesso.

31. Due angoli $\widehat{P.AB}$, $\widehat{P'.A'B'}$, convessi o concavi, sono uguali se possiamo far coincidere contemporaneamente P′ con P, P′A′ con PA, P′B′ con PB.

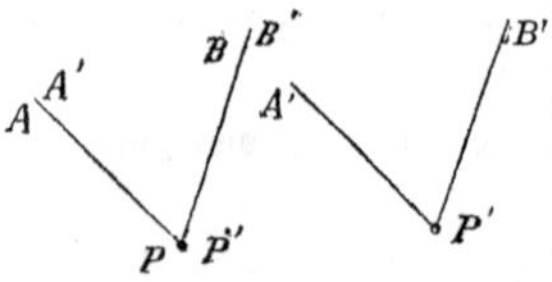

Dato un angolo qualunque $\widehat{P.AB}$ possiamo sempre porre contemporaneamente PA in PB e PB in PA (P. VI), dunque $\widehat{P.AB} \equiv \widehat{P.BA}$.

Tutti gli angoli piatti sono uguali fra loro.

32. Definizioni. — 1ª Due angoli si dicono *supplementari*, quando possono disporsi in modo che abbiano un lato comune, e gli altri due distinti siano ciascuno il prolungamento dell'altro.

2ª Due angoli si dicono *opposti al vertice*, quando sono disposti in modo che i due lati di ciascuno siano i prolungamenti dei due lati dell'altro.

Due rette APC, BPD, che hanno un punto comune P, staccano dal loro piano quattro angoli

$$\widehat{P.AB},\ \widehat{P.BC},\ \widehat{P.CD},\ \widehat{P.DA}.$$

Le due coppie

$$\widehat{P.AB},\ \widehat{P.CD};\ \widehat{P.BC},\ \widehat{P.DA}$$

sono formate da angoli opposti al vertice, e le altre

$$\widehat{P.AB},\ \widehat{P.BC};\ \widehat{P.CD},\ \widehat{P.DA}$$

$$\widehat{P.BA},\ \widehat{P.AD};\ \widehat{P.DC},\ \widehat{P.CB}$$

sono formate da angoli supplementari.

33. Teorema 1° — Due angoli opposti al vertice sono uguali.

Siano APC, BPD due rette di uno stesso punto P, dimostriamo che $\widehat{P.BC} \equiv \widehat{P.DA}$. Ponendo contemporaneamente PA in PB e PB in PA (P. VI), la PC si scambia colla PD, quindi PA, PD vengono scambiate con PB, PC, e $\widehat{P.BC} \equiv \widehat{P.DA}$.

Questo teorema è una conseguenza immediata dell'ultimo postulato.

Corollario. — Dato l'angolo $\widehat{P.AB}$, i due supplementi $\widehat{P.AD}$, $\widehat{P.BC}$ sono uguali, e quindi sono uguali tutti i supplementi di $\widehat{P.AB}$, dovendo uno qualunque coincidere con uno dei due $\widehat{P.AD}$, $\widehat{P.BC}$, affinchè possa disporsi in modo che abbia un lato comune con $\widehat{P.AB}$, e l'altro sia il prolungamento dell'altro lato di $\widehat{P.AB}$.

Teorema 2° — Sono uguali gli angoli supplementari di angoli uguali.

Consideriamo due angoli uguali $\widehat{P.AB}$, $\widehat{P'.A'B'}$, ed i supplementi $\widehat{P.BC}$, $\widehat{P'.B'C'}$. Facendo coincidere P'A', P'B' con PA, PB, il prolungamento P'C' di P'A' coincide col prolungamento PC di PA, e $\widehat{P.BC} \equiv \widehat{P'.B'C'}$; quindi i supplementi dell'angolo $\widehat{P.AB}$ sono uguali a quelli dell'angolo $\widehat{P'.A'B'}$.

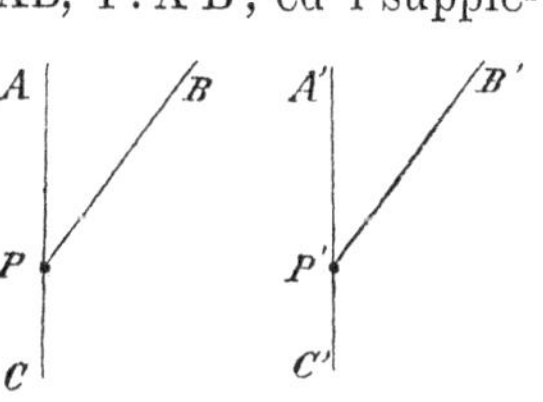

34. Due rette A_1B_1, A_2B_2 di uno stesso piano, segate da una terza CD nei punti P_2, P_1, formano otto angoli, che si separano in quattro coppie di angoli uguali, perchè opposti al vertice (33. T, 1°), ed in otto coppie di angoli supplementari.

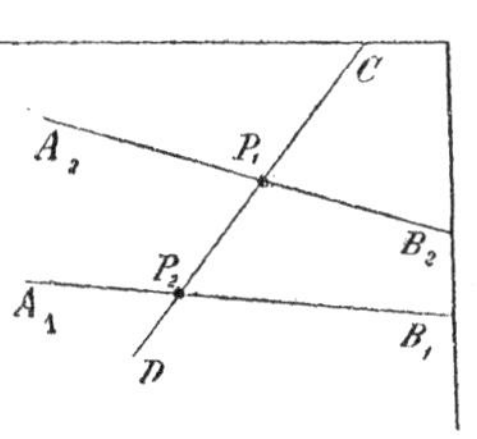

Definizioni. — 1ª Degli otto angoli, ottenuti segando due rette di uno stesso piano con una terza, quattro come $\widehat{P_2.A_1D}$, $\widehat{P_2.B_1D}$, $\widehat{P_1.A_2C}$, $\widehat{P_1.B_2C}$ si dicono *esterni*, gli altri quattro come $\widehat{P_2.A_1C}$, $\widehat{P_2.B_1C}$, $\widehat{P_1.A_2D}$, $\widehat{P_1.B_2D}$ si dicono *interni*.

2ª Due angoli come $\widehat{P_2.A_1C}$, $\widehat{P_1.B_2D}$ si dicono *alterni interni;* due altri come $\widehat{P_2.A_1D}$, $\widehat{P_1.B_2C}$ si dicono *alterni esterni*.

3ª Due angoli come $\widehat{P_2.A_1C}$, $\widehat{P_1.A_2D}$ si dicono *coniugati interni;* due come $\widehat{P_2.A_1D}$, $\widehat{P_1.A_2C}$ si dicono *coniugati esterni*.

4ª Due angoli come $\widehat{P_2.A_1D}$, $\widehat{P_1.A_2D}$, uno interno e l'altro esterno, si dicono *corrispondenti*.

Corollari. — 1° È facile verificare che se sono uguali due angoli corrispondenti, alterni interni o alterni esterni, sono uguali fra loro quelli corrispondenti, alterni interni o alterni esterni, di ciascuna coppia.

Così, per esempio, se sono uguali gli angoli corrispondenti $\widehat{P_2.A_1D}$, $\widehat{P_1.A_2D}$, risultano uguali i due angoli alterni interni $\widehat{P_2.A_1C}$, $\widehat{P_1.B_2D}$, perchè sono loro supplementi (33, T. 2°); ed essendo uguali $\widehat{P_1.A_2D}$, $\widehat{P_1.B_2C}$ (33, T. 1°), anche gli angoli alterni esterni $\widehat{P_2.A_1D}$, $\widehat{P_1.B_2C}$ sono uguali.

2° Se sono uguali fra loro gli angoli corrispondenti, alterni interni o alterni esterni, di ciascuna coppia, due angoli coniugati, interni o esterni, sono supplementari, e viceversa.

Così essendo supplementari $\widehat{P_2.A_1D}$ e $\widehat{P_2.A_1C}$, ed essendo $\widehat{P_2.A_1D} \equiv \widehat{P_1.A_2D}$, $\widehat{P_2.A_1C} \equiv \widehat{P_1.A_2C}$, ne segue che $\widehat{P_2.A_1C}$, $\widehat{P_1.A_2D}$ ed anche $\widehat{P_2.A_1D}$, $\widehat{P_1.A_2C}$ sono pure supplementari. Viceversa, se sono supplementari $\widehat{P_2.A_1C}$, $\widehat{P_1.A_2D}$ e $\widehat{P_2.A_1D}$, $\widehat{P_1.A_2C}$, essendo anche $\widehat{P_2.A_1D}$ supplemento di $\widehat{P_2.A_1C}$, ne segue che $\widehat{P_2.A_1D} \equiv \widehat{P_1.A_2D}$ e $\widehat{P_2.A_1C} \equiv \widehat{P_1.A_2C}$.

3. I diedri.

35. Definizioni. — 1ª Due parti indefinite di piano, uscenti da una stessa retta, tagliano lo spazio in due parti, che si dicono *angoli diedri.*

Per brevità potremo anche chiamarli diedri semplicemente.

2ª Le *facce* di un diedro sono le due parti di piano che lo determinano; le due parti rimanenti si dicono i *prolungamenti* delle facce; la loro retta comune si dice lo *spigolo* del diedro.

Così i due piani ArC, BrD, di una stessa retta r, si dividono in quattro parti rA, rC, rB, rD, e due di esse rA, rB dividono lo spazio in due diedri. Le facce sono rA, rB; i loro prolungamenti sono rC, rD; la retta r è lo spigolo.

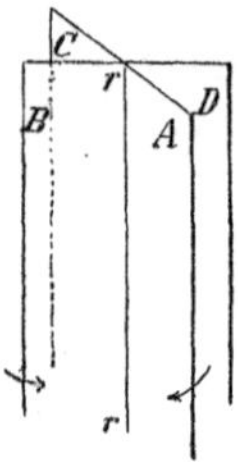

Definendo il diedro, non abbiamo escluso che rA, rB possano essere due parti di uno stesso piano, se ciò avviene, i due diedri si riducono alle due parti staccate dal piano ArB nello spazio.

3ª Un diedro si dice *piatto*, quando le sue facce sono due parti di uno stesso piano.

Naturalmente qualunque retta di questo piano si può considerare come spigolo del diedro piatto.

Parlando dei diedri di due parti di piani, che s'incontrano lungo una retta, s'intende di considerare quelli formati da questi due piani.

36. Un piano può rotare intorno ad una sua retta come asse, movendosi da un lato o dall'altro secondo due *direzioni opposte;* così uno dei diedri, che hanno per facce rA, rB, si può immaginare descritto dalla faccia rA, che rota in una data direzione intorno allo spigolo r, finchè acquista la posizione dell'altra faccia rB, ovvero si può immaginare descritto dalla faccia rB, che rota nel senso opposto intorno allo spigolo r, finchè acquista la posizione dell'altra faccia rA.

Evidentemente un diedro è individuato, quando sono date le due facce e la direzione in cui si deve movere una di esse per descriverlo.

Definizioni. — 1ª Delle due facce di un diedro, descritto in un dato senso, l'*origine* è quella che lo descrive, l'altra è il *termine*.

2ª Quando una faccia descrive un diedro, acquista infinite posizioni, che si dicono *comprese* dentro il diedro.

3ª Un diedro, che non sia piatto, si dice *concavo* o *convesso*, secondochè comprende o no i prolungamenti delle due facce.

Così dei due diedri formati dalle facce rA, rB, uno comprende i prolungamenti rC, rD, ed è concavo, l'altro non li comprende, ed è convesso.

Dicendo: il diedro delle facce rA, rB, intenderemo sempre quello convesso. Se dovremo considerare quello concavo lo avvertiremo esplicitamente.

Quando un diedro ha per origine la faccia rA e per termine la faccia rB, si può indicare con $\widehat{r.AB}$; e quando ha per origine la faccia rB e per termine la faccia rA, si può indicare con $\widehat{r.BA}$, senza temere equivoci, avendo convenuto di considerare il solo diedro convesso.

37. Due diedri $\widehat{r.AB}$, $\widehat{r'.A'B'}$, convessi o concavi, sono uguali se possiamo far coincidere contemporaneamente r' con r, r'A' con rA, e r'B' con rB.

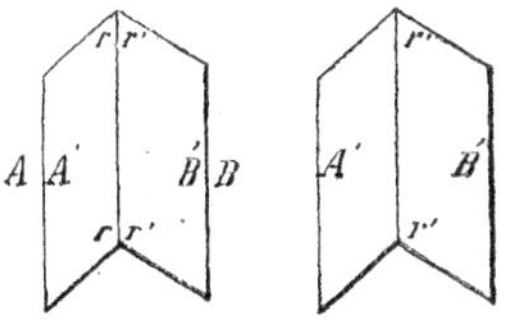

Dato un diedro qualunque $\widehat{r.AB}$, possiamo sempre porre contemporaneamente rA in rB e rB in rA (P. VI), dunque $\widehat{r.AB} \equiv \widehat{r.BA}$.

Tutti i diedri piatti sono uguali fra loro.

Facendo scorrere su se stessa una faccia rA di un diedro $\widehat{r.AB}$, strisciando lungo lo spigolo r, anche la faccia rB si move, ma non cambia posizione, rimanendo sempre il diedro uguale a se stesso; quindi rB pure scorre su se stessa, strisciando lungo lo spigolo r.

38. Definizioni. — 1ª Due diedri si dicono *supplementari*, quando possono disporsi in modo che abbiano una faccia comune, e le altre due distinte siano ciascuna il prolungamento dell'altra.

2ª Due diedri si dicono *opposti allo spigolo*, quando sono disposti in modo che le due facce di ciascuno siano i prolungamenti delle due facce dell'altro.

Due piani ArC, BrD, che hanno una retta comune r, formano quattro diedri $r.\widehat{AB}$, $r.\widehat{BC}$, $r.\widehat{CD}$, $r.\widehat{DA}$.
Le due coppie $r.\widehat{AB}$, $r.\widehat{CD}$; $r.\widehat{BC}$, $r.\widehat{DA}$
sono formate da diedri opposti allo spigolo, le altre
$r.\widehat{AB}$, $r.\widehat{BC}$; $r.\widehat{CD}$, $r.\widehat{DA}$
$r.\widehat{BA}$, $r.\widehat{AD}$; $r.\widehat{DC}$, $r.\widehat{CB}$
sono formate da diedri supplementari.

39. Teorema 1° — Due diedri opposti allo spigolo sono uguali.

Siano ArC, BrD due piani di una stessa retta r: dimostriamo che $r.\widehat{BC} \equiv r.\widehat{DA}$. Ponendo contemporaneamente rA in rB ed rB in rA (P.VI), la rC si scambia colla rD, quindi rA, rD vengono scambiate con rB, rC, e $r.\widehat{BC} \equiv r.\widehat{DA}$.

Anche questo teorema è una conseguenza immediata dell'ultimo postulato.

Corollario. — Dato il diedro $r.\widehat{AB}$ i due supplementi $r.\widehat{AD}$, $r.\widehat{BC}$ sono uguali, e quindi sono uguali tutti i supplementi di $r.\widehat{AB}$, dovendo uno qualunque coincidere con uno dei due $r.\widehat{AD}$, $r.\widehat{BC}$, affinchè possa disporsi in modo che abbia una faccia comune con $r.\widehat{AB}$, e l'altra sia il prolungamento dell'altra faccia di $r.\widehat{AB}$.

Teorema 2° — Sono uguali i diedri supplementari di diedri uguali.

Consideriamo due diedri uguali $r.\widehat{AB}$, $r'.\widehat{A'B'}$ e i loro sup-

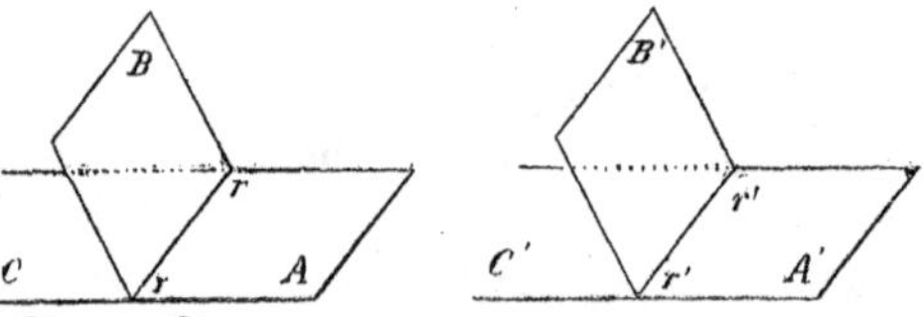

plementi $r.\widehat{BC}$, $r'.\widehat{B'C'}$. Facendo coincidere r'A', r'B' con rA, rB, il prolungamento r'C', di r'A', coincide col prolungamento

rC, di rA, e $\widehat{r.BC} \equiv \widehat{r'.B'C'}$, quindi i supplementi di $\widehat{r.AB}$ sono uguali a quelli di $\widehat{r'.A'B'}$.

40. Due piani $A_1r_2B_1$, $A_2r_1B_2$, segati da un terzo piano Cr_1r_2D secondo le rette r_2, r_1, formano otto diedri, che si separano in quattro coppie di diedri uguali, perchè opposti allo spigolo (39, T. 1°), ed in otto coppie di diedri supplementari.

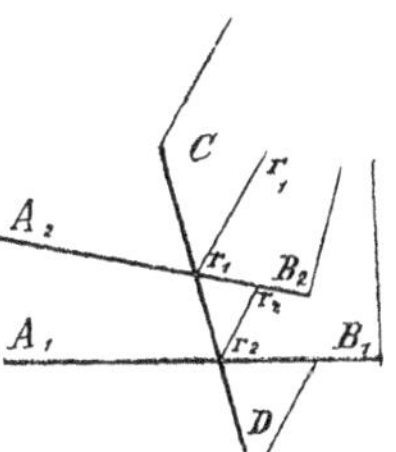

Definizioni. — 1ª Degli otto diedri, ottenuti segando due piani con un terzo, quattro come $\widehat{r_2.A_1D}$, $\widehat{r_2.B_1D}$, $\widehat{r_1.A_2C}$, $\widehat{r_1.B_2C}$ si dicono *esterni*, gli altri quattro come $\widehat{r_2.A_1C}$, $\widehat{r_2.B_1C}$, $\widehat{r_1.A_2D}$, $\widehat{r_1.B_2D}$, si dicono *interni*.

2ª Due diedri come $\widehat{r_2.A_1C}$, $\widehat{r_1.B_2D}$ si dicono *alterni interni;* due come $\widehat{r_2.A_1D}$, $\widehat{r_1.B_2C}$ si dicono *alterni esterni*.

3ª Due diedri come $\widehat{r_2.A_1C}$, $\widehat{r_1.A_2D}$ si dicono *coniugati interni;* due come $\widehat{r_2.A_1D}$, $\widehat{r_1.A_2C}$ si dicono *coniugati esterni*.

4ª Due diedri come $\widehat{r_2.A_1D}$, $\widehat{r_1.A_2D}$, uno interno e l'altro esterno, si dicono *corrispondenti*.

Corollari. — 1° È facile verificare che se sono uguali due diedri, o corrispondenti, o alterni interni, o alterni esterni, sono uguali fra loro quelli corrispondenti, alterni interni, alterni esterni, di ciascuna coppia. Così se sono uguali i diedri corrispondenti $\widehat{r_2.A_1D}$, $\widehat{r_1.A_2D}$, risultano uguali i due diedri alterni interni $\widehat{r_2.A_1C}$, $\widehat{r_1.B_2D}$, perchè sono loro supplementi (39, T. 2°); ed essendo $\widehat{r_1.A_2D} \equiv \widehat{r_1.B_2C}$ (39, T. 1°), anche i diedri alterni esterni sono uguali.

2° Se sono uguali fra loro i diedri corrispondenti, alterni interni, alterni esterni, di ciascuna coppia, due diedri coniugati, interni o esterni, sono supplementari, e viceversa. Essendo supplementari $\widehat{r_2.A_1D}$, $\widehat{r_2.A_1C}$, ed essendo $\widehat{r_2.A_1D} \equiv \widehat{r_1.A_2D}$, $\widehat{r_2.A_1C} \equiv \widehat{r_1.A_2C}$, ne segue che $\widehat{r_2.A_1C}$, $\widehat{r_1.A_2D}$ ed anche $\widehat{r_2.A_1D}$, $\widehat{r_1.A_2C}$ sono pure supplementari. Viceversa, se sono supplementari $\widehat{r_2.A_1C}$, $\widehat{r_1.A_2D}$ e $\widehat{r_2.A_1D}$, $\widehat{r_1.A_2C}$, essendo anche $\widehat{r_2.A_1D}$ supplemento di $\widehat{r_2.A_1C}$, ne segue che $\widehat{r_2.A_1D} \equiv \widehat{r_1.A_2D}$ e $\widehat{r_2.A_1C} \equiv \widehat{r_1.A_2C}$.

4. *Le parallele.*

41. Ci rimangono da considerare le figure elementari le quali hanno per elementi due rette di uno stesso piano, che non s'incontrano, o due piani, che pure non s'incontrano. Dimostriamone l'esistenza.

Teorema. — Per un punto, preso fuori di una retta data, si può sempre condurre un'altra retta, che stia con essa in uno stesso piano e non la incontri.

Sia A_1B_1 la retta data, e P_1 sia il punto dato. Facciamo scorrere su se stesso il piano $P_1A_1B_1$, strisciando lungo un asse CD, condotto ad arbitrio per P_1 e per un punto P_2 di A_1B_1 (P. IV, 2°). Quando P_2 sarà giunto in P_1, la retta A_1B_1 avrà preso una posizione A_2B_2, passante per P_1 e situata nel piano $P_1A_1B_1$. Col movimento accennato, portiamo le parti di

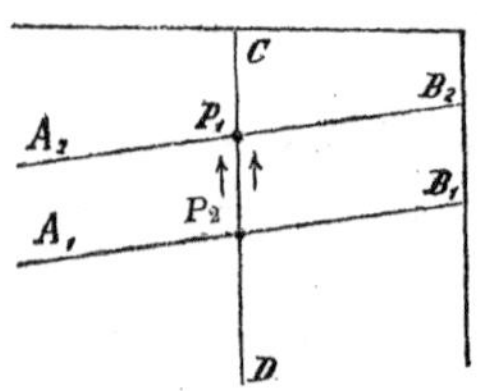

retta P_2A_1, P_2D sopra le parti P_1A_2, P_1D, quindi sono uguali gli angoli corrispondenti $\widehat{P_2.A_1D}$, $\widehat{P_1.A_2D}$, e perciò sono anche uguali gli angoli alterni esterni $\widehat{P_1.A_2C}$, $\widehat{P_2.B_1D}$ e $\widehat{P_2.A_1D}$, $\widehat{P_1.B_2C}$ (34, C. 1°). Posto ciò, facciamo contemporaneamente coincidere P_2 con P_1, e P_1 con P_2 (P. VI), lasciando il piano $P_1A_1B_1$ nella sua posizione. Stante l'uguaglianza tra gli angoli alterni esterni, evidentemente P_2A_1, P_1A_2 coincideranno con P_1B_2, P_2B_1, e viceversa; quindi se A_1B_1, A_2B_2 s'incontrassero da un lato di CD, dovrebbero incontrarsi anche dall'altro, ma allora avrebbero due punti comuni senza coincidere, ciò che è assurdo, dunque non possono incontrarsi.

Definizione. — Si dicono *parallele* due rette, che giacciono in uno stesso piano e non s'incontrano.

Il teorema precedente può anche enunciarsi dicendo: ad una retta data, per un punto dato fuori di essa, si può sempre condurre una retta parallela.

Se a, b sono due rette parallele, il loro piano si può rappresentare con ab.

Parlando di segmenti paralleli intendiamo dire che sono parallele le loro rette.

42. Corollari. — 1° Due rette di uno stesso piano sono parallele, se, incontrate da una terza, formano due angoli corrispondenti, alterni interni o alterni esterni, uguali.

2° Due rette di uno stesso piano sono parallele, se, incontrate da una terza, formano due angoli coniugati, interni o esterni, supplementari.

3° Se due rette sono parallele, ciascuna giace tutta in una delle due parti in cui l'altra divide il loro piano.

Infatti se avesse punti situati in parti opposte, dovrebbe incontrare l'altra retta (P. III, 3°), mentre è parallela ad essa per ipotesi.

4° Se due piani, condotti ciascuno per una di due rette parallele, s'incontrano, la loro intersezione è una retta parallela ad ambedue le rette date.

Siano a, b le rette date e α, β i due piani, condotti rispettivamente per a, b, i quali si taglino lungo una retta r. Se r incontrasse a o b, il punto comune apparterrebbe ai tre piani α, β, ab, o quindi alle due rette a, b (23, C.); ma queste non possono incontrarsi, essendo parallele per ipotesi, dunque anche r è parallela ad a, b.

43. Teorema. — Per un punto, preso fuori di un piano dato, si può sempre condurre un altro piano, che non lo incontri.

Per il punto dato P_1 conduciamo un piano P_1r_2, che incontri lungo una retta r_2 il piano dato $A_1r_2B_1$; poi per P_1 conduciamo una retta CD, che incontri r_2 in un punto P_2.

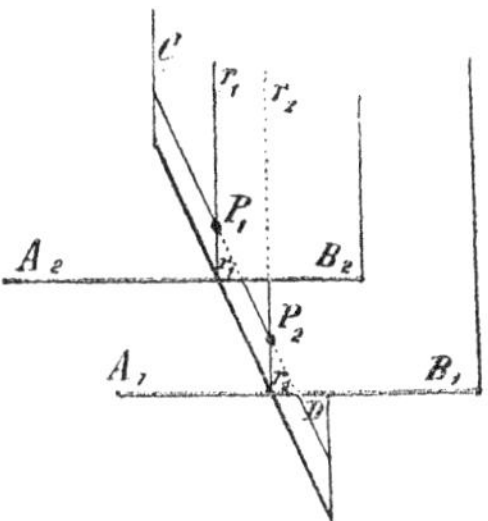

Facciamo scorrere su se stesso il piano Cr_2D, strisciando lungo l'asse CD: quando P_2 giunge in P_1, la retta r_2 prende una posizione parallela r_1 (41, T.), passante per P_1, ed il piano $A_1r_2B_1$ prende una posizione $A_2r_1B_2$, pure passante per P_1.

I diedri corrispondenti $r_2.\widehat{A_1D}$, $r_1.\widehat{A_2D}$ sono uguali, e perciò sono uguali anche i diedri alterni esterni $r_2.\widehat{A_1D}$, $r_1.\widehat{B_2C}$ e $r_1.\widehat{A_2C}$, $r_2.\widehat{B_1D}$ (40, C. 1°). Ora supponiamo che i piani $A_1r_2B_1$, $A_2r_1B_2$ s'incontrino; la retta comune deve essere parallela ad r_1, r_2 (42, C. 4°), e quindi deve giacere tutta in una, r_2A_1, delle due parti in cui r_2 divide $A_1r_2B_1$ (42, C, 3°). Posto ciò, facciamo coincidere contemporaneamente r_1 con r_2, e r_2 con r_1, scambiando le facce di Cr_1r_2D; allora, essendo $r_2.\widehat{A_1D} \equiv r_1.\widehat{B_2C}$, le parti di piano r_2A_1, r_1A_2 coincidono con r_1B_2, r_2B_1, e viceversa, quindi i due piani $A_1r_2B_1$, $A_2r_1B_2$ vengono a tagliarsi lungo una seconda retta parallela ad r_2, situata nella parte r_2B_1 di $A_1r_2B_1$, senza coincidere; ma ciò è impossibile, dunque rimane così dimostrato che non s'incontrano.

Definizione. — Due piani, che non s'incontrano, si dicono *paralleli*.

Il teorema precedente può anche enunciarsi dicendo: ad un piano dato, per un punto dato fuori di esso, si può sempre condurre un piano parallelo.

Parlando di parti di piano parallele, intendiamo dire che sono paralleli i piani cui appartengono.

44. Corollarî. — 1° Due piani sono paralleli, se vengono incontrati da un terzo secondo rette parallele, e con esso formano due diedri corrispondenti, alterni esterni o alterni interni, uguali.

2° Due piani sono paralleli, se vengono incontrati da un terzo secondo rette parallele, e formano con esso due diedri coniugati, interni o esterni, supplementari.

3° Se due piani sono paralleli, ciascuno giace tutto in una delle due parti in cui l'altro divide lo spazio. Infatti, se avesse punti situati in parti opposte, dovrebbe intersecare l'altro piano (P. III, 1°), mentre è ad esso parallelo per ipotesi.

4° Due piani paralleli sono tagliati da un terzo piano secondo rette parallele, poichè stanno in uno stesso piano e non hanno un punto comune; infatti, se lo avessero, per esso passerebbero i due piani paralleli, ciò che è assurdo.

45. Abbiamo dimostrato che, per un punto preso fuori di una retta data, si può sempre condurre una retta ad essa parallela (41, T.); però i ragionamenti adoperati non provano che se ne possa condurre una sola, essendo arbitraria la scelta della retta CD, purchè passi per P_1 e incontri A_1B_1, e potendo pensare l'esistenza di rette parallele, condotte da P_1 ad A_1B_1, le quali si ottengano in altro modo. Con i soli principî posti non può decidersi la questione; si tratta dunque d'introdurre ancora un postulato.

Una retta P_1P_2, rotando intorno a P_1 in un piano $P_1A_1B_1$, e sempre nella stessa direzione, prenda le posizioni P_1P_2, P_1P_3, P_1P_4......., ed incontri la retta A_1B_1 nei punti P_2, P_3, P_4,....... È certo che in una posizione $A_2P_1B_2$ la retta non incontra più la A_1B_1, e noi ammetteremo che ciò avvenga in questa *sola* posizione, in modo che rotando A_2B_2 nel piano $P_1A_1B_1$ ed intorno a P_1, quanto poco si vuole, incontri subito A_1B_1.

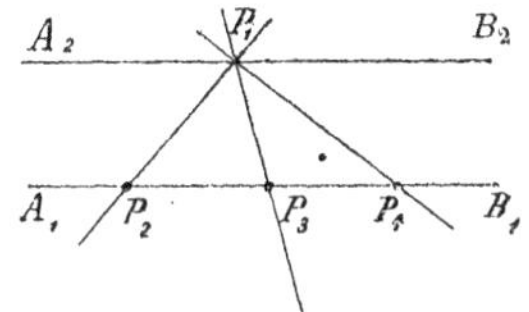

Abbiamo diritto di basare la teoria delle parallele sopra l'ipotesi precedente, che non involge contradizioni. Oltre a ciò esprimiamo un fatto, verificato dalla esperienza, concedendo il seguente

Postulato VII.

Ad una retta data, per un punto dato fuori di essa, si può condurre una sola retta parallela (N. XIX).

Corollarî. — 1° Se due rette parallele sono incontrate da una terza, risultano uguali gli angoli corrispondenti, alterni interni, alterni esterni, di ciascuna coppia.

2° Se due rette parallele sono incontrate da una terza, gli angoli coniugati, interni o esterni, risultano supplementari.

Questi due corollarî esprimono le proposizioni inverse di altre due già enunciate (42, C. 1°, 2°), e dimostrate senza il soccorso del postulato precedente.

3° Due rette parallele ad una terza sono parallele fra loro.

Infatti, se a, b sono parallele ad r, e se P è un punto di b, i piani Pr, Pa si tagliano secondo una retta parallela ad r, a (42, C. 4°); ma per P si può condurre la sola b parallela ad r, dunque b è comune a Pr, Pa, e perciò parallela anche ad a. Se le tre rette a, b, r fossero in uno stesso piano, basterebbe osservare che a, b non potrebbero incontrarsi, altrimenti per il punto comune passerebbero due rette a, b parallele ad r.

4° Date due rette parallele, ogni retta del loro piano, che ne incontra una, incontra pure l'altra, poichè, se così non fosse, dal punto comune a quelle che s'incontrano, si potrebbero condurre due rette parallele all'altra.

5° Date due parallele, ogni piano, che ne incontra una, incontra anche l'altra; infatti la retta comune al piano dato e a quello delle due parallele, incontrandone una, deve incontrare l'altra in un punto naturalmente comune ad essa e al piano dato.

Teorema. — Un punto qualunque di un piano, che scorre su se stesso strisciando lungo un asse, si move sopra una retta ad esso parallela.

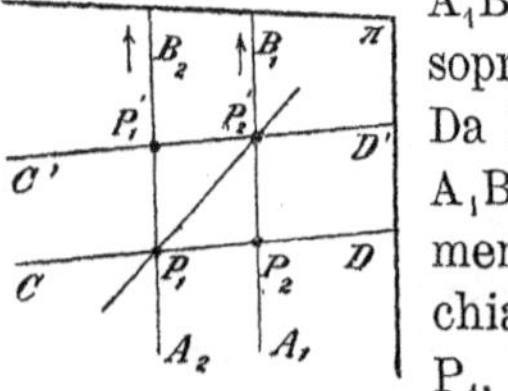

Se il piano π scorre su se stesso, strisciando lungo l'asse A_1B_1, un punto qualunque P_1, di π, si move sopra una retta A_2B_2 parallela ad A_1B_1. Da P_1 tiriamo una retta CD, che incontri A_1B_1 in un punto P_2. Se CD, dopo il movimento di π, prende un'altra posizione C'D', chiamando P_1', P_2' le nuove posizioni di P_1, P_2, avremo $P_1P_2 \equiv P_1'P_2'$. Tiriamo le rette P_1P_1', P_2P_2'. Essendo parallele le CD, C'D' (41, T.), abbiamo $\widehat{P_1.P_2'P_2} \equiv \widehat{P_2'.P_1P_1'}$ (45, C. 1°), e possiamo far coincidere questi angoli, in modo che i lati P_1P_2', P_1P_2 coincidano con i lati $P_2'P_1$, $P_2'P_1'$, allora P_2' cadrà in P_1, P_1 in P_2', P_2 in P_1', e perciò $P_1P_1' \equiv P_2P_2'$ e $\widehat{P_1.P_1'P_2'} \equiv \widehat{P_2'.P_1P_2}$; dunque le rette P_1P_1', A_1B_1 sono parallele (42, C. 1°). Dovendo la retta, determinata da P_1 e da una sua altra posizione P_1', essere parallela ad A_1B_1, ne segue che il punto P_1 si move sulla retta A_2B_2, condotta da P_1 parallelamente ad A_1B_1.

Corollario. — 6° Ogni retta parallela ad A_1B_1 si può scegliere per asse.

È facilissimo verificare, sperimentalmente, che quando un piano scorre su se stesso, strisciando lungo un asse, uno dei suoi punti si muove sopra una retta. Si potrebbe assumere questo fatto in luogo del precedente postulato, che allora si potrebbe dimostrare come conseguenza (N. XX).

46. Teorema. — Ad un piano dato, per un punto dato fuori di esso, si può condurre un solo piano parallelo.

Se al piano dato π, per il punto dato P fuori di esso, si potessero condurre due piani paralleli α, β, un piano condotto per P, e per un punto di π, taglierebbe α, β secondo due rette *a, b* e π secondo una retta *r* parallela ad esse (44, C. 4°); quindi da un punto P si potrebbero condurre due rette parallele ad una retta data; ma ciò è assurdo (P. VII), dunque α, β coincidono.

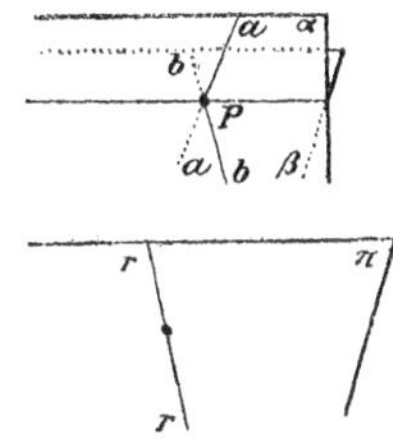

Corollarî. — 1° Se due piani paralleli sono incontrati da un terzo, risultano uguali i diedri corrispondenti, alterni interni, alterni esterni, di ciascuna coppia.

2° Se due piani paralleli sono incontrati da un terzo, i diedri coniugati, interni o esterni, risultano supplementari.

Questi due corollarî esprimono le proposizioni inverse di altre due già enunciate (44, C. 1°, 2°), e dimostrate senza il soccorso dell'ultimo postulato.

3° Due piani paralleli ad un terzo sono paralleli fra loro. Infatti, se i primi due piani s'incontrassero, per uno dei punti comuni passerebbero due piani paralleli al terzo.

4° Se due piani sono paralleli, ogni piano che incontra uno, incontra l'altro; poichè, se così non fosse, per uno qualunque dei punti comuni ai due piani, che s'incontrano, si potrebbero condurre due piani paralleli all'altro.

5° Se due piani s'incontrano in una retta, due piani ad essi paralleli s'incontrano pure secondo una retta, che è parallela alla prima. Se i piani ArC, BrD passano per la retta r, e se A$'r'$C$'$, B$'r'$D$'$ sono ad essi paralleli, devono incontrarsi in una retta r', altrimenti sarebbero paralleli e sarebbero per conseguenza paralleli pure ArC, BrD (46, C. 3°), contro l'ipotesi. Ora il piano ArC incontra il piano BrD, quindi deve incontrare anche il piano ad esso parallelo B$'r'$D$'$ (46, C. 4°); se r'' è la retta comune, le rette r, r' sono parallele ad r'' (44, C. 4°), dunque sono parallele fra loro (45, C. 3°).

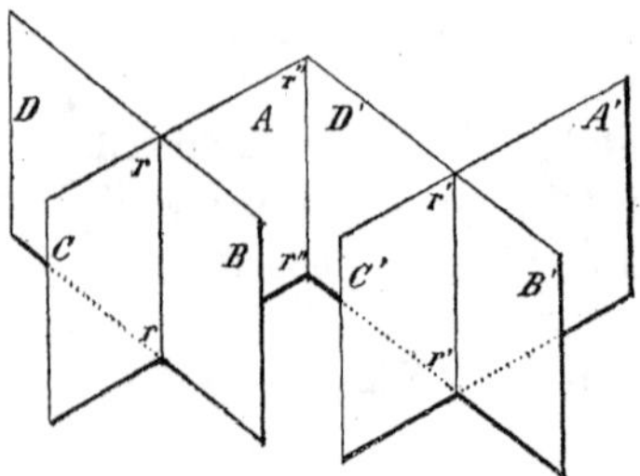

47. Teorema. — Dato un piano, per un punto preso fuori di esso, si possono condurre infinite rette, che non lo incontrano.

Sul piano dato π prendiamo una retta arbitraria a', e sia a la retta parallela ad a', che passa per il punto P, preso fuori di π (41, T.). La retta a non incontra π, infatti i piani π, aa' si tagliano lungo la retta a', quindi se a incontrasse π, dovrebbe attraversarlo in un punto di a', ciò che è impossibile, perchè a, a' sono parallele. Avendo poi preso ad arbitrio la retta a' di π, ne segue che per P possono condursi infinite rette $a, b, c, \ldots\ldots$, che non incontrano π.

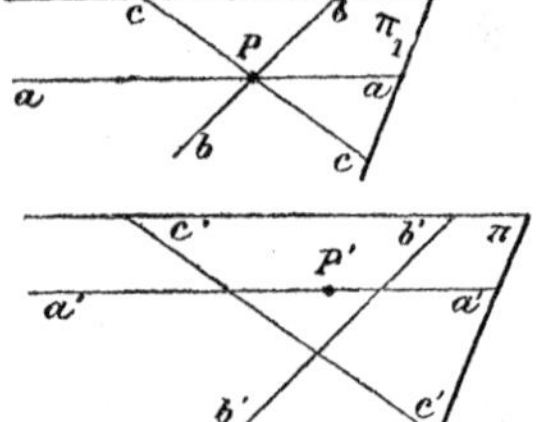

Oltre alle rette così condotte non ve ne sono altre, che passano per P e non incontrano π, poichè se per P abbiamo una retta a, che non incontra π, il piano condotto per a e per un punto P$'$ di π, lo taglia secondo una retta a', che non potendo incontrare a, poichè altrimenti a incontrerebbe π, è ad essa parallela.

Definizione. — Una retta ed un piano si dicono *paralleli*, quando non s'incontrano.

Il teorema precedente può anche enunciarsi dicendo: ad un piano dato, per un punto preso fuori di esso, si possono condurre infinite rette parallele.

Parlando di un segmento ed una parte di piano paralleli, intendiamo dire che sono paralleli la retta ed il piano cui appartengono.

Corollarî. — 1° Tutte le rette parallele ad uno stesso piano, e che passano per uno stesso punto, giacciono in un piano parallelo a quello dato.

Infatti due rette a, b parallele a π, condotte da P, determinano un piano π_1, che deve essere quello parallelo a π condotto da P, poichè, se π_1 incontrasse π secondo una retta r, le a, b, non incontrando π, sarebbero due parallele condotte da P ad r.

2° Se una retta incontra un piano, incontra tutti i piani paralleli ad esso.

Infatti se α, β sono due piani paralleli, e se una retta a incontra α, non può essere parallela a β, perchè tutte le rette condotte per il punto $a\alpha$ e parallele a β devono giacere nel piano α (47, T.).

3° Date due rette, non situate in uno stesso piano, per ciascuna si può condurre un piano parallelo all'altra, ed uno solo.

Basta prendere il piano determinato da una delle due rette e dalla parallela all'altra, condotta per uno dei suoi punti.

48. Teorema 1° — Gli angoli formati da due rette, che s'incontrano, sono uguali agli angoli formati da due rette ad esse parallele, e che pure s'incontrano.

Siano le rette APC, BPD, che s'incontrano in P, parallele alle rette A'P'C', B'P'D', che s'incontrano in P', e non si trovano con esse in uno stesso piano. I piani di PA, P'A' e di PB, P'B' formano un diedro, il cui spigolo è la retta PP'; facendolo scorrere su se stesso (37), quando P viene in P', le rette AC, BD vengono a coincidere colle parallele A'C', B'D' (41, T.); dunque gli angoli formati dalle prime sono uguali a quelli formati dalle seconde.

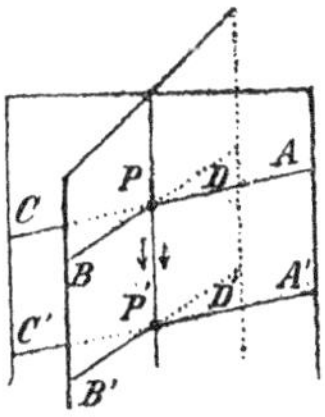

Quando le due coppie di rette stanno in uno stesso piano, il teorema è dimostrato osservando che i loro angoli sono uguali a quelli formati dalle parallele alle rette di ciascuna coppia, condotte per un punto fuori del loro piano.

Teorema 2° — I diedri formati da due piani, che s'incontrano, sono uguali ai diedri formati da due piani ad essi paralleli.

Se i piani ArC, BrD, che s'incontrano secondo la retta r, sono paralleli ai piani A'r'C', B'r'D', che s'incontrano secondo la retta r', sono parallele le rette r, r' (46, C. 5°), e quindi stanno in uno stesso piano rr'. Facendolo scorrere su se stesso, strisciando lungo una retta che incontri r, r', quando r viene in r', devono necessariamente i piani AC, BD venire a coincidere coi paralleli A'C', B'D' (43, T.); dunque i diedri formati dai primi sono uguali a quelli formati dai secondi.

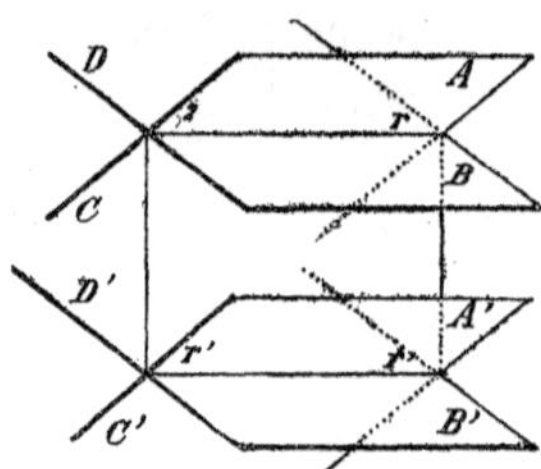

Definizioni. — 1ª Due parti PA, P'A' di rette parallele, uscenti dai punti P, P', hanno la *stessa direzione*, o *direzione opposta*, secondochè giacciono, o no, in una stessa parte staccata dalla retta PP' sul loro piano.

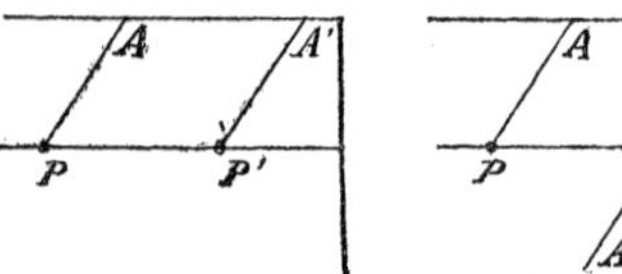

2ª Due parti rA, r'A' di piani paralleli, uscenti da rette parallele

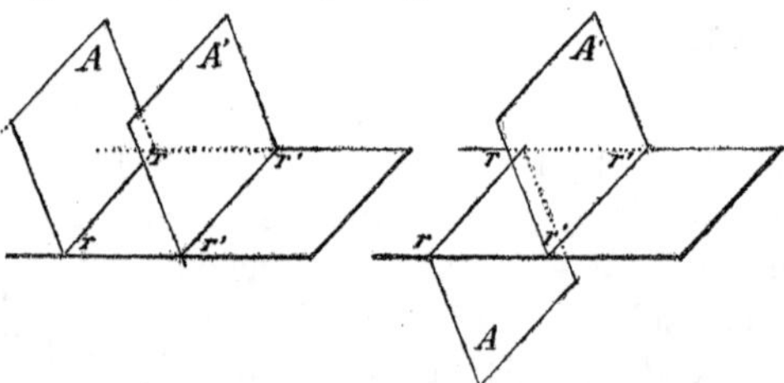

r, r', hanno la *stessa direzione*, o *direzione opposta*, secondochè giacciono, o no, in una stessa parte staccata dal piano rr' nello spazio.

Corollari. — 1° Se due angoli hanno i lati paralleli, sono uguali o supplementari.

Gli angoli $P.\widehat{AB}$, $P'.\widehat{A'B'}$, che hanno i lati paralleli e diretti nello stesso senso, e gli angoli $P.\widehat{AB}$, $P'.\widehat{C'D'}$, che hanno i lati paralleli e diretti in senso opposto, sono uguali; mentre gli angoli $P.\widehat{AB}$, $P'.\widehat{B'C'}$, che hanno i lati paralleli, due diretti nello stesso senso e gli altri due in senso opposto, sono supplementari.

2° Se due diedri hanno le facce parallele, sono uguali o supplementari.

I diedri $r.\widehat{AB}$, $r'.\widehat{A'B'}$, che hanno le facce parallele e dirette nello stesso senso, e i diedri $r.\widehat{AB}$, $r'.\widehat{C'D'}$, che hanno le facce parallele e dirette in senso opposto, sono uguali; mentre i diedri $r.\widehat{AB}$, $r'.\widehat{B'C'}$, che hanno le facce parallele, due dirette nello stesso senso e le altre due in senso opposto, sono supplementari.

49. Definizione. — La *sezione* di un diedro, convesso o concavo, fatta con un piano che incontra lo spigolo, è l'angolo, convesso o concavo, che ha per lati le parti di retta tagliate dal piano sulle facce del diedro.

Corollario. — Tutte le sezioni di uno stesso diedro, fatte con piani paralleli, sono uguali.

Infatti, se $P.\widehat{AB}$, $P'.\widehat{A'B'}$ sono due sezioni di un diedro $r.\widehat{AB}$, fatte con due piani paralleli, i lati PA, PB sono paralleli ai lati P'A', P'B' (44, C. 4°) e diretti nello stesso senso, dunque $P.\widehat{AB} \equiv P'.\widehat{A'B'}$ (48, C. 1°).

50. Corollario. — Se AC, BD sono due rette date, non situate in uno stesso piano, e se A'C', B'D' sono le rette ad esse parallele, che passano per uno stesso punto P', i loro angoli sono uguali a quelli delle rette parallele ad AC, BD condotte da un altro punto qualunque (48, C. 1°).

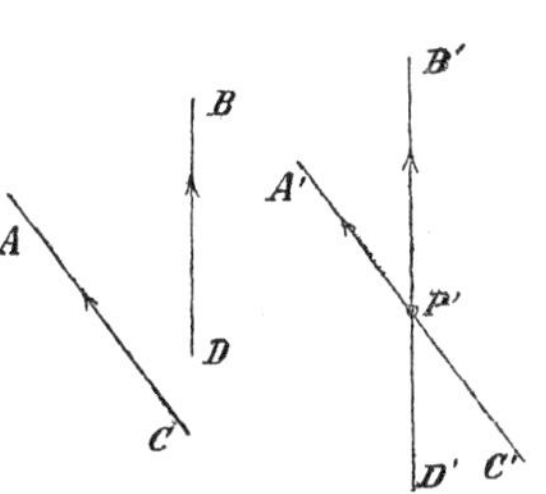

Definizione. — Si dicono *angoli* di due rette, che non stanno in uno stesso piano, quelli formati da due rette ad esse parallele, e che passano per uno stesso punto.

Parlando di angoli di due segmenti, che non stanno in uno stesso piano, s'intende di considerare quelli delle loro rette. Fissata una direzione CA, DB, su ciascuna delle due rette, è fissato uno $\widehat{P'.A'B'}$ dei quattro angoli che formano.

IV. Le grandezze geometriche elementari.

51. Cominciamo a considerare alcune delle *grandezze* che ci si presentano nella Geometria.

Definizioni. — 1ª Diremo *grandezze geometriche elementari* i segmenti, gli angoli e i diedri.

2ª Più grandezze geometriche elementari si dicono *omogenee*, se sono tutti segmenti, o tutti angoli, o tutti diedri.

Per brevità, considerando insieme più grandezze elementari, quando non sia avvertito esplicitamente, intenderemo che siano omogenee.

Due grandezze elementari uguali ad una terza sono uguali fra loro (12, C, 3°).

Problema 1° — Sopra una retta data trovare un punto, conoscendo la sua distanza da un punto dato della retta.

Sia A il punto dato sulla retta MN, e sia CD la distanza data; poniamo il punto C sul punto A, e poi facciamo rotare la retta CD intorno a C, finchè la sua parte indefinita CD venga a coincidere successivamente colle parti AM, AN. Il punto D prende sulla MN le posizioni B', B'', ed abbiamo $AB' \equiv CD$, $AB'' \equiv CD$; quindi ambidue i punti trovati B',B'', ed essi soli, soddisfano alle condizioni del problema, che è di 2° grado avendo due soluzioni.

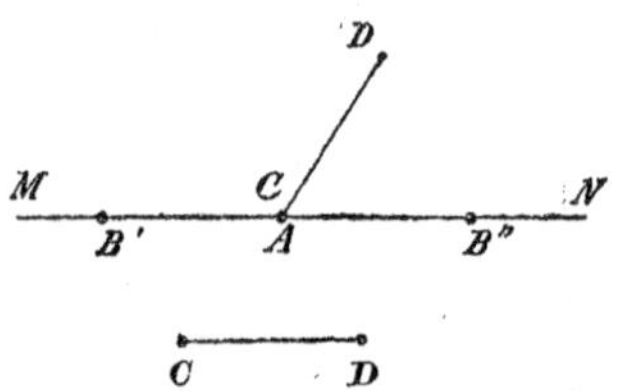

Problema 2° — In un piano, presa una retta ed uno dei suoi punti, determinare un'altra retta, che passi per il punto preso e faccia un angolo dato, qualunque, colla retta data.

Sia π il piano, A'A'' la retta, P' il suo punto, e $\widehat{P.AB}$ l'angolo dato.

Possiamo porre P in P′, il lato PA sulla parte P′A′, o P′A″, di A′A″, e poi fare rotare il piano dell'angolo $\widehat{P.AB}$ intorno alla A′A″, finchè la retta PB cada in π nella posizione P′B′, o P′B″. Avendo

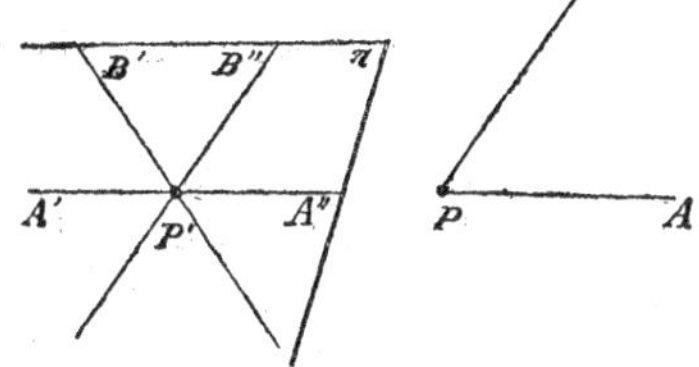

$$\widehat{P.AB} \equiv \widehat{P'.A'B'} \equiv \widehat{P'.A''B''},$$

ambedue le rette trovate P′B′, P′B″, ed esse sole risolvono il problema di 2° grado proposto.

Problema 3° — Dato un piano ed una delle sue rette, determinare un piano, che faccia un diedro dato, qualunque, col piano dato e passi per la retta data.

Siano A′*r*′A″, *r*, ed $\widehat{r.AB}$ gli elementi dati. Possiamo porre *r* in *r*′, la parte di piano *r*A sulla parte *r*′A′, o *r*′A″, di A′*r*′A″; se la *r*B prende la posizione *r*′B′, o *r*′B″, avendo

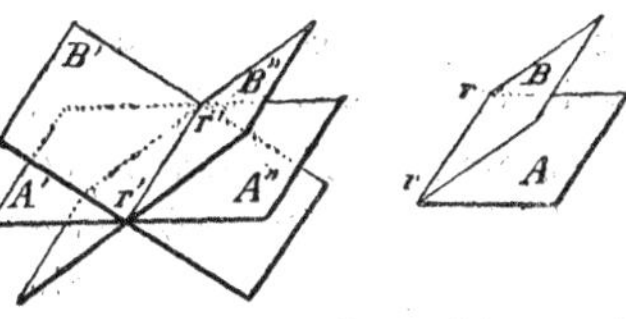

$$\widehat{r.AB} \equiv \widehat{r'.A'B'} \equiv \widehat{r'.A''B''},$$

troviamo due piani *r*′B′, *r*′B″, che soli risolvono il problema di 2° grado proposto.

52. Definizioni. — 1ª Più segmenti, presi in un certo ordine, si dicono *consecutivi*, quando sono situati sopra una stessa retta, e il termine di ciascuno è l'origine del seguente.

2ª Più angoli, convessi o concavi, presi in un certo ordine, si dicono *consecutivi*, quando sono situati in uno stesso piano, ed avendo lo stesso vertice il termine di ciascuno è l'origine del seguente.

3ª Più diedri, convessi o concavi, presi in un certo ordine, si dicono *consecutivi*, quando avendo lo stesso spigolo il termine di ciascuno è l'origine del seguente.

Più grandezze elementari consecutive, o segmenti AB, BC,

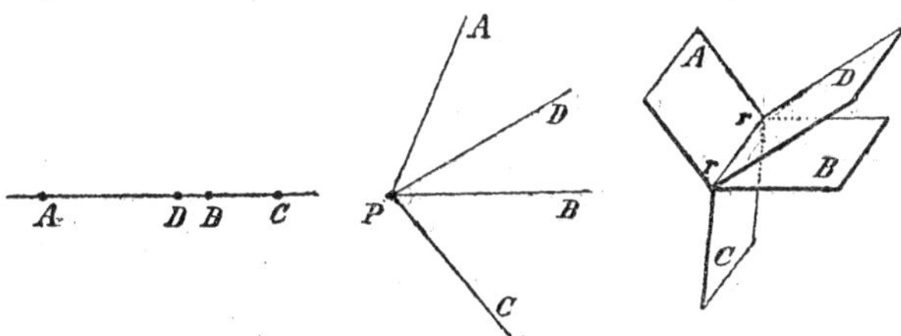

CD,......., o angoli $\widehat{P.AB}$, $\widehat{P.BC}$, $\widehat{P.CD}$,......, o diedri $\widehat{r.AB}$, $\widehat{r.BC}$, $\widehat{r.CD}$,......., possono avere direzioni differenti.

Corollario. — I problemi risoluti (51) ci permettono di determinare più grandezze elementari consecutive, le cui direzioni siano fissate, e che siano uguali a grandezze elementari date.

53. Più angoli consecutivi, convessi o concavi, per esempio $P.\widehat{AB}$, $P.\widehat{BC}$, $P.\widehat{CD}$, $P.\widehat{DA}$, tutti colla stessa direzione e tali che il termine dell'ultimo coincida coll'origine del primo, riempiono un certo numero di volte l'intero piano.

Più diedri consecutivi, convessi o concavi, per esempio $r.\widehat{AB}$, $r.\widehat{BC}$, $r.\widehat{CD}$, $r.\widehat{DA}$, tutti colla stessa direzione e tali che il termine dell'ultimo coincida coll'origine del primo, riempiono un certo numero di volte l'intero spazio.

Definizione. — Ogni volta che più angoli, o più diedri, consecutivi qualunque, tutti colla stessa direzione, riempono l'intero piano, o l'intero spazio, diremo che formano un *giro*.

Possiamo estendere il concetto di angolo dicendo che le parti di retta PA, PB, uscenti da uno stesso punto P del loro piano π, sono lati di infiniti angoli, ciascuno descritto da un lato PA, che, rotando sempre in uno stesso senso intorno a P sul piano π, descrive un numero qualunque di giri, e finisce col prendere la posizione di PB. Secondo questo concetto, l'angolo è formato da tante volte l'intero piano, quanti sono i giri percorsi da PA, insieme ad una delle due parti staccate dai lati PA, PB sul piano.

Possiamo estendere il concetto di diedro dicendo che le parti di piano rA, rB, uscenti da una stessa retta r, sono facce di infiniti diedri, ciascuno descritto da una faccia rA, che, rotando sempre in uno stesso senso intorno ad r, descrive un numero qualunque di giri, e finisce col prendere la posizione di rB. Secondo questo concetto, il diedro è formato da tante volte l'intero spazio, quanti sono i giri percorsi da rA, insieme ad una delle due parti staccate dalle facce rA, rB nello spazio (N. XXI).

54. Dato un segmento, prendendo 1, 2, 3,....... dei suoi punti, veniamo a *dividerlo* in 2, 3, 4,....... parti, che sono segmenti consecutivi (52, D. 1ª).

Dato un angolo qualunque, prendendo 1, 2, 3, ... parti di retta in esso comprese, veniamo a *dividerlo* in 2, 3, 4, ... parti, che sono angoli consecutivi (52, D. 2ª).

Dato un diedro qualunque, prendendo 1, 2, 3,....... parti di piano in esso comprese, veniamo a *dividerlo* in 2, 3, 4, ... parti, che sono diedri consecutivi (52, D. 3ª).

Teorema 1° — Due grandezze elementari uguali sono sempre divisibili in uno stesso numero di parti rispettivamente uguali, prese nello stesso ordine, e viceversa.

Dati due segmenti AB, A′B′ uguali, se A′B′ si divide in tre segmenti consecutivi prendendo due suoi punti C'_1, C'_2, facendo coincidere A′B′ con AB i punti C'_1, C'_2 prendono le posizioni C_1, C_2, che dividono AB in parti prese nello stesso ordine e rispettivamente uguali a quelle in cui è diviso A′B′, essendo $AC_1 \equiv A'C'_1$, $C_1C_2 \equiv C'_1C'_2$, $C_2B \equiv C'_2B'$. Viceversa, se AB, A′B′ sono divise dai punti C_1, C_2 e C'_1, C'_2, e se $AC_1 \equiv A'C'_1$, $C_1C_2 \equiv C'_1C'_2$, $C_2B \equiv C'_2B'$, facendo coincidere A′ con A e C'_1 con C_1 necessariamente C'_2 coinciderà con C_2 e B′ con B, dunque A′B′ ≡ AB.

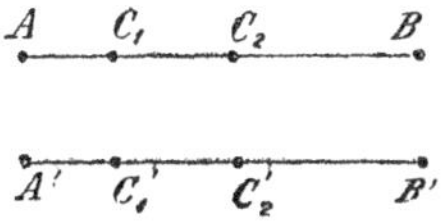

Il teorema si dimostra analogamente in ogni altro caso.

Teorema 2° — Due grandezze elementari sono uguali, se possono dividersi in uno stesso numero di parti rispettivamente uguali.

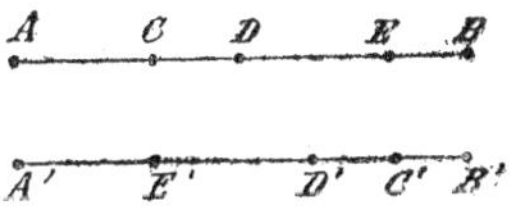

Siano AB, A′B′ due segmenti divisi in uno stesso numero di parti rispettivamente uguali, e supponiamo che le loro divisioni differiscano solamente per l'ordine di due segmenti consecutivi CD, DE di AB, ed E′D′, D′C′ di A′B′, essendo AC ≡ A′E′, EB ≡ C′B′ e CD ≡ D′C′, DE ≡ E′D′. Evidentemente CE, C′E′ sono due segmenti ugualmente divisi da D e da D′, dunque (54, T. 1°) CE ≡ C′E′ ≡ E′C′, perciò AB, A′B′ sono ugualmente divisi dai punti C, E ed E′, C′, dunque AB ≡ A′B′ (54, T. 1°). Rimane così dimostrato il teorema nel caso in cui le due divisioni, in parti rispettivamente uguali, differiscano solamente per l'ordine di due parti consecutive; ora è chiaro che dato un certo ordine delle parti si possono ottenere tutti gli altri ordini scambiando successivamente l'ordine di due parti consecutive, dunque il teorema è vero in generale.

55. Definizione — 1ª Una grandezza elementare, comunque divisa, si dice *somma* di altre grandezze elementari, pure comunque divise, quando ogni sua parte è uguale ad una parte di queste, e viceversa.

Così, per esempio, il segmento AB è somma dei segmenti CD, EF, perchè è diviso in tre parti, una uguale a CD e le altre due uguali alle due parti in cui è diviso EF.

Teorema. — Sono uguali due grandezze elementari, che sono somme di grandezze elementari rispettivamente uguali.

Supponiamo che AB sia somma dei segmenti C_1D_1, D_2E_2, e che $A'B'$ sia somma dei segmenti $C'_1D'_1 \equiv C_1D_1$, $D'_2E'_2 \equiv D_2E_2$; si tratta di dimostrare che $AB \equiv A'B'$.

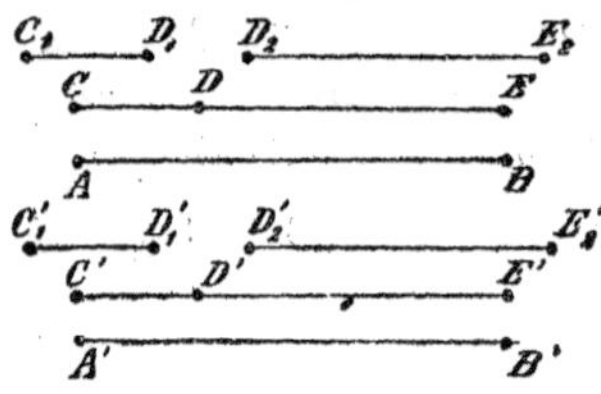

Troviamo un segmento CE formato da due segmenti consecutivi $CD \equiv C_1D_1$, $DE \equiv D_2E_2$ (52, C.); ora dividendo CD, DE come sono divisi C_1D_1, D_2E_2 (54, T. 1°), tutte le parti in cui viene diviso CE sono uguali alle parti in cui viene diviso AB (55, D.), e viceversa, dunque $AB \equiv CE$ (54, T. 2°).

Troviamo un segmento $C'E'$ formato da due segmenti consecutivi $C'D' \equiv C'_1D'_1$, $D'E' \equiv D'_2E'_2$; ora dividendo $C'D'$, $D'E'$ come sono divisi $C'_1D'_1$, $D'_2E'_2$, tutte le parti in cui viene diviso $C'E'$ sono uguali alle parti in cui viene diviso $A'B'$, e viceversa, dunque $A'B' \equiv C'E'$.

Essendo per ipotesi $C'_1D'_1 \equiv C_1D_1$, $D'_2E'_2 \equiv D_2E_2$, deduciamo subito $CD \equiv C'D'$, $DE \equiv D'E'$, e quindi (54, T. 2°) che $CE \equiv C'E'$, dunque $AB \equiv A'B'$.

Il teorema si dimostra analogamente in qualunque altro caso.

Corollarî. — 1° Possiamo sempre trovare una grandezza elementare, che sia somma di quante si vogliano grandezze elementari date, dividendole arbitrariamente in parti, e poi trovando la grandezza elementare che è divisa in parti uguali a queste, prese in un ordine arbitrario.

2° Una grandezza elementare somma di grandezze elementari date, dipende solamente da esse, ed è indipendente dal modo in cui si dividono in parti e dall'ordine in cui si prendono queste parti (55, T.).

La somma di più grandezze elementari non muta, se ad una qualunque di esse si sostituiscono altre grandezze elementari, delle quali essa sia somma, e viceversa.

Definizione — 2ª *Sommare* date grandezze elementari significa trovare la loro somma.

Per sommare date grandezze elementari possiamo prendere quella grandezza elementare che è divisa in parti uguali alle grandezze date, prese in un ordine arbitrario.

Così per sommare i segmenti A_1B_1, B_2C_2, C_3D_3 basta determinare i segmenti consecutivi $AB \equiv A_1B_1$, $BC \equiv B_2C_2$, $CD \equiv C_3D_3$, tutti con la stessa direzione. Il segmento AD è la somma dei segmenti dati; scriveremo

$$AD \equiv A_1B_1 + B_2C_2 + C_3D_3,$$

e leggeremo: AD è uguale ad A_1B_1, *più* B_2C_2, *più* C_3D_3.

Per sommare gli angoli $P_1.\widehat{A_1B_1}$, $P_2.\widehat{B_2C_2}$, $P_3.\widehat{C_3D_3}$, convessi o concavi, basta determinare gli angoli consecutivi $P.\widehat{AB} \equiv P_1.\widehat{A_1B_1}$, $P.\widehat{BC} \equiv P_2.\widehat{B_2C_2}$, $P.\widehat{CD} \equiv P_3.\widehat{C_3D_3}$, tutti con la stessa direzione. Se questi angoli non formano giri, l'angolo $P.\widehat{AD}$, convesso o concavo, descritto nella loro direzione, è la somma degli angoli dati; scriveremo

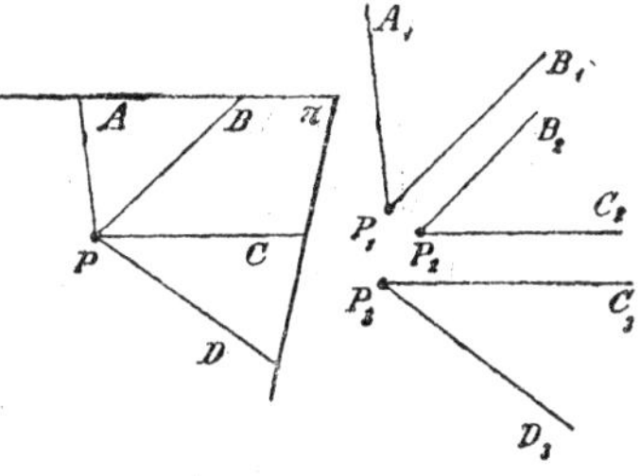

$$P.\widehat{AD} \equiv P_1.\widehat{A_1B_1} + P_2.\widehat{B_2C_2} + P_3.\widehat{C_3D_3},$$

e leggeremo: $P.\widehat{AD}$ è uguale a $P_1.\widehat{A_1B_1}$, *più* $P_2.\widehat{B_2C_2}$, *più* $P_3.\widehat{C_3D_3}$.

Se poi gli angoli consecutivi determinati formano un certo numero di giri, la somma è l'angolo formato da un ugual numero di volte l'intero piano, insieme allo stesso angolo di prima $\widehat{P.AD}$ (53).

Per sommare i diedri $\widehat{r_1.A_1B_1}$, $\widehat{r_2.B_2C_2}$, $\widehat{r_3.C_3D_3}$, convessi o concavi, basta determinare i diedri consecutivi $\widehat{r.AB} \equiv \widehat{r_1.A_1B_1}$, $\widehat{r.BC} \equiv \widehat{r_2.B_2C_2}$, $\widehat{r.CD} \equiv \widehat{r_3.C_3D_3}$, tutti colla stessa direzione. Se

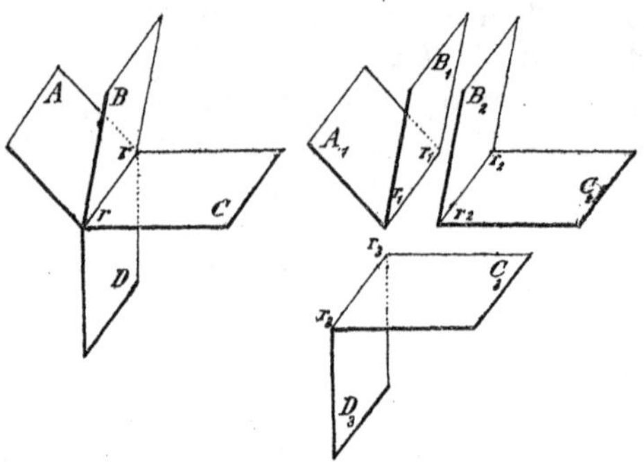

questi diedri non formano giri, il diedro $\widehat{r.AD}$, convesso o concavo, descritto nella loro direzione, è la somma dei diedri dati; scriveremo

$$\widehat{r.AD} \equiv \widehat{r_1.A_1B_1} + \widehat{r_2.B_2C_2} + \widehat{r_3.C_3D_3},$$

e leggeremo: $\widehat{r.AD}$ è uguale ad $\widehat{r_1.A_1B_1}$ *più* $\widehat{r_2.B_2C_2}$ *più* $\widehat{r_3.C_3D_3}$.

Se poi i diedri consecutivi determinati formano un certo numero di giri, la somma è il diedro formato da un uguale numero di volte l'intero spazio, insieme allo stesso diedro di prima $\widehat{r.AD}$ (53).

56. Teorema. — Date due grandezze elementari, se è possibile dividerle in modo che nella prima vi siano, insieme ad altre, tutte le parti della seconda, non è possibile dividerle in uno stesso numero di parti rispettivamente uguali, e non è possibile dividerle in modo che nella seconda vi siano, insieme ad altre, tutte le parti della prima.

Supponiamo che si tratti di due segmenti A_1B_1, B_2C_2. Presi due segmenti consecutivi $AB \equiv A_1B_1$, $BC \equiv B_2C_2$ in direzioni opposte, o C viene compreso in AB, o C coincide con A, o A viene compreso in BC, ed evidentemente ciascuno di questi tre casi esclude gli altri due. Ora se A_1B_1, B_2C_2 si possono dividere in modo che A_1B_1, insieme ad altre, contenga tutte le parti di B_2C_2, il segmento A_1B_1 è la somma di B_2C_2 e di un altro segmento, e C è compreso in AB. Se A_1B_1, B_2C_2 si possono dividere in uno stesso numero di parti rispettivamente uguali, sono uguali A_1B_1, B_2C_2, e C coincide con A. Se A_1B_1, B_2C_2 si possono dividere in modo che B_2C_2, insieme ad altre, contenga tutte le parti di A_1B_1, il segmento B_2C_2 è la somma di A_1B_1 e di un altro segmento, ed A è compreso in BC. Dunque il teorema è dimostrato, potendo ripetere gli stessi ragionamenti per gli angoli e per i diedri.

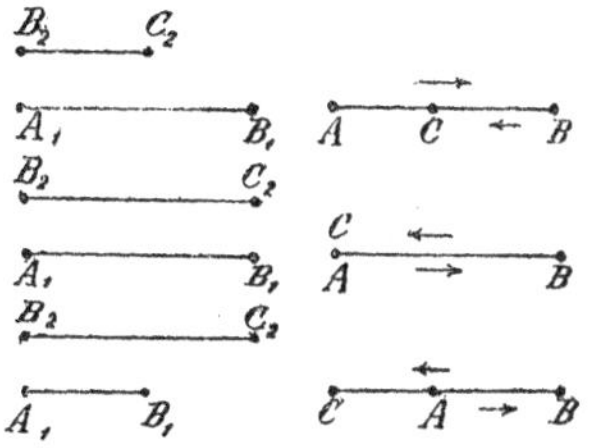

Definizione. — Di due grandezze elementari, la prima è *maggiore* della seconda, e la seconda è *minore* della prima, se è possibile dividerle in modo che nella prima, insieme ad altre, vi siano tutte le parti della seconda.

Corollari. — 1° Date due grandezze elementari, se la prima è maggiore, o minore, della seconda, una grandezza elementare uguale alla prima è pure maggiore, o minore, di una grandezza elementare uguale alla seconda.

2° Date due grandezze elementari, necessariamente una qualunque di esse deve essere maggiore, uguale, o minore dell'altra.

Dati due segmenti A_1B_1, B_2C_2, presi i segmenti consecutivi $AB \equiv A_1B_1$, $BC \equiv B_2C_2$, in direzioni opposte, o C viene compreso in AB, ed allora A_1B_1 è maggiore di B_2C_2, i punti A_1, B_1 sono *più lontani* di B_2, C_2, e scriviamo $A_1B_1 > B_2C_2$, leggendo: A_1B_1 è *maggiore* di B_2C_2; o C coincide con A, ed allora $A_1B_1 \equiv B_2C_2$, o A viene compreso in BC, ed allora A_1B_1 è minore di B_2C_2, i punti A_1, B_1 sono *più vicini* di B_2, C_2, e scriviamo $A_1B_1 < B_2C_2$, leggendo: A_1B_1 è *minore* di B_2C_2.

Uno dei tre casi $A_1B_1 \gtreqless B_2C_2$ è sempre verificato ed esclude gli altri due.

3° Date tre grandezze elementari, necessariamente almeno una non è minore di nessuna delle altre due, ed almeno una non è maggiore di nessuna delle altre due.

4° Date più grandezze elementari, se la prima è maggiore, o minore, della seconda, la seconda maggiore, o minore, della terza, e così di seguito, la prima è pure maggiore, o minore, dell'ultima.

Un angolo, o diedro convesso, è minore di un angolo, o diedro piatto, mentre un angolo, o diedro concavo, è maggiore di un angolo, o diedro piatto, e viceversa.

57. Definizione. — 1ª Una grandezza elementare si dice *differenza* di altre due disuguali, quando sommata colla minore di esse dà una grandezza uguale alla maggiore.

Corollari. — 1° Dati due segmenti $A_1B_1 > B_2C_2$, e presi due segmenti consecutivi $AB \equiv A_1B_1$, $BC \equiv B_2C_2$, in direzioni opposte, C è compreso in AB, quindi $A_1B_1 \equiv B_2C_2 + AC$, ed AC è differenza tra A_1B_1, B_2C_2; scriveremo $AC \equiv A_1B_1 - B_2C_2$, e leggeremo: AC è uguale ad A_1B_1 *meno* B_2C_2.

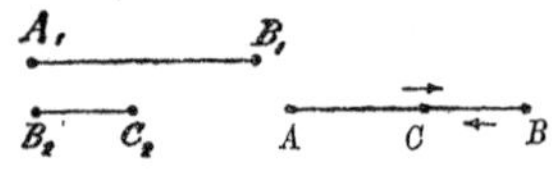

La somma di B_2C_2 con un segmento maggiore, o minore, di AC non è uguale ad A_1B_1, quindi un segmento maggiore, o minore, di AC non può essere differenza dei due segmenti dati.

Esiste sempre una grandezza elementare differenza di due date grandezze elementari disuguali, dipendente solamente da esse, che si può trovare dividendo la maggiore in due parti una delle quali sia uguale alla minore, e prendendo l' altra.

2° Sono uguali le grandezze elementari differenze di grandezze elementari uguali.

Definizione. — 2ª *Sottrarre* da una data grandezza elementare un'altra minore di essa significa trovare la loro differenza.

Dati due angoli, o diedri supplementari, ciascuno si trova sottraendo l'altro da un angolo, o diedro piatto; quindi la proposizione: sono uguali due angoli, o diedri, supplementari di angoli, o diedri, uguali (33, T. 2°) (39, T. 2°), è un caso particolare dell'ultimo corollario.

58. Teorema 1° — Date due grandezze elementari, se la prima è maggiore, uguale, o minore della seconda, sommando ad ambedue grandezze elementari uguali, la prima somma è maggiore, uguale, o minore della seconda.

Sia $A_1B_1 \gtreqless A_2B_2$, $B_1C_1 \equiv B_2C_2$, e sia $A_1C_1 \equiv A_1B_1 + B_1C_1$, $A_2C_2 \equiv A_2B_2 + B_2C_2$.

Se $A_1B_1 \equiv A_2B_2$, sappiamo già che $A_1C_1 \equiv A_2C_2$ (55, T.); se poi $A_1B_1 > A_2B_2$, ponendo contemporaneamente C_2, B_2 sopra C_1, B_1, il punto A_2 viene compreso nel segmento A_1B_1, essendo $A_1B_1 > A_2B_2$, dunque $A_1C_1 > A_2C_2$. Rimane così pure dimostrato che, se $A_1B_1 < A_2B_2$, si ha $A_1C_1 < A_2C_2$.

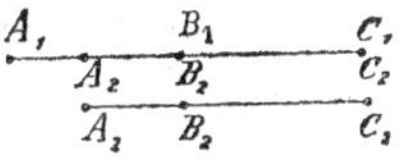

Teorema 2° — Date due grandezze elementari, se la prima è maggiore, uguale, o minore della seconda, sottraendo da ambedue grandezze elementari uguali, la prima differenza è maggiore, uguale, o minore della seconda.

Sia $A_1B_1 \gtreqless A_2B_2$, $B_1C_1 \equiv B_2C_2$, e sia $A_1C_1 \equiv A_1B_1 - B_1C_1$, $A_2C_2 \equiv A_2B_2 - B_2C_2$, supponendo naturalmente $A_1B_1 > B_1C_1$, $A_2B_2 > B_2C_2$.

Se $A_1B_1 \equiv A_2B_2$, sappiamo già che $A_1C_1 \equiv A_2C_2$ (57, C. 2°); se poi $A_1B_1 > A_2B_2$, ponendo contemporaneamente B_2, C_2 sopra B_1, C_1, il punto A_2 viene compreso nel segmento A_1B_1, essendo $A_1B_1 > A_2B_2$; ma, essendo $A_2B_2 > B_2C_2$, deve venire C_2 compreso in A_2B_2, dunque A_2 deve venire compreso nel segmento A_1C_1, e perciò $A_1C_1 > A_2C_2$.

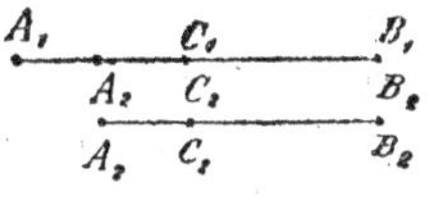

Rimane così pure dimostrato che, se $A_1B_1 < A_2B_2$, si ha $A_1C_1 < A_2C_2$.

Corollari. — 1° Date due grandezze elementari, se la prima è maggiore, o minore, della seconda, sommando ad ambedue grandezze elementari, tali che quella sommata alla prima sia maggiore, o minore, di quella sommata alla seconda, la prima somma è maggiore, o minore, della seconda.

2° Date due grandezze elementari, se la prima è maggiore, o minore, della seconda, sottraendo da ambedue grandezze elementari, tali che quella sottratta dalla prima sia minore, o maggiore, di quella sottratta dalla seconda, la prima differenza è maggiore, o minore, della seconda.

3° Date due grandezze elementari uguali, sommando ad ambedue grandezze elementari, se quella sommata alla prima è maggiore, o minore, di quella sommata alla seconda, la prima somma è maggiore, o minore, della seconda.

4° Date due grandezze elementari uguali, sottraendo da ambedue grandezze elementari, se quella sottratta dalla prima è maggiore, o minore, di quella sottratta dalla seconda, la prima differenza è minore, o maggiore, della seconda.

59. Definizioni. — 1ª Una grandezza elementare si dice *multipla* di un'altra secondo il numero 1, 2, 3,..., quando si può dividere in 1, 2, 3,.... parti uguali ad essa.

2ª Una grandezza elementare si dice *summultipla* di un'altra secondo il numero 1, 2, 3,......., quando questa si può dividere in 1, 2, 3,....... parti uguali ad essa.

3ª Più grandezze elementari si dicono *equimultiple*, o *equisummultiple* di altre, quando sono tutte multiple, o summultiple, di esse secondo lo stesso numero.

Una grandezza è multipla e summultipla di se stessa secondo il numero 1.

Corollario. — Esiste sempre una grandezza elementare multipla di un' altra secondo un numero dato, perchè esiste sempre una grandezza elementare somma di date grandezze elementari. Per trovarla basta prendere la grandezza elementare che ha per parti consecutive tante parti uguali alla grandezza data, quante sono le unità del numero dato.

L'esistenza di una grandezza elementare summultipla di un' altra, secondo un dato numero, deve essere dimostrata, come faremo, in ogni caso speciale.

Teorema 1° — Date due grandezze elementari, se la prima è maggiore, uguale, o minore della seconda, una grandezza multipla della prima è pure maggiore, uguale, o minore di una grandezza equimultipla della seconda.

Se abbiamo due segmenti $A_1B_1 \equiv A_2B_2$, e se, per esempio, A_1C_1, A_2C_2 sono due segmenti multipli di essi secondo il numero 2, si ha $A_1C_1 \equiv A_2C_2$, perchè ciascuno di questi segmenti è la somma di due che sono uguali a quelli dell'altro (55, T.). Se poi $A_1B_1 > A_2B_2$, e se, per esempio, A_1C_1, A_2C_2 sono due segmenti multipli di essi secondo il numero 2, cioè se $A_1C_1 \equiv A_1B_1 + B_1C_1$ essendo $A_1B_1 \equiv B_1C_1$, e $A_2C_2 \equiv A_2B_2 + B_2C_2$ essendo $A_2B_2 \equiv B_2C_2$, sottraendo A_2B_2 da ciascuno dei segmenti A_1B_1, B_1C_1, avremo le differenze A'_1B_1, B'_1C_1, e sarà $A_1C_1 \equiv A_1A'_1 + A'_1B_1 + B_1B'_1 + B'_1C_1$, ossia $A_1C_1 \equiv A_1A'_1 + B_1B'_1 + A'_1B_1 + B'_1C_1$ (54, T. 2°); ma abbiamo anche $A_1A'_1 + B_1B'_1 \equiv A_2B_2 + B_2C_2 \equiv A_2C_2$, dunque $A_1C_1 > A_2C_2$ (56, D.). Rimane così pure dimostrato che, se $A_1B_1 < A_2B_2$, si ha $A_1C_1 < A_2C_2$.

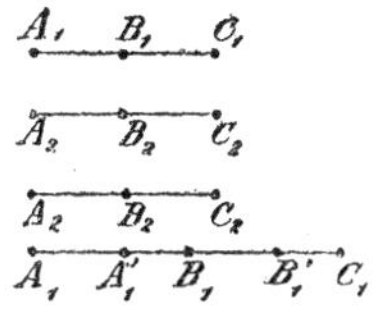

Teorema 2° — Date due grandezze elementari, se la prima è maggiore, uguale, o minore della seconda, una grandezza summultipla della prima è pure maggiore, uguale, o minore di una grandezza equisummultipla della seconda.

Se i segmenti A_1B_1, A_2B_2 sono equisummultipli di altri due A_1C_1, A_2C_2, e se $A_1C_1 > A_2C_2$, non può essere $A_1B_1 \lesseqgtr A_2B_2$, perchè allora sarebbe $A_1C_1 \lesseqgtr A_2C_2$ (59, T. 1°), dunque deve essere $A_1B_1 > A_2B_2$ (56, C. 2°). Analogamente si dimostra che, se $A_1C_1 \lesseqgtr A_2C_2$, si ha pure $A_1B_1 \lesseqgtr A_2B_2$.

Definizioni. — 4ª Una grandezza elementare è il *doppio*, il *triplo*, il *quadruplo*,......, di un'altra, se è multipla di essa secondo il numero 2, 3, 4,.........

Se una grandezza elementare è il doppio, il triplo, il quadruplo,......, di un'altra, si dice pure che è uguale a 2, 3, 4, ... grandezze uguali ad essa.

Un giro è doppio di un angolo, o diedro piatto, ovvero è uguale a due angoli, o diedri piatti.

5ª Una grandezza elementare è la *metà*, il *terzo*, il *quarto*,....... di un' altra, se è summultipla di essa secondo il numero 2, 3, 4, ...

Un angolo, o diedro piatto, è la metà di un giro.

60. Teorema. — Una grandezza elementare non può essere divisa, in più modi, in uno stesso numero di parti uguali.

Per esempio, un segmento AB non può essere, in più modi, diviso in tre parti uguali. Infatti, se lo dividono in tre parti uguali i punti C_1, C_2 ed i punti C'_1, C'_2, cioè se $AC_1 \equiv C_1C_2 \equiv C_2B$ e $AC'_1 \equiv C'_1C'_2 \equiv C'_2B$, essendo ciascuno dei segmenti AC_1, AC'_1 il terzo di AB, abbiamo $AC_1 \equiv AC'_1$ (59, T. 2°), dunque C'_1 deve coincidere con C_1 e C'_2 con C_2. Analogamente si dimostra il teorema per una grandezza elementare qualunque, divisa in un numero qualunque di parti uguali.

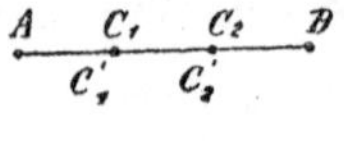

61. Teorema 1° — Quando una retta scorre su se stessa, tutti i suoi punti descrivono segmenti uguali.

Supponiamo che una retta r scorra su se stessa, in modo che i suoi punti A, B vengano in A′, B′, descrivendo i segmenti AA′, BB′. Evidentemente è $AB \equiv A'B'$; ora, se B è un punto di AA′, si ha $AB + BA' \equiv A'B' + BA'$ (55, T.), ossia $AA' \equiv BB'$, se B non è un punto di AA′, si ha $AB - A'B \equiv A'B' - A'B$ (57, C. 2°), ossia $AA' \equiv BB'$, dunque in ogni caso due qualunque punti della retta descrivono segmenti uguali.

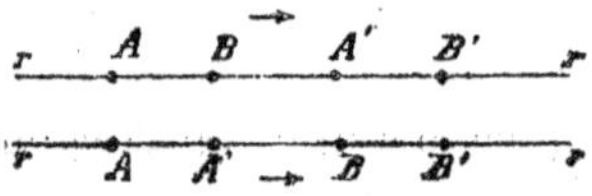

Teorema 2° — Quando un piano scorre su se stesso, strisciando lungo un asse, tutti i suoi punti descrivono segmenti uguali.

Il piano π scorra su se stesso, strisciando lungo l'asse CC′, finchè i suoi punti A, B, non situati sopra una stessa retta parallela all'asse, vengano in A′, B′. Se le rette AB, A′B′ incontrano l'asse nei punti C, C′, sappiamo che $AA' \equiv CC'$, $BB' \equiv CC'$ (45, T.), dunque deve essere $AA' \equiv BB'$. Se A, B fossero due punti dell'asse, o due punti di una retta ad esso parallela, siccome l'asse e tutte le sue rette parallele scorrono su se stesse (45, T.), il teorema sarebbe pure vero (61, T. 1°).

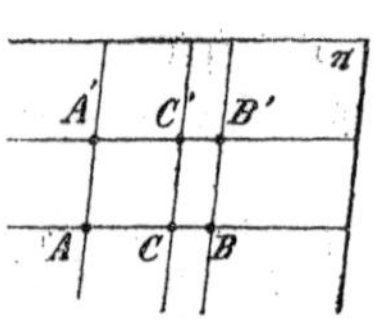

Definizione. — Quando una retta scorre su se stessa, o un piano scorre su se stesso, strisciando lungo un asse, il *segmento dello scorrimento* è quello descritto da un punto qualunque della retta, o del piano.

62. La dimostrazione dei seguenti teoremi è perfettamente analoga a quella del penultimo.

Teorema 1° — Quando un piano scorre su se stesso, rotando intorno ad un centro, tutte le parti di retta determinate dai suoi punti e dal centro descrivono angoli uguali.

Se il piano π ha scorso su se stesso, rotando intorno al

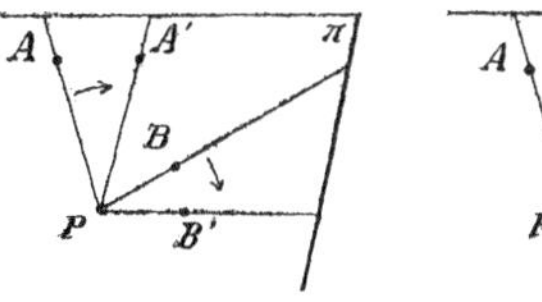

centro P, in modo che i suoi punti A, B siano venuti in A′, B′, abbiamo sempre $\widehat{P.AA'} \equiv \widehat{P.BB'}$.

Teorema 2° — Quando una figura rota intorno ad un asse, tutte le parti di piano determinate dai suoi punti e dall'asse descrivono diedri uguali.

Se una figura ha rotato intorno ad un asse r, in modo che

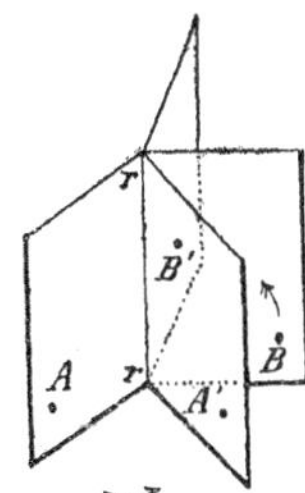

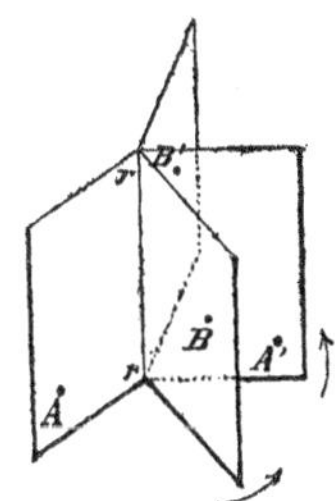

i suoi punti A, B siano venuti in A′, B′, abbiamo sempre $\widehat{r.AA'} \equiv \widehat{r.BB'}$.

Definizioni. — 1ª Quando un piano scorre su se stesso, rotando intorno ad un centro, l'*angolo della rotazione* è quello descritto nel piano da una sua parte qualunque di retta uscente dal centro.

2ª Quando una figura rota intorno ad un asse, il *diedro della rotazione* è quello descritto da una parte qualunque di piano uscente dall'asse.

Quando un piano scorre su se stesso, rotando di due angoli piatti intorno ad un centro, o quando una figura qualunque rota di due diedri piatti intorno ad un asse, ritorna sempre nella posizione primitiva, dopo aver compiuto un *giro*. Così una figura compie la metà di un *giro* intorno ad un asse, quando rota di un diedro piatto intorno ad esso, ed un piano strisciando su se stesso compie la metà di un *giro* intorno ad un centro, quando scorre su se stesso, rotando intorno ad esso di un angolo piatto.

Le due parti uguali in cui un piano è diviso da una delle sue rette, si possono scambiare, o facendo compiere al piano la metà di un giro intorno alla retta, o facendolo scorrere su se stesso, compiendo pure la metà di un giro intorno ad un punto della retta (24, C. 2°).

V. Rette e piani perpendicolari.

63. Teorema. — Vi sono infinite coppie di rette, che formano quattro angoli uguali.

Data una retta BD ed un suo piano π, facciamo compiere a π la metà di un giro intorno a BD. Ogni punto A di π

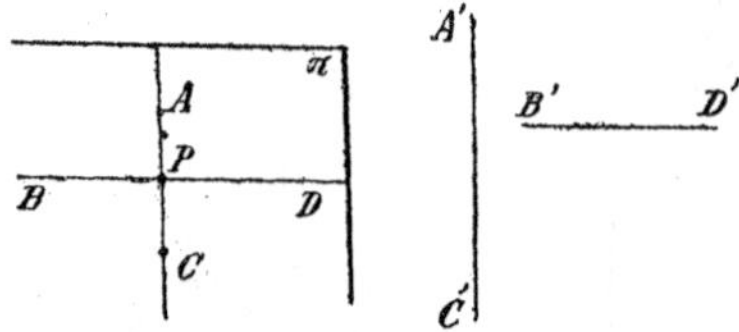

prende una nuova posizione C sullo stesso piano, la retta AC incontra BD in un punto P, e $P.\widehat{AB} \equiv P.\widehat{BC}$, ma $P.\widehat{AB} \equiv P.\widehat{CD}$, $P.\widehat{BC} \equiv P.\widehat{DA}$ (33, T. 1°), perciò $P.\widehat{AB} \equiv P.\widehat{BC} \equiv P.\widehat{CD} \equiv P.\widehat{DA}$, dunque sono uguali i quattro angoli formati dalle rette AC, BD. Anche tutte le coppie di rette A'C', B'D' parallele ad AC, BD, formano angoli tutti uguali fra loro (50).

Definizioni. — 1ª Due rette si dicono *perpendicolari*, se formano quattro angoli uguali.

2ª Due rette si dicono *oblique*, quando non sono nè perpendicolari nè parallele.

Se due rette perpendicolari s'incontrano, si dice che sono perpendicolari nel punto comune.

Parlando di segmenti perpendicolari, ovvero obliqui, intendiamo dire che sono perpendicolari, ovvero oblique, le loro rette.

Corollario. — Le rette perpendicolari ad una stessa retta, sono perpendicolari a tutte le sue parallele (50).

64. Definizione. — 1ª Si chiama *angolo retto* ciascuno dei quattro angoli uguali formati da due rette perpendicolari.

Corollari. — 1° Un giro è uguale a quattro angoli retti, un angolo piatto è uguale a due angoli retti; un angolo retto è la quarta parte di un giro, e la metà di un angolo piatto.

2° Tutti gli angoli retti sono uguali fra loro. Infatti ciascuno è la metà di un angolo piatto, e sono uguali le grandezze elementari metà di grandezze elementari uguali (59, T. 2°).

3° In un piano, due rette perpendicolari ad una terza sono parallele.

Se in π le rette AC, A'C' sono perpendicolari a BD nei punti P, P', abbiamo $\widehat{P.AD} \equiv \widehat{P'.A'D}$, quindi AC, A'C' sono parallele (42, C. 1°).

Definizioni. — 2ª Un angolo si dice *acuto*, o *ottuso*, quando è minore, o maggiore, di un angolo retto.

3ª Due angoli si dicono *complementari*, quando la loro somma è un angolo retto.

Corollario. — 4° Sono uguali gli angoli complementari di angoli uguali. Infatti ciascuno di essi è la differenza di un angolo retto da uno dei due angoli uguali (57, C. 2°).

Teorema. — In un piano dato, per uno dei suoi punti passa sempre una perpendicolare ad una delle sue rette, ed una sola.

Dato un piano π, e la sua retta BD, possiamo prendere su π un punto A' fuori della retta BD, o un punto P sopra di essa

Nel primo caso già sappiamo che per A′ passa una retta A′C′ perpendicolare a BD (63, T.), che poi ve ne passi una sola

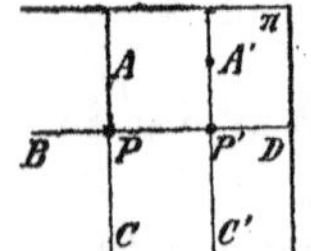

è chiaro, perchè, se ve ne passasse un'altra, si avrebbero due rette parallele (64, C. 3°) con un punto comune A′, ciò che è assurdo. Nel secondo caso la retta AC, parallela ad A′C′ e condotta per P, è perpendicolare a BD. È poi chiaro che oltre ad AC non vi sono altre rette di π perpendicolari a BD in P, perchè un angolo piatto non può essere in più modi diviso in due parti uguali (60, T.).

Corollario. — 5° Vi sono infinite rette perpendicolari ad una retta data e che passano per un punto dato. Infatti, se il punto è preso sulla retta, ve ne è una in ogni piano condotto per la retta, e se il punto è preso fuori della retta, vi sono tutte quelle parallele alle prime.

65. Teorema. — Vi sono infinite coppie di piani, che formano quattro diedri uguali.

Consideriamo una retta *a* ed altre due *b*, *c* perpendicolari ad essa in uno stesso punto P (64, C. 5°). Le parti staccate

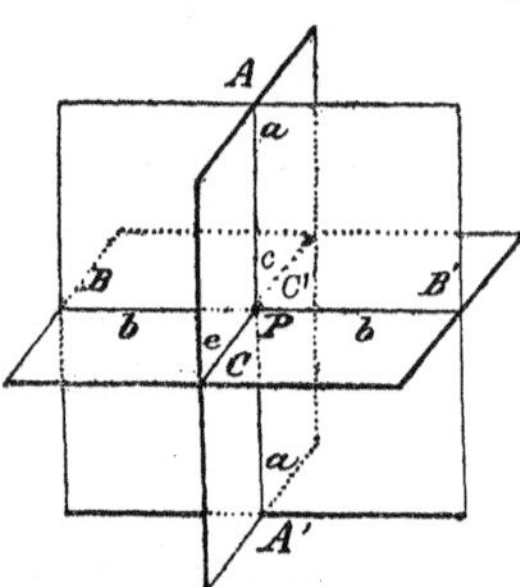

da P, sulle *a*, *b*, *c*, siano PA, PA′; PB, PB′; PC, PC′. Facendo compiere alla figura un mezzo giro, intorno all'asse AA′, la parte C*a*, del piano *ca*, viene a coincidere con l'altra C′*a*, e la parte *a*B, del piano *ab*, viene a coincidere con l'altra *a*B′ (62, T. 2°). Ora essendo $\widehat{P.AB} \equiv \widehat{P.AB'}$ e $\widehat{P.AC} \equiv \widehat{P.AC'}$, perchè *b*, *c* sono perpendicolari ad *a*, dopo il movimento accennato la parte PB verrà in PB′, e la PC in PC′, quindi dopo la rotazione il piano *bc* si troverà nella stessa posizione di prima, ma saranno scambiate le sue parti *b*C, *b*C′. Da tutto ciò si deduce che i diedri $\widehat{b.AC}$, $\widehat{b.AC'}$ sono uguali, perchè possiamo farli coincidere; ma $\widehat{b.AC} \equiv \widehat{b.A'C'}$, $\widehat{b.AC'} \equiv \widehat{b.A'C}$ (39, T. 1°), perciò $\widehat{b.AC} \equiv \widehat{b.AC'} \equiv \widehat{b.A'C} \equiv \widehat{b.A'C'}$, dunque sono uguali i quattro diedri formati dai due piani *ab*, *bc*.

Anche tutte le coppie di piani paralleli a due qualunque dei piani *ab*, *bc*, *ca* formano quattro diedri uguali (48, T. 2°).

Definizioni. — 1ª Due piani si dicono *perpendicolari*, se formano quattro diedri uguali.

2ª Due piani si dicono *obliqui*, se non sono nè perpendicolari nè paralleli.

Due piani perpendicolari non possono essere paralleli, quindi s'incontrano secondo una retta: si dice che sono perpendicolari nella retta comune.

Parlando di parti di piano perpendicolari, ovvero oblique, intendiamo dire che sono perpendicolari, ovvero obliqui, i due piani cui appartengono.

Corollario. — I piani perpendicolari ad uno stesso piano, sono perpendicolari a tutti i suoi piani paralleli (48, T. 2°).

66. Definizione. — 1ª Si chiama *diedro retto* ciascuno dei quattro diedri uguali formati da due piani perpendicolari.

Corollarî. — 1° Un giro è uguale a quattro diedri retti, un diedro piatto è uguale a due diedri retti; un diedro retto è la quarta parte di un giro, e la metà di un diedro piatto.

2° Tutti i diedri retti sono uguali fra loro (59, T. 2°).

3° Due piani perpendicolari ad un terzo, in due rette parallele, sono paralleli (44, C. 1°).

Definizioni. — 2ª Un diedro si dice *acuto*, o *ottuso*, quando è minore, o maggiore, di un diedro retto.

3ª Due diedri si dicono *complementari*, quando la loro somma è un diedro retto.

Corollario — 4° Sono uguali i diedri complementari di diedri uguali (57, C. 2°).

Teorema. — Vi è un piano, ed uno solo, perpendicolare ad un piano dato in una delle sue rette.

Se A'r'C', B'r'D' sono due piani perpendicolari (65, T.), e se BrD e r sono il piano dato e la sua retta data, poniamo r' sulla r e B'r'D' sul piano BrD. Il piano A'r'C', nella nuova posizione ArC, è perpendicolare a BrD e passa per r.

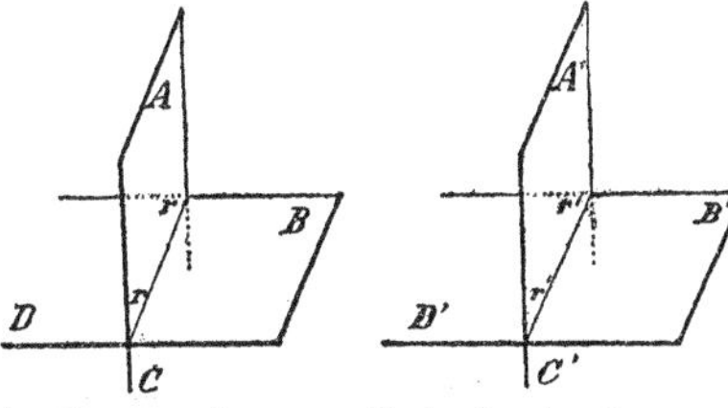

È poi chiaro che oltre ad ArC non ci sono altri piani, che passano per r e sono perpendicolari a BrD, perchè un diedro piatto non può essere in più modi diviso in due parti uguali (60, T.).

67. Teorema. — Se una retta è perpendicolare a due rette di un piano, non parallele, è anche perpendicolare a tutte le altre sue rette.

Se la retta a è perpendicolare a due rette, non parallele, di un piano π, lo incontra in un punto P; infatti, se la retta a fosse parallela a π, e dovesse essere perpendicolare a due sue rette b, c, non parallele, conducendo in π la parallela a' alla a, per il punto bc, avremmo in π due rette b, c perpendicolari ad a' in bc; ma ciò è assurdo (64, T.), dunque a deve incontrare π. Siano b', c', d' le rette parallele alle b, c, d, che passano per P e quindi giacciono in π. Dall'ipotesi fatta discende che a è perpendicolare a b', c' (63, C.); si tratta di dimostrare che è anche perpendicolare a d'.

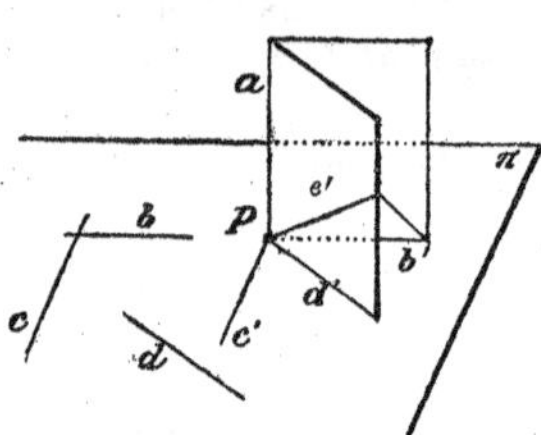

Se e' è la retta del piano ad', perpendicolare ad a in P, il piano ab' è perpendicolare al piano $b'e'$, perchè e', b' sono perpendicolari ad a in P (65, T.); ma anche il piano $b'c'$ è perpendicolare ad ab', perchè b', c' sono perpendicolari ad a in P (65, T.), dunque, non potendo esservi due piani $b'e'$, $b'c'$ perpendicolari al piano ab' nella stessa retta b' (66, T.), necessariamente $b'e'$ deve coincidere con $b'c'$, quindi e' deve coincidere con d', che per conseguenza deve essere perpendicolare ad a (N. XXII.).

Definizioni. — 1ª Una retta ed un piano sono *perpendicolari*, quando la retta è perpendicolare a tutte quelle del piano.

2ª Una retta ed un piano sono *obliqui*, quando non sono nè perpendicolari nè paralleli.

Un piano ed una retta perpendicolari s'incontrano; si dice che sono perpendicolari nel punto comune. Parlando di un segmento ed una parte di piano perpendicolari, ovvero obliqui, intenderemo dire che sono perpendicolari, ovvero obliqui, la retta e il piano cui appartengono.

Corollarî. — 1° Se una retta è perpendicolare ad un piano, sono ad esso perpendicolari tutti i piani passanti per la retta.

2° Se PA, PB sono due parti di retta, uscenti da uno stesso punto P di un piano π, e se PA è perpendicolare a π, quando PA, PB giacciono da uno stesso lato rispetto ad esso, se CD è la retta segata dal loro piano su π, la PB deve essere compresa in uno, $\widehat{P.AD}$, dei due angoli retti $\widehat{P.AD}$, $\widehat{P.AC}$ (67, D. 2ª); quindi abbiamo $\widehat{P.AB} < \widehat{P.AD}$, e $\widehat{P.AB}$ è acuto. Viceversa, se $\widehat{P.AB}$ è acuto, ossia minore di un angolo retto, la PB deve essere compresa in uno dei due angoli $\widehat{P.AD}$, $\widehat{P.AC}$, e quindi PA,PB devono giacere da uno stesso lato rispetto a π.

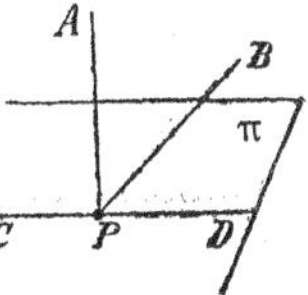

3° Se un piano è perpendicolare ad una retta, è perpendicolare anche a tutte le sue parallele.

Infatti ogni retta del piano, essendo perpendicolare alla retta data, è perpendicolare anche a tutte le sue parallele.

4° Se una retta è perpendicolare ad un piano, è perpendicolare anche a tutti i piani paralleli.

Infatti la retta, essendo perpendicolare a tutte quelle del piano dato, è perpendicolare anche a quelle parallele, situate nei piani paralleli ad esso.

68. Teorema 1° — Per un punto dato passa sempre un piano perpendicolare ad una retta data, ed uno solo.

Bisogna distinguere due casi, perchè il punto dato può trovarsi sulla retta data, o fuori di essa. Se P è un punto dato della retta r, e se PA, PB sono due rette perpendicolari ad r in P, il piano α che contiene PA, PB è perpendicolare ad r in P (64, C. 5°), oltre al piano α non ve ne possono essere altri perpendicolari ad r in P, perchè se ve ne fosse un altro β, incontrerebbe il primo in una retta PA perpendicolare ad r, e tutti i piani condotti per r, eccetto

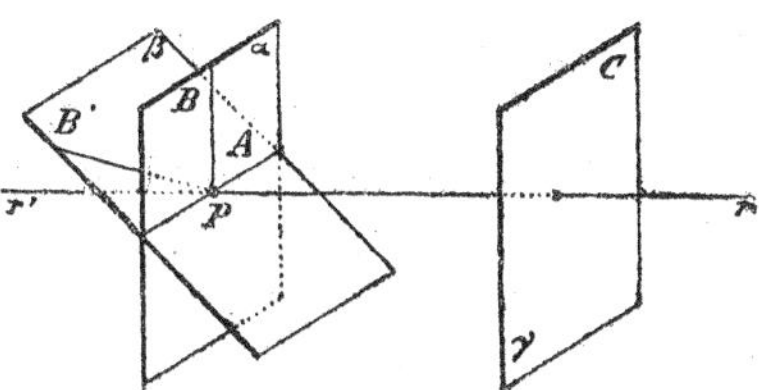

quello che passa per PA, segherebbero i piani α, β secondo due rette come PB, PB′ perpendicolari ad *r* in P, e poste in uno stesso piano con *r*, ciò che è assurdo.

Se C è un punto dato fuori di *r*, il piano γ, condotto per C e parallelo ad α, è perpendicolare ad *r* (67, C. 4°); se per C passasse un altro piano perpendicolare ad *r*, quello parallelo condotto per P sarebbe perpendicolare ad *r* in P, e distinto da α, ciò che è assurdo; dunque in ogni caso per il punto dato passa un piano perpendicolare ad una retta data, ed uno solo.

Corollario. — 1° Il teorema precedente si può enunciare dicendo: tutte le perpendicolari ad una retta, condotte per uno stesso punto, giacciono in uno stesso piano, quello perpendicolare alla retta data e che passa per il punto dato.

Teorema 2° — Per un punto dato passa sempre una retta perpendicolare ad un piano dato, ed una sola.

Se P è un punto di un piano π, e se *b*, *c* sono due rette di π, che passano per P, tutte le perpendicolari a *b*, *c* in P giacciono nei piani perpendicolari alle *b*, *c* in P (68, C.); quindi la retta *a* comune, ed essa sola, è perpendicolare a *b*, *c*, e perciò a π in P.

Se Q è un punto dato fuori di P, la retta *a′*, parallela ad *a* e condotta per Q, è perpendicolare a π (67, C. 3°); se per Q passasse un'altra retta perpendicolare a π, la parallela condotta per P sarebbe pure perpendicolare a π e distinta da *a*, ciò che è assurdo, dunque in ogni caso per un punto dato passa una retta perpendicolare ad un piano dato, ed una sola.

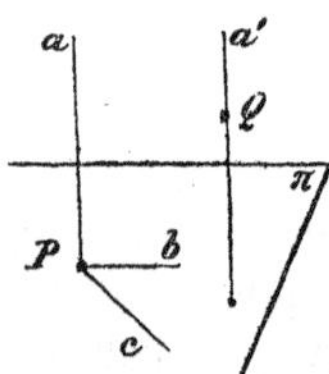

Corollarî. — 2° Se un piano scorre su se stesso, rotando intorno ad un centro, rota intorno alla retta ad esso perpendicolare nel centro; viceversa, se un piano rota intorno ad una retta ad esso perpendicolare in un punto, rota intorno ad esso come centro, scorrendo su se stesso.

3° Quando una figura rota intorno ad un asse, ogni suo punto si muove nel piano condotto per esso e perpendicolare all'asse.

4° Tutte le rette perpendicolari ad uno stesso piano sono parallele.

Infatti se a, a' sono perpendicolari a π, e se la retta parallela ad a, condotta per un punto Q di a', fosse distinta da a', per Q passerebbero due rette perpendicolari a π, ciò che è assurdo.

5° Tutti i piani perpendicolari ad una stessa retta sono paralleli.

Infatti se α, γ sono due piani perpendicolari ad r, e se il piano parallelo ad α, condotto per un punto C di γ, fosse distinto da γ, per C passerebbero due piani perpendicolari ad r, ciò che è assurdo.

69. Definizione. — Le *sezioni normali* di un diedro sono quelle (49, D.) fatte da piani perpendicolari allo spigolo.

Corollario. — 1° Tutte le sezioni normali di uno stesso diedro, convesso o concavo, sono uguali fra loro.

Infatti i piani di due sezioni normali sono paralleli (68, C. 5°), e sono uguali le sezioni fatte da piani paralleli (49, C.).

Teorema 1° — Dati due diedri qualunque, se il primo è maggiore, uguale, o minore del secondo, una sezione normale del primo è pure maggiore, uguale, o minore di una sezione normale del secondo, e viceversa.

Siano $\widehat{P.AB}$, $\widehat{P'.A'B'}$ due sezioni normali dei diedri $\widehat{r.AB}$, $\widehat{r'.A'B'}$, convessi o concavi. Se $\widehat{r.AB} \equiv \widehat{r'.A'B'}$, facendo coincidere i due diedri in modo che P′ cada in P, il piano dell'angolo $\widehat{P.AB}$, essendo perpendicolare ad r in P, deve coincidere col piano dell'angolo $\widehat{P'.A'B'}$ (68, T. 1°), dunque P′A′, P′B′ devono coincidere con PA, PB, e perciò deve essere $\widehat{P.AB} \equiv \widehat{P'.A'B'}$.

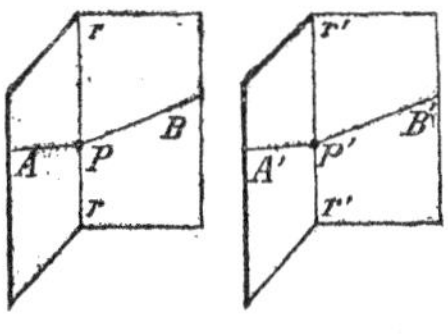

Se $\widehat{r.AB} > \widehat{r'.A'B'}$, ponendo lo spigolo r' sullo spigolo r, il punto P′ nel punto P e la faccia r'A′ sulla faccia rA, l'altra faccia r'B viene compresa in $\widehat{r.AB}$ (56, D.), e il piano di $\widehat{P'.A'B'}$ viene a coincidere con quello di $\widehat{P.AB}$ (68, T. 1°), quindi P′A′ coincide con PA, e P′B′ viene compresa in $\widehat{P.AB}$, dunque $\widehat{P.AB} > \widehat{P'.A'B'}$.

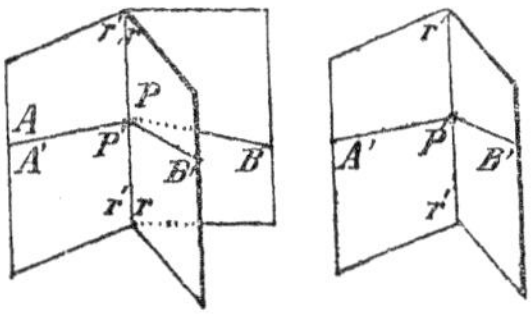

Rimane così dimostrato anche il terzo caso, perchè la stessa ipotesi e la stessa conclusione del secondo si possono esprimere dicendo: se $r.'\widehat{A'B'} < r.\widehat{AB}$, si ha $P.'\widehat{A'B'} < P.\widehat{AB}$.

Inversamente, se per esempio è $P.\widehat{AB} > P.'\widehat{A'B'}$, non può essere $r.\widehat{AB} \leqq r.'\widehat{A'B'}$, poichè si avrebbe $P.\widehat{AB} \leqq P.'\widehat{A'B'}$, dunque deve essere $r.\widehat{AB} > r.'\widehat{A'B'}$: così se $P.\widehat{AB} < P.'\widehat{A'B'}$, si ha $r.\widehat{AB} < r.'\widehat{A'B'}$, e se $P.\widehat{AB} \equiv P.'\widehat{A'B'}$, si ha $r.\widehat{AB} \equiv r.'\widehat{A'B'}$.

Corollarî. — 2° Le sezioni normali di un diedro retto sono angoli retti.

3° Se un diedro è acuto, o ottuso, una sua sezione normale è un angolo pure acuto, o ottuso.

Teorema 2° — Se un diedro qualunque è somma, o differenza, di altri due, una sua sezione normale è pure somma, o differenza, di sezioni normali degli altri due, e viceversa.

Se $r.\widehat{AB} \equiv r.\widehat{AC} + r.\widehat{CB}$, conducendo un piano perpendicolare allo spigolo r in un punto P, abbiamo le sezioni normali $P.\widehat{AB}$, $P.\widehat{AC}$, $P.\widehat{CB}$ rispettivamente dei diedri $r.\widehat{AB}$, $r.\widehat{AC}$, $r.\widehat{CB}$, ed evidentemente $P.\widehat{AB} \equiv P.\widehat{AC} + P.\widehat{CB}$. Dalla stessa figura si deduce che avendo $r.\widehat{AC} \equiv r.\widehat{AB} - r.\widehat{BC}$, si ha $P.\widehat{AC} \equiv P.\widehat{AB} - P.\widehat{BC}$.

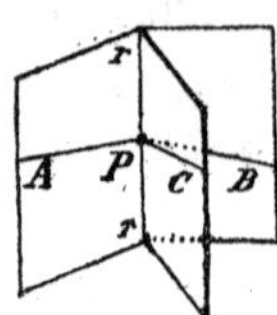

Le proprietà inverse si dimostrano analogamente.

Corollario. — 4° Se due diedri sono supplementari, o complementari, le loro sezioni normali sono pure supplementari, o complementari; e viceversa.

Teorema 3° — Se due piani hanno una retta comune, gli angoli formati da due rette ad essi perpendicolari sono uguali alle sezioni normali dei loro diedri.

I due piani dati siano ArC, BrD, condotti per una stessa retta r, se vengono tagliati dal piano π, perpendicolare ad r nel punto P, secondo le rette APC, BPD, le sezioni normali dei loro diedri sono gli angoli formati da queste rette. Dovendo ora considerare gli angoli formati da due rette perpendicolari ai piani dati, possiamo prendere quelle A_1PC_1, B_1PD_1 condotte per il punto P, e che quindi giacciono in π e sono perpendicolari alle APC, BPD. Essendo $\widehat{P.AA_1} \equiv \widehat{P.BD_1}$, perchè ambedue angoli retti, se facciamo scorrere π su se stesso, rotando di un angolo retto intorno a P, le parti di retta PA, PB vengono a prendere le posizioni PA_1, PD_1 (62, T. 1°), quindi $\widehat{P.AB} \equiv \widehat{P.A_1D_1}$, e gli angoli formati dalle rette A_1PC_1, B_1PD_1 sono uguali alle sezioni normali dei diedri formati dai piani dati $A r C$, $B r D$.

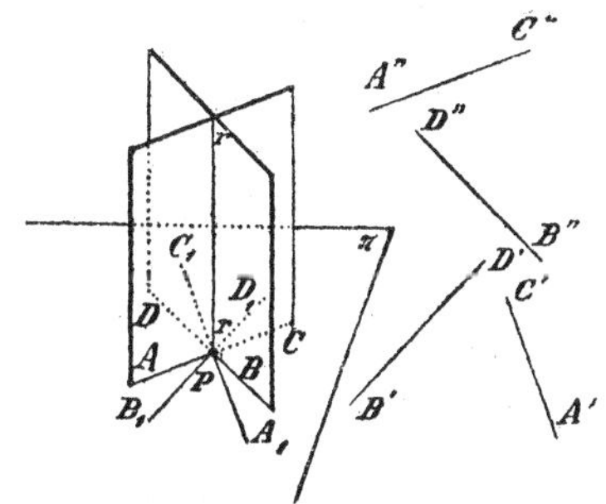

Corollarî.— 5° Se consideriamo un diedro convesso $\widehat{r.AB}$, e se conduciamo le parti di retta PA_1, PB_1 perpendicolari alle facce rA, rB in un punto P dello spigolo, in modo che PA giaccia dallo stesso lato della faccia rB rispetto all'altra rA, e PB dallo stesso lato della faccia rA rispetto all'altra rB, l'angolo convesso $\widehat{P.A_1B_1}$ è supplementare della sezione normale $\widehat{P.AB}$ del diedro dato $\widehat{r.AB}$.

6° Se tiriamo le rette $A'C'$, $B'D'$ parallele alle A_1C_1, B_1D_1, e le rette $A''C''$, $B''D''$ parallele alle AC, BD, gli angoli formati dalle prime sono uguali a quelli formati dalle seconde, ossia: date due coppie di rette, o situate in uno stesso piano, o parallele ad uno stesso piano, se ciascuna retta di una coppia è perpendicolare ad una dell'altra, gli angoli formati dalle rette di una coppia sono uguali a quelli formati dalle rette dell'altra.

70. Teorema 1° — I piani che passano per un punto, e sono perpendicolari ad un piano dato, sono tutti quelli che contengono la perpendicolare al piano dato condotta per il punto dato.

Sappiamo già che se a è la retta perpendicolare ad un piano π, e che passa per un dato punto A, tutti i piani che passando per A contengono a sono perpendicolari a π (67, C. 1°); viceversa se α è un piano perpendicolare a π nella retta r, e se contiene il punto A, contiene anche la retta a. Infatti sia AP la retta di α che passa per A ed è perpendicolare ad r in P, essendo il piano delle rette PA, PB perpendicolare ad r in P (67, T.), l'angolo $\widehat{P.AB}$ è la sezione normale del diedro retto $\widehat{r.AB}$, quindi è un angolo retto (69, C. 2°), perciò PA è perpendicolare alle rette PB ed r nel punto P, quindi è la perpendicolare a condotta al loro piano π dal punto A. Rimane così dimostrato che α contiene a.

Corollario. — Una retta è perpendicolare ad un piano, se è comune a due piani ad esso perpendicolari.

Teorema 2° — Per una retta, che non sia perpendicolare ad un piano dato, passa un piano perpendicolare ad esso, ed uno solo.

Le perpendicolari AA′, BB′, condotte al piano dato π da due punti qualunque A, B di una retta data AB, non perpendicolare a π, essendo parallele (68, C. 4°), stanno in uno stesso piano che contiene la retta AB ed è perpendicolare a π (67, C. 1°). Per AB non possono passare altri piani perpendicolari a π, perchè altrimenti AB, contro l'ipotesi, sarebbe perpendicolare a π (70, C.).

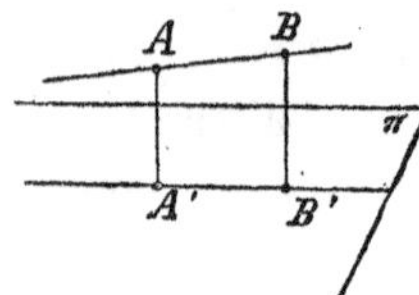

71. Definizioni. — 1ª La *proiezione* di un punto sopra una retta è la sua intersezione col piano *proiettante*, ad essa perpendicolare e condotto per il punto.

Se A è il punto dato ed r una retta data, il piano che proietta A è quello α perpendicolare ad r condotto per A, e la proiezione A′ di A sopra r è il punto $r\alpha$. Evidentemente sulla r tutti i punti A, A_1, A_2, ..., di α, hanno la stessa proiezione A′; ogni punto A′ di r ha se stesso per proiezione.

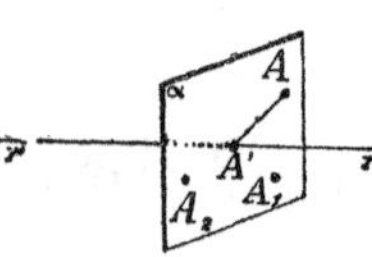

2ª La *proiezione* di un segmento sopra una retta è il segmento determinato su di essa dalle proiezioni degli estremi.

Se A′, B′ sono le proiezioni di A, B sopra r, il segmento A′B′ è la proiezione del segmento AB.

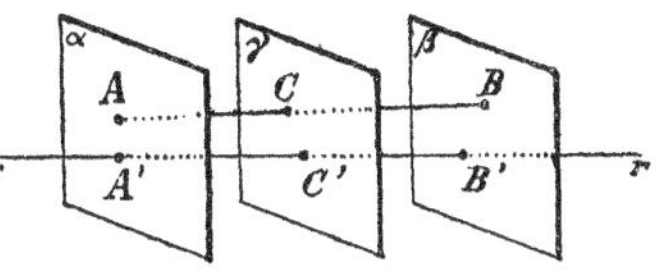

Corollari. — 1° La proiezione C′ di un punto qualunque C di AB è un punto di A′B′, perchè il piano γ che proietta C, essendo parallelo ai piani α, β che proiettano A, B (68, C.), deve giacere tutto da uno stesso lato rispetto a ciascuno di essi (44, C. 3°); viceversa ogni punto C′ di A′B′ è proiezione di un punto C di AB. I punti di AB, A′B′ si corrispondono univocamente, in modo che ogni punto di AB ha per corrispondente la sua proiezione sopra A′B′.

2° Se A′ è la proiezione di A sopra r, la retta AA′ è perpendicolare ad r; perciò se dobbiamo proiettare punti tutti situati sopra uno stesso piano, che contiene r, basta per ciascuno condurre nel piano la retta perpendicolare ad r e prendere il punto in cui la incontra.

Così in un piano π un segmento AB si proietta sopra una retta r conducendo da A, B le rette AA′, BB′ perpendicolari ad r nei punti A′, B′, e prendendo il segmento A′B′. Se un segmento CD ha un estremo C sulla retta r, e se D′ è la proiezione dell'altro estremo D, la proiezione di CD è il segmento CD′.

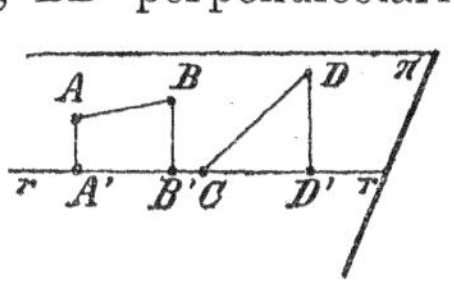

72. Definizioni. — 1ª La *proiezione* di un punto sopra un piano è la sua intersezione colla retta *proiettante*, ad esso perpendicolare e condotta per il punto.

Se A è un punto dato e π un piano dato, la retta che proietta A è quella a perpendicolare a π condotta per A (68, T. 2°), e la proiezione A′ di A sopra π è il punto $a\pi$. Evidentemente sopra π tutti i punti A, A_1, A_2,......, di a, hanno la stessa proiezione A′: ogni punto A′ di π ha se stesso per proiezione.

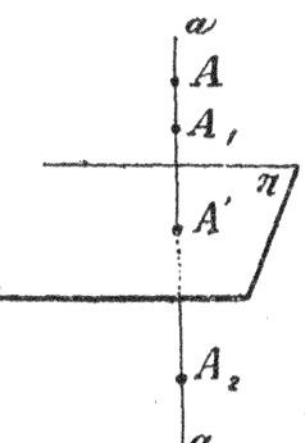

2ª La *proiezione* di una retta sopra un piano, che non sia ad essa perpendicolare, è la intersezione del piano con quello *proiettante*, ad esso perpendicolare e condotto per la retta.

Se AB è una retta data e π un piano dato, non perpendicolare ad AB, il piano perpendicolare a π condotto per AB (70, T. 2°) è quello che proietta AB sopra π, e la sua intersezione A′B′ con π è la retta proiezione di AB sopra π. Evidentemente AB incontra π in C, e la sua proiezione A′B′ passa pure per C: ogni retta di π ha se stessa per proiezione.

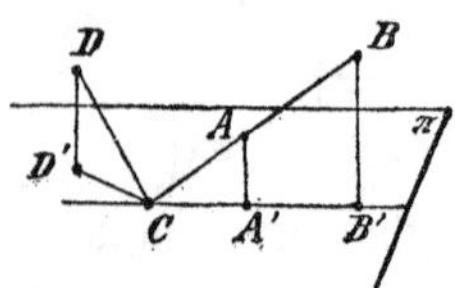

3ª La *proiezione* di un segmento sopra un piano è il segmento determinato sul piano dalle proiezioni degli estremi.

Se AB è il segmento dato e π il piano dato, chiamando A′, B′ le proiezioni di A, B su π, il segmento A′B′ è la proiezione del segmento AB. Se un segmento CD ha un estremo C sul piano π, e se D′ è la proiezione dell'altro estremo D, la proiezione di CD è il segmento CD′.

Corollarî. — 1° Tutte le rette AA′, BB′,....., perpendicolari a π e condotte dai punti A, B,....... della retta AB, stanno nel piano che la proietta su π (70, T. 2°), e quindi tutte le proiezioni A′, B′,......., dei punti di AB, stanno sulla sua proiezione A′B′; viceversa, preso un punto qualunque A′ della proiezione di AB, la retta A′A, perpendicolare a π in A′, deve stare in tutti i piani perpendicolari a π che passano per A (70, T. 1°), e quindi nel piano che proietta AB; dunque A′A, non potendo essere parallela ad AB (67, C. 3°), la incontra in un punto A, di cui A′ è proiezione. I punti di AB, A′B′ si corrispondono univocamente.

2° Se A′B′ è la proiezione di un segmento AB sul piano π, ogni punto C di AB ha per proiezione un punto C′ di A′B′, e viceversa ogni punto C′ di A′B′ è proiezione di un punto C di AB.

VI. Figure simmetriche.

73. Definizioni. — 1ª Due punti si dicono *simmetrici* rispetto ad un piano, quando sono estremi di un segmento perpendicolare al piano, in un punto che lo divide per metà.

Dato un piano π ed un punto A, se la retta AA′ è perpendicolare a π in P, prendendo PA′ ≡ PA troviamo il punto A′, ed esso solo, simmetrico di A rispetto a π. I punti di π sono simmetrici di se stessi.

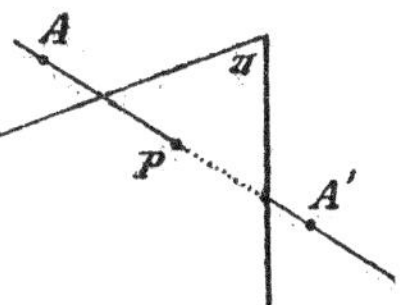

2ª Due figure si dicono *simmetriche* rispetto ad un piano, quando rispetto ad esso tutti i punti di ciascuna sono simmetrici di punti dell'altra.

Data una figura si può sempre trovarne un'altra, ed una sola, simmetrica rispetto ad un piano dato.

Una figura può essere simmetrica di se stessa rispetto ad un piano.

Così per esempio:

Un piano è simmetrico rispetto ad ogni piano ad esso perpendicolare.

Una retta è simmetrica rispetto ad ogni piano ad essa perpendicolare.

Gli elementi di due figure simmetriche, rispetto ad un dato piano, si corrispondono univocamente.

74. Definizioni. — 1ª Due punti si dicono *simmetrici* rispetto ad una retta, quando sono estremi di un segmento perpendicolare alla retta, in un punto che lo divide per metà.

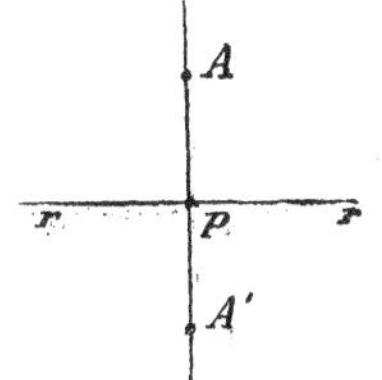

Data una retta r ed un punto A, se la retta AA′ è perpendicolare ad r in P, prendendo PA′ ≡ PA troviamo il punto A′, ed esso solo, simmetrico di A rispetto ad r. I punti di r sono simmetrici di se stessi.

2ª Due figure si dicono *simmetriche* rispetto ad una retta, *asse* di simmetria, quando rispetto ad essa tutti i punti di ciascuna sono simmetrici di punti dell'altra.

Data una figura si può sempre trovarne un'altra, ed una sola, simmetrica rispetto ad un asse dato.

Se una figura giace tutta in un piano, la simmetrica rispetto ad una delle sue rette giace nello stesso piano.

Una figura può essere simmetrica di se stessa rispetto ad una retta, che in questo caso si dice semplicemente *asse* della figura.

Così per esempio:

Un piano è simmetrico rispetto ad ogni retta ad esso perpendicolare.

Una retta è simmetrica rispetto ad ogni retta ad essa perpendicolare, e che la incontra.

Un piano è simmetrico rispetto a ciascuna delle sue rette.

Gli elementi di due figure simmetriche, rispetto ad un dato asse, si corrispondono univocamente.

Corollari. — 1° Se F, F′ sono due figure simmetriche rispetto ad un asse r, e se A, A′ sono due punti di F, F′ simmetrici rispetto ad r, il diedro $\widehat{r.AA'}$ è piatto, dunque facendo rotare una F delle due figure, di due diedri retti intorno ad r, ogni suo punto A viene nella posizione del punto simmetrico A′ di F′ (62, T. 2°), ed F viene a coincidere con F′.

Due figure simmetriche rispetto ad un asse sono uguali, e due figure sono simmetriche rispetto ad un asse, se ciascuna viene a coincidere coll'altra, rotando di due diedri retti intorno ad esso.

2° In uno stesso piano due figure simmetriche rispetto ad un asse sono inversamente uguali. Così un piano è diviso in due parti inversamente uguali da ciascuna delle sue rette (24, C. 2°).

3° Una figura, simmetrica rispetto ad un asse, è divisa in due parti simmetriche ed uguali da ciascun piano che passa per esso.

75. Definizioni. — 1ª Due punti si dicono *simmetrici* rispetto ad un terzo, quando sono estremi di un segmento che lo contiene, ed è da esso diviso per metà.

Dato un punto P ed un altro A, se la retta AA′ contiene P, prendendo PA′ ≡ PA troviamo il punto A′, ed esso solo, simmetrico di A rispetto a P. Il punto P è simmetrico di se stesso.

2ª Due figure si dicono *simmetriche* rispetto ad un punto, *centro* di simmetria, quando rispetto ad esso tutti i punti di ciascuna sono simmetrici di punti dell'altra.

Data una figura si può sempre trovarne un'altra, ed una sola, simmetrica rispetto ad un centro dato.

Se una figura giace tutta in un piano, la simmetrica rispetto ad uno dei suoi punti giace nello stesso piano.

Una figura può essere simmetrica di se stessa rispetto ad un punto, che in questo caso si dice semplicemente *centro* della figura.

Così per esempio:

Un piano è simmetrico rispetto a ciascuno dei suoi punti.

Una retta è simmetrica rispetto a ciascuno dei suoi punti.

Gli elementi di due figure simmetriche, rispetto ad un punto dato, si corrispondono univocamente.

Corollari. — 1° Se F, F′ sono due figure di uno stesso piano π, simmetriche rispetto ad un centro P, e se A, A′ sono due punti di F, F′, simmetrici rispetto a P, l'angolo $\widehat{P.AA'}$ è piatto; dunque facendo rotare, sul piano π, di due angoli retti intorno a P una F delle figure, ogni suo punto A viene nella posizione del punto simmetrico A′ di F′ (62, T. 1°), ed F viene a coincidere con F′.

In uno stesso piano due figure, simmetriche rispetto ad un centro, sono direttamente uguali, e due figure, di uno stesso piano, sono simmetriche rispetto ad un centro, se ciascuna viene a coincidere con l'altra, rotando sul piano di due angoli retti intorno al centro. Così una retta è divisa in due parti uguali da ciascuno dei suoi punti (15, C. 4°).

2° Una figura di un piano, simmetrica rispetto ad un centro, è divisa in due parti simmetriche, e direttamente uguali, da ciascuna retta del piano che passa per il centro. Così un piano è diviso in due parti direttamente uguali da ciascuna delle sue rette (24, C. 2°).

VII. Il circolo e la sfera (N. XXIII).

76. Definizioni. — 1ª Una figura si dice *luogo geometrico* di un punto, *elemento generatore*, mobile con una certa legge, quando tutti i suoi punti soddisfano la legge data, e viceversa tutti i punti che la soddisfano appartengono alla figura.

Se un piano π scorre su se stesso, rotando intorno ad un punto C, e se $P_1, P_2, P_3, \ldots\ldots$ sono posizioni di un suo punto P, abbiamo $CP_1 \equiv CP_2 \equiv CP_3 \equiv \ldots\ldots \equiv CP$, quindi tutti i punti $P_1, P_2, P_3, \ldots\ldots$ sono equidistanti da C. Viceversa, se abbiamo $CP' \equiv CP$, il punto P′ è una posizione del punto P, perchè facendo scorrere π su se stesso, rotando intorno a C, possiamo sempre portare CP in CP'.

Il punto P si può considerare come elemento generatore di una linea c, luogo geometrico di tutte le sue posizioni: la legge, che regola il movimento di P, è espressa dicendo che deve rimanere sopra un piano dato, mentre è data la sua distanza da un punto fissato nel piano stesso.

2ª Diremo *circolo* la linea luogo geometrico di tutti i punti, di un piano, che hanno una data distanza da un suo punto fisso.

77. Sopra una retta r, condotta in π per C, vi sono due punti P_1, P_1', e due soli, per i quali $CP_1 \equiv CP_1' \equiv CP$ (51, Pr. 1º); i due punti P_1, P_1' appartengono al circolo, il quale evidentemente è simmetrico rispetto a C (75), dunque C è centro di c.

Corollario. — Un circolo non può avere più di un centro.

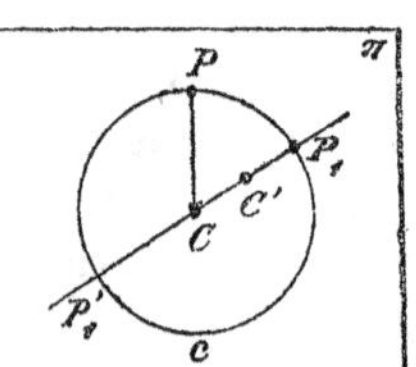

Infatti se un circolo c di π avesse due centri C, C', i due punti P_1, P_1' di c, situati sulla retta CC', sarebbero simmetrici rispetto a C, C', i quali dovrebbero perciò essere due punti del segmento P_1, P_1', che resterebbe in due modi diviso da essi in due parti uguali, il che è assurdo (60, T.).

78. Definizioni. — 1ª Ogni segmento, che ha per estremi il centro ed un punto di un circolo, è uno dei suoi *raggi*.

2ª È *diametro* di un circolo ogni segmento che ha per estremi due dei suoi punti simmetrici rispetto al centro, i quali si dicono punti *opposti* del circolo.

Tutti i raggi e tutti i diametri di uno stesso circolo sono uguali fra loro.

Ogni diametro è doppio di un raggio, e ogni raggio è la metà di un diametro.

Un diametro divide un circolo in due parti, ciascuna contiene tutti i punti del circolo situati nel suo piano da uno stesso lato del diametro ed opposti a quelli dell'altra. I punti opposti di un circolo si corrispondono univocamente.

79. Un circolo è individuato, quando sia dato il centro, un raggio, ed il suo piano.

Un punto di un piano è centro di infiniti dei suoi circoli, ciascuno individuato da un suo punto preso ad arbitrio sul piano.

Definizione. — Si dicono *concentrici* tutti i circoli, di uno stesso piano, che hanno lo stesso centro.

Teorema. — Sono uguali tutti i circoli che hanno raggi uguali.

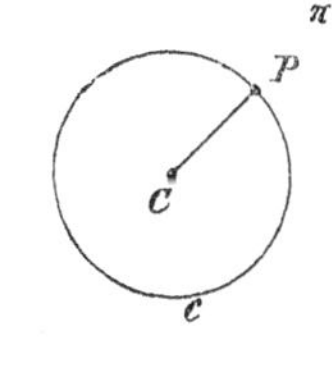

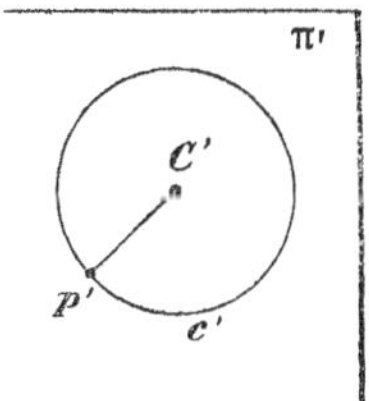

Se C, C' sono i centri e π, π' i piani di due circoli *c, c'*, prendendo due raggi qualunque CP, C'P', se CP ≡ C'P', possiamo sempre far coincidere π' con π, C' con C, C'P' con CP (24, C. 1°), e quindi *c'* con *c* (12, C. 2°).

La coincidenza dei due circoli uguali *c, c'* si può attuare in più modi (12), ponendo C', π' su C, π e un raggio qualunque di *c* sopra uno qualunque di *c'*.

80. Dato un piano π ed uno dei suoi circoli *c*, facendo scorrere π su se stesso, in modo che roti intorno al centro C di *c* in una data direzione, tutti i punti P_1, P_2, P_3,....... di *c* prendono le posizioni corrispondenti P_1', P_2', P_3',....... ancora su *c*, quindi il circolo, senza staccarsi mai dalla data posizione, può moversi secondo due *direzioni opposte*.

Definizione. — Diremo che un circolo *scorre* su se stesso, quando si move senza staccarsi mai dalla data posizione.

Corollario. — Un circolo può scorrere su se stesso secondo due direzioni opposte.

81. Corollario. — 1° Un circolo è diviso da ciascuno dei suoi diametri in due parti, che sono direttamente e inversamente uguali.

Un diametro PCP' divide il circolo in due parti direttamente uguali, perchè ogni figura piana simmetrica rispetto ad un centro è divisa in due parti direttamente uguali da tutte le rette del suo piano, che passano per il centro (75, C. 2°). Onde far coincidere le due parti uguali, basta che il circolo scorra su se stesso rotando di due angoli retti intorno al centro. Con questo movimento ogni punto P_1, P_2, P_3,....... di una delle sue parti prende la posizione di un punto

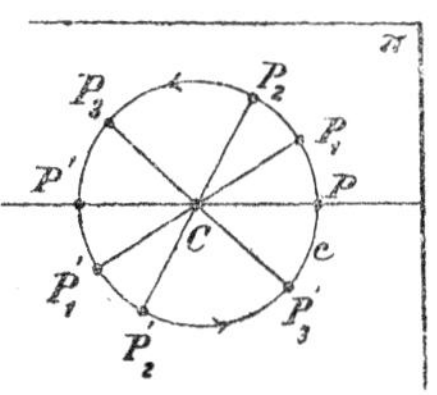

corrispondente $P_1', P_2', P_3', ...$ dell'altra, e due punti corrispondenti sono opposti essendo simmetrici rispetto al centro.

Un diametro PCP′ divide il circolo c in due parti inversamente uguali: infatti, facendo rotare il piano di c di due diedri retti intorno a PCP′, ogni punto $P_1, P_2, P_3, ...$ di una delle parti staccate dal diametro viene in un punto corrispondente $P_1', P_2', P_3', ...$ dell'altra, perchè ritorna sul piano di c, e la sua distanza da C rimane la stessa.

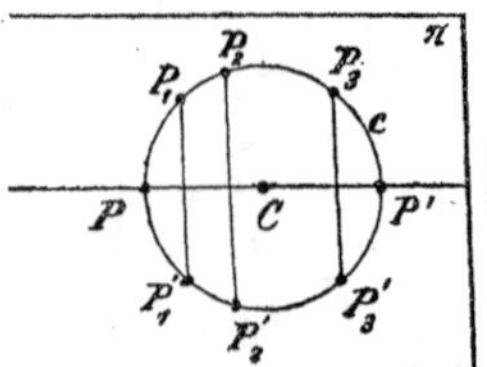

Definizione. — Chiameremo *semicircoli* le due parti uguali tagliate da un circolo con un diametro.

Corollario. — 2° Un circolo è simmetrico rispetto a tutte le rette che passano per il centro e stanno nel suo piano (74, C. 1°).

82. Se una figura rota intorno ad un punto C, e se $P_1, P_2, P_3, ...$ sono posizioni di un determinato punto P della figura, abbiamo $CP_1 \equiv CP_2 \equiv CP_3 \equiv .... \equiv CP$, quindi tutti i punti $P_1, P_2, P_3, ...$ sono equidistanti da C. Viceversa, se abbiamo $CP' \equiv CP$, il punto P′ è una posizione del punto P, poichè facendo rotare la figura intorno a C possiamo sempre portare CP in CP′. Il punto P si può considerare come elemento generatore di una superficie σ, luogo geometrico di tutte le sue posizioni: la legge che regola il movimento di P è espressa dicendo che è data la sua distanza da un punto fisso dello spazio.

Definizione. — Diremo *sfera* la superficie luogo geometrico di tutti i punti dello spazio, che hanno una data distanza da un punto fisso.

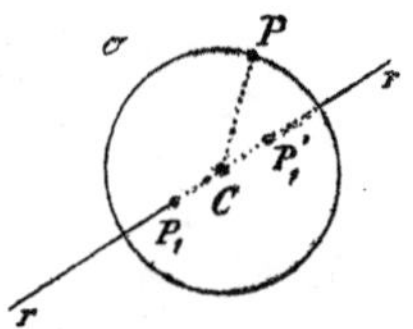

Sopra una retta r condotta per C vi sono due punti P_1, P_1', e due soli, per i quali $CP_1 \equiv CP_1' \equiv CP$ (51, Pr. 1°), i due punti P_1, P_1' appartengono alla sfera σ, la quale evidentemente è simmetrica rispetto a C (75), dunque C è centro di σ.

Corollario. — Una sfera non può avere più di un centro.

83. Definizioni. — 1ª Ogni segmento, che ha per estremi il centro ed un punto di una sfera, è uno dei suoi *raggi*.

2ª È *diametro* di una sfera ogni segmento che ha per estremi due dei suoi punti simmetrici rispetto al centro, i quali si dicono punti *opposti* della sfera.

Tutti i raggi e tutti i diametri di una stessa sfera sono uguali fra loro.

Ogni diametro è doppio di un raggio, ed ogni raggio è la metà di un diametro.

84. Una sfera è individuata, quando sia dato il centro ed un raggio.

Un punto è centro di infinite sfere, ciascuna individuata da un suo punto preso ad arbitrio nello spazio.

Definizione. — Si dicono *concentriche* tutte le sfere che hanno lo stesso centro.

Teorema. — Sono uguali tutte le sfere che hanno raggi uguali.

Se C, C′ sono i centri e CP, C′P′ due raggi qualunque di due sfere σ, σ′, quando CP ≡ C′P′ possiamo far coincidere C′ con C, C′P′ con CP, e quindi σ′ con σ (12, C. 2°).

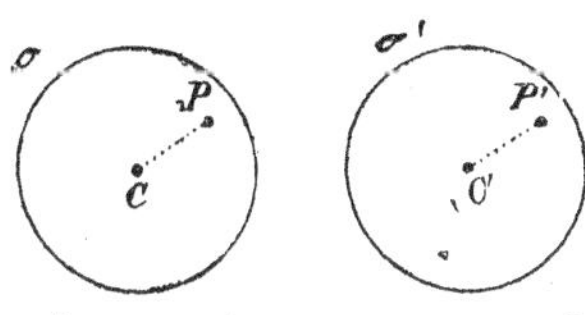

La coincidenza di due sfere uguali si può attuare in più modi (12), ponendo C′ su C ed un raggio qualunque di σ sopra un raggio qualunque di σ′.

85. Teorema. — Tutti i piani condotti per il centro di una sfera, la incontrano secondo circoli che hanno il raggio uguale a quello della sfera.

Sia C il centro e CP un raggio di una data sfera σ. Sopra un piano π condotto per C immaginiamo il circolo *c*, che ha C per centro e i raggi uguali a CP. Evidentemente ogni punto P_1 di *c* appartiene a σ, poichè $CP_1 \equiv CP$, e viceversa ogni punto P_1 comune a π e σ appartiene a *c*, essendo $CP_1 \equiv CP$; dunque il teorema è dimostrato.

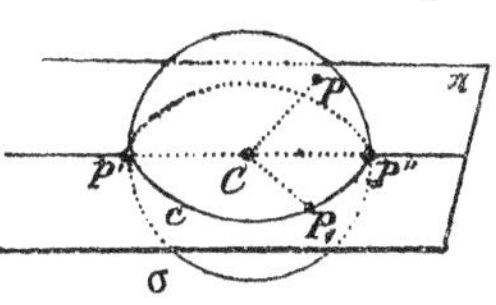

Ne segue che il piano condotto per il centro di una sfera contiene infiniti diametri.

Definizione. — Diremo *diametrali* tutti i piani che passano per il centro di una data sfera.

Un piano diametrale divide una sfera in due parti, ciascuna di esse contiene tutti i punti della sfera situati da uno stesso lato del piano diametrale, ed opposti a quelli dell'altra.

I punti opposti di una sfera si corrispondono univocamente.

86. Definizione. — Una figura si dice *luogo geometrico* d'una linea, *elemento generatore*, mobile con una certa legge, quando tutti i suoi punti appartengono almeno ad una linea che soddisfa la legge data, mentre tutti i punti di questa linea appartengono alla figura.

Sia c un circolo di un piano π, C il suo centro e $P'P''$ un suo diametro. Se c rota intorno a $P'P''$, ogni punto P_1 di c, considerato in una qualunque P delle sue posizioni, appartiene alla sfera σ che ha il centro C ed i raggi uguali a CP_1, poichè $CP_1 \equiv CP$; viceversa ogni punto P di σ appartiene al circolo c, quando si trova nella posizione situata sul piano $PP'P''$, essendo $CP_1 \equiv CP$. Possiamo considerare il circolo c come una linea elemento generatore della sfera σ, luogo geometrico di tutte le sue posizioni: la legge che regola il movimento di c è espressa dicendo che deve rotare di due diedri retti intorno ad un suo diametro PP_1.

Corollario. — Se una figura rota intorno ad un asse, ogni suo punto si move sopra un circolo il cui piano è perpendicolare all'asse nel centro.

Quando il circolo c genera la sfera σ, ogni punto di c genera un circolo situato sopra σ.

87. Facendo rotare una sfera σ intorno al centro C, ogni suo punto $P_1, P_2, P_3,\ldots..$ prende una posizione corrispondente $P_1', P_2', P_3',\ldots..$ ancora sopra σ, quindi una sfera si può movere senza staccarsi mai dalla data posizione.

Definizione. — Diremo che una sfera *scorre* su se stessa, quando si move senza staccarsi mai dalla data posizione.

Corollario. — Una sfera può scorrere su se stessa.

88. Corollarî. — 1° Una sfera è simmetrica rispetto a tutte le rette che passano per il suo centro.

Infatti la sfera σ scorre su se stessa, se rota di due diedri retti intorno ad una retta P′C P″ condotta per il centro (74, C. 1°).

2° Una sfera è divisa in due parti uguali da ciascuno dei suoi piani diametrali (74, C. 3°).

Onde far coincidere le due parti uguali tagliate sulla sfera σ da un piano diametrale π, basta far scorrere σ su se stessa rotando di due diedri retti intorno ad una retta P′CP″, condotta per il centro C nel piano diametrale π. Con questo movimento, ogni punto P_1, P_2, P_3..... di una delle due parti prende la posizione di un punto corrispondente P_1',P_2',P_3',..... dell'altra, e due punti corrispondenti sono simmetrici rispetto a PCP′.

Definizione. — Chiameremo *semisfere* le due parti uguali tagliate da una sfera con un piano diametrale.

Corollario. — 3° Una sfera è simmetrica rispetto a ciascuno dei suoi piani diametrali.

Infatti sia π un piano diametrale, ed A un punto della sfera σ col centro in C; il piano perpendicolare a π, condotto per la retta AC, sega π secondo una retta *r* e σ secondo un circolo *c* (75, T.). Ora se A′ è il punto di *c* simmetrico di A rispetto ad *r*, la retta AA′ è perpendicolare ad *r* in un punto P, che divide per metà il segmento AA′, ma AA′ è perpendicolare a π in P, dunque A, A′ sono punti di σ simmetrici rispetto a π.

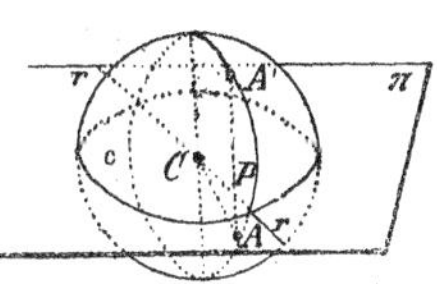

89. Il punto generatore di un circolo, partendo da una certa posizione e movendosi sempre in una stessa direzione, senza mai riprendere, durante il suo movimento non interrotto, una posizione già occupata, ritorna alla posizione iniziale. È pensando a questa generazione che ci figuriamo il circolo come una linea *chiusa,* che *divide* il suo piano in due parti (15, D. 1ª).

Il circolo generatore di una sfera, partendo da una certa posizione e movendosi sempre nella stessa direzione, senza mai riprendere, durante il suo movimento non interrotto, una posizione già occupata, ritorna alla posizione iniziale. È pensando a questa generazione che ci figuriamo la sfera come una superficie *chiusa,* che *divide* lo spazio in due parti (15,D.2ª).

Definizioni. — 1ª Un punto, nel piano di un circolo, si dice *interno* o *esterno* ad esso, secondochè la sua distanza dal centro è maggiore o minore del raggio.

Delle due parti staccate da un circolo sul suo piano, una è finita e contiene tutti i punti interni, l'altra è indefinita e contiene tutti i punti esterni ad esso.

2ª La parte finita staccata da un circolo sul suo piano si dice *superficie del circolo.*

3ª Un punto si dice *interno* o *esterno* ad una sfera, secondochè la sua distanza dal centro è maggiore o minore del raggio.

Delle due parti staccate da una sfera nello spazio, una è finita e contiene tutti i punti interni, l'altra è indefinita e contiene tutti i punti esterni ad essa.

4ª La parte finita staccata da una sfera nello spazio si dice *solido della sfera.*

Dato un circolo, tutte le linee del suo piano che congiungono un punto esterno con uno interno, lo incontrano almeno in un punto (15, D. 1ª).

Data una sfera, tutte le linee che congiungono un punto interno con uno esterno, la incontrano almeno in un punto (15, D. 2ª).

Corollarî. — 1° Due circoli di uno stesso piano si segano almeno in due punti, se uno di essi ha un punto interno ed uno esterno all'altro.

Infatti, se in un piano il circolo c ha un punto P_1 interno ed un punto P_2 esterno ad un circolo c', il punto P_1 si può movere su c, secondo due direzioni opposte, fino ad arrivare nella posizione P_2, ogni volta descrive una linea, che, congiungendo un punto interno con uno esterno, sega c' almeno in un punto, dunque c, c' si segano almeno in due punti.

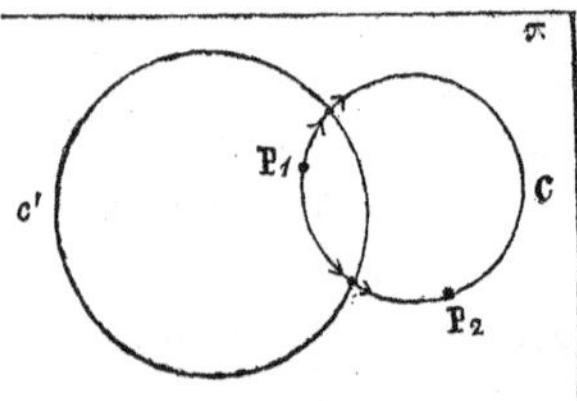

2° Un circolo sega una sfera almeno in due punti, se ha un punto interno ed uno esterno ad essa.

3° Due sfere si segano in infiniti punti, se una di esse ha un punto interno ed uno esterno all'altra.

Infatti se la sfera σ ha un punto P_1 interno e un punto P_2 esterno ad un'altra sfera σ'; ogni linea descritta su σ, e che congiunge P_1 con P_2, sega σ' almeno in un punto.

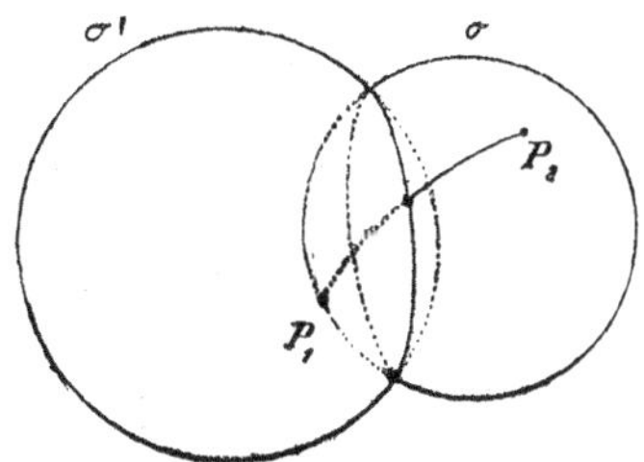

4° In uno stesso piano una retta sega un circolo almeno in due punti, se ha un punto interno ad esso.

Infatti, se in un piano π la retta AB ha un punto P interno ad un circolo c, di centro C, le intersezioni M, N della retta CP con c devono essere situate in lati opposti rispetto ad AB, perchè $CN > CP$ per ipotesi, quindi il punto M si può muovere su c, secondo due direzioni opposte, fino ad arrivare in N, ogni volta descrive una linea, che, congiungendo due punti situati in lati opposti rispetto ad AB, la sega almeno in un punto, dunque c ed AB si segano almeno in due punti, uno sulla parte di retta PA e l'altro sulla parte di retta PB.

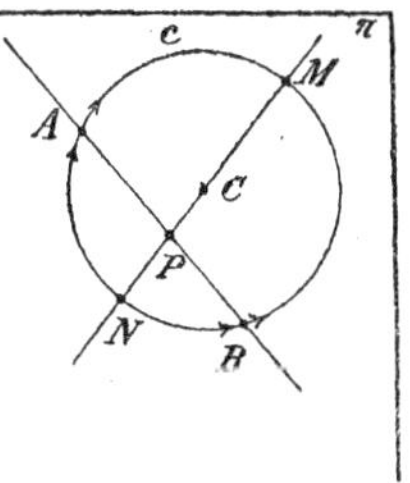

5° Una retta sega una sfera almeno in due punti, se ha un punto interno ad essa.

Ogni retta AB, che non sia condotta per il centro C di una data sfera σ, determina un piano diametrale, ed uno solo, che sega σ secondo un circolo c (85, T.). Ora è chiaro che i punti comuni a σ ed AB, se ve ne sono, devono essere comuni a c ed AB, e viceversa; dunque se AB ha un punto P interno a σ, P è interno a c, e la retta ha almeno due intersezioni con c, e quindi con σ (89, C. 4°), una situata sulla parte PA, l'altra sulla parte PB.

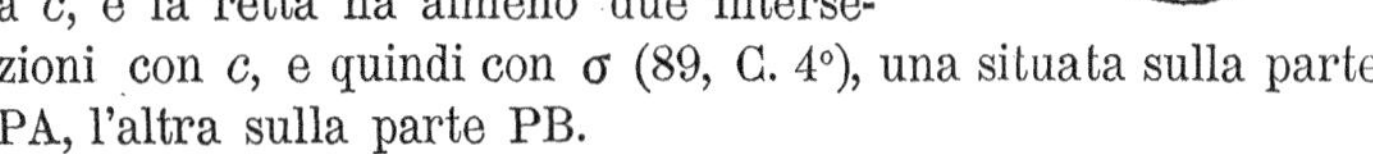

6° Un piano sega una sfera in infiniti punti, se ha un punto interno ad essa.

Infatti, se un piano π ha un punto P interno ad una sfera

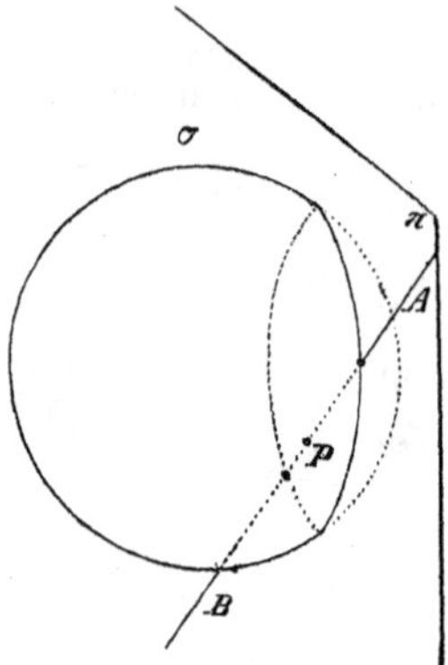

σ, ogni retta AB di π, condotta per P, sega σ almeno in due punti.

VIII. Costruzione delle figure geometriche.

90. In tutte le considerazioni precedenti abbiamo supposto di avere a nostra disposizione punti, rette e piani, onde porli *immediatamente* nello spazio. Questa facoltà, che abbiamo concesso tacitamente, ci ha fornito e ci fornirà il materiale geometrico per ottenere le figure fondamentali. Ponendo immediatamente gli elementi fondamentali, possono venirne altri posti *mediatamente;* così possiamo porre un punto mediante uno dei suoi piani ed una delle sue rette; una retta mediante due dei suoi punti; un piano mediante tre dei suoi punti, non situati sopra una stessa retta;.......

Dopo aver posto immediatamente gli elementi fondamentali, ci è concesso (P. I, II, III, IV) di poterli movere, trasportandoli nello spazio in tutte le posizioni compatibili colla loro natura. È perciò che ponendo immediatamente il piano π, il centro C, ed un punto P di un circolo *c*, facendo rotare il raggio CP nel piano π, intorno a C, si può ottenere ogni altro punto di *c*, che rimane posto mediante il suo piano, il suo centro, ed un suo punto.

Così pure ponendo immediatamente il centro C ed un punto P di una sfera σ, facendo rotare il raggio CP intorno a C, si può ottenere ogni altro punto di σ, che rimane posta mediante il suo centro ed un suo punto.

Dato un circolo, se una retta del suo piano ha un punto interno ad esso, lo incontra almeno in due punti (89, C. 4°), ciascuno dei quali viene così posto mediante la retta ed il circolo. Data una sfera, se una retta ha un punto interno ad essa, la incontra almeno in due punti (89, C. 5°), ciascuno dei quali viene così posto mediante la retta e la sfera. Una sfera ed un suo piano diametrale s'incontrano secondo un circolo, che viene così posto mediante la sfera ed il piano;....... Da questi esempî si deduce, che non solo ponendo immediatamente punti, rette e piani, possono ottenersi elementi fondamentali posti mediatamente; ma anche ponendo punti, rette, piani, circoli e sfere, possono aversi altri punti, rette, piani, circoli e sfere, posti mediante i primi. Finora abbiamo considerato come determinati gli elementi di una figura nati in questo modo, faremo sempre così, ammettendo che

Postulato VIII.

Nello spazio si possono porre *immediatamente* i suoi elementi fondamentali, i circoli di un piano e le sfere dello spazio si pongono *mediante* i loro centri e raggi. Se per mezzo degli elementi punti, rette, circoli, piani, sfere, ne vengono altri posti *mediatamente*, li riterremo come determinati (N. XXIV).

Definizione. — Diremo *costruita* una figura geometrica, se tutti i suoi elementi si possono determinare ponendo solamente punti, rette, piani, circoli e sfere.

Così, per esempio, i due punti B′, B″ di una retta MN, che hanno una distanza data CD da uno dei suoi punti A (51, Pr. 1°), si possono *costruire* prendendo i due punti comuni alla retta

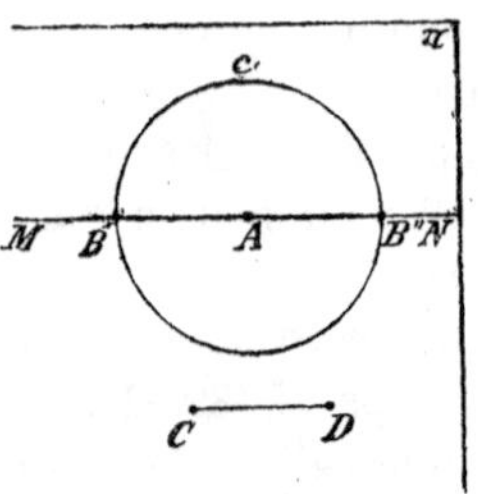

MN e ad un circolo c, descritto in uno π dei suoi piani, col centro in A e col raggio uguale a CD.

91. Nella Geometria elementare le ricerche si limitano allo studio delle principali proprietà delle grandezze geometriche, ed allo studio delle figure costruibili (90, D.) per mezzo dell'ultimo postulato, cioè disponendo solamente di punti, rette, piani, circoli e sfere.

Gli strumenti necessarî per disegnare queste figure, sono la *riga* e il *compasso*, quindi la Geometria elementare si dice anche la Geometria della riga e del compasso (N. XXV). Contuttociò i limiti dell'opera non rimangono nettamente stabiliti, si concepisce che l'argomento è inesauribile, e che possiamo arrestarci dove vogliamo, purchè, partendo dalle verità fondamentali della Geometria, si giunga gradatamente a svolgere quelle proposizioni, che sono riconosciute di frequente applicazione, e quei metodi generali atti a risolvere le principali ulteriori questioni della scienza (N. XXVI).

LIBRO II.

LE FIGURE GEOMETRICHE FONDAMENTALI

I. I triangoli.

92. Definizioni. — 1ª Chiameremo *triangolo* la figura fondamentale determinata da tre punti, non situati sopra una stessa retta.

2ª I tre punti, che determinano un triangolo, si chiamano i suoi *vertici*. Le *rette* di un triangolo sono quelle determinate dai vertici, presi due a due.

3ª I vertici, due a due, determinano tre segmenti, che si dicono i *lati* del triangolo.

4ª Il *contorno* di un triangolo è la linea formata dai suoi lati.

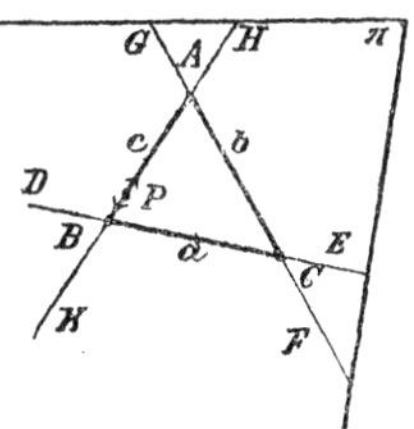

Se A, B, C sono tre punti non situati sopra una stessa retta, e se DE, FG, HK, ovvero *a, b, c,* sono le rette BC, CA, AB, abbiamo un triangolo, che si può indicare con ABC, il quale ha per vertici i punti A, B, C, mentre le sue rette sono *a, b, c,* ed i suoi lati sono i segmenti BC, CA, AB.

93. Un punto P può percorrere il contorno di un triangolo ABC, partendo da una certa posizione e movendosi nel senso AB, BC, CA o nel senso opposto BA, AC, CB, ritornando alla posizione iniziale senza mai riprendere, durante il suo movimento non interrotto, una posizione già occupata; perciò si vede che il contorno di un triangolo è una linea *chiusa*, la quale *divide* in due parti il suo piano, una finita e l'altra indefinita.

Definizioni. — 1ª Un punto si dice *interno* o *esterno* ad un triangolo, secondochè giace nella parte finita o nella indefinita, staccate dal contorno sul suo piano.

2ª La parte finita, staccata dal contorno di un triangolo sul suo piano, si dice *superficie del triangolo* o più semplicemente *triangolo*, quando non vi sia timore di equivoci.

94. Definizione. — Le tre rette di un triangolo tagliano dal loro piano dodici angoli: tre contengono tutti i punti interni al triangolo, e si dicono gli *angoli interni* o più brevemente gli *angoli* del triangolo, altri tre sono ad essi opposti al vertice, e ne rimangono sei, che si dicono gli *angoli esterni* del triangolo.

Gli angoli interni di ABC, o più semplicemente i suoi angoli, sono $\widehat{A.BC}$, $\widehat{B.CA}$, $\widehat{C.AB}$; mentre gli angoli esterni sono $\widehat{A.FH} \equiv \widehat{A.GK}$, $\widehat{B.HD} \equiv \widehat{B.KE}$, $\widehat{C.DF} \equiv \widehat{C.EG}$, due a due uguali, perchè opposti al vertice.

95. Definizioni. — 1ª Ciascun angolo di un triangolo è *compreso* dai due lati che passano per il suo vertice, è *adiacente* a ciascuno di essi, ed *opposto* al terzo.

2ª Ciascun lato di un triangolo è *adiacente* ai due angoli i cui vertici sono i suoi estremi, è *opposto* al terzo angolo ed al suo vertice.

3ª Ciascun angolo esterno di un triangolo è *adiacente* all'interno che ha con esso lo stesso vertice, ed è *opposto* agli altri due angoli interni.

Così per esempio l'angolo $\widehat{A.BC}$, compreso dai lati AB, AC, è adiacente a ciascuno di essi, ed è opposto al lato BC, il quale poi è adiacente ai due angoli $\widehat{B.CA}$, $\widehat{C.AB}$, ed è opposto all'angolo $\widehat{A.BC}$ ed al vertice A. L'angolo esterno $\widehat{A.FH}$ è adiacente all'interno $\widehat{A.BC}$, ed è opposto ai due angoli $\widehat{B.CA}$, $\widehat{C.AB}$.

96. Corollario. — Una parte indefinita AP di retta, uscente da un vertice A di un triangolo e compresa nel suo angolo $\widehat{A.BC}$, deve incontrare il lato opposto BC in un punto M; infatti tutti i punti di AB sono da uno stesso lato della retta AP, tutti i punti di AC sono dal lato opposto, dunque B, C sono in parti opposte rispetto ad AP, che viene perciò segata da BC.

1. Proprietà dei lati e degli angoli di un triangolo.

97. Teorema. — La somma degli angoli di un triangolo, qualunque, è uguale a due angoli retti (N. XXVII).

Sia ABC un triangolo dato, ed $\widehat{A.CD}$ un suo angolo esterno. Se EF è la retta parallela ad *a*, che passa per A, una delle sue parti AE deve trovarsi nella parte *c*C del piano ABC, e non potendo essere compresa nell'angolo $\widehat{A.BC}$, poichè allora incontrerebbe *a* (96, C.), deve venire compresa nell'angolo $\widehat{A.CD}$. Ora abbiamo $\widehat{A.ED} \equiv \widehat{B.CA}$, $\widehat{A.CE} \equiv \widehat{C.AB}$ (45, C. 1°); ma $\widehat{A.BC} + \widehat{A.CE} + \widehat{A.ED}$ è uguale a due angoli retti, dunque anche $\widehat{A.BC} + \widehat{B.CA} + \widehat{C.AB}$ è uguale a due angoli retti.

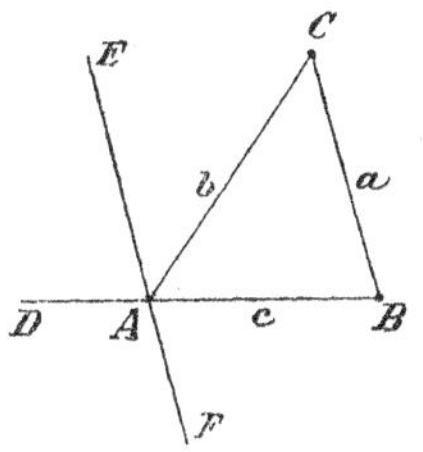

Corollarî. — 1° Abbiamo $\widehat{A.CD} \equiv \widehat{A.CE} + \widehat{A.ED}$, ossia $\widehat{A.CD} \equiv \widehat{B.CA} + \widehat{C.AB}$, dunque: un angolo esterno di un triangolo è uguale alla somma dei due interni ed opposti.

2° Un angolo esterno di un triangolo è maggiore di ciascuno dei due interni ed opposti.

3° La somma di due angoli di un triangolo è sempre minore di due retti.

4° Se due triangoli hanno uguali due angoli, anche i due rimanenti sono uguali; o, più generalmente, se la somma di due angoli di un triangolo è uguale alla somma di due angoli di un altro, sono uguali i loro angoli rimanenti.

98. Definizione. — Ogni triangolo che ha un angolo retto si dice *rettangolo;* i lati che comprendono l'angolo retto sono i suoi *cateti*, il lato opposto ad esso è la sua *ipotenusa*.

Corollarî. — 1° Se un angolo di un triangolo è ottuso o retto, ambidue gli altri sono acuti.

2° Sono complementari gli angoli adiacenti all'ipotenusa di un triangolo rettangolo.

99. Teorema 1° — Se due lati di un triangolo sono uguali, anche gli angoli opposti ad essi sono uguali.

Supponiamo dato un triangolo ABC, e supponiamo AB $\equiv$ AC;

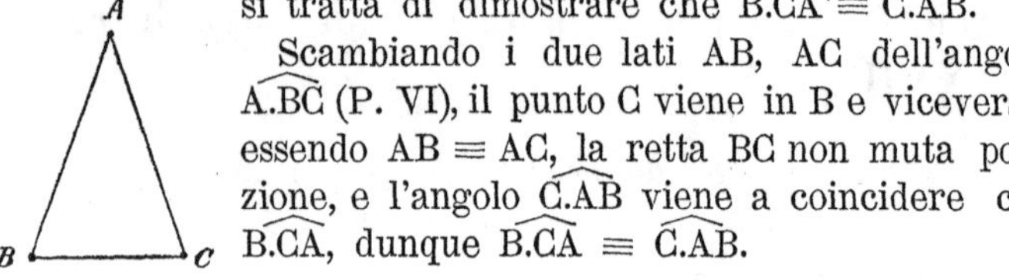

si tratta di dimostrare che $\widehat{B.CA} \equiv \widehat{C.AB}$.

Scambiando i due lati AB, AC dell'angolo $\widehat{A.BC}$ (P. VI), il punto C viene in B e viceversa, essendo AB $\equiv$ AC, la retta BC non muta posizione, e l'angolo $\widehat{C.AB}$ viene a coincidere con $\widehat{B.CA}$, dunque $\widehat{B.CA} \equiv \widehat{C.AB}$.

Teorema 2° — Se due angoli di un triangolo sono uguali, anche i lati opposti ad essi sono uguali.

Dato il triangolo ABC, supponiamo $\widehat{B.CA} \equiv \widehat{C.AB}$. Movendo il triangolo, possiamo sempre porre C in B e viceversa (P. VI), e poi fare in modo che il suo piano ritorni nella posizione primitiva, cadendo i lati BA, CA dalla stessa parte di prima. Dopo ciò la retta BC non ha mutato posizione, ed essendo $\widehat{B.CA} \equiv \widehat{C.AB}$, naturalmente il lato BA è venuto a coincidere coll'altro CA, e viceversa, quindi abbiamo AB $\equiv$ AC.

Definizione. — È *isoscele* ogni triangolo che ha uguali due lati e i due angoli opposti.

Corollarî. — 1° Se due triangoli ABC, A'B'C' sono isosceli, essendo AB $\equiv$ AC, A'B' $\equiv$ A'C', e se $\widehat{A.BC} \equiv \widehat{A'.B'C'}$, abbiamo $\widehat{B.CA} \equiv \widehat{C.AB} \equiv \widehat{B'.C'A'} \equiv \widehat{C'.A'B'}$.

2° L'angolo esterno, opposto ai due angoli uguali di un triangolo isoscele, è doppio di ciascuno di essi.

100. Teorema 1° — Se due lati di un triangolo sono disuguali, l'angolo opposto al lato maggiore è maggiore dell'angolo opposto all'altro.

Se nel triangolo ABC si ha AB > AC, è necessariamente $\widehat{C.AB} > \widehat{B.CA}$. Sulla retta AB prendiamo il punto D, in modo che sia AD $\equiv$ AC e BD $\equiv$ BA — AD (57, C. 1°). La retta CD è compresa nell'angolo $\widehat{C.AB}$, quindi $\widehat{C.AB} > \widehat{C.AD}$; ma $\widehat{C.AD} \equiv \widehat{D.AC}$, perchè il triangolo ADC è isoscele (99, T. 1°), perciò $\widehat{C.AB} > \widehat{D.AC}$. Ora $\widehat{D.AC} > \widehat{B.CA}$ (97, C. 2°), dunque $\widehat{C.AB} > \widehat{B.CA}$ (56, C. 4°).

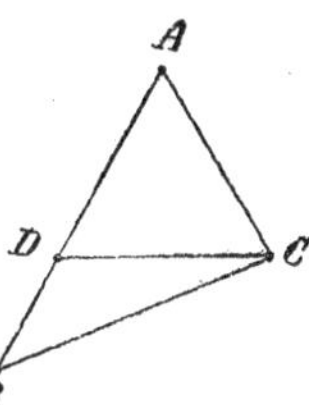

Teorema 2° — Se due angoli di un triangolo sono disuguali, il lato opposto al maggiore è maggiore del lato opposto all'altro.

Se nel triangolo ABC si ha $\widehat{C.AB} > \widehat{B.CA}$, deve essere AB > AC. Infatti, se fosse AB $\equiv$ AC, avremmo $\widehat{C.AB} \equiv \widehat{B.CA}$ (99, T. 1°); se fosse AB < AC, avremmo invece $\widehat{C.AB} < \widehat{B.CA}$ (100, T. 1°), quindi in ambidue i casi non sarebbe soddisfatta l'ipotesi, perciò non potendo essere AB uguale o minore di AC, deve necessariamente essere AB > AC (56, C. 2°).

Corollario. — In un triangolo rettangolo l'ipotenusa è maggiore di ciascuno dei due cateti (98, C. 1°).

101. Teorema. — Ciascun lato di un triangolo è minore della somma degli altri due.

Nel triangolo ABC un lato qualunque BC è minore della somma degli altri due lati CA, AB. Sulla retta AB prendiamo il punto D, in modo che sia AD $\equiv$ AC e BD $\equiv$ BA + AD (55, C. 1°); allora la retta CA viene compresa in $\widehat{C.BD}$ e $\widehat{C.DA} < \widehat{C.DB}$: ora $\widehat{C.DA} \equiv \widehat{D.BC}$ (99, T. 1°), dunque nel triangolo BCD abbiamo $\widehat{D.BC} < \widehat{C.DB}$ (100, T. 2°), e perciò BC<DB, ossia BC<CA+AB.

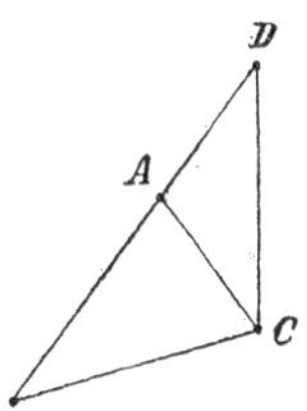

Corollarî. — 1° Possiamo enunciare il teorema precedente dicendo: affinchè tre segmenti possano essere uguali ai lati di un triangolo, è necessario che ciascuno sia minore della somma degli altri due, o più semplicemente che quel lato, il quale non è minore di nessuno degli altri due (56, C. 3°), sia minore della loro somma.

Infatti, se BC < CA + AB, e se BC $\geqq$ AB, BC $\geqq$ CA, abbiamo anche AB < BC + CA, CA < AB + BC (58, C. 1°).

2° Ciascun lato di un triangolo è maggiore della differenza degli altri due.

Essendo il segmento BC minore del segmento CA + AB, se togliamo lo stesso segmento AB, abbiamo (58, T. 2°) CA > BC — AB.

2. *Triangoli uguali.*

102. Dati due triangoli, possiamo sempre far corrispondere i loro elementi in modo che siano corrispondenti gli angoli i cui vertici sono corrispondenti, i lati i cui estremi sono vertici corrispondenti, e le loro rette. Parlando di corrispondenza tra gli elementi di due triangoli, intenderemo sempre che sia stabilita in questo modo. Due triangoli sono uguali, se, trasportati convenientemente nello spazio, possono coincidere; sono corrispondenti i vertici, gli angoli, i lati e le rette dei due triangoli uguali, che coincidono quando coincidono i due triangoli. Naturalmente due triangoli uguali hanno uguali i lati e gli angoli corrispondenti.

Come risulta dai seguenti teoremi, per accertarci dell'uguaglianza di due triangoli non è necessario riconoscere l'uguaglianza di *tutti* i loro lati e i loro angoli.

103. Teorema. — Due triangoli sono uguali, se hanno rispettivamente uguali un lato e due angoli.

Siano ABC, A'B'C' i due triangoli, sia BC ≡ B'C', e siano uguali due dei loro angoli, per cui risulteranno uguali anche i rimanenti (97, C. 4°), ed avremo $\widehat{B.CA} \equiv \widehat{B'.C'A'}$, $\widehat{C.AB} \equiv \widehat{C'.A'B'}$, $\widehat{A.BC} \equiv \widehat{A'.B'C'}$. Facendo coincidere i due angoli uguali $\widehat{B.AC}$, $\widehat{B'.A'C'}$, in modo che la retta *a* coincida con la retta *a'*, e la retta *c* con la retta *c'*, il punto C coincide col punto C', essendo BC ≡ B'C', la retta *b* coincide con la retta *b'*, essendo $\widehat{C.AB} \equiv \widehat{C'.A'B'}$, ed il triangolo ABC coincide col triangolo A'B'C', dunque i due triangoli sono uguali.

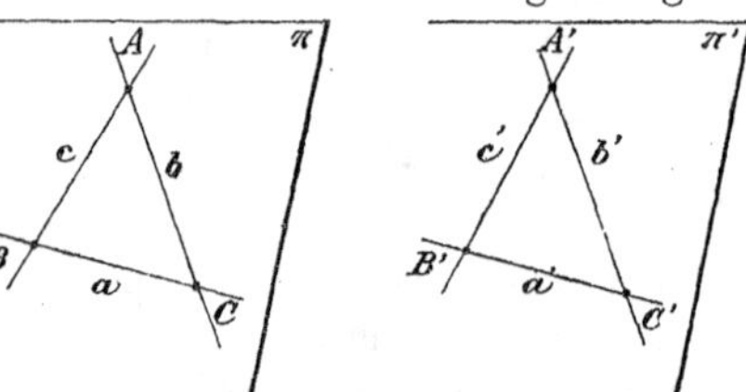

Corollario. — Due triangoli rettangoli sono uguali, se hanno uguale un lato ed un angolo acuto.

104. Teorema. — Due triangoli sono uguali, se hanno rispettivamente uguali due lati e l' angolo compreso.

I triangoli ABC, A′B′C′ sono uguali, se AB ≡ A′B′, AC ≡ A′C′ e $\widehat{A.BC}$ ≡ $\widehat{A'.B'C'}$. Infatti facendo coincidere gli angoli uguali $\widehat{A.BC}$, $\widehat{A'.B'C'}$, in modo che coincidano le rette b, b' e c, c', il punto B′ cade in B, essendo A′B′ ≡ AB, il punto C′ cade in C, essendo A′C′ ≡ AC, e coincidono i due triangoli ABC, A′B′C′.

Corollario. — Due triangoli rettangoli sono uguali, se hanno i cateti rispettivamente uguali.

105. Teorema. — Due triangoli sono uguali, quando hanno rispettivamente uguali due lati e l'angolo opposto al maggiore di essi.

Dati i due triangoli ABC, A′B′C′, supponiamo AB ≡ A′B′, AC ≡ A′C′, $\widehat{C.AB}$ ≡ $\widehat{C'.A'B'}$; se AB > AC, e quindi A′B′ > A′C′, i due triangoli sono uguali. Evidentemente se deduciamo che BC ≡ B′C′ abbiamo dimostrato il teorema (104, T.). Ora se BC, B′C′ non fossero uguali, uno di essi BC sarebbe maggiore

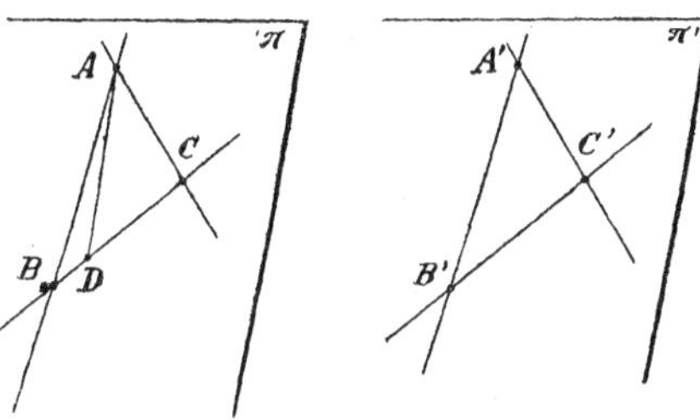

dell' altro, e da BC potremmo sottrarre B′C′: chiamando BD la differenza, avremmo CD ≡ C′B′, e il triangolo ADC sarebbe uguale al triangolo A′B′C′ (104, T.), quindi si avrebbe AD ≡ A′B′ ≡ AB, il triangolo ADB sarebbe isoscele, e $\widehat{B.AD}$ ≡ $\widehat{D.AB}$; ma $\widehat{D.AB}$ > $\widehat{C.AB}$ (97, C. 2°), quindi sarebbe $\widehat{B.CA}$ > $\widehat{C.AB}$, e perciò AB > AC (100, T. 2°), contro l'ipotesi. Non potendo uno qualunque dei lati BC, B′C′ essere maggiore dell'altro, deve essere necessariamente BC ≡ B′C′; rimane così dimostrato il teorema.

Corollario. — Due triangoli rettangoli sono uguali, se hanno rispettivamente uguale l'ipotenusa ed un cateto (100, C.).

106. Teorema. — Due triangoli sono uguali, se hanno rispettivamente uguali i tre lati.

Se BC ≡ B′C′, CA ≡ C′A′, AB ≡ A′B′, i triangoli ABC, A′B′C′ sono uguali. Essendo BC ≡ B′C′ possiamo porre il piano π′ di A′B′C′ sul piano π di ABC, in modo che B′, C′ cadano in B, C, il vertice A′ cada in un punto A″, ed A, A″ siano su π situati in

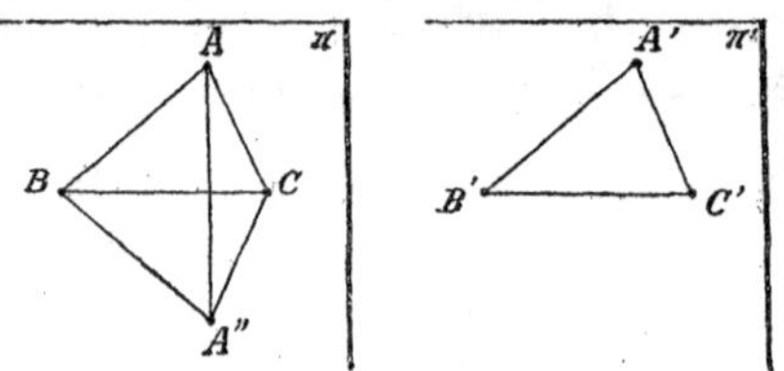

parti opposte rispetto a BC. Avendo A′B′ ≡ A″B ≡ AB, il triangolo ABA″ è isoscele, e $\widehat{A.BA''} \equiv \widehat{A''.BA}$. Analogamente deduciamo che $\widehat{A.CA''} \equiv \widehat{A''.CA}$. Ora, se la retta AA″ è compresa negli angoli $\widehat{A.BC}$, $\widehat{A''.BC}$, abbiamo $\widehat{A.BA''} + \widehat{A.CA''} \equiv \widehat{A''.BA} + \widehat{A''.CA}$, ovvero $\widehat{A.BC} \equiv \widehat{A''.BC}$; se la retta AA″ non è compresa negli angoli $\widehat{A.BC}$, $\widehat{A''.BC}$, abbiamo $\widehat{A.BA''} - \widehat{A.CA''} \equiv \widehat{A''.BA} - \widehat{A''.CA}$,

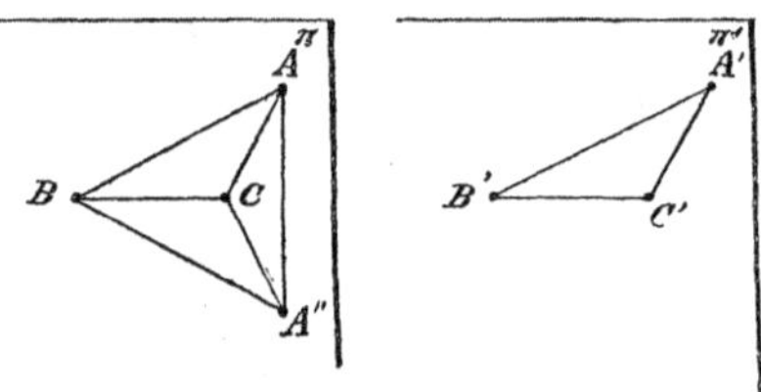

ossia $\widehat{A.BC} \equiv \widehat{A''.BC}$. Rimane così dimostrato che i due triangoli ABC, A″BC sono sempre uguali (104, T.); ma il triangolo A″BC è uguale al triangolo A′B′C′, dunque sono uguali triangoli dati ABC, A′B′C′.

107. Teorema 1° — Se due triangoli hanno due lati rispettivamente uguali e gli angoli compresi disuguali, a quello maggiore è opposto il lato maggiore

Se nei triangoli ABC, A′B′C′ si ha AB ≡ A′B′, AC ≡ C′A e $\widehat{A.BC} > \widehat{A'.B'C'}$, deve essere necessariamente BC > B′C′

Ponendo il piano π' di $A'B'C'$ sul piano π di ABC, in modo che A', B' coincidano con A, B, e in modo che il vertice C'

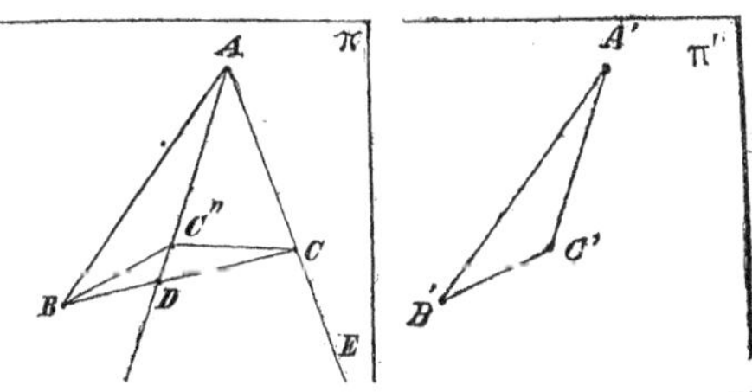

cada in un punto C'' nella parte cC di π, essendo $\widehat{A'.B'C'} < \widehat{A.BC}$, il lato AC'' deve venire compreso nell'angolo $\widehat{A.BC}$, ed il punto C'' o sarà interno ad ABC, o cadrà sul lato BC, o sarà esterno ad ABC. Nel primo caso chiamiamo D l'intersezione della retta AC'' col lato BC (96, C.), e $\widehat{C.EC''}$ l'angolo esterno del triangolo isoscele ACC'' adiacente a $\widehat{C.AC''}$. Abbiamo $\widehat{C.C''E} > \widehat{C.C''B}$, ma $\widehat{C.C''E} \equiv \widehat{C''.CD}$ (99, T. 1°) e $\widehat{C''.CD} < \widehat{C''.CB}$, quindi nel triangolo BCC'' si ha $\widehat{C''.CB} > \widehat{C.C''B}$ (56, C. 4°), e perciò $BC > BC''$ (100, T. 2°); ma $BC'' \equiv B'C'$, dunque $BC > B'C'$. Nel secondo caso, venendo C'' compreso

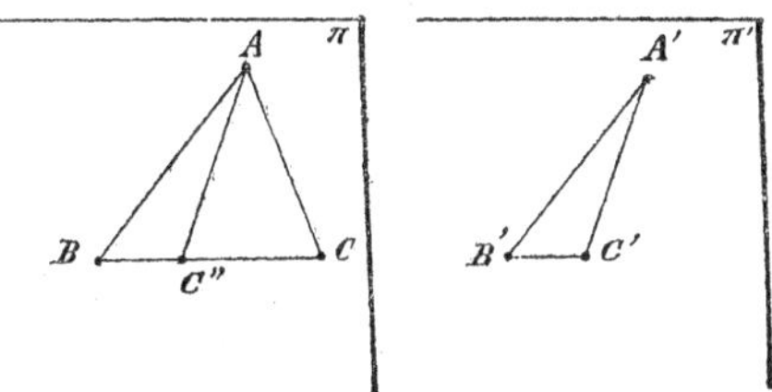

nel segmento BC, è subito dimostrato che $BC > BC''$, ossia $BC > B'C'$. Finalmente nel terzo caso, se D è il punto comune

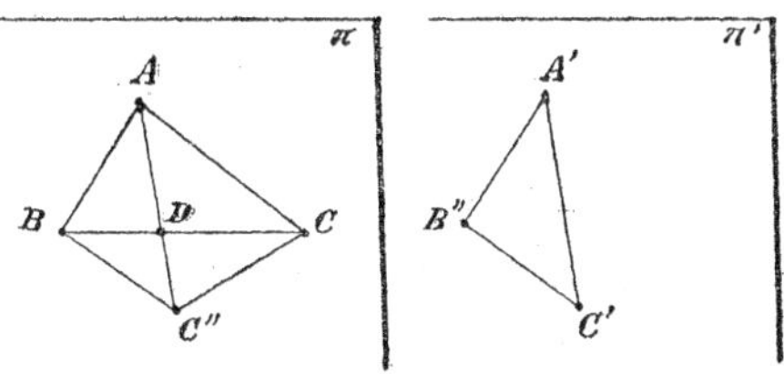

alle rette AC'', BC, si ha $\widehat{C.BC''} < \widehat{C.C''A}$, ossia $\widehat{C.BC''} < \widehat{C''.CA}$, poichè $\widehat{C''.CA} \equiv \widehat{C.C''A}$, essendo isoscele il triangolo ACC''; ma

$\widehat{C''.BC} > \widehat{C''.CA}$, dunque nel triangolo BC''C si ha $\widehat{C''.BC} > \widehat{C.BC''}$, e quindi BC > BC'', ossia BC > B'C'.

Così resta dimostrato il teorema in tutti i casi possibili.

Teorema 2° — Se due triangoli hanno due lati rispettivamente uguali ed i rimanenti lati disuguali, a quello maggiore è opposto l'angolo maggiore.

Questo teorema, inverso del precedente, si può dimostrare per assurdo osservando che, se nei triangoli soliti ABC, A'B'C' si ha BA ≡ B'A', CA ≡ C'A' e BC > B'C', non può essere $\widehat{A.BC} \equiv \widehat{A'.B'C'}$, poichè sarebbe BC ≡ B'C' (104, T.), non può essere $\widehat{A.BC} < \widehat{A'.B'C'}$, poichè sarebbe BC < B'C' (107, T. 1°), dunque deve essere $\widehat{A.BC} > \widehat{A'.B'C'}$.

Teorema 3° — Se due triangoli rettangoli hanno un cateto rispettivamente uguale, e se l'altro cateto del primo è maggiore dell'altro cateto del secondo, l'ipotenusa del primo è maggiore dell'ipotenusa del secondo.

Se nei due triangoli rettangoli ABC, A'B'C' i cateti AB, B'A' sono uguali, e se l'altro cateto AC del primo è maggiore dell'altro cateto A'C' del secondo, si ha BC > B'C'. Infatti, prendendo su AC il punto D in modo che sia AD ≡ A'C', abbiamo un triangolo ABD uguale ad A'B'C' (104, C.); ora $\widehat{D.BC} > \widehat{A.BC}$ (97, C. 2°), quindi, essendo $\widehat{A.BC}$ retto, $\widehat{D.BC}$ è ottuso; ma $\widehat{C.BD}$ è acuto (98, C. 1°), quindi $\widehat{D.BC} > \widehat{C.BD}$ e perciò BC > BD, ossia BC > B'C'.

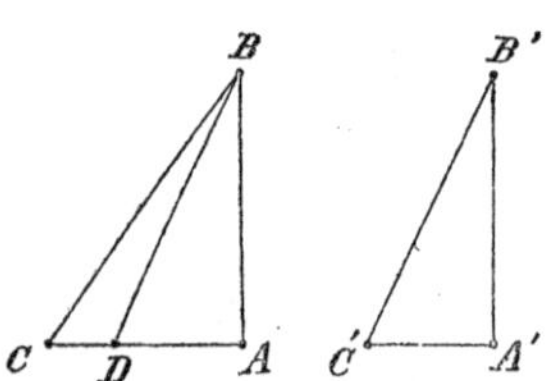

Teorema 4° — Se due triangoli rettangoli hanno un cateto rispettivamente uguale, e se l'ipotenusa del primo è maggiore dell'ipotenusa del secondo, l'altro cateto del primo è maggiore dell'altro cateto del secondo.

Quando nei triangoli rettangoli ABC, A′B′C′ sono uguali i cateti AB, A′B′, e l'ipotenusa BC è maggiore dell'ipotenusa B′C′, non può essere AC ≡ A′C′, perchè sarebbero uguali i triangoli (104, C.), e BC ≡ B′C′, non può essere AC $<$ A′C′, perchè si avrebbe BC $<$ B′C′ (107, T. 3°), dunque deve essere AC $>$ A′C′.

Teorema 5° — Se due triangoli rettangoli hanno l'ipotenusa uguale, e se un cateto del primo è maggiore, o minore, di un cateto del secondo, l'altro cateto del primo è minore, o maggiore, dell'altro cateto del secondo.

Siano ABC, A′B′C′ i triangoli rettangoli, e siano uguali le loro ipotenuse BC, B′C′; se AB $\lesseqgtr$ A′B′, si ha AC $\gtreqless$ A′C′.

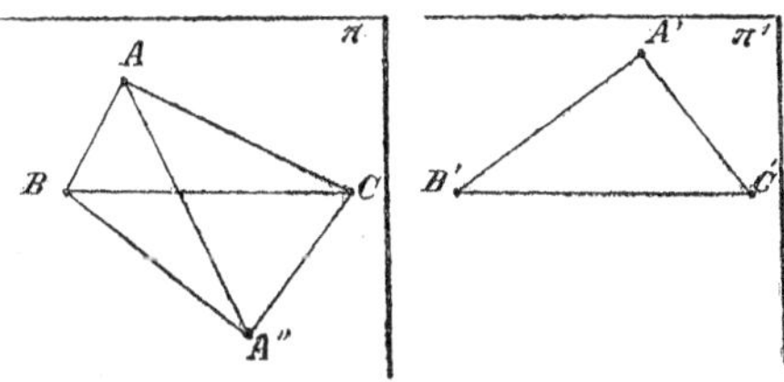

Supponiamo AB $<$ A′B′ e facciamo coincidere i piani dei due triangoli, in modo che B′, C′ cadano in B, C, e A′ cada in un punto A″, situato rispetto a BC nella parte opposta di A. Nel triangolo ABA″ abbiamo AB $<$ BA″, quindi $\widehat{A''.BA} < \widehat{A.BA''}$; ma $\widehat{A''.BC} \equiv \widehat{A.BC}$ (64, C. 2°), dunque $\widehat{A''.CA} > \widehat{A.CA''}$ (58, C. 4°), e perciò AC $>$ A″C, ossia AC $>$ A′C′. Analogamente si dimostra che, se AB $>$ A′B′, si ha AC $<$ A′C′.

3. Costruzione dei triangoli.

108. Abbiamo fatto vedere che due triangoli sono uguali, quando tra i loro elementi hanno rispettivamente uguali:

1° un lato e due angoli (103, T.),

2° due lati e l'angolo compreso (104, T.),

3° due lati e l'angolo opposto al maggiore (105, T.),

4° i tre lati (106, T.).

Ne segue che i suddetti elementi individuano un triangolo, e quindi, supponendoli dati, devono essere sufficienti per costruirlo.

Passiamo a considerare separatamente ciascuno dei quattro casi.

109. Problema. — Costruire un triangolo, i cui lati siano uguali a tre segmenti dati, tali che ciascuno sia minore della somma degli altri due.

Sappiamo già che se tre segmenti sono lati di uno stesso triangolo, è *necessario* che ciascuno sia minore della somma degli altri due (101, T.): ora faremo vedere come queste condizioni sono anche sufficienti, cioè che dati tre segmenti B_1C_1, C_2A_2, A_3B_3, se si ha $B_1C_1 < C_2A_2 + A_3B_3$, $C_2A_2 < A_3B_3 + B_1C_1$, $A_3B_3 < B_1C_1 + C_2A_2$, è sempre possibile costruire un triangolo, i cui lati siano uguali ai tre segmenti dati.

Sia B_1C_1 uno dei segmenti, non minore di nessuno degli altri due (56, C. 3°), e sopra una retta arbitraria *a*, di un piano qualunque π, costruiamo $BC \equiv B_1C_1$.

Il circolo di π, che ha il centro in B ed il raggio uguale a B_3A_3, incontra *a* in due punti, uno E situato nel segmento BC, se è $B_1C_1 > B_3A_3$, oppure coincidente con C, se $B_1C_1 \equiv B_3A_3$, l'altro D situato nella parte opposta rispetto a B. Così il circolo di π, che ha il centro in C ed il raggio uguale a C_2A_2, incontra *a* in due punti, uno F situato nel segmento BC, se è $C_1B_1 > C_2A_2$, o coincidente con B, se è $C_1B_1 \equiv C_2A_2$, l'altro G situato nella parte opposta rispetto a C. Ora

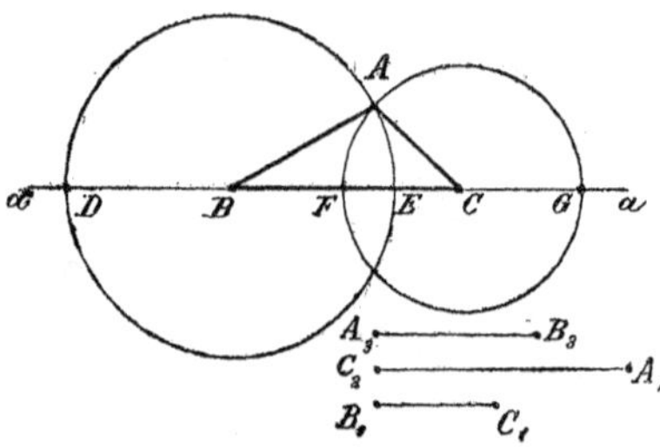

abbiamo $C_2A_2 > B_1C_1 - A_3B_3$ (58, T. 2°), ossia $FC > BC - BE$, e quindi $CF > CE$, per conseguenza F, o cade nel segmento BE, o coincide col punto B; ma in ogni caso, essendo un punto del diametro DE, è interno al primo circolo. Invece il punto G, essendo fuori del diametro, è esterno, dunque i due circoli si segano almeno in due punti (89, C. 1°), che restano costruiti. Chiamando A uno di essi, è chiaro che abbiamo costruito un triangolo ABC, che è quello cercato, essendo

$$B_1C_1 \equiv BC, \quad C_2A_2 \equiv CA, \quad A_3B_3 \equiv AB.$$

Corollario. — 1° Presi tre segmenti uguali evidentemente ciascuno è minore della somma degli altri due, quindi si può costruire un triangolo, i cui lati siano tutti uguali ad un segmento dato. Anzi in questo caso particolare la costruzione si semplifica; infatti il circolo col centro B e col raggio BC, ed il circolo col centro C e col raggio CB, costruiscono un punto comune A, ed il triangolo cercato è ABC. Essendo uguali i suoi tre lati, anche i suoi tre angoli sono uguali (99, T. 1°); viceversa, se un triangolo ha i tre angoli uguali, deve avere uguali i tre lati (99, T. 2°).

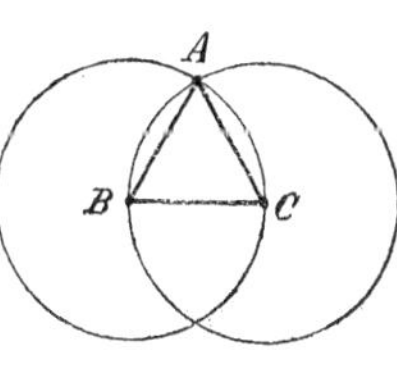

Definizione. — Diremo *equilatero* ogni triangolo che ha uguali i tre lati e i tre angoli.

Corollario. — 2° La somma dei tre angoli di un triangolo qualunque è sempre uguale a due angoli retti (97, T.), ma nel triangolo equilatero i tre angoli sono uguali, dunque ciascuno è il terzo di due angoli retti.

110. Problema. — In un dato piano, fissato un lato ed il vertice, costruire un angolo uguale ad un angolo dato.

Se $\widehat{B'.C'A'}$ è l'angolo dato, prendendo sui lati due punti arbitrari A', C', abbiamo un triangolo A'B'C': ora siano B e BC il vertice ed il lato dell'angolo, che si vuole costruire in π, uguale a quello dato. Prendendo BC ≡ B'C' possiamo costruire in π un triangolo ABC uguale al triangolo A'B'C', il quale abbia BC per uno dei lati (109, Pr.); così rimane costruito l'angolo $\widehat{B.CA}$, che è uguale all'angolo dato $\widehat{B'.C'A'}$, giace in π, ha B per vertice e BC per lato.

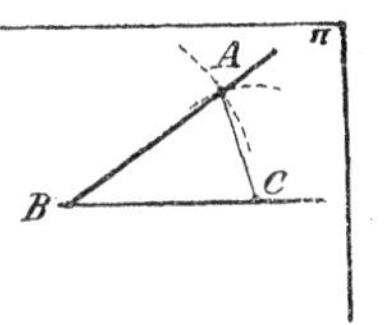

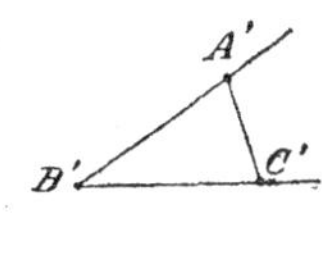

Corollario. — La risoluzione di questo problema ci permette di costruire la somma e la differenza di angoli dati (55, C. 1°). Così dati due angoli di un triangolo, o solamente la loro somma, possiamo costruire il terzo.

111. Problema. — Costruire un triangolo, che abbia due lati uguali a due segmenti dati, e l'angolo opposto al maggiore uguale a un angolo dato.

Chiamiamo B_1C_1, C_2A_2 i segmenti dati, $\widehat{B'.C'A'}$ l'angolo dato, e supponiamo $C_2A_2 > B_1C_1$. In un piano π, preso il vertice B, ed un lato BC, costruiamo l'angolo $\widehat{B.AC} \equiv \widehat{B'.A'C'}$ (110, Pr.), prendiamo sul lato BC il segmento $BC \equiv B_1C_1$, e poi col centro in C e col raggio uguale a C_2A_2 descriviamo un circolo, che incontrerà la retta BC necessariamente in un punto D situato rispetto a B dal lato opposto di C. Essendo $CD \equiv C_2A_2$, si ha $CD > CB$, quindi il punto B è interno al circolo, ed il lato BA, dell'angolo costruito, deve incontrarlo almeno in un punto A (89, C. 4°). Abbiamo così un triangolo ABC che è quello cercato, poichè $BC \equiv B_1C_1$, $CA \equiv C_2A_2$, $\widehat{B.AC} \equiv \widehat{B'.A'C'}$, e di più $CA > BC$.

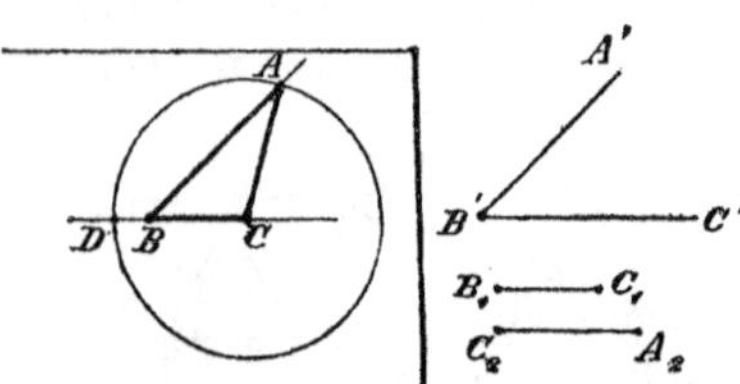

Corollario. — In un triangolo rettangolo l'ipotenusa è maggiore di ciascuno dei cateti (100, C.), quindi dati due segmenti disuguali, possiamo sempre costruire un triangolo rettangolo la cui ipotenusa sia uguale al maggiore, ed un cateto sia uguale al minore.

112. Problema. — Costruire un triangolo, che abbia due lati uguali a due segmenti dati, e l'angolo compreso uguale ad un angolo dato.

Basta in un piano π costruire un angolo $\widehat{A.BC}$ uguale all'angolo dato $\widehat{A'.B'C'}$ (110, Pr.), e sui suoi lati costruire i segmenti AB, AC uguali ai segmenti dati A_1B_1, A_2C_2; poichè allora evidentemente ABC è il triangolo cercato.

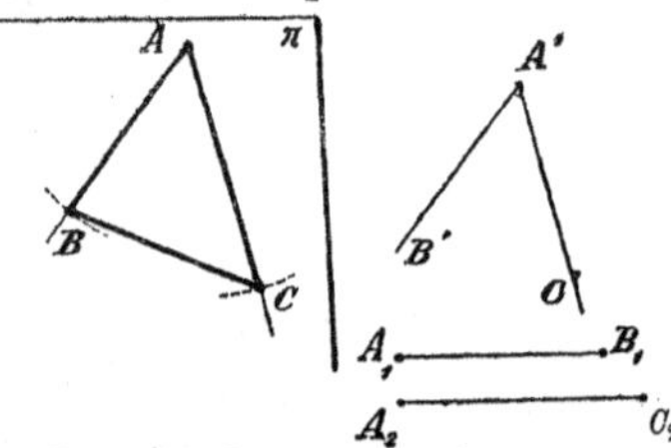

Corollario. — Possiamo costruire un triangolo rettangolo, i cui cateti siano uguali a due segmenti dati.

113. Problema. — Costruire un triangolo, che abbia un lato uguale ad un segmento dato, e due angoli uguali a due angoli dati, la cui somma sia minore di due retti.

Possiamo sempre supporre che i due angoli uguali ai dati $\widehat{B'.C'A'}$, $\widehat{C''.A''B''}$ siano adiacenti al lato uguale al segmento dato B_1C_1, poichè dati due angoli di un triangolo si può sempre costruire il terzo (110, C.). Ora, in un piano π, preso un segmento $BC \equiv B_1C_1$, tiriamo per i punti B, C le rette A_1D, A_2E, in modo che sia $\widehat{B.CA_1} \equiv \widehat{B'.C'A'}$, $\widehat{C.A_2B} \equiv \widehat{C''.A''B''}$, mentre le parti di retta BA_1, CA_2 cadano da uno stesso lato di BC. Avendo $\widehat{B'.C'A'} + \widehat{C''.A''B''}$ minore di due retti (97, C. 3°), è anche $\widehat{B.CA_1} + \widehat{C.A_2B}$ minore di due retti, quindi A_1D, A_2E, non essendo parallele, devono incontrarsi. Ora se MN è la parallela ad A_2E condotta per B, e se le parti di retta BM, CE stanno da uno stesso lato di BC, abbiamo $\widehat{B.CM} + \widehat{C.BE}$ uguale a due retti, $\widehat{B.CD} + \widehat{C.BE}$ maggiore di due retti, quindi $\widehat{B.CD} > \widehat{B.CM}$ (58,T.2°), perciò le parti BD, CE, essendo situate in lati opposti rispetto ad MN, non possono incontrarsi, si devono dunque incontrare le parti BA_1, CA_2 in un punto A, che rimane costruito insieme al triangolo cercato ABC.

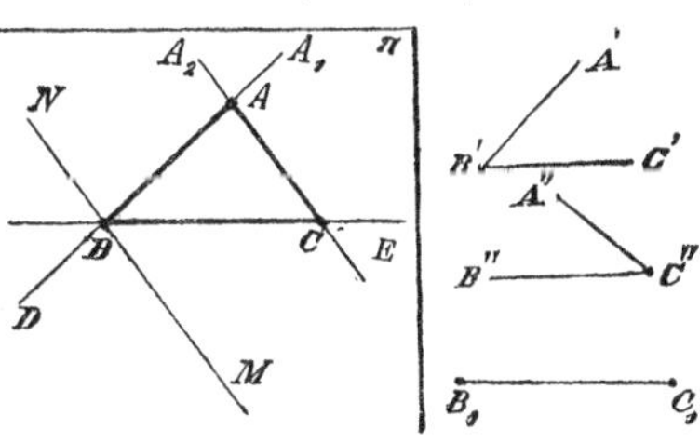

Corollari. — 1° Si può sempre costruire un triangolo rettangolo, che abbia l'ipotenusa uguale ad un segmento dato, ed un angolo uguale ad un angolo acuto dato.

2° La soluzione del problema precedente ci mostra che se due rette di uno stesso piano sono incontrate da una terza, e formano con essa due angoli coniugati interni, la cui somma è minore di due retti, s'incontrano in un punto situato rispetto alla retta, che le sega, dalla stessa parte dei due angoli.

114. Teorema. — Quando i vertici ed i lati di due triangoli si corrispondono, in modo che le rette determinate dalle tre coppie di vertici corrispondenti passino per uno stesso punto, e che siano paralleli i lati corrispondenti di due coppie, anche quelli della terza coppia sono paralleli.

Dati due triangoli ABC, A'B'C', supponiamo che le rette AA', BB', CC' passino per uno stesso punto P, mentre siano paralleli i lati AB, A'B', ed AC, A'C'; si tratta di dimostrare che anche BC, B'C' sono paralleli.

Se i triangoli dati non stanno in uno stesso piano, il teorema si dimostra immediatamente; infatti allora sono paralleli i piani ABC, A'B'C', e quindi sono parallele le rette BC, B'C', intersezioni col piano PBC (44, C. 4°).

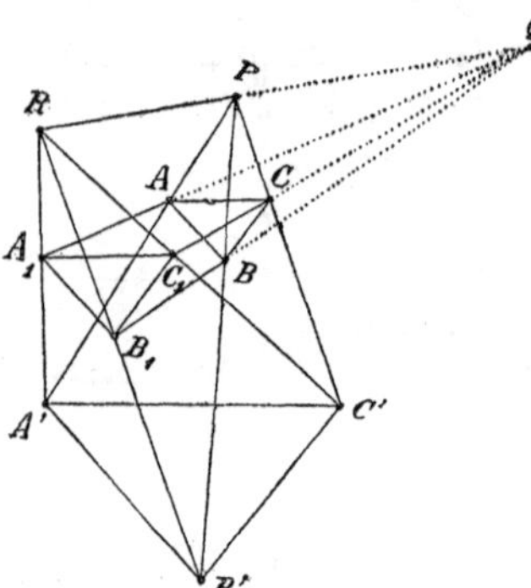

Se i triangoli stanno in uno stesso piano, sopra una retta condotta per P possiamo prendere evidentemente due punti Q, R in modo che le coppie di rette QA, RA'; QB, RB'; QC, RC' si incontrino rispettivamente, in punti che chiameremo A_1, B_1, C_1. La retta A_1B_1 essendo comune ai piani QAB, RA'B', condotti per le rette AB, A'B', è ad esse parallela (42, C. 4°); analogamente si vede che la retta A_1C_1 è parallela alle due rette AC, A'C'. Ora i triangoli di ciascuna delle due coppie ABC, $A_1B_1C_1$; A'B'C', $A_1B_1C_1$ soddisfano le ipotesi espresse nell'enunciato del teorema, e non sono situati in uno stesso piano, dunque BC, B'C' sono parallele a B_1C_1, e quindi sono parallele fra loro (45, C. 3°).

Problema. — Costruire un triangolo isoscele, che abbia un lato uguale ad un segmento dato, e ciascuno dei due angoli adiacenti doppio dell'angolo opposto.

Sia AB il segmento dato. Costruiamo il triangolo rettangolo ABC, che abbia il cateto AB doppio dell'altro cateto AC (112, C.), e sulla retta BC prendiamo il punto D in parte opposta di B rispetto a C, in modo che sia CD $\equiv$ CA. Un triangolo isoscele BDE, tale che sia DB $\equiv$ DE, BE $\equiv$ BA, sappiamo costruirlo (109, Pr.), ed è quello cercato.

Se prendiamo sull'ipotenusa BC il punto F, in modo che sia CF $\equiv$ CD $\equiv$ CA, risultano isosceli i triangoli ACF, ACD, per cui $\widehat{F.AC} \equiv \widehat{A.CF}$, $\widehat{D.AC} \equiv \widehat{A.CD}$, quindi $\widehat{A.DF} \equiv \widehat{F.AC} + \widehat{D.AC}$, ed $\widehat{A.DF}$ è la metà della somma degli angoli di ADF, ossia un angolo retto. Si vede così che $\widehat{A.FB} \equiv \widehat{D.CA}$, perchè ambidue questi angoli sono complementi di $\widehat{A.CF}$ (64, C. 4°). Posto ciò, se prendiamo sopra BD, BA i punti G, H, in modo che sia BG $\equiv$ BA, BH $\equiv$ BF, i triangoli ABF, GBH sono uguali (104, T.), quindi $\widehat{G.HB} \equiv \widehat{D.AB}$, e le rette AD, GH sono parallele (42, C. 1°)

Ora, se prendiamo sopra BE il punto K, in modo che sia $BK \equiv BH$, sono isosceli i triangoli ABE, HBK ed hanno comune l'angolo $\widehat{B.AE}$, dunque $\widehat{A.BE} \equiv \widehat{H.BK}$ (99, C. 1°), e le rette AE, HK sono parallele. Considerando i due triangoli ADE, HGK,

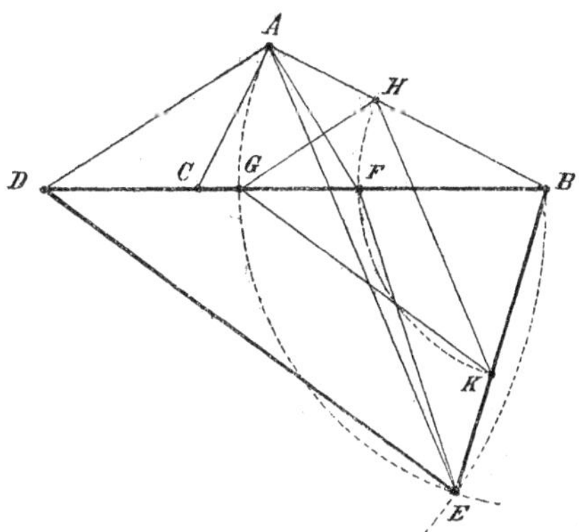

deduciamo (114, T.) che sono parallele anche le rette DE, GK, per cui $\widehat{G.BK} \equiv \widehat{D.BE}$ (45, C. 1°); ma i triangoli BGK, BFE sono uguali (104, T.), dunque $\widehat{E.BF} \equiv \widehat{G.BK} \equiv \widehat{D.BE}$.

Abbiamo poi $\widehat{F.BE} \equiv \widehat{D.BE} + \widehat{E.FD}$ (97, C. 1°), ossia

$$\widehat{F.BE} \equiv \widehat{E.BF} + \widehat{E.FD} \equiv \widehat{E.BD} \equiv \widehat{B.DE},$$

perchè BDE è isoscele, dunque è isoscele anche BEF, per cui $BE \equiv FE$. Sapendo che per costruzione $BE \equiv BA \equiv 2.AC \equiv DF$, deduciamo che DEF è isoscele, e perciò $\widehat{B.DE} \equiv \widehat{F.BE} \equiv 2.\widehat{D.BE}$ (99, C. 2°), dunque BDE è il triangolo cercato (N. XXVIII).

Corollario. — La somma dei tre angoli di un triangolo è sempre uguale a due angoli retti (97, T.), se il triangolo è isoscele e ciascuno dei due angoli uguali è doppio del rimanente, questo è il quinto di due angoli retti, e ciascuno dei due angoli uguali è il quinto di quattro angoli retti.

4. *Risoluzione di alcuni problemi.*

115. Problema. — Costruire la retta che è parallela ad una retta data, e che passa per un punto dato fuori di essa.

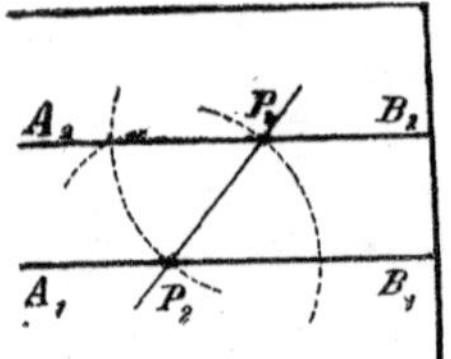

Sia A_1B_1 la retta data e P_1 il punto dato: possiamo condurre per P_1 una retta P_1P_2, che incontri A_1B_1 in P_2, e poi, nel piano determinato da P_1 e dalla A_1B_1, possiamo costruire la retta A_2B_2, che passa per P_1, in modo che gli angoli alterni interni $\widehat{P_2.A_1P_1}$, $\widehat{P_1.B_2P_2}$ siano uguali (110, Pr.). La retta A_2B_2 è quella che si voleva costruire (42, C. 1°).

Corollario. — Risoluto il problema precedente, è facile risolvere i seguenti: costruire una retta parallela ad un piano dato, e che passi per un punto dato fuori di esso (47, T.): costruire il piano che è parallelo ad un piano dato, e che passa per un punto dato fuori di esso (46, T.): costruire il piano che passa per una retta data, ed è parallelo ad un' altra retta, non situata con essa in uno stesso piano (47, C. 3°).

116. Problema. — In un piano, dato uno dei suoi punti, costruire la retta che passa per esso ed è perpendicolare ad una delle sue rette.

Il piano dato sia π, e sia *a* la sua retta data. Il punto di π può prendersi sulla *a* o fuori di essa: consideriamo separatamente i due casi.

Sopra *a* si prenda il punto D e due punti B, C equidistanti da esso; poi costruiamo in π il triangolo equilatero ABC (109, C. 1°). Essendo AB ≡ AC, BD ≡ CD, ed AD lato comune, i due triangoli ABD, ACD sono uguali, quindi $\widehat{D.AB} \equiv \widehat{D.AC}$, ed abbiamo costruito la retta AD, di π, perpendicolare ad *a* nel suo punto D.

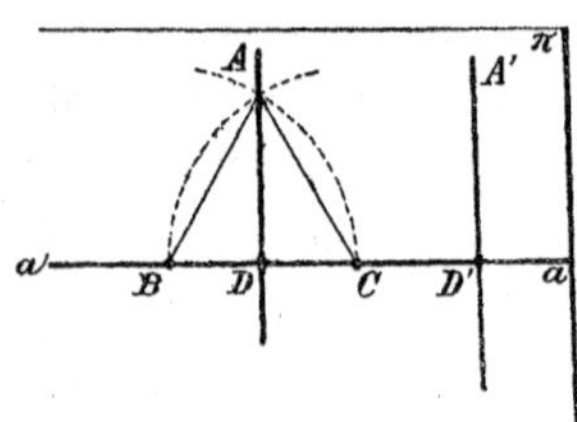

Se prendiamo in π un punto A' fuori di *a*, e poi costruiamo, sempre in π, una retta AD perpendicolare ad *a* in D, la retta A'D', che è parallela ad AD e passa per A', si può costruire

(115, Pr.), ed è la perpendicolare di π condotta ad a dal punto A′ preso fuori di essa (63, C.).

Corollario. — Risoluto il problema precedente, è facile risolvere i seguenti: costruire il piano, che passa per un punto dato ed è perpendicolare ad una retta data (68, T. 1°): costruire la retta, che è perpendicolare ad un piano dato e passa per un punto dato (68, T. 2°): costruire un piano, che sia perpendicolare ad un piano dato e passi per un punto dato (70, T. 1°): costruire il piano, che è perpendicolare ad un piano dato e passa per una retta data, non perpendicolare ad esso (70. T. 2°).

117. Problema. — Data una faccia e lo spigolo, costruire un diedro uguale ad un diedro dato.

Costruita (116, C.) una sezione normale $\widehat{P.'A'B'}$, del diedro dato $\widehat{r.'A'B'}$, prendiamo un punto P sullo spigolo dato r, e costruiamo il piano π perpendicolare ad r in P. Se π taglia la faccia data rA secondo la retta PA, costruito su di esso l'angolo $\widehat{P.AB} \equiv \widehat{P.'A'B'}$, il piano rB, determinato da r e da PB, forma col piano rA il diedro cercato $\widehat{r.AB} \equiv \widehat{r.'A'B'}$, perchè la sua sezione normale $\widehat{P.AB}$ è uguale alla sezione normale $\widehat{P.'A'B'}$ di $\widehat{r.'A'B'}$ (69, T. 1°).

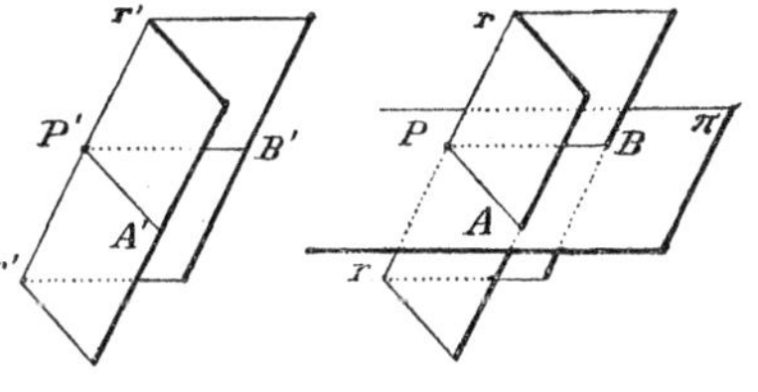

118. Problema. — Dato un segmento dividerlo in due segmenti uguali.

Sia AB il segmento dato. I due circoli descritti in un piano qualunque, condotto per AB, che hanno i centri nei punti A, B, ed il raggio uguale ad AB, si tagliano almeno in due punti D, E, situati in parti opposte rispetto ad AB, e la retta DE sega necessariamente AB in un punto C. Ora i triangoli ADE, BDE sono uguali, perchè hanno il lato DE comune e perchè AD ≡ BD ≡ AE ≡ BE, quindi $\widehat{D.AC} \equiv \widehat{D.BC}$; perciò sono uguali i triangoli ACD, BCD, dunque AC ≡ BC, ossia C divide AB in due segmenti uguali.

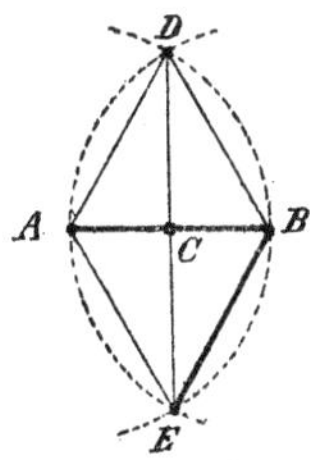

Corollario. — Un segmento può essere sempre diviso, ed in un sol modo, in due segmenti uguali (60, T.).

Il problema precedente è di primo grado.

Definizione. — Il punto *medio* di un segmento è quello che lo divide in due segmenti uguali.

Si dice indifferentemente costruire il punto medio di un segmento dato, ovvero dividerlo per metà.

119. Problema. — Dato un angolo qualunque, dividerlo in due angoli uguali.

Sopra il lato PA, dell'angolo dato $P.\widehat{AB}$, prendiamo un punto arbitrario A, poi dall'altro lato stacchiamo un segmento $PB \equiv PA$, e quindi, nel piano dell'angolo, costruiamo un triangolo equilatero ABC, in modo che i punti C, P cadano in lati opposti rispetto ad AB. La retta CPD è divisa in due parti PC, PD dal vertice P, e ciascuna divide, in due angoli uguali, uno degli angoli che hanno per lati PA, PB. Infatti i triangoli APC, BPC sono uguali, essendo $PA \equiv PB$, $AC \equiv BC$ ed avendo il lato PC comune, dunque $P.\widehat{AC} \equiv P.\widehat{BC}$; essendo poi $P.\widehat{AD}$, $P.\widehat{BD}$ supplementi di $P.\widehat{AC}$, $P.\widehat{BC}$, si ha pure $P.\widehat{AD} \equiv P.\widehat{BD}$ (33, T. 2°).

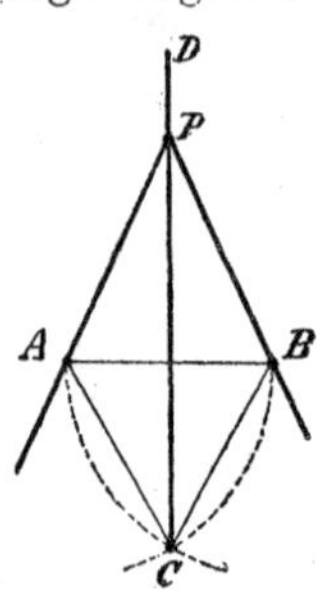

Un caso particolare di questo problema, per il quale regge la stessa costruzione, è stato considerato quando si trattava di dividere un angolo piatto in due angoli uguali (116, Pr. 1°).

Corollario. — 1° Un angolo qualunque può essere sempre diviso, ed in un sol modo, in due angoli uguali (60, T.).

Il problema precedente è di primo grado.

Definizione. — La retta *bisettrice* di un angolo qualunque è quella che lo divide in due angoli uguali.

Si dice indifferentemente costruire la bisettrice di un angolo dato, ovvero dividerlo per metà.

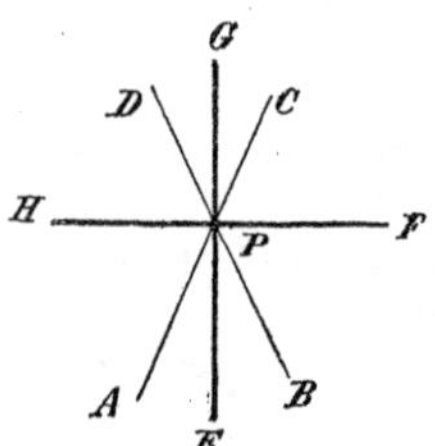

Corollario. — 2° Se EG, FH sono le due bisettrici dei quattro angoli formati da due rette AC, BD, che s'incontrano in P, abbiamo $P.\widehat{EB} \equiv P.\widehat{GC}$, $P.\widehat{BF} \equiv P.\widehat{CF}$, quindi $P.\widehat{EF} \equiv P.\widehat{EB} + P.\widehat{BF} \equiv P.\widehat{GC} + P.\widehat{CF} \equiv P.\widehat{GF}$. Sono perpendicolari le bisettrici degli angoli formati da due rette che s'incontrano.

120. Problema. — Dato un diedro qualunque, dividerlo in due diedri uguali.

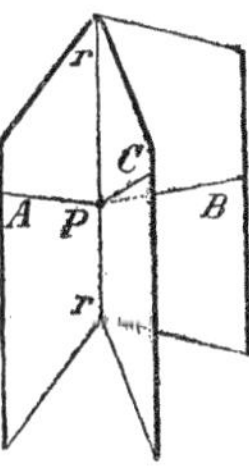

Costruita una sezione normale $\widehat{P.AB}$ del diedro dato $\widehat{r.AB}$, se PC è la sua bisettrice (119, Pr.), la parte di piano rC divide $\widehat{r.AB}$ in due diedri $\widehat{r.AC}$, $\widehat{r.BC}$, che sono uguali (69, T. 1°).

Questa costruzione si applica anche al caso in cui $\widehat{r.AB}$ sia un diedro piatto, ed allora si trova il piano perpendicolare ad ArB nella retta r.

Corollario. — 1° Un diedro qualunque può essere sempre diviso, ed in un sol modo, in due diedri uguali (60, T.).

Il problema precedente è di primo grado.

Definizione. — Il piano *bisettore* di un diedro qualunque è quello che lo divide in due diedri uguali.

Si dice indifferentemente costruire il piano bisettore di un diedro dato, ovvero dividerlo per metà.

Corollario. — 2° Sono perpendicolari i piani bisettori dei diedri formati da due piani che s'incontrano.

121. Corollarî. — 1° Un segmento è simmetrico rispetto al suo punto medio (75, D. 2ª).

Un angolo è simmetrico rispetto alla sua retta bisettrice (74, D. 2ª).

Un diedro è simmetrico rispetto al suo piano bisettore (73, D. 2ª).

2° Ciascun estremo di un segmento si può fare contemporaneamente coincidere coll'altro (P. VI), facendo rotare il segmento, in uno dei suoi piani, di due angoli retti intorno al suo punto medio (75, C. 1°).

Ciascun lato di un angolo si può fare contemporaneamente coincidere coll'altro (P. VI), facendo rotare l'angolo di due diedri retti intorno alla sua bisettrice (74, C. 1°).

5. *Distanze.*

122. Sappiamo già che cosa s'intende per distanza di due punti; ora le proprietà dimostrate ci permettono di introdurre anche il concetto di distanza tra un punto ed una retta, tra un punto ed un piano, tra due rette che non s'incontrano.

Onde semplificare il linguaggio, per *segmenti condotti da un punto ad una retta* intenderemo tutti quelli che hanno l'origine nel punto e il termine sulla retta.

Teorema 1° — Fra i segmenti condotti da un punto ad una retta quello ad essa perpendicolare è minore di tutti gli altri.

Se AB, AC sono due segmenti condotti dal punto A alla retta r, e se AB è quello perpendicolare ad r, abbiamo AB < AC, poichè un cateto AB di un triangolo rettangolo ABC è sempre minore dell'ipotenusa AC (100, C.).

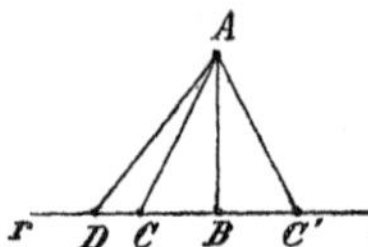

Definizioni. — 1ª Fra i segmenti condotti da un punto ad una retta il *minimo* è quello ad essa perpendicolare.

2ª La *distanza* di un punto da una retta è il segmento minimo condotto dal punto alla retta, cioè la distanza del punto dalla sua proiezione sulla retta.

Parlando della distanza di un punto da un segmento, s'intende considerare la sua distanza dalla retta del segmento.

Teorema 2° — Due segmenti obliqui condotti da un punto ad una retta sono uguali, se hanno su di essa proiezioni uguali, altrimenti è maggiore quello che ha proiezione maggiore, e viceversa.

Se BC ≡ BC′ sono le proiezioni uguali, su di r, di due segmenti obliqui AC, AC′ condotti dal punto A alla retta r, i triangoli ABC, ABC′ sono uguali, perchè hanno un cateto comune ed uguali gli altri due cateti, dunque AC ≡ AC′. Se BD > BC′ sono le proiezioni disuguali, su di r, di due segmenti obliqui AD, AC′, pure condotti dal punto A alla retta r, dai triangoli rettangoli ABD, ABC′ si deduce subito AD > AC′ (107, T. 3°). Inversamente, supponendo AC ≡ AC′, deduciamo BC ≡ BC′, perchè sono uguali i triangoli rettangoli ABC, ABC′ (105, C.); supponendo AD > AC′, considerando i triangoli rettangoli ABD, ABC′, deduciamo (107, T. 4°) BD > BC′.

Corollarî. — 1° I segmenti uguali condotti da un punto ad una retta formano angoli uguali con essa e colla distanza del punto dalla retta, e viceversa.

2° Da un punto ad una retta non si possono condurre più di due segmenti uguali fra loro.

3° Presi due segmenti uguali, condotti da un punto ad una retta, tutti quelli compresi nell'angolo che determinano sono minori di essi, e tutti gli altri sono maggiori.

123. Per *segmenti condotti da un punto ad un piano* intenderemo tutti quelli che hanno l'origine nel punto e il termine sul piano.

Teorema 1° — Fra i segmenti condotti da un punto ad un piano quello ad esso perpendicolare è minore di tutti gli altri.

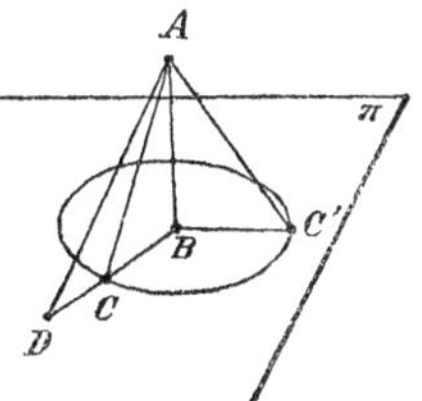

Se AB, AC sono due segmenti condotti dal punto A al piano π, e se AB è perpendicolare a π, per cui AC è obliquo, si ha AB < AC. Infatti, essendo BC una retta di π, l'angolo $\widehat{B.AC}$ è retto (67, D. 1ª), quindi nel triangolo rettangolo ABC il cateto AB è minore dell'ipotenusa AC.

Definizioni. — 1ª Fra i segmenti condotti da un punto ad un piano il *minimo* è quello ad esso perpendicolare.

2ª La *distanza* di un punto da un piano è il segmento minimo condotto dal punto al piano e ad esso perpendicolare, cioè la distanza del punto dalla sua proiezione sul piano.

Parlando della distanza di un punto da una parte di piano, s'intende considerare la sua distanza dal piano a cui appartiene la parte.

Teorema 2° — Due segmenti obliqui condotti da un punto ad un piano sono uguali, se hanno su di esso proiezioni uguali, altrimenti è maggiore quello che ha proiezione maggiore, e viceversa.

Se BC ≡ BC' sono le proiezioni uguali, su π, di due segmenti obliqui AC, AC', condotti dal punto A al piano π, i triangoli rettangoli ABC, ABC' sono uguali, quindi AC ≡ AC'. Se BD > BC' sono le proiezioni disuguali dei segmenti obliqui AD, AC', pure condotti dal punto A al piano π, dai triangoli rettangoli ABD, ABC' si deduce subito AD > AC'.

Inversamente, supponendo AC ≡ AC′, abbiamo due triangoli rettangoli uguali ABC, ABC′, e quindi BC ≡ BC′; supponendo AD > AC′, abbiamo due triangoli rettangoli ABD, ABC′ dai quali si deduce subito BD > BC′.

Corollario.—Avendo BC≡BC′≡......., quando AC≡AC′≡......., possiamo dire che il luogo degli estremi variabili dei segmenti uguali, condotti da un punto ad un piano, è un circolo, il cui centro è la proiezione del punto sul piano.

124. Teorema. — Se una retta è obliqua ad un piano, l'angolo acuto, che forma colla sua proiezione, è minore di tutti gli angoli che essa forma colle altre rette del piano, le quali non sono ad essa parallele.

Supponiamo che la retta AB sia obliqua al piano π, chiamiamo B il punto in cui lo incontra, AC la distanza di un suo punto A da π, e quindi BC la sua proiezione. L'angolo acuto $\widehat{B.AC}$ è minore degli angoli che AB fa con un'altra retta qualunque *r* di π, non parallela a BC. Se BD è la parallela condotta da B ad *r*, e $\widehat{B.AD}$ l'angolo acuto che forma con AD, basta dimostrare che $\widehat{B.AD} > \widehat{B.AC}$. Ora prendendo BD ≡ BC, nei due triangoli ABD, ABC abbiamo AB lato comune, BD ≡ BC e AD > AC (123, T. 1°), dunque $\widehat{B.AD} > \widehat{B.AC}$ (107, T. 2°).

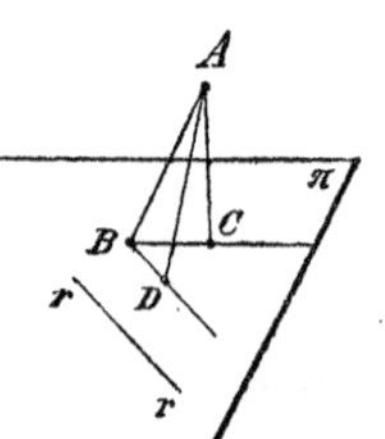

Corollario. — 1° Se una retta è obliqua ad un piano, l'angolo ottuso, che forma con la sua proiezione, è maggiore di tutti gli angoli che essa forma colle altre rette del piano, le quali non sono ad essa parallele.

Definizione. — Gli *angoli* di una retta obliqua con un piano sono quelli formati dalla retta colla sua proiezione sul piano.

Parlando degli angoli di un segmento obliquo con una parte di piano, s'intende considerare quelli della retta del segmento col piano a cui appartiene la parte.

Corollarî. — 2° Gli angoli formati da una retta con un piano sono uguali agli angoli formati da una retta parallela collo stesso piano, o con un piano ad esso parallelo.

3° I segmenti uguali condotti da un punto ad un piano formano angoli uguali col piano e colla distanza del punto dal piano.

125. Teorema 1° — Il luogo dei punti equidistanti da due punti dati è il piano perpendicolare al loro segmento nel suo punto medio.

Un punto P sia equidistante da due punti dati A, B. Se C è il punto medio del segmento AB, i triangoli APC, BPC sono uguali, essendo AC ≡ BC, AP ≡ BP per ipotesi, ed avendo il lato CP comune, dunque $\widehat{C.AP} \equiv \widehat{C.BP}$. La retta CP è perpendicolare ad AB, e perciò P è un punto del piano π perpendicolare ad AB, condotto per C. Viceversa se P è un punto di π, la retta PC è perpendicolare ad AB, quindi i triangoli rettangoli ACP, BCP sono uguali, avendo un cateto comune CP ed essendo uguali gli altri due cateti AC, BC, dunque AP ≡ BP, ossia P appartiene al luogo che si cerca.

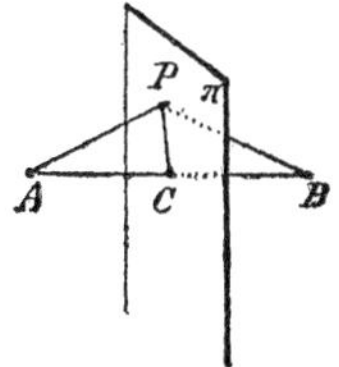

Corollario. — 1° Il luogo dei punti di un piano equidistanti da due dei suoi punti è la retta del piano perpendicolare al loro segmento nel suo punto medio.

Teorema 2° — Il luogo dei punti equidistanti da due rette, che s'incontrano, è costituito dai due piani perpendicolari al piano delle due rette nelle bisettrici dei loro angoli.

Chiamiamo APC, BPD le due rette date, passanti per uno stesso punto P, e chiamiamo π il loro piano. Se R è un punto del luogo cercato, e RM, RN sono le sue distanze dalle due rette, dobbiamo avere RM ≡ RN. Chiamiamo Q la proiezione di R sul piano π; i triangoli rettangoli RQM, RQN sono uguali, avendo comune il cateto RQ ed uguali le ipotenuse, perciò QM ≡ QN. Ora PA è perpendicolare a RM, RQ, quindi è perpendicolare alla retta QM del loro piano; analogamente riconosciamo che QN è

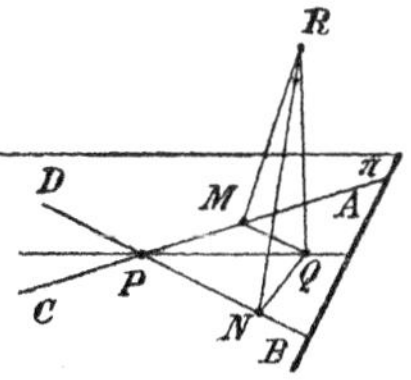

perpendicolare a PB, perciò i triangoli rettangoli QPM, QPN sono uguali, avendo uguali due cateti e comune l'ipotenusa, dunque $\widehat{P.QA} \equiv \widehat{P.QB}$, il punto Q appartiene ad una delle bisettrici degli angoli formati dalle rette date, e il punto R appartiene al piano perpendicolare a π in questa bisettrice. Viceversa, se R è un punto del piano perpendicolare a π nella bisettrice PQ di uno $\widehat{P.AB}$ degli angoli formati dalle due rette date, la sua proiezione Q, su π, appartiene alla bisettrice, quindi, se QM, QN sono le distanze di Q da PA, PB, i triangoli rettangoli QPM, QPN sono uguali, essendo $\widehat{P.QM} \equiv \widehat{P.QN}$ ed avendo l'ipotenusa QP comune, perciò QM $\equiv$ QN, il triangolo rettangolo QRM è uguale all'altro QRN, ed RM $\equiv$ RN. Ora PA, essendo perpendicolare a QR, QM, è perpendicolare anche a RM, e così pure PB è perpendicolare a RN, dunque R è equidistante dalle rette date, ed è perciò un punto del luogo cercato.

Corollario. — 2° In un piano il luogo dei punti equidistanti da due rette, che s'incontrano, è costituito dalle bisettrici dei loro angoli.

Teorema 3° — Il luogo dei punti equidistanti da due piani, che s'incontrano, è costituito dai piani bisettori dei loro diedri.

Siano QM, QN le distanze di un punto Q da due piani ArC, BrD di una stessa retta r, e sia QM $\equiv$ QN.

Il piano MQN, essendo perpendicolare ad ArC, BrD, è perpendicolare ad r (70, C.) e l'incontra in un punto P, mentre sega ArC, BrD secondo le rette MP, NP. Essendo Q equidistante da esse, PQ è la bisettrice dell'angolo $\widehat{P.MN}$ (125, C. 2°), ed essendo $\widehat{P.MN}$ una sezione normale di $\widehat{r.AB}$, la retta PQ, e quindi il punto Q, deve giacere nel piano bisettore di $\widehat{r.AB}$. Viceversa se Q è un punto del piano bisettore di $\widehat{r.AB}$, e se il piano condotto da Q perpendicolarmente ad r sega ArC, BrD ed il piano bisettore di $\widehat{r.AB}$ secondo le rette MP, NP, QP, la QP deve essere bisettrice di $\widehat{P.MN}$, e quindi deve essere QM $\equiv$ QN, cioè Q equidistante dai piani dati.

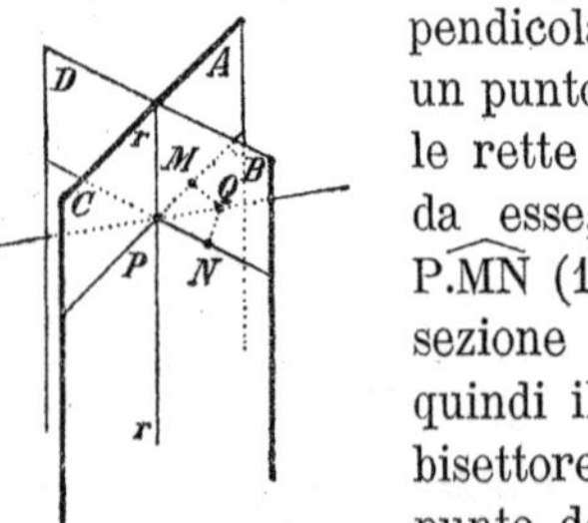

126. Definizioni. — 1ª Un segmento si dice *compreso* fra due rette, quando ha un estremo su ciascuna di esse.

2ª Un segmento si dice *compreso* fra due piani, quando ha un estremo su ciascuno di essi.

Teorema 1° — I segmenti paralleli, compresi fra rette parallele, sono uguali.

Se a, b sono due rette parallele, e se A_1B_1, A_2B_2 sono due segmenti paralleli fra esse compresi, tali cioè che gli estremi A_1, A_2 siano sulla a e B_1, B_2 sulla b, abbiamo $A_1B_1 \equiv A_2B_2$. Infatti i triangoli $A_1B_1B_2$, $A_1A_2B_2$ hanno comune il lato A_1B_2, mentre hanno gli angoli $A_1.\widehat{B_1}B_2 \equiv B_2.\widehat{A_1}A_2$, $A_1.\widehat{A_2}B_2 \equiv B_2.\widehat{B_1}A_1$ (45, C. 1°), dunque sono uguali (103, T.), e perciò $A_1B_1 \equiv A_2B_2$.

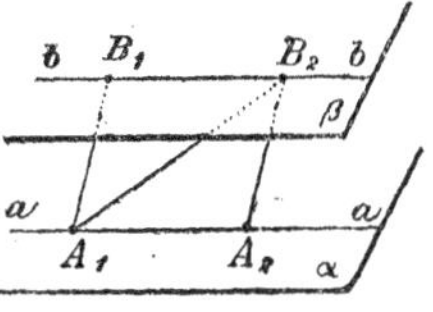

Teorema 2° — I segmenti paralleli, compresi fra piani paralleli, sono uguali.

Se α, β sono due piani paralleli, e se A_1B_1, A_2B_2 sono due segmenti paralleli fra essi compresi, cioè se A_1, A_2 sono punti di α e B_1, B_2 sono punti di β, si ha $A_1B_1 \equiv A_2B_2$. Infatti il piano dei due segmenti paralleli sega α, β secondo le rette parallele A_1A_2, B_1B_2 ed A_1B_1, A_2B_2 sono segmenti paralleli fra esse compresi, dunque $A_1B_1 \equiv A_2B_2$ (126, T. 1°).

Corollari. — 1° Date due rette parallele, tutti i punti di ciascuna sono equidistanti dall'altra. Se le rette parallele sono a, b, e se A_1B_1, A_2B_2 sono le distanze di due punti A_1, A_2 di a da b, i segmenti A_1B_1, A_2B_2 sono paralleli (64, C. 3°), per cui $A_1B_1 \equiv A_2B_2$, cioè due punti qualunque di ciascuna delle parallele sono equidistanti dall'altra.

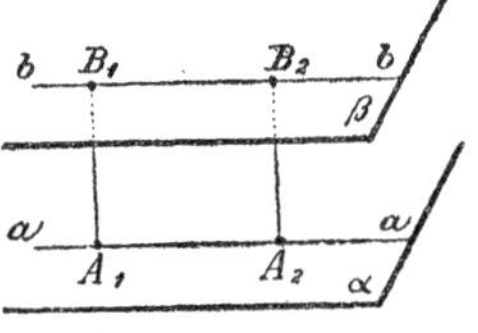

2° Dati due piani paralleli, tutti i punti di ciascuno sono equidistanti dall'altro.

Se i piani paralleli sono α, β, e se A_1B_1, A_2B_2 sono le distanze di due punti A_1, A_2 di α da β, i segmenti A_1B_1, A_2B_2, compresi fra α e β, sono paralleli (68, C. 4°), perciò $A_1B_1 \equiv A_2B_2$, e quindi due punti qualunque di ciascuno dei piani paralleli sono equidistanti dall'altro.

Fra i segmenti compresi fra due piani paralleli, quelli ad essi perpendicolari sono minori di tutti gli altri.

3° Tutti i punti di una retta sono equidistanti da un piano ad essa parallelo.

Fra i segmenti compresi fra una retta ed un piano parallelo quelli ad essi perpendicolari sono minori di tutti gli altri.

127. Definizioni. — 1ª Si dice *distanza* di due rette parallele la distanza di un punto qualunque di una dall'altra.

Per distanza di due segmenti paralleli s'intende quella delle loro rette.

2ª Si dice *distanza* di due piani paralleli la distanza di un punto qualunque di uno dall'altro.

Per distanza di due parti di piano parallele s'intende quella dei piani cui appartengono.

3ª Si dice *distanza* di una retta da un piano parallelo, la distanza di un punto qualunque della retta dal piano, cioè la distanza della retta dalla sua proiezione sul piano.

Per distanza di un segmento da una parte di piano parallelo s'intende quella della sua retta dal piano cui appartiene la parte.

Corollarî. — 1° Date due rette parallele, vi è sempre un piano, ed uno solo, equidistante da esse.

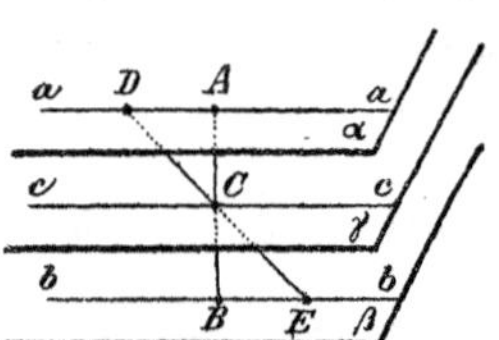

Se le parallele sono *a*, *b*, se AB è la loro distanza, e se C è il punto medio di AB, il solo piano perpendicolare ad AB, condotto per C, è parallelo ad *a*, *b* e da esse equidistante.

2° Date due rette parallele, nel loro piano ve ne è sempre una, ed una sola, equidistante da esse.

Se *a*, *b* sono le rette parallele, se AB è la loro distanza, e se C è il punto medio di AB, la sola retta *c* parallela ad *a*, *b*, condotta per C, è da esse equidistante e giace nel loro piano.

3° Dati due piani paralleli, ve ne è sempre uno, ed uno solo, equidistante da essi.

Se α, β sono i due piani paralleli, se AB è la loro distanza, e se C è il punto medio di AB, il solo piano γ parallelo ad α, β, condotto per C, è equidistante da essi.

4° Il luogo dei punti equidistanti da due rette parallele è il piano parallelo ed equidistante da esse.

5° In un piano, il luogo dei punti equidistanti da due sue rette parallele è la retta parallela ed equidistante da esse.

6° Il luogo dei punti equidistanti da due piani paralleli è il piano parallelo ed equidistante da essi.

7° In un piano, il luogo dei punti che hanno una data distanza da una sua retta, è costituito da due rette parallele e da essa equidistanti.

8° Il luogo dei punti, che hanno una data distanza da un piano, è costituito da due piani paralleli e da esso equidistanti.

128. Corollarî. — 1° Due rette parallele sono simmetriche rispetto al piano equidistante da esse (127, C. 1°).

2° Due rette parallele sono simmetriche rispetto alla retta del loro piano equidistante da esse (127, C. 2°).

3° Due piani paralleli sono simmetrici rispetto al piano equidistante da essi (127, C. 3°).

4° Le proprietà dimostrate fin qui sono sufficienti per ritenere che una retta o un piano hanno sempre per figura simmetrica pure una retta o un piano.

129. Teorema 1° — Due rette parallele hanno per centri tutti i punti della retta equidistante da esse, situata nel loro piano, e viceversa.

Se a, b sono due rette parallele, se c è la retta di ab equidistante da esse, e se C è un punto di c, preso un punto D di a, la retta CD sega b in un punto E, e se CA, CB sono le distanze di C da a, b, avendo CA $\equiv$ CB, $\widehat{C.AD} \equiv \widehat{C.BE}$, i triangoli rettangoli ACD, BCE sono uguali, dunque CD $\equiv$ CE, ed i punti D, E sono simmetrici rispetto a C, che è un centro delle a, b. Viceversa, se abbiamo CD $\equiv$ CE, essendo sempre $\widehat{C.AD} \equiv \widehat{C.BE}$, i triangoli ACD, BCE sono uguali, e CA $\equiv$ CB, quindi C è un punto di c ed è un centro di a, b.

Teorema 2° — Due piani paralleli hanno per centri tutti i punti del piano equidistante da essi, e viceversa.

Se α, β sono due piani paralleli e se C è un punto del piano γ equidistante da essi, preso un punto D di α, la retta CD sega β in un punto E, e se CA, CB sono le distanze di C da α, β, abbiamo CA ≡ CB, quindi si deduce, come abbiamo fatto dimostrando il teorema precedente, che CD ≡ CE, ossia che C è centro di α, β. Viceversa, se supponiamo CD ≡ CE, deduciamo CA ≡ CB, quindi C è un punto di γ ed è un centro di α, β.

Corollarî. — 1° Il luogo dei punti medî dei segmenti compresi fra due rette parallele è la retta equidistante da esse, situata nel loro piano.

2° Il luogo dei punti medî dei segmenti compresi fra due piani paralleli è il piano equidistante da essi.

3° Date tre rette di uno stesso piano, AA′, BB′, CC′, se C, C′ sono i punti medî dei segmenti AB, A′B′, quando due delle tre rette sono parallele, anche la terza è ad esse parallela; se tutte e tre sono parallele, e se C è il punto medio di AB, il punto medio di A′B′ è C′.

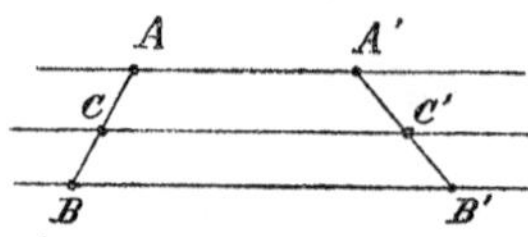

Teorema 3° — Se due lati di un triangolo sono divisi in uno stesso numero di parti uguali, le rette congiungenti i punti che li dividono nello stesso modo sono parallele al terzo lato.

Se i lati AC, AB del triangolo ABC sono divisi in tre parti uguali dai punti B′, B″ e C′, C″, essendo AB′ ≡ B′B″ ≡ B″C ed essendo AC′ ≡ C′C″ ≡ C″B, le rette B′C′, B″C″ sono parallele a BC. Infatti, se DE è la parallela a B″C″ condotta per A, i punti medî dei segmenti AB″, AC″ sono B′, C′, quindi la retta B′C′ è parallela alla retta B″C″ (129, C. 3°). Essendo parallele le rette B′C′, B″C″, ed essendo B″, C″ i punti medî dei segmenti B′C, C′B, la retta B″C″ è parallela a BC. Riassumendo vediamo che B′C′, B″C″ sono parallele a BC.

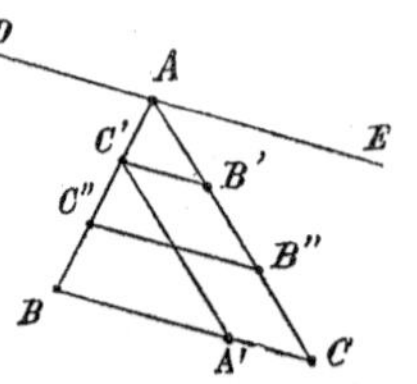

Teorema 4° — Se un lato di un triangolo è diviso in parti uguali, le parallele condotte dai punti di divisione ad un altro lato, dividono il lato rimanente nello stesso modo.

Sia AC il lato del triangolo ABC diviso in tre parti uguali, $AB' \equiv B'B'' \equiv B''C$, dai punti B', B'', siano B'C', B''C'' le parallele a BC condotte dai punti B', B'', e siano C', C'' i punti in cui segano il lato AB. Se DE è la parallela a B''C'' condotta per A, essendo B' il punto medio di AB'', deve essere C' il punto medio di AC''; essendo poi parallele le rette B'C', BC, ed essendo B'' il punto medio di B'C, deve essere C'' il punto medio di C'B, dunque $AC' \equiv C'C'' \equiv C''B$, e C',C'' dividono AB in tre parti uguali, come B', B'' dividono AC.

Problema. — Dividere un segmento dato in un numero dato di parti uguali.

Sia AB il segmento dato, e supponiamo che si voglia dividere in tre parti uguali. Sopra una retta qualunque AC, condotta per A, prendiamo tre segmenti consecutivi $AB' \equiv B'B'' \equiv B''C$, poi dai punti B', B'' conduciamo le rette B'C', B''C'' parallele a BC, che seghino AB nei punti C', C''. Sappiamo già che $AC' \equiv C'C'' \equiv C''B$ (129, T. 4°), dunque vengono così costruiti i punti C', C'', che dividono AB nel modo voluto.

Corollario. — 4° Dato un triangolo ABC, presi sui lati AB, AC i punti C', B', se i segmenti AC', AB' sono, per esempio, il terzo di AB, AC, il segmento B'C' è il terzo di BC; infatti conducendo da C' la retta C'A' parallela ad AC, che seghi BC in A', sappiamo che CA' è il terzo di BC, ma $CA' \equiv B'C'$ (126, T. 1°), dunque B'C' è pure il terzo di BC.

In generale possiamo dire che presi due punti sopra due lati di un triangolo, se le loro distanze dal vertice comune sono equisummultiple dei due lati, la loro distanza è equisummultipla del terzo lato.

130. Teorema. — Date due rette, non situate in uno stesso piano, esiste sempre un segmento compreso fra esse, ed uno solo, che è perpendicolare ad ambedue e minore di tutti gli altri.

Per una a, delle rette date, conduciamo un piano α parallelo all'altra b (115, C.), poi chiamiamo c la proiezione di b sul piano α. Naturalmente c deve incontrare a in un punto A, altrimenti a, b sarebbero ambedue parallele a c, e quindi parallele fra loro, mentre supponiamo che non siano in uno stesso piano. Il punto A è proiezione di un punto B di b (72, C. 1°), e la retta AB, essendo perpendicolare ad α, è perpendicolare ad a ed è perpendicolare anche a b, perchè b è parallela ad α, quindi AB è un segmento compreso fra le due rette date e perpendicolare ad ambedue. Oltre ad AB non vi possono essere altri segmenti che soddisfino a queste condizioni; infatti ogni retta perpendicolare a b è perpendicolare anche alla parallela c, se poi è perpendicolare anche ad a, deve essere perpendicolare anche ad α, dovendo incontrare b, deve giacere nel piano che la proietta in c, e dovendo incontrare la a, deve necessariamente coincidere con la AB.

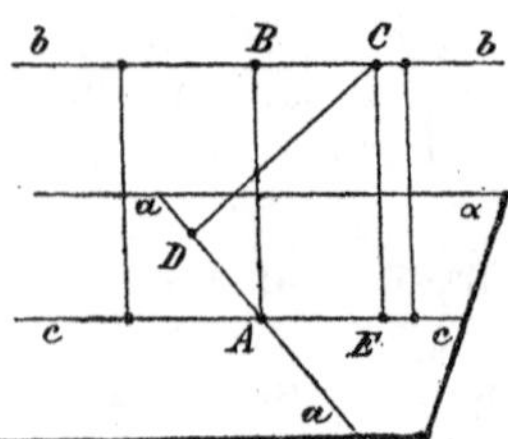

Presi due punti C, D sulle b, a, se CE è la distanza del punto C dal piano α, abbiamo CD > CE (123, T. 1°); ma CE ≡ AB (126, C. 3°), dunque CD > AB, ed AB è il più piccolo segmento compreso fra le due rette date.

Definizione. — Si dice *distanza* di due rette, che non stanno in uno stesso piano, il segmento perpendicolare ad ambedue le rette e compreso fra esse.

Per distanza di due segmenti, che non stanno in uno stesso piano, s'intende quella delle loro rette.

6. Alcune altre proprietà dei triangoli.

131. Teorema 1° — Nel piano di un triangolo vi è un punto equidistante dai vertici, ed uno solo.

Siano D, E, F i punti medî dei lati BC, CA, AB del triangolo ABC. Le perpendicolari EG, FG ai lati CA, BA, condotte nel piano del triangolo per i punti E, F, s'incontrano in un punto G, perchè sono in uno stesso piano, ed essendo retti gli angoli $\widehat{E.AG}$, $\widehat{F.AG}$, la somma $\widehat{E.FG} + \widehat{F.EG}$ è minore di due retti (113, C. 2°). Ora tutti i punti della FG sono equidistanti da A, B (125, C. 1°), tutti i punti della EG sono equidistanti da C, A, dunque nel piano del triangolo dato il punto G è equidistante dai vertici. Naturalmente il punto G, essendo equidistante da B, C, appartiene alla retta GD condotta per D, nel piano del triangolo, perpendicolare a BC: inversamente ogni punto del piano ABC equidistante da A, B, C deve essere comune alle rette DG, EG, FG, dunque deve coincidere con G.

Corollarî. — 1° Nel piano di un triangolo le tre rette perpendicolari ai lati nei loro punti medî passano per uno stesso punto.

2° Il luogo dei punti equidistanti da tre punti, vertici di un triangolo, è una retta perpendicolare al loro piano. Se nel piano del triangolo ABC il punto equidistante dai vertici è G, tutti i punti della retta condotta per G perpendicolarmente al piano del triangolo, ed essi soli, sono equidistanti da A, B, C (125, T. 1°).

Teorema 2° — Nel piano di un triangolo vi sono quattro punti soli equidistanti dalle sue rette.

Siano AD, BD, CD le tre bisettrici degli angoli $\widehat{A.BC}$, $\widehat{B.CA}$, $\widehat{C.AB}$ del triangolo ABC. Le bisettrici BD, CD si devono incontrare in un punto D, perchè sono in uno stesso piano, ed essendo $\widehat{B.AC} + \widehat{C.AB}$ minore di due retti, anche la somma $\widehat{B.DC} + \widehat{C.DB}$ è minore di due retti (113, C. 2°). Ora tutti i punti di BD sono equidistanti dalle rette *a, c,* tutti quelli di CD sono equidistanti da *a, b* (125, C. 2°), dunque il punto D è equidistante da *a, b, c.* Se poi prendiamo il punto E comune alle bisettrici di due angoli esterni, anche E è equidistante da *a, b, c;* di questi punti ve ne sono tre, E, F, G, dati dalle tre coppie di angoli esterni.

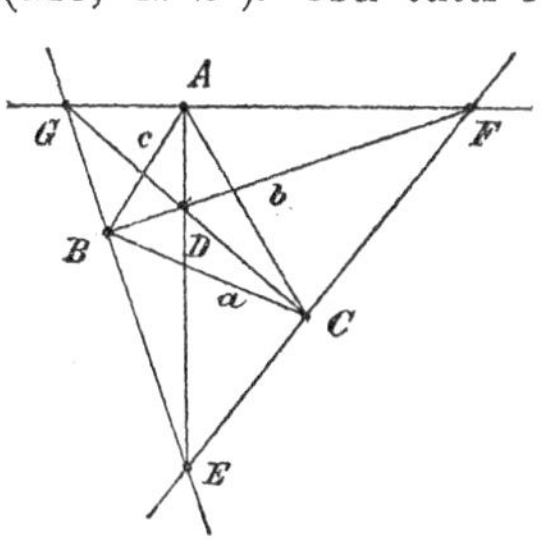

Naturalmente essendo D, E equidistante da *b, c,* per essi passa anche la bisettrice AD dell' angolo $\widehat{B.AC}$. Inversamente per ogni punto equidistante da *a, b, c* devono passare tre delle bisettrici degli angoli interni o esterni del triangolo (125, C. 2°), dunque i quattro punti D, E, F, G sono i soli, del piano del triangolo, equidistanti dai suoi lati.

Corollarî. — 3° Le bisettrici degli angoli interni di un triangolo passano per uno stesso punto, interno al triangolo. Le bisettrici di due angoli esterni di un triangolo, e la bisettrice dell'angolo interno ad essi opposto, passano per uno stesso punto, esterno al triangolo.

4° Il luogo dei punti equidistanti da tre rette, lati di un triangolo, è costituito da quattro rette perpendicolari al loro piano.

Se nel piano del triangolo ABC i punti equidistanti dalle sue rette *a*, *b*, *c* sono D, E, F, G, tutti i punti delle perpendicolari condotte per essi al piano del triangolo, ed essi soli, sono equidistanti da A, B, C (125, T. 2°).

132. Definizione. — *Altezza* di un triangolo corrispondente ad un lato, *base* del triangolo, è la sua distanza dal vertice opposto.

Evidentemente un triangolo ha tre altezze corrispondenti a tre basi. Se il triangolo è isoscele, due delle tre altezze sono uguali. Se il triangolo è equilatero, tutte e tre le sue altezze sono uguali. In un triangolo rettangolo due delle altezze sono uguali ai suoi cateti.

Le sei bisettrici degli angoli di un triangolo formano i lati di un altro triangolo e le sue tre altezze (119, C. 2°).

Teorema. — Le tre altezze di un triangolo passano per uno stesso punto.

Le parallele, condotte dai vertici ai lati opposti, devono incontrarsi due a due, e quindi formare un triangolo, sia A'B'C', e siano B'C', C'A', A'B' quelle condotte rispettivamente per i vertici A, B, C. I segmenti AC', BC sono paralleli e compresi fra rette parallele, quindi AC' ≡ BC; ma per la stessa ragione AB' ≡ BC, dunque AC' ≡ AB', ed A è il punto medio del lato B'C' di A'B'C'. Analogamente si dimostra che B, C sono i punti

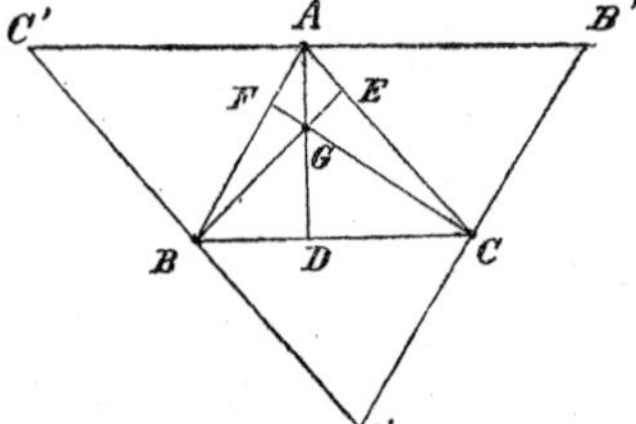

medî degli altri due lati C'A', A'B' di A'B'C'. Ora le altezze di ABC, essendo le rette perpendicolari ai lati di A'B'C' nei loro punti medî, devono passare necessariamente per uno stesso punto G (131, T. 1°).

Corollario. — Il punto comune alle tre altezze di un triangolo è interno ad esso, se i suoi angoli sono tutti acuti, è esterno, se uno dei suoi angoli è ottuso.

Se un triangolo è rettangolo, il punto comune alle altezze è il vertice dell'angolo retto.

133. Definizione. — Si dice *mediana* di un triangolo un segmento, che ha un estremo in un vertice e l'altro nel punto medio del lato opposto.

Un triangolo ha tre mediane.

Teorema. — Le mediane di un triangolo passano per uno stesso punto.

Se D, E, F sono i punti medî dei lati BC, CA, AB di un triangolo ABC, le sue tre mediane sono i segmenti AD, BE, CF. Sia G il punto comune alle due mediane BE, CF, e siano H, K i punti medî dei segmenti BG, CG. I segmenti EF, KH, sono uguali e paralleli, essendo ambidue paralleli a BC (129, T. 3°) ed uguali alla sua metà (129, C. 4°), ciò basta per ritenere uguali i due triangoli GFE, GHK, dunque GE ≡ GH, GF ≡ GK, e perciò GE è la metà di BG, e GF è la metà di GC. Ora si dimostra analogamente che la mediana AD sega BE in un punto, tale che la sua distanza da E deve essere metà della sua distanza da B, ma questo punto è necessariamente il punto G (60, T.), dunque le tre mediane passano per G.

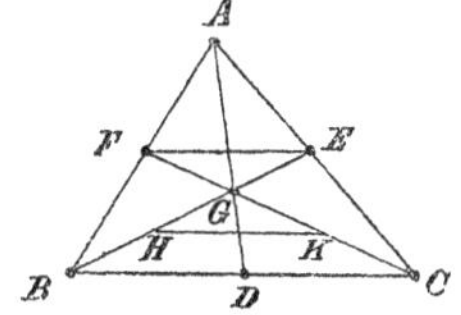

Corollario. — La distanza del punto comune alle mediane da un vertice del triangolo è doppia della sua distanza dal punto medio del lato opposto.

II. I poligoni.

134. Definizioni. — 1ª Più di due punti, presi in un certo ordine, in modo che tre consecutivi qualunque non siano in linea retta, determinano una figura fondamentale, che si dice *poligono*.

2ª I punti, che determinano un poligono, si dicono i suoi *vertici*. Le *rette* di un poligono sono quelle determinate da due vertici consecutivi.

Così dati quattro punti A, B, C, D, nell'ordine scritto, in modo che tre consecutivi qualunque come A, B, C non siano sopra una stessa retta, abbiamo un poligono, che ha quattro vertici A, B, C, D, le rette AB, BC, CD, DA, e si può indicare indifferentemente con uno dei simboli ABCD, BCDA, CDAB, DABC; se gli stessi vertici si prendono nell'ordine inverso, si ha lo stesso poligono indicato indifferentemente con uno dei simboli DCBA, CBAD, BADC, ADCB.

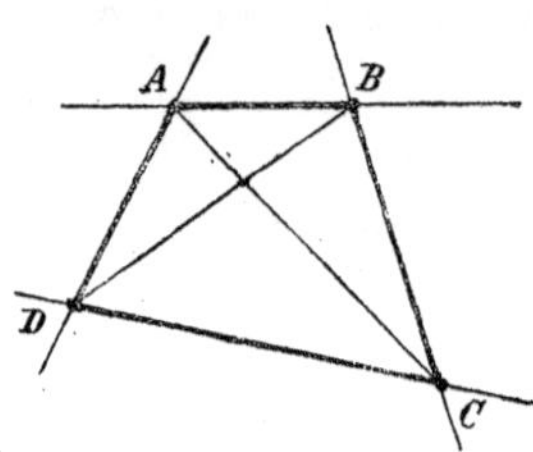

3ª Sono *lati* di un poligono i segmenti che hanno per estremi due vertici consecutivi.

4ª Le *diagonali* di un poligono sono i segmenti che hanno per estremi due vertici non consecutivi.

I lati di ABCD sono i segmenti AB, BC, CD, DA, e le sue diagonali sono i segmenti CA, BD.

Evidentemente un poligono ha lo stesso numero di vertici e di lati; stabilito l'ordine dei vertici, ciascun vertice, o ciascun lato, ha un vertice, o un lato, *precedente* ed uno *seguente*.

Preso un vertice, e scartati i due consecutivi, ciascuno dei rimanenti insieme ad esso determina una diagonale, quindi un vertice è estremo di tante diagonali, quanti sono i vertici meno tre; ma ogni diagonale viene così data da due vertici, dunque il numero delle diagonali si trova prendendo la metà del prodotto del numero dei vertici per il numero stesso diminuito di tre. Se un poligono ha quattro vertici, come abbiamo veduto, ha $\frac{4 \times 1}{2} = 2$ diagonali; se ha cinque vertici, ha $\frac{5 \times 2}{2} = 5$ diagonali,....

5ª Un poligono di 3, 4, 5, 6,..... vertici viene chiamato *triangolo, quadrangolo, pentagono, esagono,.....*

Il poligono ABCD è un quadrangolo. Quando siano dati solamente i vertici, senza fissarne l'ordine, abbiamo più di un poligono; così cogli stessi quattro vertici A, B, C, D si possono formare tre quadrangoli ABCD, ACDB, ACBD.

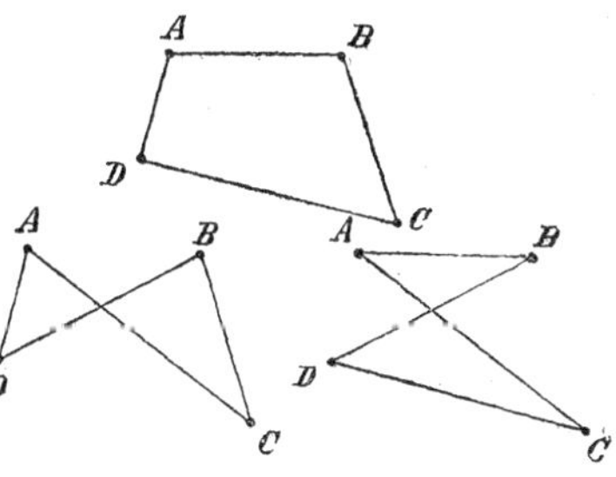

6ª Si ha un *poligono piano* o un *poligono gobbo*, secondochè i vertici si prendono o no in uno stesso piano.

Da ora innanzi, se non sia detto esplicitamente, converremo sempre di considerare poligoni piani.

7ª Diremo *linea poligonale* quella formata da quanti si vogliano lati consecutivi di un poligono.

8ª Una linea poligonale ha le sue *rette*, i suoi *lati*, i suoi *vertici*, che sono rette, lati e vertici del poligono a cui appartiene.

9ª Ogni linea poligonale è limitata da due punti, che si dicono i suoi *estremi*, e sono estremi di due dei suoi lati.

1. Proprietà dei lati di un poligono.

135. Definizioni. — 1ª Un poligono si dice *convesso* o *concavo*, ed una linea poligonale si dice *convessa* o *concava*, secondochè ha o non ha, nel suo piano, tutti i vertici situati da uno stesso lato rispetto a ciascuna delle sue rette.

Così dei tre quadrangoli i cui vertici sono gli stessi quattro punti A, B, C, D, di un piano π, uno ABCD è convesso e gli altri due ACDB, ACBD sono concavi.

2ª Un poligono si dice *intrecciato*, ed una linea poligonale si dice *intrecciata*, se almeno due suoi lati si segano fuori dei vertici.

I due quadrangoli ACDB, ACBD sono intrecciati. Evidentemente ogni poligono intrecciato è concavo.

3ª Il *contorno* di un poligono è la linea formata dai suoi lati.

Teorema. — Una retta non può incontrare in più di due punti il contorno di un poligono convesso.

Sia ABCDE un poligono convesso. Se una retta r incontrasse il suo contorno in tre punti Q, P, R, situati sui lati AB, DE, CD, uno P, fra essi, dovrebbe essere necessariamente compreso nel segmento QR, che ha per estremi gli altri due, quindi i lati AB, CD e i loro vertici, non potrebbero giacere da una stessa parte della retta DE, ed il poligono non potrebbe essere convesso, contro l'ipotesi.

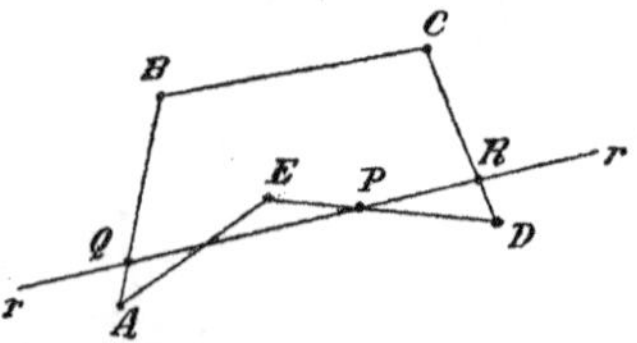

136. Un punto può percorrere il contorno di un poligono, non intrecciato, partendo da una certa posizione e movendosi sempre in un senso, ritornando alla posizione iniziale senza mai riprendere, durante il suo movimento non interrotto, una posizione già occupata; perciò si vede che il contorno di un poligono, non intrecciato, è una linea *chiusa,* che *divide* in due parti il suo piano, una finita e l'altra indefinita.

Definizioni. — 1ª Un punto si dice *interno* o *esterno* ad un poligono non intrecciato, secondochè giace nella parte finita o nella indefinita staccata dal contorno nel suo piano.

2ª La parte finita staccata dal contorno di un poligono non intrecciato, sul suo piano, si dice *superficie del poligono,* o più semplicemente *poligono,* quando non vi sia timore di equivoci.

Corollario. — Il contorno di un poligono, non intrecciato, è segato almeno in due punti da ogni retta di un suo piano, che ha un punto interno ad esso.

Sia ABCDE un poligono, non intrecciato, e P uno dei punti interni; tra le distanze PA, PB, PC, PD, PE, del punto P dai vertici, certo una, PA, non è minore di nessuna delle altre, allora ogni punto del contorno di ABCDE ha una distanza da P, che non può essere maggiore di PA, e quindi è interno al circolo c, descritto nel piano del poligono col centro in P e col raggio PA. Ora se una retta MN, situata sul piano del poligono, ha un punto P in-

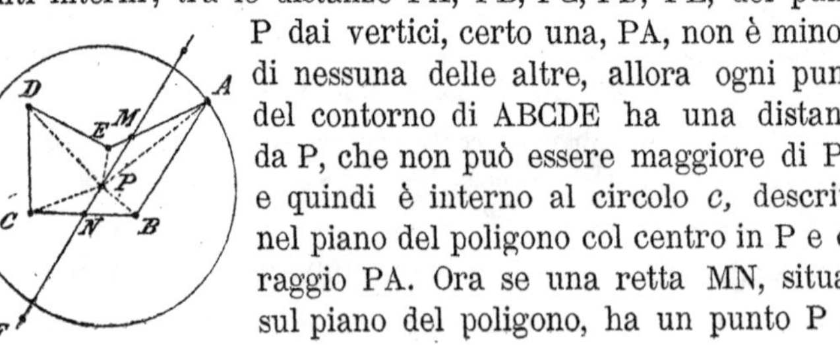

terno ad esso, sega *c* necessariamente in due punti, uno sulla parte PM e l'altro sulla parte PN, perciò PM, PN posseggono punti esterni a *c*, e quindi al poligono, dunque PM e PN, congiungendo un punto esterno con uno interno, segano il contorno almeno in un punto. Se il poligono è convesso la retta sega il contorno in due punti, ed in essi soli (135, T.).

137. Teorema 1° — Un lato di un poligono qualunque, piano o gobbo, è sempre minore della somma di tutti gli altri.

Sia dato un poligono ABCDE, uno qualunque dei suoi lati, AE, è minore della somma di tutti gli altri. Le diagonali AC, AD che hanno un estremo in A, determinano coi lati del poligono i triangoli ABC, ACD, ADE, per i quali si ha $AC < AB + BC$, $AD < AC + CD$, $AE < AD + DE$ (101, T.), e quindi

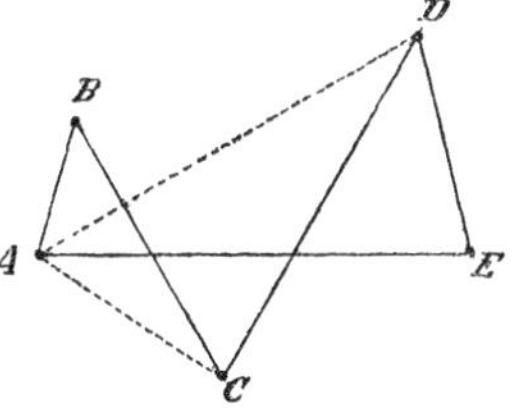

$AC + AD + AE < AC + AD + AB + BC + CD + DE$ (58, C. 1°), da cui $AE < AB + BC + CD + DE$ (58, T. 2°), relazione che si voleva dimostrare.

Definizioni. — 1ª Il *perimetro* di un poligono, o di una linea poligonale, è la somma di tutti i suoi lati.

2ª Si dice che *un poligono*, non intrecciato, *è inviluppato* da un altro poligono del suo piano, pure non intrecciato, quando tutti i punti del suo contorno sono interni al secondo poligono.

Teorema 2° — Il perimetro di un poligono convesso è minore del perimetro di un poligono che lo inviluppa.

Il poligono convesso A'B'C'D' sia inviluppato dal poligono ABCDE, e siano K, L, M, N punti in cui le parti di retta A'B', B'C', C'D', D'A' incontrano il contorno sui lati CD, DE, EA, AB (136, C.). Dai poligoni A'NBCK, B'KDL, C'LEM, D'MAN, applicando il teorema precedente, deduciamo

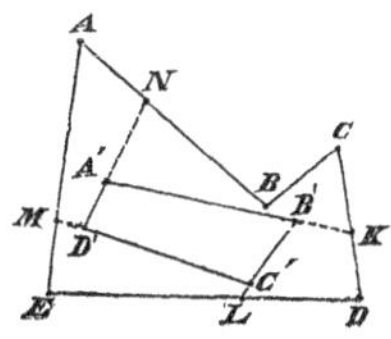

$$A'B' + B'K < A'N + NB + BC + CK,$$
$$B'C' + C'L < B'K + KD + DL,$$
$$C'D' + D'M < C'L + LE + EM,$$

$D'A' + A'N < D'M + MA + AN$, dalle quali relazioni si ha $A'B' + B'C' + C'D' + D'A' < AB + BC + CD + DE + EA$ (58, T. 2°), come volevamo dimostrare.

La dimostrazione viene condotta in modo analogo, se alcuni vertici del poligono convesso cadono sul contorno del poligono che lo inviluppa.

Corollario. — Se il poligono convesso e se il poligono che lo inviluppa hanno un lato comune, la somma dei rimanenti lati del primo è minore della somma dei rimanenti lati del secondo.

2. Proprietà degli angoli di un poligono convesso.

138. I vertici di un poligono convesso sono tutti situati da una stessa parte rispetto a ciascuna delle sue rette, dunque due rette consecutive del poligono, cioè passanti per uno stesso vertice, dividono il loro piano in quattro angoli, uno dei quali contiene tutti i vertici del poligono, ossia tutti i punti interni ad esso.

Definizione. — Le rette di un poligono convesso, o di una linea poligonale convessa, in ogni vertice determinano 4 angoli, quelli che contengono tutti i punti interni al poligono, o tutta la linea poligonale, si dicono gli *angoli interni*, o più brevemente i suoi angoli, altri sono ad essi opposti al vertice, e i rimanenti si dicono gli *angoli esterni* del poligono, o della linea poligonale.

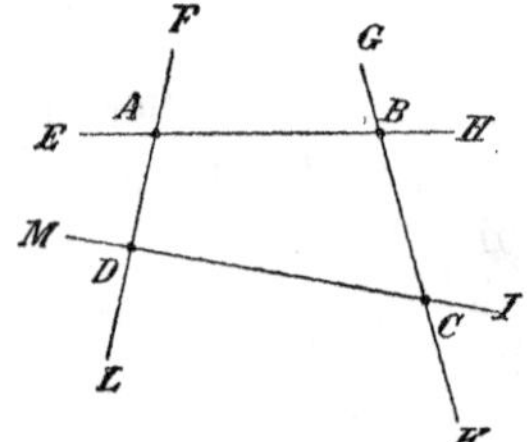

Il quadrangolo convesso ABCD ha quattro angoli interni $\widehat{\mathrm{A.DB}}$, $\widehat{\mathrm{B.AC}}$, $\widehat{\mathrm{C.BD}}$, $\widehat{\mathrm{D.CA}}$, ed ha otto angoli esterni

$$\widehat{\mathrm{A.ED}} \equiv \widehat{\mathrm{A.FB}},\ \widehat{\mathrm{B.GA}} \equiv \widehat{\mathrm{B.HC}}$$
$$\widehat{\mathrm{C.IB}} \equiv \widehat{\mathrm{C.KD}},\ \widehat{\mathrm{D.LC}} \equiv \widehat{\mathrm{D.MA}}.$$

Un poligono convesso ha lo stesso numero di vertici, di lati, e di angoli. I suoi angoli esterni sono due a due uguali, perchè opposti al vertice, ed in numero uguale a due volte quello dei vertici.

Corollario. — È convesso ogni angolo interno di un poligono convesso. Se un angolo interno fosse uguale a due retti, si avrebbero tre vertici consecutivi in linea retta, ciò che abbiamo escluso, se fosse maggiore di due retti, il prolungamento di uno dei suoi lati dividerebbe l'angolo, e quindi il contorno, in due parti, quindi si avrebbero vertici situati in parti opposte rispetto al lato, ciò che è impossibile, essendo convesso il poligono.

139. Teorema 1° — La somma degli angoli interni di un poligono convesso è uguale a tante volte due angoli retti, quanti sono i lati meno due.

Le diagonali AC, AD, che hanno un estremo in un vertice A di un poligono convesso ABCDE, determinano insieme ai lati tanti triangoli ABC, ACD, ADE, quanti sono i lati meno due. La somma di tutti gli angoli di questi triangoli, ossia la somma degli angoli interni del poligono, è tante volte due retti, quanti sono i lati meno due.

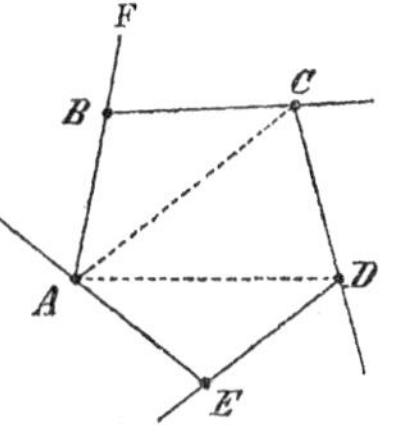

Teorema 2° — In ogni poligono convesso la somma degli angoli esterni, formati da ciascun lato colla retta del precedente, è uguale a quattro angoli retti.

Nel poligono ABCDE ogni lato, BC, forma colla retta del precedente, AB, un angolo esterno, $\widehat{B.FC}$, che è uguale a due retti meno un angolo interno, $\widehat{B.AC}$; dunque la somma di tutti i detti angoli esterni è uguale a tante volte due retti, quanti sono i lati meno la somma degli angoli interni, ossia è uguale a 4 retti.

3. *Poligoni uguali.*

140. Dati due poligoni, che abbiano lo stesso numero di vertici, possiamo sempre far corrispondere i loro elementi in modo che vertici, lati, e rette consecutive di uno corrispondano a vertici, lati, e rette consecutive dell'altro, mentre siano corrispondenti i lati i cui estremi sono vertici corrispondenti, e le loro rette. Se i due poligoni sono convessi, tra i loro angoli sono corrispondenti quelli che hanno i vertici corrispondenti.

Parlando di corrispondenza tra gli elementi di due poligoni, dotati di uno stesso numero di vertici, intenderemo sempre che sia stabilita in questo modo.

Due poligoni sono uguali, se, trasportati convenientemente nello spazio, possono coincidere; sono corrispondenti i vertici, i lati e le rette dei due poligoni uguali, che coincidono quando coincidono i due poligoni.

Naturalmente due poligoni uguali hanno uguali i lati corrispondenti; due poligoni uguali convessi hanno uguali gli angoli corrispondenti.

141. Teorema 1° — Due poligoni convessi sono uguali, se è possibile far corrispondere i loro vertici, in modo che si riconoscano uguali tutti i lati e gli angoli corrispondenti, eccetto due lati consecutivi e l'angolo compreso.

I due poligoni convessi ABCDE, A'B'C'D'E' sono uguali, se

$$AB \equiv A'B',\ BC \equiv B'C',\ CD \equiv C'D',$$

$$\widehat{A.EB} \equiv \widehat{A'.E'B'},\ \widehat{B.AC} \equiv \widehat{B'.A'C'},\ \widehat{C.BD} \equiv \widehat{C'.B'D'},\ \widehat{D.CE} \equiv \widehat{D'.C'E'}.$$

È evidente infatti che possiamo far coincidere i vertici A', B', C', D' coi vertici A, B, C, D, essendo poi $\widehat{A'.E'B'} \equiv \widehat{A.EB}$, la retta A'E' cade sulla AE, ed essendo $\widehat{D'.C'E'} \equiv \widehat{D.CE}$, la retta

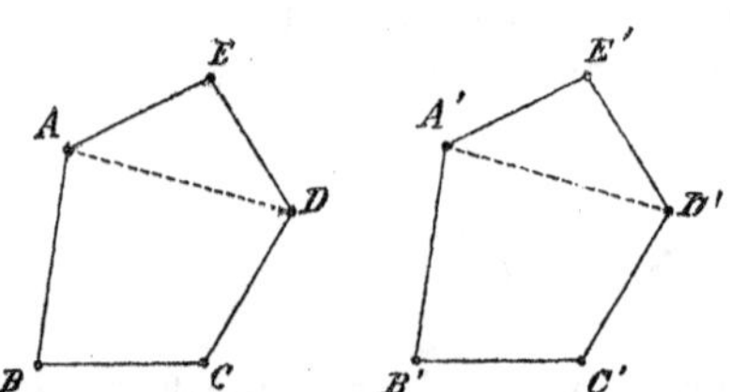

D'E' cade sulla DE, quindi anche E' coincide con E, abbiamo AE≡A'E', DE≡D'E', $\widehat{E.AD} \equiv \widehat{E'.A'D'}$, ed i due poligoni sono uguali.

Teorema 2° — Due poligoni convessi sono uguali, se è possibile far corrispondere i loro vertici, in modo che si riconoscano uguali tutti i lati e gli angoli corrispondenti, eccetto due angoli consecutivi ed il lato adiacente.

Se nei due poligoni convessi ABCDE, A'B'C'D'E' riconosciamo che $AB \equiv A'B'$, $BC \equiv B'C'$, $CD \equiv C'D'$, $DE \equiv D'E'$, e di più

$$\widehat{B.AC} \equiv \widehat{B'.A'C'},\ \widehat{C.BD} \equiv \widehat{C'.B'D'},\ \widehat{D.CE} \equiv \widehat{D'.C'E'},$$

possiamo dedurre che i due poligoni sono uguali. Infatti possiamo evidentemente far coincidere i vertici B', C', D' coi vertici B, C, D, ed allora essendo $\widehat{B.AC} \equiv \widehat{B'.A'C'}$, $\widehat{D.CE} \equiv \widehat{D'.C'E'}$ i lati A'B', D'E' vengono a coincidere coi lati AB, DE, ed essendo $AB \equiv A'B'$, $DE \equiv D'E'$ i vertici A', E' coincidono coi vertici A, E.

Teorema 3° — Due poligoni convessi sono uguali, se è possibile far corrispondere i loro vertici, in modo che si riconoscano uguali tutti i lati e gli angoli corrispondenti, eccetto tre angoli consecutivi.

I due poligoni convessi ABCDE, A'B'C'D'E' sono uguali se

$$AB \equiv A'B',\ BC \equiv B'C',\ CD \equiv C'D',\ DE \equiv D'E',\ EA \equiv E'A',$$

e se $\widehat{B.AC} \equiv \widehat{B'.A'C}$, $\widehat{C.BD} \equiv \widehat{C'.B'D'}$.

Infatti possiamo evidentemente porre i vertici A', B', C', D', sui corrispondenti A, B, C, D, quindi $A'D' \equiv AD$, ed essendo anche per ipotesi $A'E' \equiv AE$, $D'E' \equiv DE$, i due triangoli A'D'E', ADE sono uguali, perciò E' deve coincidere con E, e i due poligoni devono essere uguali.

Costruendo successivi triangoli, è facile costruire un poligono, quando si conoscano gli angoli e i lati che lo individuano.

4. *I quadrangoli.*

142. Alcune proprietà dei quadrangoli convessi si deducono immediatamente come casi particolari di proprietà dimostrate per un poligono convesso qualunque; così possiamo dire che la somma degli angoli interni di un quadrangolo convesso è uguale a 4 retti (139, T. 1°), e così per riconoscere l'uguaglianza di due quadrangoli convessi possiamo stabilire i seguenti criterî:

Corollarî. — 1° Due quadrangoli convessi sono uguali, se hanno uguali tre angoli e i due lati adiacenti (141, T. 1°).

2° Due quadrangoli convessi sono uguali, se hanno uguali tre lati e i due angoli da essi compresi (141, T. 2°).

3° Due quadrangoli convessi sono uguali, se hanno uguali tutti i lati e un angolo (141, T. 3°).

143. Definizioni. — 1ª In un quadrangolo convesso si dicono *opposti* due vertici, o due lati, o due angoli, non consecutivi.

2ª Si dice *trapezio* ogni quadrangolo, che ha due lati opposti paralleli.

3ª Le *basi* di un trapezio sono i due lati paralleli, l'*altezza* è la distanza delle basi.

4ª Chiameremo *parallelogrammo* ogni quadrangolo, che ha ciascun lato parallelo al suo opposto.

5ª *Altezza* di un parallelogrammo, corrispondente ad un lato, è la sua distanza dal lato opposto.

Un parallelogrammo si può considerare in due modi come un trapezio, ha due altezze, e ciascun lato si può prendere per base.

144. Teorema 1° — In un parallelogrammo gli angoli opposti sono uguali.

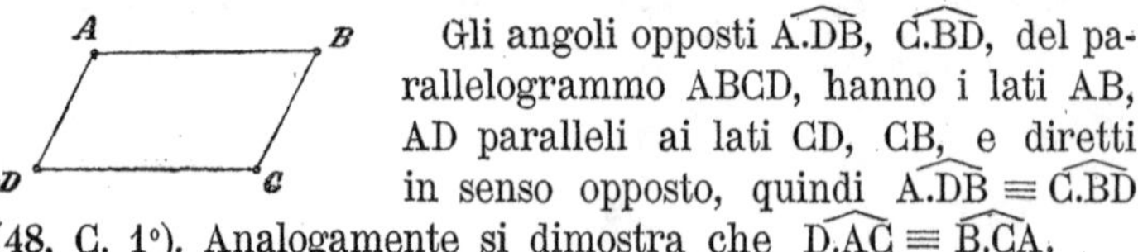

Gli angoli opposti $\widehat{A.DB}$, $\widehat{C.BD}$, del parallelogrammo ABCD, hanno i lati AB, AD paralleli ai lati CD, CB, e diretti in senso opposto, quindi $\widehat{A.DB} \equiv \widehat{C.BD}$ (48, C. 1°). Analogamente si dimostra che $\widehat{D.AC} \equiv \widehat{B.CA}$.

Teorema 2° — Un quadrangolo convesso e un parallelogrammo, se ciascuno dei suoi angoli è uguale all'opposto.

Supponiamo uguali gli angoli opposti del quadrangolo convesso ABCD. Essendo uguale a 4 retti la somma dei suoi angoli, ed essendo $\widehat{B.AC} + \widehat{C.BD} \equiv \widehat{D.CA} + \widehat{A.DB}$, deve necessariamente essere due retti ciascuna delle somme $\widehat{B.AC} + \widehat{C.BD}$, $\widehat{D.CA} + \widehat{A.DB}$, quindi i lati opposti AB, CD devono essere paralleli (42, C. 2°). Analogamente si dimostra che sono paralleli i lati opposti BC, DA, dunque il quadrangolo ABCD è un parallelogrammo.

145. Teorema 1° — I lati opposti di un parallelogrammo sono uguali.

Nel parallelogrammo ABCD si ha AD $\equiv$ BC, perchè AD, BC sono segmenti paralleli compresi fra le rette parallele AB, CD (126, T. 1°).

Teorema 2° — Un quadrangolo convesso è un parallelogrammo, se ciascuno dei suoi lati è uguale all'opposto.

Supponiamo che ABCD sia un quadrangolo convesso, e che si abbia AB $\equiv$ CD, BC $\equiv$ DA. I due triangoli ABD, BCD sono uguali, avendo comune il lato BD ed uguali gli altri due, quindi $\widehat{B.AD} \equiv \widehat{D.BC}$, $\widehat{D.AB} \equiv \widehat{B.DC}$, le rette AB, CD, come pure AD, BC sono parallele, ed il quadrangolo ABCD è un parallelogrammo.

Corollari. — 1° Ogni diagonale di un parallelogrammo determina coi suoi lati due triangoli uguali.

2° Un quadrangolo convesso è un parallelogrammo, se due lati opposti sono uguali e paralleli.

146. Teorema 1° — Il punto comune alle diagonali di un parallelogrammo divide per metà ciascuna di esse.

Sia O il punto comune alle diagonali AC, BD del parallelogrammo ABCD. Essendo $AB \equiv CD$, e di più $\widehat{B.AO} \equiv \widehat{D.CO}$, $\widehat{A.BO} \equiv \widehat{C.DO}$, i due triangoli ABO, CDO sono uguali, quindi $AO \equiv CO$, $BO \equiv DO$, e O è il punto medio delle due diagonali AC, BD.

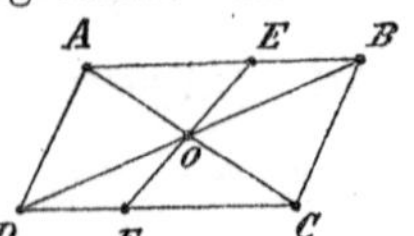

Teorema 2° — Un quadrangolo convesso è un parallelogrammo, se il punto comune alle sue diagonali divide per metà ciascuna di esse.

Se O è il punto comune alle diagonali AC, BD, del quadrangolo convesso ABCD, e se $AO \equiv CO$, $BO \equiv DO$, essendo $\widehat{O.AB} \equiv \widehat{O.CD}$, i due triangoli ABO, CDO sono uguali, quindi $\widehat{B.AO} \equiv \widehat{D.OC}$ e le rette AB, CD sono parallele. Ma analogamente si dimostra che le rette AD, BC sono parallele, dunque ABCD è un parallelogrammo.

147. Teorema. — Un parallelogrammo ha per centro il punto comune alle sue diagonali.

Se O è il punto comune alle diagonali del parallelogrammo ABCD, e se E è un punto di una sua retta AB, la retta OE incontra la retta opposta (45, C. 4°) in un punto F. Ora i triangoli BOE, DOF sono uguali, essendo $\widehat{O.BE} \equiv \widehat{O.DF}$, $BO \equiv DO$ e $\widehat{B.EO} \equiv \widehat{D.FO}$, dunque $OE \equiv OF$, perciò E, F sono simmetrici rispetto ad O, che è centro (75, D. 2ª) del parallelogrammo.

Corollario. — I due trapezi ADFE, BCFE sono direttamente uguali (75, C. 2°).

148. Corollario. — 1° Due parallelogrammi sono uguali, se hanno uguali due lati consecutivi e l'angolo compreso (142, C. 3°) (145, T. 1°).

Problema. — Costruire un parallelogrammo, che abbia due lati consecutivi uguali a due segmenti dati, e l'angolo compreso uguale ad un angolo dato.

Sui lati dell'angolo dato prendiamo due segmenti AB, AD uguali ai due segmenti dati, e poi conduciamo da B,D le rette parallele a DA, BA: evidentemente, se C è il loro punto comune, il parallelogrammo cercato è ABCD.

Possiamo sempre supporre: 1° che l'angolo dato $\widehat{A.BD}$ sia retto, 2° che i lati AB, AD siano uguali, 3° che l'angolo $\widehat{A.BD}$ sia retto e contemporaneamente siano uguali i lati AB, AD.

Corollarî. — 2° Se un parallelogrammo ABCD ha un angolo $\widehat{A.BD}$ retto, ciascuno degli altri è pure retto.

Infatti $\widehat{C.BD}$ è retto perchè uguale ad $\widehat{A.BD}$ (144, T. 1°), e $\widehat{B.AC}$, $\widehat{D.AC}$ sono pure retti, perchè ciascuno è supplementare di $\widehat{A.BD}$.

3° Se un parallelogrammo ha due lati consecutivi uguali, tutti i lati sono uguali.

Infatti se AB ≡ AD, avendo AB ≡ CD, AD ≡ BC (145, T. 1°), si deduce che

AB ≡ BC ≡ CD ≡ DA.

4° Se un parallelogrammo ABCD ha due lati consecutivi uguali, e se è retto l'angolo da essi compreso, tutti i suoi lati sono uguali e tutti i suoi angoli sono retti.

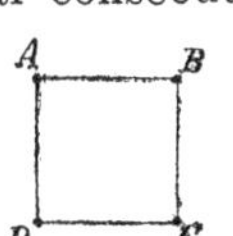

Definizioni. — 1ª Un *rettangolo* è un parallelogrammo che ha tutti gli angoli retti, ossia è un parallelogrammo *equiangolo*.

2ª Un *rombo* è un parallelogrammo, che ha tutti i lati uguali, ossia è un parallelogrammo *equilatero*.

3ª Un *quadrato* è un parallelogrammo che ha tutti gli angoli retti e tutti i lati uguali, ossia è un parallelogrammo *equiangolo* ed *equilatero*.

149. Corollarî. — 1° Due rettangoli sono uguali, se hanno uguali due lati consecutivi (142, C. 1°).

2° Due rombi sono uguali, se hanno uguali un lato ed un angolo (142, C. 3°).

3° Due quadrati sono uguali, se hanno uguale un lato (142, C. 3°).

4° La risoluzione del problema precedente fornisce immediatamente la risoluzione dei seguenti: costruire un rettangolo che abbia due lati consecutivi uguali a due segmenti dati: costruire un rombo che abbia i lati uguali ad un segmento dato ed un angolo uguale ad un angolo dato: costruire un quadrato che abbia i lati uguali ad un segmento dato.

Per brevità chiameremo *rettangolo di due segmenti* dati, quello che ha due lati consecutivi uguali ad essi, e *quadrato di un segmento* dato, quello che ha i lati uguali ad esso.

150. Teorema 1° — Le diagonali di un rettangolo sono uguali, e viceversa ogni parallelogrammo che ha le diagonali uguali è un rettangolo.

Dato il rettangolo ABCD abbiamo i due triangoli ABC, ABD, che sono uguali perchè hanno il lato AB comune, i lati AD, BC uguali, e uguali gli angoli $\widehat{A.BD}$, $\widehat{B.AC}$, essendo ambidue retti, dunque AC ≡ BD. Inversamente, se supponiamo che ABCD sia un parallelogrammo, e che sia AC ≡ BD, i due triangoli ABC, ABD sono uguali, perchè hanno i lati uguali, quindi sono uguali gli angoli $\widehat{B.AC}$, $\widehat{A.BD}$, perciò ciascuno di essi è retto, ed il parallelogrammo ABCD è un rettangolo.

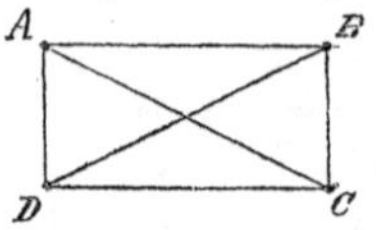

Teorema 2° — Le diagonali di un rombo sono perpendicolari, e viceversa ogni parallelogrammo che ha le diagonali perpendicolari è un rombo.

Infatti se ABCD è un rombo, e se O è il suo centro, i triangoli ABO, BCO sono uguali, essendo AO ≡ CO, AB ≡ BC, ed avendo comune il lato BO, dunque $\widehat{O.AB} \equiv \widehat{O.BC}$ e le diagonali AC, BD sono perpendicolari. Inversamente, se ABCD è un parallelogrammo e se supponiamo $\widehat{O.AB} \equiv \widehat{O.BC}$, i triangoli AOB, BOC hanno il lato comune BO, uguali i lati AO, CO ed uguali gli angoli compresi, dunque sono uguali, e perciò AB ≡ BC ed ABCD è un rombo.

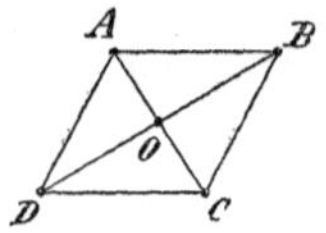

Corollarî. — 1° Le diagonali di un rombo sono le bisettrici dei suoi angoli, e viceversa un parallelogrammo è un rombo se le sue diagonali sono le bisettrici dei suoi angoli.

2° Un quadrato è insieme un rettangolo ed un rombo, quindi le diagonali di un quadrato sono perpendicolari ed uguali, viceversa un parallelogrammo è un quadrato, se le sue diagonali sono uguali e perpendicolari.

III. I triedri.

151. **Definizioni.** — 1ª Chiameremo *triedro* la figura fondamentale determinata da tre parti indefinite di retta, uscenti da uno stesso punto e non situate in uno stesso piano.

2ª Gli *spigoli* di un triedro sono le tre parti di retta che lo determinano, le tre parti rimanenti si dicono i *prolungamenti* degli spigoli, il loro punto comune si dice il *vertice* del triedro.

3ª I tre spigoli determinano due a due tre angoli *convessi*, che chiameremo le *facce* del triedro.

4ª Le tre rette che contengono gli spigoli, e i tre piani che determinano due a due, sono le *rette* e i *piani* del triedro.

5ª La *superficie di un triedro* è quella formata dalle sue facce.

152. Tre rette APD, BPE, CPF, che chiameremo anche *a, b, c,* passanti per uno stesso punto P e non situate in uno stesso piano, si dividono in sei parti PA, PD; PB, PE; PC, PF, e tre di esse PA, PB, PC sono gli spigoli di un triedro, che indicheremo con $\widehat{P.ABC}$; i prolungamenti degli spigoli sono PD, PE, PF, il punto P è il vertice del triedro, e le sue facce sono gli angoli $\widehat{P.BC}$, $\widehat{P.CA}$, $\widehat{P.AB}$. Le rette del triedro sono *a, b, c,* e i suoi piani, che chiameremo α, β, γ, sono i piani *bc, ca, ab.*

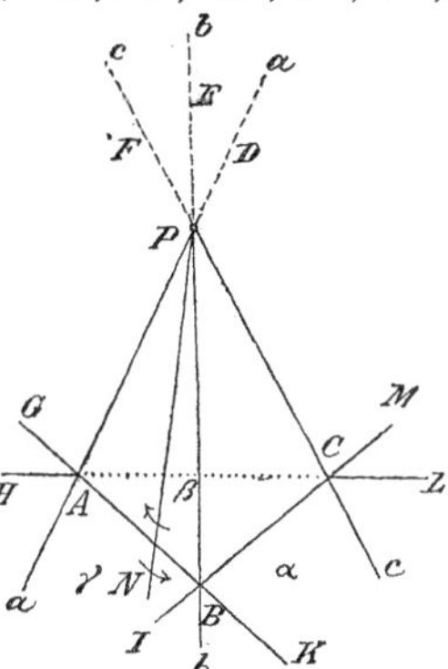

Se un piano incontra gli spigoli di un triedro $\widehat{P.ABC}$ nei punti A, B, C, li sega secondo i vertici di un triangolo ABC, le cui rette sono le intersezioni del piano con i piani del triedro.

153. Una parte indefinita PN di retta, uscente dal punto P, può percorrere la superficie di un triedro $\widehat{P.ABC}$ partendo da una certa posizione e movendosi nel senso PA, PB, PC, o nel senso opposto PC, PB, PA, ritornando alla posizione iniziale, senza mai riprendere, durante il suo movimento non interrotto, una posizione già occupata; perciò si vede che la superficie di un triedro *divide* lo spazio in due parti indefinite.

Definizione. — Delle due parti indefinite in cui lo spazio è diviso dalla superficie di un triedro, una contiene i prolungamenti degli spigoli e l'altra no, diremo *esterno* al triedro ogni punto della prima, ed *interno* ogni punto della seconda.

154. Definizione. — I tre piani di un triedro tagliano dallo spazio dodici diedri, tre determinati dalle facce prese due a due, e che si dicono i *diedri interni*, o più brevemente i *diedri* del triedro, altri tre sono ad essi opposti allo spigolo, e ne rimangono sei, che si dicono i *diedri esterni* del triedro.

I diedri interni di $P.\widehat{ABC}$, o più semplicemente i suoi diedri, sono $\widehat{a.BC}$, $\widehat{b.CA}$, $\widehat{c.AB}$, mentre i diedri esterni sono $\widehat{a.GL} \equiv \widehat{a.HK}$, $\widehat{b.IG} \equiv \widehat{b.KM}$, $\widehat{c.LI} \equiv \widehat{c.MH}$, due a due uguali perchè opposti allo spigolo.

155. Definizioni. — 1ª Ciascun diedro di un triedro è *compreso* dalle due facce che lo determinano, *adiacente* a ciascuna di esse, ed *opposto* alla terza.

2ª Ciascuna faccia di un triedro è *adiacente* ai due diedri di cui è faccia, è *opposta* al terzo diedro ed al suo spigolo.

3ª Ciascun diedro esterno di un triedro è *adiacente* all'interno che ha con esso lo stesso spigolo, ed *opposto* agli altri due diedri interni.

Così per esempio il diedro $\widehat{a.BC}$ è compreso dalle facce $\widehat{P.BA}$, $\widehat{P.CA}$, è adiacente a ciascuna di esse, ed opposto alla faccia $\widehat{P.BC}$, la quale poi è adiacente ai due diedri $\widehat{b.AC}$, $\widehat{c.BA}$, opposta al diedro $\widehat{a.BC}$ ed al suo spigolo a. Il diedro esterno $\widehat{a.GL}$ è adiacente all'interno $\widehat{a.BC}$, ed opposto ai due interni $\widehat{b.CA}$, $\widehat{c.BA}$.

1. Proprietà delle facce e dei diedri di un triedro.

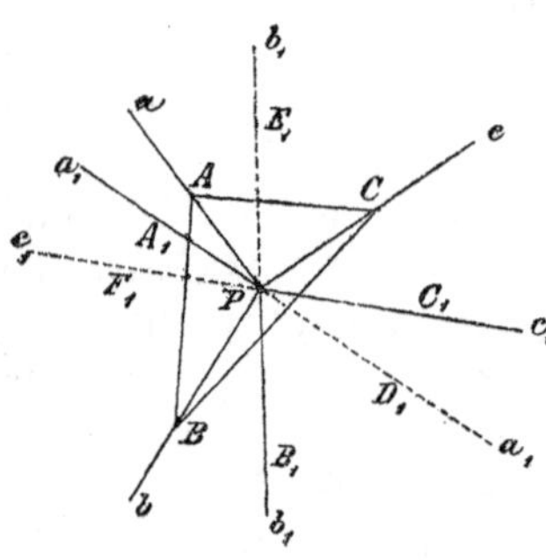

156. Sia $P.\widehat{ABC}$ un dato triedro, costruendo le tre parti PA_1, PB_1, PC_1 di rette a_1, b_1, c_1, che passano per P, sono perpendicolari ai piani α, β, γ del triedro, e sono situate rispetto ad essi dallo stesso lato degli spigoli PA, PB, PC, veniamo a costruire un nuovo triedro $P.\widehat{A_1B_1C_1}$, individuato da $P.\widehat{ABC}$.

Definizione. — Le tre parti di retta perpendicolari ai piani di un triedro dato, condotte per il suo vertice e situate rispetto a ciascuno di essi dallo stesso lato del triedro, sono gli spigoli di un altro triedro, che si dice *supplementare* del primo.

157. **Teorema 1°** — Dati due triedri, se il secondo è supplementare del primo, viceversa il primo è supplementare del secondo.

Se $P.\widehat{A_1B_1C_1}$ è supplementare di $P.\widehat{ABC}$, viceversa $P.\widehat{ABC}$ è supplementare di $P.\widehat{A_1B_1C_1}$. Avendo costruito PA_1, PA; PB_1, PB; PC_1, PC dallo stesso lato dei piani α, β, γ, gli angoli $\widehat{P.AA_1}$, $\widehat{P.BB_1}$, $\widehat{P.CC_1}$ sono acuti (67, C. 2°), ed essendo acuti questi angoli, PA, PA_1; PB, PB_1; PC, PC_1 sono anche da uno stesso lato rispetto ai piani α_1, β_1, γ_1 (67, C. 2°), quindi rimane da dimostrare che gli spigoli PA, PB, PC sono perpendicolari ai piani α_1, β_1, γ_1. Ora, essendo PB_1 perpendicolare al piano β, è retto l'angolo $\widehat{P.AB_1}$, ed essendo PC_1 perpendicolare al piano γ, è retto l'angolo $\widehat{P.AC_1}$, dunque PA è perpendicolare ad ambedue le rette PB_1, PC_1, e perciò al loro piano α_1. Analogamente si dimostra che PB, PC sono perpendicolari ai piani β_1, γ_1, dunque $P.\widehat{ABC}$ è il triedro supplementare di $P.\widehat{A_1B_1C_1}$.

Teorema 2° — Se due triedri sono supplementari, le facce di ciascuno sono i supplementi delle sezioni normali dei diedri dell'altro.

Supponiamo che $P.\widehat{ABC}$, $P.\widehat{A_1B_1C_1}$ siano due triedri supplementari. Essendo allora PB_1, PC_1 perpendicolari ai piani β, γ, la faccia $\widehat{P.B_1C_1}$ del secondo triedro è supplementare della sezione normale del diedro $\widehat{a.BC}$ (69, C. 5°) del primo. Analogamente si dimostra che le altre facce $\widehat{P.C_1A_1}$, $\widehat{P.A_1B_1}$ sono supplementari delle sezioni normali degli altri diedri $\widehat{b.CA}$, $\widehat{c.AB}$.

Corollario. — Prolungando gli spigoli PA_1, PB_1, PC_1 del triedro $P.\widehat{A_1B_1C_1}$ supplementare di $P.\widehat{ABC}$, se i prolungamenti sono PD_1, PE_1, PF_1, gli angoli $\widehat{P.B_1F_1}$, $\widehat{P.C_1D_1}$, $\widehat{P.A_1E_1}$ sono i supplementi delle facce $\widehat{P.B_1C_1}$, $\widehat{P.C_1A_1}$, $\widehat{P.A_1B_1}$ di $P.\widehat{A_1B_1C_1}$, e quindi sono uguali alle sezioni normali dei diedri $\widehat{a.BC}$, $\widehat{b.CA}$, $\widehat{c.AB}$ di $P.\widehat{ABC}$.

158. Teorema 1° — Ogni faccia di un triedro è minore della somma delle altre due.

Dato un triedro $P.\widehat{ABC}$, considerando una sua faccia qualunque $P.\widehat{BC}$, abbiamo sempre $P.\widehat{BC} < P.\widehat{CA} + P.\widehat{AB}$. Evidentemente il teorema è subito dimostrato se $P.\widehat{BC}$ è uguale o minore di una $P.\widehat{AB}$ delle altre due facce, nel caso in cui sia maggiore di ciascuna di esse, si può dimostrare come segue. Supponendo $P.\widehat{BC} > P.\widehat{AB}$, possiamo dall'angolo $P.\widehat{BC}$ sottrarre il minore $P.\widehat{AB}$, sia $P.\widehat{CD}$ la differenza, per cui avremo $P.\widehat{BD} \equiv P.\widehat{AB}$. Sulle PA, PD prendiamo due punti A, D, e per essi conduciamo un piano, che seghi PB, PC nei punti B, C. I triangoli APB, BPD hanno il lato PB comune, i lati PA, PD uguali, quindi, essendo $P.\widehat{BD} \equiv P.\widehat{AB}$, sono uguali, perciò AB ≡ BD ; ma AC > BC — AB (101, C. 2°), ossia AC > CD, dunque i due triangoli CPD, CPA hanno il lato PC comune, i lati PD, PA uguali, il lato AC > CD, e perciò $P.\widehat{AC} > P.\widehat{CD}$ (107, T. 2°); dunque, essendo $P.\widehat{BC} \equiv P.\widehat{BD} + P.\widehat{DC}$, si ha $P.\widehat{BC} < P.\widehat{CA} + P.\widehat{AB}$.

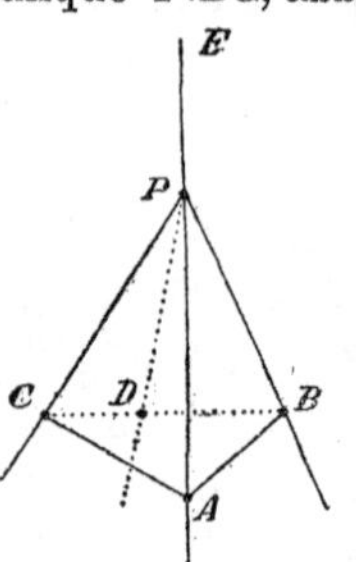

Corollarî. — 1° Possiamo enunciare il teorema precedente dicendo: affinchè tre angoli possano essere uguali alle tre facce di un triedro, è necessario che ciascuno sia minore della somma degli altri due, o più semplicemente che quell'angolo il quale non è minore di nessuno degli altri due, sia minore della loro somma.

2° Ciascuna faccia di un triedro è maggiore della differenza delle altre due.

Essendo $P.\widehat{BC} < P.\widehat{CA} + P.\widehat{AB}$, se togliamo lo stesso angolo $P.\widehat{AB}$, abbiamo $P.\widehat{CA} > P.\widehat{BC} - P.\widehat{AB}$.

Teorema 2° — In ogni triedro la somma delle facce è minore di quattro retti.

Sia dato il triedro $P.\widehat{ABC}$ e sia PE il prolungamento dello spigolo PA. Nel triedro $P.\widehat{BCE}$ abbiamo $P.\widehat{BC} < P.\widehat{CE} + P.\widehat{EB}$ (158, T. 1°), quindi

$$P.\widehat{BC} + P.\widehat{CA} + P.\widehat{AB} < P.\widehat{CE} + P.\widehat{CA} + P.\widehat{EB} + P.\widehat{AB},$$

ma la somma $\widehat{P.CE}+\widehat{P.CA}$ è 2 retti, e parimenti la somma $\widehat{P.EB}+\widehat{P.AB}$ è pure 2 retti, dunque $\widehat{P.BC}+\widehat{P.CA}+\widehat{P.AB}$ è minore di quattro retti.

159. **Teorema 1°** — Ciascun diedro di un triedro, aumentato di due diedri retti, è maggiore della somma degli altri due.

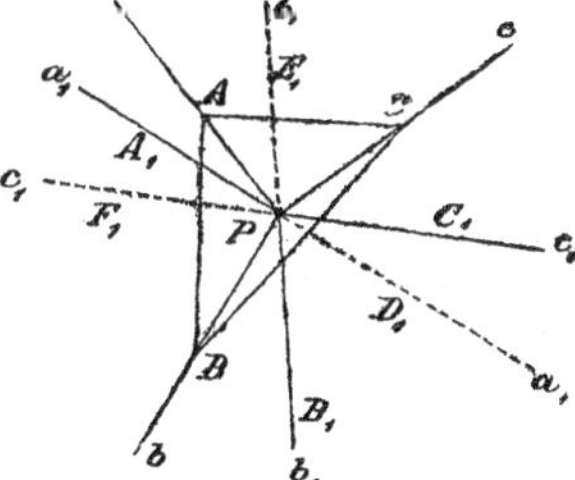

Se $P.\widehat{A_1B_1}C_1$ è il triedro supplementare del triedro dato $P.\widehat{ABC}$, chiamando PD_1, PE_1, PF_1 i prolungamenti di PA_1, PB_1, PC_1, gli angoli $\widehat{P.B_1F_1}$, $\widehat{P.C_1D_1}$, $\widehat{P.A_1E_1}$ sono le sezioni normali dei diedri $\widehat{a.BC}$, $\widehat{b.CA}$, $\widehat{c.AB}$ (157, C.).

Ora si sa che

$$\widehat{P.B_1C_1} < \widehat{P.C_1A_1} + \widehat{P.A_1B_1} \quad (158, \text{T. } 1^\circ),$$

quindi
$$\widehat{P.B_1C_1} + \widehat{P.B_1F_1} + \widehat{P.C_1D_1} + \widehat{P.A_1E_1} <$$
$$< \widehat{P.C_1A_1} + \widehat{P.C_1D_1} + \widehat{P.A_1B_1} + \widehat{P.A_1E_1} + \widehat{P.B_1F_1};$$

ma ciascuna delle somme

$$\widehat{P.B_1C_1} + \widehat{P.B_1F_1},\quad \widehat{P.C_1A_1} + \widehat{P.C_1D_1},\quad \widehat{P.A_1B_1} + \widehat{P.A_1E_1}$$

è uguale a due retti, dunque $\widehat{P.B_1F_1}$ più quattro retti è maggiore di $\widehat{P.C_1D_1}+\widehat{P.A_1E_1}$ più due retti, togliendo due retti, e passando dalle sezioni normali ai diedri, deduciamo che $\widehat{a.BC}$ più due diedri retti, è maggiore di $\widehat{b.CA}+\widehat{c.AB}$ (69, T. 1°).

Teorema 2° — In ogni triedro la somma dei diedri è maggiore di due diedri retti, e minore di sei diedri retti.

Che dato un triedro qualunque $P.\widehat{ABC}$ sia $\widehat{a.BC}+\widehat{b.CA}+\widehat{c.AB}$ minore di sei diedri retti è evidente, perchè ciascuno dei tre diedri è minore di due diedri retti; che poi la somma stessa sia maggiore di due diedri retti si deduce osservando che nel triedro supplementare $P.\widehat{A_1B_1}C_1$ la somma $\widehat{P.B_1C_1}+\widehat{P.C_1A_1}+\widehat{P.A_1B_1}$ è minore di quattro retti, e se PD_1, PE_1, PF_1 sono i prolungamenti di PA_1, PB_1, PC_1 la somma

$\widehat{P.B_1C_1} + \widehat{P.B_1F_1} + \widehat{P.C_1A_1} + \widehat{P.C_1D_1} + \widehat{P.A_1B_1} + \widehat{P.A_1E_1}$ è minore di quattro retti più la somma $\widehat{P.B_1F_1} + \widehat{P.C_1D_1} + \widehat{P.A_1E_1}$.

Infatti essendo due retti ciascuna delle somme $\widehat{P.B_1C_1} + \widehat{P.B_1F_1}$, $\widehat{P.C_1A_1} + \widehat{P.C_1D_1}$, $\widehat{P.A_1B_1} + \widehat{P.A_1E_1}$, abbiamo che sei retti è minore di quattro retti più $\widehat{P.B_1F_1} + \widehat{P.C_1D_1} + \widehat{P.A_1E_1}$, togliendo due retti, e passando dalle sezioni normali ai diedri (69, T. 1°), deduciamo che $\widehat{a.BC} + \widehat{b.CA} + \widehat{c.AB}$ è maggiore di due diedri retti.

160. Definizione. — Due triedri si dicono *opposti al vertice*, o semplicemente *opposti*, quando gli spigoli di ciascuno sono i prolungamenti degli spigoli dell'altro.

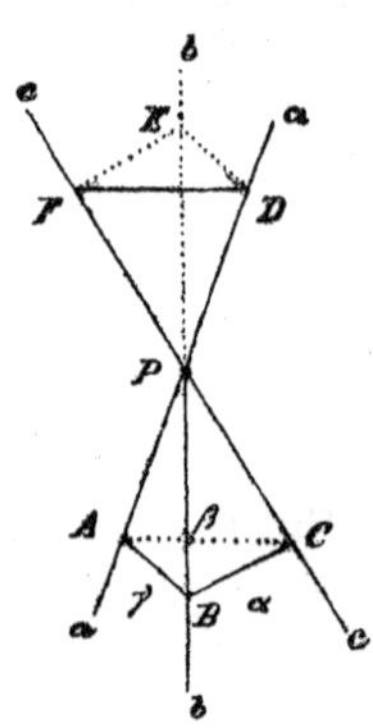

La figura che ha per elementi tre piani α, β, γ condotti per uno stesso punto P, ma non per una stessa retta, e le tre rette APD, BPE, CPF, ovvero a, b, c, che determinano due a due, è costituita da otto diedri, che si separano in quattro coppie di diedri opposti al vertice. Le quattro coppie sono $\widehat{P.ABC}$, $\widehat{P.DEF}$; $\widehat{P.ABF}$, $\widehat{P.DEC}$; $\widehat{P.AEC}$, $\widehat{P.DBF}$; $\widehat{P.DBC}$, $\widehat{P.AEF}$.

Le facce dei due triedri, opposti al vertice, sono angoli due a due opposti al vertice, quindi

$$\widehat{P.BC} \equiv \widehat{P.EF},\ \widehat{P.CA} \equiv \widehat{P.FD},\ \widehat{P.AB} \equiv \widehat{P.DE};$$

i loro diedri sono due a due opposti allo spigolo, quindi

$$\widehat{a.BC} \equiv \widehat{a.EF},\ \widehat{b.CA} \equiv \widehat{b.FD},\ \widehat{c.AB} \equiv \widehat{c.DE}.$$

161. Teorema 1° — Se due facce di un triedro sono uguali, anche i diedri opposti ad esse sono uguali.

Supponiamo dato un triedro $\widehat{P.ABC}$, e supponiamo che sia $\widehat{P.AB} \equiv \widehat{P.BC}$, si tratta di dimostrare che $\widehat{a.BC} \equiv \widehat{c.BA}$. Se $\widehat{P.DEF}$ è il triedro opposto al vertice, rispetto a quello dato, abbiamo $\widehat{b.AC} \equiv \widehat{b.DF}$, quindi possiamo, lasciando fisso il vertice P, porre lo spigolo PB sullo spigolo PE, la faccia Ab sopra Fb, e la faccia Cb sopra Db. Dopo ciò, avendo $\widehat{P.AB} \equiv \widehat{P.BC} \equiv \widehat{P.FE}$,

$\widehat{P.BC} \equiv \widehat{P.AB} \equiv \widehat{P.DE}$, lo spigolo PA coinciderà con PF, lo spigolo PC con PD, e il triedro $\widehat{P.ABC}$ coll'altro $\widehat{P.DEF}$, dunque $\widehat{a.BC} \equiv \widehat{c.DE} \equiv \widehat{c.BA}$.

Teorema 2° — Se due diedri di un triedro sono uguali, anche le facce opposte ad essi sono uguali.

Dato il triedro $\widehat{P.ABC}$, supponiamo $\widehat{a.BC} \equiv \widehat{c.BA}$. Se $\widehat{P.DEF}$ è il triedro opposto al vertice, abbiamo $\widehat{a.BC} \equiv \widehat{c.BA} \equiv \widehat{c.DE}$, quindi, lasciando fisso il vertice P, possiamo porre lo spigolo PA sullo spigolo PF, la faccia C*a* sopra D*c*, e la faccia B*a* sopra E*c*; dopo ciò, essendo $\widehat{P.AC} \equiv \widehat{P.FD}$, lo spigolo PC coinciderà con PD, ed essendo $\widehat{c.BA} \equiv \widehat{a.BC} \equiv \widehat{a.FE}$, la faccia B*c* cadrà in D*b*, dunque PB coinciderà con PE, e $\widehat{P.ABC}$ con $\widehat{P.DEF}$. Da ciò si deduce subito che $\widehat{P.AB} \equiv \widehat{P.FE} \equiv \widehat{P.BC}$.

Definizione. — È *isoedro* ogni triedro che ha uguali due facce ed i due diedri opposti.

162. Teorema 1° — Se due diedri di un triedro sono disuguali, la faccia opposta al diedro maggiore è maggiore della faccia opposta all'altro.

Nel triedro $\widehat{P.ABC}$ sia $\widehat{c.AB} > \widehat{a.BC}$. Possiamo condurre per PC una parte D*c* di piano, compresa nel diedro $\widehat{c.AB}$, in modo che sia $\widehat{c.AD} \equiv \widehat{a.BC}$. Se la parte di piano D*c* sega la faccia $\widehat{P.AB}$ secondo la retta PD, il triedro $\widehat{P.ACD}$ è isoedro, e $\widehat{P.AD} \equiv \widehat{P.CD}$ (161, T. 2°), ma $\widehat{P.BC} < \widehat{P.BD} + \widehat{P.DC}$ (158, T. 1°), dunque $\widehat{P.BC} < \widehat{P.BD} + \widehat{P.DA}$, ossia $\widehat{P.BC} < \widehat{P.BA}$.

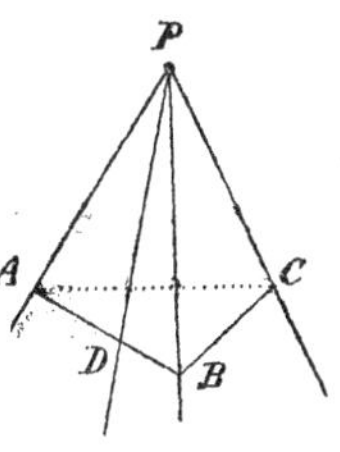

Teorema 2° — Se due facce di un diedro sono disuguali, il diedro opposto alla faccia maggiore è maggiore del diedro opposto all'altra.

Se nel triedro $\widehat{P.ABC}$ si ha $\widehat{P.AB} > \widehat{P.BC}$ deve essere $\widehat{c.AB} > \widehat{a.BC}$. Infatti, se fosse $\widehat{c.AB} \equiv \widehat{a.BC}$, avremmo (161, T. 2°)

$\widehat{P.AB} \equiv \widehat{P.BC}$, se fosse $\widehat{c.AB} < \widehat{a.BC}$, avremmo $\widehat{P.AB} < \widehat{P.BC}$ (162, T. 1°), quindi in ambidue i casi non sarebbe soddisfatta l'ipotesi $\widehat{P.AB} > \widehat{P.BC}$, perciò, non potendo essere $\widehat{c.AB}$ uguale o minore di $\widehat{a.BC}$, deve necessariamente essere $\widehat{c.AB} > \widehat{a.BC}$.

2. *Triedri uguali.*

163. Dati due triedri, possiamo sempre far corrispondere i loro elementi in modo che siano corrispondenti i diedri i cui spigoli sono corrispondenti, le facce i cui lati sono spigoli corrispondenti, ed i loro piani. Parlando di corrispondenza tra gli elemeuti di due triedrı, intenderemo sempre che sia stabilita in questo modo.

Due triedri sono uguali, se, trasportati convenientemente nello spazio, possono coincidere; sono corrispondenti gli spigoli, le facce, i diedri ed i piani che coincidono quando coincidono i due triedri.

Naturalmente due triedri uguali hanno uguali le facce ed i diedri corrispondenti. Inversamente però possono essere uguali le facce ed i diedri corrispondenti, senza essere uguali i due triedri, ciò avviene nel caso di due triedri $\widehat{P.ABC}$, $\widehat{P.DEF}$ opposti al vertice, perchè abbiamo (160)

$$\widehat{P.BC} \equiv \widehat{P.EF},\ \widehat{P.CA} \equiv \widehat{P.FD},\ \widehat{P.AB} \equiv \widehat{P.DE},$$

$$\widehat{a.BC} \equiv \widehat{a.EF},\ \widehat{b.CA} \equiv \widehat{b.FD},\ \widehat{c.AB} \equiv \widehat{c.DE},$$

eppure ponendo PA su PD, PB su PE, gli altri spigoli PC, PF vengono a cadere in parti opposte rispetto alla faccia $\widehat{P.DE}$, quindi i due triedri non possono coincidere e non sono certamente uguali. Però abbiamo veduto che in un caso esiste l'uguaglianza di due triedri opposti, e precisamente quando sono isoedri, anzi si può enunciare questa proprietà dicendo: due triedri isoedri opposti sono uguali, e viceversa due triedri uguali opposti sono isoedri.

164. Trattandosi di riconoscere l'uguaglianza di due triedri bisogna considerare la *disposizione* delle facce e dei diedri corrispondenti uguali.

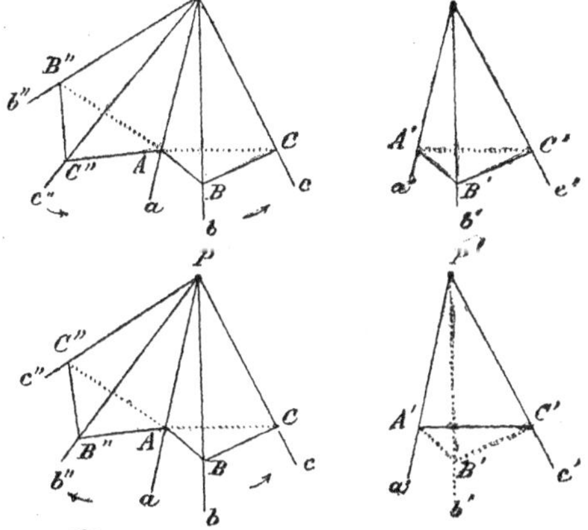

Se poniamo il vertice P' di P'.$\widehat{A'B'C'}$ sul vertice P di P.$\widehat{ABC}$, e lo spigolo P'A' sullo spigolo PA, prendendo gli spigoli P'B', P'C' le posizioni PB'', PC'', possono darsi due casi: o i diedri $\widehat{a.BC}$, $\widehat{a.B''C''}$ vengono descritti nello stesso senso, o vengono descritti in senso opposto. Nel primo caso converremo di dire brevemente che i due triedri hanno le facce ed i diedri corrispondenti *similmente disposti.*

Dalla definizione dei triedri supplementari discende immediatamente che se due triedri hanno le facce ed i diedri similmente disposti, lo stesso avviene per i due triedri supplementari, e che se due triedri sono uguali, anche i triedri supplementari sono uguali, e viceversa.

165. Come risulta dai seguenti teoremi, per accertarsi dell'uguaglianza di due triedri non è necessario riconoscere che siano similmente disposte ed uguali *tutte* le loro facce e *tutti* i loro diedri.

Teorema 1° — Due triedri sono uguali, se hanno uguali, e similmente disposte, due facce ed il diedro compreso.

Siano P.$\widehat{ABC}$, P'.$\widehat{A'B'C'}$ i due triedri, e sia $\widehat{a.BC} \equiv \widehat{a'.B'C'}$, $\widehat{P.BA} \equiv \widehat{P'.B'A'}$, $\widehat{P.CA} \equiv \widehat{P'.C'A'}$. Supponendo che i diedri e le facce uguali siano similmente disposte, è possibile far coincidere

P' con P e il diedro $\widehat{a'.B'C'}$ coll'uguale $\widehat{a.BC}$, in modo che coin-

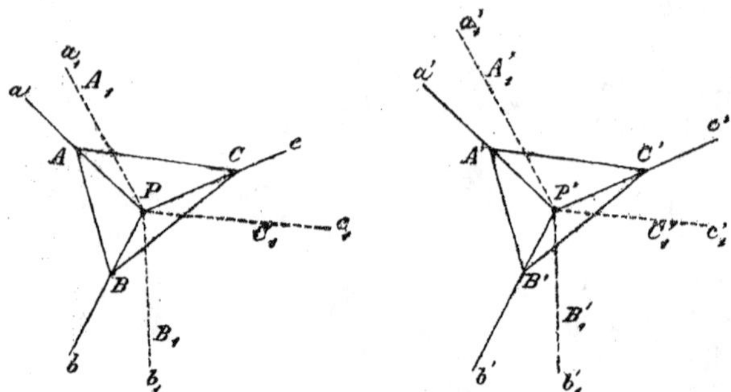

cidano le facce B'a', Ba e C'a', Ca; siccome poi è $\widehat{P'.B'A'} \equiv \widehat{P.BA}$ e $\widehat{P'.C'A'} \equiv \widehat{P.CA}$, evidentemente P'B', P'C' coincideranno con PB, PC, dunque coincideranno i due triedri $P.\widehat{ABC}$, $P'.\widehat{A'B'C'}$.

Teorema 2° — Due triedri sono uguali, se hanno uguali, e similmente disposti, due diedri e la faccia adiacente.

Siano $P.\widehat{ABC}$, $P'.\widehat{A'B'C'}$ i due triedri, siano similmente disposti gli elementi corrispondenti, e sia $\widehat{P.BC} \equiv \widehat{P'.B'C'}$, $\widehat{b.AC} \equiv \widehat{b'.A'C'}$, $\widehat{c.AB} \equiv \widehat{c'.A'B'}$. Se $P.\widehat{A_1B_1C_1}$, $P'.\widehat{A'_1B'_1C'_1}$ sono i due triedri supplementari, il diedro $\widehat{a_1.B_1C_1}$ è uguale al diedro $\widehat{a'_1.B'_1C'_1}$, essendo uguali gli angoli $\widehat{P.BC}$, $\widehat{P'.B'C'}$ supplementi delle loro sezioni normali (157, T. 2°), di più abbiamo anche $\widehat{P.B_1A_1} \equiv \widehat{P'.B'_1A'_1}$, $\widehat{P.C_1A_1} \equiv \widehat{P'.C'_1A'_1}$ (157, T. 2°), dunque $P.\widehat{A_1B_1C_1} \equiv P'.\widehat{A'_1B'_1C'_1}$ (165, T. 1°), e perciò (164) $P.\widehat{ABC} \equiv P'.\widehat{A'B'C'}$.

166. Teorema 1° — Due triedri sono uguali, se hanno uguali, e similmente disposte, tutte le loro facce.

I due triedri dati, cogli elementi corrispondenti similmente disposti, siano $P.\widehat{ABC}$, $P'.\widehat{A'B'C'}$, e sia $\widehat{P.BC} \equiv \widehat{P'.B'C'}$, $\widehat{P.CA} \equiv \widehat{P'.C'A'}$, $\widehat{P.AB} \equiv \widehat{P'.A'B'}$. Sugli spigoli corrispondenti dei due triedri siano presi i punti A, B, C ed A', B', C', in modo che sia PA P'A' PB $\equiv$ P'B' PC $\equiv$ P'C'. Le coppie di triangoli BPC, B'P'C'; CPA, C'P'A'; APB, A'P'B' sono ri-

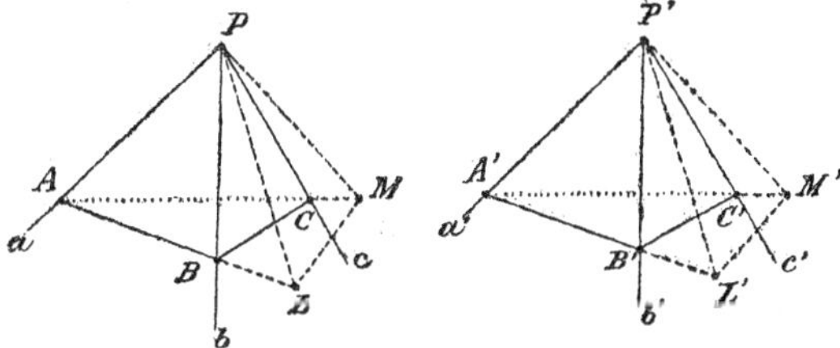

spettivamente uguali, avendo i triangoli di ciascuna uguali due lati e l'angolo compreso, dunque BC $\equiv$ B'C', CA $\equiv$ C'A', AB $\equiv$ A'B', e i triangoli ABC, A'B'C' sono uguali. Ora nei piani delle facce $P.\widehat{BA}$, $P.\widehat{CA}$ tiriamo le rette PL, PM perpendicolari ad a, e nei piani delle facce $P'.\widehat{B'A'}$, $P'.\widehat{C'A'}$ tiriamo le rette P'L', P'M' perpendicolari ad a'. Siccome gli angoli $\widehat{A.BP}$, $\widehat{A.CP}$ e gli angoli $\widehat{A'.B'P'}$, $\widehat{A'.C'P'}$ sono acuti, perchè sono isosceli i triangoli BAP, CAP, B'A'P', C'A'P', le rette PL, P'L' devono incontrare le rette BA, B'A' in punti che chiameremo L, L', e le rette PM, P'M' devono incontrare le rette CA, C'A' in punti che chiameremo M, M'.

I triangoli LPA, L'P'A' sono rettangoli ed uguali, perchè sono uguali i cateti PA, P'A' e perchè $\widehat{A.BP} \equiv \widehat{A'.B'P'}$, dunque AL $\equiv$ A'L', PL $\equiv$ P'L'. Analogamente si dimostra che AM $\equiv$ A'M', PM $\equiv$ P'M', quindi sono uguali i triangoli ALM, A'L'M', perciò LM $\equiv$ L'M', e sono uguali i triangoli PLM, P'L'M', quindi $\widehat{P.LM} \equiv \widehat{P'.L'M'}$; ma $\widehat{P.LM}$, $\widehat{P'.L'M'}$ sono le sezioni normali dei diedri $\widehat{a.BC}$, $\widehat{a'.B'C'}$, dunque $\widehat{a.BC} \equiv \widehat{a'.B'C'}$ e $P.\widehat{ABC} \equiv P'.\widehat{A'B'C'}$, avendo questi due triedri uguali, e similmente disposte, due facce e il diedro compreso (165, T. 1°).

Teorema 2° — Due triedri sono uguali, se hanno uguali, e similmente disposti, tutti i loro diedri.

Questo teorema si dimostra immediatamente come conseguenza del precedente.

Se sono uguali i diedri di $P.\widehat{ABC}$, $P'.\widehat{A'B'C'}$, e se i loro elementi corrispondenti sono similmente disposti, devono essere uguali le facce dei triedri supplementari $P.\widehat{A_1B_1C_1}$, $P'.\widehat{A'_1B'_1C'_1}$, quindi deve essere $P.\widehat{A_1B_1C_1} \equiv P'.\widehat{A'_1B'_1C'_1}$ (166, T. 1°), e perciò $P.\widehat{ABC} \equiv P'.\widehat{A'B'C'}$ (164).

167. I teoremi precedenti servono per riconoscere l'uguaglianza di due triedri, supposto che le loro facce e i loro diedri corrispondenti siano similmente disposti, e che certe facce o diedri corrispondenti siano uguali; togliendo la prima condizione solamente, cioè supponendo sempre uguali le facce ed i diedri corrispondenti, come è detto negli enunciati, se non sono similmente disposti, si dimostra subito che non sono uguali i due triedri, ma che ciascuno è uguale al triedro opposto dell'altro.

3. Costruzione dei triedri.

168. Abbiamo fatto vedere che due triedri sono uguali quando le loro facce e i loro diedri corrispondenti sono similmente disposti, e quando hanno rispettivamente uguali:

1° due facce e il diedro compreso (165, T. 1°),
2° due diedri e la faccia adiacente (165, T. 2°),
3° le tre facce (166, T. 1°),
4° i tre diedri (166, T. 2°).

Ne segue che i suddetti elementi, quando sia fissata la loro disposizione, individuano un solo triedro, e quindi supponendoli dati debbono essere sufficienti per costruirlo.

Passiamo a considerare separatamente ciascuno dei quattro casi.

169. Problema 1° — Costruire un triedro, le cui facce e i cui diedri siano disposti in un modo dato, che abbia due facce uguali a due angoli dati, ed il diedro compreso uguale ad un diedro dato.

Sia $a'.\widehat{B'C'}$ il diedro dato, e siano $P_1.\widehat{A_1B_1}$, $P_2.\widehat{A_2C_2}$ le facce date. Presa una retta arbitraria a, o PA, come spigolo, co-

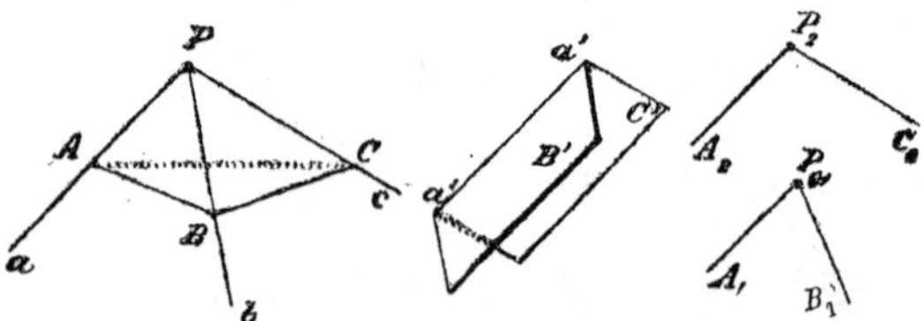

struiamo $a.\widehat{BC} \equiv a'.\widehat{B'C'}$, e poi preso un punto arbitrario P di

a, come vertice, costruiamo sulle facce Ba, Ca gli angoli $\widehat{P.BA} \equiv P_1.\widehat{B_1A_1}$, $\widehat{P.CA} \equiv P_2.\widehat{C_2A_2}$, evidentemente $P.\widehat{ABC}$ è il triedro cercato.

Cambiando la disposizione delle facce e dei diedri, cioè costruendo su Ba una faccia uguale a $P_2.\widehat{C_2A_2}$ e su Ca una faccia uguale a $P_1.\widehat{B_1A_1}$, avremmo avuto un altro triedro diverso da $P.\widehat{ABC}$, ma uguale al suo triedro opposto al vertice.

Problema 2° — Costruire un triedro, le cui facce e i cui diedri siano disposti in un modo dato, che abbia due diedri uguali a due diedri dati, e la faccia adiacente uguale ad un angolo dato.

Il triedro supplementare di quello che cerchiamo, si può costruire sapendo risolvere il problema precedente, perchè conosciamo due delle sue facce e il diedro adiacente. Costruito il triedro supplementare, è poi subito costruito il triedro che si cerca.

170. Problema 1° — Costruire un triedro, le cui facce e i cui diedri siano disposti in un modo dato, che abbia le facce uguali a tre angoli dati, tali che la loro somma sia minore di quattro retti, e che ciascuno sia minore della somma degli altri due.

Sappiamo già che, se tre angoli sono facce di uno stesso triedro è *necessario* che la loro somma sia minore di quattro retti (158, T. 2°), e che ciascuno sia minore della somma degli altri due (158, T. 1°); ora faremo vedere che queste condizioni sono anche *sufficienti*.

Siano $\widehat{P.A'B}$, $\widehat{P.BC}$, $\widehat{P.CA''}$ tre angoli consecutivi di un piano π, uguali ai tre angoli dati, e fra essi $\widehat{P.BC}$ non sia minore di nessuno degli altri due, in modo che supponendo $\widehat{P.BC} < \widehat{P.A'B} + \widehat{P.A''C}$, ne segue che dei rimanenti angoli ciascuno è pure minore della somma degli altri due. Avendo poi supposto che la somma

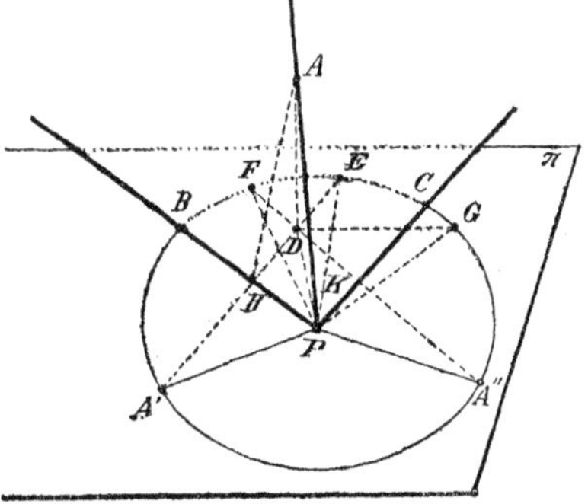

degli angoli sia minore di quattro retti, se ne deduce che non contiene alcun giro e che è l'angolo, concavo o convesso, $P.\widehat{A'A''}$, che comprende PB, PC.

Nel piano π, col centro in P, descriviamo un circolo c, di raggio arbitrario, che incontri i lati PA', PB, PC, PA'' nei punti A', B, C, A'', quindi da A', A'' tiriamo le rette A'E, A''F perpendicolari alle PB, PC nei punti H, K. Essendo $PH < PA'$, $PK < PA''$ (100, C.), ne segue che H, K sono interni a c, e le rette A'H, A''K incontrano certamente c in altri due punti E, F (89, C. 4°), in modo che A', E ed A'', F sono in parti opposte rispetto a PB, PC. I triangoli rettangoli HPA', HPE hanno il cateto HP comune e l'ipotenusa uguale, essendo PA', PE raggi di uno stesso circolo, dunque $P.\widehat{A'B} \equiv P.\widehat{BE}$, e perciò, non essendo $P.\widehat{BC}$ minore di $P.\widehat{A'B}$, ne segue che PE è compreso nell'angolo $P.\widehat{BC}$. Analogamente si dimostra che anche PF è compreso in $P.\widehat{BC}$. Ora avendo $P.\widehat{BC} < P.\widehat{A'B} + P.\widehat{A''C}$, si ha anche $P.\widehat{BC} < P.\widehat{BE} + P.\widehat{CF}$, quindi PF deve essere compreso in $P.\widehat{BE}$, e perciò le rette PA', PF, PE, PA'', ossia anche i punti A', F, E, A'' di c, si seguono nell'ordine scritto, e ne deduciamo subito che A', E sono situati in parti opposte rispetto alla retta A''F, mentre A'', F sono situati in parti opposte rispetto alla retta A'E, dunque i due segmenti A'E, A''F si segano necessariamente in un punto D, interno a c, essendo per esso $PD < PA' \equiv PA''$ (122, T. 2°). Chiamiamo G uno dei punti comuni a c ed alla retta di π perpendicolare a PD in D, condotta la perpendicolare in D a π prendiamo su di essa un punto A per cui sia $AD \equiv DG$. Le tre parti di rette PA, PB, PC sono gli spigoli del triedro cercato; infatti i triangoli rettangoli PAD, PGD sono uguali, perchè hanno il cateto PD comune, e perchè hanno uguali gli altri due cateti DA, DG, quindi $PA \equiv PG \equiv PA'$, di più essendo PH perpendicolare alle rette DH, DA, è perpendicolare al loro piano, e perciò alla sua retta AH, ne segue che i triangoli AHP, A'HP sono ambidue rettangoli ed uguali, avendo comune il cateto PH ed essendo $PA \equiv PA'$, quindi $P.\widehat{A'B} \equiv P.\widehat{AB}$. Analogamente si dimostra che $P.\widehat{A''C} \equiv P.\widehat{AC}$, dunque il triedro $P.\widehat{ABC}$ ha le facce uguali ai tre angoli dati. Sulla perpendicolare a π in D si può sempre prendere $DA \equiv DG$, ma in modo che A stia dalla parte opposta rispetto a π, si ottiene così un altro triedro, colle facce pure uguali agli angoli dati, però disposte in modo diverso dalle facce di $P.\widehat{ABC}$, ed uguale al diedro ad esso opposto.

Problema 2° — Costruire un triedro, le cui facce e i cui diedri siano disposti in un modo dato, e che abbia i diedri uguali a tre diedri dati, tali che la loro somma sia maggiore di due diedri retti, e ciascuno aumentato di due diedri retti superi la somma degli altri due.

Affinchè tre diedri siano uguali a quelli di un triedro, è *necessario* che la loro somma sia maggiore di due diedri retti (159, T. 2°), e che ciascuno aumentato di due diedri retti sia maggiore della somma degli altri due (159, T. 1°); ora si può dimostrare che queste condizioni sono anche *sufficienti*. Infatti, se tre diedri soddisfano le condizioni poste, è facile vedere che i tre angoli supplementi delle loro sezioni normali hanno una somma minore di quattro retti, e che ciascuno è minore della somma degli altri due, dunque si può costruire un triedro le cui facce siano uguali a questi tre angoli (170, Pr. 1°), ed allora per avere il triedro cercato basterà costruire il triedro supplementare.

Corollari. — 1° Dati tre angoli uguali ciascuno è evidentemente minore della somma degli altri due, quindi se il triplo di un angolo è minore di quattro retti, possiamo costruire un triedro le cui facce siano uguali ad esso. Naturalmente (161, T. 1°) anche i diedri di questo triedro saranno uguali fra loro.

2° Possiamo costruire un triedro le cui facce siano tre angoli retti, in questo caso anche i tre diedri sono retti.

Definizioni. — 1ª Diremo *equiedro* ogni triedro che abbia uguali le tre facce, e quindi i tre diedri.

2ª Diremo *equiedro rettangolo* un triedro le cui facce siano tre angoli retti, e quindi abbia retti anche i suoi diedri.

4. *Alcune altre proprietà dei triedri.*

171. Teorema. — Il luogo dei punti equidistanti dalle rette di un triedro è costituito da quattro rette, che passano per il vertice.

Chiamiamo PE, PF, PG le bisettrici delle facce $\widehat{P.BC}$, $\widehat{P.CA}$, $\widehat{P.AB}$ del triedro $\widehat{P.ABC}$. I piani perpendicolari a γ, β, condotti per PG, PF, s'incontrano secondo una retta PD, i cui punti sono equidistanti dalle rette *a*, *b* e dalle rette *a*, *c* (125, T. 2°), cioè equidistanti dalle rette *a*, *b*, *c* del triedro, quindi PD appartiene al luogo cercato, e per PD passa anche il piano perpendicolare ad α condotto per PE. La stessa costruzione, applicata al triedro opposto a $\widehat{P.ABC}$, ci fornisce la stessa retta PD; ora le rette *a*, *b*, *c* sono rette di otto triedri due a due opposti, si hanno così quattro rette, i cui punti sono equidistanti da *a*, *b*, *c*, e si vede subito che costituiscono il luogo completo che si cerca.

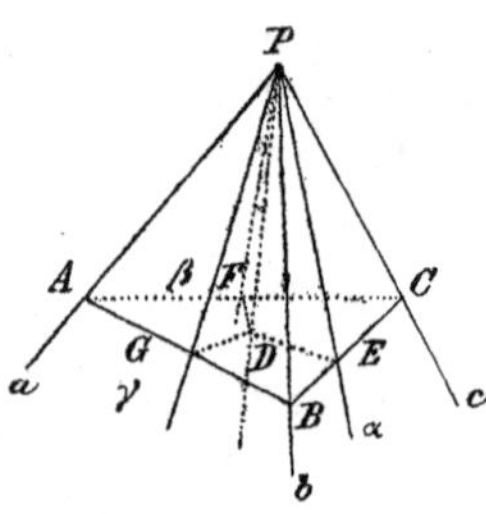

Corollario. — I piani perpendicolari ai piani di un triedro, e condotti per le bisettrici delle loro facce, s'incontrano in una stessa retta.

172. Teorema. — Il luogo dei punti equidistanti dai piani di un triedro è costituito da quattro rette, che passano per il vertice.

Se $\widehat{P.ABC}$ è il triedro dato, i piani bisettori dei diedri interni $\widehat{b.AC}$, $\widehat{c.AB}$ si devono incontrare in una retta PD, che appartiene al luogo cercato perchè i suoi punti, essendo equidistanti da α, γ e da α, β (125, T. 3°), sono equidistanti dai piani α, β, γ, del triedro. Per la retta PD passa anche il piano bisettore del diedro $\widehat{a.BC}$. La stessa costruzione applicata al triedro opposto a $P.\widehat{ABC}$ fornisce la stessa retta PD, ora i piani α, β, γ sono piani di otto triedri due a due opposti al vertice, si hanno così quattro rette i cui punti sono equidistanti da α, β, γ, e si vede subito che costituiscono il luogo completo che si cerca.

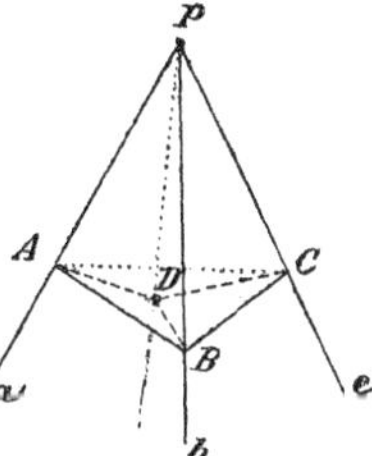

Corollario. — I piani bisettori dei diedri di un triedro passano per una stessa retta, interna ad esso.

I piani bisettori di due diedri esterni di un triedro, e il piano bisettore del diedro interno ad essi opposto, passano per una stessa retta esterna al triedro.

IV. Gli angoloidi.

173. Definizioni. — 1ª Più di due parti indefinite di retta, uscenti da uno stesso punto, *prese in un certo ordine*, e tali che tre consecutive qualunque non siano in uno stesso piano, determinano una figura fondamentale, che si dice *angoloide.*

2ª Gli *spigoli* di un angoloide sono le parti di retta che lo determinano, le parti rimanenti si dicono i *prolungamenti* degli spigoli, il loro punto comune si dice il *vertice* dell'angoloide.

3ª Le *facce* di un angoloide sono gli angoli *convessi* che hanno per lati due spigoli consecutivi.

4ª Le rette che contengono gli spigoli, ed i piani determinati da due spigoli consecutivi, sono le *rette* ed i *piani* dell'angoloide.

5ª La *superficie di un angoloide* è quella formata dalle sue facce.

Così le quattro rette APE, BPF, CPG, DPH, che chiameremo anche *a*, *b*, *c*, *d*, di uno stesso punto P, prese nell'ordine scritto, e tali che tre consecutive qualunque non siano in uno stesso piano, si dividono in otto parti PA, PE; PB, PF; PC, PG; PD, PH, e quattro di esse PA, PB, PC, PD sono gli spigoli di un angoloide, che si può indicare indifferentemente con uno dei simboli $P.\widehat{ABCD}$, $P.\widehat{BCDA}$, $P.\widehat{CDAB}$, $P.\widehat{DABC}$.

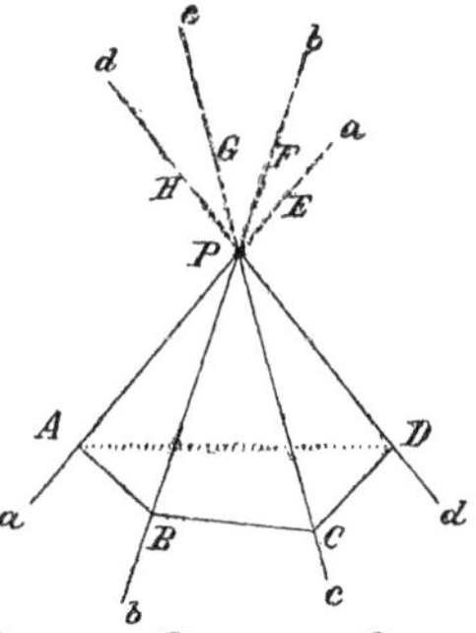

Se gli stessi spigoli si prendono nell'ordine inverso, si ha lo stesso angoloide indicato indifferentemente con uno dei simboli $P.\widehat{DCBA}$, $P.\widehat{CBAD}$, $P.\widehat{BADC}$, $P.\widehat{ADCB}$.

I prolungamenti degli spigoli di $P.\widehat{ABCD}$ sono PE, PF, PG, PH, il suo vertice è il punto P, le sue facce sono gli angoli convessi $\widehat{P.AB}$, $\widehat{P.BC}$, $\widehat{P.CD}$, $\widehat{P.DA}$, le sue rette sono *a*, *b*, *c*, *d*, ed i suoi piani sono *ab*, *bc*, *cd*, *da*.

Se un piano incontra gli spigoli di un angoloide $P.\widehat{ABCD}$ nei punti A, B, C, D, li sega secondo i vertici di un poligono ABCD, le cui rette sono le intersezioni del piano coi piani dell'angoloide.

174. Evidentemente un angoloide ha lo stesso numero di spigoli e di facce, stabilito l'ordine degli spigoli, ciascuno spigolo, o ciascuna faccia, ha uno spigolo, o una faccia, *precedente* e uno spigolo, o una faccia, *seguente*.

Definizione. — Un angoloide di 3, 4, 5, 6,..... facce, viene chiamato angoloide *triedro*, *tetraedro*, *pentaedro*, *esaedro*,.....

L'angoloide $P.\widehat{ABCD}$ è tetraedro. Quando siano dati solamente gli spigoli, senza fissarne l'ordine, abbiamo più di un

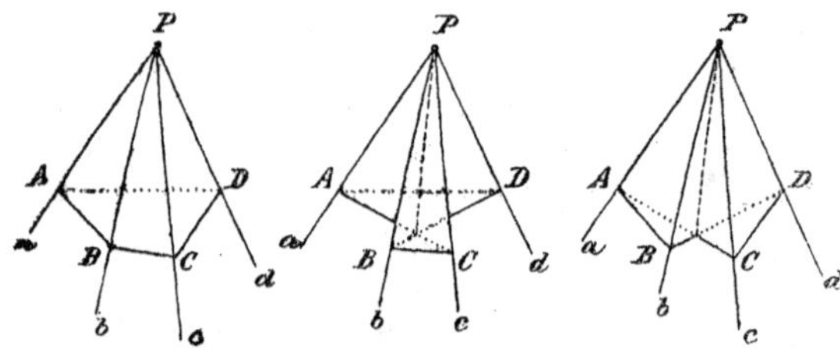

angoloide; così cogli stessi quattro spigoli PA, PB, PC, PD si possono formare tre angoloidi tetraedri $P.\widehat{ABCD}$, $P.\widehat{ACDB}$, $P.\widehat{ACBD}$.

1. *Proprietà delle facce di un angoloide.*

175. Definizioni. — 1ª Un angoloide si dice *convesso* o *concavo*, secondochè ha o non ha tutti i suoi spigoli situati da uno stesso lato rispetto a ciascuno dei suoi piani.

Così dei tre angoloidi tetraedri i cui spigoli sono PA, PB, PC, PD, uno P.$\widehat{ABCD}$ è convesso, e gli altri due P.$\widehat{ACBD}$, P.$\widehat{ACDB}$ sono concavi.

2ª Un angoloide si dice *intrecciato*, se almeno due delle sue facce si segano fuori degli spigoli.

I due angoloidi tetraedri P.$\widehat{ACBD}$, P.$\widehat{ACDB}$ sono intrecciati. Evidentemente ogni angoloide intrecciato è concavo.

Teorema. — Una retta non può incontrare in più di due punti la superficie di un angoloide convesso.

Sia P.$\widehat{ABCDE}$ un angoloide convesso. Se una retta r incontrasse la sua superficie in tre punti Q, R, P, situati nelle facce P.$\widehat{AB}$, P.$\widehat{CD}$, P.$\widehat{DE}$, uno P fra essi dovrebbe essere necessariamente compreso nel segmento QR che ha per estremi gli altri due, quindi le facce P.$\widehat{AB}$, P.$\widehat{CD}$, ed i loro spigoli, non potrebbero giacere da uno stesso lato del piano della faccia P.$\widehat{DE}$, e l'angoloide non potrebbe essere convesso, contro l'ipotesi.

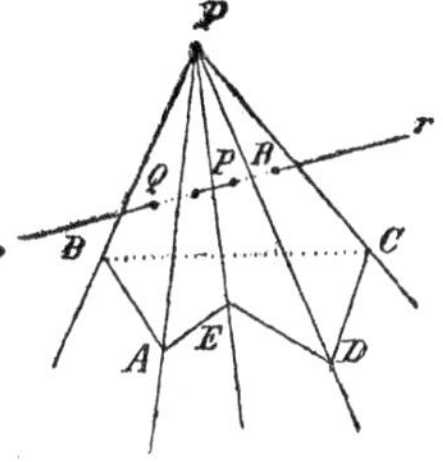

176. Una parte indefinita di retta, uscente dal vertice di un angoloide, non intrecciato, può percorrerne la superficie partendo da una certa posizione e movendosi sempre in un senso, ritornando alla posizione iniziale senza mai riprendere, durante il suo movimento non interrotto, una posizione già occupata. Da ciò si vede che la superficie di un angoloide, non intrecciato, *divide* lo spazio in due parti indefinite.

Definizione. — Delle due parti indefinite, in cui lo spazio è diviso dalla superficie di un angoloide, non intrecciato, una contiene i prolungamenti degli spigoli, l'altra non li contiene, diremo *esterno* all'angoloide ogni punto della prima, *interno* ogni punto della seconda.

177. Teorema 1° — Una faccia di un angoloide, qualunque, è minore della somma di tutte le altre.

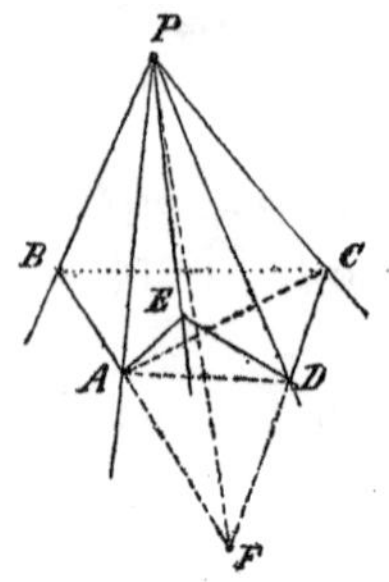

Sia dato un angoloide $P.\widehat{ABCDE}$, una qualunque delle sue facce $\widehat{P.AE}$ è minore della somma di tutte le altre. I triedri $P.\widehat{ABC}$, $P.\widehat{ACD}$, $P.\widehat{ADE}$ ci danno (158, T. 1°)

$$\widehat{P.AC} < \widehat{P.AB} + \widehat{P.BC},$$
$$\widehat{P.AD} < \widehat{P.AC} + \widehat{P.CD},$$
$$\widehat{P.AE} < \widehat{P.AD} + \widehat{P.DE},$$

quindi

$$\widehat{P.AC}+\widehat{P.AD}+\widehat{P.AE}<\widehat{P.AC}+\widehat{P.AD}+\widehat{P.AB}+\widehat{P.BC}+\widehat{P.CD}+\widehat{P.DE},$$

da cui si ricava

$$\widehat{P.AE}<\widehat{P.AB}+\widehat{P.BC}+\widehat{P.CD}+\widehat{P.DE},$$

cioè la relazione che si voleva dimostrare.

Teorema 2° — La somma delle facce di un angoloide convesso è minore di quattro retti.

L'angoloide convesso dato sia $P.\widehat{ABCDE}$. Due suoi piani APB, CPD, consecutivi ad uno stesso piano BPC, s'incontrano secondo una retta PF, e $P.\widehat{AFDE}$ è un nuovo angoloide convesso, con una faccia di meno di quello dato. Ora nel triedro $P.\widehat{BFC}$ si ha $\widehat{P.BC} < \widehat{P.BF} + \widehat{P.CF}$, quindi la somma delle facce del nuovo angoloide è maggiore della somma delle facce dell'angoloide dato. Dall'angoloide $P.\widehat{AFDE}$ si può passare analogamente ad un altro, ancora convesso, che abbia due facce di meno di quello dato, e sia tale che la somma di tutte le sue facce sia minore della somma delle facce di quello dato. Proseguendo in questo modo arriviamo ad un triedro, la cui somma delle facce è minore di quattro retti (158, T. 2°), ed è maggiore della somma delle facce dell'angoloide dato, la quale per conseguenza deve pure essere minore di quattro retti.

2. *Proprietà dei diedri di un angoloide convesso.*

178. Gli spigoli di un angoloide convesso sono tutti situati da uno stesso lato rispetto a ciascuno dei suoi piani, dunque due piani consecutivi dell'angoloide, cioè passanti per uno stesso spigolo, dividono lo spazio in quattro diedri, uno dei quali contiene tutti gli spigoli dell'angoloide, ossia tutti i punti interni ad esso.

Definizione. — I piani di un angoloide convesso determinano in ogni spigolo quattro diedri, quelli che contengono tutti i punti interni all'angoloide si dicono i *diedri interni*, o più brevemente i suoi diedri, altri sono ad essi opposti allo spigolo, ed i rimanenti si dicono i *diedri esterni* dell'angoloide.

L'angoloide tetraedro convesso $P.\widehat{ABCD}$ ha quattro diedri interni $\widehat{a.DB}$, $\widehat{b.AC}$, $\widehat{c.BD}$, $\widehat{d.CA}$, ed ha otto diedri esterni

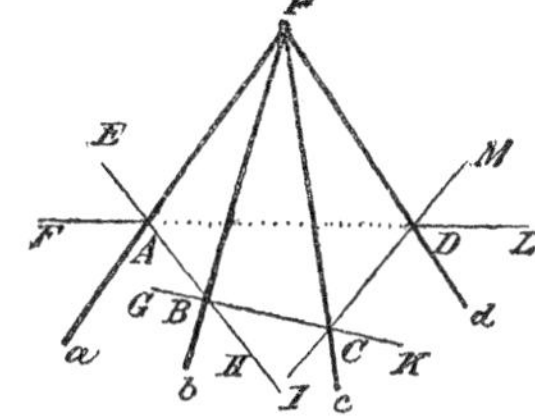

$$\widehat{a.ED} \equiv \widehat{a.FB}, \quad \widehat{b.GA} \equiv \widehat{b.HC},$$

$$\widehat{c.IB} \equiv \widehat{c.KD}, \quad \widehat{d.LC} \equiv \widehat{d.MA}.$$

Un angoloide convesso ha lo stesso numero di spigoli, di facce e di diedri. I suoi diedri esterni sono due a due uguali, perchè opposti allo spigolo, ed in numero uguale a due volte quello degli spigoli.

È convesso ogni diedro interno di un angoloide convesso.

Se un diedro interno fosse uguale a due diedri retti, si avrebbero tre spigoli consecutivi sopra uno stesso piano, ciò che abbiamo escluso; se fosse maggiore di due diedri retti, il prolungamento di una delle sue facce dividerebbe la superficie dell'angoloide in due parti, quindi si avrebbero spigoli situati in parti opposte rispetto alla faccia, ciò che è impossibile, essendo l'angoloide convesso.

179. Definizione. — Due angoloidi si dicono *opposti al vertice*, o semplicemente opposti, quando gli spigoli di ciascuno sono i prolungamenti degli spigoli dell'altro.

Due angoloidi opposti al vertice hanno le facce uguali, perchè sono angoli due a due opposti al vertice, ed hanno i diedri uguali, perchè sono due a due opposti allo spigolo.

180. Teorema 1° — In ogni angoloide convesso un diedro qualunque, aumentato di tante volte due diedri retti quanti sono gli spigoli meno due, è maggiore della somma di tutti gli altri.

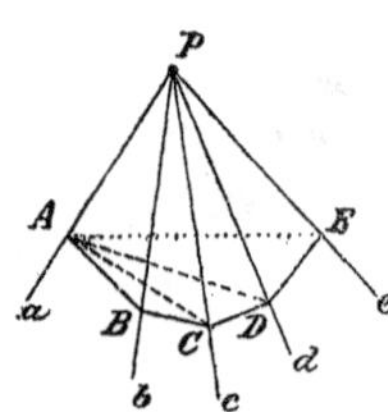

Dato un angoloide convesso $P.\widehat{ABCDE}$, le cui rette siano $a, b, c, d, e,$ un suo spigolo PA, insieme a tutte le coppie PB, PC; PC, PD; PD, PE di due spigoli consecutivi rimanenti, determina tanti triedri $P.\widehat{ABC}$, $P.\widehat{BCD}$, $P.\widehat{CDE}$, quanti sono gli spigoli meno due. Ora

$$\widehat{a.BC} + \widehat{a.CD} + \widehat{a.DE} \equiv \widehat{a.BE}, \text{ e}$$

$$\widehat{b.AC} + \widehat{c.AB} + \widehat{c.AD} + \widehat{d.AC} + \widehat{d.AE} + \widehat{e.AD} \equiv$$

$$\equiv \widehat{b.AC} + \widehat{c.BD} + \widehat{d.CE} + \widehat{e.DA};$$

ma in ogni triedro $P.\widehat{ABC}$, $P.\widehat{ACD}$, $P.\widehat{ADE}$ ciascuno dei diedri collo spigolo PA aumentato di due diedri retti è minore della somma degli altri due, dunque il diedro $\widehat{a.BE}$, dell'angoloide dato, aumentato di tante volte due diedri retti, quanti sono gli spigoli meno due, è minore della somma di tutti gli altri.

Teorema 2° — In ogni angoloide convesso la somma dei diedri è minore di tante volte due diedri retti quanti sono gli spigoli, ed è maggiore di tante volte due diedri retti quanti sono gli spigoli meno due.

Essendo ogni diedro di un angoloide convesso necessariamente minore di due diedri retti (178), ne segue che la somma dei suoi diedri è minore della somma di tante volte due diedri retti quanti sono gli spigoli. Per dimostrare poi la seconda parte del teorema, consideriamo un angoloide convesso P.ABCDE ed i triedri P.ABC, P.ACD, P.ADE, che sono, come già abbiamo veduto, in numero uguale a quello degli spigoli meno due. Ora la somma dei loro diedri è uguale a quella dei diedri dell'angoloide dato; ma in ciascuno di essi la somma dei diedri è maggiore di due diedri retti (159, T. 2°), dunque la somma dei diedri dell'angoloide dato è maggiore della somma di tante volte due diedri retti quanti sono gli spigoli meno due.

3. Angoloidi uguali.

181. Dati due angoloidi, che abbiano lo stesso numero di spigoli, possiamo sempre far corrispondere i loro elementi in modo che siano corrispondenti i diedri i cui spigoli sono corrispondenti, le facce i cui lati sono spigoli corrispondenti, ed i loro piani. Parlando di corrispondenza tra gli elementi di due angoloidi, dotati di uno stesso numero di spigoli, intenderemo sempre che sia stabilita in questo modo.

Due angoloidi sono uguali, se, trasportati convenientemente nello spazio, possono coincidere; sono corrispondenti gli spigoli, le facce, i diedri, ed i piani che coincidono quando coincidono i due angoloidi. Naturalmente due angoloidi uguali hanno uguali le facce ed i diedri corrispondenti. Inversamente però possono essere uguali le facce ed i diedri corrispondenti, senza essere uguali i due angoloidi, ciò avviene nel caso di due angoloidi opposti al vertice (179).

182. Trattandosi di riconoscere l'uguaglianza di due angoloidi bisogna considerare la *disposizione* delle facce e dei diedri corrispondenti uguali. Se gli angoloidi sono P.ABCD, P'.A'B'C'D', poniamo il vertice P' sul vertice P, lo spigolo P'A' sullo spigolo PA, e chiamiamo PB'', PC'', PD'' le nuove posizioni degli spigoli P'B', P'C', P'D'; ora, se i diedri di ciascuna coppia $\widehat{a.BC}$, $\widehat{a.B''C''}$; $\widehat{a.CD}$, $\widehat{a.C''D''}$ vengono descritti nello

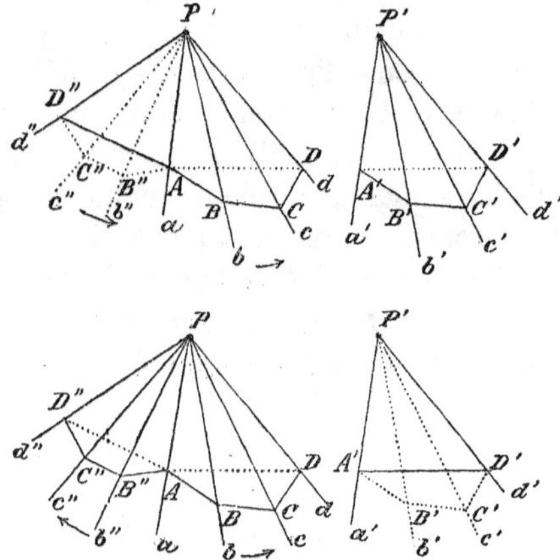

stesso senso, converremo di dire brevemente che i due angoloidi hanno le facce e i diedri corrispondenti *similmente disposti*.

183. Seguendo una via perfettamente analoga a quella tenuta quando si parlò dell'uguaglianza dei poligoni, si dimostrano facilmente i seguenti teoremi, dai quali risulta che per accertarsi dell'uguaglianza di due angoloidi non è necessario riconoscere che siano similmente disposte ed uguali *tutte* le loro facce e *tutti* i loro diedri.

Parlando dei criterî per riconoscere l'uguaglianza di due angoloidi, si ritiene sempre che abbiano lo stesso numero di spigoli.

Teorema 1° — Due angoloidi convessi sono uguali, se è possibile far corrispondere le loro facce ed i loro diedri, in modo che siano similmente disposti, ed in modo che si riconoscano uguali tutte le facce e tutti i diedri corrispondenti, eccetto due facce consecutive ed il diedro compreso, ovvero due diedri consecutivi e la faccia adiacente.

Teorema 2° — Due angoloidi convessi sono uguali, se è possibile far corrispondere le loro facce e i loro diedri, in modo che siano similmente disposti, ed in modo che si riconoscano uguali tutte le facce e i diedri corrispondenti, eccetto tre facce consecutive, ovvero tre diedri consecutivi.

184. I teoremi precedenti servono per riconoscere l'uguaglianza di due angoloidi convessi, supposto che le loro facce e i loro diedri corrispondenti siano similmente disposti, e che certe facce o diedri corrispondenti siano uguali; togliendo la prima condizione solamente, cioè supponendo sempre uguali le facce ed i diedri corrispondenti, come è detto negli enunciati, se non sono similmente disposti, si dimostra subito che non sono uguali i due angoloidi, ma che ciascuno è uguale all'opposto dell'altro.

Costruendo successivi triedri è facile costruire un angoloide, quando si conoscano le facce ed i diedri che lo determinano.

V. I poliedri.

1. I tetraedri — Le piramidi.

185. Definizioni. — 1ª Chiameremo *tetraedro* la figura fondamentale determinata da quattro punti, non situati in uno stesso piano, e tali che tre qualunque non siano in linea retta.

2ª I quattro punti che determinano un tetraedro, si dicono i suoi *vertici*. I *piani* di un tetraedro sono i quattro determinati dai vertici presi tre a tre, le sue *rette* sono le sei determinate dai vertici presi due a due.

3ª Le *facce* di un tetraedro sono le superficie dei quattro triangoli determinati dai vertici presi tre a tre.

4ª Gli *spigoli* di un tetraedro sono i sei segmenti ciascuno dei quali ha per estremi due vertici.

Così i quattro punti A, B, C, D, non situati in uno stesso piano e tali che tre qualunque non siano in linea retta, sono vertici di un tetraedro, che indicheremo con ABCD, i cui piani sono BCD, CDA, DAB, ABC, che chiameremo α, β, γ, δ, e le cui rette sono BC, CD, DB, AB, AC, AD, che chiameremo *f*, *g*, *h*, *l*, *m*, *n*. Gli spigoli del tetraedro ABCD sono i segmenti BC, CD, DB, AB, AC, AD e le sue facce sono le superficie dei triangoli BCD, CDA, DAB, ABC.

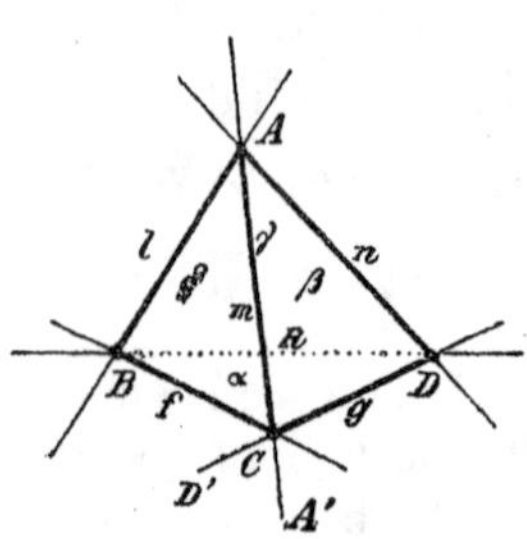

Ogni spigolo, AB, è comune a due, ABC, ABD, delle facce. Ogni vertice, A, appartiene a tre facce, ABC, ACD, ADB, ed a tre spigoli, AB, AC, AD.

186. Definizioni. — 1ª La *superficie di un tetraedro* è quella formata dalle sue facce.

La superficie di un tetraedro è *chiusa* e *divide* lo spazio in due parti, una finita e l'altra indefinita.

2ª Un punto si dice *interno*, ovvero *esterno*, ad un tetraedro, se giace nella parte finita, o nella indefinita, staccata dalla sua superficie nello spazio.

187. Definizioni. — 1ª I quattro piani di un tetraedro tagliano dallo spazio ventiquattro diedri, sei contengono tutti i punti interni al tetraedro, e si dicono i *diedri interni*, o più brevemente i diedri del tetraedro, altri sei sono ad essi opposti allo spigolo, e ne rimangono dodici che si dicono i *diedri esterni* del tetraedro.

I diedri interni, o più semplicemente i diedri di ABCD, sono

$$\widehat{f.AD},\ \widehat{g.AB},\ \widehat{h.AC},\ \widehat{l.CD},\ \widehat{m.DB},\ \widehat{n.BC}.$$

Un diedro esterno è per esempio $\widehat{f.AD'}$, un altro è $\widehat{f.A'D}$. I diedri esterni sono due a due uguali perchè opposti allo spigolo, così, per esempio, $\widehat{f.AD'} \equiv \widehat{f.A'D}$.

2ª I quattro piani di un tetraedro in ogni vertice determinano otto triedri, se ne hanno così trentadue, dei quali quattro solamente comprendono ciascuno tutti i punti interni al tetraedro, li diremo i *triedri interni*, o più semplicemente i suoi *triedri*.

I triedri di ABCD sono $A.\widehat{BCD}$, $B.\widehat{CDA}$, $C.\widehat{DAB}$, $D.\widehat{ABC}$.

188. Definizioni. — 1ª Due rette di un tetraedro le diremo *opposte*, quando non passano per uno stesso vertice.

2ª Due spigoli di un tetraedro li diremo *opposti*, quando appartengono a rette opposte.

3ª Due diedri interni, o esterni, di un tetraedro li diremo *opposti*, quando i loro spigoli sono rette opposte del tetraedro.

4ª Ogni vertice di un tetraedro è *opposto* al piano ed alla faccia che non lo contiene.

Le sei rette del tetraedro si dividono in tre coppie di rette opposte f, n; g, l; h, m, ed i sei spigoli si dividono in tre coppie di spigoli opposti BC, AD; CD, AB; DB, AC.

Due diedri interni opposti sono, per esempio, $\widehat{f.AD}$, $\widehat{n.BC}$; due diedri opposti, uno interno e l'altro esterno, sono, per esempio, $\widehat{f.AD'}$, $\widehat{n.BC}$.

I vertici A, B, C, D sono rispettivamente opposti ai piani α, β, γ, δ ed alle facce BCD, CDA, DAB, ABC.

189. Teorema 1° — Esiste un punto, ed uno solo, equidistante dai vertici di un tetraedro.

Siano F, G, H, L, M, N i punti medî degli spigoli BC, CD, DB, AB, AC, AD di un tetraedro ABCD. I tre piani perpendicolari alle rette l, m, n, nei punti L, M, N, devono avere un punto comune E, ed uno solo, infatti non possono passare per una stessa retta, poichè allora AB, AC, AD sarebbero in uno stesso piano perpendicolare ad essa, ciò che è impossibile non essendo per ipotesi A, B, C, D punti di uno stesso piano, e due qualunque non possono essere paralleli, poichè allora sarebbero parallele due delle rette AB, AC, AD, mentre passano per uno stesso punto A. Ora il punto E, appartenendo ai tre piani perpendicolari ai segmenti AB, AC, AD nei loro punti medî, è equidistante da A, B, da A, C, da A, D (125, T. 1°), e quindi dai vertici A, B, C, D. Oltre al punto E non ve ne sono altri equidistanti dai vertici, poichè un punto tale, dovendo essere comune ai tre piani di cui abbiamo parlato, deve coincidere con E. Per E passano anche i piani perpendicolari alle rette f, g, h nei punti F, G, H.

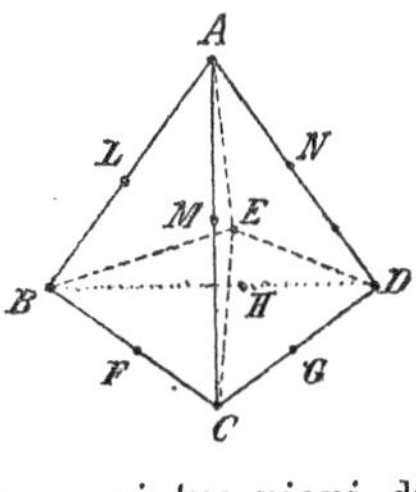

Corollario. — 1° I sei piani perpendicolari agli spigoli di un tetraedro, nei loro punti medî, passano per uno stesso punto.

Teorema 2° — Vi sono otto punti soli equidistanti dai piani di un tetraedro.

I piani EBC, ECD, EDB, bisettori dei diedri interni $\widehat{f.AD}$, $\widehat{g.AB}$, $\widehat{h.AC}$ del tetraedro ABCD, s'incontrano necessariamente in un punto E, ed uno solo, che, essendo equidistante da α, δ, da α, β, e da α, γ (125, T. 3°), è equidistante dai quattro piani α, β, γ, δ del tetraedro. Naturalmente per E passano anche i piani EAB, EAC, EAD bisettori dei rimanenti diedri interni $\widehat{l.CD}$, $\widehat{m.DB}$, $\widehat{n.BC}$.

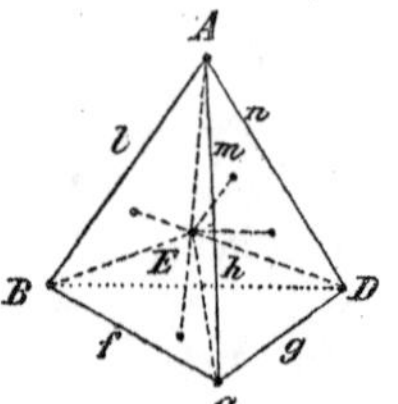

Se poi prendiamo il punto A_1 comune ai piani A_1BC, A_1CD, A_1DB bisettori di tre diedri esterni $\widehat{f.C'D}$, $\widehat{g.D'B}$, $\widehat{h.B'C}$, formati da uno dei piani α del tetraedro con gli altri tre β, γ, δ, anche A_1 è equidistante da α, β, γ, δ, e per esso passano i piani bisettori A_1AB, A_1AC, A_1AD dei tre diedri interni $\widehat{f.AD}$, $\widehat{g.AB}$, $\widehat{h.AC}$ formati da β, γ, δ: di punti analoghi ad A_1 ve ne sono evidentemente quattro A_1, B_1, C_1, D_1, uno per ogni piano α, β, γ, δ.

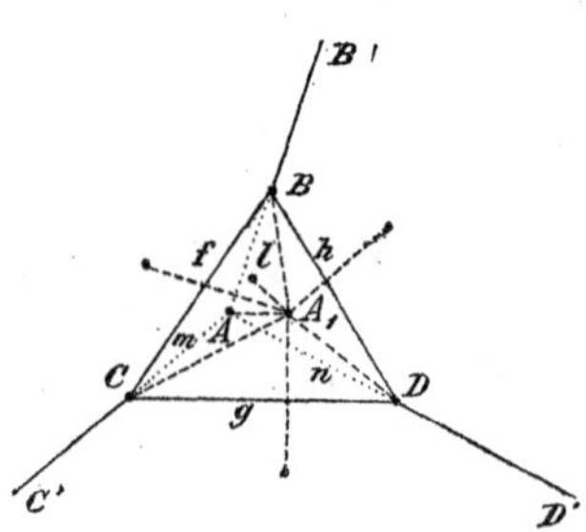

Finalmente anche il punto P comune ai piani PBC, PCA, PAB bisettori dei due diedri esterni $\widehat{m.BD'}$, $\widehat{f.AD''}$ e dell'interno $\widehat{l.CD}$, formati da un piano δ cogli altri tre, è equidistante da α, β, γ, δ e per esso passano i piani PAD, PBD, PDA bisettori dei due diedri esterni $\widehat{n.BC'}$, $\widehat{h.AC''}$ e dell'interno $\widehat{g.AB}$, formati dal piano γ coi rimanenti: di punti analoghi a P ve ne sono tre, P, Q, R, uno per ogni coppia di spigoli opposti AB, CD; AC, BD; AD, BC. È poi facile vedere che ogni punto equidistante dai quattro piani α, β, γ, δ deve essere comune a sei piani bisettori dei loro diedri, e coincidere con uno degli otto trovati.

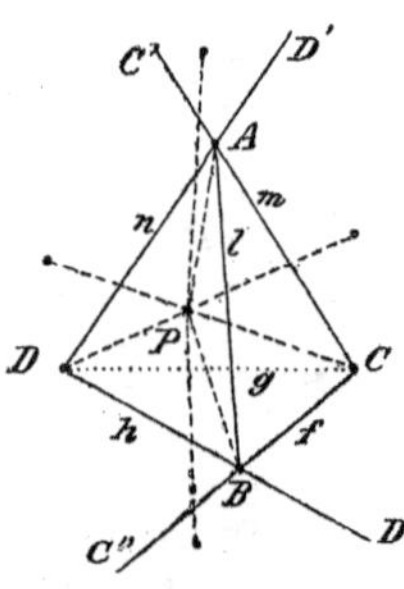

Corollarî. — 2° I sei piani bisettori dei diedri interni di un tetraedro passano per uno stesso punto.

I tre piani bisettori dei diedri interni di un triedro del tetraedro, e i tre piani bisettori dei diedri esterni, formati dai piani del triedro col piano rimanente del tetraedro, passano per uno stesso punto.

I due piani bisettori di due diedri interni ed opposti, ed i quattro piani bisettori dei diedri esterni, non opposti ad essi, passano per uno stesso punto.

3° Per ogni triedro del tetraedro vi sono quattro rette luogo dei punti equidistanti dai piani del triedro (171, T.), si hanno così in tutto sedici rette, per ciascuno degli otto punti equidistanti dai piani del tetraedro ve ne passano quattro, e su ciascuna di queste rette vi sono due degli otto punti.

190. Definizione. — Si dice *mediana* di un tetraedro un segmento che ha un estremo in un vertice e l'altro nel punto comune alle mediane della faccia opposta.

Un tetraedro ha quattro mediane.

Teorema. — Le mediane di un tetraedro passano per uno stesso punto.

Chiamiamo F, G, H, L, M, N i punti medî degli spigoli BC, CD, DB, AB, AC, AD del tetraedro ABCD. Se P, Q sono i punti comuni alle mediane dei triangoli BCD, BCA, le rette AP, DQ sono due mediane del tetraedro; ma P, Q stanno sulle rette DF, AF, dunque le due mediane AP, DQ stanno nel piano ADF ed hanno un punto comune E. Ora i segmenti FP, FQ sono i terzi di FD, FA (133, C.), quindi PQ è parallelo ad AD; di più se da P, Q conduciamo le rette PR, QS parallele ad FE, che segano DE, AE nei punti R, S, sappiamo che ER, ES

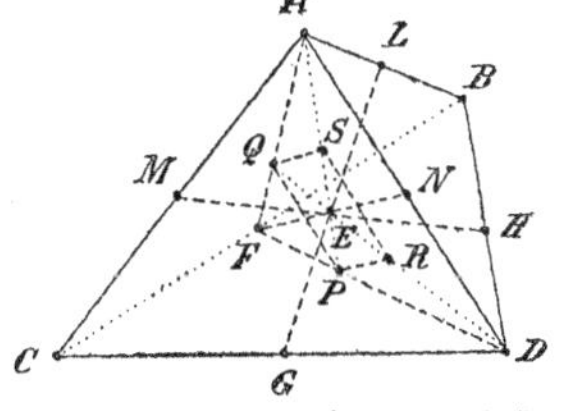

sono i terzi di ED, EA (129, T. 4°), perciò anche RS è parallelo ad AD (129, T. 3°). Ne segue che, essendo PQSR un parallelogrammo, si ha EP ≡ ES (146, T. 1°), dunque EP è il terzo di EA. Analogamente si dimostra che ogni altra mediana sega AP in un punto la cui distanza da P è il terzo della distanza da A; ma questo punto è necessariamente il punto E, dunque tutte le mediane passano per E.

Corollarî. — 1° La distanza del punto comune alle mediane da un vertice del tetraedro è tripla della sua distanza dal punto comune alle mediane della faccia opposta.

2° Per il punto E passano i sei piani ADF, ACH, ABG, BCN, CDL, DBM, la retta comune ai piani BCN, ADF, che contengono due spigoli opposti BC, AD, è quella FN, che congiunge i loro punti medî e passa necessariamente per il punto E, che viene ad essere comune alle FN, GL, HM.

Per il punto comune alle mediane di un tetraedro passano i sei piani determinati da ciascuno spigolo col punto medio dello spigolo opposto, e passano le tre rette che uniscono i punti medî degli spigoli opposti.

191. Problema. — Costruire un tetraedro, i cui spigoli siano tutti uguali ad un segmento dato.

Costruiamo (109, C. 1°) un triangolo BCD, i cui lati siano

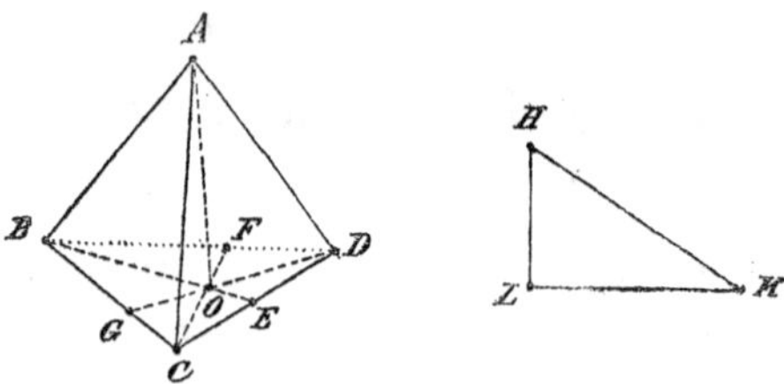

tutti uguali al segmento dato HK, e chiamiamo O il punto comune alle sue altezze BE, CF, DG (132, T.).

Essendo il triangolo BCD equilatero, abbiamo $BE \equiv CF \equiv DG$ e $BO \equiv CO \equiv DO$; ma $BE < BC$, quindi anche $BO < BC$, e BO, CO, DO sono segmenti uguali e minori del segmento dato HK. Posto ciò possiamo costruire un triangolo rettangolo HKL (100, C.), la cui ipotenusa sia HK, ed abbia un cateto $HL \equiv BO$. Sulla retta perpendicolare in O al piano di BCD prendiamo, da una parte del piano, un segmento OA uguale all'altro cateto KL. I triangoli OAB, OAC, OAD sono tutti uguali ad HKL, quindi $AB \equiv AC \equiv AD \equiv HK$, e tutti gli spigoli del tetraedro ABCD sono uguali al segmento dato.

Teorema. — I diedri ed i triedri di un tetraedro sono tutti uguali fra loro, se sono uguali fra loro gli spigoli.

Infatti, se gli spigoli di ABCD sono tutti uguali, i triangoli BCD, CDA, DAB, ABC sono tutti equilateri ed uguali, perciò le facce di due triedri qualunque sono tutte uguali fra loro, quindi sono uguali i due triedri (166, T. 1°), ed i loro diedri.

Definizione. — Diremo *equispigolo* ogni tetraedro che abbia uguali i sei spigoli, e quindi i sei diedri e i quattro triedri.

192. Per determinare un tetraedro possiamo prendere un triangolo per una delle sue facce ed un punto fuori del suo piano per vertice opposto, ovvero possiamo prendere uno dei suoi triedri e segare gli spigoli con un piano, in modo da ottenere un triangolo. Figure analoghe si possono ottenere prendendo un poligono piano qualunque ed un punto fuori del suo piano, ovvero un angoloide qualunque ed un piano che seghi tutti i suoi spigoli.

Definizioni. — 1ª Si chiama *piramide* la figura fondamentale determinata dai vertici di un poligono piano qualunque e da un punto preso fuori del suo piano; ovvero dai piani di un angoloide qualunque e da un piano che seghi i suoi spigoli.

2ª Il *poligono*, o *l'angoloide, di una piramide*, è il poligono, o l'angoloide, preso per determinarla.

3ª I *vertici* di una piramide sono quelli del suo poligono e quello del suo angoloide, il quale si dice semplicemente il vertice.

4ª Le *rette* di una piramide sono quelle del suo poligono e quelle del suo angoloide. I *piani* di una piramide sono quelli del suo angoloide e il piano del suo poligono, che si distingue dicendolo *piano base.*

5ª Gli *spigoli* di una piramide sono i lati del poligono che la determina, e i segmenti che hanno un estremo nel vertice della piramide e l'altro in un vertice del suo poligono: per distinguerli, quest'ultimi si dicono *laterali.*

6ª Una piramide è *triangolare*, *quadrangolare*,....., secondochè il suo poligono è un *triangolo*, un *quadrangolo*, ...; ovvero secondochè il suo angoloide è *triedro*, *tetraedro*,....

7ª L'*altezza* di una piramide è la distanza del vertice dal piano base.

8ª Si dice *sezione* di una piramide il poligono ottenuto segando con un piano i suoi spigoli laterali.

Se prendiamo per determinare una piramide il quadrangolo ABCD, di un piano π, ed il punto P fuori di esso, possiamo indicarla scrivendo P.ABCD; il suo poligono è ABCD, il suo angoloide è P.$\widehat{ABCD}$, il suo vertice è P, il suo piano base è π, le sue rette sono PA, PB, PC, PD, AB, BC, CD, DA, i suoi piani sono π e PAB, PBC, PCD, PDA, i suoi spigoli laterali sono i segmenti PA, PB, PC, PD, gli altri spigoli sono i segmenti AB, BC, CD, DA.

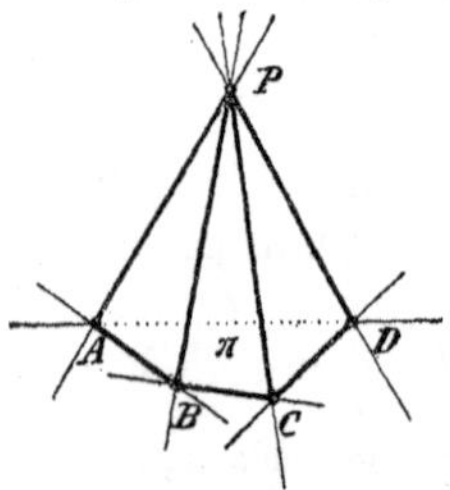

Evidentemente gli spigoli laterali sono in numero uguale a quello dei vertici del poligono, o degli spigoli dell'angoloide, che determina la piramide.

Un tetraedro è una piramide triangolare necessariamente convessa: ha quattro altezze, poichè ciascuno dei suoi piani può considerarsi come base.

193. Definizioni. — 1ª Una piramide si dice *convessa* o *concava*, secondochè tutti i suoi vertici giacciono o no da uno stesso lato rispetto ad uno qualunque dei suoi piani.

Se una piramide è convessa o concava, è convesso o concavo il suo poligono e il suo angoloide, e viceversa. Lo stesso dicasi per una delle sue sezioni.

2ª Una piramide si dice *intrecciata*, se è intrecciato il suo poligono ed il suo angoloide.

Una piramide intrecciata è concava.

3ª La superficie del poligono di una piramide, non intrecciata, e le superficie dei triangoli i cui vertici sono quello della piramide e due consecutivi del suo poligono, si dicono *facce* della piramide, la prima si distingue chiamandola *base*, e le altre chiamandole *facce laterali.*

4ª La *superficie di una piramide*, non intrecciata, è quella formata da tutte le sue facce; la sua *superficie laterale* è quella formata dalle facce laterali.

194. La superficie di una piramide, non intrecciata, è *chiusa* e *divide* lo spazio in due parti, una finita e l'altra indefinita.

Definizione. — Un punto si dice *interno*, o *esterno*, ad una piramide, non intrecciata, se giace nella parte finita, o nella parte indefinita, staccate nello spazio dalla sua superficie.

195. Definizioni. — 1ª I piani di due facce di una piramide convessa, tali che si taglino secondo una delle sue rette, formano quattro diedri, uno dei quali contiene tutti i punti interni alla piramide e si dice *diedro interno*, o più semplicemente uno dei suoi diedri.

2ª I tre piani di una piramide convessa passanti per un vertice del suo poligono, determinano otto triedri, uno dei quali contiene tutti i punti interni alla piramide e si dice *triedro interno*, o più semplicemente uno dei suoi triedri.

I diedri di una piramide convessa sono in numero uguale a due volte quello dei vertici della base, i suoi triedri sono in numero uguale a quello dei vertici della base.

196. Teorema 1° — Due piramidi qualunque sono uguali, quando sono uguali i loro angoloidi e i loro spigoli laterali corrispondenti.

Siano P.ABCD e P'.A'B'C'D' due piramidi: supponiamo uguali i loro angoloidi $P.\widehat{ABCD}$, $P'.\widehat{A'B'C'D'}$, ed uguali i loro spigoli laterali, cioè PA ≡ P'A', PB ≡ P'B', PC ≡ P'C', PD ≡ P'D'. Facendo coincidere i due angoloidi uguali, il punto P' cade in P,

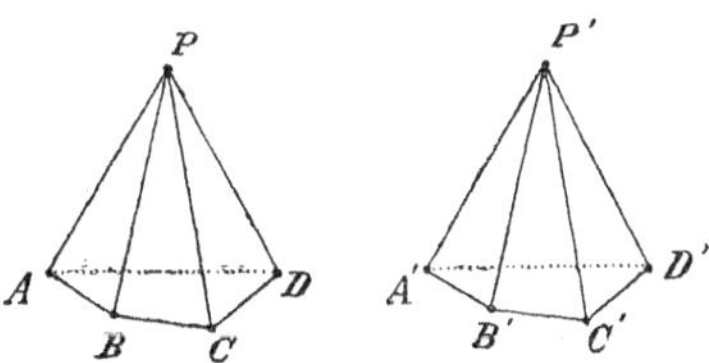

e le parti di retta P'A', P'B', P'C', P'D' cadono sulle altre PA, PB, PC, PD; ma gli spigoli sono per ipotesi uguali, dunque i punti A', B', C', D' cadono sui punti A, B, C, D, e le due piramidi coincidono, dunque P.ABCD ≡ P'.A'B'C'D'.

Teorema 2° — Due piramidi convesse sono uguali, se sono uguali i loro poligoni, due triedri corrispondenti e gli spigoli laterali che hanno un estremo nei loro vertici.

Siano P.ABCD, P'.A'B'C'D' le due piramidi, sia ABCD ≡ A'B'C'D' e $\widehat{A.PBD}$ ≡ $\widehat{A'.P'B'D'}$, AP ≡ A'P'. Facendo coincidere i due triedri uguali, coincidono i poligoni delle due piramidi, e coincidono naturalmente i loro vertici P, P', dunque P.ABCD ≡ P'.A'B'C'D'.

2. *I prismi. — I parallelepipedi.*

197. È chiaro che, dato in un piano π un poligono qualunque $A_1B_1C_1D_1$, è sempre possibile costruire in un piano parallelo π_2 un altro poligono uguale $A_2B_2C_2D_2$, in modo che i lati corrispondenti dei due poligoni siano paralleli; infatti basta prendere ad arbitrio su π_2 il punto A_2, per esso condurre un segmento A_2B_2 uguale e parallelo ad A_1B_1 e diretto nello stesso senso, poi per B_2 condurre un segmento B_2C_2 pure uguale e parallelo a B_1C_1 e diretto nello stesso senso, e finalmente per C_2 condurre un segmento C_2D_2 pure uguale e parallelo a C_1D_1 e diretto nello stesso senso.

Definizioni. — 1ª Un *prisma* è la figura fondamentale determinata da due poligoni piani uguali, i cui lati corrispondenti sono paralleli.

Il prisma individuato dai poligoni $A_1B_1C_1D_1$ ed $A_2B_2C_2D_2$ si può indicare con $A_1B_1C_1D_1 \,.\, A_2B_2C_2D_2$.

2ª I *poligoni* di un prisma sono i due poligoni uguali, e disposti nel modo detto, che lo determinano: i loro piani sono i *piani base* del prisma.

3ª I *vertici* di un prisma sono i vertici dei suoi poligoni.

4ª Le *rette* di un prisma sono le rette dei suoi due poligoni e le rette che uniscono i loro vertici corrispondenti; i *piani* di un prisma sono i due piani base ed i piani delle rette corrispondenti dei suoi poligoni.

I poligoni del prisma $A_1B_1C_1D_1 . A_2B_2C_2D_2$ sono i quadrangoli uguali $A_1B_1C_1D_1$ ed $A_2B_2C_2D_2$, i loro piani sono i piani base del prisma, i cui vertici sono i punti A_1, B_1, C_1, D_1, A_2, B_2, C_2, D_2, le cui rette sono A_1B_1, B_1C_1, C_1D_1, D_1A_1, A_2B_2, B_2C_2, C_2D_2, D_2A_2, A_1A_2, B_1B_2, C_1C_2, D_1D_2, ed i cui piani sono i due piani base e gli altri delle parallele A_1B_1, A_2B_2; B_1C_1, B_2C_2; C_1D_1, C_2D_2; D_1A_1, D_2A_2.

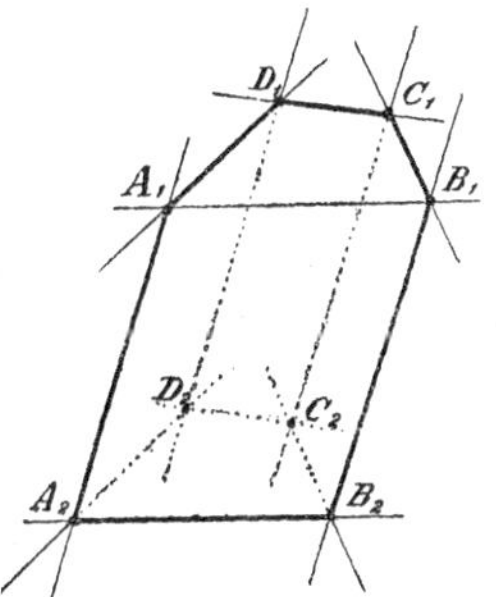

198. Definizione. — Gli *spigoli* di un prisma sono i lati dei suoi poligoni ed i segmenti che hanno per estremi due dei loro vertici corrispondenti: questi ultimi si distinguono dicendoli *laterali*.

Gli spigoli laterali del prisma considerato sono i segmenti A_1A_2, B_1B_2, C_1C_2, D_1D_2, gli altri spigoli sono i segmenti A_1B_1, B_1C_1, C_1D_1, D_1A_1, A_2B_2, B_2C_2, C_2D_2, D_2A_2, due a due uguali e paralleli per costruzione.

Teorema. — Gli spigoli laterali di un prisma sono tutti uguali e paralleli fra loro.

Siano A_1A_2, B_1B_2 due spigoli laterali di un prisma $A_1B_1C_1D_1 . A_2B_2C_2D_2$. Il quadrangolo convesso $A_1B_1B_2A_2$ è un parallelogrammo, essendo uguali e paralleli i due lati opposti (145, C. 2°) A_1B_1, A_2B_2, dunque anche gli altri due lati opposti A_1A_2, B_1B_2 sono uguali e paralleli. Analogamente si vede che sono uguali e paralleli gli spigoli delle altre coppie analoghe, quindi il teorema è dimostrato.

Corollario. — Ciascuno dei piani di un prisma, eccettuati i piani base, contiene quattro vertici, che sono i vertici di un parallelogrammo.

199. Definizioni. — 1ª Un prisma si dice *triangolare*, *quadrangolare*,......., secondochè ciascuno dei suoi poligoni è un triangolo, un quadrangolo,.....

2ª L'*altezza* di un prisma è la distanza dei due piani base.

3ª Un prisma si dice *retto*, se ciascuno dei suoi spigoli laterali, e quindi ciascuno dei suoi piani che determinano, è perpendicolare ai piani base.

Se un prisma è retto, ciascuno dei suoi piani, eccettuati i piani base, contiene quattro vertici che sono i vertici di un rettangolo (198, C.).

4ª Le *diagonali* di un prisma sono i segmenti che hanno per estremi due vertici non situati sopra uno stesso piano del prisma; i *piani diagonali* sono quelli che contengono due spigoli laterali non situati sopra uno stesso piano del prisma.

Ogni vertice è estremo di tante diagonali quanti sono i vertici sopra un piano base meno tre, ogni diagonale è data da due vertici, quindi il numero delle diagonali si trova moltiplicando il numero dei vertici, che sono sopra un piano base, per lo stesso numero diminuito di tre. Un prisma triangolare non ha diagonali, un prisma quadrangolare ne ha $4 \times 1 = 4$, un prisma pentagonale ne ha $5 \times 2 = 10$,.....

200. Definizioni. — 1ª Un prisma si dice *convesso* o *concavo*, secondochè tutti i suoi vertici giacciono o no da uno stesso lato rispetto ad uno qualunque dei suoi piani.

Se un prisma è convesso o concavo, i suoi poligoni sono pure convessi o concavi, e viceversa.

2ª Un prisma si dice *intrecciato*, se sono intrecciati i suoi poligoni.

Un prisma intrecciato è concavo.

3ª Le superficie dei poligoni di un prisma non intrecciato, e le superficie dei parallelogrammi situati sugli altri piani del prisma, si dicono le sue *facce*; le prime due si distinguono chiamandole *basi*, e le altre chiamandole *facce laterali*.

4ª La *superficie di un prisma*, non intrecciato, è quella formata da tutte le sue facce; la sua *superficie laterale* è quella formata dalle facce laterali.

201. Definizioni. — 1ª Si dice *sezione* di un prisma il poligono ottenuto segando con un piano tutti i suoi spigoli laterali.

Se il prisma è convesso o concavo, ogni sua sezione è un poligono convesso o concavo, e viceversa.

2ª Una sezione di un prisma è *normale* ovvero *obliqua*, secondochè il piano segante è perpendicolare o no a tutti gli spigoli laterali.

Teorema. — Le sezioni di un prisma, ottenute con piani paralleli, sono poligoni uguali.

Sia $A_1B_1C_1D_1 . A_2B_2C_2D_2$ il prisma, e siano ABCD, A'B'C'D' due sezioni fatte da piani paralleli π, π'. I lati delle coppie AB, A'B'; BC, B'C'; CD, C'D'; DA, D'A' sono paralleli, perchè segati da uno stesso piano sopra piani paralleli π, π', dunque i quadrangoli ABB'A', BCC'B', CDD'C', DAA'D' sono parallelogrammi, e perciò AB ≡ A'B', BC ≡ B'C', CD ≡ C'D', DA ≡ D'A', ovvero sono perciò uguali i lati corrispondenti delle due sezioni, ma di più sono uguali anche gli angoli corrispondenti, come per esempio $\widehat{A.BD}$, $\widehat{A'.B'D'}$, perchè sezioni di uno stesso diedro fatte da piani paralleli (49, C.), dunque ABCD ≡ A'B'C'D'.

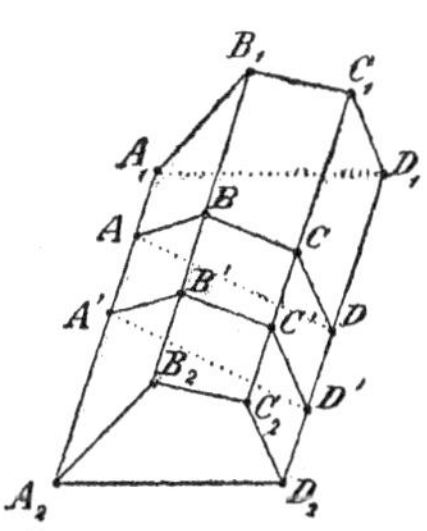

Corollari. — 1° Sono uguali tutte le sezioni normali di uno stesso prisma.

2° Le sezioni fatte con piani paralleli ai piani base sono uguali ai poligoni del prisma.

202. La superficie di un prisma, non intrecciato, è *chiusa* e *divide* lo spazio in due parti, una finita e l'altra indefinita.

Definizione. — Un punto si dice *interno*, o *esterno*, ad un prisma, non intrecciato, se giace nella parte finita, o nella parte indefinita, staccata nello spazio dalla sua superficie.

203. Definizioni. — 1ª I piani di due facce di un prisma convesso, che passano per uno stesso spigolo, formano quattro diedri, uno dei quali contiene tutti i punti interni al prisma e si dice *diedro interno*, o più semplicemente uno dei suoi diedri.

2ª I tre piani di un prisma convesso, che passano per uno stesso vertice, formano otto triedri, uno dei quali contiene tutti i punti interni al prisma e si dice *triedro interno*, o più semplicemente uno dei suoi triedri.

I diedri di un prisma convesso sono in numero uguale a tre volte quello dei vertici di una base. I suoi triedri sono in numero uguale a due volte quello dei vertici di una base.

204. Teorema. — Due prismi convessi sono uguali, se hanno uguali i loro poligoni ed i loro spigoli laterali, e se un triedro del primo è uguale al triedro corrispondente del secondo.

I due prismi dati siano

$$A_1B_1C_1D_1 \, . \, A_2B_2C_2D_2 \, , \quad A'_1B'_1C'_1D'_1 \, . \, A'_2B'_2C'_2D'_2 \, ,$$

di più sia $A_1B_1C_1D_1 \equiv A'_1B'_1C'_1D'_1$, $A_1.\widehat{B_1A_2}D_1 \equiv A'_1.\widehat{B'_1A'_2}D'_1$ e $A_1A_2 \equiv A'_1A'_2$. Posto ciò naturalmente saranno uguali anche i due poligoni rimanenti, e tutti gli spigoli laterali del primo prisma saranno uguali a quelli del secondo (198, T.). Facendo coincidere i due triedri uguali, il poligono $A'_1B'_1C'_1D'_1$ coincide

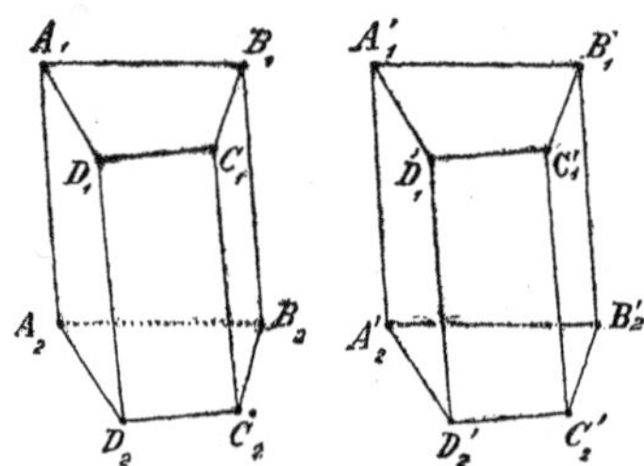

coll'uguale $A_1B_1C_1D_1$, lo spigolo $A'_1A'_2$ coincide con lo spigolo A_1A_2, e A'_2 con A_2, quindi è subito veduto che anche $A'_2B'_2C'_2D'_2$ coincide con $A_2B_2C_2D_2$, dunque i due prismi sono uguali.

Corollario. — Due prismi retti sono uguali, se hanno uguali i loro poligoni e le loro altezze.

205. Definizioni. — 1ª I piani *opposti* di un prisma quadrangolare sono i due piani base, e quelli che contengono due lati corrispondenti dei suoi due quadrangoli ed i due lati opposti.

2ª Le facce *opposte* di un prisma quadrangolare convesso sono quelle situate sopra piani opposti. I vertici, gli spigoli, i diedri ed i triedri *opposti*, sono quelli determinati da piani opposti.

3ª Un *parallelepipedo* è un prisma le cui basi sono parallelogrammi.

206. Teorema 1° — Le facce opposte di un parallelepipedo sono uguali, ed i piani opposti sono paralleli.

Che le basi $A_1B_1C_1D_1$, $A_2B_2C_2D_2$ del parallelepipedo $A_1B_1C_1D_1.A_2B_2C_2D_2$ siano uguali e situate in piani paralleli, risulta subito dalla costruzione stessa del parallelepipedo, considerato come un prisma; ma anche le altre due coppie di facce opposte sono uguali e situate in piani paralleli. Infatti considerando, per esempio, le facce opposte $A_1B_1B_2A_2$, $C_1D_1D_2C_2$ abbiamo $A_1B_1 \equiv D_1C_1$, perchè lati opposti di uno stesso parallelogrammo, e per la stessa ragione $A_1A_2 \equiv D_1D_2$, ma A_1B_1 è un segmento parallelo a D_1C_1 e diretto nello stesso senso, ed A_1A_2 è un segmento parallelo a D_1D_2 e pure diretto nello stesso senso, dunque il piano della faccia $A_1B_1B_2A_2$ è parallelo al piano della faccia $C_1D_1D_2C_2$ (47, C. 1°), ed abbiamo $A_1B_1B_2A_2 \equiv C_1D_1D_2C_2$, essendo $\widehat{A_1.A_2B_1} \equiv \widehat{D_1.D_2C_1}$ (48, C. 1°), ed essendo uguali due parallelogrammi che hanno uguali due lati e l'angolo compreso (148, C. 1°).

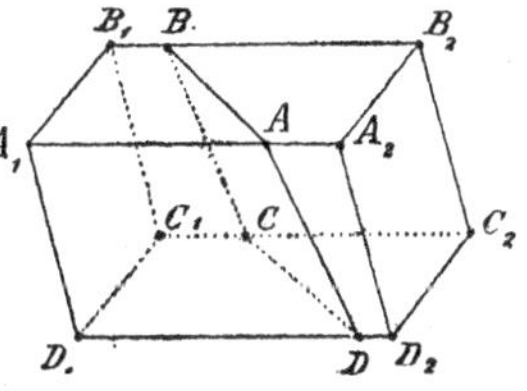

Corollarî. — 1° Un parallelepipedo si può considerare in tre modi diversi come un prisma, prendendo per basi due facce opposte.

Un parallelepipedo possiede tre altezze.

2° Ogni sezione di un parallelepipedo è un parallelogrammo. Infatti, se una sezione è il quadrangolo ABCD, le coppie di lati opposti AB, CD; BC, DA sono parallele, essendo segate da uno stesso piano in piani paralleli, quindi ABCD è un parallelogrammo.

Teorema 2° — Un prisma quadrangolare è un parallelepipedo, se i suoi piani opposti sono paralleli.

Se i piani opposti del prisma quadrangolare $A_1B_1C_1D_1.A_2B_2C_2D_2$ sono paralleli, vengono segati da ciascuno dei piani base secondo rette parallele, quindi A_1B_1, C_1D_1 sono parallele e sono parallele B_1C_1, D_1A_1, perciò $A_1B_1C_1D_1$ è un parallelogrammo, e il prisma è un parallelepipedo.

Teorema 3° — Un prisma quadrangolare convesso è un parallelepipedo, se le sue facce opposte sono uguali.

Supponendo uguali le facce opposte del prisma quadrangolare convesso $A_1B_1C_1D_1 . A_2B_2C_2D_2$, abbiamo $A_1B_1 \equiv C_1D_1$, $B_1C_1 \equiv D_1A_1$, quindi $A_1B_1C_1D_1$ è un quadrangolo convesso i cui lati opposti sono uguali, ossia un parallelogrammo (145, T. 2°), e il prisma è un parallelepipedo.

207. Teorema 1° — I diedri opposti di un parallelepipedo sono uguali ; ogni triedro è uguale all'opposto al vertice dell'opposto.

In un parallelepipedo $A_1B_1C_1D_1 . A_2B_2C_2D_2$ due diedri opposti, per esempio quelli che hanno le rette A_1A_2, C_1C_2 come spigoli, sono uguali perchè le facce di ciascuno sono parallele alle facce dell'altro e dirette in senso opposto ad esse (48, C. 2°). Due triedri opposti, come per esempio $A_1.\widehat{B_1D_1}A_2$ e $C_2.\widehat{D_2B_2}C_1$, hanno i diedri uguali, poichè quelli di ciascuno sono opposti a quelli dell'altro, e ciascuno è uguale all'opposto al vertice dell'altro (167), non essendo i diedri uguali similmente disposti.

Teorema 2° — Dato un prisma quadrangolare convesso, se due diedri, i cui spigoli sono rette consecutive di una delle basi, sono uguali ai due diedri opposti, ogni altro diedro è uguale all'opposto, e il prisma è un parallelepipedo.

Dato il prisma quadrangolare convesso $A_1B_1C_1D_1$. $A_2B_2C_2D_2$, se sono uguali i diedri opposti i cui spigoli sono le rette A_1B_1, C_2D_2, e quelli opposti i cui spigoli sono le rette A_1D_1, C_2B_2, essendo il piano base $A_1B_1C_1D_1$ parallelo all'altro piano base $A_2B_2C_2D_2$, deve essere il piano $A_1B_1B_2A_2$ parallelo al piano $C_1D_1D_2C_2$, e il piano $A_1D_1D_2A_2$ parallelo al piano opposto $B_1C_1C_2B_2$, quindi il prisma deve essere un parallelepipedo (206, T. 2°), ed ogni altro diedro deve essere uguale al suo opposto (207, T. 1°).

Teorema 3° — Dato un prisma quadrangolare convesso, se un triedro è uguale all'opposto al vertice dell'opposto, lo stesso avviene per ogni altro triedro, ed il prisma è un parallelepipedo.

Se nel prisma quadrangolare convesso $A_1B_1C_1D_1$. $A_2B_2C_2D_2$ il triedro $A_1.\widehat{B_1D_1}A_2$ è uguale all'opposto al vertice di $C_2.\widehat{D_2B_2}C_1$, i diedri di ciascuno devono essere uguali ai corrispondenti dell'altro, devono cioè essere uguali i diedri opposti del prisma, e il prisma deve essere un parallelepipedo (207, T. 2°), quindi ogni altro triedro deve essere uguale all'opposto al vertice dell'opposto (207, T. 1°).

208. Teorema 1° — Le diagonali di un parallelepipedo s'incontrano in un punto, che le divide per metà.

Consideriamo due qualunque, A_1C_2, A_2C_1, delle diagonali del parallelepipedo $A_1B_1C_1D_1$. $A_2B_2C_2D_2$. Essendo i segmenti A_1A_2, C_1C_2 uguali e paralleli, ne segue che il quadrangolo $A_1A_2C_2C_1$ è un parallelogrammo, ed i segmenti A_1C_2, A_2C_1, essendo le sue diagonali, si devono incontrare in un punto O medio per ambedue (146, T. 1°). Resta così dimostrato che una diagonale qualunque deve essere incontrata nel suo punto medio da un'altra diagonale qualunque, quindi tutte e quattro A_1C_2, A_2C_1, B_1D_2, B_2D_1 devono passare per uno stesso punto O, che le divide tutte per metà.

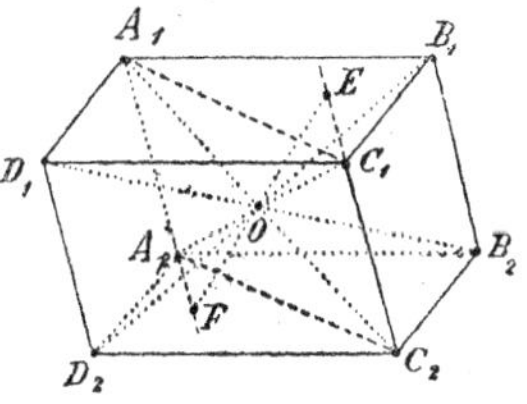

Teorema 2° — Se tre diagonali di un prisma convesso quadrangolare sono divise per metà da uno stesso punto, anche la quarta è divisa per metà da questo punto, e il prisma è un parallelepipedo.

Nel prisma quadrangolare $A_1B_1C_1D_1$, $A_2B_2C_2D_2$ sia O il punto medio delle tre diagonali A_1C_2, B_1D_2, C_1A_2. Il quadrangolo convesso $A_1B_1C_2D_2$ è un parallelogrammo, perchè il punto O comune alle sue diagonali le divide per metà (146, T. 2°), dunque A_1B_1 è parallela a C_2D_2; ma C_2D_2 è parallela per costruzione a C_1D_1, dunque A_1B_1, C_1D_1 sono parallele. Analogamente si dimostra che anche il quadrangolo convesso $B_1C_1D_2A_2$ è un parallelogrammo, e che B_1C_1 è parallela ad A_1D_1, dunque il quadrangolo $A_1B_1C_1D_1$ è un parallelogrammo, essendo paralleli i suoi lati opposti, ed il prisma è un parallelepipedo. Ne segue subito che anche la quarta diagonale D_1B_2 è divisa per metà dal punto O (208, T. 1°).

209. Teorema. — Un parallelepipedo ha per centro il punto comune alle sue diagonali.

Se O è il punto comune alle diagonali del parallelepipedo $A_1B_1C_1D_1 . A_2B_2C_2D_2$, e se E è un punto del piano di $A_1B_1C_1D_1$, la retta OE incontra il piano opposto in un punto F. Ora le rette EC_1, FA_2 sono parallele, essendo segate da un stesso piano sopra due piani paralleli del parallelepipedo, dunque $\widehat{C_1.OE} \equiv \widehat{A_2.OF}$; ma abbiamo anche $\widehat{O.EC_1} \equiv \widehat{O.FA_2}$, $OC_1 \equiv OA_2$ (208, T. 1°), perciò i triangoli OEC_1, OFA_2 sono uguali, e $OE \equiv OF$, dunque E, F sono simmetrici rispetto ad O, che è centro del parallelepipedo.

210. Corollario. — 1° Due parallelepipedi sono uguali, se hanno uguale un triedro ed i tre spigoli corrispondenti concorrenti nel suo vertice (204, T.).

Problema. — Costruire un parallelepipedo, che abbia un triedro uguale ad un triedro dato, ed i tre spigoli concorrenti nel suo vertice uguali a tre segmenti dati.

Sugli spigoli del triedro dato prendiamo rispettivamente i tre segmenti A_1A_2, A_1B_1, A_1D_1 uguali ai tre segmenti dati, poi dai punti A_2, B_1, D_1 conduciamo i piani paralleli ai piani $B_1A_1D_1$,

$D_1A_1A_2$, $A_2A_1B_1$; evidentemente questi tre piani, e i tre del triedro preso, sono i piani del parallelepipedo cercato, che rimane così costruito.

Possiamo sempre supporre: 1° che uno spigolo A_1A_2 del triedro $\widehat{A_1.A_2B_1D_1}$ sia perpendicolare al piano della faccia opposta $\widehat{A_1.B_1D_1}$, 2° che il triedro $\widehat{A_1.A_2B_1D_1}$ sia equiedro rettangolo (170, D. 2ª), 3° che i tre spigoli A_1A_2, A_1B_1, A_1D_1 siano uguali, 4° che siano uguali questi tre spigoli e che sia equiedro rettangolo il triedro dato.

Corollarî. — 2° Se gli angoli $\widehat{A_1.A_2B_1}$, $\widehat{A_1.A_2D_1}$ sono retti il parallelepipedo è retto (199, D. 3ª), ed i parallelogrammi $A_1A_2D_2D_1$, $D_1D_2C_2C_1$, $C_1C_2B_2B_1$, $B_1B_2A_2A_1$ sono rettangoli.

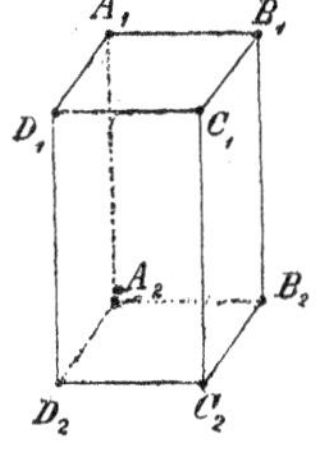

3° Se i tre angoli $\widehat{A_1.A_2B_1}$, $\widehat{A_1.A_2D_1}$, $\widehat{A_1.B_1D_1}$ sono retti, anche i parallelogrammi $A_1B_1C_1D_1$, $A_2B_2C_2D_2$ sono rettangoli, e tutti i diedri del parallelepipedo sono retti.

4° Se $A_1A_2 \equiv A_1B_1 \equiv A_1D_1$ sono uguali tutti gli spigoli del parallelepipedo, ed ogni parallelogrammo situato in uno dei suoi piani è un rombo.

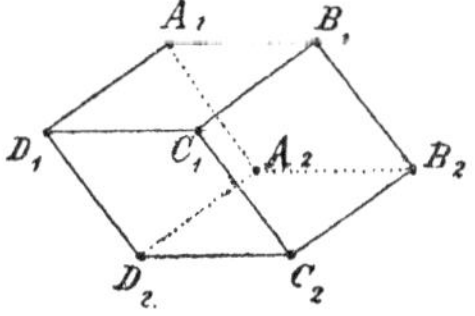

5° Se contemporaneamente sono retti gli angoli $\widehat{A_1.A_2B_1}$, $\widehat{A_1.A_2D_1}$, $\widehat{A_1.B_1D_1}$, e se $A_1A_2 \equiv A_1B_1 \equiv A_1D_1$, tutti gli spigoli del parallelepipedo sono uguali, tutti i diedri sono retti, e sopra ogni suo piano abbiamo un quadrato.

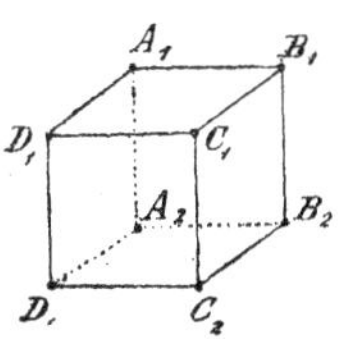

Definizioni. — 1ª Un parallelepipedo si dice *rettangolo*, se ha tutti i diedri retti.

2ª Un parallelepipedo si dice *equispigolo*, se ha tutti gli spigoli uguali.

3ª Un *cubo* è un parallelepipedo che ha tutti i diedri retti e tutti gli spigoli uguali; cioè un parallelepipedo *rettangolo* ed *equispigolo*.

211. Corollarî. — 1° Due parallelepipedi retti sono uguali, se hanno uguali le basi e le altezze.

2° Due parallelepipedi rettangoli sono uguali, se hanno uguali tre spigoli concorrenti in uno stesso vertice.

3° Due parallelepipedi equispigoli sono uguali, se hanno uguali un lato ed un triedro.

4° Due cubi sono uguali, se hanno un lato uguale.

5° La risoluzione del problema precedente (210, Pr.), fornisce immediatamente la risoluzione dei seguenti: costruire un parallelepipedo retto la cui base sia uguale ad un parallelogrammo dato, e l'altezza sia uguale ad un segmento dato: costruire un parallelepipedo rettangolo, che abbia tre spigoli concorrenti in uno stesso vertice uguali a tre segmenti dati: costruire un parallelepipedo equispigolo, che abbia gli spigoli uguali ad un segmento dato, ed un triedro uguale ad un triedro dato: costruire un cubo, che abbia gli spigoli uguali ad un segmento dato.

Per brevità chiameremo *parallelepipedo rettangolo di tre segmenti dati,* quello che ha tre spigoli concorrenti in uno stesso vertice uguali ad essi, e *cubo di un segmento dato,* quello che ha gli spigoli uguali ad esso.

212. Teorema 1° — Le diagonali di un parallelepipedo retto si dividono in due coppie, essendo uguali fra loro quelle di una stessa coppia.

Sia $A_1B_1C_1D_1 . A_2B_2C_2D_2$ il parallelepipedo retto, e siano A_1A_2, B_1B_2, C_1C_2, D_1D_2 gli spigoli perpendicolari ai piani delle facce $A_1B_1C_1D_1$ e $A_2B_2C_2D_2$. Il parallelogrammo $A_1A_2C_2C_1$ è un rettangolo, quindi le diagonali A_1C_2, A_2C_1 sono uguali fra loro (150, T.). Analogamente si vede che è un rettangolo anche il parallelogrammo $B_1B_2D_2D_1$, e che perciò anche le diagonali B_1D_2, D_1B_2 sono fra loro uguali.

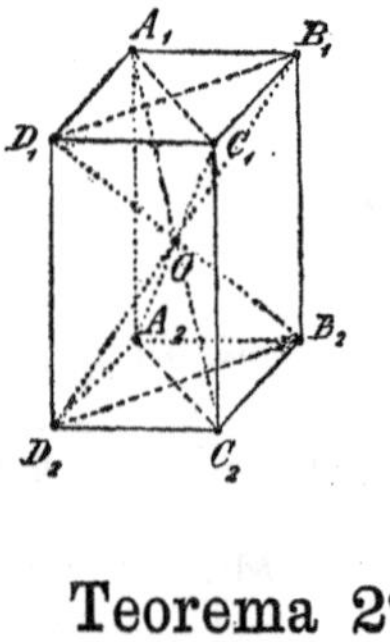

Teorema 2° — Un parallelepipedo è retto, se le sue diagonali si dividono in due coppie, essendo uguali fra loro quelle di una stessa coppia.

Se nel parallelepipedo $A_1B_1C_1D_1 . A_2B_2C_2D_2$ si ha $A_1C_2 \equiv C_2A_1$ e $B_1D_2 \equiv B_2D_1$, i parallelogrammi $A_1C_1C_2A_2$, $B_1D_1D_2B_2$ sono rettangoli (150, T. 1°), quindi A_1A_2 è perpendicolare alla retta A_1C_1 e B_1B_2 è perpendicolare alla retta B_1D_1; ma A_1A_2 è parallela a B_1B_2 dunque A_1A_2 è perpendicolare ad A_1C_1 e B_1D_1, cioè al loro piano $A_1B_1C_1D_1$, ed il parallelepipedo è retto.

213. Teorema 1° — Le diagonali di un parallelepipedo rettangolo sono tutte uguali.

Se il parallelepipedo $A_1B_1C_1D_1 . A_2B_2C_2D_2$ è rettangolo due diagonali qualunque A_1C_2, C_2A_1 sono uguali fra loro, essendo un rettangolo il parallelogrammo $A_1C_1C_2A_2$, dunque

$$A_1C_2 \equiv A_2C_1 \equiv B_1D_2 \equiv B_2D_1.$$

Teorema 2° — Un parallelepipedo è rettangolo, se le sue diagonali sono tutte uguali.

Se tutte le diagonali del parallelepipedo $A_1B_1C_1D_1 . A_2B_2C_2D_2$ sono uguali, uno qualunque dei parallelogrammi $A_1C_1C_2A_2$, che hanno per lati due spigoli opposti A_1A_2, C_1C_2, è un rettangolo, e perciò è rettangolo il parallelepipedo.

3. I poliedri in generale.

214. I vertici di una piramide o di un prisma, situati sopra uno dei loro piani, determinano un poligono, abbiamo così tanti poligoni, quanti sono i piani della piramide o del prisma. Tutti questi poligoni sono disposti in modo che ognuno dei loro lati appartiene a due di essi, questa proprietà, che costituisce un carattere comune alle ultime figure fondamentali che abbiamo studiate, compete anche ad altre.

Definizioni. — 1ª Diremo *poliedro* ogni figura fondamentale composta di poligoni situati in piani diversi, e disposti in modo che ognuno dei lati sia comune a due di essi.

Le piramidi ed i prismi sono poliedri.

2ª I *poligoni* di un poliedro sono quelli che lo determinano.

3ª Le *rette*, i *piani*, i *vertici*, gli *spigoli*, di un poliedro sono le rette, i piani, i vertici, e i lati dei suoi poligoni.

Ogni vertice è comune almeno a tre piani del poliedro. Il poliedro più semplice è il tetraedro, non vi sono altri poliedri che abbiano solamente quattro piani.

4ª Un poliedro che ha 4, 5, 6, 8, 12, 20,... piani, si dice *tetraedro*, *pentaedro*, *esaedro*, *ottaedro*, *dodecaedro*, *icosaedro*,.....

Un parallelepipedo è, per esempio, un esaedro.

5ª Le *diagonali* di un poliedro sono i segmenti che hanno per estremi due vertici, non situati sopra uno stesso suo piano.

Un poliedro si può indicare colle lettere che indicano i suoi vertici.

Se due poliedri sono formati da uno stesso numero di poligoni, può darsi che i loro elementi si possano fare corrispondere in modo che ogni poligono di uno sia corrispondente ad un poligono dell'altro (140); allora sono corrispondenti i piani dei poligoni corrispondenti, gli spigoli che sono lati comuni a poligoni corrispondenti, le rette ed i vertici che sono rette e vertici di poligoni corrispondenti. Parlando di possibile corrispondenza tra gli elementi di due poliedri, dotati di uno stesso numero di facce, intenderemo sempre che sia stabilita in questo modo.

215. Definizioni. — 1ª Un poliedro è *convesso* o *concavo*, secondochè tutti i suoi vertici giacciono o no da uno stesso lato, rispetto ad uno qualunque dei suoi piani.

Naturalmente i poligoni di un poliedro convesso devono essere convessi, perchè se uno avesse vertici situati in parti opposte rispetto ad una delle sue rette, questi vertici sarebbero vertici del poliedro situati in parti opposte rispetto ad uno dei suoi piani, quello che sega il piano del poligono secondo la detta retta.

2ª Un poliedro si dice *intrecciato*, se almeno uno dei suoi poligoni è intrecciato.

Un poliedro intrecciato è concavo.

3ª Le superficie dei poligoni di un poliedro, non intrecciato, si dicono le sue *facce*.

4ª La *superficie di un poliedro*, non intrecciato, è quella formata dalle sue facce.

Teorema. — Una retta non può incontrare in più di due punti la superficie di un poliedro convesso.

La dimostrazione di questo teorema si può condurre come quella del teorema analogo dimostrato per i poligoni convessi (135, T.), e per gli angoloidi convessi (175, T.).

216. La superficie di un poliedro, non intrecciato, è *chiusa* e *divide* lo spazio in due parti, una finita e l'altra indefinita.

Definizioni. — 1ª Un punto si dice *interno*, o *esterno*, ad un poliedro non intrecciato, se giace nella parte finita, o nella parte indefinita, staccata nello spazio dalla sua superficie.

2ª La parte finita staccata dalla superficie di un poliedro, non intrecciato, nello spazio, si dice *solido del poliedro,* o più semplicemente *poliedro*, quando non vi sia timore di equivoci.

Corollario. — La superficie di un poliedro, non intrecciato, è segata almeno in due punti da ogni retta che ha un punto interno ad esso.

La dimostrazione si può condurre come quella della proprietà analoga relativa ai poligoni non intrecciati (136, C.).

217. Definizioni. — 1ª Due piani di un poliedro convesso, i quali si seghino secondo una delle sue rette, formano quattro diedri, uno dei quali contiene tutti i punti interni al poliedro, e si dice *diedro interno*, o più semplicemente uno dei suoi diedri.

2ª I piani di un poliedro convesso, che passano per uno stesso vertice, si seguono in un ordine determinato, in modo che due consecutivi abbiano comune uno stesso spigolo, quindi formano due angoloidi opposti al vertice, uno dei quali contiene tutti i punti interni al poliedro, e si dice *angoloide interno*, o più semplicemente uno dei suoi angoloidi.

Il numero dei diedri di un poliedro è uguale a quello degli spigoli, e il numero dei suoi angoloidi è uguale a quello dei vertici.

Se possiamo far corrispondere gli elementi di due poliedri convessi (214), sono corrispondenti i diedri i cui spigoli sono rette corrispondenti, e gli angoloidi i cui vertici sono vertici corrispondenti dei due poliedri.

218. Teorema 1° — Dato un poliedro qualunque, il numero dei suoi piani, più il numero dei vertici, meno il numero degli spigoli, è uguale a due.

Immaginiamo un poliedro qualunque, e togliamo successivamente ciascuno dei suoi piani. È chiaro che toglieremo uno spigolo quando avremo tolto i due piani che lo contengono, e toglieremo un vertice quando avremo tolto tutti i piani che lo contengono. Tolto un piano del poliedro, rimane una figura che ha un piano di meno, lo stesso numero di vertici e di spigoli; togliendo ancora un altro piano, il numero dei vertici rimane lo stesso, quello degli spigoli diminuisce di uno, quindi diminuisce ugualmente la somma del numero dei piani e dei vertici e il numero degli spigoli; togliendo un altro piano, se il suo poligono ha 1, 2, 3, 4,..... lati comuni coi poligoni dei due piani già tolti, ha con essi comuni 0, 1, 2, 3,.... vertici, quindi il numero dei piani diminuisce ancora di 1, quello dei vertici di 0, 1, 2, 3....., quello degli spigoli di 1, 2, 3, 4....., ed anche in questo caso la diminuzione della somma del numero dei piani e dei vertici è uguale alla diminuzione del numero degli spigoli. Proseguendo a togliere successivamente altri piani, si vede che sempre la somma del numero dei piani e dei vertici diminuisce come il numero degli spigoli, e quindi la differenza di questi numeri è sempre la stessa. Sappiamo poi che questa differenza appena tolto il primo piano era uguale alla somma del numero dei piani del poliedro e del numero dei vertici meno uno, meno il numero degli spigoli, ed arrivati ad un solo piano la differenza stessa è uno, perchè si ha un piano e lo stesso numero di vertici e di spigoli, che sono i vertici e gli spigoli del poligono situato in quel piano, dunque il numero dei piani, più quello dei vertici, meno uno, meno il numero degli spigoli, è uguale ad uno, ossia il numero dei piani più il numero dei vertici, meno il numero degli spigoli, è sempre uguale a due.

Teorema 2° — La somma degli angoli dei poligoni di un poliedro convesso, è uguale a tante volte quattro angoli retti, quanti sono i vertici del poliedro meno due.

La somma degli angoli di ciascun poligono di un dato poliedro è tante volte due angoli retti quanti sono i lati meno due (139, T. 1°), quindi la somma degli angoli di tutti i poligoni del poliedro, che sono tanti quanti sono i suoi piani, è tante volte due retti quanti sono tutti i lati dei poligoni meno due volte il numero dei piani del poliedro; ora ogni lato di un poligono è uno spigolo del poliedro, ma essendo comune a due poligoni il numero di tutti i lati dei poligoni è due volte il numero degli spigoli, perciò la somma degli angoli di tutti i poligoni si trova moltiplicando due retti per il doppio del numero degli spigoli, meno il doppio del numero dei piani del poliedro. Dal teorema precedente si deduce che il numero degli spigoli, meno il numero dei piani del poliedro, è uguale al numero dei vertici meno due, dunque la somma cercata è tante volte quattro retti, quanti sono i vertici meno due.

219. Definizioni. — 1ª Ciascuno dei due poliedri in cui viene segato un prisma dal piano di una sua sezione, si dice *tronco di prisma.*

2ª Il piano della sezione, che determina un tronco di prisma, taglia da ciascuna faccia laterale del prisma un trapezio, la cui superficie si dice *faccia laterale;* le rimanenti due facce sono le *basi* del tronco.

3ª Il piano di una sezione di una piramide la divide in un'altra piramide ed in un poliedro, che si dice *tronco di piramide.*

4ª Il piano della sezione che determina un tronco di piramide, taglia da ciascuna faccia laterale della piramide un quadrangolo, la cui superficie si dice *faccia laterale,* le rimanenti facce sono le *basi* del tronco.

5ª La *superficie laterale* di un tronco di prisma, o di piramide, è quella formata dalle facce laterali.

LIBRO III.

I CIRCOLI, LE SUPERFICIE CILINDRICHE E CONICHE, LE SFERE

I. I circoli.

1. Intersezione e contatto di un circolo e di una retta.

220. Teorema 1° — Un circolo non ha punti comuni con quelle rette del suo piano, che hanno dal centro una distanza maggiore del raggio.

Infatti dato un circolo c, se la distanza CA di una retta r del suo piano dal centro C è maggiore del raggio, anche la distanza di un punto qualunque B di r dal centro è maggiore del raggio, essendo CB $>$ CA (122, T. 1°), per cui tutti i punti di r sono esterni al circolo.

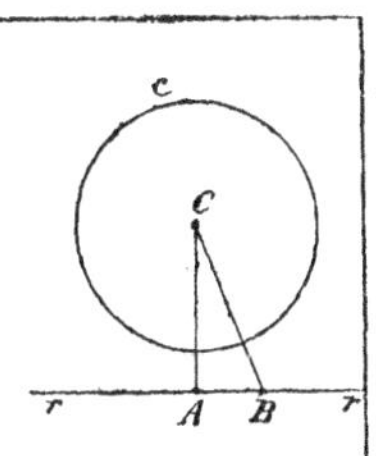

Teorema 2° — Un circolo ha un sol punto comune con ciascuna retta del suo piano, che ha dal centro una distanza uguale al raggio.

Se nel piano di un circolo *c* la retta *r* ha una distanza CA dal centro C uguale al raggio, il punto A di *r* è un punto di *c*, e siccome tutti gli altri punti B di *r* sono esterni al circolo, perchè essendo CB > CA la loro distanza dal centro è maggiore del raggio, ne segue che *r* ha comune con *c* il punto A, ed esso solo.

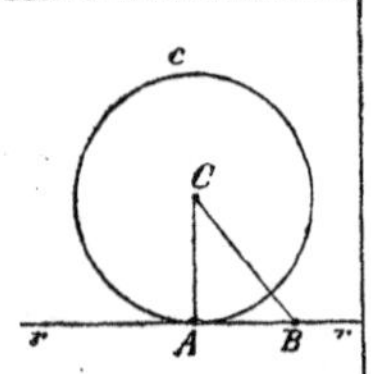

Teorema 3° — Un circolo ha due soli punti comuni con ciascuna retta del suo piano, che ha dal centro una distanza minore del raggio.

Infatti dato un circolo *c*, se la distanza CA di una retta *r* del suo piano dal centro C è minore del raggio, il punto A è interno al circolo, e quindi la retta *r* ha comuni con esso due punti B, D (189, C. 4°), e due soli, perchè da C non si possono condurre ad *r* più di due segmenti CB, CD uguali al raggio (122, C. 2°). Il teorema è vero anche se la retta *r* passa per il centro C di *c*.

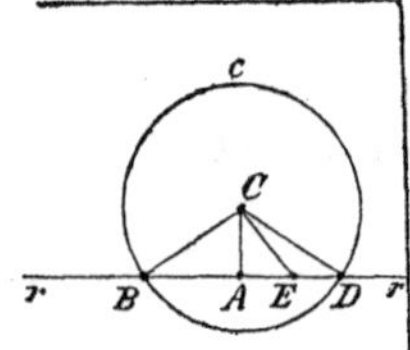

Corollarî. — 1° Anche i teoremi inversi sono veri.

2° Quando in un piano una retta ed un circolo hanno due punti comuni, movendoci sulla retta possiamo passare da un lato all'altro di uno di essi, passando da un lato all'altro del circolo, ed abbiamo espresso questo fatto dicendo: la retta ed il circolo si segano nel punto comune (89, C. 4°). Quando in un piano un circolo ed una retta hanno un solo punto comune, tutti gli altri punti della retta sono esterni rispetto al circolo, quindi le due linee nel punto comune s'incontrano senza segarsi.

Definizioni. — 1ª Diremo *seganti* di un circolo tutte le rette che lo incontrano in due punti.

2ª Una retta ed un circolo di uno stesso piano sono *tangenti* in un punto comune, quando non hanno altri punti comuni. Si dice pure che la retta ed il circolo si *toccano* nel punto comune, che viene chiamato il punto di *contatto*.

221. Definizioni. — Si dice *corda* di un circolo ogni segmento i cui estremi sono due dei suoi punti.

Evidentemente ogni segante contiene una corda: i diametri di un circolo sono corde contenute nelle seganti che passano per il centro.

Tutti i punti di una corda sono interni al circolo (122, C. 3°).

Teorema. — In un circolo, quel diametro che è perpendicolare ad una corda, passa per il suo punto medio, e viceversa.

Se DE è il diametro di un circolo *c* perpendicolare alla corda AB nel punto F, essendo CF la distanza di C da AB, ed essendo CA ≡ CB, dobbiamo avere FA ≡ FB (122, T. 2°); viceversa se FA ≡ FB, essendo CA ≡ CB, deduciamo $\widehat{F.AC} \equiv \widehat{F.BC}$, perchè sono uguali i triangoli FAC, FBC, quindi DE è perpendicolare ad AB.

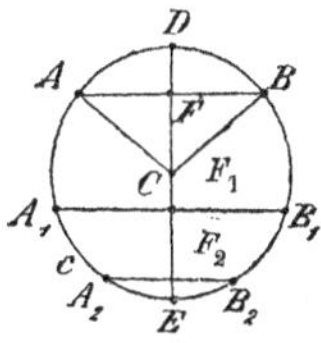

Corollario. — Il diametro DE, perpendicolare ad AB, è perpendicolare a tutte le altre corde A_1B_1, A_2B_2,.... parallele ad AB, quindi contiene tutti i loro punti medî F_1, F_2,..., di più ogni punto di DE è medio per una corda parallela ad AB, dunque:

Dato un circolo, il luogo dei punti medî di un sistema di corde parallele è il diametro ad esse perpendicolare.

222. Teorema 1° — In uno stesso circolo, o in circoli uguali, le corde uguali sono ugualmente distanti dal centro, e tra due corde disuguali è maggiore quella più vicina al centro; e viceversa.

Chiamiamo AB, A′B′ due corde uguali di due circoli uguali

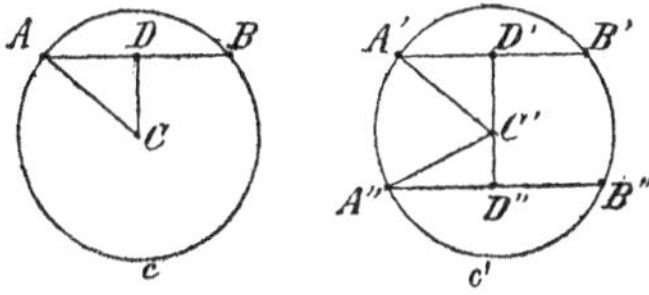

c, *c*′, e chiamiamo CD, C′D′ le distanze dei centri C, C′ da queste corde. Essendo AD metà di AB, e A′D′ metà di A′B′ (221, T.), abbiamo AD ≡ A′D′ (59, T. 2°), perciò sono uguali i triangoli rettangoli ACD, A′C′D′ (105, C.), e quindi CD ≡ C′D′. Viceversa, supposto CD ≡ C′D′, sono sempre uguali i triangoli rettangoli ACD, A′C′D′, quindi AD ≡ A′D′, e perciò AB ≡ A′B′ (59, T. 1°).

Se poi consideriamo, sempre negli stessi circoli uguali, le corde AB, A″B″, e supponiamo A″B″ > AB, chiamando CD, C′D″ le loro distanze dai centri C, C′, abbiamo A″D″ > AD (59, T. 2°), quindi i triangoli rettangoli ACD, A″C′D″ hanno le ipotenuse AC, A″C′ uguali, mentre un cateto AD del primo è minore del cateto A″D″ del secondo, ne segue che per i rimanenti cateti si ha CD > C′D″ (107, T. 5°), dunque la corda maggiore A″B″ è più vicina al centro della corda minore A′B′. Viceversa, se C′D″ < CD, i triangoli rettangoli ACD, A″C′D″ hanno le ipotenuse uguali, il cateto CD è maggiore del cateto C′D″, quindi si ha AD < A″D″ (107, T. 5°), per cui AB < A″B″ (59, T. 1°).

Teorema 2° — In uno stesso circolo, o in circoli uguali, un diametro è maggiore di tutte le altre corde.

Se AB è un diametro di un circolo *c* di centro C, e se A′B′ è una corda di un circolo uguale *c′* di centro C′, dal triangolo

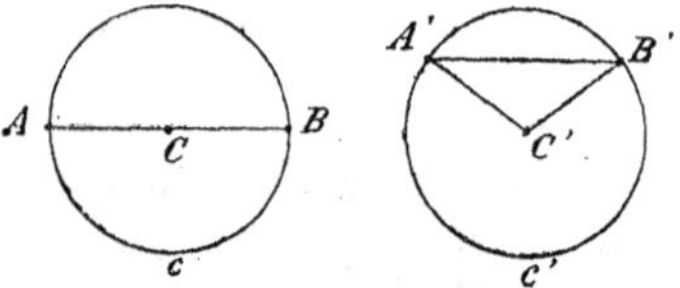

A′B′C′ si ha A′B′ < A′C′ + C′B′ (101, T.); ma A′C′ ≡ AC, C′B′ ≡ CB ed AC + CB ≡ AB, dunque A′B′ < AB.

Osserviamo che quest'ultimo teorema si dedurrebbe dal precedente considerando i diametri come le corde più vicine al centro.

223. Corollari. — 1° In ogni punto di un circolo vi è una tangente, ed una sola.

Se P è un punto di un circolo c di centro C, la retta PA, perpendicolare al raggio CP in P e posta nel piano di c, tocca c in P. Ogni altra retta condotta per P nel piano di c ha da C una distanza minore di CP, quindi è una segante (220, T. 3°).

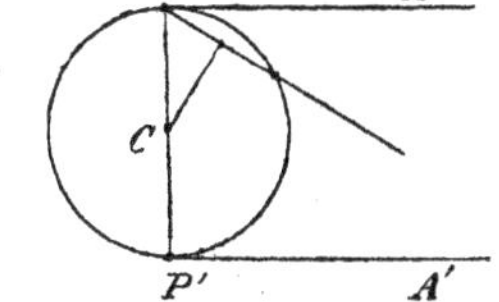

2° Le tangenti in due punti opposti di un circolo sono parallele, e viceversa.

Se PA, P'A' sono tangenti a c nei punti opposti P, P' le due rette PA, P'A' sono parallele, perchè stanno in uno stesso piano e sono perpendicolari ad una stessa retta PP'. Viceversa, se PA, P'A' toccano c in P, P' e sono parallele, i raggi CP, CP' devono essere perpendicolari ad esse, perciò CP, CP' devono essere due segmenti di uno stesso diametro, e P, P' punti opposti di c.

224. Definizione. — Diremo che un circolo è *inviluppato* da tutte le sue tangenti.

Si può osservare che un circolo è l'inviluppo di tutte le rette di uno stesso piano che hanno una data distanza, raggio del circolo, da uno dei suoi punti, centro del circolo. Il circolo inviluppato da tutte queste rette è il luogo delle proiezioni del punto fissato, eseguite sulle rette stesse.

Teorema. — Le corde uguali di uno stesso circolo inviluppano un altro circolo ad esso concentrico.

Se $AB \equiv A_1B_1 \equiv A_2B_2 \equiv ....$ sono corde di un circolo, e se $CF, CF_1, CF_2,....$ sono le loro distanze dal centro C, abbiamo $CF \equiv CF_1 \equiv CF_2,....$ (222, T. 1°), quindi $AB, A_1B_1, A_2B_2,....$ sono tangenti al circolo c' che è concentrico a c ed ha per raggio CF.

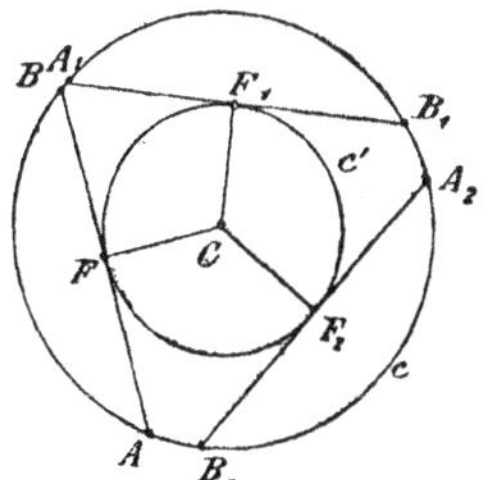

225. Teorema. — Due tangenti di un circolo formano angoli uguali colla corda, che ha per estremi i loro punti di contatto.

Le tangenti AD, BE tocchino il circolo c nei punti A, B, e sia CF la distanza del centro C dalla corda AB. Facendo compiere a c la metà di un giro, intorno alla retta CF, si scambiano i due semicircoli tagliati da CF su c (81, C. 1°), ed il punto A viene nel simmetrico B, quindi la tangente AD viene a coincidere colla tangente BE, perciò $\widehat{A.BD} \equiv \widehat{B.AE}$.

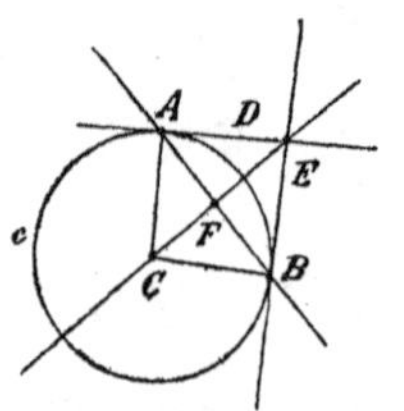

Definizione. — Possiamo dire che gli *angoli* formati da una segante con un circolo sono quelli che la segante forma colla tangente in uno dei punti, in cui incontra il circolo.

Corollari. — 1° Le seganti perpendicolari ad un circolo sono tutte quelle che passano per il centro; per ogni altro punto nel piano del circolo ne passa una, ed una sola.

2° Il minore degli angoli che una segante forma con un circolo è il complemento del minore degli angoli che la segante forma col raggio determinato da uno dei punti in cui incontra il circolo.

Infatti gli angoli $\widehat{A.CB}$, $\widehat{B.CA}$ sono i complementi degli angoli $\widehat{A.BD}$, $\widehat{B.AE}$.

3° Le corde uguali di circoli uguali, o di uno stesso circolo, formano con essi angoli uguali.

2. *Intersezione e contatto di due circoli.*

226. Per *segmenti condotti da un punto ad un circolo* intenderemo tutti quelli che hanno l'origine nel punto ed il termine sul circolo.

Quando ad un circolo c si conducono i segmenti da un punto

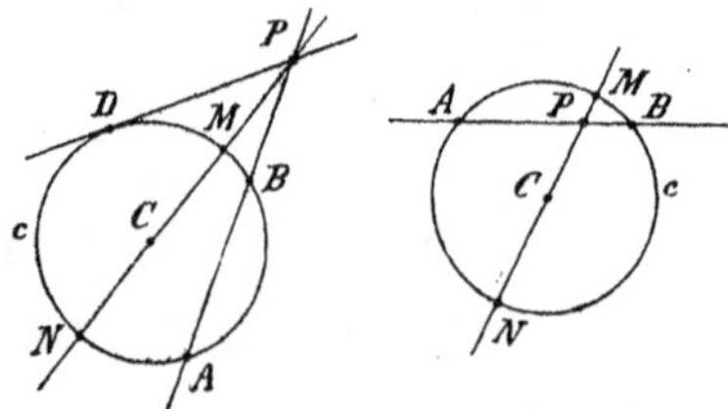

P del suo piano, che non sia un punto del circolo e non coincida col centro C, ciascuno di essi, PA, ne determina un altro, PB, in modo che ambidue sono situati sopra una stessa segante di c condotta per P; però, se PD tocca c in D, sulla tangente PD vi è un solo segmento PD condotto da P a c. Due segmenti come PA, PB formano con c angoli uguali, che sono quelli formati da c colla segante AB (225, D.).

Fra tutti i segmenti condotti a c da P ve ne sono due PM, PN, e due soli, perpendicolari al circolo, perchè una sola retta PC perpendicolare a c passa per P (225, C. 1°). dei segmenti perpendicolari, condotti da P, uno solo PN comprende il centro C.

Fra tutti i segmenti condotti ad un circolo da un suo punto sopra ogni segante condotta per il punto ve ne è uno solo; uno solo è perpendicolare al circolo, ed è il diametro che ha il punto preso come estremo.

Tutti i segmenti condotti ad un circolo dal suo centro sono uguali e perpendicolari al circolo (225, C. 1°).

Quando non sia detto esplicitamente, parlando di segmenti condotti da un punto ad un circolo, intenderemo sempre che il punto non appartenga al circolo, che sia situato nel suo piano, e distinto dal centro.

227. Teorema. — Fra i segmenti condotti da un punto ad un circolo, quello ad esso perpendicolare e che comprende il centro è maggiore di tutti gli altri; quello ad esso perpendicolare e che non comprende il centro è minore di tutti gli altri.

Siano PM, PN i segmenti perpendicolari al circolo c e condotti ad esso da P; se PN è quello che comprende il centro C, e PA è un altro segmento qualunque condotto a c da P, abbiamo $PA < PN$, $PA > PM$. Infatti, essendo $CN \equiv CA$, il segmento PN è la somma dei segmenti PC, CA; ma dal triangolo PCA si deduce che PA è minore della somma di PC,

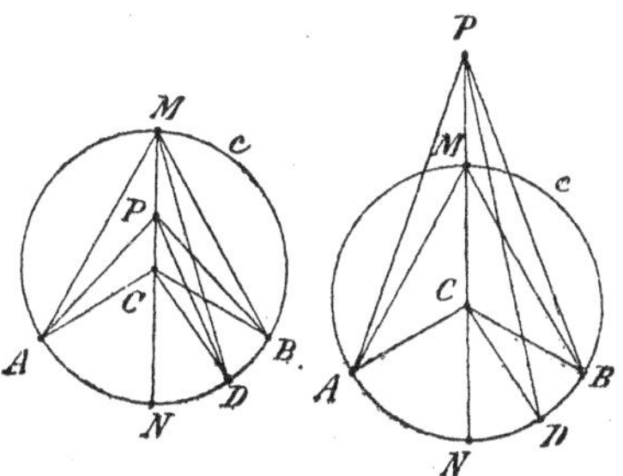

CA, dunque PA < PN. Dallo stesso triangolo PCA si deduce pure che PA è maggiore della differenza di PC, CA, ma, essendo CM ≡ CA, questa differenza è PM, dunque PA > PM.

Definizioni. — 1ª Fra i segmenti, condotti da un punto ad un circolo, il *massimo* è quello perpendicolare al circolo e che contiene il centro, il *minimo* è quello perpendicolare al circolo e che non contiene il centro.

2ª La *distanza* di un punto da un circolo è il segmento minimo, che si può condurre dal punto al circolo.

Corollario. — Presi due circoli concentrici, tutti i punti di ciascuno sono equidistanti dall'altro.

Il luogo dei punti di un piano la cui distanza da un suo circolo è uguale ad un segmento dato, è costituito da due circoli concentrici al circolo dato.

228. Teorema. — Fra i segmenti, condotti da un punto ad un circolo, due obliqui sono uguali, se hanno i termini equidistanti dal termine del massimo, e quindi del minimo, altrimenti è maggiore quello il cui termine è più vicino al termine del massimo, e quindi più lontano dal termine del minimo.

Siano PN, PM il segmento massimo ed il minimo condotti dal punto P al circolo *c* con il centro in C. Se tra i segmenti obliqui, condotti da P a *c*, due PA, PB hanno i termini A, B equidistanti da N, cioè se $\widehat{\mathrm{AN}} \equiv \mathrm{BN}$, sono uguali i triangoli CAN, CBN, quindi $\widehat{\mathrm{C.AP}} \equiv \widehat{\mathrm{C.BP}}$. Ne segue che sono uguali anche i triangoli CAM, CBM ed i triangoli CAP, CBP, perciò AM ≡ BM e PA ≡ PB. Analogamente, supponendo AM ≡ BM, si deduce AN ≡ BN e sempre PA ≡ PB. Se tra i segmenti obliqui condotti da P a *c*, due PA, PD hanno i termini A, D che non sono equidistanti da N, ma precisamente AN > DN, dai triangoli ACN, DCN si deduce subito $\widehat{\mathrm{C.AN}} > \widehat{\mathrm{C.DN}}$ (107, T. 2°), quindi $\widehat{\mathrm{C.AM}} < \widehat{\mathrm{C.DM}}$, e dai triangoli CAM, CDM e CAP, CDP abbiamo (107, T. 1°) AM < DM e PA < PD. Analogamente, supposto AM < DM, si deduce AN > DN, e sempre PA < PD.

Corollari. — 1° Anche il teorema inverso è vero.

2° Fra i segmenti, condotti da un punto ad un circolo, due uguali formano angoli uguali con esso e con i segmenti massimo e minimo.

3° Da un punto, s'intende sempre situato nel piano del circolo e distinto dal centro (226), non si possono condurre al circolo più di due segmenti uguali.

229. Teorema 1° — Due circoli di uno stesso piano non hanno punti comuni, se la distanza dei loro centri è maggiore della somma dei raggi, ovvero minore della loro differenza.

Siano dati due circoli c, c' di uno stesso piano, in modo che la distanza CC′ dei loro centri C, C′ sia maggiore della somma dei raggi. Se C′M è la distanza di C′ da c, e se CM′ è la distanza di C da c' (227, D. 2ª), abbiamo $CC' > CM + C'M'$, quindi $CM < CC'$, $C'M' < CC'$ ed M, M′ sono punti di CC′. Ora per ipotesi $CM + MC' > CM + M'C'$, perciò $C'M > C'M'$; ma M

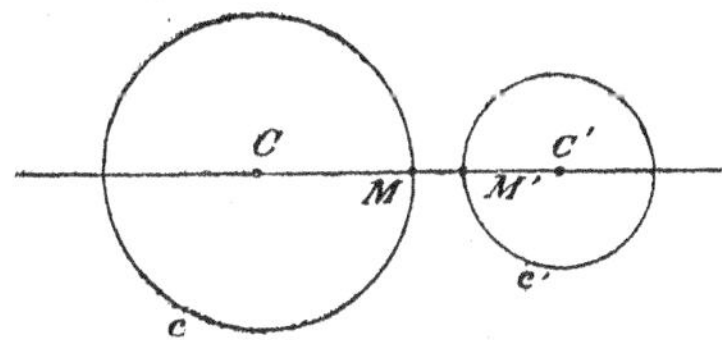

è il punto di c più vicino a C′, dunque la distanza di ogni punto di c da C′ è maggiore del raggio C′M′ di c', ed i circoli non hanno punti comuni. Supponiamo che la distanza dei centri sia minore della differenza dei raggi, e che il raggio di c sia maggiore del raggio di c'. Chiamando N′ il punto di c' più lontano da C ed M il punto di c più vicino a C′ (227, T.), abbiamo per ipotesi $CC' < CM - C'N'$, ovvero $CC' + C'N' < CM$,

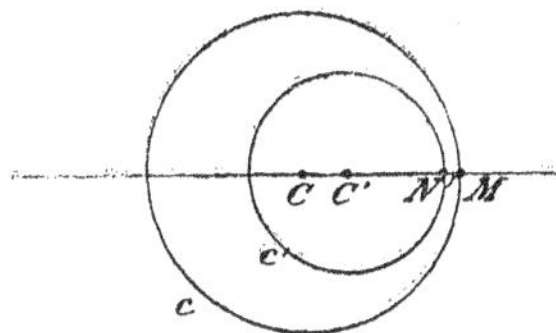

da cui $CN' < CM$; ma N′ è il punto di c' più lontano da C, dunque la distanza di ogni punto di c' da C è minore del raggio CM di c, ed i circoli non hanno punti comuni.

Corollario. — 1° Nel primo caso, quando la distanza dei centri è maggiore della somma dei raggi, tutti i punti di ciascuno dei due circoli sono esterni rispetto all'altro. Nel secondo caso, quando la distanza dei centri è minore della differenza dei raggi, tutti i punti del circolo di raggio minore sono interni rispetto al circolo di raggio maggiore.

Teorema 2° — Due circoli di uno stesso piano hanno un solo punto comune, se la distanza dei loro centri è uguale alla somma dei raggi, ovvero alla loro differenza.

Se la distanza CC' dei centri C, C' di due circoli c, c', di uno stesso piano, è uguale alla somma dei loro raggi, il punto M di c più vicino a C', essendo $CC' > CM$, deve appartenere al segmento CC'; ma $CC' \equiv CM + MC'$, dunque C'M è un raggio di c' ed M un punto pure di c'. Essendo poi M il punto di c

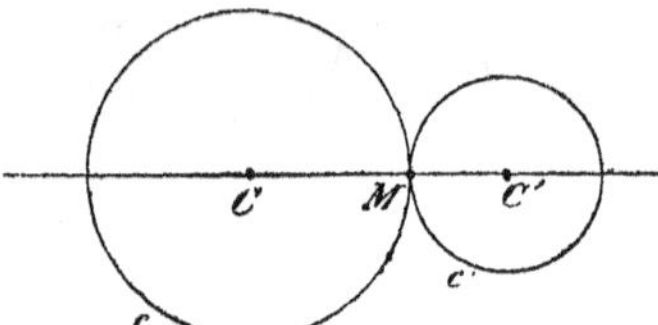

più vicino a C', tutti gli altri punti di c hanno da C' una distanza maggiore del raggio C'M, e quindi sono esterni a c'.

Se la distanza CC' è uguale alla differenza dei raggi di c, c', e se il raggio di c è maggiore del raggio di c', chiamando M il punto di c più vicino a C', abbiamo $CM > CC'$,

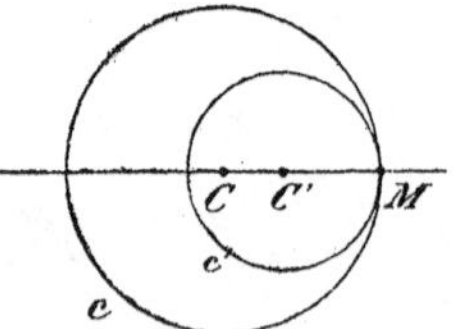

$CC' \equiv CM - C'M$, da cui si deduce che C'M è un raggio di c' ed M è comune ai due circoli; ma M è il punto di c più vicino

a C′, dunque la distanza di ogni altro punto di c da C′ è maggiore del raggio C′M di c', ossia ogni altro punto di c è esterno rispetto a c'.

Corollario. — 2° Nel primo caso, quando la distanza dei due centri è uguale alla somma dei raggi, i due circoli hanno un solo punto comune situato sulla retta determinata dai centri, e tutti gli altri punti di ciascuno sono esterni rispetto all'altro. Nel secondo caso, quando la distanza dei centri è uguale alla differenza dei raggi, i due circoli hanno pure un solo punto comune situato sulla retta determinata dai centri, e tutti gli altri punti del circolo di raggio minore sono interni rispetto al circolo di raggio maggiore.

Teorema 3° — Due circoli, di uno stesso piano, hanno due soli punti comuni, se la distanza dei loro centri è minore della somma dei raggi e maggiore della loro differenza.

In uno stesso piano prendiamo due circoli c, c' con i centri C, C′, e chiamiamo M, N ed M′, N′ i punti in cui tagliano la retta CC′, essendo precisamente M, M′ i punti di c, c' più vicini a C′, C ed N, N′ i punti pure di c, c' più lontani da C′, C. Fra i raggi di c, c' quelli di uno c non saranno minori di

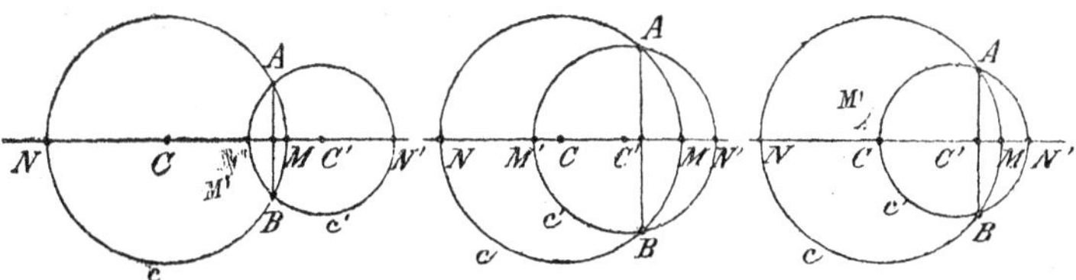

quelli dell'altro c', quindi potremo ritenere CM maggiore, ovvero uguale a C′M′, e di più, per le ipotesi fatte, $CC' < NC + M'C'$ e $CC' > CM - C'N'$.

Dalla condizione $CC' > CM - C'N'$ si deduce $CM < CC' + C'N'$, ossia $CM < CN'$, quindi la distanza del punto N′ di c' dal centro C di c è maggiore del raggio CM, e perciò N′ è un punto di c' esterno rispetto a c.

Avendo supposto $C'M' \leqq CN$, deduciamo subito $C'M' < C'C + CN$, ovvero $C'M' < C'N$, quindi vediamo che M′ è un punto di C′N. Ora deve essere verificato uno dei tre casi $C'M' \gtreqless C'C$; se $C'M' > C'C$, il punto M′ dovendo essere un punto di C′N è un punto del segmento CN, se $C'M' \equiv C'C$, il punto M′ coincide con C, se $C'M' < C'C$, dalla condizione $CC' < NC + M'C'$ deduciamo $NC > CC' - M'C'$, ossia $NC > CM'$, per cui vediamo che CM′ è minore del raggio di c: riassumendo possiamo dire che in ogni caso M′ è interno rispetto a c. Avendo dimostrato che c' ha due punti M′, N′, uno interno e l'altro esterno rispetto a c, possiamo dire che c, c' hanno due punti comuni A, B (89, C. 1°), e due soli, poichè, se ne avessero tre, sarebbero vertici di un triangolo (220, T. 3°) e C, C′ sarebbero due punti distinti equidistanti da essi, il che è assurdo (131, T. 1°).

Corollari. — 3° Essendo C, C′ equidistanti da A, B, la retta CC′ è perpendicolare ad AB nel suo punto medio (125, C. 1°), cioè: due punti comuni a due circoli, di uno stesso piano, sono simmetrici rispetto alla retta che unisce i loro centri.

4° Anche i teoremi inversi dei tre precedenti sono veri.

5° Quando in un piano due circoli hanno due punti comuni, movendoci sopra un circolo possiamo passare da un lato all'altro di uno di essi passando da un lato all'altro dell'altro circolo, il che abbiamo espresso con altre parole, dicendo cioè: i circoli si segano nei due punti comuni (21, D. 1ª). Quando in un piano due circoli hanno un solo punto comune, tutti gli altri punti di ciascuno sono tutti interni o tutti esterni all'altro, quindi le due linee nel punto comune s'incontrano senza segarsi.

Definizioni. — 1ª Due circoli di uno stesso piano sono *tangenti* in un punto comune, quando s'incontrano solamente in esso. Si dice pure che i due circoli tangenti si *toccano* nel punto comune, che viene chiamato il punto di *contatto.*

2ª Un circolo tocca un altro circolo *internamente* o *esternamente* in un suo punto, secondochè ha tutti gli altri punti interni o esterni rispetto all'altro circolo.

230. Corollari. — 1° In un piano vi sono infiniti circoli che toccano un circolo dato in un punto dato, e tutti si toccano in esso.

2° In un piano, se due circoli sono tangenti, nel punto di contatto hanno la stessa retta tangente, e viceversa due circoli sono tangenti in un punto, se in esso sono toccati da una stessa retta.

231. Teorema. — Se due circoli di uno stesso piano si segano, le tangenti nei due punti comuni formano angoli uguali.

Se A, B sono due punti comuni ai circoli c, c' con i centri C, C′, facendo compiere alla figura la metà di un giro, finchè si scambino A, B, che sono punti simmetrici rispetto a CC′

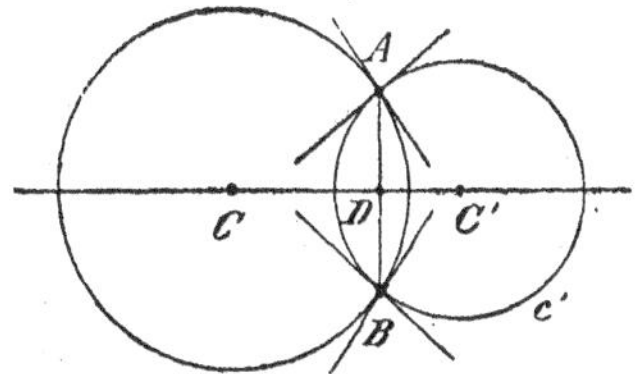

(229, C. 3°), le due tangenti a c, c' in A vengono a coincidere colle due tangenti a c, c' in B, quindi gli angoli formati dalle prime sono uguali agli angoli formati dalle seconde.

Definizione. — Possiamo chiamare *angoli* formati da due circoli di uno stesso piano, che si segano, quelli formati dalle tangenti ai due circoli in uno dei punti comuni.

3. *Problemi sulle tangenti.*

232. Problema 1°. — Dato un circolo, costruire le rette che lo toccano e passano per un punto, non interno, preso nel suo piano.

Il punto P, per cui si vogliono condurre le tangenti al circolo dato c, deve stare necessariamente nel suo piano π, e non può essere interno a c, perchè allora tutte le rette condotte per P in π segherebbero c (89, C. 4°). Se P è un punto di c, per P passa una sola retta tangente, che si costruisce subito conducendo il raggio CP e la perpendicolare ad esso che passa per P e giace in π (223, C. 1°). Se P è esterno a

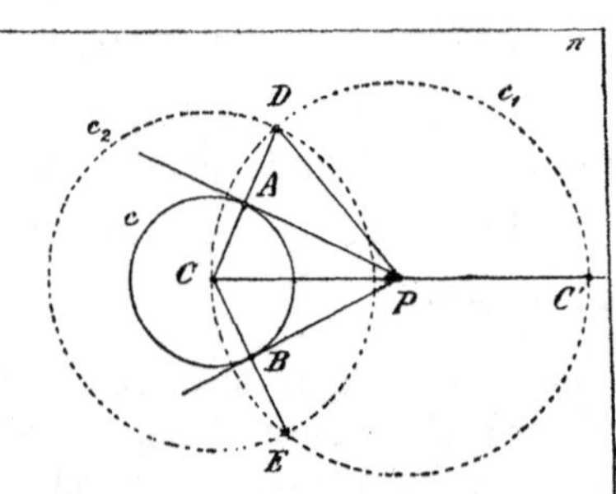

c, nel suo piano descriviamo il circolo c_1, che ha il centro in P e passa per C, ed il circolo c_2, concentrico a c, che ha il raggio uguale al diametro di c; questi circoli hanno comuni due punti D, E, e due soli, perchè il punto C′ di c_1, opposto a C, è esterno a c_2, mentre il punto C di c_1 è interno a c_2. Ora se CD, CE incontrano c in A, B, abbiamo AC ≡ AD, BC ≡ BE, perciò PA, PB, essendo perpendicolari a CA, CB (221, T.), toccano c in A, B. Oltre alle due tangenti, costruite in questo modo, non ve ne sono altre, che passano per P, poichè se PA tocca c in A, preso sulla retta CA il punto D, in modo che C, D siano simmetrici rispetto ad A, i due triangoli ACP, ADP sono uguali, quindi PD ≡ PC, e D è comune ai circoli c_1, c_2.

Il problema risoluto è di 2° grado se P è esterno a c, si riduce al primo se P appartiene a c.

Corollarî. — 1° Per un punto di un piano, esterno rispetto ad uno dei suoi circoli, passano sempre due rette ad esso tangenti, e due sole.

2° I triangoli rettangoli PCA, PCB sono uguali, perchè hanno l'ipotenusa comune ed uguali i cateti CA, CB, dunque PA ≡ PB; cioè sono uguali i due segmenti tangenti ad un circolo, e condotti ad esso da un punto esterno.

Problema 2°. — Costruire le rette che toccano un circolo dato, e sono parallele ad una retta presa nel suo piano.

Nel piano π di c sia presa una retta r, e dal centro C sia condotta ad essa la perpendicolare, che incontri c nei punti

A, B. Evidentemente le due tangenti AD, BE, ed esse sole,

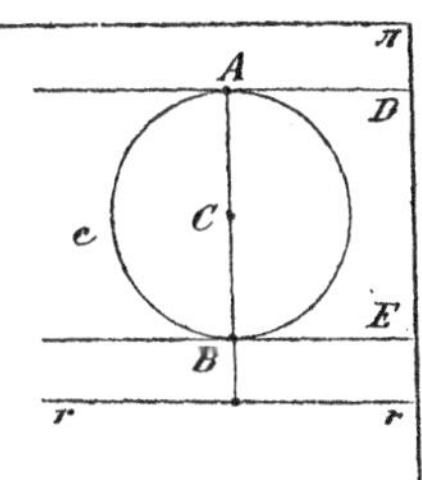

che toccano c in A, B, sono parallele alla retta data; sappiamo dunque costruirle (116, Pr.).

233. Definizione. — Una retta, tangente a due circoli di uno stesso piano, si dice *esterna* o *interna*, secondochè i due circoli giacciono o no da uno stesso lato rispetto ad essa.

Problema. — Costruire le rette tangenti a due circoli, dati in uno stesso piano.

Supponiamo che dati due circoli c, c', in uno stesso piano π, il circolo c' sia quello il cui raggio non è maggiore del raggio dell'altro c. Se AA′ è una tangente esterna di c, c',

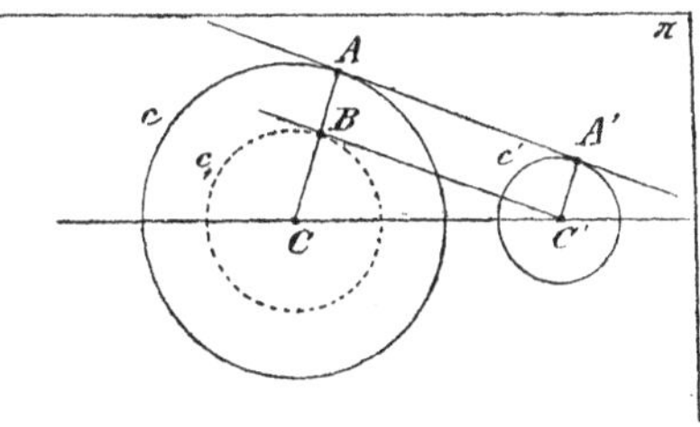

e se A, A′ sono i suoi punti di contatto, conduciamo per il centro C′ una retta C′B parallela ad AA′, e chiamiamo B il punto in cui taglia il raggio CA. Nella figura abbiamo un rettangolo AA′C′B, quindi BA ≡ C′A′, ovvero CB ≡ CA — C′A′, e BC′ è perpendicolare a CB, cioè tangente al circolo c_1 di π, che ha il centro in C ed il raggio uguale alla differenza dei raggi dei due circoli dati c, c'. Viceversa, se nel piano dei circoli c, c', col centro in C, costruiamo un circolo c_1, il cui raggio CB sia la differenza CA — C′A′ dei raggi dei circoli dati, e se da C′ conduciamo una retta C′B tangente a c_1 (232, Pr. 1°), tirando il raggio CBA di c ed il raggio C′A′ di c', parallelo a CA e diretto nello stesso senso, abbiamo due punti A, A′, nei quali i due circoli c, c' sono toccati da una stessa tangente esterna AA′.

Quando CC′ > CA — C′A′, ossia CC′ > CB, il punto C′ è esterno rispetto a c_1, quindi per esso passano due rette tangenti a c_1 (232, C. 1°), ed i circoli dati c, c' hanno due rette tangenti esterne comuni; quando CC′ ≡ CA — C′A′, ossia CC′ ≡ CB, il punto C′ giace sul circolo c_1, ed i due circoli c, c' hanno una sola tangente esterna comune; quando poi CC′ < CA — C′A′, ossia CC′ < CB, il punto C′ è interno rispetto a c_1, ed i due circoli dati non hanno tangenti esterne comuni.

Se AA′ è una tangente interna di c, c', e se A, A′ sono i suoi punti di contatto, conduciamo, per uno qualunque dei centri C, una retta CB′ parallela ad AA′, e chiamiamo B′ il

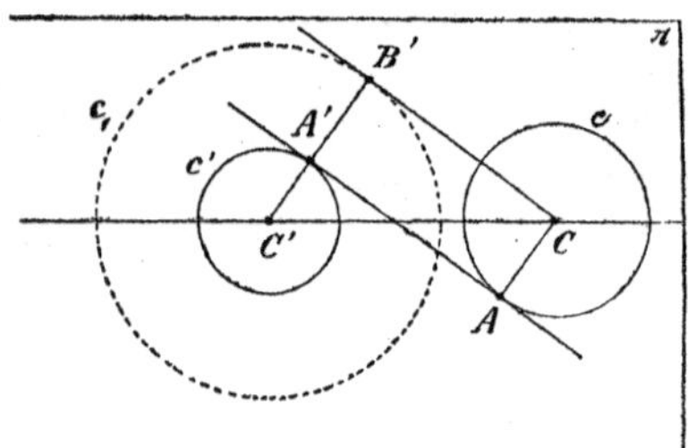

punto in cui taglia la retta C′A′. Essendo A′ACB′ un rettangolo, abbiamo B′A′ ≡ CA, ovvero C′B′ ≡ CA + C′A′, e CB′ è perpendicolare a C′B′, cioè tangente al circolo c_1, di π, che ha il centro in C′ ed il raggio uguale alla somma dei raggi dei due circoli dati c, c'. Viceversa, se nel piano dei circoli c, c', col centro in C′, costruiamo un circolo c_1, il cui raggio C′B′ sia la somma CA + C′A′ dei raggi dei circoli dati, e se da C conduciamo una retta CB′ tangente a c_1, prendendo il punto A′ comune al raggio C′B′ ed al circolo c', e tirando il raggio CA parallelo a C′A′ e diretto in senso opposto, abbiamo due punti A, A′, nei quali i due circoli c, c' sono toccati da una stessa tangente interna AA′. Quando CC′ > CA + C′A′, ossia CC′ > C′B′, il punto C è esterno rispetto a c_1, quindi per esso passano due rette tangenti a c_1 (232, C. 1°), ed i circoli dati c, c' hanno due rette tangenti interne comuni; quando $CC' \equiv CA + C'A'$, ossia $CC' \equiv C'B'$, il punto C' giace sul circolo c_1, ed i due circoli c, c' hanno una sola tangente interna comune; quando poi $CC' < CA + C'A'$, ossia $CC' < C'B'$, il punto C' è interno rispetto a c_1, ed i due circoli dati non hanno tangenti interne comuni.

Siamo dunque riusciti a riconoscere in ogni caso l'esistenza di tangenti comuni, interne o esterne, e siamo riusciti a costruirle.

Corollari. — 1° Due circoli di uno stesso piano hanno quattro tangenti comuni, due esterne e due interne, se tutti

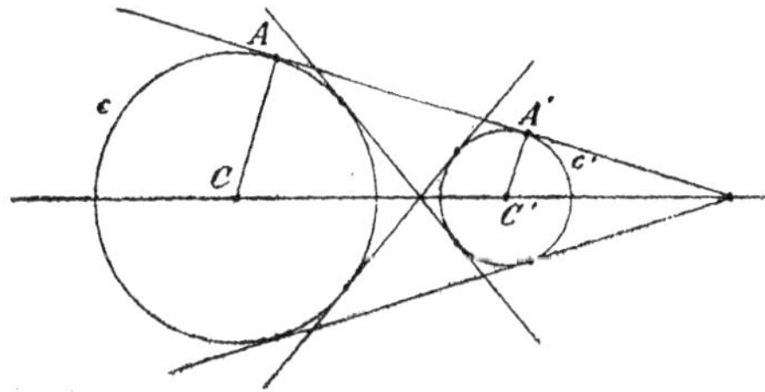

i punti di ciascuno sono esterni rispetto all'altro; infatti allora $CC' > CA + C'A'$ (229, T. 1°), e quindi anche $CC' > CA - C'A'$.

Due circoli di uno stesso piano, se si toccano esternamente, hanno tre tangenti comuni, due esterne e una interna, che

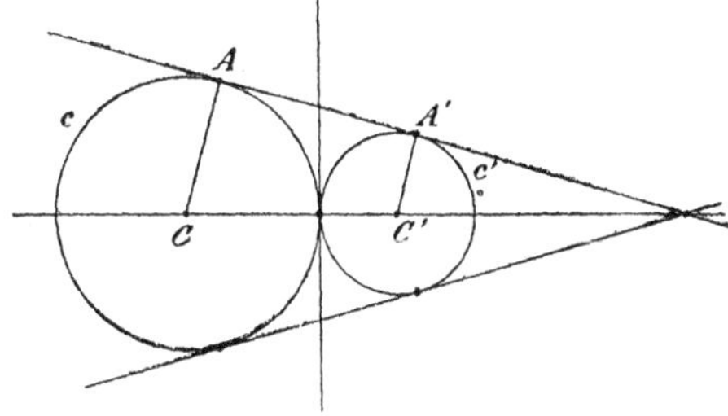

li tocca ambidue nel loro punto di contatto; infatti allora $CC' \equiv CA + C'A'$ (229, T. 2°), e quindi anche $CC' > CA - C'A'$.

Due circoli di uno stesso piano hanno due sole tangenti

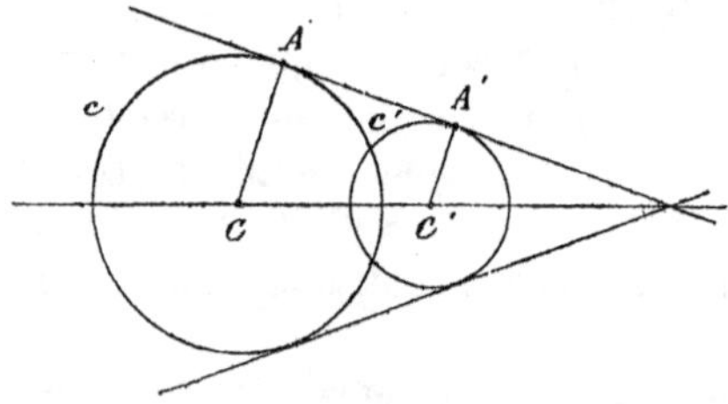

comuni, ed ambedue esterne, se si segano; infatti allora CC' < CA + C'A', e CC' > CA — C'A' (229, T. 3°).

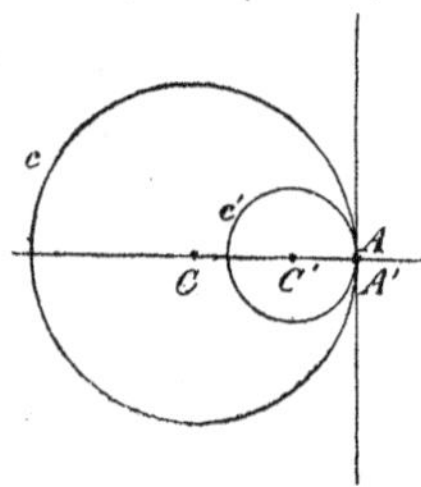

Due circoli di uno stesso piano, se si toccano internamente, hanno una sola tangente comune esterna, quella che li tocca ambidue nel loro punto di contatto; infatti allora CC' ≡ CA — C'A' (229, T. 2°), e quindi anche

CC' < CA + C'A'.

Due circoli di uno stesso piano non hanno tangenti comuni, se tutti i punti di uno sono interni rispetto all'altro; infatti allora

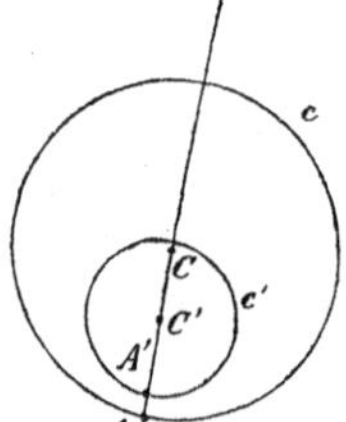

CC' < CA — C'A'

(229, T. 1°), e quindi anche

CC' < CA + C'A'.

2° Nei casi in cui due circoli di uno stesso piano hanno due tangenti comuni, ambedue interne o esterne, che s'incontrano, il loro punto comune giace sulla retta determinata dai due centri, perchè rotando il piano dei circoli intorno ad essa, possiamo contemporaneamente far coincidere ciascuna delle due tangenti coll'altra.

3° La costruzione delle tangenti comuni a due circoli, di uno stesso piano, si semplifica quando i loro raggi sono uguali. I due circoli hanno sempre comuni due tangenti esterne, che si trovano immediatamente, essendo parallele alla retta determinata dai loro centri; quando tutti i punti di ciascuno sono esterni rispetto all'altro, hanno anche due tangenti comuni interne, che si trovano dividendo per metà il segmento, che ha per estremi i due centri, e dal punto medio conducendo le due rette tangenti ad uno di essi; quando poi i

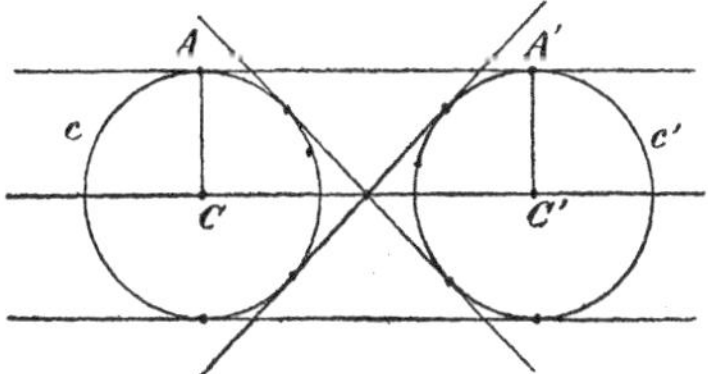

due circoli si toccano esternamente, hanno una sola tangente comune interna, che si costruisce subito, dovendo toccare ciascuno dei circoli nel loro punto di contatto, e due tangenti esterne parallele alla retta determinata dai loro centri.

4. Circoli che soddisfano date condizioni.

234. Sappiamo che un circolo è individuato, quando si conosca il suo piano, il suo centro ed il suo raggio; ne segue che per un punto arbitrario passano infiniti circoli, e tra essi pure infiniti hanno il centro in un altro punto preso ad arbitrio. Anche per due punti dati passano infiniti circoli, però non possiamo prendere arbitrariamente il centro per uno di essi, perchè la sua posizione è legata come apparisce dal seguente

Teorema. — Per due punti dati passano infiniti circoli, ed il luogo dei loro centri è il piano perpendicolare, nel suo punto medio, al segmento che ha per estremi i due punti dati.

Infatti, se A, B sono i due punti dati, e se c è un circolo, che passa per essi, il suo centro C è equidistante da A, B; viceversa, se CA ≡ CB, il circolo descritto nel piano ABC col centro in C e col raggio CA, passa per A e per B, dunque il luogo cercato è quello dei punti equidistanti da A, B, cioè il piano π perpendicolare al segmento AB nel suo punto medio D (125, T. 1°).

Corollario. — Il luogo dei centri dei circoli di un piano, che passano per due dei suoi punti, è la retta del piano perpendicolare al loro segmento nel suo punto medio.

235. Teorema. — Per tre punti dati, vertici di un triangolo, passa un circolo, ed uno solo.

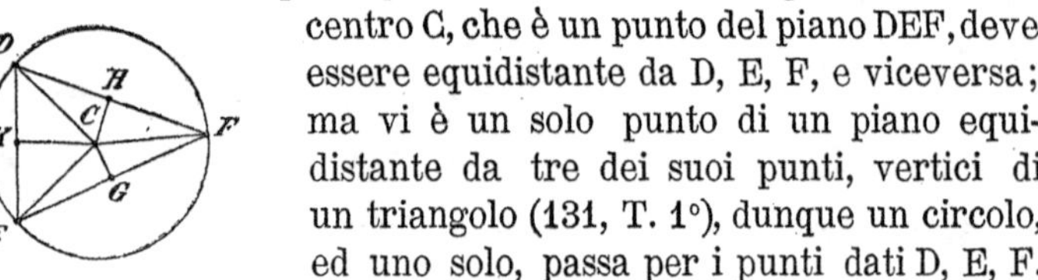

Se un circolo c passa per i vertici di un triangolo DEF, il suo centro C, che è un punto del piano DEF, deve essere equidistante da D, E, F, e viceversa; ma vi è un solo punto di un piano equidistante da tre dei suoi punti, vertici di un triangolo (131, T. 1°), dunque un circolo, ed uno solo, passa per i punti dati D, E, F.

Definizione. — Il circolo *circoscritto* ad un triangolo è quello che passa per i suoi vertici; ogni triangolo, che ha i vertici sopra un circolo dato, si dice in esso *inscritto.*

Corollario. — Per costruire un circolo c, circoscritto ad un dato triangolo DEF, basta trovare il punto C comune a due delle rette CG, CH, CK, del piano DEF, perpendicolari ai lati EF, FD, DE nei loro punti medî G, H, K (131, T. 1°), e poi costruire, nel piano DEF, il circolo c, che ha il centro in C e passa per un vertice del triangolo dato.

Problema. — Dato un circolo, costruire il suo centro.

Dato un circolo c, tiriamo due corde DE, DF con uno stesso estremo D, troviamo i loro punti medî K, H, e poi conduciamo, nel piano di c, le rette HC, KC perpendicolari a DF, DE; il loro punto comune C è il centro cercato (235, C.), che rimane così costruito.

236. Vi sono infiniti circoli, che toccano una retta data r; per averne uno si può prendere dovunque il centro C; infatti, se CA è la distanza di C da r, il circolo c descritto nel piano Cr, col centro C e col raggio CA, tocca r in A.

Vi sono pure infiniti circoli, che toccano una retta data in un punto dato, però non possiamo prendere ad arbitrio il centro per uno di essi, perchè la sua posizione è legata, come apparisce dal seguente

Teorema 1° — Vi sono infiniti circoli, che toccano una retta data in un punto dato, ed il luogo dei loro centri è il piano perpendicolare ad essa nel punto dato.

Data la retta r ed il suo punto A, se C è un punto del piano π perpendicolare ad r in A, la retta CA è pure perpendicolare ad r in A, ed il circolo c del piano Cr, che ha il centro in C ed il raggio CA, tocca r in A. Viceversa, se c tocca r in A, il raggio CA è perpendicolare ad r in A, e C appartiene a π.

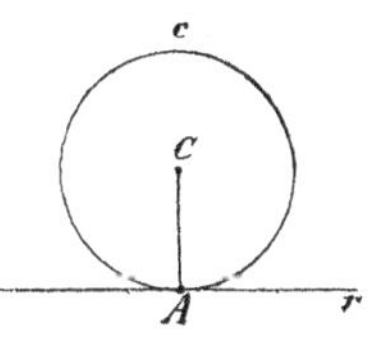

Teorema 2° — Vi sono infiniti circoli tangenti a due rette date, che s'incontrano, ed il luogo dei loro centri è costituito dalle bisettrici dei loro angoli.

Se le rette APD, BPE s'incontrano in P, e se un circolo c le tocca nei punti A, B, il centro C è equidistante da esse, perchè CA ≡ CB. Viceversa, preso un punto C, nel piano delle due rette date, se le sue distanze da esse sono CA, CB e se CA ≡ CB, il circolo col centro in C, e che passa per A, B, le tocca ambedue, dunque il luogo cercato è quello dei punti, situati nel piano delle due rette APD, BPE, equidistanti da esse, ed è costituito dalle bisettrici dei loro angoli (125, C. 2°).

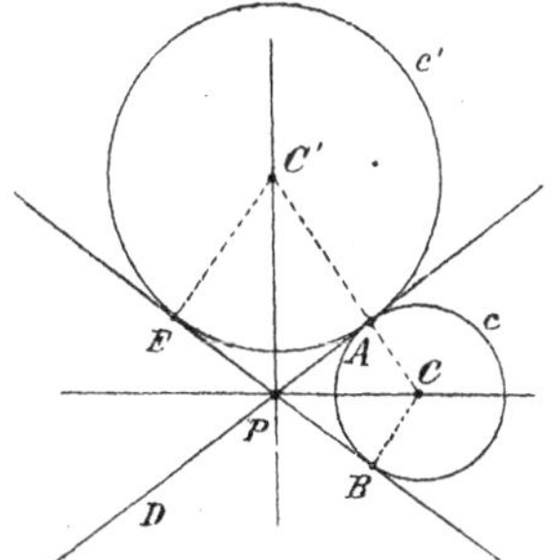

Corollario. — Se assegnamo il punto di contatto A con una delle due rette, troviamo due circoli c, c', i cui centri C, C' stanno uno su ciascuna delle due bisettrici.

Teorema 3° — Vi sono infiniti circoli che toccano due date rette parallele, ed il luogo dei loro centri è la retta del loro piano equidistante da esse.

Infatti i centri C dei circoli c, che toccano le rette parallele a, b, sono equidistanti da esse, e viceversa; quindi il loro

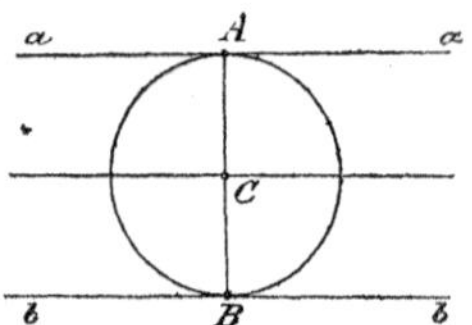

luogo è quella retta luogo dei punti equidistanti da a, b (127, C. 2°).

237. **Teorema.** — Vi sono quattro circoli, che toccano tre rette di un triangolo.

Se un circolo c tocca le rette di un triangolo DEF, il suo centro C deve essere un punto del suo piano equidistante dalle sue rette, e viceversa; ma nel piano di un triangolo vi sono quattro soli punti equidistanti dalle sue rette (131, T. 2°), dunque quattro circoli toccano le rette EF, FD, DE lati di un triangolo DEF.

È facile considerare il caso, in cui si abbiano tre rette di uno stesso piano, e due siano parallele; se tutte sono parallele, non vi sono circoli, che le toccano contemporaneamente.

Corollario. — Uno c dei quattro circoli, che toccano le rette del triangolo DEF, si costruisce trovando le bisettrici DC_1, EC_2, FC_3 degli angoli interni di DEF, e prendendo il punto comune C come centro. I rimanenti tre circoli c_1, c_2, c_3 si costruiscono prendendo come centri C_1, C_2, C_3 i punti comuni alle bisettrici di due angoli esterni ed alla bisettrice dell'interno ad essi opposto. Il punto C è interno al triangolo, i punti C_1, C_2, C_3 sono esterni, quindi dei quattro circoli, che

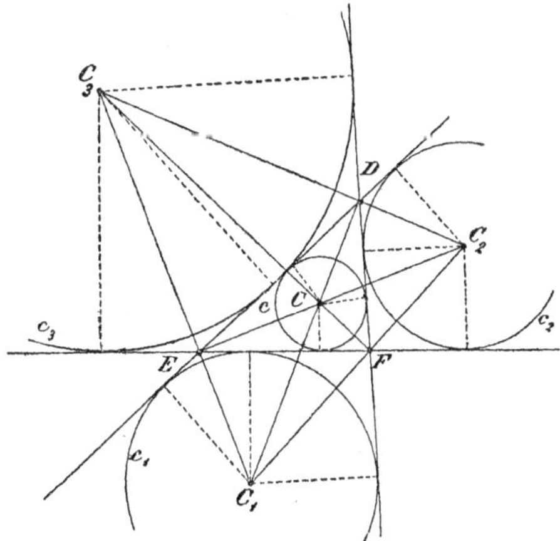

toccano le rette del triangolo DEF, uno solo c non ha punti esterni rispetto al triangolo, gli altri non hanno punti interni rispetto ad esso.

Definizioni. — 1ª I quattro circoli, che toccano le rette di un triangolo, si dicono *inscritti;* quei tre, che hanno tutti i punti esterni rispetto al triangolo, si distinguono dal quarto chiamandoli anche *ex-inscritti.*

2ª Ogni triangolo, che ha le sue rette tangenti ad un circolo, si dice ad esso *circoscritto.*

5. *Proprietà degli archi.*

238. Definizione. — Due punti di un circolo lo dividono in due parti finite, ciascuna delle quali è un *arco*, che ha per *estremi* i due punti.

Due punti opposti staccano dal loro circolo due archi uguali, ciascuno dei quali è un semicircolo.

Un punto può descrivere un circolo c, movendosi in due *direzioni opposte* e rotando intorno al centro. Uno dei due archi di c, che hanno per estremi A, B, si può immaginare descritto dall'estremo A, che si mova sul circolo in una data direzione, finchè acquisti la posizione dell'altro estremo B; ovvero si può immaginare descritto dall'altro estremo B, che si mova sul circolo nella direzione opposta, finchè acquisti la posizione dell'altro estremo A.

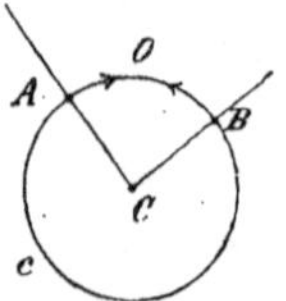

Evidentemente dato un circolo, i due estremi di un arco e la direzione secondo cui si deve movere uno di essi per descriverlo, l'arco è individuato.

239. Definizioni. — 1ª Dei due estremi di un arco, descritto in un dato senso, l'*origine* è quello che lo descrive, l'altro è il *termine*.

Se O è un punto di un arco, se la sua origine è A ed il suo termine è B, possiamo indicarlo con $\widehat{AOB}$; se la sua origine è B ed il suo termine è A, possiamo indicarlo con $\widehat{BOA}$.

Ogni arco $\widehat{AOB}$ determina una corda AB, ma viceversa ogni corda AB è determinata da due archi $\widehat{AOB}$, $\widehat{AO_1B}$.

2ª Un arco *è sotteso* dalla corda che ha gli stessi suoi estremi; una corda *sottende* i due archi che hanno gli stessi suoi estremi.

240. Definizioni. — 1ª Un arco è *compreso* in un angolo del suo piano, quando ha gli estremi sui lati, mentre tutti i suoi punti appartengono all'angolo.

2ª Diremo *angolo al centro* di un circolo, ogni angolo che ha il vertice nel suo centro ed i lati seganti, cioè ogni angolo determinato da due raggi.

Ogni angolo al centro comprende un arco del circolo, e viceversa.

3ª Sopra uno stesso circolo due archi si dicono *opposti*, quando sono opposti al vertice gli angoli al centro che li comprendono, cioè quanto tutti i punti di ciascuno sono opposti ai punti dell'altro.

Due punti A, B di *c* sono estremi di due archi $\widehat{AOB}$, $\widehat{A_1OB}$, e, quando non sono opposti, dei due angoli al centro C che li comprendono, uno è convesso, l'altro è concavo. Se non è detto esplicitamente, per arco $\widehat{AB}$ intenderemo sempre quello $\widehat{AOB}$ compreso nell'angolo convesso $\widehat{C.AB}$.

241. Definizioni. — 1ª Ogni corda divide la superficie di un circolo in due parti, che si dicono *segmenti circolari.*

2ª Due parti di retta, uscenti dal centro di un circolo e poste nel suo piano, dividono la sua superficie in due parti, e formano due angoli al centro, ciascuno dei quali *comprende* una delle parti, che si dicono *settori circolari.*

Un segmento circolare è *compreso* da un arco e da una corda; un settore circolare è *compreso* da un arco e da due raggi.

242. Teorema 1° — Due archi uguali appartengono necessariamente a circoli uguali.

Se $\widehat{AOB}$, $\widehat{A'O'B'}$ sono due archi uguali, e se c, c' sono i circoli a cui appartengono, facendo coincidere $\widehat{AOB}$, $\widehat{A'O'B'}$, i

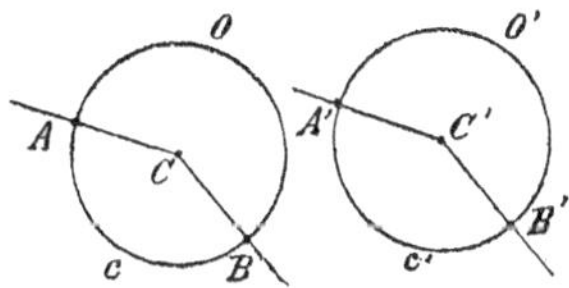

circoli c, c' vengono ad avere più di due punti comuni, e quindi vengono a coincidere (235, T.), perciò c, c' sono uguali.

Teorema 2° — In uno stesso circolo, o in circoli uguali, gli angoli al centro uguali comprendono archi uguali, e viceversa.

Siano c, c' due circoli, e siano $\widehat{C.AB}$, $\widehat{C'.A'B'}$ due angoli al centro, concavi o convessi, che comprendano gli archi $\widehat{AOB}$, $\widehat{A'O'B'}$. Facendo coincidere l'angolo $\widehat{C'.A'B'}$ con l'uguale $\widehat{C.AB}$ necessariamente coincidono i due circoli uguali, dunque A′,B′ coincidono con A, B, e l'arco $\widehat{A'O'B'}$ coincide coll'uguale $\widehat{AOB}$. Viceversa, se $\widehat{AOB}$, $\widehat{A'O'B'}$ sono due archi uguali, devono essere uguali i loro circoli c, c' (242, T. 1°), quindi facendo coincidere $\widehat{A'O'B'}$ con $\widehat{AOB}$, i circoli c', c coincidono, coincidono i loro centri C′, C, l'angolo $\widehat{C'.A'B'}$, che comprende $\widehat{A'O'B'}$, coincide con $\widehat{C.AB}$, che comprende $\widehat{AOB}$ e perciò $\widehat{C.AB} \equiv \widehat{C'.A'B'}$.

Corollari. — 1° Essendo $\widehat{C.AB} \equiv \widehat{C.BA}$, ne deduciamo $\widehat{AOB} \equiv \widehat{BOA}$.

2° Il teorema dimostrato vale anche quando i due angoli al centro sono piatti, nel qual caso i due archi sono semicircoli.

3° I settori ed i segmenti circolari uguali sono compresi da archi uguali, e viceversa.

4° Due archi opposti sono uguali.

5° Due rette perpendicolari condotte per il centro, nel piano di un circolo, lo tagliano in quattro archi uguali.

Definizione. — Si dice *quadrante* di un circolo, ogni suo arco compreso da un angolo al centro retto.

Tutti i quadranti di uno stesso circolo, o di circoli uguali, sono uguali (242, T. 2°).

243. Problema. — Costruire un arco di un circolo dato, che abbia un estremo fissato, e sia uguale ad un altro arco preso sullo stesso circolo, o sopra un circolo uguale.

Se i due circoli uguali sono c, c', se $\widehat{A'O'B'}$ è l'arco dato di c', e se A è l'estremo fissato sopra c, condotto il raggio CA,

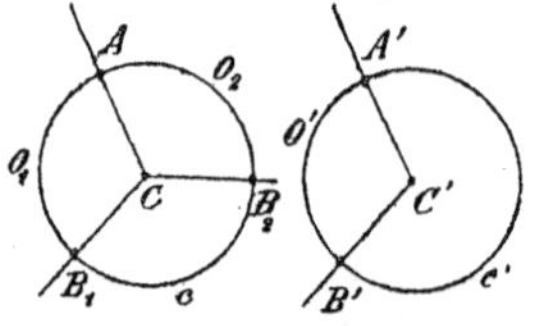

abbiamo due rette CB_1, CB_2, che danno i due angoli al centro $\widehat{C.AB_1}$, $\widehat{C.AB_2}$ uguali all'angolo al centro $\widehat{C'.A'B'}$, che comprende l'arco dato $\widehat{A'O'B'}$ (51, Pr. 2°), e i due archi $\widehat{AO_1B_1}$, $\widehat{AO_2B_2}$, compresi dagli angoli $\widehat{C.AB_1}$, $\widehat{C.AB_2}$, sono uguali all'arco preso $\widehat{A'O'B'}$ (242, T. 2°), sono tagliati dal circolo dato c ed hanno per estremo il punto fissato A. Oltre agli archi costruiti non ve ne sono altri, che risolvono il problema; infatti, se $\widehat{AO_1B_1} \equiv \widehat{A'O'B'}$, gli angoli al centro che li comprendono devono essere uguali, cioè $\widehat{C.AB_1} \equiv \widehat{C'.A'B'}$.

Definizione. — Sopra uno stesso circolo, più archi, presi in un certo ordine, si dicono *consecutivi*, quando il termine di ciascuno è l'origine del seguente, ossia quando sono consecutivi gli angoli al centro che li comprendono (52, *D.* 2ª).

Più archi consecutivi possono avere direzioni diverse.

Corollario. — Avendo risoluto l'ultimo problema, possiamo costruire sopra uno stesso circolo, partendo da un estremo arbitrario, più archi consecutivi, le cui direzioni siano fissate, e che siano uguali ad archi dati sopra lo stesso circolo, o sopra circoli uguali.

244. Più archi consecutivi, tutti colla stessa direzione, tali che il termine dell'ultimo coincida coll'origine del primo, ricoprono un certo numero di volte l'intero circolo.

Possiamo estendere il concetto di arco, dicendo che i punti A, B di c sono estremi d'infiniti archi, ciascuno descritto da un estremo A, che movendosi sul circolo, sempre in uno stesso senso, finisce col prendere la posizione di B, dopo avere descritto un numero qualunque di volte l'intero circolo. Secondo questo concetto un arco è formato da un certo numero di volte il suo circolo e da una delle due parti staccate su di esso dagli estremi. Ogni volta che un arco contiene l'intero circolo, l'angolo al centro che lo comprende contiene un giro, e viceversa. Ne segue poi una naturale estensione del concetto di settore circolare, il quale può contenere più volte l'intera superficie del circolo.

245. Gli archi formano una nuova specie di *grandezze geometriche*.

Dato un arco, prendendo 1, 2, 3,....... dei suoi punti, veniamo a *dividerlo* in 2, 3, 4,..... parti, che sono archi consecutivi (243, D.).

Diviso un arco in altri archi, le rette che uniscono i loro estremi col centro, dividono l'angolo al centro, che lo comprende, in altri angoli; viceversa, diviso un angolo al centro in altri angoli, i loro lati segano l'arco compreso in punti che lo dividono in altri archi. Da questa osservazione, e dall'ultimo teorema dimostrato, discende che gli archi di uno stesso circolo, o di circoli uguali, e gli angoli al centro che li comprendono, sono grandezze geometriche, le quali si possono trattare nello stesso modo. Posto ciò, è naturale che estendendo agli archi ed ai settori, di uno stesso circolo, o di circoli uguali, le definizioni e le notazioni poste per le grandezze elementari, si possono dedurre per essi gli stessi risultati, che abbiamo ottenuto per gli angoli. Così possiamo sommare più archi o settori, di uno stesso circolo, o di circoli uguali; dati due archi o settori, sempre di uno stesso circolo o di circoli uguali, possiamo affermare che necessariamente uno è maggiore, uguale o minore dell'altro, e, se sono disuguali, dal maggiore possiamo sempre sottrarre il minore, ecc., ecc. Supporremo senz'altro dedotte tutte queste proprietà.

246. Due punti A, B di c, se non sono opposti, staccano due archi disuguali $\widehat{AOB}$, $\widehat{AO_1B}$; quello $\widehat{AOB}$, compreso nell'angolo al centro $\widehat{C.AB}$ convesso, è minore del semicircolo, l'altro $\widehat{AO_1B}$, compreso nell'angolo al centro $\widehat{C.AB}$ concavo, è maggiore del semicircolo. L'arco, che abbiamo convenuto (240) d'indicare semplicemente con $\widehat{AB}$, è quello $\widehat{AOB}$ minore del semicircolo.

247. Definizione. — Due archi, dati sopra uno stesso circolo o sopra circoli uguali, sono *supplementari*, se la loro somma è un semicircolo, sono *complementari*, se la loro somma è un quadrante.

Se due archi sono supplementari o complementari, sono supplementari o complementari anche gli angoli al centro che li comprendono; e viceversa.

Corollario. — Sono uguali gli archi supplementi o complementi di archi uguali.

248. Corollario. — Un arco non può essere diviso in più modi in uno stesso numero di parti uguali (60, T.).

Problema. — Dividere un arco dato in due archi uguali. Se l'arco dato è $\widehat{ADB}$, basta costruire la bisettrice CD dell'angolo al centro $\widehat{C.AB}$ che lo comprende.

Definizione. — Il punto *medio* di un arco è quello che lo divide in due archi uguali.

Si dice indifferentemente costruire il punto medio di un arco dato, ovvero dividerlo per metà.

249. Teorema. — In un circolo, il diametro che è perpendicolare ad una corda, ha per estremi i punti medî degli archi che essa sottende, e viceversa.

Se nel circolo c, di centro C, il diametro DE è perpendicolare alla corda AB in F, essendo AF $\equiv$ BF (221, T.), sono uguali i triangoli CAF, CBF, quindi $\widehat{C.AD} \equiv \widehat{C.BD}$, $\widehat{C.AE} \equiv \widehat{C.BE}$, e perciò $\widehat{AD} \equiv \widehat{BD}$, $\widehat{AE} \equiv \widehat{BE}$ (242, T. 2°); viceversa, se $\widehat{AD} \equiv \widehat{BD}$, abbiamo $\widehat{C.AD} \equiv \widehat{C.BD}$, per cui $\widehat{C.AE} \equiv \widehat{C.BE}$, $\widehat{AE} \equiv \widehat{BE}$, ed essendo uguali i triangoli CAF, CBF, deduciamo che DE è perpendicolare ad AB.

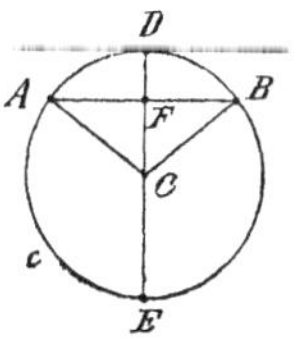

Corollario. — Se AB è una corda di c, e se una retta parallela ad AB tocca c in D, il punto di contatto D è il punto medio dell'arco $\widehat{ADB}$. Viceversa, se D è il punto medio di $\widehat{ADB}$, la retta DF che tocca c in D è parallela ad AB.

250. Definizione. — Un circolo è diviso in quattro archi dagli estremi di due corde parallele; ciascuna di esse sottende uno dei quattro archi, e i due rimanenti si dicono *compresi* fra le due corde.

Teorema. — Gli archi di un circolo, compresi fra due corde parallele, sono uguali.

Siano A_1B_1, A_2B_2 due corde parallele di c, $\widehat{A_1A_2}$, $\widehat{B_1B_2}$ gli archi compresi fra esse. Il diametro DE, perpendicolare alle due corde, passa per i loro punti medî F_1, F_2 (221, T.): ora facendo compiere al circolo la metà di un giro, intorno al diametro DE, si scambiano i due semicircoli tagliati da DE, e necessariamente i punti A_1, A_2 vengono a cadere nei simmetrici B_1, B_2, dunque l'arco $\widehat{A_1A_2}$ viene a coincidere coll'arco $\widehat{B_1B_2}$, e perciò $\widehat{A_1A_2} \equiv \widehat{B_1B_2}$.

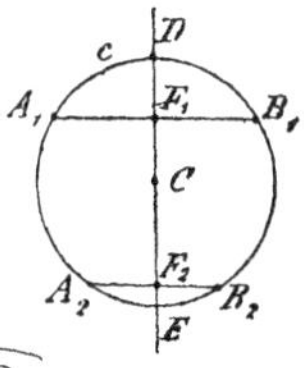

251. Teorema 1° — Due archi uguali sono sottesi da corde uguali, e date due corde uguali, di uno stesso circolo o di circoli uguali, ciascuno dei due archi sottesi da una è uguale ad uno dei due archi sottesi dall'altra.

Se $\widehat{AO_1B}$, $\widehat{A'O'_1B'}$ sono due archi uguali, facendoli coincidere,

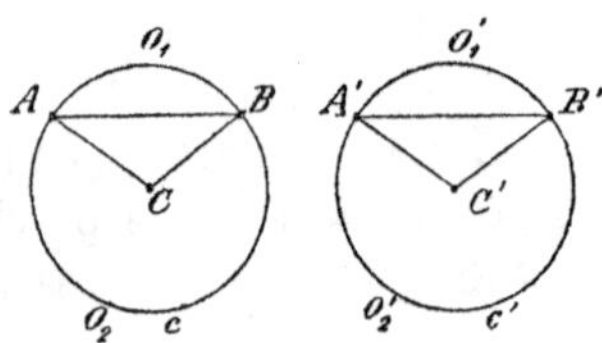

coincidono i loro estremi e quindi le loro corde AB ed A'B', dunque AB ≡ A'B'.

Se AB ≡ A'B' sono corde di due circoli uguali c, c', con i centri C,C', i triangoli ACB, A'C'B' sono uguali, perchè hanno uguali i loro lati, quindi sono uguali i due angoli convessi $C.\widehat{AB}$, $C'.\widehat{A'B'}$, ed i due archi compresi, e sono uguali i due angoli concavi $\widehat{C.AB}$, $C'.\widehat{A'B'}$, ed i due archi compresi. Resta così dimostrato che il maggiore o il minore degli archi sottesi da AB, è uguale al maggiore o al minore degli archi sottesi da A'B'.

Teorema 2° — Se due archi disuguali, di uno stesso circolo o di circoli uguali, sono minori di un semicircolo, il maggiore è sotteso dalla corda maggiore, e viceversa.

Dati i due circoli uguali c, c', coi centri C, C', se presi i loro archi $\widehat{AB}$, $\widehat{A'B'}$, minori di un semicircolo, si ha $\widehat{AB} > \widehat{A'B'}$,

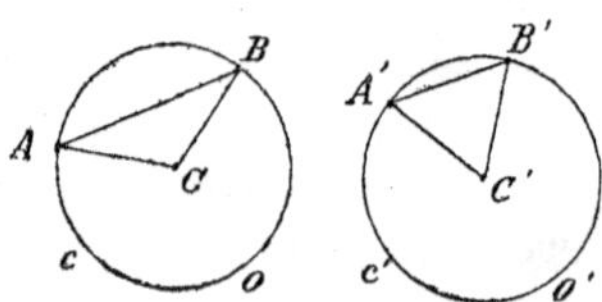

abbiamo AB > A'B', e viceversa. Infatti i triangoli ABC, A'B'C' hanno i lati AC, CB uguali ai lati A'C', C'B', ma $\widehat{C.AB} > C'.\widehat{A'B'}$, essendo $\overset{\frown}{AB} > \overset{\frown}{A'B'}$ (245), dunque si ha anche $AB > A'B'$ (107, T. 1°). Viceversa, se $AB > A'B'$, nei triangoli ACB, A'C'B' si ha $\widehat{C.AB} > \widehat{C'.A'B'}$ (107, T. 2°), e quindi $\overset{\frown}{AB} > \overset{\frown}{A'B'}$ (245).

Teorema 3° — Se due archi disuguali, di uno stesso circolo o di circoli uguali, sono maggiori di un semicircolo, il maggiore è sotteso dalla corda minore, e viceversa.

Dati i circoli uguali c, c', con i centri C, C', se presi i loro archi $\overset{\frown}{AOB}$, $\overset{\frown}{A'O'B'}$, maggiori di un semicircolo, si ha $\overset{\frown}{A'O'B'} > \overset{\frown}{AOB}$, abbiamo $A'B' < AB$. Essendo infatti $\overset{\frown}{A'O'B'} > \overset{\frown}{AOB}$, l'angolo concavo $\widehat{C'.A'B'}$, che comprende $\overset{\frown}{A'O'B'}$, è maggiore dell'angolo concavo $\widehat{C.AB}$, che comprende $\overset{\frown}{AOB}$, quindi l'angolo convesso $\widehat{C'.A'B'}$ è minore dell'angolo convesso $\widehat{C.AB}$, e nei triangoli ACB, A'C'B' abbiamo $A'B' < AB$. Viceversa, se $A'B' < AB$, si deduce dai triangoli A'C'B', ACB che $\widehat{C'.A'B'} < \widehat{C.A.B}$, quindi l'angolo concavo $\widehat{C.'A'B'}$ è maggiore dell'angolo concavo $\widehat{C.A.B}$, e l'arco $\overset{\frown}{A'O'B'}$, compreso dal primo, è maggiore dell'arco $\overset{\frown}{AOB}$, compreso dal secondo.

252. Definizioni. — 1ª Diremo *angolo inscritto* in un circolo, ogni angolo che ha il vertice in un suo punto ed i lati seganti.

2ª Diremo *angolo inscritto* in un arco, ogni angolo il cui vertice è un punto dell'arco ed i cui lati passano per i suoi estremi.

Teorema. — Un angolo al centro di un circolo è doppio di qualunque angolo, che comprende lo stesso arco ed è inscritto nell'arco rimanente.

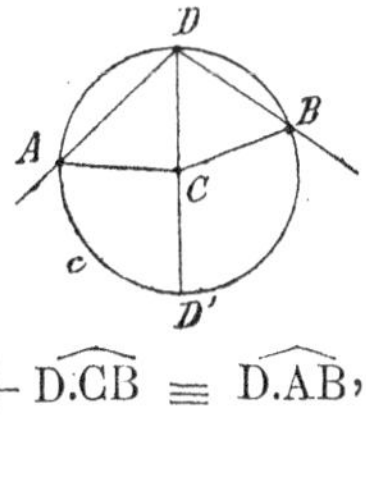

Se $\widehat{C.AB}$ è un angolo al centro di c, concavo o convesso, e $\widehat{D.AB}$ è un angolo inscritto, che comprende lo stesso arco $\overset{\frown}{AD'B}$ ed è inscritto nell'arco rimanente $\overset{\frown}{ADB}$, si deve dimostrare che $\widehat{C.AB}$ è doppio di $\widehat{D.AB}$. Chiamiamo DCD' il diametro che passa per D. Se l'angolo $\widehat{C.AB}$ è concavo, abbiamo due triangoli isosceli ACD, BCD, quindi $\widehat{C.AD'}$ è doppio di $\widehat{D.AC}$, e $\widehat{C.D'B}$ è doppio di $\widehat{D.CB}$ (99, C. 2°); ma $\widehat{C.AD'} + \widehat{C.D'B} \equiv \widehat{C.AB}$ e $\widehat{D.AC} + \widehat{D.CB} \equiv \widehat{D.AB}$, dunque $\widehat{C.AB}$ è doppio di $\widehat{D.AB}$. Se l'angolo $\widehat{C.AB}$ è piatto il teorema si dimostra come nel caso precedente. Se l'angolo $\widehat{C.AB}$ è convesso, può darsi che D' cada in A o in B, può darsi che D' sia compreso nell'angolo $\widehat{C.AB}$, e può darsi che D' non sia compreso in $\widehat{C.AB}$.

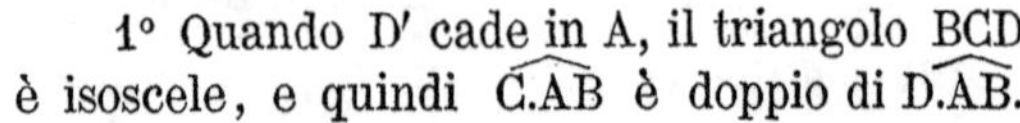

1° Quando D' cade in A, il triangolo BCD è isoscele, e quindi $\widehat{C.AB}$ è doppio di $\widehat{D.AB}$.

2° Quando D' viene compreso nell'angolo $\widehat{C.AB}$, abbiamo due triangoli isosceli ACD, BCD, l'angolo $\widehat{C.AD'}$ è doppio di $\widehat{D.AC}$, l'angolo $\widehat{C.D'B}$ è doppio di $\widehat{DCB}$, ed anche in questo caso si ha $\widehat{C.AB}$ doppio di $\widehat{D.AB}$.

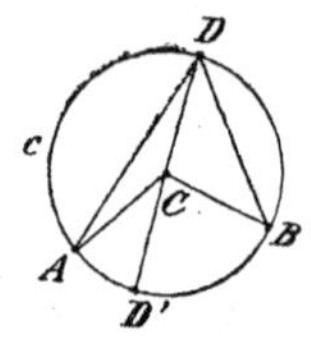

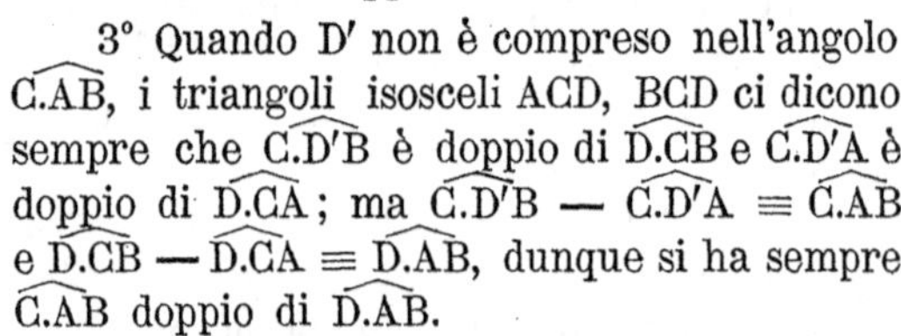

3° Quando D' non è compreso nell'angolo $\widehat{C.AB}$, i triangoli isosceli ACD, BCD ci dicono sempre che $\widehat{C.D'B}$ è doppio di $\widehat{D.CB}$ e $\widehat{C.D'A}$ è doppio di $\widehat{D.CA}$; ma $\widehat{C.D'B} - \widehat{C.D'A} \equiv \widehat{C.AB}$ e $\widehat{D.CB} - \widehat{D.CA} \equiv \widehat{D.AB}$, dunque si ha sempre $\widehat{C.AB}$ doppio di $\widehat{D.AB}$.

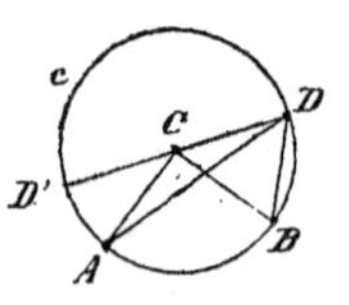

Il teorema rimane così dimostrato in tutti i casi possibili.

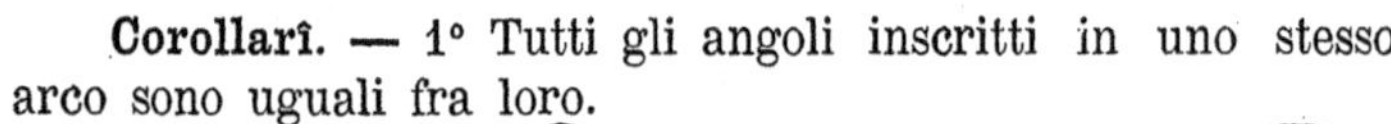

Corollarî. — 1° Tutti gli angoli inscritti in uno stesso arco sono uguali fra loro.

Infatti ogni angolo $\widehat{D.AB}$, inscritto in un dato arco $\widehat{ADB}$, è metà di uno stesso angolo al centro $\widehat{C.AB}$.

2° Un angolo al centro è concavo, piatto o convesso, secondochè l'arco compreso è maggiore, uguale o minore di un semicircolo; in ogni caso è sempre doppio di ciascun angolo inscritto che comprende lo stesso arco, quindi un angolo inscritto in un arco maggiore di un semicircolo è acuto; un angolo inscritto in un semicircolo è retto; un angolo inscritto in un arco minore di un semicircolo è ottuso.

253. Definizione. — Un arco si dice *capace* di un dato angolo, quando tutti gli angoli in esso inscritti sono uguali all'angolo dato.

Teorema 1° — Ciascuno dei due archi compresi negli angoli determinati da una tangente e da una corda di uno stesso circolo, con un estremo nel punto di contatto, è capace dell'angolo che comprende l'altro arco.

Il circolo c sia toccato da DE in A, e sia AB una sua corda. L'arco $\widehat{AOB}$, compreso nell'angolo $\widehat{A.BD}$, è capace di un angolo uguale ad $\widehat{A.BE}$. Infatti, se C è il centro di c, e se F è il punto opposto ad A, l'angolo piattò $\widehat{C.FB} + \widehat{C.BA}$ è doppio dell'angolo retto $\widehat{A.FE} \equiv \widehat{A.FB} + \widehat{A.BE}$; ma $\widehat{C.FB}$ è doppio di $\widehat{A.FB}$, dunque anche $\widehat{C.BA}$ è doppio di $\widehat{A.BE}$, e perciò ogni angolo $\widehat{G.BA}$ inscritto in $\widehat{AOB}$, essendo metà di $\widehat{C.BA}$ (252, T.), è uguale ad $\widehat{A.BE}$, e l'arco $\widehat{AOB}$ è capace dell'angolo $\widehat{A.BE}$.

Problema. — In un piano dato costruire un arco, che sia capace di un angolo dato ed abbia una corda data.

Se AB è la corda data, nel piano dato π costruiamo un angolo $\widehat{A.BD}$ uguale all'angolo dato, poi, sempre in π, tiriamo per A la retta AC perpendicolare a DAE, e per il punto F, medio di AB, la retta FC perpendicolare ad AB.

Il circolo di π che ha il centro nel punto C, comune ad AC, FC, e passa per A, passa anche per B, essendo CA $\equiv$ CB (125, C. 1°), ed evidentemente l'arco $\widehat{AOB}$, sotteso da AB e compreso in $\widehat{A.BE}$, è capace dell'angolo $\widehat{A.BD}$ (253, T. 1°), e quindi dell'angolo dato. Potendo condurre per A, in π, un'altra retta D_1E_1, che formi con AB un angolo $\widehat{A.D_1B}$ uguale a quello dato, abbiamo un altro arco $\widehat{AO'B}$, che pure è capace dell'angolo dato e soddisfa le condizioni imposte nel problema.

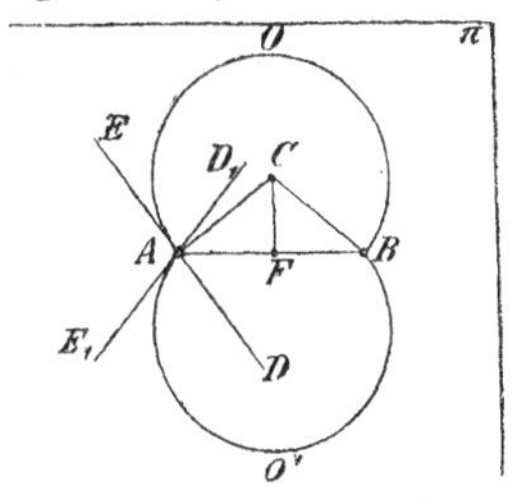

Corollario. — Quando l'angolo dato è retto, i due archi $\widehat{AOB}$, $\widehat{AO'B}$ sono due semicircoli, e si costruiscono descrivendo il circolo, di π, che ha per diametro AB.

Teorema 2° — Se in un piano consideriamo tutti i triangoli che hanno un lato comune ed uguali gli angoli opposti, il luogo dei loro vertici è formato da due archi, che hanno per corda il lato comune.

Nel piano π sia AB il lato comune a tutti i triangoli, che si considerano, e siano $\widehat{AO_1B}$, $\widehat{AO_2B}$ gli archi, di π, che hanno AB per corda, e sono capaci di un angolo uguale a quello opposto ad AB (253, Pr.), che è per ipotesi lo stesso per

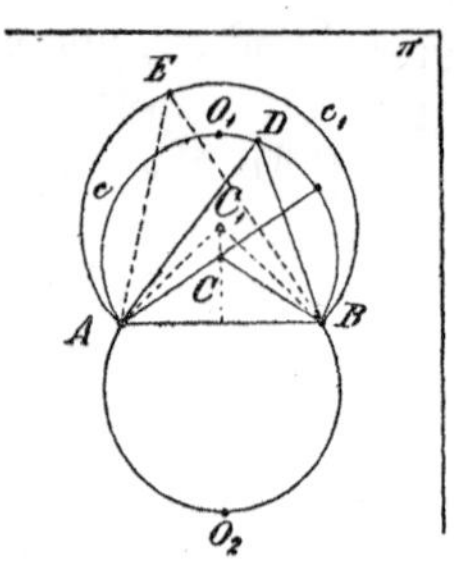

tutti i triangoli. È evidente che ogni punto D di uno $\widehat{AO_1B}$ di questi archi appartiene al luogo, e che se C è il centro del circolo c circoscritto ad ABD, a cui appartiene $\widehat{AO_1B}$, quando $\widehat{D.AB}$ è acuto, D, C stanno da una stessa parte (252, C. 2°) rispetto ad AB, e la somma degli angoli $\widehat{D.AB}$, $\widehat{A.BC}$ è un angolo retto, essendo un semicircolo la somma degli archi compresi, quando $\widehat{D.AB}$ è ottuso, D, C stanno in parti opposte (252, C. 2°) rispetto ad AB, e la differenza degli angoli $\widehat{D.AB}$, $\widehat{A.BC}$ è un angolo retto, essendo un semicircolo la differenza degli archi compresi. Di più ogni punto E, di π, tale che sia $\widehat{E.AB} \equiv \widehat{D.AB}$, è un punto di uno dei due archi $\widehat{AO_1B}$, $\widehat{AO_2B}$; infatti, se E si trova dalla stessa parte di $\widehat{AO_1B}$ rispetto ad AB, e se c_1 è il circolo circoscritto ad ABE e C_1 il suo centro, essendo sempre C, C_1 da uno stesso lato di AB, è un angolo retto la somma o la differenza di $\widehat{E.AB}$, $\widehat{A.BC_1}$ e di $\widehat{D.AB}$, $\widehat{A.BC}$, quindi sono uguali queste somme o differenze, e perciò essendo $\widehat{E.AB} \equiv \widehat{D.AB}$, abbiamo $\widehat{A.BC_1} \equiv \widehat{A.BC}$ e la retta AC_1 deve coincidere con AC. Analogamente si dedurrebbe che BC_1 deve coincidere con BC, quindi C_1 cade in C, il circolo c_1 coincide con c, ed E è un punto di $\widehat{AO_1B}$. Se l'angolo $\widehat{D.AB}$ è retto, il teorema è evidente, perchè il luogo dei vertici è formato dal circolo, di π, che ha AB per diametro (253, C.).

254. Teorema 1° — Se due seganti si tagliano in un punto interno ad un circolo, tra gli angoli che formano, ciascuno di due opposti al vertice è uguale alla metà della somma degli angoli al centro, che comprendono gli stessi archi.

Se due seganti tagliano un circolo c nei punti A,D; B,E, e se P è il punto comune ad esse, interno a c, dal triangolo BPD deduciamo $\widehat{P.AB} \equiv \widehat{B.ED} + \widehat{D.AB}$; ma $\widehat{B.ED}$ è un angolo inscritto uguale alla metà dell'angolo al centro che comprende l'arco $\overset{\frown}{ED}$, e $\widehat{D.AB}$ è pure un angolo inscritto uguale alla metà dell'angolo al centro che comprende l'arco $\overset{\frown}{AB}$, dunque $\widehat{P.AB}$ è la metà della somma degli angoli al centro che comprendono l'arco $\overset{\frown}{AB}$, compreso da $\widehat{P.AB}$, e l'arco $\overset{\frown}{DE}$, compreso dal suo oppposto al vertice $\widehat{P.DE}$.

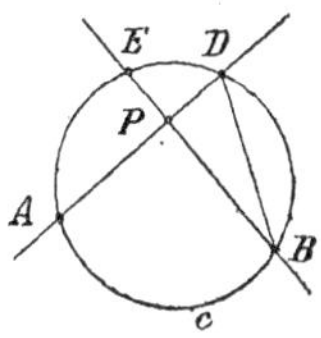

Teorema 2° — Un angolo che ha il vertice in un punto esterno ad un circolo ed i lati seganti, è uguale alla metà della differenza degli angoli al centro, che comprendono gli stessi archi.

Se due seganti tagliano un circolo c nei punti A,D; B,E, e se P è il punto ad esse comune, esterno a c, dal triangolo BPD deduciamo

$$\widehat{P.AB} \equiv \widehat{D.AB} - \widehat{B.DE};$$

ma $\widehat{D.AB}$ è la metà dell'angolo al centro che comprende l'arco $\overset{\frown}{AO'B}$, e $\widehat{B.DE}$ è la metà dell'angolo al centro che comprende l'arco $\overset{\frown}{DO''E}$, dunque $\widehat{P.AB}$ è la metà della differenza degli angoli al centro che comprendono gli archi $\overset{\frown}{AO'B}$, $\overset{\frown}{DO''E}$, compresi da $\widehat{P.AB}$.

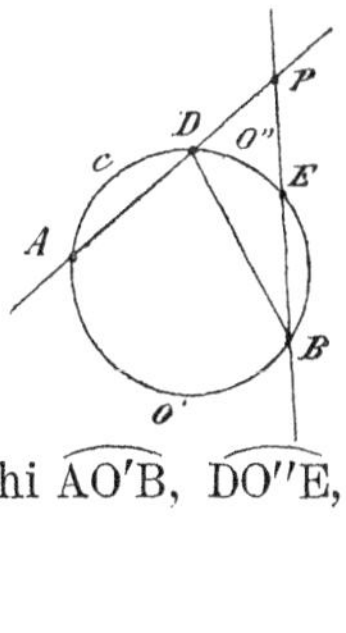

II. Le superficie cilindriche e coniche.

255. Definizioni. — 1ª Diremo *superficie cilindrica*, la superficie luogo geometrico di una retta, elemento generatore, che rota intorno ad un'altra ad essa parallela.

2ª Tutte le rette, che sono posizioni dell'elemento generatore di una superficie cilindrica, si dicono le sue *generatrici;* la retta intorno a cui rota l'elemento generatore, è l'*asse* della superficie cilindrica.

Tutti i punti di una generatrice appartengono alla superficie cilindrica, ogni punto della superficie cilindrica appartiene ad una generatrice, che si trova conducendo dal punto la retta parallela all'asse.

Due generatrici qualunque sono parallele, essendo parallele all'asse. Ogni piano condotto per l'asse taglia la superficie cilindrica secondo due generatrici. Tutte le generatrici sono equidistanti dall'asse (126, C. 1°), quindi la superficie cilindrica si può anche definire come il luogo dei punti, che hanno una data distanza da una data retta.

3ª Il *raggio* di una superficie cilindrica è la distanza di uno qualunque dei suoi punti dall'asse.

256. Se un piano π è perpendicolare all'asse, è perpendicolare a tutte le generatrici, e quindi le sega.

Definizione. — Una *sezione normale* di una superficie cilindrica è la curva luogo dei punti comuni alle generatrici e ad un piano, perpendicolare all'asse.

Teorema. — Tutte le sezioni normali di una superficie cilindrica sono circoli uguali, che hanno i centri sull'asse ed i raggi uguali al raggio della superficie cilindrica.

Se π è un piano perpendicolare nel punto C all'asse a di una data superficie cilindrica, determina una sezione normale, che è il luogo dei punti di π, i quali hanno una distanza da a uguale al raggio della superficie cilindrica; ma la distanza di un punto M di π da a è la distanza di M da C, perchè MC

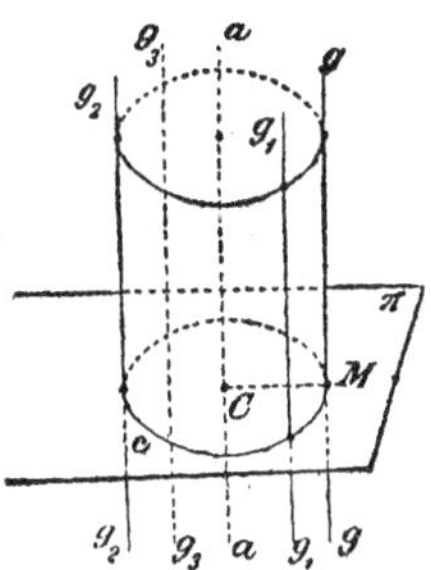

è perpendicolare ad a, dunque la sezione normale è un circolo c, che ha il centro C sull'asse ed il raggio CM uguale a quello della superficie cilindrica.

257. La generatrice di una superficie cilindrica, partendo da una certa posizione e movendosi sempre nella stessa direzione, senza mai riprendere durante il suo movimento non interrotto una posizione già occupata, ritorna alla posizione iniziale. Una superficie cilindrica *divide* lo spazio in due parti.

Definizione. — Un punto si dice *interno* o *esterno* ad una superficie cilindrica, secondochè la sua distanza dall'asse è minore o maggiore del raggio della superficie cilindrica.

Delle due parti staccate da una superficie cilindrica nello spazio, una contiene tutti i punti interni e l'altra tutti i punti esterni.

258. **Teorema 1°** — Una superficie cilindrica non ha punti comuni con quei piani, paralleli all'asse, che hanno da esso una distanza maggiore del raggio.

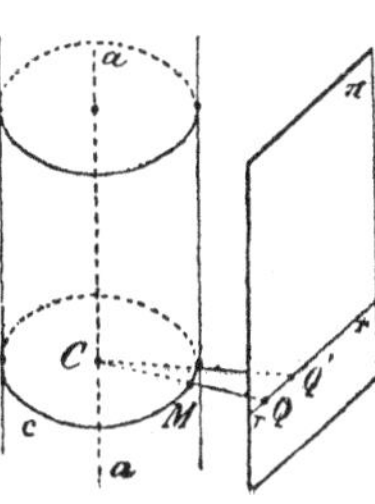

Se CQ è la distanza dell'asse a di una data superficie cilindrica, di raggio CM, da un piano parallelo π, la distanza CQ′, di un punto qualunque Q′ di π da a, è uguale o maggiore di CQ (123, T. 1°), supponendo dunque CQ > CM, abbiamo sempre CQ′ > CM, quindi ogni punto Q′, di π, è esterno alla superficie cilindrica,

Teorema 2° — Una superficie cilindrica ha comuni tutti i punti di una generatrice, ed essi soli, con ciascun piano parallelo all'asse, e che ha da esso una distanza uguale al raggio.

Quando la distanza dell'asse a, di una data superficie cilindrica, da un piano parallelo π è uguale al raggio CM, tutti i punti della proiezione g di a, fatta su π, hanno la distanza dall'asse pure uguale a CM (126, C. 3°), quindi g è una generatrice della superficie cilindrica, la quale appartiene al piano π. I soli punti di g sono comuni a π ed alla superficie cilindrica, perchè ogni altro punto Q di π, avendo dall'asse a una distanza CQ > CM (123, T. 1°), è esterno alla superficie cilindrica.

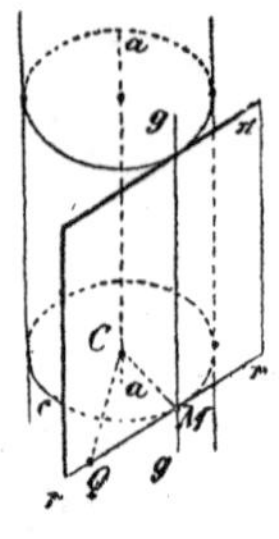

Teorema 3° — Una superficie cilindrica ha comuni tutti i punti di due generatrici, ed essi soli, con ciascun piano parallelo all'asse, e che ha da esso una distanza minore del raggio.

Se CQ è la distanza dell'asse a di una superficie cilindrica data, di raggio CM, da un piano parallelo π, e se CQ < CM, chiamando c la sezione normale fatta dal piano perpendicolare ad a che passa per CQ, e chiamando r la retta comune a π ed al piano di c, la distanza CQ di r dal centro C di c è minore del raggio CM, quindi r ha comuni con c due punti A,B (220, T. 3°), che sono comuni a π ed alla superficie cilindrica; ma le generatrici g_1, g_2 che passano per A,B, essendo parallele ad a, devono giacere nel piano π, che è pure parallelo ad a, dunque π e la superficie cilindrica hanno comuni tutti i punti delle due generatrici g_1, g_2. Non possono poi avere altri punti comuni, perchè se ne avessero uno, avrebbero comuni tutti quelli della generatrice passante per esso, quindi

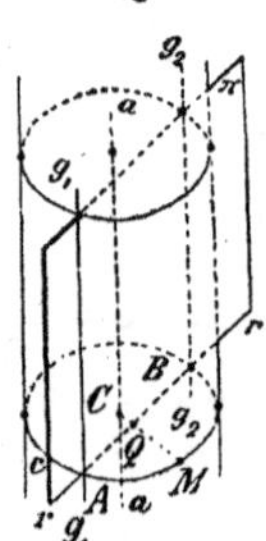

il punto d'intersezione di questa generatrice col piano di c dovrebbe pure essere comune a c ed r, e ciò è assurdo, perchè c ed r non possono avere più di due punti comuni A,B.

Anche i piani che passano per l'asse segano la superficie cilindrica secondo due generatrici.

Corollarî. — 1° Anche i teoremi inversi sono veri.

2° Se una retta r è parallela all'asse, ha tutti i punti esterni o interni rispetto alla superficie cilindrica, secondochè la sua distanza da a è maggiore o minore del raggio; è poi una generatrice della superficie cilindrica, se la sua distanza da a è uguale al raggio. Considerando invece una retta r, non parallela ad a, possiamo condurre per essa un piano parallelo ad a, ed uno solo: la distanza di π da a è evidentemente uguale alla distanza di r da a (130, T.), dunque r non incontra la superficie cilindrica, ha con essa un solo punto comune, o ha con essa due punti comuni, secondochè la sua distanza da a è maggiore, uguale, o minore del raggio. Anche le rette che incontrano l'asse segano la superficie cilindrica in due punti.

3° Quando una retta ed una superficie cilindrica hanno due punti comuni, movendoci sulla retta possiamo passare da un lato all'altro della superficie cilindrica, e possiamo dire, con altre parole, che la retta e la superficie cilindrica si segano nei due punti comuni. Quando una retta ed una superficie cilindrica hanno un solo punto comune, tutti gli altri punti della retta sono esterni alla superficie cilindrica, quindi nel punto comune la retta e la superficie cilindrica s'incontrano senza segarsi. Analogamente vediamo che se un piano ed una superficie cilindrica hanno due generatrici comuni, si segano lungo esse, e se hanno una sola generatrice comune, s'incontrano in tutti i suoi punti senza segarsi.

Definizioni. — 1ª Una retta ed una superficie cilindrica sono *tangenti* in un punto comune, quando non hanno altri punti comuni. Si dice pure che la retta e la superficie cilindrica si *toccano* nel punto comune, che viene chiamato il punto di *contatto*.

2ª Un piano ed una superficie cilindrica sono *tangenti* in tutti i punti di una generatrice comune, quando non hanno altri punti comuni. Si dice pure che il piano e la superficie cilindrica si *toccano* lungo la generatrice comune, che viene chiamata la generatrice di *contatto*.

Corollari. — 4° Data una generatrice qualunque g di una superficie cilindrica, vi è sempre un piano tangente, ed uno solo, che la tocca in tutti i punti di g. Per costruirlo basta far passare per g un piano perpendicolare a ga.

5° Vi sono infinite rette che toccano una superficie cilindrica in uno dei suoi punti, tutte quelle che passano per esso, e giacciono nel piano tangente lungo la generatrice che lo contiene.

6° Preso un punto M esterno ad una superficie cilindrica, il piano condotto per M e perpendicolare all'asse a, sega la superficie cilindrica secondo un circolo c, (256, T.). Se MA, MB sono le due tangenti condotte da M a c (232, C. 1°), i due piani determinati da M e dalle generatrici g_1, g_2 che passano per A,B, sono tangenti alla superficie cilindrica.

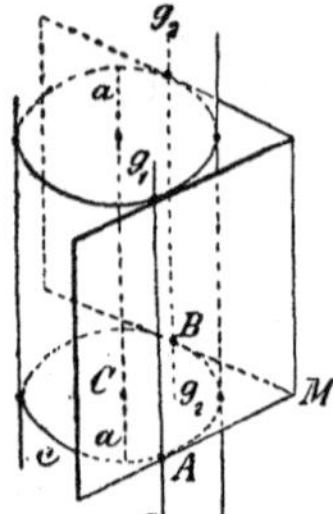

Per M non passano altri piani tangenti, perchè da M non si possono condurre più di due tangenti a c.

259. Definizione. — Diremo che una superficie cilindrica è *inviluppata* da tutti i suoi piani tangenti.

Si può osservare che una superficie cilindrica è l'inviluppo di tutti i piani paralleli ad una retta data, che hanno una data distanza da essa. La superficie cilindrica inviluppata da tutti questi piani è il luogo delle proiezioni della retta fissata, asse, eseguite sui piani stessi.

260. Definizioni. — 1ª Diremo *cilindro* la figura determinata da una superficie cilindrica e dai piani di due sezioni normali, le quali sono due circoli, le cui superficie si dicono *basi* del cilindro.

2ª La *superficie laterale* di un cilindro è quella parte finita della superficie cilindrica che lo determina, staccata dai piani delle basi.

3ª L'*altezza* di un cilindro è la distanza dei piani delle basi.

4ª Il *solido di un cilindro* è la porzione finita di spazio compresa dalla superficie laterale e dalle basi.

Un cilindro si può generare facendo rotare un rettangolo intorno ad uno dei suoi lati.

261. Definizioni. — 1ª Diremo *superficie conica*, la superficie luogo geometrico di una retta, elemento generatore, che incontra una retta fissa e rota intorno ad essa.

2ª Tutte le rette, che sono posizioni dell'elemento generatore di una superficie conica, si dicono le sue *generatrici;* la retta intorno a cui rota l'elemento generatore è l'*asse* della superficie conica; il punto per cui passano tutte le generatrici è il suo *vertice.*

Supporremo che l'asse e la retta elemento generatore non siano perpendicolari, perchè in questo caso la superficie conica generata si riduce ad un piano. Tutti i punti di una generatrice appartengono alla superficie conica, ogni punto della superficie conica appartiene ad una generatrice, che è la retta determinata dal punto e dal vertice. Tutte le generatrici formano angoli uguali con l'asse. Ogni piano condotto per l'asse taglia la superficie conica secondo due generatrici.

3ª L'*angolo* di una superficie conica è il minore degli angoli, che una generatrice qualunque forma con l'asse.

4ª Ogni generatrice è divisa dal vertice in due parti indefinite, ciascuna delle quali genera una parte della superficie conica, che si chiama una delle sue *falde.*

262. Se un piano π è perpendicolare all'asse, sega tutte le generatrici, avendo supposto che non siano perpendicolari all'asse.

Definizione. — Una *sezione normale* di una superficie conica è la curva luogo dei punti comuni alle generatrici e ad un piano perpendicolare all'asse.

Teorema — Tutte le sezioni normali di una superficie conica sono circoli, che hanno i centri sull'asse.

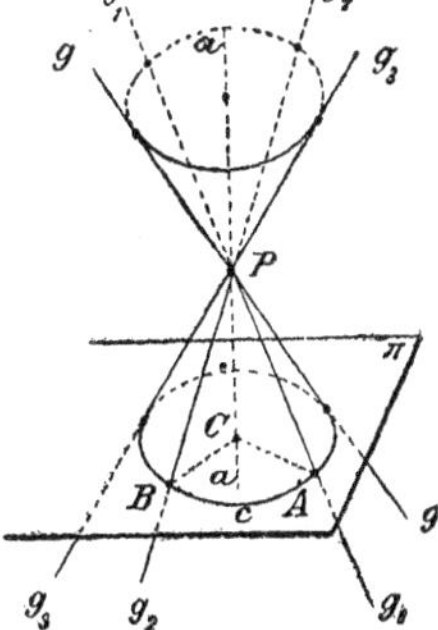

Se il piano π è perpendicolare in C all'asse a di una superficie conica, e se taglia due generatrici g_1, g_2, nei punti A,B, chiamando P il vertice, abbiamo due triangoli rettangoli PCA, PCB, che sono uguali, perchè hanno comune l'ipotenusa PC e perchè $\widehat{P.AC} \equiv \widehat{P.BC}$, dunque $CA \equiv CB$, e deduciamo che la sezione normale fatta da π è un circolo c col centro C sull'asse a.

263. Ciascuna falda di una superficie conica è generata da una parte di retta, che partendo da una certa posizione e movendosi sempre nella stessa direzione, senza mai riprendere durante il suo movimento non interrotto una posizione già occupata, ritorna alla posizione iniziale. Una falda di una superficie conica *divide* lo spazio in due parti.

Definizione. — Un punto si dice *interno* o. *esterno* ad una superficie conica, secondochè la retta che l'unisce al vertice forma o no coll'asse un angolo minore di quello del cono.

Delle due parti staccate da una falda di una superficie conica nello spazio, una contiene tutti i punti interni e l'altra tutti i punti esterni.

264. Teorema 1° — Una superficie conica ha comune il solo vertice con tutti i piani che passano per esso, quando l'angolo minore, che formano coll'asse, è maggiore di quello della superficie conica.

Se $\widehat{P.CQ}$ è l'angolo minore che un piano π, condotto per il vertice P di una data superficie conica, forma coll'asse a, (124, T.) e se $\widehat{P.CQ} > \widehat{P.CM}$, essendo $\widehat{P.CM}$ l'angolo della superficie conica, prendendo un punto qualunque Q′ di π, l'angolo $\widehat{P.CQ'}$ è certamente maggiore di $\widehat{P.CQ}$ o uguale ad esso, se π è perpendicolare all'asse a, perciò in ogni caso $\widehat{P.CQ'} > \widehat{P.CM}$, dunque ogni punto Q′ di π è esterno rispetto alla superficie conica.

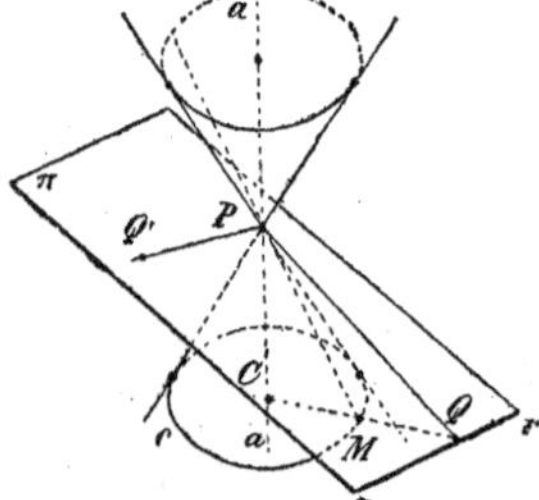

Teorema 2° — Una superficie conica ha comuni tutti i punti di una generatrice, ed essi soli, con tutti i piani, che passano per il vertice, quando formano coll'asse un angolo uguale a quello della superficie conica.

Quando l'angolo che l'asse a di una data superficie conica forma con un piano π, condotto per il vertice P, è uguale all'angolo $\widehat{P.CM}$ della superficie conica, la proiezione g di a, fatta sul piano π, è una sua generatrice. I soli punti di g sono comuni a π ed alla superficie conica. Tutti gli altri punti di π sono esterni rispetto ad essa, perchè congiungendone uno Q col vertice P, abbiamo un angolo $\widehat{P.CQ}$ maggiore dell'angolo della superficie conica.

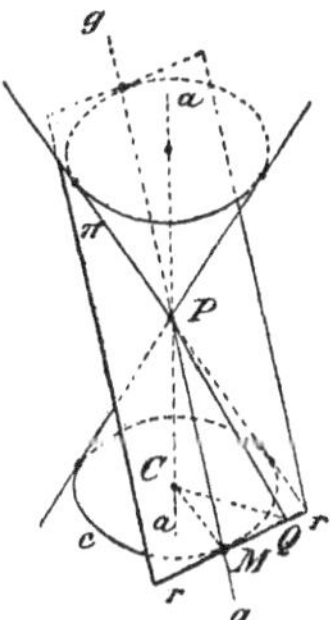

Teorema 3° — Una superficie conica ha comuni tutti i punti di due generatrici, ed essi soli, con tutti i piani, che passano per il vertice, quando l'angolo minore, che formano coll'asse, è minore di quello della superficie conica.

Se $\widehat{P.CQ}$ è l'angolo che l'asse a di una data superficie conica, il cui angolo è $\widehat{P.CM}$, forma con un piano π condotto per il vertice P, chiamiamo c la sezione normale fatta da un piano perpendicolare ad a, che taglia le rette PC, PQ, PM nei punti C, Q, M, e chiamiamo r la retta comune a π ed al piano di c. La distanza CQ di r dal centro C di c è minore del raggio CM, quindi r incontra c in due punti A,B (220, T. 3°), che sono comuni a π ed alla superficie conica; ma le generatrici g_1, g_2 che passano per A, B, incontrando π in P, devono giacere in esso, dunque π e la superficie conica hanno comuni tutti i punti delle due generatrici g_1, g_2.

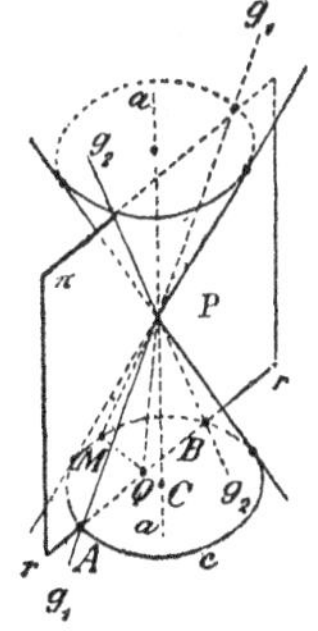

Non possono poi avere altri punti comuni, perchè se ne avessero uno, avrebbero comuni tutti quelli della generatrice passante per esso, quindi il punto d'intersezione di questa generatrice col piano di c dovrebbe pure essere comune a c ed r, ciò che è assurdo, perchè c ed r non possono avere più di due punti comuni A,B.

Pure i piani che passano per l'asse segano la superficie conica secondo due generatrici.

Corollarî. — 1° Anche i teoremi inversi sono veri.

2° Se una retta r passa per il vertice P, ha tutti i punti esterni o interni rispetto alla superficie conica, secondochè l'angolo minore che forma coll'asse è maggiore o minore di quello della superficie conica; è poi una generatrice, se forma coll'asse un angolo uguale a quello della superficie conica. Considerando invece una retta r che non passi per P, possiamo condurre un piano π che passi per essa e per il vertice; ora π o non ha punti comuni colla superficie conica, o ha comuni con essa tutti i punti di una sola generatrice, o ha comuni con essa tutti i punti di due generatrici, rispettivamente in ciascuno di questi casi r non ha punti comuni colla superficie conica, o ha comune con essa un punto solo, o ha comuni con essa due punti.

3° Quando una retta ed una superficie conica hanno due punti comuni, si segano in essi; quando hanno un solo punto comune s'incontrano senza segarsi. Se un piano ed una superficie conica hanno due generatrici comuni, si segano lungo esse; se hanno una sola generatrice comune, hanno comuni con essa tutti i suoi punti, e non la segano.

Definizioni. — 1ª Una retta ed una superficie conica sono *tangenti* in un punto comune, quando non hanno altri punti comuni. Si dice che la retta e la superficie conica si *toccano* nel punto comune, che viene chiamato il punto di *contatto.*

2ª Un piano ed una superficie conica sono *tangenti* in tutti i punti di una generatrice comune, quando non hanno altri punti comuni. Si dice pure che il piano e la superficie conica si *toccano* lungo la generatrice comune, che viene chiamata la generatrice di *contatto.*

Corollarî. — 4° Data una generatrice qualunque g di una superficie conica, vi è sempre un piano tangente, ed uno solo, che la tocca in tutti i suoi punti. Per costruirlo basta far passare per g un piano perpendicolare a ga.

5° Vi sono infinite rette, che toccano una superficie conica in uno dei suoi punti, tutte quelle che passano per esso e giacciono nel piano tangente lungo la generatrice che lo contiene.

6° Preso un punto M, esterno ad una superficie conica, possiamo per esso condurre un piano perpendicolare all'asse a, e che lo seghi secondo il circolo c (262, T.); se MA, MB sono le due tangenti condotte da M a c, i due piani determinati da M e dalle generatrici g_1, g_2, che passano per A, B, sono tangenti alla superficie conica. Per M non passano altri piani tangenti, perchè da M non si possono condurre più di due tangenti a c.

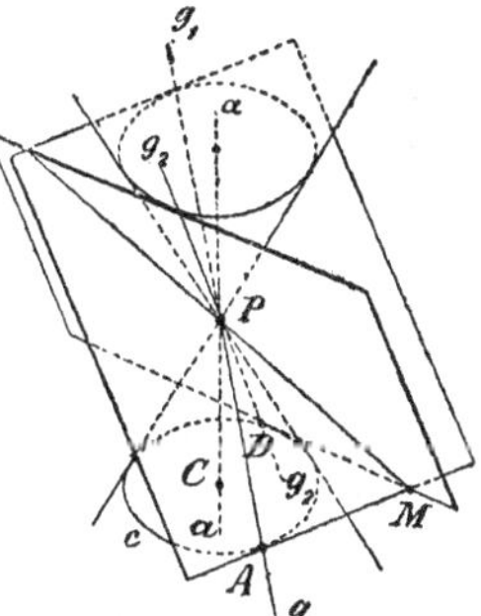

265. Definizione. — Diremo che una superficie conica è *inviluppata* da tutti i suoi piani tangenti.

Si può osservare che una superficie conica è l'inviluppo dei piani, che passano per un punto di una retta data e formano con essa un angolo dato. La superficie conica, inviluppata da tutti questi piani, è il luogo delle proiezioni della retta fissata eseguite sui piani stessi.

266. Definizioni. — 1ª Diremo *cono* la figura determinata da una falda di una superficie conica e dal piano di una sezione normale, la quale è un circolo, la cui superficie si dice *base* del cono.

2ª La *superficie laterale* di un cono è quella parte finita della falda della superficie conica, che lo determina, staccata dal piano della base.

3ª L'*altezza* di un cono è la distanza del vertice dal piano della base; l'*apotema* di un cono è uno qualunque dei segmenti uguali di generatrici, compresi tra il vertice ed il piano della base.

4ª Il *solido di un cono* è la porzione finita di spazio compresa dalla sua superficie laterale e dalla sua base.

5ª Diremo *tronco di cono* la figura determinata da una falda di una superficie conica e dai piani di due sezioni normali, le quali sono circoli, le cui superficie si dicono *basi* del tronco di cono.

6ª La *superficie laterale* del tronco di cono è quella parte finita della falda della superficie conica, che lo determina, staccata dai piani delle basi e compresa fra essi.

7ª L'*altezza* di un tronco di cono è la distanza dei piani delle basi; l'*apotema* di un tronco di cono è uno qualunque dei segmenti uguali di generatrici, compresi fra i piani delle basi.

8ª Il *solido di un tronco di cono* è la porzione finita di spazio compresa dalla sua superficie e dalle sue basi.

267. Corollario. — I punti medî degli apotemi di un cono stanno sopra uno stesso piano parallelo al piano della base, ed equidistante da esso e dal vertice. I punti medî degli apotemi di un tronco di cono stanno sopra uno stesso piano parallelo a quelli delle basi ed equidistante da essi.

Definizione. — La *sezione media* di un cono, o tronco di cono, è quella fatta dal piano che contiene i punti medî di tutti gli apotemi.

III. Le sfere.

1. Intersezione e contatto di una sfera con una retta o con un piano.

268. Ogni retta r, che non sia condotta per il centro C di una data sfera σ, determina un piano diametrale C r, ed uno solo. La sezione fatta da Cr nella sfera σ è un circolo c (85, T.), ed abbiamo già osservato (89, C. 5°) che i punti comuni a σ ed r, se ve ne sono, sono comuni a c ed r, e viceversa. Dopo questa osservazione possiamo enunciare i seguenti teoremi, che discendono immediatamente da altri già dimostrati (220, T. 1°, 2°, 3°).

Teorema 1° — Una sfera non ha punti comuni con quelle rette, che hanno dal centro una distanza maggiore del raggio.

La retta r non ha punti comuni colla sfera σ, perchè la

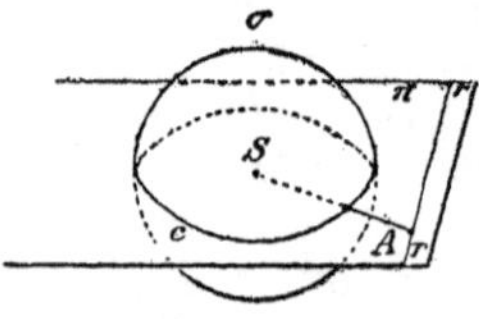

sua distanza SA dal centro S è maggiore del raggio.

Teorema 2° — Una sfera ha un solo punto comune con ciascuna retta, che ha dal centro una distanza uguale al raggio.

La retta r ha un solo punto comune colla sfera σ, perchè

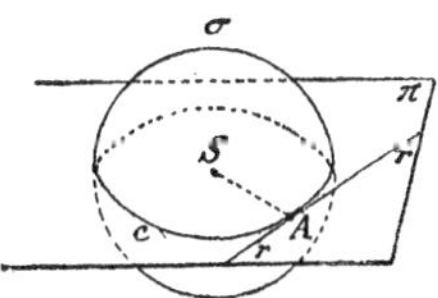

la distanza SA dal centro S è uguale al raggio.

Teorema 3° — Una sfera ha due soli punti comuni con ciascuna retta, che ha dal centro una distanza minore del raggio.

La retta r ha due punti B,C comuni colla sfera σ, perchè

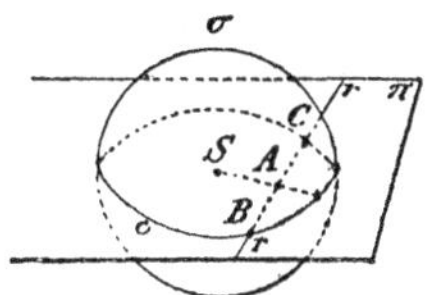

la sua distanza SA dal centro S è minore del raggio. Ogni punto del segmento BC è interno rispetto a σ (122, C. 3°).

Il teorema è vero anche se la retta r passa per il centro S di σ.

Corollarî. — 1° Anche i teoremi inversi sono veri.

2° Quando una retta ed una sfera hanno comuni due punti, si segano in essi; quando hanno un solo punto comune, tutti gli altri punti della retta sono esterni rispetto alla sfera, quindi nel punto comune la retta e la sfera s'incontrano senza segarsi.

Definizioni. — 1ª Diremo *seganti* di una sfera, tutte le rette che la incontrano in due punti.

2ª Una retta ed una sfera sono *tangenti* in un punto comune, quando non hanno altri punti comuni. Si dice pure che la retta e la sfera si *toccano* nel punto comune, che viene chiamato il punto di *contatto*.

269. Definizione. — Si dice *corda* di una sfera, ogni segmento i cui estremi sono due dei suoi punti.

Evidentemente ogni segante contiene una corda, i diametri di una sfera sono corde contenute nelle seganti che passano per il centro, cioè che hanno per estremi due punti opposti della sfera.

Tutti i punti di una corda sono interni rispetto alla sfera (122, C. 3°).

Ogni corda di una sfera è corda di un circolo segato da un piano diametrale, quindi i teoremi sulle corde di circoli uguali, o di uno stesso circolo, ci forniscono immediatamente teoremi relativi alle corde di sfere uguali, o di una stessa sfera. Per esempio possiamo dire che:

Teorema 1° — In una sfera quel piano diametrale, che è perpendicolare ad una corda, passa per il suo punto medio, e viceversa (221, T.).

Corollario. — Data una sfera, il luogo dei punti medî di un sistema di corde parallele è il piano diametrale ad esse perpendicolare (221, C.).

Teorema 2° — In una stessa sfera, o in sfere uguali, le corde uguali sono ugualmente distanti dal centro; tra due corde disuguali è maggiore quella più vicina al centro, e viceversa (222, T. 1°).

Teorema 3° — In una stessa sfera, o in sfere uguali, un diametro è maggiore di tutte le altre corde (222, T. 2°).

270. Teorema 1° — Una sfera non ha punti comuni con quei piani, che hanno dal centro una distanza maggiore del raggio.

Se la distanza SA di un piano π dal centro S di una sfera σ è maggiore del raggio, il punto A è esterno rispetto a σ, ed ogni altro punto B di π è pure esterno, perchè abbiamo SB > SA (123, T. 1°), e quindi SB maggiore del raggio di σ.

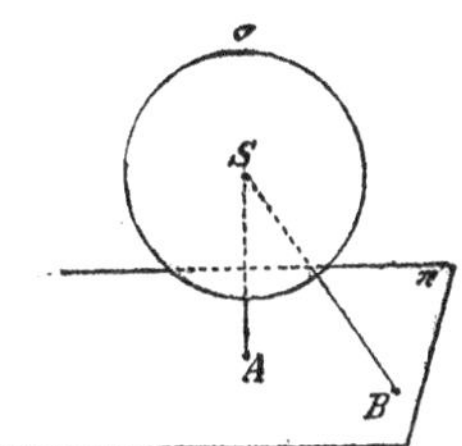

Teorema 2° — Una sfera ha comune un solo punto con ciascun piano, che ha dal centro una distanza uguale al raggio.

Se la distanza SA di un piano π dal centro S di una sfera σ è uguale al raggio, il punto A appartiene a σ, mentre ogni altro punto B di π è esterno rispetto alla sfera, perchè essendo SB > SA, deve essere SB maggiore del raggio.

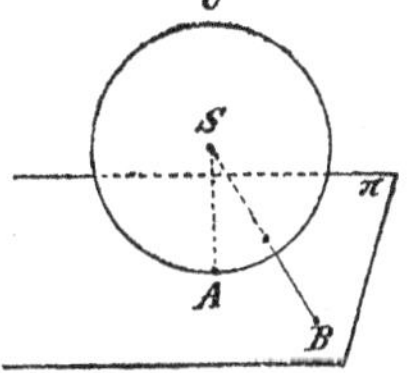

Teorema 3° — Una sfera ha comuni tutti i punti di un circolo, ed essi soli, con ciascun piano, che ha dal centro una distanza minore del raggio.

Se la distanza SA di un piano π dal centro S di una sfera σ è minore del raggio, il punto A è interno rispetto a σ, quindi π ha infiniti punti comuni colla sfera (89, C. 6°); ma tutti i segmenti che determinano con S sono uguali al raggio, dunque devono essere tutti i punti di uno stesso circolo *c*, ed essi soli (123, C.).

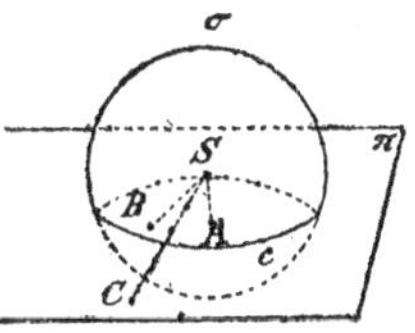

Il centro A di *c* è la proiezione del centro S della sfera fatta sul piano segante π (123, C.). Ogni punto B di π interno rispetto a *c*, è interno rispetto a σ, mentre ogni punto C, pure di π, esterno rispetto a *c*, è esterno rispetto a σ. Il teorema è vero anche se il piano π passa per il centro S di σ (85, T.).

Corollari. — 1° Anche i teoremi inversi sono veri,

2° Se una sfera scorre su se stessa, rotando intorno ad un diametro (88, C. 1°), ogni suo punto si move sopra un circolo, segato sulla sfera da un piano perpendicolare all'asse di rotazione (86, C.).

3° Quando un piano ed una sfera hanno comuni tutti i punti di un circolo, si segano in essi; quando hanno comune un solo punto, tutti gli altri punti del piano sono esterni alla sfera, quindi le due superficie nel punto comune s'incontrano senza segarsi.

Definizione. — Un piano ed una sfera si dicono *tangenti* in un punto comune, quando non hanno altri punti comuni. Si dice pure che il piano e la sfera si *toccano* nel punto comune, che viene chiamato il punto di *contatto.*

271. Corollarî. — 1° In ogni punto di una sfera vi è un piano tangente, ed uno solo.

Se A è un punto di una sfera σ, di centro S, il piano π perpendicolare in A al raggio SA incontra σ solamente in A (270, T. 2°), quindi è un piano tangente alla sfera nel punto A. Ogni altro piano condotto per A ha da S una distanza minore di SA, quindi sega la sfera (270, T. 3°).

2° Vi sono infinite rette che toccano una sfera σ in uno dei suoi punti A, tutte quelle, come AB, che passando per A giacciono nel piano π, che tocca σ in A.

3° I piani tangenti in due punti opposti sono paralleli, e viceversa.

Definizione. — Diremo che una sfera è *inviluppata* da tutti i suoi piani tangenti.

Si può osservare che una sfera è l'inviluppo di tutti i piani, che hanno una data distanza, raggio della sfera, da un punto fisso, centro della sfera. La sfera inviluppata da tutti questi piani è il luogo delle proiezioni del punto fissato eseguite sui piani stessi.

272. Definizioni. — 1ª Due piani, perpendicolari ad un diametro di una sfera, staccano da essa una parte, compresa fra i due piani, che si dice *zona sferica.*

2ª Una zona sferica si dice *calotta sferica*, se uno dei due piani, che la determinano, è tangente alla sfera.

3ª L'*altezza* di una zona sferica è la distanza dei due piani paralleli che la determinano.

4ª Il *solido di una zona sferica* è quello staccato dai due piani che la determinano, nel solido della sua sfera.

5ª Diremo *settore sferico* il solido generato da un settore circolare, che rota compiendo un giro intorno ad un diametro del suo circolo, non compreso nell'angolo al centro che comprende il settore circolare.

6ª Diremo *base*, di un settore sferico, la zona sferica generata dall'arco che comprende il settore circolare che genera il settore sferico.

223. Teorema. — Due piani tangenti formano angoli uguali colla corda, che ha per estremi i loro punti di contatto.

Siano A,B i punti di contatto di due piani tangenti α,β ad una sfera σ col centro S, e sia c il circolo segato sopra σ dal piano diametrale passante per A,B.

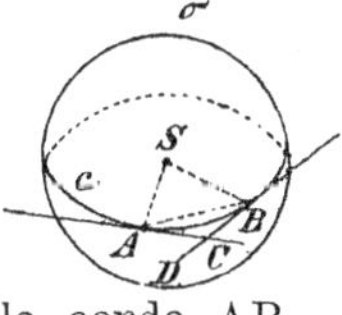

Il piano di c è perpendicolare ai piani α,β, perchè contiene le rette SA,SB ad essi perpendicolari, quindi le proiezioni della corda AB sui piani α,β, sono le rette AC, BD, che toccano c in A,B, ma $\widehat{A.BC} \equiv \widehat{B.AD}$ (225, T.), dunque i piani α, β formano angoli uguali colla corda AB.

Definizione. — Possiamo chiamare *angoli* formati da una segante con una sfera, quelli che la segante forma col piano tangente alla sfera in uno dei due punti comuni.

Corollarî. — 1° Le seganti perpendicolari ad una sfera sono quelle che passano per il centro.

2° Il minore degli angoli, che una segante forma con una sfera, è il complemento del minore di quelli che forma col raggio determinato da uno dei due punti d'intersezione.

3° Le corde uguali, di sfere uguali o di una stessa sfera, formano con esse angoli uguali.

224. Teorema. — Sono uguali gli angoli formati da un piano, che sega la sfera, con i piani che la toccano nei punti del circolo comune.

Sia C il centro di un circolo c, segato da un piano sopra una sfera σ, col centro S. La sfera, rotando intorno a SC, scorre su se stessa, il piano di *c* rota su se stesso intorno a C, ed il circolo *c* scorre su se stesso (86, C.). Ora, per dimostrare il teorema enunciato, basta osservare che il piano tangente a σ in un punto qualunque di *c*, col movimento accennato, viene a prendere successivamente la posizione di tutti gli altri piani, che toccano σ negli altri punti di *c*.

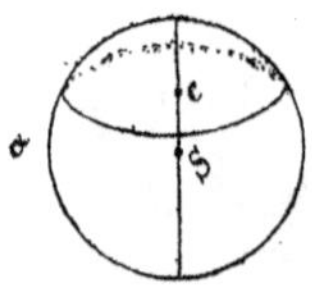

Definizione. — Gli *angoli* formati da una sfera e da un piano, che la sega, sono quelli che il piano forma con uno qualunque dei piani che toccano la sfera in un punto del circolo comune.

Corollarî. — 1° I piani diametrali, ed essi soli, segano una sfera e sono ad essa perpendicolari.

2° I piani, che segano una sfera e sono ugualmente distanti dal centro, formano con essa angoli uguali, e viceversa.

2. *I circoli di una sfera.*

275. Sopra una sfera vi sono infiniti circoli; ogni piano segante la taglia secondo uno di essi, e, viceversa, ciascuno di essi è segato sulla sfera dal suo piano.

Corollario. — Se *c* è un circolo di una sfera σ, segato da un piano diametrale, e se *c'* è un altro circolo di σ, però non segato da un piano diametrale, un diametro A'B' di *c'* è minore di un diametro AB di *c* (269, T. 3°), e quindi un raggio di *c'* è pure minore di un raggio di *c*.

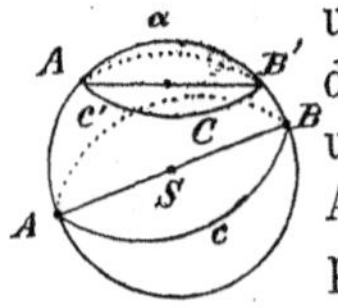

Definizione. — I *circoli massimi* di una sfera sono quelli segati da piani diametrali, tutti gli altri circoli della sfera si dicono *circoli minori*.

Sopra una sfera σ, col centro S, per due punti opposti A,B passano infiniti circoli massimi, tutti quelli segati dai piani che contengono il diametro AB; per due punti A',B', che non siano opposti, passa un solo circolo massimo, quello che è segato dal piano A'B'S, e che si può indicare con A'B'; per tre punti A',B',C', non situati in uno stesso piano con S, passa un solo circolo minore, quello che è segato dal piano A'B'C', e che si può indicare con A'B'C'.

276. Teorema. — In una stessa sfera, o in sfere uguali, i piani di due circoli minori uguali sono ugualmente distanti dal centro; tra due circoli minori disuguali è maggiore il raggio di quello il cui piano è più vicino al centro, e viceversa.

Infatti la distanza del piano di un circolo minore dal centro della sfera è la distanza di uno qualunque dei suoi diametri, corda della sfera, dal centro stesso (269, T. 2°).

Corollario. — Data una sfera, i piani dei suoi circoli minori uguali inviluppano un'altra sfera ad essa concentrica.

277. Definizione. — 1ª Sopra una sfera, i *poli* di un circolo sono i punti opposti estremi del diametro perpendicolare al suo piano.

Teorema. — Tutti i punti di un circolo, dato sopra una sfera, sono equidistanti da ciascuno dei suoi poli.

Se P è un polo di un circolo c, col centro C, situato sopra una sfera σ, e se A, B sono due punti di c, i triangoli PAC, PBC sono uguali, perchè PC è un lato comune e AC ≡ BC, mentre sono retti gli angoli $\widehat{C.AP}$, $\widehat{C.BP}$, dunque PA ≡ PB.

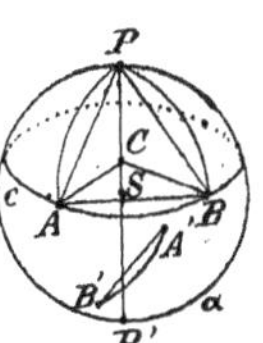

Definizione. — 2ª La *distanza sferica* di due punti di una sfera è il minore degli archi di circolo massimo, che hanno per estremi i due punti.

La distanza sferica dei punti A,B, di σ, è l'arco $\widehat{AB}$ del circolo massimo AB.

Corollari. — 1° Presi sopra σ i punti A,B ed i punti A',B', se AB ≡ A'B', si ha $\widehat{AB} \equiv \widehat{A'B'}$ (251, T. 1°), e viceversa, dunque:

La distanza sferica di due punti di una sfera è uguale a quella di altri due della stessa sfera, se sono uguali le loro distanze ordinarie, e viceversa.

2° Tutti i punti di un circolo, dato sopra una sfera, hanno la stessa distanza sferica da ciascuno dei suoi poli (277, T.).

Definizione. — 3ª Dato un circolo sopra una sfera, ciascuno dei suoi poli è un *centro sferico* del circolo, e le distanze sferiche dei suoi punti da un centro sferico sono i suoi *raggi sferici.*

Un circolo sopra una sfera ha due centri sferici e due raggi sferici. I due raggi sferici dei circoli massimi di una stessa sfera sono uguali fra loro.

278. Due punti opposti P,P′, di una sfera σ, sono poli di tutti i circoli segati dai piani perpendicolari a PP′ nei suoi punti; tra i circoli che hanno P,P′ come poli, ve ne è uno solo massimo, quello segato dal piano perpendicolare a PP′ nel centro S di σ.

Definizioni. — 1ª Rispetto a due punti opposti di una sfera, tra tutti i circoli che li hanno per poli, l'*equatore* è quello massimo, gli altri sono i *paralleli.* Tutti i circoli massimi, che passano per i due poli, sono i *meridiani.*

2ª Due punti opposti di una sfera si dicono anche *antipodi.*

Per ogni punto della sfera, distinto dai poli, passa un meridiano e passa un parallelo.

Tutti i punti dell'equatore hanno la stessa distanza, sferica o no, da ciascuno dei due poli.

Corollario. — L'equatore è il luogo dei poli dei meridiani. Infatti ogni punto A dell' equatore è polo del meridiano *c* segato sulla sfera σ, col centro S, dal piano perpendicolare ad SA, che passa per i poli P,P′. Ogni meridiano *c* ha come poli due punti A,A′, che, essendo estremi di un diametro perpendicolare al suo piano in S, sono due punti opposti dell'equatore.

La sfera si può generare colla rotazione di un meridiano intorno all'asse, che congiunge i due poli; ogni punto di un meridiano genera un parallelo.

279. Un punto comune a due circoli di una stessa sfera deve appartenere alla sfera ed alla retta intersezione dei loro piani, viceversa un punto che appartiene ad una sfera ed alla retta intersezione di due piani, che la segano, deve essere comune ai due circoli segati da essi sulla sfera.

Corollario. — 1° Due circoli di una stessa sfera o non hanno punti comuni, o hanno comune un solo punto, o hanno comuni due soli punti (268, T. 1°, 2°, 3°).

Quando due circoli di una stessa sfera hanno comuni due punti, si segano in essi; quando hanno un solo punto comune, s'incontrano in esso senza segarsi.

Definizioni. — 1ª Due circoli di una sfera sono *tangenti* in un punto comune, quando non hanno altri punti comuni. Si dice pure che i due circoli si *toccano* nel punto comune, che viene chiamato il punto di *contatto.*

Due circoli massimi di una stessa sfera si segano sempre in due punti opposti, e ciascuno divide l'altro in due semicircoli.

2ª Sopra una sfera gli *angoli* formati da due circoli in un punto, in cui si segano, sono quelli formati dalle due rette che li toccano in esso.

Due circoli massimi, in ciascuno dei due punti comuni, formano gli stessi angoli, che sono le sezioni normali dei diedri formati dai loro piani.

Corollari. — 2° Sopra una sfera, tutti i raggi sferici di un circolo sono ad esso perpendicolari.

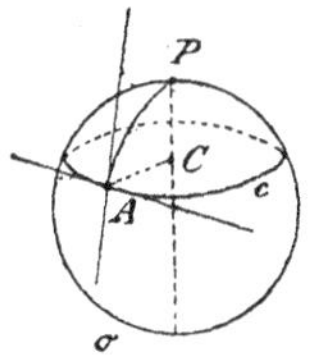

Sopra la sfera σ sia c un circolo col centro in C, sia P un suo centro sferico e $\widehat{PA}$ un suo raggio sferico; la tangente in A a c è perpendicolare a CA ed a PC, quindi al piano PAC ed alla tangente a $\widehat{PA}$ in A.

3° Sopra una sfera, un circolo è toccato in ciascuno dei suoi punti da un circolo massimo; tutti i circoli massimi tangenti ad esso sono perpendicolari ai raggi sferici, che vanno al punto di contatto.

280. Sopra una sfera, per *archi di circoli massimi condotti da un punto ad un circolo*, intenderemo tutti quelli che hanno l'origine nel punto, il termine sul circolo, e tutti i loro punti da una stessa parte di esso.

Fra tutti gli archi di circoli massimi condotti, sopra la sfera σ, dal punto Q al circolo c, se Q non coincide con un centro sferico di c, e non è uno dei suoi punti, ve ne sono due $\overset{\frown}{QM}$, $\overset{\frown}{QN}$, e due soli, perpendicolari a c, perchè un solo circolo massimo PQ passa per Q e per il centro sferico P di c, situato, rispetto ad esso, dallo stesso lato di Q. Dei due archi $\overset{\frown}{QM}$, $\overset{\frown}{QN}$ uno solo, $\overset{\frown}{QN}$, contiene il centro sferico P di c.

Quando non sarà detto esplicitamente, parlando di archi condotti sopra una sfera da un punto ad un circolo, intenderemo sempre che il punto non appartenga al circolo e sia distinto dai suoi centri sferici.

Teorema. — Sopra una sfera, fra gli archi di circoli massimi condotti da un punto ad un circolo, quello ad esso perpendicolare, e che contiene un centro sferico, è maggiore di tutti gli altri; quello ad esso perpendicolare, e che non contiene un centro sferico, è minore di tutti gli altri.

Sia c un circolo della sfera σ, sia P uno dei suoi centri sferici e Q un punto di σ, situato rispetto a c dalla stessa parte di P. Se $\overset{\frown}{QM}$, $\overset{\frown}{QN}$ sono gli archi di circolo massimo perpendicolari a c, e condotti ad esso da Q, se $\overset{\frown}{QN}$ contiene il polo P, e $\overset{\frown}{QA}$ è un altro arco di circolo massimo condotto a c da Q, abbiamo $\overset{\frown}{QA} > \overset{\frown}{QM}$, $\overset{\frown}{QA} < \overset{\frown}{QN}$. Infatti, chiamando Q′ la proiezione di Q fatta sul piano di c, i triangoli rettangoli Q′QA, Q′QM hanno il cateto Q′Q comune; per gli altri due si ha Q′A > Q′M (227, T.), dunque QA > QM (107, T. 3°), e perciò $\overset{\frown}{QA} > \overset{\frown}{QM}$. Di più i triangoli rettangoli Q′QA, Q′QN hanno comune il cateto Q′Q; per gli altri cateti si ha Q′A < Q′N, dunque QA < QN, e perciò $\overset{\frown}{QA} < \overset{\frown}{QN}$.

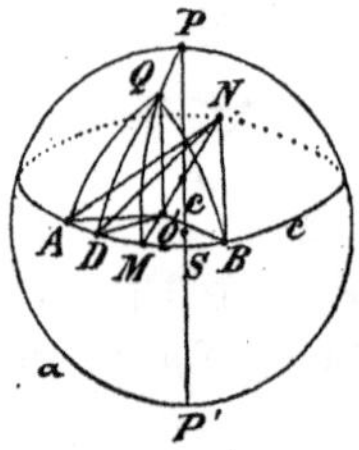

Definizioni. — 1ª Sopra una sfera, fra gli archi di circoli massimi, condotti da un punto ad un circolo, il *massimo* è quello perpendicolare al circolo e che contiene un centro sferico, il *minimo* è quello perpendicolare al circolo e che non contiene un centro sferico.

2ª La *distanza sferica*, di un punto di una sfera da uno dei suoi circoli, è l'arco minimo di circolo massimo, che si può condurre dal punto al circolo.

Corollario. — Sopra una sfera, presi due paralleli, le distanze sferiche di tutti i punti di ciascuno dall'altro sono uguali.

Il luogo dei punti di una sfera, le cui distanze sferiche da un suo circolo sono uguali ad un dato arco di circolo massimo, è costituito da due circoli paralleli a quello dato e coi piani equidistanti dal suo piano.

Definizione. — 3ª Sopra una sfera, la *distanza sferica* di due circoli paralleli è la distanza sferica di un punto qualunque di uno dall'altro.

281. Teorema. — Sopra una sfera, fra gli archi di circoli massimi, condotti da un punto ad un circolo, due obliqui sono uguali, se hanno i termini equidistanti dal termine del massimo, e quindi del minimo, altrimenti è maggiore quello il cui termine è più vicino al termine del massimo, e quindi più lontano dal termine del minimo.

Sulla sfera σ siano $\overset{\frown}{QN}$, $\overset{\frown}{QM}$ gli archi massimo e minimo, di circolo massimo, condotti da Q al circolo c, e sia Q' la proiezione di Q fatta sul piano di c. Se tra gli archi obliqui di circoli massimi, condotti da Q a c, due $\overset{\frown}{QA}$, $\overset{\frown}{QB}$ hanno i termini A, B equidistanti da N, cioè se $AN \equiv BN$, sappiamo che $AM \equiv BM$ e $Q'A \equiv Q'B$ (228, T.), quindi dai triangoli rettangoli Q'QA, Q'QB, che sono uguali, deduciamo $QA \equiv QB$, e perciò $\overset{\frown}{QA} \equiv \overset{\frown}{QB}$. Se tra gli archi obliqui di circoli massimi, condotti da Q a c, due $\overset{\frown}{QA}$, $\overset{\frown}{QD}$ hanno i termini A, D che non sono equidistanti da N, e precisamente $AN < DN$, sappiamo che $AM > DM$ e $Q'A > Q'D$ (228, T.), quindi dai triangoli rettangoli Q'QA, Q'QD deduciamo che $QA > QD$, e perciò $\overset{\frown}{QA} > \overset{\frown}{QD}$.

Corollarî. — 1° Anche il teorema inverso è vero.

2° Sopra una sfera, tra gli archi di circoli massimi, condotti da un punto ad un circolo, due uguali formano angoli uguali con esso e con gli archi massimo e minimo.

3° Sopra una sfera, per un punto distinto dai suoi centri sferici, non si possono condurre ad un circolo più di due archi di circoli massimi uguali.

4° Le corde degli archi di circoli massimi, condotti sopra una sfera da un punto ad un circolo, sono segmenti condotti dal punto al circolo: i teoremi precedenti forniscono proprietà di questi segmenti.

282. Per i circoli situati sopra una stessa sfera si possono facilmente dedurre, basandoci sopra proprietà dimostrate, altri teoremi analoghi a quelli trovati per i circoli di uno stesso piano, sostituendo alle rette i circoli massimi, ed alla distanza ordinaria di due punti la loro distanza sferica. Così, relativamente alla intersezione ed al contatto di due circoli sopra una stessa sfera, si possono stabilire proprietà analoghe a quelle dimostrate per due circoli di uno stesso piano (229, T. 1°, 2°, 3°), considerando i loro raggi sferici e la distanza sferica dei loro centri.

3. Intersezione e contatto di due sfere.

283. Un punto comune a due sfere determina con i loro centri un piano, che le sega secondo due circoli massimi, i quali passano per esso. Servendoci di questa semplice osservazione, e delle proprietà trovate relativamente all'intersezione e al contatto di due circoli (229), possiamo dimostrare i seguenti teoremi:

Teorema 1° — Due sfere non hanno punti comuni, se la distanza dei loro centri è maggiore della somma dei raggi, ovvero è minore della loro differenza.

Infatti date due sfere σ, σ', se è verificato uno dei due casi, un piano qualunque π condotto per i loro centri S,S′ le sega secondo due circoli c, c', che, avendo i raggi uguali a quelli

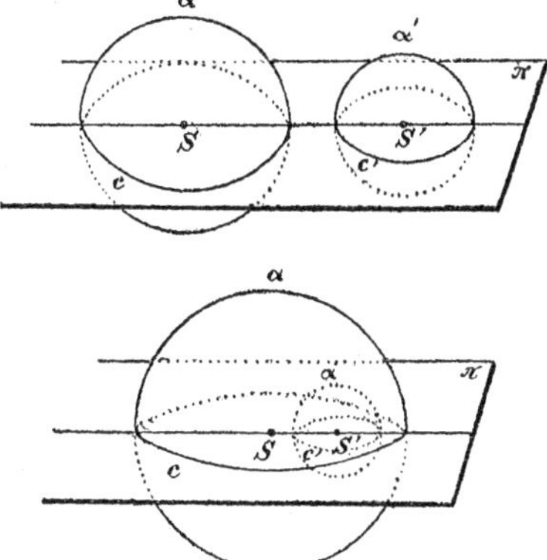

della sfera, non hanno punti comuni (229, T. 1°).

Corollario. — 1° Quando la distanza dei centri è maggiore della somma dei raggi, tutti i punti di ciascuna delle due sfere sono esterni rispetto all'altra. Quando la distanza dei centri è minore della differenza dei raggi, tutti i punti della sfera di raggio minore sono interni rispetto alla sfera di raggio maggiore.

Teorema 2° — Due sfere hanno un solo punto comune, se la distanza dei loro centri è uguale alla somma dei raggi, ovvero alla loro differenza.

Infatti, date due sfere σ, σ', se è verificato uno dei due casi,

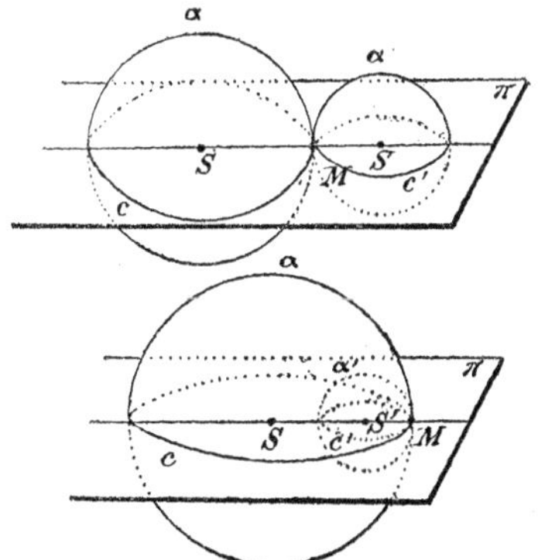

un piano qualunque π condotto per i loro centri S, S' le sega secondo due circoli massimi c, c', che, avendo i raggi uguali a quelli delle due sfere, hanno comune un solo punto M, il quale, essendo situato sopra la retta SS′ (229, T. 2°), è lo stesso qualunque sia il piano π per essa condotto.

Corollario. — 2° Quando la distanza dei centri è uguale alla somma dei raggi, le due sfere hanno un solo punto comune, situato sulla retta determinato dai centri, e tutti gli altri punti di ciascuna sono esterni rispetto all'altra. Quando la distanza dei centri è uguale alla differenza dei raggi, le due sfere hanno pure un solo punto comune, situato sulla retta determinata dai centri, e tutti gli altri punti della sfera di raggio minore sono interni rispetto alla sfera di raggio maggiore.

Teorema 3° — Due sfere hanno comuni tutti i punti di un circolo, ed essi soli, se la distanza dei loro centri è minore della somma dei raggi e maggiore della loro differenza.

Infatti, se le due ipotesi si verificano per due sfere σ, σ', ogni piano π condotto per i loro centri S, S′ le sega secondo due circoli massimi c, c', che, avendo i raggi uguali a quelli delle due sfere, hanno due punti comuni A,B (229, T. 3°); ora,

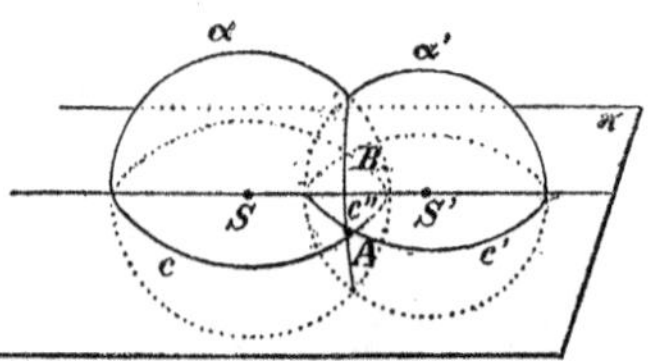

se π rota intorno ad SS′, i circoli c, c' descrivono le sfere σ,σ', e i punti A,B, essendo simmetrici rispetto ad SS′, descrivono un circolo c'', comune alle due sfere, la retta dei centri è perpendicolare al piano di c'' nel suo centro. I soli punti di c'' sono comuni a σ e σ', perchè ogni punto comune alle due sfere deve essere comune a due circoli massimi situati in un piano condotto per SS′.

Corollarî. — 3° I teoremi inversi sono veri.

4° Quando due sfere hanno comuni tutti i punti di un circolo, si segano in essi; quando hanno un solo punto comune, gli altri punti di ciascuna sono tutti interni o tutti esterni all'altra, quindi le due superficie nel punto comune s'incontrano senza segarsi.

Definizioni. — 1ª Due sfere sono *tangenti* in un punto comune, quando non hanno altri punti comuni. Si dice pure che le due sfere si *toccano* nel punto comune, che viene chiamato il punto di *contatto*.

2ª Una sfera tocca un'altra sfera *internamente* o *esternamente* in un suo punto, secondochè ha tutti gli altri punti interni o esterni rispetto all'altra sfera.

284. Corollarî. — 1° Vi sono infinite sfere, che toccano una sfera data in un punto dato.

2° Se due sfere sono tangenti, nel punto di contatto hanno lo stesso piano tangente; viceversa due sfere sono tangenti in un punto, se in esso sono toccate da uno stesso piano.

Teorema. — I piani tangenti nei punti comuni a due sfere, che si segano, formano diedri uguali.

Due sfere σ, σ' scorrono su se stesse, facendole rotare intorno alla retta SS′ che passa per i loro centri S, S′. Se σ, σ' si segano, anche il circolo comune c'' scorre su se stesso, quindi ogni suo punto può venire in un altro suo punto, con ciò i piani, che toccano σ, σ' nel primo, vengono a coincidere con quelli che toccano σ, σ' nel secondo, dunque i diedri dei primi sono uguali a quelli dei secondi.

Definizione. — Possiamo chiamare *angoli* di due sfere, che si segano, gli angoli diedri formati dai loro piani tangenti in uno qualunque dei punti comuni.

285. Teorema. — Tre sfere distinte non possono avere più di due punti comuni, senza avere comuni tutti quelli di uno stesso circolo, ed essi soli.

Può darsi evidentemente che tre sfere σ, σ', σ'' non abbiano punti comuni; può darsi che abbiano un solo punto comune, cioè che si tocchino in uno stesso punto, e può darsi che abbiano due punti soli comuni; in quest'ultimo caso le sfere $\sigma, \sigma', \sigma''$, due a due, hanno comuni tre circoli, che passano per i due punti comuni a tutte, ed il piano del circolo comune a due delle sfere sega la terza in un circolo, che taglia il primo nei due punti comuni a tutte.

Se le sfere $\sigma, \sigma', \sigma''$ hanno tre punti comuni, il loro piano le sega secondo uno stesso circolo c, non potendo circoli distinti avere più di due punti comuni (229, T. 3°), e sappiamo già che $\sigma, \sigma', \sigma''$ non possono segarsi in altri punti fuori di c (283, T. 3°).

4. *Problemi sulle rette e sui piani tangenti.*

286. Problema. — Data una sfera, costruire le rette ed i piani che la toccano e passano per un punto dato, non interno ad essa.

Il punto P, per cui si vogliono condurre le rette ed i piani tangenti della sfera data σ, col centro S, non può essere interno a σ, perchè allora tutte le rette ed i piani condotti per P segherebbero la sfera (89, C. 5°, 6°). Se P è un punto di σ, per P passa un solo piano tangente π, che si costruisce subito conducendo il raggio SP ed il piano perpendicolare ad esso, che passa per P; tutte le rette di π, che passano per P, sono le tangenti a σ condotte per P (271, C. 1°, 2°).

Se P è esterno a σ, un piano condotto per la retta SP sega σ secondo un circolo massimo c, al quale si possono condurre da P due rette tangenti PA, PB, che toccano σ nei punti A,B (268, T. 2°). Il circolo c, rotando intorno a SP, genera la sfera σ, ed essendo $\widehat{P.AS} \equiv \widehat{P.BS}$, le rette PA,PB generano una superficie conica che ha il vertice in P, e le cui generatrici tutte toccano σ. Viceversa, se PA è una retta tangente a σ, condotta per P, il piano determinato da S e da PA sega σ secondo un circolo massimo c, toccato in A da PA, dunque PA è una generatrice della super-

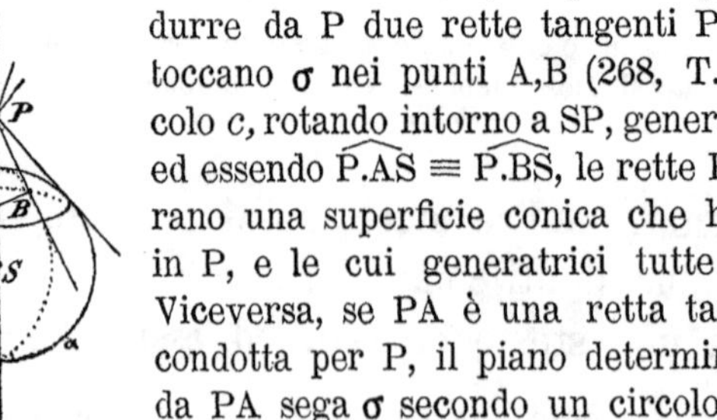

ficie conica. Così abbiamo ottenuto tutte le rette tangenti alla sfera e che passano per il punto dato. I piani che toccano la sfera, e che passano per P, si trovano subito prendendo quelli che toccano la sfera negli stessi punti in cui è toccata dalle rette costruite; infatti il piano tangente a σ in A deve contenere tutte le rette che toccano σ in A,. quindi contiene la PA, e perciò il punto P. Viceversa, se un piano tangente passa per P e tocca in A la sfera, la retta PA è una tangente che passa per P e tocca σ in A.

Corollari. — 1° Le tangenti condotte ad una sfera, da un punto esterno, sono le generatrici di una superficie conica, ed i punti di contatto sono tutti i punti di un circolo minore, il cui piano è perpendicolare all'asse della superficie conica, infatti il punto A, rotando la figura intorno a SP, genera un circolo minore di σ, il cui piano è perpendicolare a SP.

2° Un piano, che tocca σ in A e passa per P, contiene la sola retta PA tangente a σ e condotta per P, poichè se ne contenesse un'altra PB tangente a σ in B, conterrebbe il punto B della sfera e sarebbe un piano segante. Ne segue che tutti i piani tangenti ad una sfera, condotti per un punto esterno, inviluppano una superficie conica, che ha il vertice nel punto preso ed è la stessa superficie conica generata dalle tangenti alla sfera condotte per lo stesso punto.

Definizione. — Una superficie conica, *circoscritta* ad una sfera, è una qualunque delle superficie coniche generate dalle tangenti che passano per uno stesso punto esterno alla sfera.

287. Problema 1° — Costruire le rette ed i piani che toccano una sfera data e sono paralleli ad una retta data.

Se r è la retta data e se σ è la sfera data, col centro in S, il piano Sr sega σ secondo un circolo massimo c, al quale si possono condurre due tangenti AC, BD parallele ad r (232, Pr. 2°). Se A, B sono i punti di contatto, le rette AC, BD toccano pure σ in A, B, e rotando c intorno alla retta a, parallela ad r e condotta per S, generano una superficie cilindrica, che ha la retta a per asse, e le cui generatrici sono tutte tangenti a σ e parallele ad r. Inversamente ogni retta parallela ad r, e tangente a σ, è una generatrice di questa superficie cilindrica. Tutti i punti di contatto A,B,..... stanno sopra un circolo massimo della sfera, quello situato nel piano diame-

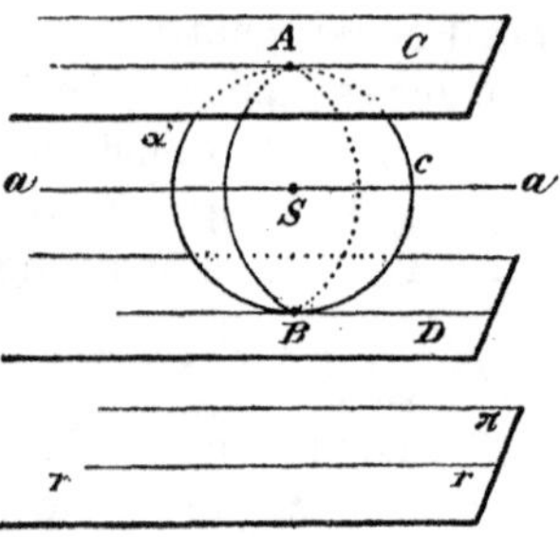

trale perpendicolare ad r; tutti i piani che toccano la sfera nei punti di questo circolo massimo, ed essi soli, sono i piani tangenti paralleli ad r, ed inviluppano la stessa superficie cilindrica generata dalle tangenti parallele ad r.

Definizione. — Una superficie cilindrica, *circoscritta* ad una sfera, è una qualunque delle superficie cilindriche generate dalle tangenti parallele ad una stessa retta.

Problema 2° — Costruire le rette ed i piani che toccano una sfera data e sono paralleli ad un piano dato.

Se π è un piano dato e se la sfera data è σ, conducendo dal centro S la perpendicolare a π, e prendendo i punti A,B in cui taglia σ, i piani tangenti in A,B sono quelli paralleli a π, ed essi soli. Le rette che risolvono il problema sono tutte le tangenti nei punti A e B.

288. Problema. — Costruire i piani che toccano una sfera data e passano per una retta data, che non la sega.

È naturale che la retta data r non può segare la sfera data σ, perchè se per r passa un piano tangente a σ, nessun punto di questo piano, e quindi nessun punto di r, può essere interno a σ. Se r tocca σ, per r passa un solo piano tangente, quello che tocca σ nel punto di contatto con r, e che già sappiamo costruire (286, Pr.). Se poi tutti i punti di r sono esterni rispetto a σ, abbiamo un cilindro circoscritto colle generatrici parallele ad r (287, Pr. 1°), ed i due piani che lo toccano, e passano per un punto di r, sappiamo costruirli e sono quelli cercati, che contengono r e toccano σ.

Corollario. — Per una retta, i cui punti sono tutti esterni rispetto ad una sfera, si possono condurre due piani ad essa tangenti, e due soli.

289. Problema. — Costruire i piani tangenti a due sfere date.

Date due sfere σ, σ', un piano, condotto per i loro centri S,S', le sega secondo due circoli massimi c, c', e, se AA' è una retta che li tocca in A, A' (233), possiamo costruire un piano π che passi per AA' e sia perpendicolare a SA, S'A'; questo

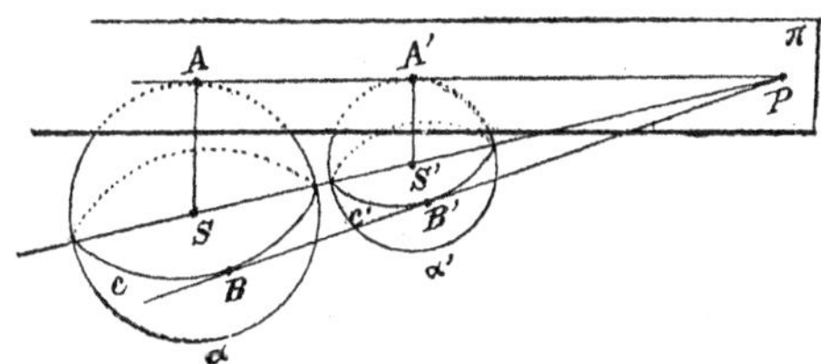

piano π tocca le due sfere in A, A'. Viceversa, se π tocca σ,σ' in A, A', i raggi SA, S'A', essendo perpendicolari a π, stanno in uno stesso piano che sega σ, σ' secondo due circoli massimi c, c', i quali toccano AA' in A,A'; ne segue dunque che la costruzione accennata ci fornisce tutti i piani che toccano contemporaneamente σ, σ'.

Rotando la figura intorno a SS', le due sfere scorrono su se stesse, la retta AA' piglia infinite posizioni, le quali tutte passano per uno stesso punto P dell'asse, e sono le generatrici di un cono insieme circoscritto a σ, σ' ed inviluppato dai piani che toccano σ, σ'.

Corollarî. — 1° I piani tangenti a due sfere, tali che tutti i punti di ciascuna siano esterni all'altra, inviluppano due coni circoscritti ad ambedue le sfere (233, C. 1°).

Se due sfere si toccano esternamente, hanno un piano tangente comune, che le tocca nel loro punto di contatto, mentre gli altri piani tangenti comuni inviluppano un cono circoscritto ad ambedue.

Due sfere, che si toccano internamente, hanno un solo piano tangente comune, quello che le tocca nel loro punto di contatto. Due sfere non hanno piani tangenti comuni, se tutti i punti di una sono interni rispetto all'altra.

2° Quando due sfere hanno raggi uguali, e tutti i punti di una sono esterni rispetto all'altra, abbiamo un cilindro ed un cono inviluppati dai piani tangenti comuni (233, C. 3°).

5. *Sfere che soddisfano date condizioni.*

290. Sappiamo che una sfera è individuata, quando si conosce il suo centro ed il suo raggio; ne segue che per un punto arbitrario passano infinite sfere, per averne una si può prendere il centro in un altro punto arbitrario. Anche per due punti dati passano infinite sfere, però non possiamo prendere arbitrariamente il centro per una di esse, perchè la sua posizione è legata, come apparisce dal seguente

Teorema 1° — Per due punti passano infinite sfere; il luogo dei loro centri è il piano perpendicolare, nel suo punto medio, al segmento che ha per estremi i due punti dati.

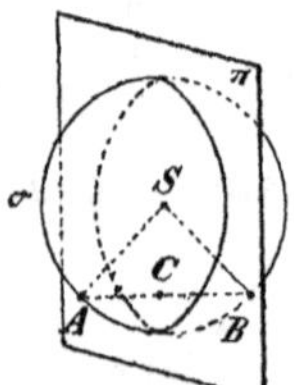

Infatti, se A, B sono i due punti dati, il luogo cercato è quello dei punti S per i quali SA ≡ SB (125, T. 1°), cioè il piano π perpendicolare ad AB nel suo punto medio C.

Teorema 2° — Per tre punti dati, vertici di un triangolo, passano infinite sfere; il luogo dei loro centri è la retta perpendicolare al piano dei tre punti dati nel punto da essi equidistante.

Infatti, se A, B, C sono i tre punti dati, vertici di un triangolo, il luogo cercato è quello dei punti S per i quali $SA \equiv SB \equiv SC$ (131, C. 2°), cioè la retta perpendicolare al piano ABC nel punto equidistante da A, B, C, ossia nel centro del circolo circoscritto al triangolo ABC.

Corollarî. — 1° Tutte le sfere che passano per tre punti, vertici di un triangolo, contengono il circolo ad esso circoscritto.

2° Per una circonferenza data passano infinite sfere, tutte quelle che passano per tre dei suoi punti; il luogo dei loro centri è la retta perpendicolare al piano della circonferenza data nel suo centro.

291. Teorema. — Per quattro punti dati, vertici di un tetraedro, passa una sfera, ed una sola.

Infatti esiste un punto S, ed uno solo, equidistante da quattro punti dati A, B, C, D (189, T. 1°), vertici di un tetraedro, e perciò centro di una sfera σ che passa per essi.

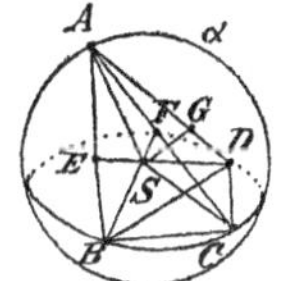

Definizione. — La sfera *circoscritta* ad un tetraedro è quella che passa per i suoi vertici; ogni tetraedro, che ha i vertici sopra una sfera data, si dice in essa *inscritto*.

Corollarî. — 1° Per costruire la sfera circoscritta ad un dato tetraedro, basta prendere il punto comune a tre dei piani perpendicolari agli spigoli nei loro punti medî, e poi costruire la sfera σ che ha il centro in questo punto e passa per uno dei vertici del tetraedro dato.

2° Una sfera, ed una sola, passa per un circolo dato e per un punto preso fuori del suo piano (290, C. 2°).

Problema. — Data una sfera, costruire il suo centro.

Data una sfera σ, tiriamo tre corde AB, AC, AD, con uno stesso estremo A e non situate in uno stesso piano, e troviamo i loro punti medî E, F, G. Il punto S, comune ai piani perpendicolari ad AB, AC, AD nei punti E, F, G, è il centro cercato.

292. Vi sono infinite sfere che toccano un piano dato π; per averne una si può prendere il centro S ad arbitrio fuori di π, infatti, se SA è la distanza di S da π, la sfera σ descritta col centro S e col raggio SA tocca π in A.

Vi sono pure infinite sfere che toccano un piano dato in un punto dato, però non possiamo prendere ad arbitrio il centro per una di esse, perchè la sua posizione è legata come apparisce dal seguente

Teorema 1° — Vi sono infinite sfere che toccano un piano dato in un punto dato; il luogo dei loro centri è la retta perpendicolare al piano nel punto dato.

Infatti, se π è il piano ed A il suo punto dato, e se σ è una

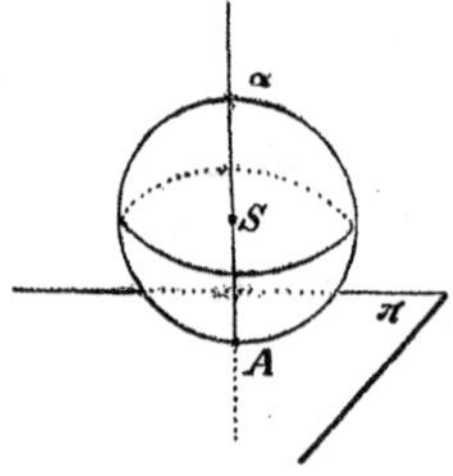

sfera col centro S, che tocca π in A, la retta SA deve essere perpendicolare a π, e viceversa.

Teorema 2° — Vi sono infinite sfere tangenti a due piani dati che s'incontrano; il luogo dei loro centri è costituito dai piani bisettori dei diedri che formano.

Infatti il luogo cercato è quello dei punti equidistanti dai due piani dati, che s'incontrano (125, T. 3°).

Teorema 3° — Vi sono infinite sfere che toccano due dati piani paralleli; il luogo dei loro centri è il piano da essi equidistante.

Infatti il luogo cercato è quello dei punti equidistanti dai due piani dati paralleli (127, C. 6°).

Teorema 4° — Vi sono infinite sfere che toccano tre dati piani di un triedro; il luogo dei loro centri è costituito da quattro rette che passano per il punto comune ai tre piani dati.

Infatti, dato un triedro, il luogo cercato è quello dei punti equidistanti dai suoi piani (172, T.).

È facile considerare il caso in cui dei piani dati due siano paralleli. Se sono tutti paralleli, non vi è alcuna sfera che li tocchi contemporaneamente.

293. Teorema. — Vi sono otto sfere che toccano quattro piani dati, di un tetraedro.

Infatti, dato un tetraedro, vi sono otto punti equidistanti dalle sue facce (189, T. 2°).

È facile considerare il caso in cui due dei quattro piani sono paralleli, ed il caso in cui anche gli altri due sono paralleli. Se più di due sono paralleli fra loro, non vi sono sfere che li tocchino tutti contemporaneamente.

Corollario. — Una delle otto sfere, che toccano i piani di un tetraedro, si costruisce prendendo come centro il punto comune ai piani bisettori degli angoli interni del tetraedro (189, C. 2°), e come raggio la sua distanza da una faccia. Questa sfera non ha punti esterni al tetraedro, mentre invece le altre sette non hanno punti interni ad esso.

Definizioni. — 1ª Le otto sfere che toccano i piani di un tetraedro, si dicono *inscritte;* quelle sette che hanno tutti i punti esterni rispetto al tetraedro si distinguono dall'ottava chiamandole anche *ex - inscritte.*

2ª Ogni tetraedro, che ha i piani tangenti ad una sfera, si dice ad essa *circoscritto.*

294. — Analoghi teoremi, per le sfere che toccano rette date, si possono dedurre facilmente da proprietà già dimostrate.

6. *Angoli sferici.*

295. Definizioni. — 1ª Due semicircoli massimi, che hanno gli estremi negli stessi punti opposti, dividono la loro sfera in due parti, che si dicono *angoli sferici.*

2ª I *lati* di un angolo sferico sono i due semicircoli massimi che lo determinano; i due semicircoli rimanenti si dicono i *prolungamenti* dei lati, i due punti opposti, comuni ai lati, sono i due *vertici* dell'angolo sferico, ed il suo diametro è quello che ha per estremi i vertici.

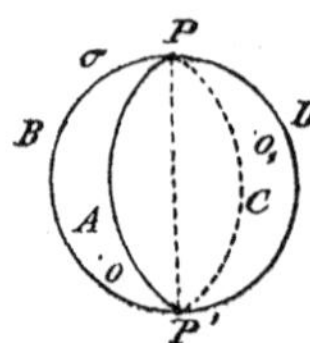

Così due circoli massimi APC, BPD, di una stessa sfera σ, hanno comuni due punti opposti P,P′, e si dividono in quattro semicircoli PA, PC, PB, PD; due di questi PA, PB dividono la sfera in due angoli sferici. I lati sono PA, PB, i prolungamenti sono PC, PD e i vertici sono P, P′.

Se PA, PB sono ciascuno il prolungamento dell'altro, i due angoli sferici, che staccano da σ, sono uguali e ciascuno è una semisfera.

296. Un semicircolo massimo può descrivere una sfera, rotando in due *direzioni opposte* intorno al diametro che passa per i suoi estremi. Uno dei due angoli sferici, che hanno per lati PA, PB, si può immaginare descritto dal lato PA che roti in una data direzione intorno a PP′, finchè acquisti la posizione dell'altro lato PB, ovvero si può immaginare descritto dal lato PB che roti nella direzione opposta intorno a PP′, finchè acquisti la posizione dell'altro lato PA.

Evidentemente dati i due lati di un angolo sferico, e la direzione in cui si deve movere uno di essi per descriverlo, l'angolo sferico è individuato.

Definizioni. — 1ª Dei due lati di un angolo sferico, descritto in un dato senso, l'*origine* è quello che lo descrive, l'altro è il *termine.*

2ª Quando un lato descrive un angolo sferico, acquista infinite posizioni che si dicono *comprese* dentro l'angolo sferico.

Se O è un punto di un angolo sferico, se i suoi vertici sono P,P′, se la sua origine è il lato PA ed il suo termine è il lato PB, possiamo indicarlo con $P.\widehat{AOB}$, o $P'.\widehat{AOB}$; se la sua origine è il lato PB ed il suo termine il lato PA, possiamo indicarlo con $P.\widehat{BOA}$, o $P'.\widehat{BOA}$.

297. Definizioni. — 1ª Diremo *diedro al centro* di una sfera ogni diedro il cui spigolo passa per il centro.

Le facce di un diedro al centro segano la sfera secondo due semicircoli massimi, lati di un angolo sferico, i cui punti appartengono tutti al diedro.

2ª Un diedro al centro di una sfera *comprende* quell'angolo sferico i cui lati sono segati sulla sfera dalle facce del diedro, ed i cui punti appartengono tutti al diedro.

Ogni angolo sferico è compreso da un diedro al centro.

3ª Sopra una stessa sfera, due angoli sferici si dicono *opposti ai vertici*, quando sono opposti allo spigolo i diedri al centro che li comprendono, cioè quando tutti i punti di ciascuno sono opposti a quelli dell'altro.

4ª Il solido di un *angolo sferico* è la porzione finita staccata nello spazio dall'angolo sferico e dal diedro al centro, che lo comprende.

Se due angoli sferici sono opposti ai vertici, i lati di ciascuno sono i prolungamenti dei lati dell'altro.

Due circoli massimi di una stessa sfera staccano da essa quattro angoli sferici, che si separano in due coppie di angoli sferici opposti ai vertici.

298. Due semicircoli massimi PA, PB, lati di due angoli sferici $P.\widehat{AOB}$, $P.\widehat{AO_1B}$, giacciono in due parti di piano rA, rB che dividono lo spazio in due diedri al centro, quando gli angoli sferici non sono due semisfere, uno è compreso nel diedro convesso, l'altro nel diedro concavo. Se non sarà detto esplicitamente, per angolo sferico $P.\widehat{AB}$ intenderemo sempre quello $P.\widehat{AOB}$, che è compreso nel diedro convesso $r.\widehat{AB}$.

299. Definizione. — La *sezione normale* di un angolo sferico è quell'arco dell'equatore, corrispondente ai vertici come poli, che ha gli estremi sui lati, ed i cui punti appartengono tutti all'angolo sferico.

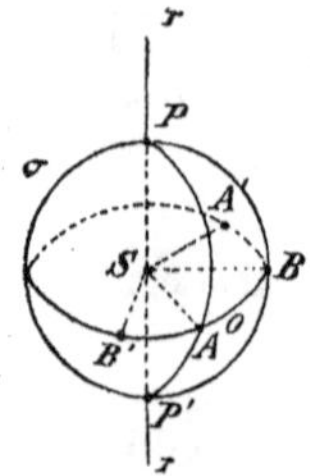

Dato l'angolo sferico $P.\widehat{AOB}$, se l'equatore corrispondente incontra i lati in A, B, e se tutti i punti del suo arco $\widehat{AOB}$ appartengono a $P.\widehat{AOB}$, la sezione normale dell'angolo sferico è $\widehat{AOB}$, ossia l'arco di circolo massimo compreso dalla sezione normale $S.\widehat{AB}$ del diedro al centro che comprende $P.\widehat{AOB}$.

Teorema. — Dato un angolo sferico, se prendiamo quei poli dei lati ciascuno dei quali è situato rispetto ad essi dalla stessa parte dell'altro, la loro distanza sferica è il supplemento della sezione normale dell'angolo sferico.

Se $\widehat{AOB}$ è la sezione normale dell'angolo sferico $P.\widehat{AOB}$, e se A′ è il polo del lato PA, situato rispetto ad esso dalla stessa parte di PB, e B′ il polo di PB, situato rispetto ad esso dalla stessa parte di PA, le rette SA′, SB′ sono perpendicolari ai piani di PA, PB, e perciò $S.\widehat{A'B'}$ è supplementare di $S.\widehat{AB}$ (69, C. 5°), quindi $\widehat{A'OB'}$ è supplementare di $\widehat{AOB}$.

300. I seguenti teoremi si dimostrano facilmente.

Teorema 1° — Due angoli sferici uguali appartengono a sfere uguali.

Teorema 2° — Gli angoli sferici uguali, che hanno sezioni normali uguali, sono compresi da diedri al centro uguali, e viceversa.

Corollarî. — 1° Se $P.\widehat{AOB}$ è un angolo sferico compreso nel diedro al centro $r.\widehat{AB}$, essendo $r.\widehat{AB} \equiv r.\widehat{BA}$ (37), ne deduciamo $P.\widehat{AOB} \equiv P.\widehat{BOA}$.

2° Il teorema ultimo vale anche per due diedri al centro piatti, nel quale caso i due angoli sferici sono semisfere (295), e le loro sezioni normali sono due semicircoli massimi.

3° Due angoli sferici opposti ai vertici sono uguali.

4° Due piani perpendicolari, condotti per un diametro di una sfera, la tagliano in quattro angoli sferici uguali.

Definizione. — Si dice *retto* ogni angolo sferico compreso da un diedro al centro retto, cioè che ha per sezione normale un quadrante.

Tutti gli angoli sferici retti, di una stessa sfera o di sfere uguali, sono uguali (66, C. 2°).

301. Problema. — Costruire un angolo sferico, di una sfera data, che abbia un lato dato e sia uguale ad un angolo sferico, preso sulla stessa sfera o sopra una sfera uguale.

Basta costruire un diedro uguale a quello al centro che comprende l'angolo sferico dato, e tale che una sua faccia contenga il lato dato, e lo spigolo sia il diametro che contiene i suoi estremi (51, Pr. 3°).

Definizione. — Sopra una stessa sfera, più angoli sferici, presi in un certo ordine, si dicono *consecutivi*, quando il termine di ciascuno è l'origine del seguente, ossia quando sono consecutivi i diedri al centro che li comprendono (52, *D.* 3ª).

Più angoli sferici consecutivi possono avere direzioni diverse.

Corollario. — Avendo risoluto l'ultimo problema, possiamo costruire sopra una stessa sfera, partendo da un lato arbitrario, più angoli sferici consecutivi, le cui direzioni siano fissate, e che siano uguali ad angoli sferici dati sopra la stessa sfera, o sopra sfere uguali.

302. Più angoli sferici consecutivi, tutti colla stessa direzione, tali che il termine dell'ultimo coincida coll'origine del primo, ricoprono un certo numero di volte l'intera sfera.

Possiamo estendere il concetto di angolo sferico, dicendo che i semicircoli massimi PA, PB di σ sono lati d'infiniti angoli sferici, ciascuno descritto da un lato PA, che, movendosi sulla sfera sempre in uno stesso senso, finisce col prendere la posizione di PB, dopo aver descritto un numero qualunque di volte l'intera sfera. Secondo questo concetto un angolo sferico è formato da un certo numero di volte la sua sfera e da una delle parti staccate su di essa dai suoi lati. Ogni volta che un angolo sferico contiene l'intera sfera, il diedro al centro, che lo comprende, e la sua sezione normale, contengono un giro, e viceversa.

Ne segue una naturale estensione del concetto di solido di un angolo sferico, il quale può contenere più volte l'intero solido della sfera, e del concetto di segmento di un angolo sferico e del suo solido, il quale può contenere più volte una intera zona o calotta, ed il suo solido.

303. Gli angoli sferici formano una nuova specie di *grandezze geometriche.*

Dato un angolo sferico, prendendo 1, 2, 3,...... semicircoli massimi in esso compresi, veniamo a *dividerlo* in 2, 3, 4,...... parti, che sono angoli sferici consecutivi (301, D.).

Diviso un angolo sferico in altri angoli sferici, i piani dei loro lati dividono il diedro al centro, che lo comprende, in altri diedri; viceversa, diviso un diedro al centro in altri diedri, le loro facce segano l'angolo sferico compreso in semicircoli massimi, che lo dividono in altri angoli sferici. Da questa osservazione, e dall'ultimo teorema dimostrato, discende che gli angoli sferici, di una stessa sfera o di sfere uguali, ed i diedri al centro che li comprendono o le loro sezioni normali, sono grandezze geometriche le quali si possono trattare nello stesso modo. Posto ciò, è naturale che estendendo agli angoli sferici ed ai loro solidi, di una stessa sfera o di sfere uguali, le definizioni e le notazioni poste per le grandezze elementari, si possono dedurre per essi gli stessi risultati che abbiamo ottenuto per gli angoli, per i diedri e per gli archi. Così possiamo sommare più angoli sferici, di una stessa sfera o di sfere uguali, dati due angoli sferici o i loro solidi, sempre di una stessa sfera o di sfere uguali, possiamo affermare che necessariamente uno è maggiore, uguale o minore dell'altro, e, se sono disuguali, dal maggiore possiamo sempre sottrarre il minore ecc., ecc. Supporremo senz'altro dedotte tutte queste proprietà.

304. Due semicircoli massimi PA, PB di σ sono lati di due angoli sferici $P.\widehat{AOB}$, $P.\widehat{AO_1B}$, se non sono due semisfere, quello $P.\widehat{AOB}$ compreso nel diedro al centro $r.\widehat{AB}$ convesso, e che ha per sezione normale l'arco $\widehat{AOB}$, minore del semicircolo massimo, è minore della semisfera, l'altro $P.\widehat{AO_1B}$, compreso nel diedro al centro $r.\widehat{AB}$ concavo, e che ha per sezione normale l'arco $\widehat{AO_1B}$, maggiore del semicircolo massimo, è maggiore della semisfera. L'angolo sferico, che abbiamo convenuto (298) d'indicare semplicemente con $\widehat{P.AB}$, è quello $\widehat{P.AOB}$ minore della semisfera.

305. Definizione. — Due angoli sferici, dati sopra una stessa sfera o sopra sfere uguali, sono *supplementari*, se la loro somma è una semisfera, sono *complementari*, se la loro somma è un angolo sferico retto.

Se due angoli sferici sono supplementari o complementari, sono supplementari o complementari anche i diedri al centro che li comprendono, e le loro sezioni normali, e viceversa.

Corollario. — Sono uguali gli angoli sferici supplementi o complementi di angoli sferici uguali (39, T. 2°; 66, C. 4°).

306. Corollario. — Un angolo sferico non può essere diviso, in più modi, in uno stesso numero di parti uguali (60, T.).

Problema. — Dividere un angolo sferico dato in due angoli sferici uguali.

Basta costruire il piano bisettore del diedro al centro che lo comprende.

Definizione. — Il circolo massimo *bisettore* di un angolo sferico è quello che lo divide in due angoli sferici uguali.

Si dice indifferentemente costruire il circolo bisettore di un angolo sferico dato, ovvero dividerlo per metà.

7. *Poligoni sferici.*

307. Definizioni. — 1ª Più di due punti, presi in un certo ordine sopra una sfera, in modo che tre consecutivi qualunque non siano sopra uno stesso circolo massimo, determinano una figura che si dice *poligono sferico*.

2ª I punti, che determinano un poligono sferico, si dicono i suoi *vertici*, i *circoli* di un poligono sferico sono quelli massimi determinati da due vertici consecutivi.

Così, sopra una sfera σ, dati quattro punti A, B, C D, nell'ordine scritto, in modo che tre consecutivi qualunque, come A, B, C, non siano sopra uno stesso circolo massimo, abbiamo un poligono sferico che ha quattro vertici A, B, C, D, quattro circoli AB, BC, CD, DA, e si può indicare indifferentemente con uno dei simboli ABCD, BCDA, CDAB, DABC; se gli stessi vertici si prendono nell'ordine inverso, si ha lo stesso poligono sferico, indicato indifferentemente con uno dei simboli DCBA, CBAD, BADC, ADCB.

3ª I *lati* di un poligono sferico sono gli archi di circolo massimo, minori di un semicircolo, che hanno per estremi due vertici consecutivi, gli archi rimanenti sui circoli del poligono sferico si dicono i *prolungamenti* dei lati.

4ª Il *perimetro* di un poligono sferico è l'arco somma di tutti i suoi lati.

I lati di ABCD sono gli archi $\widehat{AB}$, $\widehat{BC}$, $\widehat{CD}$, $\widehat{DA}$, il suo perimetro è $\widehat{AB} + \widehat{BC} + \widehat{CD} + \widehat{DA}$.

Evidentemente un poligono sferico ha lo stesso numero di vertici e di lati; stabilito l'ordine dei vertici, ciascun vertice, o ciascun lato, ha un vertice, o un lato, *precedente* e uno *seguente*.

5ª Le *diagonali* di un poligono sferico sono gli archi di circoli massimi che hanno per estremi due vertici non consecutivi.

Le diagonali di ABCD sono quattro archi di circoli massimi, due dei quali hanno per estremi i vertici A, C, e due i vertici B, D. Il numero delle diagonali di un poligono sferico si trova prendendo il prodotto del numero dei vertici per lo stesso numero diminuito di tre.

6ª Un poligono sferico di 3, 4, 5, 6,....... vertici viene chiamato *triangolo, quadrangolo, pentagono, esagono,........ sferico.*

Il poligono sferico ABCD è un quadrangolo sferico. Quando siano dati solamente i vertici, senza fissarne l'ordine, abbiamo più di un poligono sferico; così con gli stessi quattro vertici A, B, C, D si possono formare tre quadrangoli sferici ABCD, ACDB, ACBD.

308. Definizioni. — 1ª Un poligono sferico si dice *convesso* o *concavo*, secondochè ha o no sulla sua sfera tutti i vertici situati da una stessa parte rispetto a ciascuno dei suoi circoli.

Così dei tre quadrangoli sferici i cui vertici sono gli stessi quattro punti A, B, C, D, di una sfera σ, uno ABCD è convesso, e gli altri due ACDB, ACBD sono concavi.

2ª Un poligono sferico si dice *intrecciato*, se almeno due dei suoi lati si segano fuori dei vertici.

I due quadrangoli sferici ACDB, ACBD sono intrecciati. Evidentemente ogni poligono sferico intrecciato è concavo.

3ª Il *contorno* di un poligono sferico è la linea formata dai suoi lati.

Teorema. — Sopra una sfera, un circolo massimo non può incontrare in più di due punti il contorno di un poligono sferico convesso.

La dimostrazione di questo teorema si può condurre come quella del teorema analogo dimostrato per i poligoni piani (135, T.).

309. Un punto P può percorrere il contorno di un poligono sferico non intrecciato, ABCD, partendo da una certa posizione e movendosi nel senso AB, BC, CD, DA, o nel senso opposto BA, AD, DC, CB, BA, ritornando alla posizione iniziale, senza mai riprendere, durante il suo movimento non interrotto, una posizione già occupata, perciò si vede che il contorno di un poligono sferico non intrecciato è una linea *chiusa*, che *divide* in due parti la sua sfera.

Definizioni. — 1ª Delle due parti in cui la sfera è divisa dal contorno di uno dei suoi poligoni sferici *convessi*, una contiene i prolungamenti dei lati, l'altra no: diremo *esterno* al poligono sferico convesso ogni punto della prima, *interno* ogni punto della seconda.

2ª Ciascuna delle due parti staccate dal contorno di un poligono sferico non intrecciato, sulla sua sfera, si dice superficie del *poligono sferico*, o più semplicemente *poligono sferico*, quando non vi sia timore di equivoci.

Delle due superficie determinate dal contorno di un poligono sferico *convesso*, quando non sarà detto esplicitamente, considereremo quella che non contiene i prolungamenti dei lati.

310. I vertici di un poligono sferico convesso sono tutti situati da una stessa parte rispetto a ciascuno dei suoi circoli, dunque due circoli consecutivi del poligono sferico, cioè passanti per uno stesso vertice, dividono la sfera in quattro angoli sferici, uno dei quali contiene tutti i vertici del poligono sferico.

Definizione. — I circoli di un poligono sferico convesso determinano in ogni vertice quattro angoli sferici, quelli che contengono tutti i vertici del poligono sferico si dicono gli *angoli interni*, o più brevemente i suoi angoli, altri angoli sferici sono ad essi opposti ai vertici, ed i rimanenti si dicono gli *angoli esterni* del poligono sferico.

Il quadrangolo sferico convesso ABCD ha quattro angoli interni $\widehat{A.DB}$, $\widehat{B.AC}$, $\widehat{C.BD}$, $\widehat{D.CA}$, ed ha otto angoli esterni $\widehat{A.ED} \equiv \widehat{A.FB}$, $\widehat{B.GA} \equiv \widehat{B.HC}$, $\widehat{C.IB} \equiv \widehat{C.KD}$, $\widehat{D.LC} \equiv \widehat{D.MA}$.

Un poligono sferico convesso ha lo stesso numero di vertici, di lati e di angoli. I suoi angoli esterni sono due a due uguali, perchè opposti ai vertici, ed in numero uguale a due volte quello dei vertici.

Ogni angolo interno di un poligono sferico convesso è minore di una semisfera. Se un angolo interno fosse una semisfera, si avrebbero tre vertici consecutivi sopra uno stesso circolo massimo, ciò che abbiamo escluso; se fosse maggiore di una semisfera, il prolungamento di uno dei suoi lati dividerebbe l'angolo ed il contorno in due parti, quindi si avrebbero vertici situati in parti opposte rispetto al lato, ciò che è impossibile, essendo convesso il poligono.

311. Definizione. — Le parti di retta che passano per i vertici di un poligono sferico ed escono dal centro della sua sfera, prese nello stesso ordine dei vertici, determinano un angoloide che si dice *corrispondente* al poligono sferico.

Ogni angoloide, che ha il vertice nel centro di una sfera, è corrispondente ad un poligono sferico; i punti comuni alla sfera ed agli spigoli, presi nello stesso ordine, sono i suoi vertici, gli archi segati sulla sfera dalle facce sono i suoi lati.

Se un poligono sferico è intrecciato, anche l'angoloide corrispondente è intrecciato, e viceversa. Se un poligono sferico è concavo o convesso, anche l'angoloide corrispondente è concavo o convesso, e viceversa.

Gli angoli di un poligono sferico convesso sono quelli segati dai diedri dell'angoloide corrispondente.

312. Definizione. — Sopra una stessa sfera due poligoni sferici si dicono *opposti*, quando i vertici di ciascuno sono opposti a quelli dell'altro, e presi nello stesso ordine.

Se due poligoni sferici, di una stessa sfera, sono opposti, gli angoloidi corrispondenti sono opposti al vertice, o viceversa; ne segue che due poligoni sferici opposti hanno i lati uguali e gli angoli uguali.

Posto ciò, è chiaro che dalle proprietà di un angoloide si deducono proprietà di un poligono sferico, e viceversa. Ci limiteremo ad enunciare le seguenti, che discendono immediatamente da altre già dimostrate.

313. Teorema 1° — Un lato di un poligono sferico qualunque è minore della somma di tutti gli altri (158, T. 1°), (177, T. 1°).

Corollario. — 1° Ciascun lato di un triangolo sferico è maggiore della differenza degli altri due (158, C. 2°).

Teorema 2° — Il perimetro di un poligono sferico convesso è minore di un circolo massimo (158, T. 2°) (177, T. 2°).

Teorema 3° — In ogni poligono sferico convesso un angolo qualunque, aumentato di tante volte una semisfera, quanti sono i vertici meno due, è maggiore della somma di tutti gli altri (180, T. 1°).

Corollario. — 2° Ciascun angolo di un triangolo sferico, aumentato di una semisfera, è maggiore della somma degli altri due (159, T. 1°).

Teorema 4° — In ogni poligono sferico convesso la somma degli angoli è minore di tante volte una semisfera, quanti sono i vertici, ed è maggiore di tante volte una semisfera, quanti sono i vertici meno due (180, T. 2°).

Corollario. — 3° In ogni triangolo sferico la somma degli angoli è maggiore di una semisfera, ed è minore di tre semisfere (159, T. 2°).

314. Supponiamo estese ai triangoli sferici tutte le definizioni poste per i triedri.

Definizione. — I poli dei lati di un triangolo sferico, situati rispetto a ciascuno di essi dalla stessa parte del vertice opposto, sono vertici di un altro triangolo sferico, che si dice *supplementare* o *polare* del primo.

Se due triangoli sferici sono supplementari, sono supplementari gli angoloidi corrispondenti, e viceversa.

Teorema 1° — Dati due triangoli sferici, se il secondo è supplementare del primo, viceversa il primo è supplementare del secondo (157, T. 1°).

Teorema 2° — Se due triangoli sferici sono supplementari, i lati di ciascuno sono i supplementi delle sezioni normali degli angoli dell'altro (157, T. 2°).

315. **Teorema 1°** — Se due lati di un triangolo sferico sono uguali, anche gli angoli opposti sono uguali (161, T. 1°).

Teorema 2° — Se due angoli di un triangolo sferico sono uguali, anche i lati opposti ad essi sono uguali (161, T. 2°).

Definizione. — È *isoscele* ogni triangolo sferico che ha uguali due lati ed i due angoli opposti.

316. **Teorema 1°** — Se due angoli di un triangolo sferico sono disuguali, il lato opposto all'angolo maggiore è maggiore del lato opposto all'altro (162, T. 1°).

Teorema 2° — Se due lati di un triangolo sferico sono disuguali, l'angolo opposto al lato maggiore è maggiore dell'angolo opposto all'altro (162, T. 2°).

317. Due poligoni sferici, collo stesso numero di vertici, possono avere uguali i lati e gli angoli senza essere uguali, ciò avviene nel caso di due poligoni sferici opposti, trattandosi però di triangoli sferici, possiamo dire che due triangoli sferici opposti ed isosceli sono uguali; viceversa, se due triangoli sferici opposti sono uguali, sono isosceli (163).

Due poligoni sferici, che hanno lo stesso numero di vertici, sono similmente disposti, se lo sono gli angoloidi corrispondenti (182).

Teorema 1° — Due poligoni sferici convessi sono uguali, se è possibile far corrispondere i loro lati ed i loro angoli, in modo che siano similmente disposti, ed in modo che si riconoscano uguali tutti i lati e tutti gli angoli corrispondenti, eccetto due lati consecutivi e l'angolo compreso, o due angoli consecutivi ed il lato comune (183, T. 1°).

Corollario. — 1° Due triangoli sferici sono uguali, se hanno uguali e similmente disposti due lati e l'angolo compreso, ovvero due angoli ed il lato comune (165, T. 1°, 2°).

Teorema 2° — Due poligoni sferici convessi sono uguali, se è possibile far corrispondere i loro lati ed i loro angoli, in modo che siano similmente disposti, ed in modo che si riconoscano uguali tutti i lati e gli angoli corrispondenti, eccetto tre lati consecutivi, ovvero tre angoli consecutivi (183, T. 2°).

Corollario. — 2° Due triangoli sferici sono eguali, se hanno uguali e similmente disposti i loro lati, ovvero i loro angoli (166, T. 1°, 2°).

318. Dai corollarî precedenti deduciamo che un triangolo sferico è individuato, quando si conoscono:

1° Due lati e l'angolo compreso,

2° Due angoli ed il lato comune,

3° I tre lati,

4° I tre angoli.

In ciascuno di questi casi è facile costruire il triangolo sferico.

319. Teorema. — Se sopra una sfera consideriamo tutti i triangoli sferici, che hanno un lato comune ed uguale la differenza tra la somma degli angoli adiacenti e l'angolo opposto, il suo vertice descrive due circoli minori, che passano per gli estremi del lato comune.

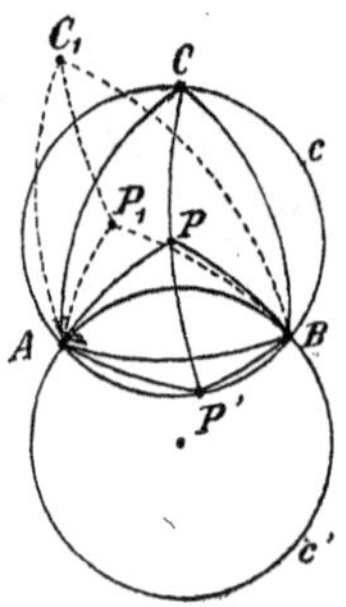

Sopra una sfera σ sia $\widehat{AB}$ il lato comune a tutti i triangoli ABC, che si considerano, sia c il circolo minore, che passa per A,B,C, e sia P quello dei suoi poli, centro sferico, che sta rispetto a c dalla stessa parte dei lati di ABC. Dobbiamo considerare separatamente due casi, perchè P, C possono essere da una stessa parte di AB, o in parti opposte. Nel primo caso abbiamo:

$$\widehat{A.BC}+\widehat{B.CA}-\widehat{C.AB}\equiv\widehat{A.BP}+\widehat{A.PC}+\widehat{B.CP}+\widehat{B.PA}-\widehat{C.AP}-\widehat{C.PB},$$

ed essendo isosceli i triangoli ABP, BCP, CAP, deduciamo:

$$\widehat{A.BC}+\widehat{B.CA}-\widehat{C.AB}\equiv\widehat{A.BP}+\widehat{B.PA};$$

nel secondo caso abbiamo:

$$\widehat{C.AB}-\widehat{A.BC}-\widehat{B.CA}\equiv\widehat{C.AP}+\widehat{C.PB}+\widehat{A.PB}-\widehat{A.PC}+\widehat{B.PA}-\widehat{B.PC},$$

e deduciamo:

$$\widehat{C.AB}-\widehat{A.BC}-\widehat{B.CA}\equiv\widehat{A.PB}+\widehat{B.PA},$$

dunque in ambidue i casi la differenza tra la somma degli angoli adiacenti al lato comune $\widehat{AB}$ e l'angolo opposto è il doppio dell'angolo sferico $\widehat{A.PB}$. Ne segue che, movendosi C sul circolo c, evidentemente la detta differenza non cambia, e quindi tutti i punti di c appartengono al luogo cercato. Ora movendo la sfera e riportandola nella stessa posizione, in modo che vengano scambiati i punti A, B, il circolo c prende la posizione di un altro circolo c', che pure passa per A,B, il suo centro sferico P prende la posizione di un centro sferico P' di c', ed i punti di c' pure appartengono al luogo. Preso un altro punto D fuori di c, c', se c_1 è il circolo che passa per A, B, D, e se P_1 è il suo polo, centro sferico situato rispetto a c_1 dalla stessa parte di D, deduciamo sempre che la differenza tra la somma $\widehat{A.BD} + \widehat{B.DA}$ e l'angolo $\widehat{D.AB}$ è uguale al doppio di $\widehat{A.PB}$. Ora, se questa differenza è la stessa per i triangoli ABC, ABD, è naturale che avremo

$$\widehat{A.P_1B} \equiv \widehat{A.PB} \equiv \widehat{A.P'B},$$

quindi il circolo massimo AP_1 coincide con AP o con AP'; analogamente si deduce che il circolo massimo BP_1 coincide con BP o con BP', dunque P_1 coincide con P o con P', e c_1 con c o con c', perciò i punti di c, c' sono i soli che appartengono al luogo.

320. Dato un triangolo sferico, dalla somma dei suoi angoli possiamo sempre sottrarre una semisfera (313, C. 3°).

Definizione. — L'*eccesso* di un triangolo sferico è la differenza tra la somma dei suoi angoli ed una semisfera.

Teorema. — Sopra una sfera, il luogo dei vertici dei triangoli sferici che hanno lo stesso eccesso, e comune il lato opposto, è formato da due archi di circoli minori, i cui estremi sono i punti opposti, sulla sfera, agli estremi del lato comune.

Sopra una sfera σ sia $\widehat{AB}$ il lato comune a tutti i triangoli ABC che si considerano, e siano A',B' i punti opposti ad A,B.

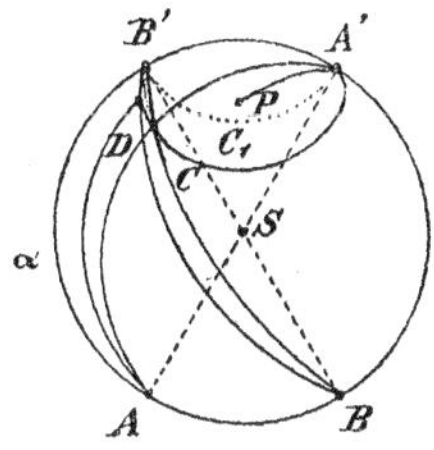

e P è il polo del circolo c che passa per A',B',C, situato rispetto ad esso dalla stessa parte dei lati del triangolo sferico A'B'C, sappiamo già (319, T.) che il doppio dell'angolo sferico $\widehat{A'PB'}$ è uguale ad $\widehat{A'.B'C} + \widehat{B'.CA'} - \widehat{C.A'B'}$, ovvero a $\widehat{C.AB} - \widehat{A'.B'C} - \widehat{B'.CA'}$, secondochè P e C giacciono o no da una stessa parte rispetto ad $\widehat{A'B'}$. Ora gli angoli sferici $\widehat{A'.B'C}$, $\widehat{B'.CA'}$ sono i supplementi di $\widehat{A.BC}$, $\widehat{B.CA}$, e di più $\widehat{C.A'B'} \equiv \widehat{C.AB}$, perchè opposti ai vertici, dunque il doppio di $\widehat{A'.PB'}$ o si trova sottraendo da una sfera $\widehat{A.BC} + \widehat{B.CA} + \widehat{C.AB}$, cioè la somma degli angoli di ABC, o si trova sottraendo una sfera da questa somma; in ogni caso però si deduce che questa somma, e quindi l'eccesso del triangolo sferico ABC, non varia quando C percorre l'arco $\widehat{A'CB'}$, ovvero l'arco rimanente di c, ma è diversa in ambidue i casi. Movendo la sfera e poi riportandola nella posizione primitiva, in modo però che vengano scambiati i punti A',B' e quindi A,B, l'arco $\widehat{A'CB'}$ prende un'altra posizione $\widehat{A'C_1B'}$, ed è chiaro che tutti i punti di questi due archi appartengono al luogo cercato: che poi questi siano i soli punti del luogo, si deduce osservando che per ogni triangolo sferico ABD di σ, che ha lo stesso eccesso di ABC, si ha un triangolo sferico A'B'D, tale che la differenza tra la somma dei suoi angoli adiacenti ad $\widehat{AB}$ e l'angolo opposto deve essere uguale all'analoga differenza per A'B'C, e quindi D o è un punto di A'CB', o è un punto di $A'C_1B'$.

321. Se ABC è un triangolo sferico, trasportandolo sulla sua sfera nella posizione ACD, in modo che B,D cadano in parti

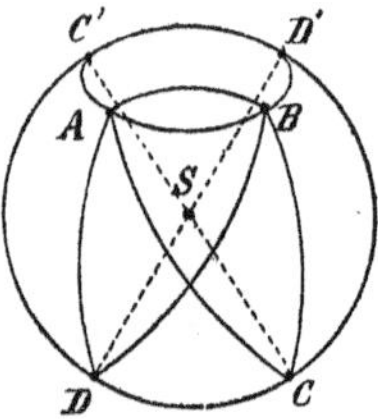

opposte rispetto ad $\widehat{AC}$, abbiamo un quadrangolo sferico ABCI convesso, che ha uguali i lati e gli angoli opposti.

Definizioni. — 1ª Diremo *parallelogrammo sferico* ogni quadrangol sferico convesso che ha uguali i lati e gli angoli opposti.

Se ABCD è un parallelogrammo sferico, i triangoli ACB

ACD, formati dai lati colla diagonale $\widehat{AC}$, ed i triangoli BDA, BDC, formati dai lati colla diagonale BD, sono uguali.

Dato un quadrangolo sferico, dalla somma dei suoi angoli possiamo sempre sottrarre una sfera (313, T. 3°).

2ª L'*eccesso* di un quadrangolo sferico convesso è la differenza tra la somma dei suoi angoli ed una sfera.

Trattandosi di un parallelogrammo sferico ABCD, il suo eccesso è doppio dell'eccesso di ciascuno dei triangoli sferici che i suoi lati formano con le diagonali $\widehat{AC}$, $\widehat{BD}$.

Corollari. — 1° Dato un parallelogrammo sferico, due vertici consecutivi ed i punti opposti sulla sua sfera agli altri due stanno sopra uno stesso circolo.

Se ABCD è un parallelogrammo sferico, abbiamo

$$\widehat{A.DC} + \widehat{D.CA} + \widehat{C.AD} \equiv \widehat{A.DC} + \widehat{D.CB} + \widehat{DBA} + \widehat{C.AD},$$

e $\widehat{B.CD} + \widehat{C.DB} + \widehat{D.BC} \equiv \widehat{B.CD} + \widehat{C.DA} + \widehat{C.AB} + \widehat{D.BC}$;

ma $\widehat{A.DC} \equiv \widehat{C.AB}$, $\widehat{D.BA} \equiv \widehat{B.CD}$, quindi vediamo che

$$\widehat{A.DC} + \widehat{D.CB} + \widehat{D.BA} + \widehat{C.AD} \equiv \widehat{B.CD} + \widehat{C.DA} + \widehat{C.AB} + \widehat{D.BC},$$

e $\widehat{A.DC} + \widehat{D.CA} + \widehat{C.AD} \equiv \widehat{B.CD} + \widehat{C.DB} + \widehat{D.BC}$,

perciò i triangoli sferici ACD, BCD hanno lo stesso eccesso, e quindi i punti A,B ed i punti C′,D′, opposti a C,D, stanno sopra uno stesso circolo.

2° Sopra una sfera il luogo di due vertici consecutivi dei parallelogrammi sferici che hanno lo stesso eccesso, e comune il lato che ha per estremi gli altri due vertici, è formato da due archi di circoli minori, i cui estremi sono i punti opposti sulla sfera agli estremi del lato comune.

IV. Poligoni circoscritti o inscritti al circolo; poliedri circoscritti o inscritti alla sfera; poligoni e poliedri regolari.

322. Definizioni. — 1ª Se un poligono ha tutti i vertici sopra un circolo dato, si dice in esso *inscritto*, e se un circolo passa per tutti i vertici di un poligono, si dice ad esso *circoscritto* (235, D.).

2ª Il *raggio* di un poligono inscritto è quello del circolo circoscritto.

Tre punti di un circolo sono sempre vertici di un triangolo inscritto; presso un triangolo possiamo sempre costruire un circolo ad esso circoscritto (235, T.).

Teorema. — Se un quadrangolo convesso è inscritto in un circolo, i suoi angoli opposti sono supplementari, e viceversa.

Essendo quattro angoli retti la somma degli angoli di un quadrangolo convesso (139, T. 1°), se il teorema è dimostrato per due angoli opposti, si deduce subito che è vero anche per gli altri due.

Se il quadrangolo convesso DEFG è inscritto nel circolo c col centro C, l'angolo $\widehat{\mathrm{D.EG}}$ è la metà dell'angolo al centro $\widehat{\mathrm{C.EG}}$, che comprende lo stesso arco $\overset{\frown}{\mathrm{EFG}}$ (252, T.), e l'angolo $\widehat{\mathrm{F.EG}}$ è la metà dell'angolo al centro $\widehat{\mathrm{C.EG}}$, che comprende lo stesso arco $\overset{\frown}{\mathrm{EDG}}$; ma la somma di questi due angoli al centro è un giro, cioè quattro retti, dunque $\widehat{\mathrm{D.EG}} + \widehat{\mathrm{F.EG}}$ è uguale a due retti, ossia gli angoli opposti $\widehat{\mathrm{D.EG}}$, $\widehat{\mathrm{F.EG}}$ sono supplementari. Viceversa, se $\widehat{\mathrm{D.EG}} + \widehat{\mathrm{F.EG}}$ è uguale a due retti, e se c è il circolo circoscritto al triangolo EFG, dei due archi tagliati dalla EG uno $\overset{\frown}{\mathrm{EFG}}$ comprende l'angolo $\widehat{\mathrm{F.EG}}$, e l'altro nel suo piano è il luogo dei vertici degli angoli supplementari, i cui lati passano per E,G, dunque D deve essere uno dei suoi punti, e perciò c deve essere circoscritto a DEFG.

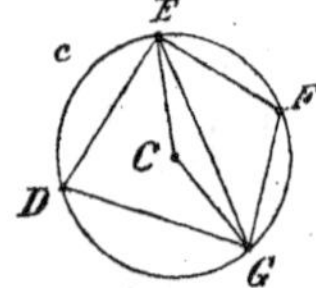

Corollario. — Affinchè si possa circoscrivere un circolo ad un parallelogrammo, è necessario e sufficiente che sia un rettangolo; il centro del circolo è quello del rettangolo.

323. Definizioni. — 1ª Se un poligono ha tutte le sue rette tangenti ad un circolo dato, si dice ad esso *circoscritto*, e se un circolo tocca tutte le rette di un poligono, si dice in esso *inscritto* (237, *D.* 1ª, 2ª).

2ª L'*apotema* di un poligono circoscritto è il raggio del circolo inscritto.

Tre tangenti di un circolo, tali che due qualunque non siano parallele, sono rette di un triangolo circoscritto; preso un triangolo, possiamo sempre costruire quattro circoli in esso inscritti (237, T.).

Teorema. — Se un quadrangolo convesso è circoscritto ad un circolo, la somma di due lati opposti è uguale alla somma degli altri due, e viceversa.

Se il quadrangolo convesso DEFG è circoscritto al circolo c, e se i suoi lati DE, EF, FG, GD lo toccano nei punti H, K, L, M, abbiamo DH $\equiv$ DM, EK $\equiv$ EH, FL $\equiv$ FK, GM $\equiv$ GL (232, C. 2°), dunque

$$DH + HE + GL + LF \equiv DM + MG + EK + KF,$$

ossia $DE + FG \equiv EF + GD$.

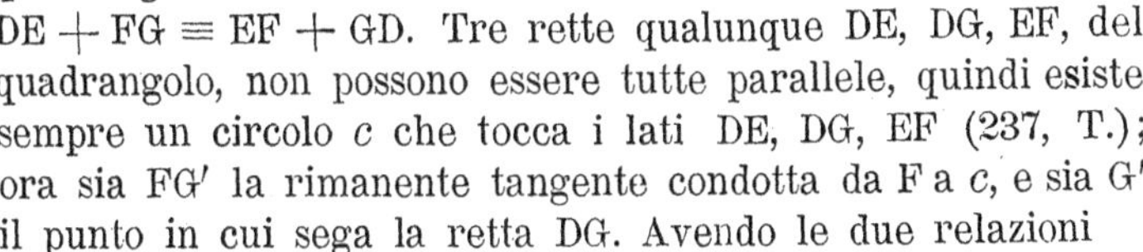

Viceversa supponiamo che sia dato il quadrangolo convesso DEFG, e che sia DE + FG $\equiv$ EF + GD. Tre rette qualunque DE, DG, EF, del quadrangolo, non possono essere tutte parallele, quindi esiste sempre un circolo c che tocca i lati DE, DG, EF (237, T.); ora sia FG′ la rimanente tangente condotta da F a c, e sia G′ il punto in cui sega la retta DG. Avendo le due relazioni

$$DE + FG \equiv EF + GD, \quad DE + FG' \equiv EF + G'D,$$

se G′ fosse un punto del segmento DG, si dedurrebbe

$$FG - FG' \equiv GD - G'D \equiv GG',$$

e nel triangolo FGG′ dovrebbe essere un lato uguale alla differenza degli altri due, ciò che è assurdo (101, C. 2°). Se G′ fosse fuori del segmento DG, si dedurrebbe

$$FG' - FG \equiv G'D - GD \equiv G'G,$$

e si cadrebbe nella stessa assurdità, dunque G′ deve coincidere con G; e in DEFG si può inscrivere un circolo.

Corollario. — Affinchè si possa inscrivere un circolo in un parallelogrammo, è necessario e sufficiente che sia un rombo; il centro del circolo è quello del rombo.

324. Definizione. — Diremo *regolare* ogni poligono convesso che ha uguali tutti i lati e tutti gli angoli.

Un triangolo equilatero ed un quadrato sono poligoni regolari.

Teorema 1° — Si può sempre circoscrivere ed inscrivere un circolo ad un dato poligono regolare.

Siano DE ≡ EF ≡ FG ≡ GH quattro lati consecutivi di un poligono regolare. Essendo convessi i suoi angoli $\widehat{E.DF} \equiv \widehat{F.EG}$, le loro bisettrici EC, FC formano con EF gli angoli acuti $\widehat{E.FC} \equiv \widehat{F.EC}$, e quindi s'incontrano in un punto C (113, C. 2°). Ora

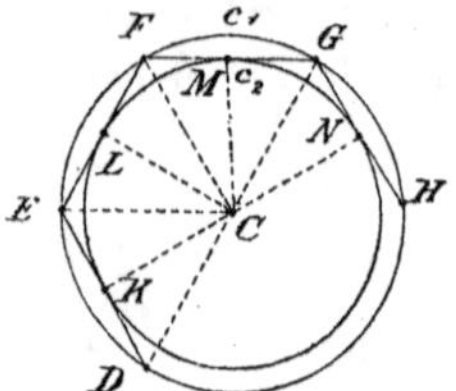

abbiamo EC ≡ FC, ed essendo uguali i triangoli EFC, FGC, perchè EF ≡ FG, EC ≡ FC, mentre sono uguali gli angoli compresi, ne segue che FC ≡ GC e $\widehat{F.EC} \equiv \widehat{G.FC}$, dunque EC ≡ FC ≡ GC e GC è la bisettrice di $\widehat{G.FH}$. Proseguendo, arriviamo a dimostrare che tutti i segmenti, che hanno un estremo in un vertice del poligono e l'altro in C, sono uguali fra loro, e che perciò il poligono è inscritto al circolo c_1, descritto nel suo piano col centro in C e col raggio CE. Essendo poi uguali tutte le corde DE, EF, FG, GH,..... di c_1, le loro distanze CK, CL, CM, CN,..... da C sono pure uguali (222, T. 1°), dunque il circolo c_2, descritto nel piano del poligono col centro in C e col raggio CK, è inscritto nel poligono, e tocca i suoi lati nei punti K, L, M, N,.....

Corollario. — 1° Le bisettrici degli angoli di un poligono regolare, e le rette perpendicolari ai lati nei loro punti medî, passano tutte per uno stesso punto, che è il centro del circolo circoscritto e del circolo inscritto al poligono. Ogni poligono regolare ha un raggio, un apotema ed un centro (75, D. 2ª).

Teorema 2° — Se più punti dividono un circolo in archi uguali sono vertici di un poligono regolare inscritto, e le tangenti al circolo nei punti di divisione sono rette di un poligono regolare circoscritto.

Questo teorema si dimostra subito osservando che se K, L, M, N,.... sono punti consecutivi, che dividono in archi uguali un circolo c_2, col centro C, facendo scorrere su se stesso il piano di c_2, rotando intorno a C come centro, quando K viene in L, ciascun altro punto L, M,.... viene nel consecutivo M, N,....., e le tangenti nei punti K, L, M..... vengono a coincidere con le tangenti nei punti consecutivi L, M, N,.....

Corollarî. — 2° Inscrivere o circoscrivere ad un dato

circolo un poligono regolare, che abbia un dato numero di lati, equivale a dividere il circolo in un dato numero di archi uguali, o, ciò che è lo stesso, a dividere due diedri piatti in un dato numero di angoli uguali.

3° Dato un poligono regolare inscritto in un circolo, per inscriverne un altro, che abbia un numero doppio di vertici, basta dividere per metà tutti gli archi minori sottesi dai lati del poligono dato.

Dato un poligono regolare circoscritto ad un circolo, per circoscriverne un altro, che abbia un numero doppio di lati, basta dividere per metà tutti gli archi minori, che hanno per estremi i punti di contatto di due lati consecutivi del poligono dato.

4° Sono uguali tutti i poligoni regolari inscritti o circoscritti ad uno stesso circolo, o a circoli uguali, che hanno lo stesso numero di vertici.

5° Sono uguali gli angoli di due poligoni regolari che hanno lo stesso numero di vertici.

325. Problema 1° — Inscrivere o circoscrivere, ad un dato circolo, un poligono regolare di 4, 8, 16, 32,... vertici

Dato il circolo c, col centro C, costruiamo due suoi diametri perpendicolari DF, EG. Essendo uguali i quattro angoli che formano, saranno uguali i quattro archi compresi, e quindi DEFG sarà un quadrato inscritto a c (324, T. 2°). Descrivendo le tangenti D'E', E'F', F'G', G'D', che toccano c in D, E, F, G, costruiamo un quadrato circoscritto D'E'F'G' (324, T. 2°).

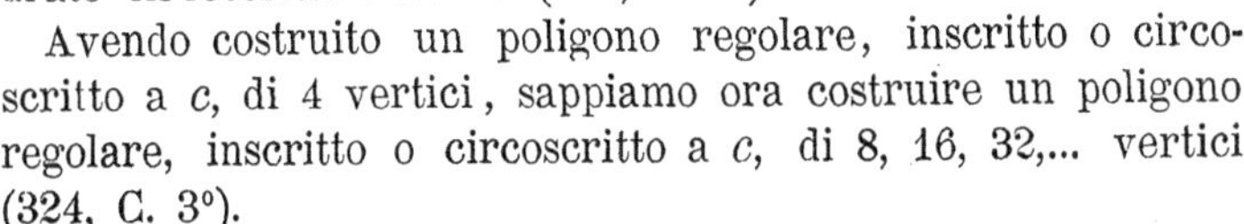

Avendo costruito un poligono regolare, inscritto o circoscritto a c, di 4 vertici, sappiamo ora costruire un poligono regolare, inscritto o circoscritto a c, di 8, 16, 32,... vertici (324, C. 3°).

Corollario. — 1° Il lato di un quadrato è doppio del suo apotema.

Problema 2° — Inscrivere o circoscrivere, ad un dato circolo, un poligono regolare di 3, 6, 12, 24,.... vertici.

Dato un circolo c, col centro C, prendiamo un raggio CD, e costruiamo il raggio CE, in modo che l'angolo $\widehat{C.DE}$ sia il terzo di due angoli retti (109, C. 2°), ossia il sesto di due angoli piatti. L'arco DE sarà la sesta parte di *c*, e la corda DE sarà il lato di un esagono regolare DEFGHK inscritto a *c* (324, C. 2°), che è facile costruire, costruendo successivamente gli archi $\widehat{EF}$, $\widehat{FG}$, $\widehat{GH}$, $\widehat{HK}$ uguali a DE (243, Pr.).

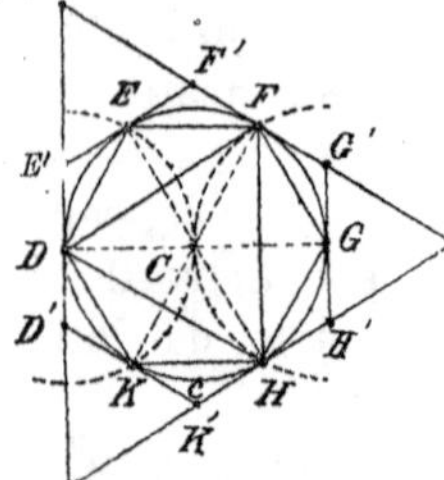

Costruite le tangenti D'E', E'F' F'G', G'H', H'K', K'D', che toccano *c* in D, E, F, G, H, K, è costruito un esagono regolare circoscritto D'E'F'G'H'K'. Evidentemente DFH è un triangolo equilatero inscritto, perchè $\widehat{DF} \equiv \widehat{FH} \equiv \widehat{HD}$, e le tangenti a *c* in D, F, H sono lati di un triangolo equilatero circoscritto.

Avendo costruito un poligono regolare, inscritto o circoscritto a *c*, di 6 vertici, sappiamo ora costruire un poligono regolare, inscritto o circoscritto a *c*, di 12, 24,.... vertici (324, C. 3°).

Corollarî. — 2° Il lato di un esagono regolare è uguale al suo raggio.

3° Il lato di un triangolo equilatero, circoscritto ad un dato circolo, è doppio del lato di un triangolo equilatero, inscritto nello stesso circolo.

Problema 3° — Inscrivere o circoscrivere, ad un dato circolo, un poligono regolare di 5, 10, 20, 40,.... vertici.

Dato un circolo *c*, col centro in C, prendiamo un raggio CD, e costruiamo il raggio CE, in modo che l'angolo $\widehat{C.DE}$ sia il quinto di quattro angoli retti (114, C.). L'arco $\widehat{DE}$ sarà la quinta parte di *c*, e la corda DE sarà il lato di un pentagono regolare DEFGH inscritto a *c* (324, C. 2°), che è facile costruire, costruendo successivamente gli archi $\widehat{EF}$, $\widehat{FG}$, $\widehat{GH}$ uguali a $\widehat{DE}$ (243, Pr.). Costruite le tangenti D'E', E'F', F'G', G'H', H'D', che toccano *c* in D, E, F, G, H, è costruito un pentagono regolare circoscritto D'E'F'G'H'.

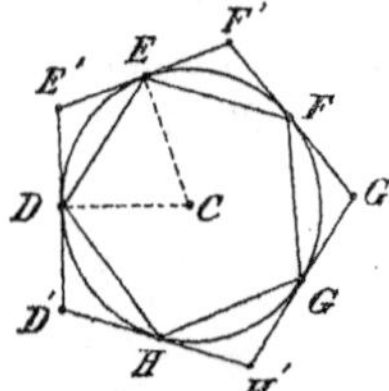

Avendo costruito un poligono regolare, inscritto o circoscritto a *c*, di 5 vertici, sappiamo ora costruire un poligono regolare, inscritto o circoscritto a *c*, di 10, 20, 40,.... vertici (324, C. 3°).

Corollario. — 4° L'angolo $\widehat{C.DE}$ è la quinta parte di quattro angoli retti; l'angolo $\widehat{E.CD}$ è per conseguenza la quinta parte di tre angoli retti, quindi $\widehat{C.DE} > \widehat{E.CD}$, e perciò DE > CD.

Il lato di un pentagono regolare è maggiore del suo raggio.

Problema 4° — Inscrivere o circoscrivere, ad un dato circolo, un poligono regolare di 15, 30, 60,.... vertici.

Se la corda DE, del circolo *c*, è il lato di un esagono regolare inscritto (325, Pr. 2°), e se la corda DF, pure di *c*, è il

lato di un decagono regolare inscritto (325, Pr. 3°), l'arco $\widehat{DF}$ è il decimo di *c*, l'arco $\widehat{DE}$ è il sesto di *c*, quindi $\widehat{FE} \equiv \widehat{DE} - \widehat{DF}$ è il quindicesimo di *c* ed FE è il lato di un poligono regolare inscritto di 15 lati, che possiamo costruire.

Dopo ciò è facile costruire poligoni regolari, inscritti o circoscritti a *c*, di 15, 30, 60,.... vertici.

Corollario. — 5° La costruzione di un poligono regolare dipende dalla costruzione di uno dei suoi angoli.

Possiamo costruire un poligono regolare di quelli considerati, che sappiamo inscrivere in un dato circolo, in modo che abbia i lati uguali ad un segmento dato.

326. Definizioni. — 1ª Quando gli estremi di una linea poligonale coincidono con quelli di un arco, e quando tutti i suoi vertici sono punti dell'arco, si dice che la linea poligonale è in esso *inscritta*, e che l'arco è *circoscritto* alla linea poligonale.

2ª Il *raggio* di una linea poligonale inscritta è quello dell'arco circoscritto.

3ª Quando gli estremi di una linea poligonale sono punti dei lati dell'angolo al centro, che comprende un arco, e quando tutte le sue rette sono tangenti all'arco, si dice che la linea poligonale è ad esso *circoscritta*, e che l'arco è *inscritto* alla linea poligonale.

4ª L'*apotema* di una linea poligonale circoscritta è il raggio dell'arco inscritto.

5ª Diremo *regolare* ogni linea poligonale convessa, che ha uguali tutti i lati e tutti gli angoli.

327. Definizioni. — 1ª L'*angolo al centro*, che *comprende* una linea poligonale inscritta o circoscritta ad un arco, è quello al centro, che comprende l'arco circoscritto o l'arco inscritto nella linea.

2ª *Settore poligonale, inscritto* o *circoscritto* ad un settore circolare, è la parte finita staccata nel piano del settore circolare da una linea poligonale, non intrecciata, inscritta o circoscritta all'arco che comprende il settore, e dall'angolo al centro che comprende la linea poligonale.

3ª Un settore poligonale è *regolare*, quando è regolare la sua linea poligonale.

4ª Il *raggio*, o l'*apotema*, di un settore poligonale, inscritto o circoscritto ad un settore circolare, è il raggio, o l'apotema, della sua linea poligonale.

Corollario. — Per le linee poligonali regolari, e per i settori poligonali regolari, si possono enunciare molte proprietà dimostrate per i poligoni regolari. Per esempio:

Si può sempre inscrivere e circoscrivere un arco ad una data linea poligonale regolare.

Se più punti dividono un arco in archi uguali, sono vertici di una linea poligonale regolare inscritta all'arco, e di un settore poligonale regolare inscritto al settore circolare che è compreso dall'arco. Le tangenti all'arco, parallele alle rette della linea poligonale regolare inscritta, sono rette di una linea poligonale regolare circoscritta all'arco, che ha lo stesso numero di vertici di quella inscritta, e sono rette di un settore poligonale regolare ciscoscritto al settore circolare, che è compreso dall'arco, e che pure ha lo stesso numero di vertici di quello inscritto.

In un dato arco, o in un dato settore circolare, sappiamo inscrivere e circoscrivere le linee poligonali regolari che hanno due, quattro,... lati, o i settori poligonali regolari le cui linee poligonali hanno due, quattro,.... lati.

328. Definizioni. — 1ª Un prisma è *inscritto* o *circoscritto* ad un cilindro, se i suoi poligoni sono inscritti o circoscritti ai circoli basi del cilindro, che allora è *circoscritto* o *inscritto* nel prisma.

2ª Diremo *regolare* ogni prisma retto, i cui poligoni sono regolari.

Corollarî. — 1° Si può sempre circoscrivere ed inscrivere un cilindro ad un dato prisma regolare.

2° Possiamo inscrivere o circoscrivere ad un dato cilindro un prisma regolare, che abbia un dato numero di facce laterali, quando in un circolo base sappiamo inscrivere, e quindi circoscrivere, un poligono regolare che sia base del prisma.

3° Sono uguali tutti i prismi regolari che hanno uno stesso numero di vertici e sono inscritti o circoscritti ad uno stesso cilindro, o a cilindri uguali.

329. Definizioni. — 1ª Una piramide è *inscritta* o *circoscritta* ad un cono, se ha lo stesso vertice, e se il suo poligono è inscritto o circoscritto al circolo base del cono, che allora è *circoscritto* o *inscritto* nella piramide.

2ª Segando un cono ed una piramide inscritta o circoscritta con un piano, parallelo a quello base, abbiamo un tronco di piramide *inscritto* o *circoscritto* ad un tronco di cono, il quale poi è *circoscritto* o *inscritto* al tronco di piramide.

3ª L'*apotema* di una piramide, o tronco di piramide, circoscritta ad un cono, o tronco di cono, è quello del cono, o tronco di cono.

4ª Diremo *regolare* una piramide, se è regolare il suo poligono, e se sono uguali i suoi spigoli laterali.

Le facce laterali di una piramide regolare sono triangoli isosceli uguali.

5ª Un tronco di piramide è *regolare*, se è regolare la piramide a cui appartiene.

Corollari. — 1° Si può sempre circoscrivere o inscrivere un cono, o un tronco di cono, in una piramide, o tronco di piramide, regolare.

2° Possiamo inscrivere o circoscrivere ad un dato cono, o tronco di cono, una piramide, o tronco di piramide, regolare, che abbia un dato numero di facce laterali, quando nel circolo base sappiamo inscrivere un poligono regolare, che sia base della piramide.

3° Sono uguali tutte le piramidi regolari che hanno uno stesso numero di vertici e sono inscritte o circoscritte ad uno stesso cono.

4° I punti medî degli spigoli laterali di una piramide regolare stanno sopra uno stesso piano, parallelo al piano base ed equidistante da esso e dal vertice.

I punti medî degli spigoli laterali di un tronco di piramide regolare stanno sopra uno stesso piano, parallelo ai piani delle basi ed equidistante da essi.

Definizione. — 6ª La *sezione media* di una piramide, o tronco di piramide, regolare, è quella fatta dal piano che contiene i punti medî degli spigoli laterali.

330. Definizioni. — 1ª Se un poliedro ha i vertici sopra una sfera data, si dice in essa *inscritto*, e se una sfera passa per i vertici di un poliedro, si dice ad esso *circoscritta* (291, D.).

2ª Il *raggio* di un poliedro inscritto è quello della sfera circoscritta.

Quattro punti di una sfera, non situati sopra uno stesso piano, sono sempre vertici di un tetraedro inscritto; preso un tetraedro, possiamo sempre costruire una sfera ad esso circoscritta (291, T.).

3ª Se un poliedro ha i suoi piani tangenti ad una sfera data, si dice ad essa *circoscritto*, e se una sfera tocca i piani di un poliedro, si dice in esso *inscritta* (293, D. 1ª, 2ª).

4ª L'*apotema* di un poliedro circoscritto è il raggio della sfera inscritta.

Quattro piani tangenti di una sfera, tali che due qualunque non siano paralleli e tutti non passino per uno stesso punto, sono piani di un tetraedro circoscritto; preso un tetraedro, possiamo sempre costruire otto sfere in esso inscritte (293, T.).

331. Definizione. — Diremo *regolare* ogni poliedro convesso che ha per facce tutti i poligoni regolari uguali, e che ha tutti gli angoloidi uguali.

Un tetraedro equispigolo ed un cubo sono poliedri regolari.

Teorema 1° — Si può sempre circoscrivere ed inscrivere una sfera ad un dato poliedro regolare.

Sia ABCDE una faccia di un poliedro regolare, e siano ABC'D'E', A''B''CDE'' altre due facce, che abbiano con essa comuni i lati AB, CD, che sono due spigoli del poliedro. Se O, O', O'' sono i centri di queste facce (324, C. 1°), e se F, G sono i punti medî degli spigoli AB, CD, le rette OF, O'F sono perpendicolari ad AB, e le rette OG, O''G sono perpendicolari a CD, quindi $\widehat{F.OO'} \equiv \widehat{G.OO''}$, come sezioni normali dei due diedri uguali, che hanno per spigoli le rette AB,CD. Siano SO, SO' le perpendicolari ai piani di ABCDE, ABC'D'E' nei punti O, O'; giacendo ambedue nel piano OFO', s'incontrano necessariamente in un punto S, perchè non essendo $\widehat{F.OO'}$ un angolo piatto, non possono essere parallele. I triangoli rettangoli SOF, SO'F hanno comune l'ipotenusa SF ed uguali i cateti OF, O'F, perchè apotemi di poligoni regolari uguali, perciò sono uguali, ed SO ≡ SO'; ma anche i triangoli rettangoli SOF, SOG sono uguali, perchè hanno comune il cateto SO ed uguali gli altri due OF, OG, dunque SF ≡ SG e $\widehat{F.OS}$ ≡ $\widehat{G.OS}$, da cui si ha $\widehat{F.O'S}$ ≡ $\widehat{G.O''S}$. Ora, considerando i triangoli SO'F, SO''G, troviamo che sono uguali, perchè hanno uguali i lati O'F, O''G ed SF, SG e gli angoli compresi, dunque SO' ≡ SO ≡ SO'', e $\widehat{G.O''S}$ è retto; siccome poi SO'' sta nel piano OGO'', è perpendicolare al piano di A''B''CDE''. Resta così dimostrato che tutti i segmenti, i quali hanno un estremo in S e l'altro nel centro di una faccia del poliedro, sono uguali e perpendicolari alle facce; perciò S è centro di una sfera, il cui raggio è uguale alla distanza di S da una faccia, che è inscritta nel poliedro. Di più S è centro anche di una sfera circoscritta, perchè, essendo tutti i vertici di una faccia equidistanti dal suo centro, tutti i segmenti che hanno un estremo in S e l'altro in un vertice del poliedro sono uguali fra loro (123, C.).

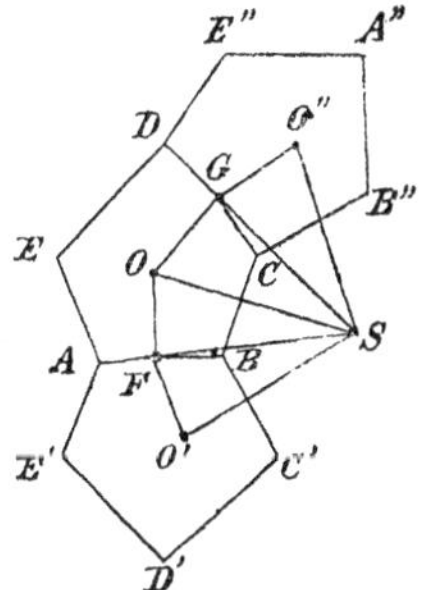

Corollarî. — 1° Le perpendicolari alle facce di un poliedro regolare nei loro centri, i piani perpendicolari agli spigoli nei loro punti medî, ed i piani bisettori dei diedri del poliedro, passano tutti per uno stesso punto, che è il centro di una sfera inscritta ed il centro di una sfera circoscritta. Ogni poliedro regolare ha un raggio, un apotema ed un centro (75, D. 2ª).

2° Tutte le rette SF, SG,........., che congiungono S coi punti medî degli spigoli, sono uguali fra loro.

Il centro di un poliedro regolare è centro di una sfera, che tocca tutti gli spigoli nei loro punti medî e sega le facce secondo i circoli ed esse inscritti.

332. Abbiamo già veduto come si può costruire un tetraedro regolare (191, Pr.), ed un cubo o esaedro regolare (211, C. 5°), che abbiano gli spigoli uguali ad un segmento dato.

Problema 1° — Costruire un ottaedro regolare, che abbia gli spigoli uguali ad un segmento dato.

Prendiamo un quadrato ABCD, i cui lati siano uguali al segmento dato (325, C. 5°), conduciamo la retta perpendicolare al suo piano nel suo centro O, e su di essa prendiamo i segmenti OE ≡ OF ≡ OA: l'ottaedro ABCDEF è regolare. Infatti i triangoli rettangoli OAE, OAB sono uguali, avendo uguali i cateti, quindi lo spigolo AE ≡ AB è uguale al segmento dato.

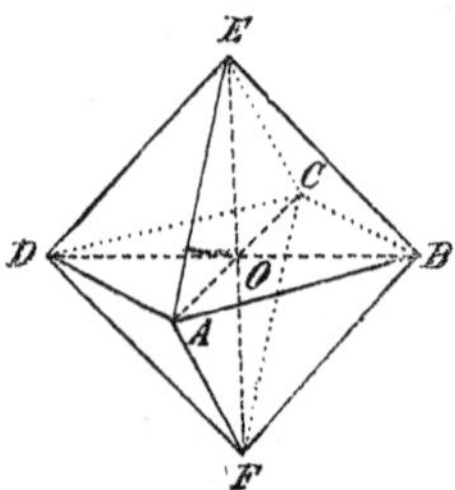

Analogamente si dimostra che tutti gli altri spigoli sono uguali allo stesso segmento, e per conseguenza si vede che tutte le facce dell'ottaedro sono triangoli equilateri uguali. Considerando poi due piramidi come E.ABCD, F.ABCD, si vede subito che sono uguali, e quindi che sono uguali tutti gli angoloidi dell'ottaedro, il quale è certamente regolare.

Problema 2° — Costruire un dodecaedro regolare, che abbia gli spigoli uguali ad un segmento dato.

Costruiamo un pentagono regolare ABCDE, i cui lati siano uguali al segmento dato (325, C. 5°). Essendo l'angolo $A.\widehat{BE}$ la quinta parte di sei retti, è chiaro che possiamo costruire (170, Pr.) un triedro $A.\widehat{BFE}$, le cui facce siano tutte uguali ad $\widehat{A.BE}$, e possiamo costruire un pentagono regolare AFH'LE. I triedri $A.\widehat{BFE}$, $E.\widehat{ALD}$ sono evidentemente uguali, perchè hanno uguali due facce ed il diedro compreso, quindi ne deduciamo che $\widehat{A.FE} \equiv \widehat{E.LD}$, e perciò vediamo che si può costruire il pentagono regolare ELG'KD. Analogamente vediamo che si possono costruire gli altri pentagoni regolari DKF'HC,

CHL'GB, BGK'FA. Abbiamo così una figura composta di sei pentagoni regolari uguali. Il decagono gobbo FK'GL'HF'KG'LH' ha i lati tutti uguali al segmento dato. Un angolo come $\widehat{F.H'K'}$ è la quinta parte di sei retti; infatti i triedri $A.\widehat{BFE}$, $F.\widehat{K'H'A}$

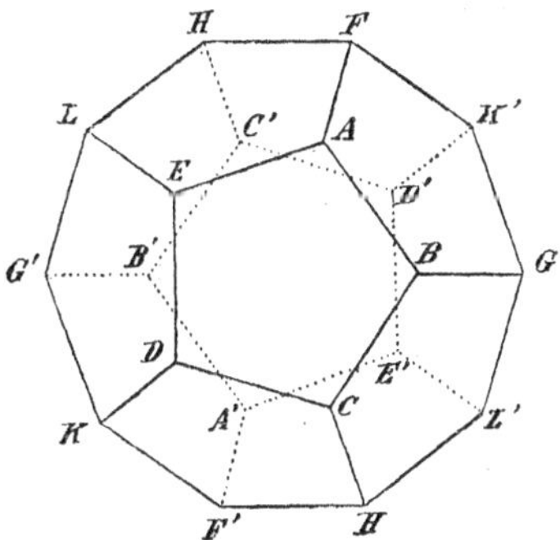

sono uguali, avendo uguali due facce e il diedro compreso, quindi $\widehat{F.H'K'} \equiv \widehat{A.BE}$. Se costruiamo un'altra figura uguale a quella costruita con sei pentagoni regolari, abbiamo un altro decagono gobbo, che si può far coincidere col primo, in modo che non coincidano le due figure. Costruiamo così un dodecaedro regolare.

Problema 3° — Costruire un icosaedro regolare, che abbia gli spigoli uguali ad un segmento dato.

Prendiamo un pentagono regolare ABCDE, i cui lati siano uguali al segmento dato (325, C. 5°). Condotta la retta perpendicolare al piano del pentagono nel suo centro O, possiamo

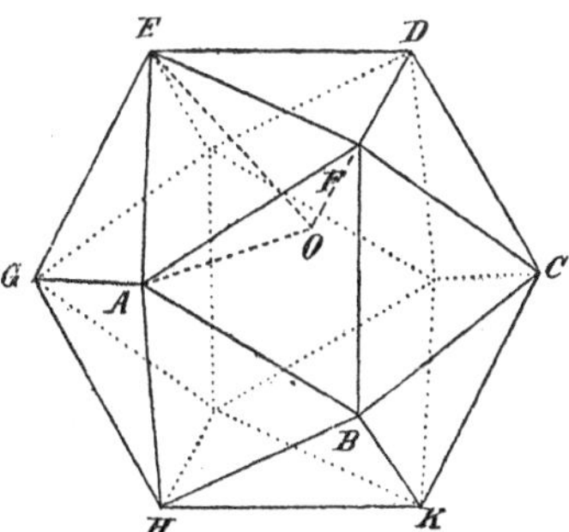

prendere su di essa un punto F, in modo che le sue distanze da A, B, C, D, E siano tutte uguali al segmento dato, poichè

AB > OA. La piramide F.ABCDE ha cinque facce laterali, che sono triangoli equilateri uguali, ed ha uguali tutti i diedri, i cui spigoli passano per il vertice F, poichè sono diedri di triedri uguali, perchè hanno uguali le facce. Ora costruiamo altre due piramidi uguali alla precedente, e disponiamole come le A.BFEGH, B.CFAHK; avremo così una figura composta da dieci triangoli equilateri uguali. L'esagono gobbo CDEGHK ha i lati tutti uguali al segmento dato. Evidentemente $D.\widehat{EC} \equiv K.\widehat{CH} \equiv G.\widehat{HE}$, poichè ciascuno di questi angoli è angolo di un pentagono regolare; di più questi tre angoli sono uguali agli altri tre $E.\widehat{GD}$, $C.\widehat{DK}$, $H.\widehat{KG}$, infatti si vede subito che uno di questi angoli $E.\widehat{GD}$ è uguale all'angolo $A.\widehat{BE}$ di un pentagono regolare. Se costruiamo un'altra figura uguale a quella costruita, abbiamo un altro esagono gobbo, che si può far coincidere col primo, in modo che non coincidano le due figure. Costruiamo così un icosaedro regolare.

Corollario. — Abbiamo costruito cinque poliedri regolari: il tetraedro, il cubo, l'ottaedro, il dodecaedro e l'icosaedro. Il tetraedro regolare ha 4 facce, che sono triangoli equilateri, 4 vertici e 6 spigoli; il cubo ha 6 facce, che sono quadrati, 8 vertici e 12 spigoli; l'ottaedro regolare ha 8 facce, che sono triangoli equilateri, 6 vertici e 12 spigoli; il dodecaedro regolare ha 12 facce, che sono pentagoni regolari, 20 vertici e 30 spigoli; l'icosaedro regolare ha 20 facce, che sono triangoli equilateri, 12 vertici e 30 spigoli (218, T. 1°).

333. Teorema. — Esistono solamente cinque specie di poliedri regolari: i tetraedri, i cubi, gli ottaedri, i dodecaedri e gl'icosaedri.

Dato un poliedro regolare, la somma delle facce di ciascuno dei suoi angoloidi deve essere minore di quattro retti, quindi, se queste facce sono triangoli equilateri, per un vertice ne passeranno o tre, o quattro, o cinque. Nel primo caso è evidente che si hanno necessariamente quattro vertici, ed il poliedro regolare è un tetraedro; nel secondo caso si ha un ottaedro regolare, nel terzo un icosaedro regolare.

Se le facce sono quadrati, per un vertice ne possono passare solamente tre, ed è allora evidente che il poligono regolare è un cubo.

Se le facce sono pentagoni regolari, per un vertice ne possono passare solamente tre, ed è allora evidente che il poliedro regolare è un icosaedro. Se le facce avessero più di cinque lati, almeno tre ne dovrebbero passare per un vertice; ma la somma delle facce di ciascun angoloide del poliedro regolare sarebbe maggiore di quattro retti, ciò che è assurdo, dunque le sole specie possibili, di poliedri regolari, sono le cinque considerate.

LIBRO IV.

TEORIA DELL'EQUIVALENZA

I. Generalità sulle grandezze.

334. Le linee finite, le superficie finite ed i solidi finiti, sono *grandezze geometriche*.

Una linea finita può essere limitata da due punti, come avviene per un segmento; ma può anche darsi che non sia limitata, come avviene per un circolo. Una superficie finita può essere limitata da una linea, come avviene per un poligono; ma può anche darsi che non sia limitata, come avviene per una sfera. Non sappiamo concepire solidi finiti, che non siano limitati da una superficie.

Definizione. — Se più grandezze geometriche sono tutte linee finite, o tutte superficie finite, o tutti solidi finiti, si dicono *omogenee*.

Nelle seguenti ricerche, parlando di grandezze, intendiamo riferirci a tutte quelle fin qui considerate, e, quando non è detto esplicitamente, considerando insieme più grandezze intendiamo che siano tutte omogenee.

Distingueremo le grandezze indicandole con i simboli $A, B, C, \ldots$

Due grandezze uguali ad una terza sono uguali fra loro (12, C. 3°).

1. Grandezze equivalenti.

335. Sopra una linea finita possiamo segnare punti che la *dividano* in parti (13, D.), le quali pure sono linee finite. Abbiamo già veduto esempi di questa divisione, parlando dei segmenti (54) e degli archi (245).

Sopra una superficie finita possiamo segnare linee che la *dividano* in parti (15, D. 1ª), le quali pure sono superficie finite. Per esempio un parallelogrammo viene diviso in quattro triangoli dalle sue due diagonali.

Dentro un solido finito possiamo segnare superficie che lo *dividano* in parti (15, D. 2ª), le quali pure sono solidi finiti. Per esempio un parallelepipedo viene diviso in quattro prismi triangolari dai due piani diagonali, che contengono le due coppie di spigoli opposti laterali.

Date due grandezze uguali, se una di esse è comunque divisa in parti, l'altra è sempre divisibile in parti nello stesso modo (54, T. 1°).

336. Definizione. — Quando due grandezze possono essere divise in uno stesso numero di parti, rispettivamente uguali, si dicono *equivalenti*. (N. XXIX).

Per indicare che due grandezze A, B sono equivalenti, useremo il simbolo $A = B$, e leggeremo: A è *equivalente* a B.

Dato un parallelogrammo ABCD, dividendolo con una diagonale AC, possiamo disporre in uno stesso piano i triangoli

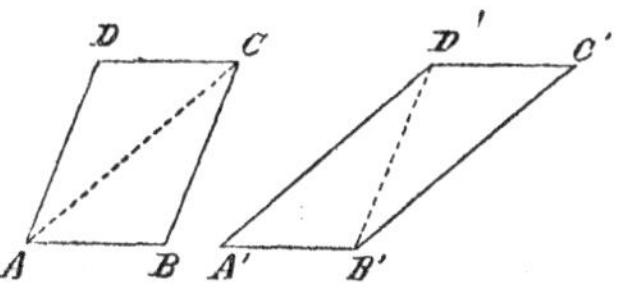

uguali ABC, CDA, in modo che abbiano comuni i lati uguali BC, DA e formino un nuovo parallelogrammo A'B'C'D' equivalente al primo.

Dato un parallelepipedo $A_1B_1C_1D_1 \,.\, A_2B_2C_2D_2$, dividendolo col piano diagonale che contiene gli spigoli A_1A_2, C_1C_2, possiamo disporre i prismi triangolari uguali $A_1B_1C_1 . A_2B_2C_2$, $C_1D_1A_1 . C_2D_2A_2$ in modo che abbiano comuni le facce uguali

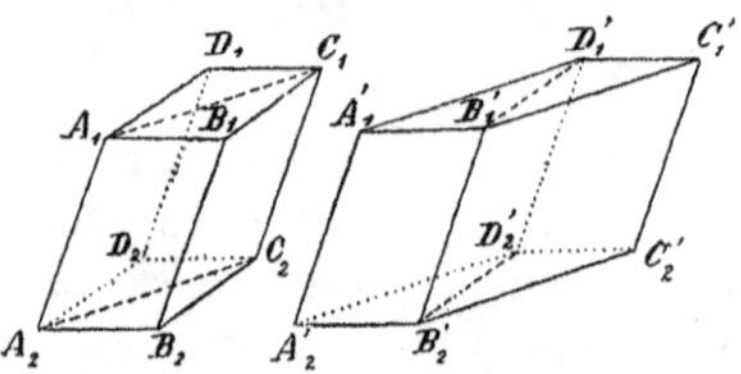

$B_1B_2C_2C_1$, $D_1D_2A_2A_1$ e formino un nuovo parallelepipedo $A'_1B'_1C'_1D'_1 . A'_2B'_2C'_2D'_2$ equivalente al primo.

337. Corollari. — 1° Due grandezze uguali sono anche equivalenti.

Se $A \equiv B$, si ha pure $A = B$; la proprietà inversa però non è sempre vera, regge per esempio nel caso delle grandezze elementari, poichè per esse l'equivalenza non è altro che l'uguaglianza, essendo uguali due grandezze elementari che possono dividersi in uno stesso numero di parti rispettivamente uguali (54, T. 2°).

2° Sono equivalenti due grandezze divise in uno stesso numero di parti rispettivamente equivalenti. Infatti divise le parti rispettivamente equivalenti in uno stesso numero di parti rispettivamente uguali, anche le due grandezze rimangono divise in uno stesso numero di parti rispettivamente uguali.

338. Teorema. — Due grandezze equivalenti ad una terza sono equivalenti fra loro.

Siano A, B, C grandezze date, e sia $A = C$, $B = C$, dobbiamo dimostrare che $A = B$.

Dividiamo A e C in uno stesso numero di parti rispettivamente uguali, come è possibile, essendo per ipotesi $A = C$; poi dividiamo anche B e C in uno stesso numero di parti rispettivamente uguali, come è anche possibile, essendo per ipotesi $B = C$. Ora le due divisioni eseguite in C, suddividono le parti uguali a quelle di A e le parti uguali a quelle di B, e si vede che eseguite queste suddivisioni anche in A, B, queste grandezze rimangono divise in uno stesso numero di parti rispettivamente uguali, dunque $A = B$.

L'esempio rappresentato nella figura serve a rendere più chiara la dimostrazione del teorema precedente. Le grandezze A, B sono due quadrangoli, la grandezza C è un triangolo. Abbiamo $A = C$, perchè A e C si possono dividere ciascuna

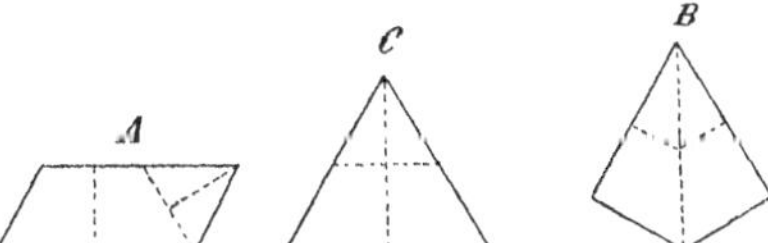

in un triangolo ed un quadrangolo uguali a quelli dell'altra; abbiamo $B = C$, perchè B e C si possono dividere ciascuna in due triangoli uguali a quelli dell'altra. Ora le due divisioni eseguite in C suddividono le parti uguali a quelle di A e le parti uguali a quelle di B, in modo che C viene diviso in due triangoli e due quadrangoli; le stesse suddivisioni si possono eseguire nelle A, B, allora ciascuna di esse viene divisa in due triangoli e due quadrangoli uguali a quelli dell'altra, ed $A = B$.

2. *Somma e differenza di grandezze date.*

339. Definizione. — Una grandezza, comunque divisa, si dice *somma* di altre grandezze, pure comunque divise, quando ogni sua parte è uguale ad una parte di queste, e viceversa (55, D.).

Per indicare che una grandezza A è somma di altre grandezze B, C, D,.... useremo il simbolo $A = B + C + D + \ldots\ldots$, prendendo arbitrariamente l'ordine delle B, C, D, ..., e leggeremo: A è equivalente a B *più* C, *più* D, *più* ecc.

Abbiamo disegnato un esempio nella figura: il quadrato A è somma di un altro quadrato B e di un trapezio C, perchè è

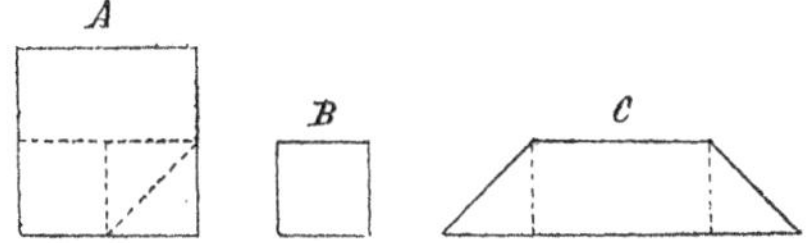

diviso in un quadrato, uguale a B, ed in due triangoli ed in un rettangolo, uguali a due triangoli e ad un rettangolo in cui si può dividere C. Altri esempî si sono già presentati per le grandezze elementari (55).

340. Teorema 1° — La somma di più grandezze non muta, se ad una qualunque si sostituiscono altre grandezze, delle quali essa sia somma, e viceversa (55, C. 2°).

Se $A = B + C + \ldots\ldots$, e $B = D_1 + D_2 + \ldots\ldots$, si deduce $A = D_1 + D_2 + \ldots\ldots + C + \ldots\ldots$

Infatti, per la definizione stessa della somma, sappiamo che B si può dividere in modo che tutte le sue parti siano uguali a parti di A, e si possono anche dividere B e D_1, $D_2, \ldots\ldots$ in modo che tutte le parti di B siano uguali a quelle di $D_1, D_2, \ldots$; le due divisioni, eseguite in B, suddividono le sue parti uguali alle parti di A e le sue parti uguali alle parti di D_1, $D_2, \ldots\ldots$, eseguendo le stesse suddivisioni in A ed in $D_1, D_2, \ldots$. tutte le parti di A, che erano uguali a quelle di B, vengono suddivise in parti uguali a tutte quelle in cui vengono suddivise le parti di D_1, $D_2, \ldots$, dunque possiamo al posto della grandezza B sostituire le D_1, $D_2, \ldots$, scrivendo:

$$A = D_1 + D_2 + \ldots\ldots + C + \ldots\ldots$$

Viceversa, se:

$A = D_1 + D_2 + \ldots\ldots + C + \ldots$, e se $B = D_1 + D_2 + \ldots\ldots$,

si deduce $A = B + C + \ldots\ldots$ Infatti le parti di B che sono uguali a tutte le parti di D_1, dividendo D_1 in modo che tutte le sue parti siano parti di A, vengono suddivise, ed eseguendo le stesse suddivisioni in A vengono ad essere uguali a tutte le parti di A che compongono D_1. Analogamente possiamo fare in modo che le parti di B, uguali a tutte le parti di D_2, vengano uguali a tutte quelle di A che compongono D_2, e così di seguito; dopo ciò tutte le parti di A, che compongono D_1, $D_2, \ldots$, saranno uguali a tutte le parti che compongono B, dunque in luogo di D_1, $D_2, \ldots\ldots$ potremo sostituire B, ed avremo $A = B + C + \ldots\ldots$

Anche qui, per rendere più chiara la dimostrazione, disegnamo un esempio [nella] figura. Abbiamo $A = B + C$, perchè il quadrato A si può dividere in un quadrato, uguale al quadrato C, ed in due trapezî, uguali a due trapezî in cui si può dividere il trapezio B; di più $B = D_1 + D_2$, perchè B si può dividere in un triangolo uguale a D_1 ed in un parallelogrammo uguale a D_2.

Eseguendo le divisioni e suddivisioni accennate nella dimostrazione del teorema, A viene diviso in un triangolo uguale

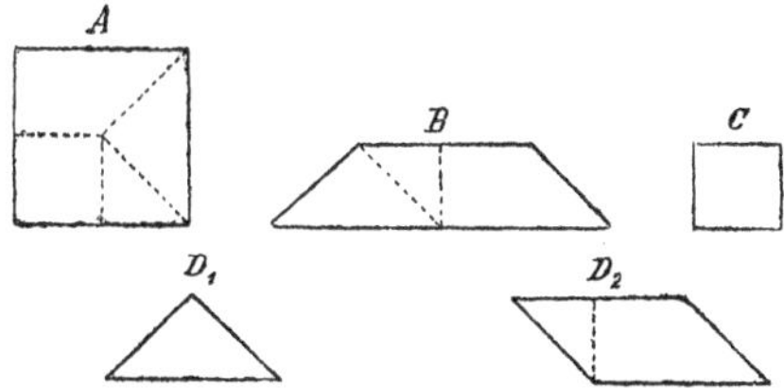

a D_1, in un triangolo ed in un trapezio in cui viene diviso D_2, ed in un quadrato uguale a C, dunque $A = D_1 + D_2 + C$.

La stessa figura, essendo $A = D_1 + D_2 + C$ e $B = D_1 + D_2$, ci fa vedere che $A = B + C$.

Teorema 2° — Sono equivalenti due grandezze somme di altre grandezze rispettivamente equivalenti, e viceversa (55, T.).

Se $A = C_1 + C_2 + \ldots\ldots$, $B = D_1 + D_2 + \ldots\ldots$, e se $C_1 = D_1$, $C_2 = D_2, \ldots\ldots$, si deduce $A = B$.

Infatti abbiamo (340, T. 1°) $B = C_1 + C_2 + \ldots\ldots$, quindi C_1 si può dividere in modo che le sue parti siano tutte uguali a parti di A, e si può anche dividere in modo che le sue parti siano tutte uguali a parti di B; ora le due divisioni, eseguite in C_1, suddividono le parti uguali a quelle di A e le parti uguali a quelle di B, perciò si vede che eseguite queste suddivisioni anche in A ed in B, tutte le parti di A che formano C_1 sono uguali alle parti di B che formano C_1. Analogamente possiamo fare in modo che tutte le parti di A che formano C_2 siano uguali a quelle di B che formano pure C_2, e così di seguito; ma tutte le parti di A, o di B, sono quelle che compongono C_1, $C_2, \ldots$, ed esse sole, dunque A e B vengono ad essere divise in uno stesso numero di parti rispettivamente uguali, e perciò $A = B$.

Viceversa, se $A = C_1 + C_2 + ...$, $A = B$, e $C_1 = D_1$, $C_2 = D_2, ..$, si deduce $B = D_1 + D_2 + \ldots\ldots$

Infatti abbiamo (340, T. 1°) $A = D_1 + D_2 + \ldots\ldots$, quindi dividendo A e B in uno stesso numero di parti rispettivamente uguali, le parti di A, che sono parti di D_1, rimangono suddivise, ed eseguendo le stesse suddivisioni in D_1 e B, tutte le parti di D_1 vengono ad essere parti di B. Analogamente possiamo fare in modo che tutte le parti di D_2 vengano ad essere parti di B, e così di seguito, allora tutte le parti di B, ed esse sole, compongono $D_1, D_2, \ldots$, dunque $B = D_1 + D_2 + ...$

Nella figura abbiamo $A = C_1 + C_2$, $B = D_1 + D_2$, e $C_1 = D_1$, $C_2 = D_2$; eseguite le volute divisioni e suddivisioni, veniamo

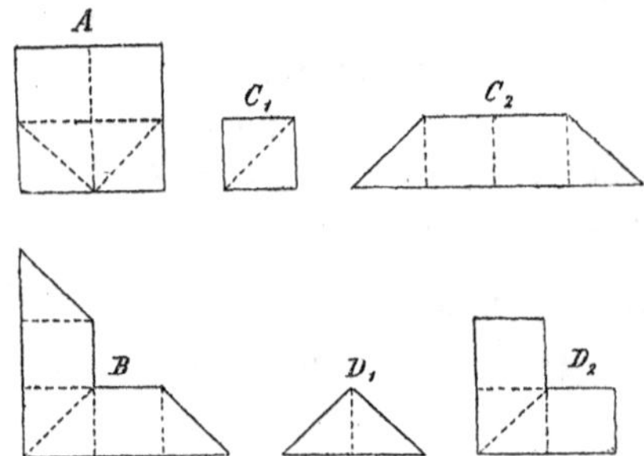

a dividere il quadrato A in quattro triangoli ed in due quadrati, rispettivamente uguali a quattro triangoli e a due quadrati in cui resta diviso l'esagono B, per cui $A = B$.

La stessa figura, essendo $A = B$, $A = C_1 + C_2$, e $C_1 = D_1$, $C_2 = D_2$, ci fa vedere che $B = D_1 + D_2$.

Corollario. — Una grandezza, somma di altre grandezze, è indipendente dal modo in cui sono divise, e dal modo col quale si riuniscono le loro parti per formarla (55, C. 2°).

Definizione. — *Sommare* date grandezze, significa *costruire*, quando è possibile, la loro somma.

Così, per esempio, sappiamo in ogni caso sommare grandezze elementari (55).

341. POSTULATO IX.

Se una grandezza è comunque divisa in parti, trascurandone alcune non è possibile disporre le altre in modo da formare nuovamente la stessa grandezza.

Teorema. — Date due grandezze, se è possibile dividerle in modo che nella prima vi siano, insieme ad altre, tutte le parti della seconda, non è possibile dividerle in uno stesso numero di parti rispettivamente uguali, e non è possibile dividerle in modo che nella seconda vi siano, insieme ad altre, tutte le parti della prima (56, T.).

Supponiamo che le grandezze A e B siano divise in modo che in A vi siano, insieme ad altre, tutte le parti di B. Eseguendo in B un'altra divisione qualunque, vengono suddivise tutte le sue parti, e possiamo eseguire le stesse suddivisioni nelle parti uguali che si trovano in A; ora trascurando tutte le altre parti che entrano in A non è possibile disporre le rimanenti in modo da formare nuovamente A (P. IX), dunque A e B non si possono dividere in uno stesso numero di parti rispettivamente uguali. Trascurando le parti di A che non sono parti di B, insieme ad alcune parti di A che sono parti di B, le rimanenti non si possono disporre in modo da formare nuovamente A (P. IX), dunque A e B non si possono dividere in modo che in B, insieme ad altre, vi siano tutte le parti di A.

Definizione. — Di due grandezze date, la prima è *maggiore* della seconda, e la seconda è *minore* della prima, se è possibile dividerle in modo che nella prima, insieme ad altre, vi siano tutte le parti della seconda (56, D.).

Se la grandezza A è maggiore della grandezza B, e quindi B minore di A, porremo $A > B$ o $B < A$, e leggeremo: A è *maggiore* di B, o B è *minore* di A.

Il teorema precedente si può enunciare dicendo: se è verificato uno dei tre casi $A \gtreqless B$, gli altri due vengono necessariamente esclusi.

Corollario. — Se $A = B + C + D + \ldots$ abbiamo $A > B$; viceversa, se $A > B$, possiamo dividere A, B in modo che in A vi siano tutte le parti di B ed altre parti C, $D \ldots\ldots$, ed allora abbiamo $A = B + C + D + \ldots.$

342. Teorema 1° — Date tre grandezze, se la prima è maggiore o minore della seconda, mentre questa è maggiore o minore della terza, anche la prima è maggiore o minore della terza.

Se $A > B$ e $B > C$, abbiamo $A = B + D + \ldots$, $B = C + E + \ldots$ (341, C.), quindi $A = C + D + E + \ldots\ldots\ldots$ (340, T. 1°), e perciò $A > C$. Rimane pure dimostrato che, se $A < B$ e $B < C$, si deduce $A < C$.

Corollario. — 1° Date più grandezze, se la prima è maggiore o minore della seconda, la seconda è maggiore o minore della terza, e così di seguito, la prima è pure maggiore o minore dell'ultima (56, C. 4°).

Teorema 2° — Date due grandezze, se la prima è maggiore o minore della seconda, una grandezza equivalente alla prima è pure maggiore o minore di una grandezza equivalente alla seconda (56, C. 1°).

Se $A > B$ possiamo porre $A = B + C + \ldots$, quindi, supposto $A' = A$, $B' = B$, abbiamo $A' = B' + C + \ldots$ (340, T. 1°, 2°), e perciò $A' > B'$.

Rimane pure dimostrato, se $A < B$, che $A' < B'$.

Corollario. — 2° Se $A = B_1 + B_2 + \ldots\ldots\ldots + C$, e se $B = B_1 + B_2 + \ldots\ldots$, abbiamo $A = B + C$ (340, T. 1°), quindi $A > B$, e perciò $A > B_1 + B_2 + \ldots\ldots$

343. Esistono grandezze le quali, come le elementari, possono sempre esser sommate, e sono tali che paragonandone due, non equivalenti, una si trova necessariamente maggiore dell'altra, in modo che è sempre verificato uno dei tre casi $A \gtreqless B$, quando sono esclusi gli altri due.

Definizione. — 1ª Diremo *principali* tutte le grandezze che possiamo sempre sommare, e tali che paragonandone due, se non sono equivalenti, necessariamente una si trova maggiore dell'altra.

Corollari. — 1° È principale ogni grandezza somma di grandezze principali.

2° Date tre grandezze principali, almeno una non è minore delle altre due, ed almeno una non è maggiore di nessuna delle altre due (56, C. 3°).

Definizione. — 2ª Una grandezza si dice *compresa* fra altre due, quando è maggiore di una e minore dell'altra.

Corollario. — 3° Date tre grandezze principali, se due qualunque non sono equivalenti, necessariamente una è compresa fra le altre due.

Se due qualunque delle grandezze principali A, B, C non sono equivalenti, e se A è la maggiore e C la minore, B è compresa fra A, C, e $C < B < A$.

344. Definizione. — Se una grandezza è somma di più grandezze, ciascuna di esse è *differenza* della somma e delle altre (57, D. 1ª).

Se $A = B + C + D + \ldots\ldots$, la grandezza B è differenza della grandezza A e delle grandezze C, $D, \ldots\ldots.$; porremo $B = A - C - D - \ldots\ldots$, prendendo arbitrariamente l'ordine delle C, $D, \ldots$, e leggeremo: B è equivalente ad A *meno* C, *meno* D, *meno* ecc.

Corollario. — 1° Se una grandezza è differenza di altre, è anche differenza di grandezze ad esse equivalenti.

Teorema. — Sono equivalenti due grandezze *principali*, differenze di altre grandezze rispettivamente equivalenti (57, C. 2°).

Se $B = A - C - \ldots\ldots$ e $B' = A' - C' - \ldots\ldots$, quando $A = A'$, $C = C', \ldots\ldots$, si ha pure $B = B'$. Infatti, essendo $A' = B' + C' + \ldots\ldots$, abbiamo $A = B' + C + \ldots$ (34,0_0;2) T.

ora, se le grandezze principali B, B' non sono equivalenti, una deve essere maggiore dell'altra, supponendo $B > B'$, ossia $B = B' + B'' + \ldots\ldots$, ed essendo $A = B + C + \ldots\ldots\ldots$, ne segue che $A = B' + B'' + \ldots\ldots + C + \ldots\ldots$ (340, T. 1°), e quindi $A > B' + C + \ldots\ldots$ (342, C. 2°), condizione incompatibile (343) con l'altra $A = B' + C + \ldots\ldots$ già trovata, dunque $B = B'$.

Corollarî. — 2° Se $A > C$ possiamo sempre porre $A = B' + B'' + \ldots\ldots + C$, quindi, trattandosi di grandezze principali, esiste sempre una grandezza $B = B' + B'' + \ldots\ldots$ differenza di A e di C, e possiamo sempre porre $A = B + C$; questa grandezza B è indipendente dal modo in cui si dividono A, C, purchè A venga a contenere tutte le parti di C.

Non solo possiamo affermare che esiste sempre una grandezza differenza di due grandezze principali, non equivalenti; ma in alcuni casi, come avviene per le grandezze elementari (57), questa differenza può essere anche costruita.

3° È principale ogni grandezza differenza di grandezze principali.

Definizione. — *Sottrarre* da una data grandezza un'altra, minore di essa, significa *costruire*, quando è possibile, la loro differenza.

345. Teorema 1° — Date quattro grandezze, se la prima è maggiore, equivalente o minore della seconda, e la terza è equivalente alla quarta, una grandezza somma della prima e della terza è pure maggiore, equivalente, o minore, di una grandezza somma della seconda e della quarta (58, T. 1°).

Se $A \gtreqless B$ e $C = D$, e se $E = A + C$, $F = B + D$, abbiamo $E \gtreqless F$. Infatti, se $A = B$ sappiamo già che $A + C = B + D$ (340, T. 2°), ossia $E = F$; se poi $A > B$, avendo $A = B + B' + \ldots\ldots$, si deduce $A + C = B + D + B' + \ldots\ldots$, e quindi $A + C > B + D$ (342, C. 2°), ossia $E > F$. Rimane così pure dimostrato che, se $A < B$, si ha $E < F$.

Teorema 2° — Date quattro grandezze *principali*, se la prima è maggiore, equivalente, o minore della seconda, e la terza, minore della prima, è equivalente alla quarta, minore della seconda, la differenza tra la prima e la terza è pure maggiore, equivalente o minore della differenza tra la seconda e la quarta (58, T. 2°).

Se le quattro grandezze A, B, C, D sono principali, e se $A \gtreqless B$, $C = D$, essendo per ipotesi $A > C$, $B > D$, abbiamo $E \gtreqless F$, posto $E = A - C$, $F = B - D$. Infatti, se $A = B$ sappiamo già che $A - C = B - D$ (344, T.), ossia che $E = F$; se poi $A > B$, per cui $A = B + B'$ (341, C.), avendo $E = A - C$, $F = B - D$, possiamo porre $A = C + E$, $B = D + F$ (344, D.), quindi (338, T.) $C + E = B + B'$, ossia $C + E = D + F + B'$ (340, T. 1°); ma per ipotesi $C = D$, dunque $E = F + B'$ (344, T.), e finalmente $E > F$ (341, C.).

Rimane così pure dimostrato che, se $A < B$, si ha $E < F$.

346. Corollari. — 1° Date quattro grandezze, se la prima è maggiore, o minore, della seconda, e la terza è pure maggiore, o minore, della quarta, una grandezza somma della prima e della terza è maggiore, o minore, di una grandezza somma della seconda e della quarta (58, C. 1°).

2° Date quattro grandezze *principali*, se la prima è maggiore, o minore, della seconda, e la terza, minore della prima, è minore, o maggiore, della quarta, minore della seconda, la differenza tra la prima e la terza è maggiore, o minore, della differenza tra la seconda e la quarta (58, C. 2°).

3° Date quattro grandezze, se la prima è equivalente alla seconda, e se la terza è maggiore, o minore, della quarta, una grandezza somma della prima e della terza è maggiore, o minore, di una grandezza somma della seconda e della quarta (58, C. 3°).

4° Date quattro grandezze *principali*, se la prima è equivalente alla seconda, e la terza, minore della prima, è maggiore, o minore, della quarta, minore della seconda, la differenza tra la prima e la terza è minore, o maggiore, della differenza tra la seconda e la quarta (58, C, 4°).

3. *Grandezze multiple o summultiple di grandezze date.*

347. Definizioni. — 1ª Una grandezza si dice *multipla* di un'altra secondo il numero 1, 2, 3,....., quando si può dividere in parti tali che possano formare 1, 2, 3,..... volte l'altra grandezza.

2ª Una grandezza si dice *summultipla* di un'altra secondo il numero 1, 2, 3,....., quando questa è multipla della prima secondo il numero 1, 2, 3,.....

3ª Più grandezze si dicono *equimultiple*, o *equisummultiple*, di altre, quando sono tutte multiple, o summultiple, di esse secondo lo stesso numero (59, D. 1ª, 2ª, 3ª).

Una grandezza è multipla e summultipla di se stessa secondo il numero 1.

La grandezza A è multipla di B secondo il numero 1, 2, 3,...., e B è summultipla di A secondo il numero 1, 2, 3,...., se $A = B$, $A = B + B$, $A = B + B + B$, ..., porremo in ogni caso rispettivamente

$$A = B,\quad A = 2B,\quad A = 3B, \ldots\ldots$$

ovvero

$$B = A,\quad B = \tfrac{1}{2}A,\quad B = \tfrac{1}{3}A, \ldots\ldots$$

Dalla prima definizione segue che, posto $A = B$, si può scrivere $A = 2\tfrac{1}{2}B$, $A = 3\tfrac{1}{3}B$, ...

Se A è multipla, o summultipla, di B, e B è multipla, o summultipla, di C, anche A è multipla, o summultipla, di C.

348. Corollario. — Possiamo ritenere che esista sempre una grandezza multipla di una grandezza principale, secondo un numero dato, perchè le grandezze principali si possono sempre sommare.

L'esistenza di una grandezza summultipla di una grandezza principale, secondo un numero dato, non dipende in generale dai teoremi precedenti, ma deve essere dimostrata in ogni caso particolare, come per i segmenti (129, Pr.), facendo vedere che la grandezza si può dividere in un dato numero di parti equivalenti.

Teorema 1° — Se più grandezze sono rispettivamente equimultiple di altrettante grandezze corrispondenti, una grandezza somma delle prime, ed una qualunque di esse, sono equimultiple di una grandezza somma delle seconde, e della grandezza corrispondente tra esse.

Supponiamo che le grandezze $A', B', C', \ldots$ siano rispettivamente equimultiple delle grandezze $A, B, C, \ldots$, e per esempio sia $A' = 2A$, $B' = 2B$, $C' = 2C \ldots$; se $G' = A' + B' + C' + \ldots$, e $G = A + B + C + \ldots$, G' ed A' sono equimultiple di G ed A, e precisamente $G' = 2G$. Infatti $G' = 2A + 2B + 2C + \ldots = A + B + C + \ldots + A + B + C + \ldots$

Teorema 2° — Se due grandezze sono equimultiple di altre due, e se pure queste sono equimultiple di altre due, le due prime sono equimultiple delle due ultime.

Se le grandezze A'', B'' sono equimultiple rispettivamente delle grandezze A', B', per esempio, se $A'' = 2A'$, $B'' = 2B'$, e se A', B' sono rispettivamente equimultiple di A, B, per esempio $A' = 3A$, $B' = 3B$, avendo $A'' = A' + A'$, $B'' = B' + B'$, ne deduciamo $A'' = 3A + 3A$, $B'' = 3B + 3B + 3B$ (340, T. 1°), ossia $A'' = 6A$, $B'' = 6B$, dunque anche A'', B'' sono rispettivamente equimultiple di A, B.

349. Teorema. — Date due grandezze, se la prima è maggiore, equivalente o minore della seconda, una grandezza multipla della prima è pure maggiore, equivalente o minore di una grandezza equimultipla della seconda (59, T. 1°).

Se $A \gtreqless B$ e se, per esempio, $C = 2A$, $D = 2B$, abbiamo $C \gtreqless D$. Infatti, se $A = B$, essendo $C = A + A$, $D = B + B$, sappiamo già che $C = D$ (340, T. 2°); se poi $A > B$, avendo $A = B + B' + \ldots\ldots$, abbiamo anche $A + A = B + B + B' + B' + \ldots\ldots$, ossia $C = D + B' + B' + \ldots\ldots$, da cui $C > D$. Rimane così pure dimostrato che, se $A < B$, si ha $C < D$.

Corollarî. — 1° È principale una grandezza multipla di una grandezza principale.

2° Due grandezze sono equivalenti, se esiste una grandezza equisummultipla di ambedue.

Se, per esempio, $C = \frac{1}{2} A$, $C = \frac{1}{2} B$ abbiamo $A = 2C$, $B = 2C$, e quindi $A = B$.

Definizione. — Una grandezza è il *doppio*, il *triplo*, il *quadruplo*,..... di un'altra, se è multipla di essa secondo il numero 2, 3, 4,....

350. Teorema. — Date due grandezze *principali*, se la prima è maggiore, equivalente o minore della seconda, una grandezza principale summultipla della prima è pure maggiore, equivalente o minore di una grandezza principale equisummultipla della seconda (59, T. 2°).

Se $A \gtreqless B$ e se, per esempio, $C = \frac{1}{2} A$, $D = \frac{1}{2} B$, ossia $A = 2C$, $B = 2D$, abbiamo $C \gtreqless D$. Infatti, se $A = B$, non possiamo avere $C \gtrless D$, poichè sarebbe $2C \gtrless 2D$ (349, T.), ovvero $A \gtrless B$, quindi, essendo per ipotesi principali le grandezze date, deve essere $C = D$ (343); se poi $A > B$ non possiamo avere $C \eqslantless D$, poichè sarebbe $2\,C \eqslantless 2\,D$ (349, T.), ovvero $A \eqslantless B$, quindi, sempre perchè si suppongono principali le grandezze date, deve essere $C > D$ (343).

Rimane così pure dimostrato che, se $A < B$, si ha $C < D$.

Corollarî. — 1° È principale una grandezza summultipla di una grandezza principale.

2° Due grandezze principali sono equivalenti, se esiste una grandezza principale equimultipla di ambedue.

Se per esempio $C = 2\,A$, $C = 2\,B$, abbiamo $A = \frac{1}{2}C$, $B = \frac{1}{2}C$, e quindi $A = B$, supposto che A, B, C siano grandezze principali.

Definizione. — Una grandezza è la *metà*, il *terzo*, il *quarto*,..... di un'altra, se è summultipla di essa secondo il numero 2, 3, 4,....

351. Supponiamo che A sia una grandezza principale, della quale, come avviene per i segmenti, non solo esista la grandezza multipla secondo qualunque numero dato, ma anche la grandezza summultipla, pure secondo qualunque numero dato. Le grandezze *consecutivamente* multiple di A sono

$$A\,, 2\,A\,, 3\,A\,, 4\,A\,, \ldots.,$$

ciascuna è maggiore delle precedenti e minore delle seguenti. Le grandezze *consecutivamente* summultiple di A sono

$$A\,, \tfrac{1}{2}A\,, \tfrac{1}{3}A\,, \tfrac{1}{4}A\,, \ldots\ldots,$$

ciascuna è minore delle precedenti e maggiore delle seguenti.

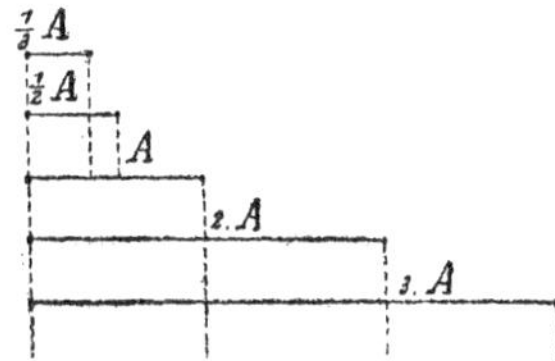

Riunendo le grandezze multiple e summultiple di A abbiamo una serie

$$\ldots\ldots.\tfrac{1}{4}A\,, \tfrac{1}{3}A\,, \tfrac{1}{2}A\,, A\,, 2\,A\,, 3\,A\,, 4\,A\,, \ldots\ldots$$

di grandezze, che divengono sempre maggiori, *aumentano*, *crescono*, in un senso, e divengono sempre minori, *decrescono*, *diminuiscono*, nell'altro.

352. Postulato X.

Dati due segmenti, disuguali, possiamo sempre trovare un segmento multiplo del minore e maggiore dell'altro.

Corollario. — Siano dati due angoli $\widehat{A.BC}$, $\widehat{A'.B'C'}$, e supponiamo che il primo sia maggiore del secondo. Se l'angolo $\widehat{A.BC}$ è acuto, la retta BC del suo piano, perpendicolare al lato AB in un punto B, incontra il lato AC in un punto C (113, C. 2°). Costruito nel piano di $\widehat{A.BC}$ l'angolo $\widehat{A.BD_1} \equiv \widehat{A'.B'C'}$, in modo che AD_1, AC cadano da una stessa parte rispetto ad AB, le rette BC, AD_1 s'incontrano in un punto D_1 (96, C.), ed abbiamo $BD_1 < BC$. Posto ciò, se un multiplo di BD_1 maggiore di BC (P. X) è $3\,BD_1$, costruiti i segmenti consecutivi $BD_1 \equiv D_1D_2 \equiv D_2D_3$, tutti nella stessa direzione di BD_1, abbiamo $BD_3 > BC$, e quindi $\widehat{A.BD_3} > \widehat{A.BC}$. Ora, costruito sulla retta AD_1, dalla parte opposta di A rispetto a D_1, il segmento $A'D_1 \equiv AD_1$, abbiamo due triangoli uguali ABD_1, $A'D_2D_1$, quindi $\widehat{A'.AD_2} \equiv \widehat{A.BD_1}$, $A'D_2 \equiv AB$; perciò, essendo $AD_2 > AB$ (122, T. 1°), dal triangolo $AA'D_2$ deduciamo $\widehat{A'.AD_2} > \widehat{A.A'D_2}$ (100, T. 1°), ossia $\widehat{A.BD_1} > \widehat{A.D_1D_2}$. Proseguendo questo ragionamento, arriviamo a concludere che $\widehat{A.BD_1} > \widehat{A.D_1D_2} > \widehat{A.D_2D_3}$, ed essendo per costruzione $\widehat{A'.B'C'} \equiv \widehat{A.BD_1}$ abbiamo $3\,\widehat{A'.B'C'} > \widehat{A.BC}$. Resta così dimostrato, supponendo ammesso il postulato precedente, che presi due angoli acuti, disuguali, si può sempre costruire un angolo multiplo del minore e maggiore dell'altro; osservando poi che qualunque angolo, per mezzo di rette, si può dividere in angoli

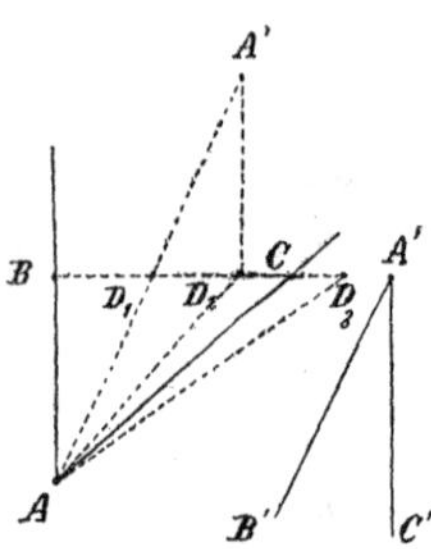

acuti, possiamo estendere la proprietà enunciata a due angoli qualunque. Lo stesso teorema rimane così dimostrato per due diedri, disuguali, poichè è vero per le loro sezioni normali, per due archi, disuguali, di uno stesso circolo o di circoli uguali, poichè è vero per gli angoli al centro che li comprendono, ...

Date due grandezze disuguali, che siano elementari, o archi di uno stesso circolo o di circoli uguali, o angoli sferici di una stessa sfera o di sfere uguali, possiamo trovare un multiplo della minore maggiore dell'altra.

Ci si presenteranno poi altri esempi di grandezze per le quali si può dimostrare questa proprietà, avendola ammessa per i segmenti.

353. Teorema. — Date due grandezze *principali*, non equivalenti, se della minore possiamo trovare un multiplo maggiore dell'altra, e se la maggiore è divisibile in un numero qualunque di parti equivalenti, esiste sempre una grandezza summultipla della maggiore e minore dell'altra.

Date due grandezze A, B, che soddisfino le condizioni imposte nell'enunciato del teorema, per esempio che siano due segmenti, supponiamo $A > B$. Se $2B$ è una grandezza multipla di B e maggiore di A, essendo $A < 2B$, abbiamo $\frac{1}{2}A < 2\frac{1}{2}B$ (350, T.), ossia $\frac{1}{2}A < B$ (347).

Corollari. — 1° Date due grandezze principali A, B, se $A > B$, e non è multipla di B, possiamo sempre trovare due multipli consecutivi di B, per esempio $2B$, $3B$, tali che A sia compreso fra essi, avendo $3B > A > 2B$.

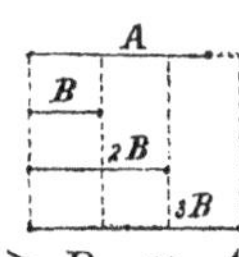

2° Date due grandezze principali A, B, se $A > B$, se A è divisibile in un numero qualunque di parti uguali, e se B non è summultiplo di A, possiamo sempre trovare due summultipli consecutivi di A, per esempio $\frac{1}{2}A$, $\frac{1}{3}A$, tali che B sia compreso fra essi, avendo $\frac{1}{2}A > B > \frac{1}{3}A$.

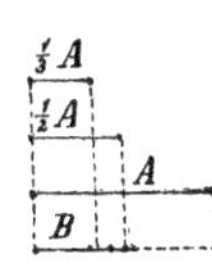

II. Poligoni equivalenti.

354. Se ABCD è il rettangolo di due segmenti A_1B_1,

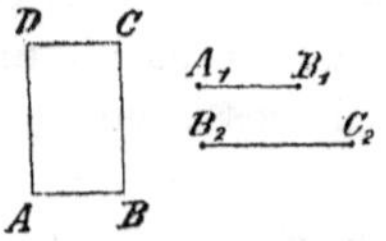

B_2C_2 (149), scriveremo $ABCD = \overline{A_1B_1 . B_2C_2}$.

Se ABCD è il quadrato del segmento A_1B_1 (149), cioè il

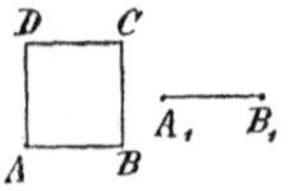

rettangolo $\overline{A_1B_1 . A_1B_1}$, scriveremo $ABCD = \overline{A_1B_1}^2$.

355. Teorema 1° — Dati più segmenti, il rettangolo della loro somma, e di un altro segmento, è la somma dei rettangoli di ciascuno di essi, e dello stesso segmento.

Infatti, dati i due segmenti A_1B_1, B_2C_2 ed un altro segmento DE, prendiamo due segmenti consecutivi $AB \equiv A_1B_1$, $BC \equiv B_2C_2$, diretti nello stesso senso, per cui $AC \equiv A_1B_1 + B_2C_2$, ed in uno stesso piano, che contenga AC, prendiamo sulle rette perpendicolari ad AC nei punti A,B,C, da uno stesso lato di AC, i segmenti

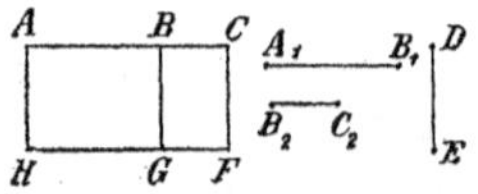

$$AH \equiv BG \equiv CF \equiv DE.$$

I punti F, G, H stanno sopra una stessa retta parallela ad AC (127, C. 7°), perciò $ACFH = \overline{AC . DE}$, $ABGH = \overline{A_1B_1 . DE}$, $BCFG = \overline{B_2C_2 . DE}$; ma $ACFH = ABGH + BCFG$, dunque $\overline{AC . DE} = \overline{A_1B_1 . DE} + \overline{B_2C_2 . DE}$, ed il teorema è dimostrato.

Corollario. — Se un segmento è doppio, triplo,..... di un altro, il rettangolo del primo e di un segmento qualunque è doppio, triplo,..... del rettangolo del secondo e dello stesso segmento.

Se un segmento è la metà, il terzo,..... di un altro, il rettangolo del primo e di un altro segmento qualunque è la metà, il terzo,..... del rettangolo del secondo e dello stesso segmento.

Teorema 2° — Dati due segmenti, disuguali, il rettangolo della loro differenza, e di un altro segmento qualunque, è la differenza dei rettangoli di ciascuno di essi, e dello stesso segmento.

Infatti, dati due segmenti $A_1B_1 > B_2C_2$, ed un altro segmento DE, prendiamo due segmenti consecutivi $AB \equiv A_1B_1$, $BC \equiv B_2C_2$, in direzioni opposte, per cui $AC \equiv A_1B_1 - B_2C_2$, ed in uno stesso piano, che contenga AB, prendiamo sulle rette perpendicolari ad AB nei punti A,B,C, da uno stesso lato di AB, i segmenti $AH \equiv BG \equiv CF \equiv DE$. I punti F,G,H stanno sopra una stessa retta parallela ad AB (127, C. 7°), perciò $ACFH = \overline{AC.DE}$, $ABGH = \overline{A_1B_1.DE}$, $BCFG = \overline{B_2C_2.DE}$; ma $ACFH = ABGH - BCFG$, dunque $\overline{AC.DE} = \overline{A_1B_1.DE} - \overline{B_2C_2.DE}$, ed il teorema è dimostrato.

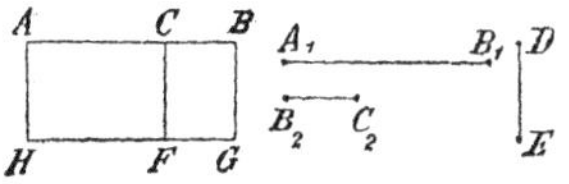

1. Triangoli e parallelogrammi equivalenti.

356. Teorema. — Se due parallelogrammi hanno uguale una base, e l'altezza corrispondente, sono equivalenti.

Disponiamo i due parallelogrammi come ABCD, ABC'D', in modo che siano in uno stesso piano, abbiano comune la base uguale AB, e giacciano da una stessa parte rispetto ad essa. Essendo uguali le altezze corrispondenti ad AB, i lati CD, C'D' sono segmenti di una stessa retta parallela ad AB (127, C. 7°). Ora dobbiamo distinguere quattro casi, perchè può darsi che CD coincida con C′D′, che D sia un punto di C′D′, che D coincida con C′, e che CD, C′D′ non abbiano punti comuni.

Nel primo caso, coincidendo CD, C′D′, coincidono i due parallelogrammi, ed evidentemente abbiamo ABCD = ABC′D′.

Nel secondo caso, avendo $\widehat{A.DD'} \equiv \widehat{B.CC'}$, AD ≡ BC, AD′ ≡ BC′, è ADD′ ≡ BCC′; ma

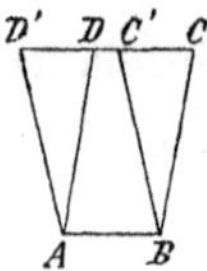

$$ABCD = ABC'D + BCC', \quad ABC'D' = ABC'D + ADD',$$

dunque ABCD = ABC′D′.

Nel terzo caso si ha

$$ABCD = ABD + BCC', \quad ABC'D' = ABC' + ADD';$$

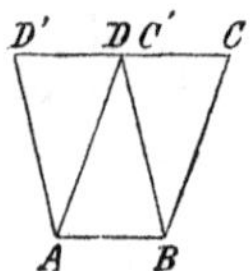

ma sempre ADD′ ≡ BCC′, dunque ABCD = ABC′D′.

Nel quarto caso, se E è il punto comune ad AD, BC′, es-

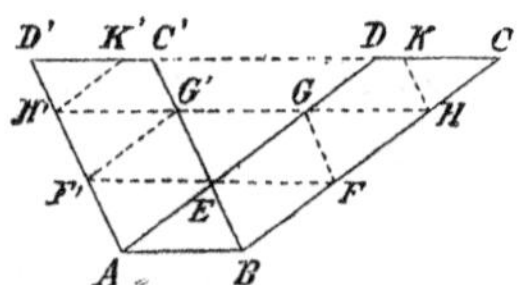

sendo AD > AE, se AD non è multiplo di AE, il lato AD è sempre compreso fra due multipli consecutivi di AE (353, C. 1°).

Supposto, per esempio, 3 AE > AD > 2 AE, possiamo tagliare sopra AD i due segmenti consecutivi AE ≡ EG, e poi possiamo condurre dai punti E, G le parallele ad AB, che segano il lato BC in F, H, il lato BC′ in E, G′, ed il lato AD′ in F′, H′.

Ora si deduce facilmente che i triangoli BEF, EFG, FGH, AEF', EF'G', F'G'H' sono tutti uguali fra loro, perchè due qualunque hanno uguali due lati e l'angolo compreso. Se poi K, K' sono i punti in cui le rette parallele a BE, AE, condotte per H, H', segano i lati CD, C'D', i triangoli HKC, H'K'D', sono uguali, e sono uguali i trapezî GHKD, G'H'K'C', perchè i tre lati DG, GH, HK e gli angoli compresi del primo sono uguali ai tre lati K'H', H'G', G'C' ed agli angoli compresi del secondo (142, C. 2°), quindi ABCD = ABC'D'. Se il primo segmento multiplo di AE e maggiore di AD non fosse il triplo di AE, la costruzione rimarrebbe essenzialmente la stessa, solo varierebbe il numero delle parti rispettivamente uguali in cui vengono divisi i due parallelogrammi; se AD fosse multiplo di AE, pure rimarrebbe la stessa costruzione, solamente non vi sarebbero i trapezî GHKD, G'H'K'C' ed i triangoli HKC, H'K'D', ma sempre si dedurrebbe ABCD = ABC'D'.

Corollarî. — 1° Due parallelogrammi, che hanno uguale una base e l'altezza corrispondente, sono equivalenti e si possono sempre dividere in uno stesso numero di *poligoni* rispettivamente uguali.

2° Ogni parallelogrammo è equivalente al rettangolo di una sua base e dell'altezza corrispondente.

3° Se ABCD è un trapezio, essendo AB, CD le sue basi, se E è il punto medio di BC, e se la parallela condotta da E ad AD sega le rette AB, CD in F, G, i due triangoli EFB, EGC sono uguali, quindi ABCD = AFGD = $\overline{\text{AF.HK}}$, se HK è l'altezza del trapezio. Ora essendo BF ≡ CG, per cui AF + DG ≡ 2AF ≡ AB + CD, il segmento AF è la metà della somma delle due basi.

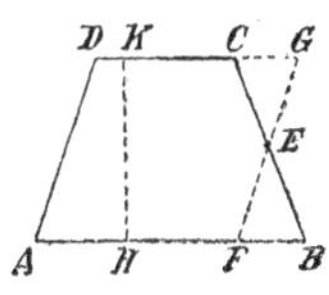

Un trapezio è la metà del rettangolo della sua altezza e della somma delle sue basi.

357. Teorema. — Se due triangoli hanno uguale una base, e l'altezza corrispondente, sono equivalenti.

I triangoli ABC, A'B'C' abbiano uguali le basi AB, A'B' e le corrispondenti altezze. Sia E il punto medio di AB, conducendo dai punti C,E le parallele CD, ED alle rette AB, BC, se D è il loro punto comune, abbiamo un parallelogrammo BCDE. Ora, se F è il punto in cui la retta ED incontra il lato CA, i triangoli AEF, CDF sono uguali, dunque si vede subito che il parallelogrammo BCDE è equivalente al triangolo ABC. Con una costruzione analoga si può ottenere un parallelogrammo B′C′D′E′ equivalente all'altro triangolo A′B′C′; ora questi due parallelogrammi hanno uguali le basi BE, B′E′, metà di AB ≡ A′B′, e le altezze corrispondenti, che sono le altezze uguali dei due triangoli, dunque sono equivalenti, e perciò ABC = A′B′C′ (338, T.).

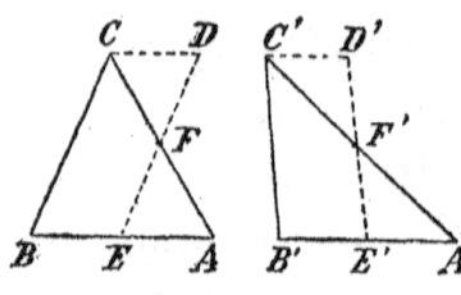

Corollari. — 1° Pensando alle divisioni e suddivisioni che si devono eseguire per dimostrare che due grandezze equivalenti ad una terza sono equivalenti fra loro (338, T.), e sapendo che due parallelogrammi, i quali hanno uguale una base e l'altezza corrispondente, si possono sempre dividere in uno stesso numero di poligoni rispettivamente uguali (356, C. 1°), ne segue che: Due triangoli, i quali hanno uguale una base e l'altezza corrispondente, sono equivalenti e si possono dividere in uno stesso numero di *poligoni* uguali.

2° Il parallelogrammo BCDE è equivalente al rettangolo di BE, metà di AB, e dell'altezza di ABC corrispondente ad AB, dunque: Un triangolo è la metà del rettangolo di una base e dell'altezza corrispondente.

3° Ciascuna diagonale divide un parallelogrammo in due triangoli uguali fra loro, ed equivalenti a quelli in cui è diviso dall'altra.

4° Un triangolo è diviso in due triangoli equivalenti da ciascuna delle sue mediane.

5° Dividendo un lato di un triangolo in 2, 3,..... parti uguali, le rette che congiungono i punti di divisione al vertice opposto dividono il triangolo in 2, 3,..... triangoli, ciascuno dei quali è la metà, il terzo,.... del triangolo dato.

6° Possiamo costruire un triangolo multiplo o summultiplo, secondo un numero qualunque, di un triangolo dato.

2. *Trasformazione dei poligoni.*

358. Definizione. — *Trasformare* un poligono, significa costruirne un altro equivalente ad esso.

Così abbiamo veduto che un parallelogrammo (356, C. 2°), un trapezio (356, C. 3°) ed un triangolo (357, C. 2°), si possono sempre trasformare in un rettangolo.

Problema 1° — Trasformare un triangolo in un altro, che abbia un lato uguale ad un segmento dato, ed un angolo adiacente uguale ad un angolo dato.

Sulla retta CB del triangolo ABC prendiamo il segmento CD uguale al segmento dato, e diretto nello stesso senso di CB. Se è CD ≡ CB, conducendo da A la retta AE, parallela a BC, e costruendo, nel piano del triangolo dato, l'angolo $\widehat{C.BE}$ uguale all'angolo dato, abbiamo risoluto il problema, essendo ABC = CDE (357, T.). Se CD, CB non sono uguali, conduciamo

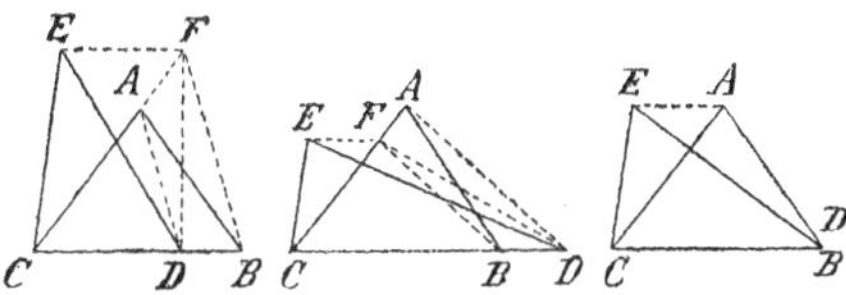

da B la retta BF, che è parallela alla AD e sega la retta AC in un punto F. Se è CD > CB, abbiamo

$$ABC = BCF + BAF, \quad CDF = BCF + BDF ;$$

ma BAF = BDF, dunque ABC = CDF. Se è CD < CB, abbiamo

$$ABC = ACD + ABD, \quad CDF = ACD + AFD ;$$

ma ABD = AFD, dunque anche in questo caso si ha ABC = CDF. Dopo ciò, se EF è la parallela a BC condotta da F, costruendo, nel piano della figura, $\widehat{C.DE}$ uguale all'angolo dato, abbiamo CDE = CDF, quindi CDE = ABC, ed il problema è risoluto.

Problema 2° — Trasformare un triangolo in un altro, che abbia un'altezza uguale ad un segmento dato, ed un angolo adiacente alla base corrispondente uguale ad un angolo dato.

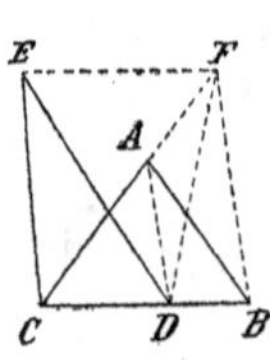

Dato il triangolo ABC, prendiamo nel suo piano la retta EF, la cui distanza da BC è uguale al segmento dato, e che giace rispetto a BC dallo stesso lato di A; poi chiamiamo F il punto in cui sega la retta AC, e D il punto in cui la retta AD, parallela alla FB, sega la retta BC. Sappiamo già che ABC = CDF (358, Pr. 1°); ora costruito, nel piano della figura, l'angolo $\widehat{C.DE}$ uguale all'angolo dato, e chiamato E il punto comune alle rette CE, EF, evidentemente CDE = ABC ed il triangolo CDE soddisfa le condizioni imposte nel problema.

Corollari. — 1° Volendo trasformare un triangolo in un altro, qualunque sia la costruzione adoperata, se è data una base è individuata l'altezza corrispondente, e viceversa.

Se ABC, ABC′ sono due triangoli equivalenti, che hanno la stessa base e sono posti in uno stesso piano, in modo che

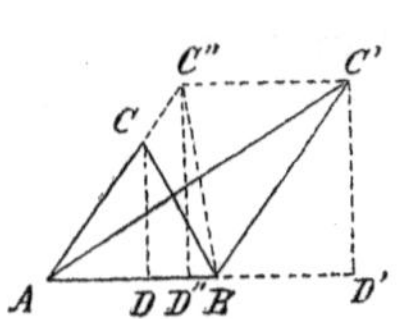

C, C′ cadano da una stessa parte di AB, devono essere uguali le loro altezze CD, C′D′ corrispondenti ad AB, perchè conducendo da C′ la parallela ad AB, che incontra la retta AC in C″, si ha ABC′ = ABC″ = ABC, quindi chiamando C″D″ un'altezza di ABC″, se fosse $C'D' \gtreqless CD$ sarebbe $C''D'' \gtreqless CD$, e naturalmente $AC'' \gtreqless AC$, per cui $ABC'' \gtreqless ABC$, contro l'ipotesi, dunque deve essere $C'D' \equiv CD$.

Viceversa, se i triangoli equivalenti ABC, A′B′C′ hanno

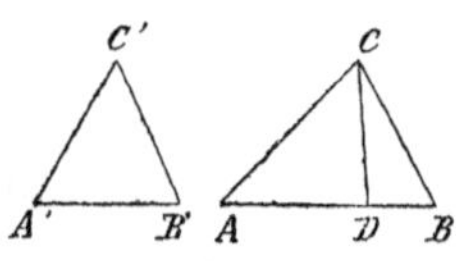

uguali le altezze corrispondenti alle basi AB, A′B′ deve essere $AB \equiv A'B'$, perchè, se fosse $AB > A'B'$, diviso AB in una parte $AD \equiv A'B'$, ed in un'altra $DB \equiv AB - AD$, si avrebbe $ABC = ADC + DBC$; ma $ADC = A'B'C'$, e perciò $ABC > A'B'C'$, contro l'ipotesi.

2° In un piano il luogo dei vertici dei triangoli equivalenti, che hanno comune il lato opposto, è formato da due rette parallele, equidistanti da quella su cui giace il lato comune.

3° Due triangoli equivalenti si possono sempre dividere in uno stesso numero di *poligoni* rispettivamente uguali, perchè possiamo trasformare uno dei due in un triangolo, con una base e l'altezza corrispondente uguale ad una base ed all'altezza corrispondente dell'altro, e perchè due triangoli, che hanno uguale una base e l'altezza corrispondente, sono equivalenti e si possono sempre dividere in uno stesso numero di *poligoni* rispettivamente uguali (357, C. 1°).

4° Dati più triangoli possiamo sommarli facilmente.

Trasformiamo prima i triangoli dati in altri che abbiano tutti la stessa altezza (358, Pr. 2°), poi costruiamo un triangolo che abbia un' altezza uguale a quella di questi triangoli, e la base corrispondente uguale alla somma delle loro basi. Possiamo anche trasformare prima i triangoli dati in altri colle basi uguali (358, Pr. 1°), e poi costruire un triangolo che abbia la base uguale a quella di questi triangoli, e l'altezza corrispondente uguale alla somma delle loro altezze.

5° Un poligono convesso, circoscritto ad un circolo, è equivalente ad un triangolo, che ha per altezza l'apotema e per base corrispondente il perimetro del poligono.

6° La superficie laterale di un prisma retto è equivalente al rettangolo del perimetro di un poligono base, e dell'altezza del prisma.

7° La superficie laterale di una piramide, circoscritta ad un cono, è equivalente ad un triangolo, che ha per altezza l'apotema e per base corrispondente il perimetro del poligono base della piramide.

La superficie laterale di una piramide circoscritta ad un cono, o tronco di piramide circoscritto ad un tronco di cono, è equivalente al rettangolo dell'apotema e del perimetro della sua sezione media.

359. Problema. — Trasformare un poligono in un triangolo.

Ogni poligono si può dividere in triangoli. Infatti, se il poligono è convesso, basta prendere un punto interno ad esso e dividerlo con i segmenti che hanno un estremo in questo punto e gli altri estremi nei vertici, se il poligono è concavo, cioè se alcune delle sue rette lo dividono in parti, queste parti sono poligoni necessariamente convessi, perchè non sono più divisi dalle loro rette, quindi dividendo ciascuno di essi in triangoli, anche il poligono dato rimane diviso in triangoli. Posto ciò, onde trasformare un poligono in un triangolo, basta prima dividere il poligono in triangoli, e poi costruire un triangolo che sia la loro somma (358, C. 4°).

Corollarî. — 1° Quando il poligono dato è convesso, per trasformarlo in un triangolo possiamo procedere come segue.

Dato il poligono convesso ABCDE, da un vertice B possiamo condurre la retta BF parallela alla diagonale AC, che unisce i due vertici successivi a B, se taglia la retta CD in F, abbiamo AFC = ABC, quindi ABCDE = AFDE, ed abbiamo trasformato il poligono dato in un altro con un vertice di meno; proseguendo in questo modo, arriviamo poi a trasformare il poligono dato in un triangolo.

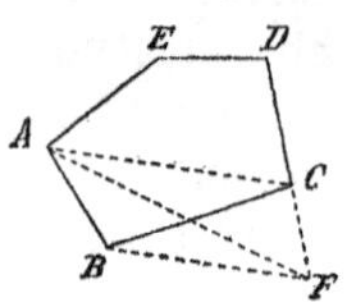

2° Un poligono si può sempre trasformare in un triangolo, che abbia un lato uguale ad un segmento dato, ed un angolo adiacente uguale ad un angolo dato (358, Pr. 1°); ovvero in un triangolo, che abbia un'altezza uguale ad un segmento dato, ed un angolo adiacente alla base corrispondente uguale ad un angolo dato (358, Pr. 2°).

3° Possiamo sempre costruire un triangolo che sia multiplo, o summultiplo, di un dato poligono, secondo un numero qualunque.

4° Un poligono ed un triangolo equivalente si possono sempre dividere in uno stesso numero di poligoni rispettivamente uguali, perchè possiamo dividere in uno stesso numero di poligoni, rispettivamente uguali, due triangoli qualunque equivalenti (358, C. 3°); ora dati due poligoni equivalenti, divisi con linee qualunque in uno stesso numero di parti rispettivamente uguali, possiamo sempre costruire un triangolo equivalente ad ambedue, e dividere il triangolo e ciascuno di essi in uno stesso numero di poligoni equivalenti. Le due divisioni, eseguite nel triangolo, suddividono i poligoni uguali a quelli in cui è diviso ciascuno dei due poligoni dati, e dopo eseguite in essi le stesse suddivisioni, veniamo a dividerli in uno stesso numero di poligoni rispettivamente uguali; ma due poligoni uguali si possono sempre dividere in triangoli uguali, dunque:

Due poligoni equivalenti si possono sempre dividere in uno stesso numero di *triangoli* rispettivamente uguali.

360. **Teorema 1°** — Possiamo sempre sommare quanti si vogliano poligoni dati.

Infatti basta prima trasformare in un triangolo ciascuno dei poligoni dati (359, Pr.), e poi costruire un triangolo che sia la loro somma (358, C. 4°).

Teorema 2° — Dati due poligoni, ciascuno è maggiore, equivalente o minore dell'altro.

Trasformiamo i due poligoni in due triangoli, che abbiano uguali due altezze, o le basi; se le basi, o le altezze, corrispondenti sono uguali, naturalmente sono equivalenti i due triangoli, e perciò i due poligoni; se le basi, o le altezze, corrispondenti non sono uguali, una è maggiore dell'altra, e quindi evidentemente un poligono è maggiore dell'altro.

Corollarî. — 1° I poligoni costituiscono una nuova specie di grandezze principali.

2° Supponiamo dati due poligoni, non equivalenti, e trasformiamoli in due triangoli ABC, A'B'C', che abbiano uguali le altezze corrispondenti ai lati BC, B'C'. Ora, se BC $>$ B'C', cioè se il poligono equivalente ad ABC è maggiore di quello equivalente ad A'B'C', possiamo trovare un multiplo di B'C', per esempio 3B'C', maggiore di BC. Presi sulla retta BC i segmenti consecutivi $BD_1 \equiv D_1D_2 \equiv D_2D_3 \equiv B'C'$, diretti nello stesso senso di BC, abbiamo $BD_3 > BC$, $ABD_3 > ABC$, ed essendo

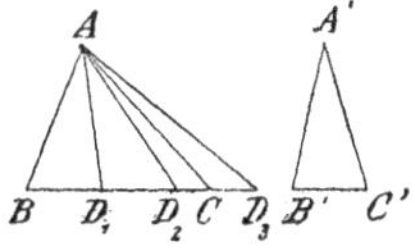

$$A'B'C' = ABD_1 = AD_1D_2 = AD_2D_3,$$

ne deduciamo 3A'B'C' $>$ ABC, dunque il triplo del poligono equivalente ad A'B'C' è maggiore del triplo di quello equivalente ad ABC.

Dati due poligoni, non equivalenti, possiamo sempre trovare un multiplo del minore, che sia maggiore dell'altro, ed un summultiplo del maggiore che sia minore dell'altro (353, T.).

361. Teorema. — Una diagonale di un parallelogrammo, e le parallele condotte ai lati da uno dei suoi punti, lo dividono in quattro triangoli ed in due parallelogrammi, che sono equivalenti.

Preso un punto E, sopra una diagonale AC di un parallelogrammo ABCD, conduciamo per E le parallele ai lati, che incontrano AB, BC, CD, DA nei punti F, G, H, K. Abbiamo ABC ≡ CDA, AFE ≡ EKA, EGC ≡ CHE, quindi

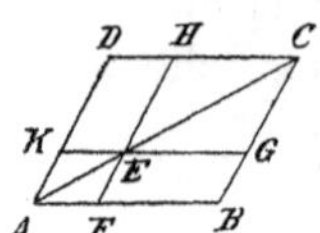

ABC — AFE — EGC = CDA — EKA — CHE

(344, T.), ossia EHDK = EFBG.

Problema 1° — Trasformare un parallelogrammo in un altro, che abbia un lato uguale ad un segmento dato, ed un angolo adiacente uguale ad un angolo dato.

Dato il parallelogrammo ABCD, sulla retta CD prendiamo DG uguale al segmento dato, in modo che G, C siano in parti opposte rispetto a D, quindi da G conduciamo la retta GH parallela a BC, e chiamiamo H il punto comune alle rette GH, AB, e K il punto comune alle rette HD, BC. Se da K conduciamo la retta KF parallela ad AB, che sega GH in F, veniamo a costruire un parallelogrammo HBKF, e, se E è il punto comune alle rette AD, KF, abbiamo ABCD = DEFG (361, T.); perciò il parallelogrammo dato è stato trasformato in un altro DEFG, con un lato DG uguale al segmento dato. Costruito, nel piano della figura, l'angolo $\widehat{G.DF'}$ uguale all'angolo dato, se F' è il punto comune alle rette GF', KF, e se E' è il punto comune alla retta KF ed alla parallela DE' condotta da D a GF', il parallelogrammo DE'F'G è quello cercato, poichè ha un lato uguale al segmento dato, un angolo adiacente uguale all'angolo dato, e poichè ABCD = DEFG = DE'F'G.

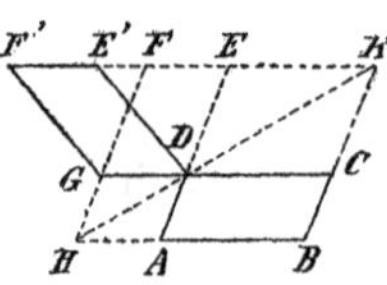

Problema 2° — Trasformare un parallelogrammo in un altro, che abbia un'altezza uguale ad un segmento dato, ed un angolo adiacente alla base corrispondente uguale ad un angolo dato.

Sia ABCD il parallelogrammo dato, conduciamo nel suo piano una retta KE parallela alla CD, in modo che la sua distanza da essa sia uguale al segmento dato, e giaccia rispetto a CD nella parte opposta di AB. Se K, E sono i punti comuni alle rette KE, BC e KE, DA, chiamiamo H il punto comune alle KD, AB, da H conduciamo la HF parallela a BC, e chiamiamo G, F i punti in cui incontra le rette CD, KE. Ora HBKF è un parallelogrammo, ed abbiamo ABCD = DEFG (361, T.), perciò il parallelogrammo dato è stato trasformato in un altro DEFG con un' altezza uguale al segmento dato. Costruito, nel piano della figura, $\widehat{G.DF'}$ uguale all'angolo dato, se F′ è il punto comune alle rette GF′, KE, e se E′ è il punto comune alla retta KE ed alla parallela DE′ condotta da D a GF′, il parallelogrammo DE′F′G è quello cercato, poichè ha un'altezza uguale al segmento dato, un angolo adiacente alla base corrispondente uguale all'angolo dato, e poichè ABCD = DEFG = DE′F′G.

Corollario. — La risoluzione di uno qualunque dei due problemi precedenti, come caso particolare, ci permettedi trasformare un parallelogrammo in un rettangolo, che abbia un lato uguale ad un segmento dato.

362. Teorema 1° — Dati due triangoli, se ciascun angolo di uno è uguale ad un angolo corrispondente dell'altro, il rettangolo di un lato di uno e di un lato non corrispondente dell'altro è equivalente al rettangolo dei lati corrispondenti.

Dati due triangoli ABC, A′B′C′, se $\widehat{A.BC} \equiv \widehat{A'.B'C'}$, $\widehat{B.CA} \equiv \widehat{B'.C'A'}$, e quindi $\widehat{C.AB} \equiv \widehat{C'.A'B'}$, si ha $\overline{BC.C'A'} = \overline{B'C'.CA}$, $\overline{CA.A'B'} = \overline{C'A'.AB}$, $\overline{AB.B'C'} = \overline{A'B'.BC}$. Disponiamo i due triangoli in modo che coincidano le loro rette AB, A′B′ ed AC, A′C′, poi conduciamo una retta AD perpendicolare ad AB, e su di essa, da uno stesso lato rispetto ad A, prendiamo AD ≡ AC, AD′ ≡ AC′. I triangoli BCD, B′C′D′ hanno paralleli i lati CD, C′D′ (99, C. 1°), ed i lati BC, B′C′, perchè $\widehat{B'.C'A} \equiv \widehat{B.CA}$, dunque anche i lati DB, D′B′ sono paralleli

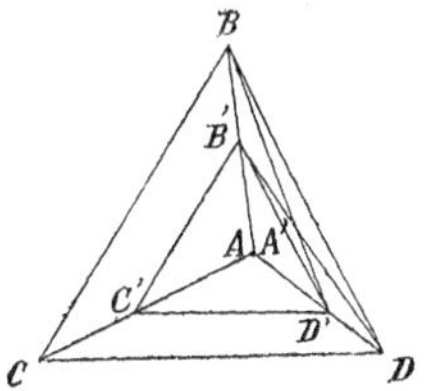

(114, T.). Ciò basta per ritenere che $ABD' = AB'D$; ma $2ABD' = \overline{D'A.AB} = \overline{C'A'.AB}$, e $2AB'D = \overline{DA.AB'} = \overline{CA.A'B'}$, dunque $\overline{C'A'.AB} = \overline{CA.A'B'}$; analogamente si dimostra che sono equivalenti gli altri rettangoli formati nello stesso modo.

Corollario. — 1° Inversamente, dati quattro segmenti A_1B_1, A_2C_2, $A'_1B'_1$, $A'_2C'_2$, se $\overline{A_1B_1.A'_2C'_2} = \overline{A_1'B'_1.A_2C_2}$, presi sopra i lati di due angoli uguali $\widehat{A.BC}$, $\widehat{A'.B'C'}$ i segmenti $AB \equiv A_1B_1$, $AC \equiv A_2C_2$, $A'B' \equiv A'_1B'_1$, $A'C' \equiv A'_2C'_2$, si dimostra analogamente che ciascun angolo di ABC è uguale ad un angolo corrispondente di A'B'C', poichè sono parallele le rette BD, B'D' e CD, C'D', e quindi sono parallele anche le rette BC, B'C'.

Teorema 2° — Il quadrato dell'altezza di un triangolo rettangolo, corrispondente all'ipotenusa, è equivalente al rettangolo dei due segmenti in cui la divide, il quadrato di un cateto è equivalente al rettangolo dell'ipotenusa e della sua proiezione su di essa.

Sia ABC il triangolo rettangolo dato, BC la sua ipotenusa, ed AD l'altezza corrispondente. Essendo ABD un triangolo rettangolo, l'angolo $\widehat{B.DA}$ è complemento di $\widehat{A.BD}$; ma anche $\widehat{A.CD}$ è complemento di $\widehat{A.BD}$, dunque $\widehat{B.DA} \equiv \widehat{A.CD}$ e sono uguali gli angoli dei triangoli rettangoli ABD, ACD. Ora i lati, non corrispondenti, BD, CD hanno ambidue per corrispondente A D, dunque $\overline{AD}^2 = \overline{BD.CD}$ (362, T. 1°). Sono uguali anche gli angoli dei triangoli rettangoli ABD, ABC, i lati non corrispondenti BC, BD hanno ambedue per corrispondente AB, dunque $\overline{AB}^2 = \overline{BC.BD}$ (362, T. 1°).

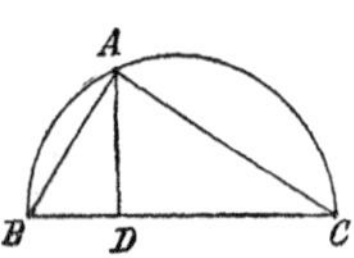

Problema. — Trasformare un parallelogrammo in un quadrato.

Trasformiamo il parallelogrammo in un rettangolo (361, C.), poi prendiamo $BC \equiv BD + DC$, essendo BD, DC uguali a due lati consecutivi del rettangolo, sulla BC come diametro descriviamo un semicircolo, e chiamiamo A il punto in cui è segato dalla retta AD, perpendicolare nel suo piano a BC in D. Il triangolo ABC è rettangolo (252, C. 2°), quindi $\overline{AD}^2 = \overline{BD.DC}$

(362, T. 2°), ed il quadrato di AD è equivalente al parallelogrammo dato.

Corollarî.— 2° Sapendo trasformare un triangolo in un rettangolo, possiamo trasformare un poligono qualunque in un rettangolo, ed anche in un quadrato.

3° Dato un segmento AB, se costruiamo un triangolo isoscele ABC, tale che ciascuno dei due angoli uguali sia doppio del rimanente (114, Pr.), prendendo sopra AB il punto D, in modo che sia $CD \equiv CB \equiv DA$, i triangoli ABC, BCD hanno gli angoli corrispondenti uguali, e perciò $AB.BD = \overline{AD}^2$. Possiamo dunque, dato un segmento, costruire un suo punto, in modo che il rettangolo del segmento e di una delle sue parti sia equivalente al quadrato dell'altra.

3° Proprietà dei quadrati dei lati di un triangolo, ed altre proprietà dedotte dalla teoria dei poligoni equivalenti.

363. **Teorema 1°** — Il quadrato della somma di due segmenti è la somma dei quadrati di questi segmenti e del doppio del loro rettangolo.

Dati i segmenti A_1B_1, B_2C_2, prendiamo i segmenti consecutivi $AB \equiv A_1B_1$, $BC \equiv B_2C_2$, diretti nello stesso senso, per cui $AC \equiv A_1B_1 + B_2C_2$, quindi, in uno stesso piano di AC, costruiamo i quadrati

$$ACDE = \overline{AC}^2, \quad BCFG = \overline{B_2C_2}^2.$$

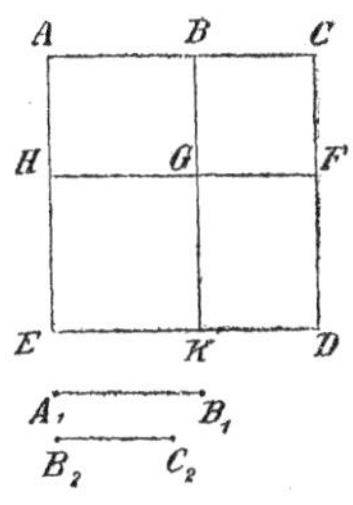

Se H, K sono i punti comuni alle rette FG, AE e BG, DE, essendo $AH \equiv BG \equiv B_2C_2$, $AE \equiv AC$, abbiamo $HE \equiv A_1B_1 \equiv HG$, $GHEK = \overline{A_1B_1}^2$, $FGKD \equiv ABGH = A_1B_1.B_2C_2$, è dunque chiaro che

$$\overline{AC}^2 = \overline{A_1B_1}^2 + \overline{B_2C_2}^2 + 2A_1B_1.B_2C_2.$$

Teorema 2° — Il quadrato della differenza di due segmenti è la differenza della somma dei quadrati di questi segmenti e del doppio del loro rettangolo.

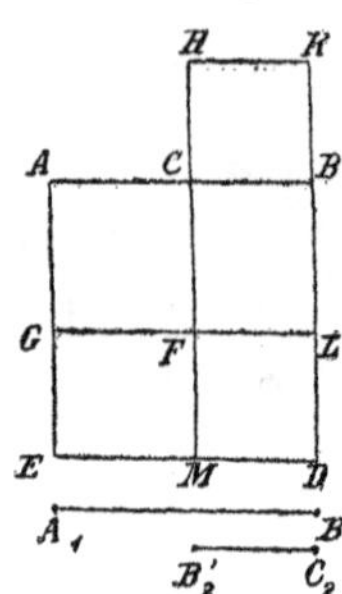

Dati i segmenti $A_1B_1 > B_2C_2$, prendiamo i segmenti consecutivi $AB \equiv A_1B_1$, $BC \equiv B_2C_2$, in direzione opposta, per cui $AC \equiv A_1B_1 - B_2C_2$, quindi in uno stesso piano di AB costruiamo i quadrati:
$ABDE \equiv \overline{A_1B_1}^2$, $ACFG \equiv \overline{AC}^2$, $BCHK \equiv \overline{B_2C_2}^2$, i primi due da uno stesso lato di AB e l'altro dal lato opposto. Se L è il punto comune alle rette FG, BD, abbiamo $DEGL = HKLF = \overline{A_1B_1.B_2C_2}$, è dunque chiaro che $\overline{AC}^2 = \overline{A_1B_1}^2 + \overline{B_2C_2}^2 - 2\overline{A_1B_1.B_2C_2}$.

364. Teorema. — Il quadrato dell'ipotenusa di un triangolo rettangolo è la somma dei quadrati dei due cateti.

Se ABC è un triangolo rettangolo, costruiamo nel suo piano i quadrati $BCDE = \overline{BC}^2$, $ABFG = \overline{AB}^2$, $CAHK = \overline{AC}^2$, in modo che ciascuno giaccia, rispetto al lato su cui è descritto, nella

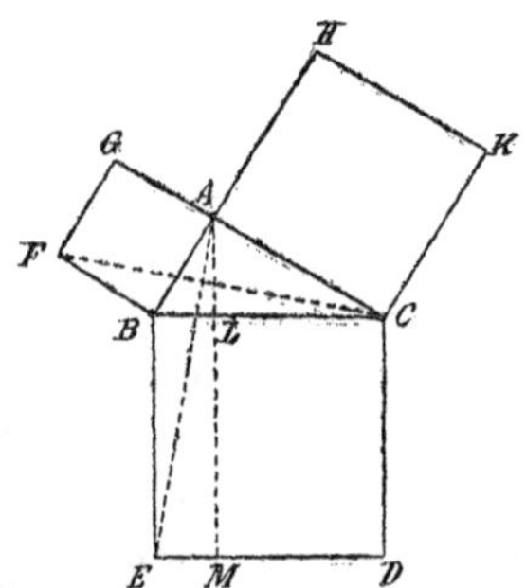

parte opposta a quella del triangolo. Essendo retti gli angoli $\widehat{A.BC}$, $\widehat{A.BG}$, $\widehat{ACH}$, i segmenti AB, AH appartengono ad una stessa retta BH, ed i segmenti AC, AG appartengono ad una stessa retta CG. Ora l'angolo $\widehat{B.AE}$ è la somma dell'angolo

$\widehat{B.CA}$ e di un angolo retto $\widehat{B.CE}$, l'angolo $\widehat{B.CF}$ è la somma dello stesso angolo $\widehat{B.CA}$ e di un angolo retto $\widehat{B.AF}$, dunque $\widehat{B.AE} \equiv \widehat{B.CF}$, ed essendo BA $\equiv$ BF, BE $\equiv$ BC, i due triangoli ABE, CBF sono uguali.

Tiriamo da A la retta perpendicolare alle rette BC, ED, e chiamiamo L, M i punti in cui le incontra. Il quadrato ABFG ed il triangolo CBF hanno la stessa base BF e le altezze corrispondenti uguali, perciò ABFG $=$ 2CBF, il rettangolo BEML ed il triangolo ABE hanno la stessa base BE ed uguali le altezze corrispondenti, perciò BEML $=$ 2ABE ; ora CBF $\equiv$ ABE, quindi ABFG $=$ BEML.

Analogamente si dimostra che ACKH $=$ CDML, dunque BCDE $=$ BEML $+$ CDML $=$ ABFG $+$ ACKH, ossia

$$\overline{BC}^2 \equiv \overline{AB}^2 + \overline{AC}^2.$$

Corollarî. — 1° Il quadrato di un cateto di un triangolo rettangolo è la differenza del quadrato dell'ipotenusa e del quadrato dell'altro cateto.

2° Possiamo facilmente servirci del teorema precedente per costruire un quadrato somma, o differenza, di quadrati dati.

365. Teorema 1° — Dato un triangolo con un angolo ottuso, il quadrato del lato opposto è la somma dei quadrati degli altri due lati e del doppio del rettangolo di uno fra essi e della proiezione dell'altro sulla sua retta.

Sia dato il triangolo ABC, sia $\widehat{A.BC}$ un angolo ottuso, e sia AD la proiezione del lato AB sulla retta AC. Essendo ottuso l'angolo $\widehat{A.BC}$ il punto A è compreso fra C, D, e si ha CD $\equiv$ CA $+$ AD, per cui $\overline{CD}^2 = \overline{AC}^2 + \overline{AD}^2 + 2\overline{AC.AD}$ (363, T. 1°); ma $\overline{CD}^2 + \overline{DB}^2 = \overline{BC}^2$ (364, T), dunque

$$\overline{BC}^2 = \overline{AC}^2 + \overline{AD}^2 + \overline{DB}^2 + 2\overline{AC.AD}.$$

Ora $\overline{AD}^2 + \overline{DB}^2 = \overline{AB}^2$ (364, T.), dunque

$$\overline{BC}^2 = \overline{AB}^2 + \overline{AC}^2 + 2\overline{AC.AD},$$

relazione che esprime il teorema enunciato.

Teorema 2° — Dato un triangolo, il quadrato di un lato, opposto ad un angolo acuto, è la differenza della somma dei quadrati degli altri due lati e del doppio del rettangolo di uno fra essi e della proiezione dell'altro sulla sua retta.

Sia dato il triangolo ABC, sia $\widehat{A.BC}$ un angolo acuto, e sia AD la proiezione del lato AB sulla retta AC. Può darsi che D sia un punto di CA, ovvero C un punto di DA; ma non può mai essere A un punto di CD, perchè per ipotesi $\widehat{A.BC}$ è un angolo acuto. Nel primo caso abbiamo $CD \equiv AC - AD$, nel secondo caso abbiamo $CD \equiv AD - AC$, quindi sempre

$\overline{CD}^2 = \overline{AC}^2 + \overline{AD}^2 - 2\overline{AC.AD}$ (363, T. 2°);

ma $\overline{CD}^2 + \overline{DB}^2 = \overline{BC}^2$ (364, T.),

dunque $\overline{BC}^2 = \overline{AC}^2 + \overline{AD}^2 + \overline{DB}^2 - 2\overline{AC.AD}$.

Ora $\overline{AD}^2 + \overline{DB}^2 = \overline{AB}^2$ (364, T.), dunque

$$\overline{BC}^2 = \overline{AB}^2 + \overline{AC}^2 - 2\overline{AC.AD},$$

relazione che esprime il teorema enunciato.

Corollario. — Abbiamo veduto che se un angolo di un triangolo è ottuso, retto o acuto, il quadrato del lato opposto è maggiore, uguale o minore, della somma dei quadrati degli altri due lati, ne segue inversamente che se il quadrato di un lato è maggiore, uguale o minore, della somma dei quadrati degli altri due, l'angolo opposto è ottuso, retto o acuto.

366. Teorema 1° — Sono equivalenti i rettangoli di tutte le coppie di segmenti condotti ad un circolo da un punto, fissato nel suo piano, e situati sopra una stessa segante.

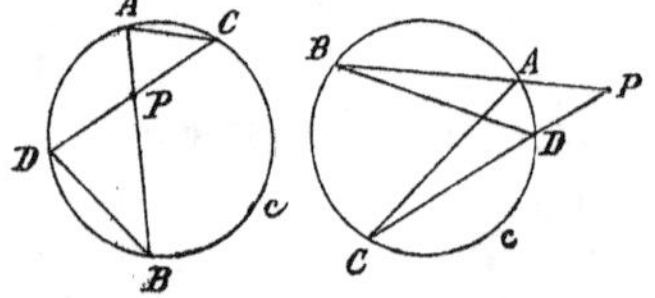

Se nel piano di un circolo c prendiamo un punto P, esterno o interno, e da esso conduciamo al circolo i segmenti PA, PB e PC, PD, situati sulle stesse seganti AB, CD, abbiamo due triangoli PAC, PBD, i cui angoli corrispondenti sono uguali, poichè evidentemente $\widehat{P.AC} \equiv \widehat{P.BD}$, e $\widehat{B.AD} \equiv \widehat{C.AD}$ (252, C. 1°), dunque $\overline{PA.PB} = \overline{PC.PD}$ (362, T. 1°).

Corollario. — 1° Inversamente, se abbiamo $\overline{PA.PB} = \overline{PC.PD}$, se ne deduce che sono uguali gli angoli corrispondenti dei triangoli PAC, PBD (362, C. 1°), quindi $\widehat{B.AD} \equiv \widehat{C.AD}$, ed A, B, C, D sono quattro punti di uno stesso circolo.

Teorema 2° — Il rettangolo dei segmenti condotti ad un circolo da un punto esterno, fissato nel suo piano, e situati sopra una stessa segante è equivalente al quadrato di un segmento condotto dallo stesso punto tangente al circolo.

Se nel piano di un circolo *c* prendiamo un punto esterno P e da esso conduciamo al circolo i segmenti PA, PB, situati sopra una stessa segante, ed un segmento tangente PC, gli angoli corrispondenti dei triangoli PAC, PBC sono uguali, poichè $\widehat{C.PA} \equiv \widehat{B.CA}$ (253, T. 1°), e l'angolo $\widehat{P.BC}$ è comune, dunque $\overline{PA.PB} = \overline{PC}^2$ (362, T. 1°).

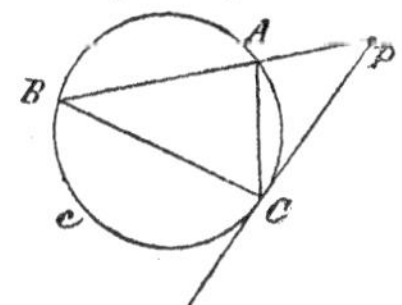

Corollarî. — 2° Inversamente, se abbiamo $\overline{PA.PB} = \overline{PC}^2$, se ne deduce che sono uguali gli angoli corrispondenti dei triangoli PAC, PBC (362, C. 1°), quindi $\widehat{C.PA} \equiv \widehat{B.CA}$, ed A, B, C sono tre punti di un circolo, che è tangente in C alla retta PC.

3° Osservando che due seganti condotte da un punto ad una sfera stanno in un piano, che sega la sfera in un circolo, dalle proprietà ora dimostrate possiamo dedurre che:

Sono equivalenti i rettangoli di tutte le coppie di segmenti condotti da un punto ad una sfera, e situati sopra una stessa segante.

Il rettangolo dei segmenti condotti ad una sfera da un punto esterno, e situati sopra una stessa segante, è equivalente al quadrato di un segmento condotto dallo stesso punto tangente alla sfera.

367. Teorema. — Se un quadrangolo convesso è inscritto in un circolo, il rettangolo delle diagonali è equivalente alla somma dei rettangoli dei lati opposti.

Sia ABCD un quadrangolo convesso inscritto in un circolo c; conduciamo la retta AE, in modo che incontri BD in E, e sia $\widehat{A.BE} \equiv \widehat{A.CD}$. I triangoli ABE, ACD hanno gli angoli corrispondenti uguali, poichè abbiamo $\widehat{B.AE} \equiv \widehat{C.AD}$ (252, C. 1°), dunque (362, T. 1°) $\overline{AB.CD} = \overline{AC.BE}$; ma anche i triangoli ADE, ABC hanno gli angoli corrispondenti uguali, perchè $\widehat{A.DE} \equiv \widehat{A.BC}$, essendo $\widehat{A.DE} \equiv \widehat{A.BD} - \widehat{A.BE}$ ed $\widehat{A.BC} \equiv \widehat{A.BD} - \widehat{A.CD}$, e perchè $\widehat{C.AB} \equiv \widehat{D.AB}$ (252, C. 1°), dunque $\overline{BC.DA} = \overline{AC.ED}$. Posto ciò, possiamo dire che $\overline{AB.CD} + \overline{BC.DA} = \overline{AC.BE} + \overline{AC.ED}$ (345, T. 1°); ora i rettangoli $\overline{AC.BE}$, $\overline{AC.ED}$ hanno un lato comune AC, quindi la loro somma è equivalente al rettangolo di questo lato e della somma BE + ED ≡ BD degli altri due (355, T. 1°), dunque

$$\overline{AB.CD} + \overline{BC.DA} = \overline{AC.BD}.$$

III. Prismi equivalenti.

368. Se ABCD.A'B'C'D' è il parallelepipedo rettangolo

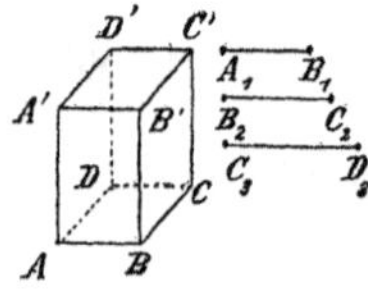

dei segmenti A_1B_1, B_2C_2, C_3D_3 (211), scriveremo

$$ABCD.A'B'C'D' = \overline{A_1B_1.B_2C_2.C_3D_3}.$$

Se $ABCD.A'B'C'D'$ è il cubo del segmento A_1B_1 (211), cioè il

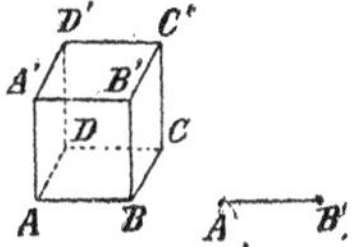

parallelepipedo rettangolo $\overline{A_1B_1 . A_1B_1 . A_1B_1}$, scriveremo

$$ABCD.A'B'C'D' = \overline{A_1B_1}^3.$$

1. *Prismi triangolari e parallelepipedi equivalenti.*

369. **Teorema 1°** — Se due prismi triangolari hanno uguali le sezioni normali e gli spigoli laterali, sono equivalenti.

Siano $ABC.A'B'C'$, $A_1B_1C_1.A'_1B'_1C_1'$ due prismi triangolari, che abbiano uguali gli spigoli laterali e le sezioni normali DEF, $D_1E_1F_1$. Facendo coincidere DEF, $D_1E_1F_1$, le rette A_1A_1',

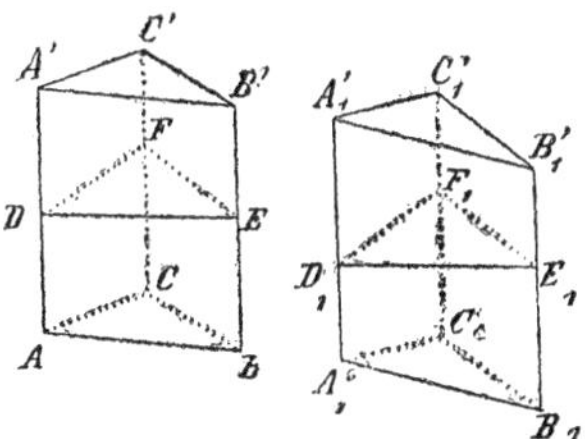

B_1B_1', C_1C_1' vengono a coincidere colle rette AA', BB', CC', perchè perpendicolari allo stesso piano negli stessi punti; di più potendo far coincidere due sezioni normali qualunque (201, C. 1°), ed essendo uguali per ipotesi gli spigoli laterali, possiamo sempre fare in modo che i due prismi, nella nuova posizione, abbiano comune uno spigolo AA'.

Ora, considerando i due spigoli BB', B_1B_1', dobbiamo distinguere quattro casi, perchè può darsi che B_1B_1' coincida con BB', che B_1 sia un punto di BB', che B_1 coincida con B', che B_1B_1', BB' non abbiano punti comuni; qualunque caso sia verificato abbiamo sempre $ABC.A'B'C' = AB_1C.A'B_1'C'$.

Nel primo caso, coincidendo B_1B_1', BB', coincidono i due prismi, e quindi la proprietà è evidente.

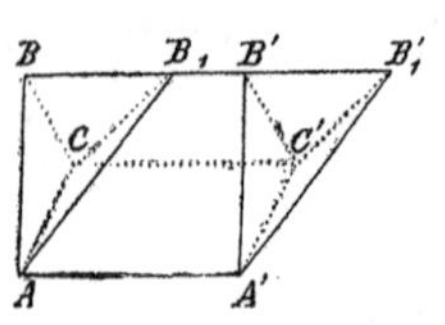

Nel secondo caso i tetraedri $ABCB_1$, $A'B'C'B'_1$ sono uguali, perchè evidentemente $AB \equiv A'B'$, $AC \equiv A'C'$, $AB_1 \equiv A'B'_1$ e di più $A.\widehat{BC}B_1 \equiv A'.\widehat{B'C'}B'_1$; ma

$$ABC.A'B'C' = ABCB_1 + AB_1CA'B'C',$$
$$AB_1C.A'B_1'C' = A'B'C'B_1' + AB_1CA'B'C',$$

dunque $ABC.A'B'C' = AB_1C.A'B_1'C'$.

Nel terzo caso si ha

$$ABC.A'B'C' = ABCB_1 + B_1.AA'C'C,$$
$$AB_1C.A'B_1'C' = A'B'C'B_1' + B'.AA'C'C;$$

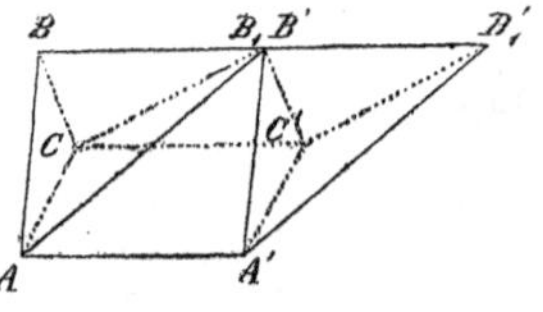

ma sempre $ABCB_1 \equiv A'B'C'B_1'$, dunque

$$ABC.A'B'C' = AB_1C.A'B_1'C'.$$

Nel quarto caso chiamiamo D, D' i punti in cui si segano le rette AB_1, $A'B'$ e CB_1, $C'B'$. Essendo $A'D < A'B'$, se $A'B'$ non è un multiplo di $A'D$, lo spigolo $A'B'$ è sempre compreso fra due multpli consecutivi di $A'D$ (353, C. 1°). Supposto, per esempio, $A'D < A'B' < 2A'D$, essendo parallele le rette $A'C'$, DD', perchè segate da uno stesso piano sopra piani paralleli, abbiamo pure $C'D' < C'B' < 2C'D'$. Dai punti D, D' conducendo le rette parallele ad AA', CC', che seghino gli spigoli AB, $A'B_1'$ in

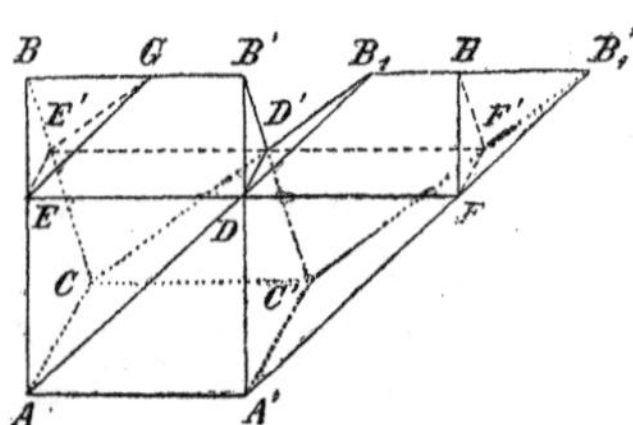

E, F, e gli spigoli CB, $C'B_1'$ in E', F', si deduce facilmente che i poliedri $ACDD'EE'$, $A'C'FF'DD'$ sono uguali; se poi G, H sono

i punti comuni agli spigoli BB', B_1B_1' ed ai piani paralleli ad AB_1C, ABC condotti dalle rette EE', FF', si deduce pure facilmente che sono uguali i poliedri $DD'EE'GB'$, $FF'DD'B_1H$, ed i tetraedri EE'BG, $FF'HB'_1$; quindi $ABC.A'B'C' = AB_1C.A'B_1'C'$. Se il primo segmento multiplo di A'D e maggiore di A'B' non fosse A'D, la costruzione rimarrebbe essenzialmente la stessa, solo varierebbe il numero delle parti rispettivamente uguali in cui verrebbero divisi i due prismi triangolari; se A'B' fosse multiplo di A'D pure rimarrebbe la stessa costruzione, solamente non vi sarebbero più i poliedri $DD'EE'GB'$, $FF'DD'B_1H$, ed i tetraedri EE'BG, $FF'HB_1'$; ma sempre si dedurrebbe

$$ABC.A'B'C' = AB_1C.A'B_1'C'.$$

Analogamente si dimostrerebbe che in ogni caso

$$AB_1C.A'B_1'C' = AB_1C_1.A'B_1'C_1',$$

dunque $$ABC.A'B'C' = AB_1C_1.A'B_1'C_1',$$

ed il teorema è dimostrato.

Corollario. — 1° Due prismi triangolari, che hanno uguali le sezioni normali e gli spigoli laterali, sono equivalenti e si possono sempre dividere in uno stesso numero di *poliedri* rispettivamente uguali.

Teorema 2° — Se due prismi qualunque hanno le sezioni normali equivalenti, ed uguali gli spigoli laterali, sono equivalenti.

Infatti, essendo per ipotesi equivalenti le sezioni normali dei prismi dati, considerandone due, una per ciascun prisma, possiamo dividerle in uno stesso numero di triangoli rispettivamente uguali (359, C. 4°); dopo ciò conducendo dai loro vertici tanti segmenti cogli estremi sulle basi, e paralleli agli spigoli laterali dei prismi, veniamo a dividerli in uno stesso numero di prismi triangolari, i cui spigoli laterali sono uguali, e che sono equivalenti, avendo uguali le sezioni normali (369, T. 1°), dunque sono equivalenti i prismi dati (337, C. 2°).

Corollarî. — 2° Due prismi qualunque, che hanno equivalenti le sezioni normali e gli spigoli laterali uguali, sono equivalenti e si possono dividere in uno stesso numero di *poliedri* rispettivamente uguali.

3° Un prisma qualunque è equivalente ad un prisma retto, che ha le basi equivalenti alle sezioni normali, e l'altezza uguale agli spigoli laterali.

4° Un prisma qualunque è equivalente ad un parallelepipedo rettangolo, che ha una base equivalente alle sezioni normali del prisma e l'altezza corrispondente uguale ai suoi spigoli laterali.

5° Ciascuno dei due piani diagonali, determinati dagli spigoli laterali di un parallelepipedo, lo divide in due prismi triangolari equivalenti fra loro, ed a quelli in cui è diviso dall'altro.

370. Teorema 1° — Se due parallelepipedi hanno uguale una base, e l'altezza corrispondente, sono equivalenti.

I due parallelepipedi ABCD.A'B'C'D', $A_1B_1C_1D_1 . A'_1B'_1C'_1D'_1$ abbiano uguali le basi ABCD,$A_1B_1C_1D_1$ e le corrispondenti al-

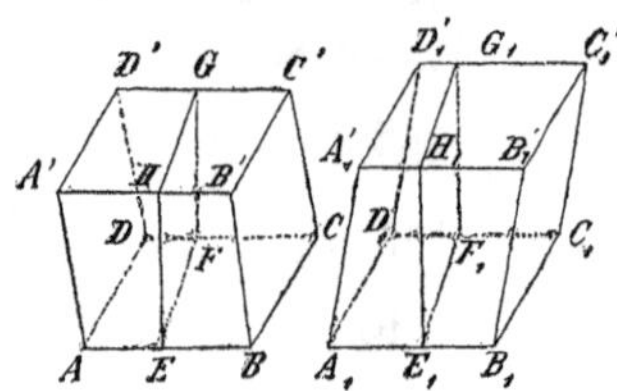

tezze. Due loro sezioni normali EFGH, $E_1F_1G_1H_1$ sono evidentemente due parallelogrammi equivalenti, perchè hanno due basi uguali EF, E_1F_1 ed uguali le altezze corrispondenti, di più gli spigoli laterali AB, CD, A'B', C'D' di un parallelepipedo sono uguali agli spigoli laterali A_1B_1, C_1D_1, $A_1'B_1'$, $C_1'D_1'$ dell'altro, dunque (369, T. 2°) ABCD.A'B'C'D'$=$ABCD.$A_1'B_1'C_1'D_1'$.

Corollarî. — 1° Due parallelepipedi, che hanno uguale una base e l'altezza corrispondente, sono equivalenti e si possono dividere in uno stesso numero di *poliedri* rispettivamente uguali (369, C. 2°).

2° Un parallelepipedo qualunque è equivalente al parallelepipedo retto che ha una base e l'altezza corrispondente uguale ad una base ed all'altezza corrispondente di quello dato.

Teorema 2° — Se due prismi triangolari hanno uguali le basi e l'altezza sono equivalenti.

I due prismi triangolari ABC.A'B'C', $A_1B_1C_1.A_1'B_1'C_1'$ abbiano uguali le basi ABC, $A_1B_1C_1$ e le altezze. Siano E, E' i punti medî di AB, A'B', conducendo dai punti C, E le parallele

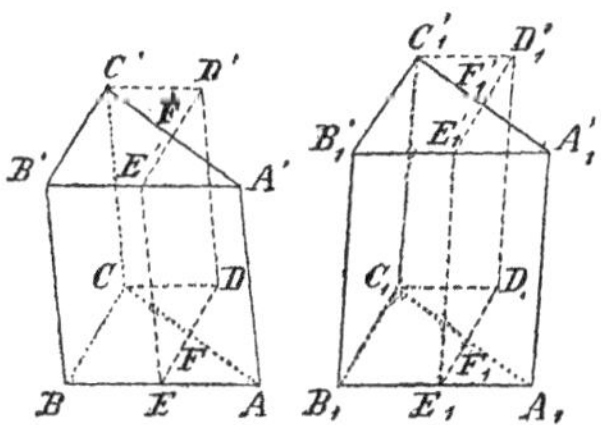

ad AB, BC, e dai punti C', E' le parallele ad A'B', B'C', se i loro punti comuni sono D, D', abbiamo un parallelepipedo BCDE.B'C'D'E'. Ora, se F, F' sono i punti comuni alle rette DE, CA e D'E', C'A', i prismi triangolari AEF.A'E'F', CDF.C'D'F' sono equivalenti, perchè hanno uguali le sezioni normali e gli spigoli laterali, dunque si vede subito che il parallelepipedo BCDE.B'C'D'E' è equivalente al prisma triangolare ABC.A'B'C'. Con una costruzione analoga si può ottenere un parallelepipedo $B_1C_1D_1E_1.B_1'C_1'D_1'E_1'$ equivalente all'altro prisma triangolare $A_1B_1C_1.A_1'B_1'C_1'$, ora questi parallelepipedi hanno uguali le basi BCDE, $B_1C_1D_1E_1$ e le altezze corrispondenti, che sono le altezze uguali dei due prismi dati, dunque sono equivalenti (370, T. 1°), e perciò $ABC.A'B'C' = A_1B_1C_1.A_1'B_1'C_1'$.

Corollari. — 3° Due prismi triangolari, che hanno uguali le basi e l'altezza, sono equivalenti e si possono dividere in uno stesso numero di *poliedri* rispettivamente uguali.

4° Un prisma triangolare qualunque è equivalente al prisma triangolare retto che ha le basi e l'altezza uguali alle basi ed all'altezza di quello dato.

371. Teorema. — Se due prismi qualunque hanno le basi equivalenti ed uguali le altezze, sono equivalenti.

Infatti, essendo equivalenti le basi dei prismi dati, considerandone due, una per ciascun prisma, possiamo dividerle in uno stesso numero di triangoli rispettivamente uguali (359, C. 4°); dopo ciò conducendo dai loro vertici tanti segmenti cogli altri estremi sulle altre basi, e paralleli agli spigoli laterali dei prismi, veniamo a dividerli in uno stesso numero di prismi triangolari, che sono rispettivamente equivalenti, perchè hanno uguali le basi e le altezze (370, T. 2°), dunque sono equivalenti i due prismi dati (337, C. 2°).

Per brevità diremo *parallelepipedo di una superficie e di un segmento*, ogni parallelepipedo che ha una base equivalente alla superficie e l'altezza corrispondente uguale al segmento.

Corollarî. — 1° Due prismi qualunque, che hanno le basi equivalenti ed uguali le altezze, sono equivalenti e si possono dividere in uno stesso numero di *poliedri* rispettivamente uguali.

2° Un prisma qualunque è equivalente al parallelepipedo di una base e della sua altezza.

3° Un prisma convesso circoscritto ad un cilindro è equivalente alla metà del parallelepipedo rettangolo della sua altezza, dell'apotema e del perimetro di una delle sue basi (358, C. 5°).

4° Un prisma qualunque è equivalente ad un prisma triangolare che ha le basi equivalenti a quelle del prisma e la stessa altezza.

5° Possiamo sempre costruire un prisma che sia multiplo o summultiplo di un prisma dato secondo un numero qualunque.

2. *Trasformazione dei prismi.*

372. **Definizione.** — *Trasformare* un prisma, significa costruirne un altro equivalente ad esso.

Così abbiamo veduto che un prisma qualunque si può sempre trasformare in un parallelepipedo rettangolo, ed in un prisma triangolare (371, C. 2°, 4°).

Problema 1° — Trasformare un parallelepipedo in un altro che abbia una base data.

Dato un parallelepipedo, e la base ABCD del parallelepipedo equivalente che si vuol costruire, prendiamo sulle rette AD, BC i punti E,F, in parti opposte di A, B rispetto a D, C, in modo che sia DE ≡ CF, ed il parallelogrammo CDEF equivalente ad una base del parallelepipedo dato (361, Pr. 1°); allora, se la sua altezza corrispondente è uguale a quella del parallelepipedo $CDEF.C_1D_1E_1F_1$ corrispondente alla base CDEF, i due parallelepipedi sono equivalenti (371, T.).

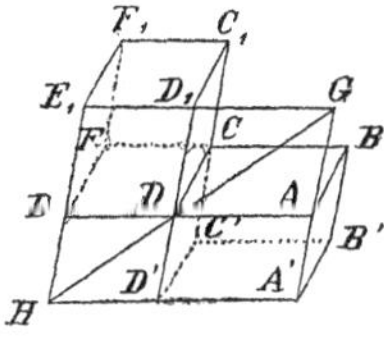

Chiamiamo G il punto comune alla retta D_1E_1 ed alla retta parallela a DD_1 condotta per A, e chiamiamo H il punto comune alle rette GD, EE_1. Condotta per H la retta parallela a DE, siano A', D' i punti in cui sega le rette AG, DD_1; il parallelepipedo ABCD.A'B'C'D' è quello cercato. Infatti sappiamo che ADD'A' = DD_1E_1E (361, T.), quindi

$$ABCD.A'B'C'D' = CDEF.C_1D_1E_1F_1,$$

perchè sono due parallelepipedi che hanno equivalente una base ed uguale l'altezza corrispondente, dunque ABCD.A'B'C'D' è un parallelepipedo equivalente a quello dato, e che ha la base data.

Corollario. — 1° Tutti i parallelepipedi che hanno la base equivalente ad ABCD, e l'altezza corrispondente uguale a quella di ABCD.A'B'C'D', sono soluzioni del problema proposto.

Problema 2° — Trasformare un parallelepipedo in un altro che abbia un'altezza uguale ad un segmento dato.

Dato il parallelepipedo $CDEF.C_1D_1E_1F_1$, conduciamo un piano parallelo alla faccia CDEF, la cui distanza da essa sia uguale al segmento dato, che cada rispetto ad essa dalla parte opposta del parallelepipedo, e seghi gli spigoli CC_1, DD_1, EE_1 nei punti C', D', H. Dal punto G, comune alle rette HD, D_1E_1, tiriamo la retta parallela alla DD_1, e chiamiamo A, A' i punti in cui incontra le rette DE, D'H.

Essendo $ABCD.A'B'C'D' = CDEF.C_1D_1E_1F_1$ (372, Pr. 1°), il parallelepipedo ABCD.A'B'C'D' è equivalente a quello dato, ed ha l'altezza corrispondente alla base ABCD uguale al segmento dato.

Corollario. — 2° Tutti i parallelepipedi che hanno la base equivalente ad ABCD, e l'altezza corrispondente uguale al segmento dato, sono soluzioni del problema proposto.

373. Problema 1° — Trasformare un prisma qualunque in un altro che abbia per base un poligono dato.

Trasformiamo il prisma dato in un parallelepipedo (371, C. 2°), e poi costruiamo un altro parallelepipedo equivalente ad esso, e che abbia per base un parallelogrammo equivalente al poligono dato (372, Pr. 1°), l'altezza corrispondente è quella di tanti prismi che hanno per base il poligono dato, che si possono facilmente costruire, e che sono equivalenti al prisma dato.

Problema 2° — Trasformare un prisma qualunque in un altro che abbia l'altezza uguale ad un segmento dato.

Trasformiamo il prisma dato in un parallelepipedo (371, C. 2°), e poi costruiamo nn altro parallelepipedo equivalente ad esso, e che abbia un'altezza uguale al segmento dato (372, Pr. 2°), ogni prisma che ha la stessa altezza, e ciascuna base equivalente alla base corrispondente di questo parallelepipedo, si può facilmente costruire, ed è equivalente al prisma dato.

Corollario. — È facile vedere che, volendo trasformare un prisma in un altro, qualunque sia la costruzione adoperata, se è data la base è individuata l'altezza corrispondente, e viceversa.

374. Teorema 1° — Possiamo sempre sommare quanti si vogliano prismi dati.

Infatti basta prima trasformare i prismi dati in altrettanti colle altezze uguali (373, Pr. 2°), o colle basi equivalenti (373, Pr. 1°), e poi costruire un prisma, la cui altezza sia uguale, o la cui base sia equivalente a quella dei prismi costruiti, mentre la sua base, o la sua altezza, sia la somma delle loro basi, o delle loro altezze.

Teorema 2° — Dati due prismi, ciascuno è maggiore, equivalente o minore dell'altro.

Trasformiamo i due prismi in altri due che abbiano equivalenti le due basi, o uguali le due altezze, allora, se le loro altezze sono uguali, o le loro basi sono equivalenti, evidentemente sono equivalenti i due prismi, e quindi quelli dati, se le altezze non sono uguali, o le basi non sono equivalenti, una è certamente maggiore dell'altra, ed è subito veduto che il prisma equivalente a quello che ha quest'altezza, o questa base, è necessariamente maggiore dell'altro.

Corollari. — 1° I prismi costituiscono una nuova specie di grandezze principali.

2° Dati due prismi, non equivalenti, possiamo sempre trovare un multiplo del minore, che sia maggiore dell'altro, ed un summultiplo del maggiore, che sia minore dell'altro (P. X), (360, C. 2°).

IV. Poligoni sferici equivalenti.

1. Triangoli e parallelogrammi sferici equivalenti.

375. Teorema 1° — Due triangoli sferici opposti sono equivalenti.

Sulla sfera σ siano opposti i triangoli sferici ABC, A'B'C', e siano P, P' i centri dei circoli minori inscritti in essi. I punti opposti P, P' appartengono ai due triangoli sferici, e se $\widehat{PE} \equiv \widehat{PF} \equiv \widehat{PD} \equiv \widehat{P'E'} \equiv \widehat{P'F'} \equiv \widehat{P'D'}$ sono i raggi sferici dei circoli inscritti, perpendicolari ai lati $\widehat{BC}$, $\widehat{CA}$, $\widehat{AB}$, $\widehat{B'C'}$, $\widehat{C'A'}$, $\widehat{A'B'}$, il triangolo sferico ABC resta diviso nei quadrangoli sferici PEAF, PFBD, PDCE, il triangolo sferico A'B'C' resta diviso nei quadrangoli sferici P'E'A'F', P'F'B'D', P'D'C'E', rispettivamente opposti ai primi. Ora abbiamo $\widehat{P.DE} \equiv \widehat{P'.D'E'}$ e $\widehat{PD} \equiv \widehat{PE} \equiv \widehat{P'D'} \equiv \widehat{P'E'}$, quindi possiamo sempre porre contemporaneamente P, D, E sopra P', D', E'; allora, essendo retti gli angoli sferici $\widehat{E.PC}$, $\widehat{D'.P'C'}$,

$\widehat{D.PC}$, $\widehat{E'.P'C'}$, gli archi $\widehat{EC}$, $\widehat{DC}$ coincidono cogli archi $\widehat{D'C'}$, $\widehat{E'C'}$, perciò PDCE $\equiv$ P'E'C'D'. Analogamente si dimostra che PEAF $\equiv$ P'F'A'E', PFBD $\equiv$ P'D'B'F', quindi vediamo che ABC $=$ A'B'C', essendo possibile dividere ciascuno dei due triangoli sferici in tre quadrangoli rispettivamente uguali a quelli in cui è diviso l'altro.

Teorema 2° — Due poligoni sferici opposti sono equivalenti.

Ogni poligono sferico si può dividere in triangoli sferici. Infatti, se il poligono sferico è convesso, basta prendere uno dei suoi punti e dividerlo cogli archi di circoli massimi che hanno un estremo in questo punto e gli altri estremi nei vertici, se il poligono sferico è concavo, cioè se i suoi circoli lo dividono in parti, queste parti sono poligoni sferici necessariamente convessi, perchè non sono più divisi dai loro circoli, quindi dividendo ciascuno di essi in triangoli sferici, anche il poligono sferico dato rimane diviso in triangoli sferici. Posto ciò, dati due poligoni opposti, e diviso uno in triangoli sferici, quelli opposti ad essi sono triangoli sferici in cui si può dividere il poligono sferico opposto, dunque i due poligoni sferici sono equivalenti, perchè rimangono divisi in uno stesso numero di triangoli sferici equivalenti.

326. Teorema. — Un parallelogrammo sferico è equivalente alla metà del suo eccesso.

Sia ABCD un parallelogrammo sferico, e sia c il circolo minore della sua sfera σ, che passa per i vertici C, D e per i punti A', B' opposti agli altri due vertici A, B (321, C. 1°). Preso sull' arco $\widehat{A'CB'}$ il punto E, in modo che sia $\widehat{A'E} \equiv \widehat{CD}$, dobbiamo distinguere tre casi, perchè può darsi che il punto C sia un punto dell' arco $\widehat{A'E}$ di c, che C coincida con E, che gli archi $\widehat{A'E}$, $\widehat{CD}$, di c, non abbiano punti comuni; qualunque caso sia verificato abbiamo sempre ABCD $=$ $\widehat{A.BE}$.

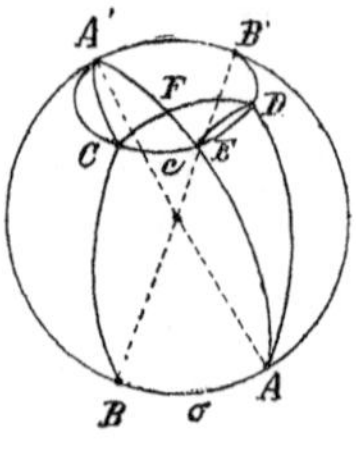

Nel primo caso, chiamato F il punto comune agli archi di

circoli massimi $\widehat{A'E}$, $\widehat{CD}$, si vede facilmente che i triangoli sferici A′BC, EAD sono uguali, mentre i triangoli sferici A′CF, DEF sono equivalenti, perchè ciascuno è uguale all'opposto al vertice dell'altro (375, T. 1°); ora $ABCD = ABCF + EAD + DEF$ e $\widehat{A.BE} = ABCF + A'BC + A'CF$, dunque $ABCD = \widehat{A.BE}$.

Nel secondo caso sono sempre uguali i triangoli sferici A′BC,

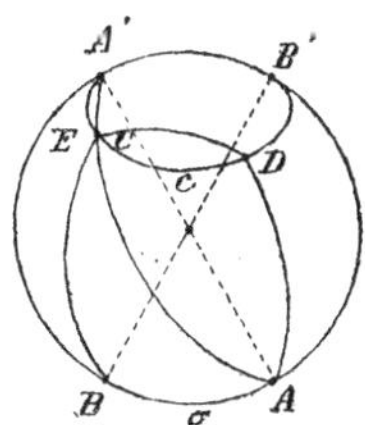

EAD; ma $ABCD = ABE + EAD$ ed $\widehat{A.BE} = ABC + A'BC$, dunque

$$ABCD = \widehat{A.BE}.$$

Nel terzo caso, se F è il punto comune a $\widehat{BC}$, $\widehat{AA'}$, essendo $\widehat{BC} > \widehat{BF}$, se $\widehat{BC}$ non è multiplo di $\widehat{BF}$, il lato $\widehat{BC}$ è sempre compreso fra due multipli consecutivi di $\widehat{BF}$ (353, C. 1°). Sup-

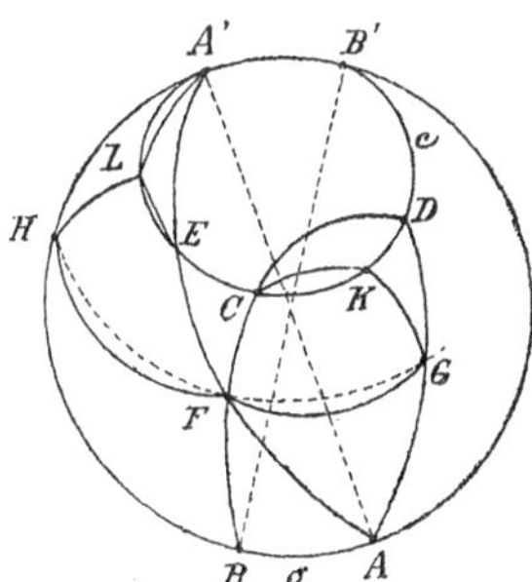

posto, per esempio, $2\widehat{BF} > \widehat{BC} > \widehat{BF}$, conducendo da F il circolo minore di σ che è tagliato da un piano parallelo a quello di c, e che incontra $\widehat{AD}$, $\widehat{BA'}$ nei punti G, H, si deduce facilmente che i triangoli sferici BFH, AGF sono uguali. Ora, costruito l'angolo sferico $\widehat{H.LF} \equiv \widehat{F.CG}$, e l'angolo sferico

$\widehat{G.FK} \equiv \widehat{F.HE}$, in modo che $\widehat{HL}$, $\widehat{FC}$, $\widehat{FE}$, $\widehat{GK}$ stiano da una stessa parte rispetto al circolo minore FGH, gli archi $\widehat{HL}$, $\widehat{GK}$ incontrano l'arco $\widehat{A'CB'}$, di c, in L, K, e si dimostra facilmente che sono uguali i triangoli sferici HA'L,GKD, che sono uguali i quadrangoli sferici HLEF, FCKG, e che sono equivalenti i triangoli sferici A'LE, DKC, perchè ciascuno è uguale all'opposto al vertice dell'altro (375, T. 1°), dunque abbiamo diviso il parallelogrammo e l'angolo sferico in due parti equivalenti ed in uno stesso numero di parti rispettivamente uguali, perciò $ABCD = \widehat{A.BE}$. Se il primo arco multiplo di $\widehat{BF}$ e maggiore di $\widehat{BC}$ non fosse $2\widehat{BF}$, la costruzione rimarrebbe la stessa, solo varierebbe il numero delle parti rispettivamente uguali in cui vengono divisi il parallelogrammo e l'angolo sferico; se $\widehat{BC}$ fosse multiplo di $\widehat{BF}$, pure rimarrebbe la stessa costruzione, solamente non vi sarebbero i quadrangoli sferici HLEF, FCKG ed i triangoli sferici A'LE, DKC; ma sempre si dedurrebbe $ABCD = \widehat{A.BE}$.

Qualunque caso sia verificato, abbiamo sempre $\widehat{A.ED} \equiv \widehat{B.A'C}$, quindi $\widehat{A.BD} + \widehat{B.CA} \equiv \widehat{B.A'C} + \widehat{B.CA} + \widehat{A.BE}$; ma $\widehat{B.A'C} + \widehat{B.CA}$ è una semisfera, perciò $\widehat{A.BE}$ è la differenza tra $\widehat{A.BD} + \widehat{B.CA}$ ed una semisfera, ossia la metà della differenza tra la somma degli angoli di ABCD ed una sfera, dunque l'angolo sferico $\widehat{A.BE}$, equivalente ad ABCD, è la metà del suo eccesso.

Corollario. — Due parallelogrammi sferici, che hanno l'eccesso uguale, sono equivalenti e si possono dividere in uno stesso numero di *triangoli sferici* rispettivamente uguali.

377. Teorema. — Un triangolo sferico è equivalente alla metà del suo eccesso.

Sia ABC un triangolo sferico, sia c il circolo minore della sua sfera σ che passa per il vertice C e per i punti A', B' opposti agli altri due vertici A, B, e sia c' il circolo minore di σ che passa per i vertici A, B e per il punto C' opposto all'altro vertice C. Chiamiamo E il punto medio di quell'arco

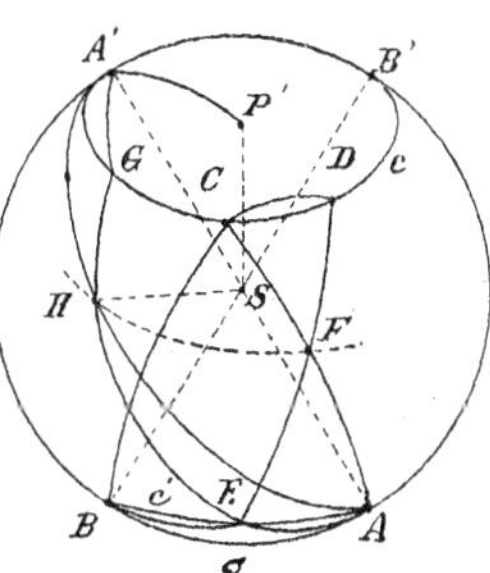

$\overset{\frown}{AB}$, di c', i cui punti appartengono tutti ad ABC, e sull'arco $\overset{\frown}{CB'A'}$, di c, prendiamo $\overset{\frown}{CD} \equiv \overset{\frown}{BE}$; allora abbiamo un parallelogrammo sferico BCDE, e, se il lato $\overset{\frown}{DE}$ incontra in F il lato $\overset{\frown}{CA}$ del triangolo dato, si vede subito che sono uguali i triangoli sferici AEF, CDF, dunque BCDE $=$ BCE $+$ ACE. Sull'arco $\overset{\frown}{A'CB'}$, di c, prendiamo la parte $\overset{\frown}{A'G}$ uguale all'arco $\overset{\frown}{BE}$, di c'; allora abbiamo un parallelogrammo sferico A'BEG equivalente a BCDE, perchè ha uguale l'eccesso sferico (376, C.); perciò A'BEG $=$ BCE $+$ ACE. Ora descritto il circolo massimo, di σ, segato da un piano parallelo ai piani dei circoli minori opposti c, c', se H è il punto in cui incontra il lato $\overset{\frown}{EG}$, conducendo il semicircolo massimo $\overset{\frown}{AHA'}$, abbiamo due triangoli sferici AHE, A'HG, che sono uguali, perchè

$$\overset{\frown}{AH} \equiv \overset{\frown}{A'H}, \quad \overset{\frown}{EH} \equiv \overset{\frown}{GH}, \quad \overset{\frown}{H.AE} \equiv \overset{\frown}{H.A'G};$$

perciò abbiamo

$$A'BEG = A'BEA; \quad \text{ma} \quad ABC = BCE + ACE + ABE,$$

ossia ABC $=$ A'BEG $+$ ABE, ovvero ABC $=$ A'BEA $+$ ABE, dunque ABC $= \overset{\frown}{A.BH}$. Ora chiamiamo P' quel centro sferico di c', che giace rispetto ad esso dalla stessa parte di $\overset{\frown}{A'B'}$, evidentemente, se S è il centro di σ, la relta SH è perpendicolare ad SP'; ma è anche perpendicolare ad AA', perchè $\overset{\frown}{AH} \equiv \overset{\frown}{A'H}$, dunque è perpendicolare al loro piano P'A'S, ne segue subito che il circolo massimo A'HA è perpendicolare al raggio sferico $\overset{\frown}{P'A'}$, di c, nel punto A', e quindi è tangente ai circoli minori c, c', nei loro punti A', A. Sappiamo già che, se P', C cadono da una stessa parte rispetto ad $\overset{\frown}{A'B'}$, l'angolo sferico $\overset{\frown}{A'.P'B'}$ si trova sottraendo da un angolo sferico retto la metà dell'eccesso di ABC; ma è evidente che, essendo retto l'angolo sferico $\overset{\frown}{A'.P'H}$, l'angolo sferico $\overset{\frown}{A.BH}$ si trova sottraendo da un angolo sferico retto l'angolo sferico $\overset{\frown}{A'.P'B'}$, dunque $\overset{\frown}{A.BH}$ è la metà dell'eccesso di ABC. Se poi P', C cadono in parti opposte rispetto ad $\overset{\frown}{A'B'}$, l'angolo sferico $\overset{\frown}{A'.P'B'}$ si trova sottraendo dalla metà dell'eccesso di ABC un angolo sferico retto; ma è evidente che, essendo retto l'angolo sferico $\overset{\frown}{A'.P'H}$, l'angolo sferico $\overset{\frown}{A.BH}$ è la somma di un angolo sferico retto e dell'angolo $\widehat{A'.P'B'}$, dunque anche in questo caso $\widehat{A.BH}$ è la metà dell'eccesso di ABC, e perciò, essendo $ABC = \widehat{A.BH}$, rimane dimostrato il teorema.

Corollario. — Due triangoli sferici, che hanno l'eccesso uguale, sono equivalenti e si possono dividere in uno stesso numero di *triangoli sferici* rispettivamente uguali.

2. Trasformazione dei poligoni sferici.

378. Definizioni. — 1ª *Trasformare* un poligono sferico, significa costruirne un altro equivalente ad esso.

2ª *Trasformare* un poligono sferico in un angolo sferico, significa costruire un angolo sferico equivalente ad esso.

Così abbiamo veduto che un parallelogrammo sferico ed un triangolo sferico, si possono sempre trasformare in un angolo sferico (376, T.) (377, T.).

Sopra una stessa sfera, il luogo dei vertici dei triangoli sferici equivalenti, che hanno un lato comune, è formato da due archi di circoli minori (320, T.); questa proprietà può servire facilmente per trasformare un triangolo sferico in altri, che soddisfino date condizioni, e per trasformare un poligono sferico in altri poligoni sferici, con metodi analoghi a quelli svolti per i poligoni e per i triangoli piani.

Problema. — Trasformare un poligono sferico in un angolo sferico.

Potendo sempre dividere il poligono sferico dato in triangoli sferici (375, T. 2°), basta prima costruire gli angoli sferici equivalenti ad esso, e poi sommarli (303).

Corollarî. — 1° Possiamo sempre costruire un angolo sferico che sia multiplo di un poligono sferico, secondo un numero qualunque.

2° Possiamo sempre costruire un angolo sferico che sia metà di un dato poligono sferico.

3° Due poligoni sferici, equivalenti, si possono sempre dividere in uno stesso numero di *triangoli sferici* rispettivamente uguali.

4° Chiamando *eccesso* di un poligono sferico, convesso, la differenza tra la somma dei suoi angoli e tante volte una semisfera quanti sono i suoi vertici meno due (313, T. 4°), è facile vedere che un poligono sferico convesso è equivalente alla metà del suo eccesso (377, T.).

379. **Teorema 1°** — Possiamo sempre sommare quanti si vogliano poligoni sferici, dati sopra una stessa sfera o sopra sfere uguali.

Basta prima trasformare ogni poligono sferico dato in un angolo sferico (378, Pr.), e poi sommare tutti gli angoli sferici così ottenuti (303).

Teorema 2° — Dati due poligoni sferici, sopra una stessa sfera o sopra sfere uguali, ciascuno è maggiore, equivalente o minore dell'altro.

Infatti, trasformati i due poligoni sferici in due angoli sferici, sappiamo già che ciascuno di essi è maggiore, uguale o minore dell'altro (303).

Corollarî. — 1° Sopra una stessa sfera, o sopra sfere uguali, i poligoni sferici costituiscono una nuova specie di grandezze principali.

2° Sopra una stessa sfera, o sopra sfere uguali, dati due poligoni sferici, non equivalenti, possiamo sempre trovare un multiplo del minore che sia maggiore dell'altro (303).

V. Grandezze variabili — Limiti.

380. **Definizioni.** — 1ª Una grandezza che, soddisfacendo alle condizioni imposte in una data questione, non rimane da esse *individuata*, cioè può passare da uno *stato* ad un altro, in cui sia maggiore o minore, si dice *variabile* colla *legge* espressa dalle date condizioni.

2ª Una grandezza che, soddisfacendo alle condizioni imposte in una data questione, rimane da esse *individuata*, cioè non può passare da uno *stato* ad un altro, in cui sia maggiore o minore, si dice *costante*.

Un triangolo, che soddisfa alla legge di avere una base o un'altezza uguale ad un segmento dato, non è individuato, è una grandezza variabile, una grandezza che può acquistare stati diversi.

Un triangolo, obbligato ad avere una base e l'altezza corrispondente uguali a segmenti dati, è una grandezza costante, una grandezza che conserva sempre lo stesso stato.

381. Definizioni. — 1ª Due grandezze variabili si dicono *dipendenti*, se ciascuno stato di una determina uno o più stati *corrispondenti* dell'altra, e viceversa.

Per esempio, una corda di un circolo e gli archi sottesi sono variabili dipendenti, perchè ogni stato della corda determina due stati corrispondenti dell'arco, e viceversa ogni stato dell'arco determina uno stato corrispondente della corda.

2ª La dipendenza fra due grandezze variabili è *univoca*, se a ciascuno stato di una corrisponde uno stato, ed uno solo, dell'altra, e viceversa.

Per esempio sono variabili, che dipendono univocamente, un quadrato ed uno dei suoi lati; la somma di due angoli di un triangolo ed il terzo angolo.

Due variabili possono essere indipendenti. Per esempio, un triangolo ed un suo lato; due angoli di un triangolo.

1. *Grandezze crescenti e decrescenti.*

382. Definizioni. — 1ª Una grandezza variabile è *crescente* o *decrescente*, aumenta o diminuisce, se acquista stati successivi, in modo che ciascuno sia maggiore o minore di tutti i precedenti.

Dato un segmento AB, se un punto C si move descrivendolo nel senso AB, il segmento AC è una variabile crescente ed il segmento BC è una variabile decrescente.

2ª Una grandezza variabile, crescente o decrescente, è *continuamente crescente* o *continuamente decrescente*, se, considerata in uno stato qualunque, può assumerne sempre altri maggiori o minori.

Se C è il punto medio di un segmento AB, C_1 il punto medio di CB, C_2 il punto medio di CC_1, C_3 il punto medio di CC_2,.....,

i segmenti $AC_1 > AC_2 > AC_3 > ......$ si possono considerare come stati successivi di un segmento variabile continuamente decrescente. Se C'_1 è il punto medio di AC, C_2' il punto medio di $C_1'C$, C'_3 il punto medio di $C_2'C$,..., i segmenti $AC_1' < AC_2' < AC_3' < .....$ si possono considerare come stati successivi di un segmento variabile continuamente crescente.

3ª Una grandezza variabile, continuamente crescente o continuamente decrescente, *cresce indefinitamente* o *decresce indefinitamente*, quando in un certo stato diviene maggiore o minore di una qualunque grandezza assegnata della stessa specie.

Se AB è una parte di retta uscente dal punto A, e se C è un punto, che la descrive nel senso AB, il segmento continuamente crescente AC cresce indefinitamente, perchè, preso sulla parte di retta AB un segmento qualunque AD, per ogni posizione C' di C, appartenente alla parte di retta DB, e quindi per tutte le seguenti, si ha $AC' > AD$.

Se A_1B_1 è una parte di retta uscente dal punto A_1, parallela ad AB è situata con essa da una stessa parte rispetto alla

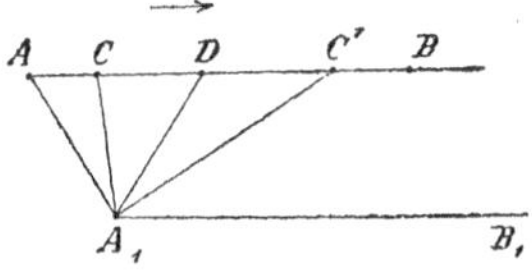

retta AA_1, l'angolo continuamente decrescente $\widehat{A_1.B_1C}$ decresce indefinitamente, perchè, preso nel piano delle AB, A_1B_1 un angolo qualunque $\widehat{A_1.B_1D} < \widehat{A_1.B_1A}$, in modo che il lato A_1D cada rispetto ad A_1B_1 dalla stessa parte della parallela AB, se D è il punto in cui A_1D incontra AB, per ogni posizione C' di C, appartenente alla parte di retta DB, e quindi per tutte le seguenti, si ha $\widehat{A_1.B_1C'} < \widehat{A_1.B_1D}$.

Se *A* è una grandezza principale, esiste una grandezza multipla di essa secondo qualunque numero dato; se poi, come avviene per i segmenti, per i poligoni, ecc., esiste anche la grandezza summultipla di essa, pure secondo qualunque numero, le grandezze ......, $\frac{1}{4}A$, $\frac{1}{3}A$, $\frac{1}{2}A$, A, $2A$, $3A$, $4A$,...... si possono considerare come stati successivi di una grandezza variabile continuamente crescente in un senso e continuamente decrescente nell'altro (351). Di più, se si tratta di grandezze principali, tali che considerandone due, non equivalenti, della minore si possa sempre trovare un multiplo maggiore dell'altra, come avviene per i segmenti, per i poligoni, ecc., la stessa grandezza variabile cresce indefinitamente in un senso, e decresce indefinitamente nell'altro.

Corollarî. — 1° Un triangolo variabile è indefinitamente decrescente o crescente, se una sua altezza o una sua base è costante, e se la base corrispondente o l'altezza corrispondente è indefinitamente decrescente o crescente, e viceversa.

Per esempio, se l'altezza di ABC corrispondente alla base BC è costante, e se BC decresce indefinitamente, acquistando gli stati successivi BC > B'C > B''C > ..., dove B',B'',.... sono punti di BC, abbiamo ABC > AB'C > AB''C > ...., stati successivi di ABC, che decresce indefinitamente. Infatti, presa una grandezza qualunque della stessa specie, piccola quanto si vuole, cioè preso un triangolo qualunque, possiamo sempre costruirne uno equivalente ADC, essendo D un punto di B; ora possiamo trovare uno stato B''C di BC minore di DC, perchè BC decresce indefinitamente, dunque possiamo trovare uno stato AB''C, di ABC, che sia minore di ADC, ossia del triangolo dato, perciò ABC decresce indefinitamente.

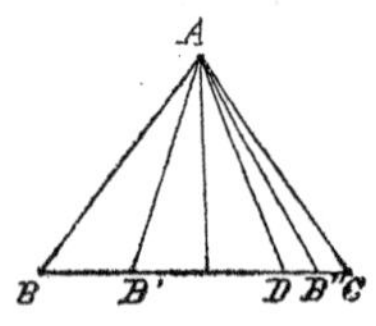

2° Un prisma variabile è indefinitamente decrescente o crescente, se la sua altezza o le sue basi sono costanti, e se le sue basi o la sua altezza sono indefinitamente decrescenti o crescenti, e viceversa.

383. **Teorema 1°** — Data una grandezza *principale*, se le grandezze successivamente multiple di essa crescono indefinitamente, e se è possibile sottrarre da essa la sua metà, dalla parte rimanente la sua metà, e così di seguito, questa parte rimanente decresce indefinitamente.

Preso un segmento AB, se C è il suo punto medio, C_1 il punto medio di AC, C_2 il punto medio di AC_1, e così di seguito, possiamo arrivare sempre ad un segmento AC_2 minore di qualunque segmento dato DE, minore di AB. Infatti, per esempio, sia DH $\equiv$ 4DE il primo segmento che è multiplo di DE e maggiore di AB (P. X), e sia DH diviso nelle parti DE $\equiv$ EF $\equiv$ FG $\equiv$ GH. Essendo DH $>$ AB, se da DH si sottrae il segmento GH, che è minore della sua metà, e da AB la sua metà CB, troviamo DG $>$ AC; se da DG si sottrae il segmento FG, che è minore della sua metà, e da AC la sua metà C_1C, troviamo DF $> AC_1$, finalmente se da DF si sottrae il segmento EF, che è la sua metà, e da AC_1 la sua metà C_2C_1, troviamo DE $> AC_2$. Il teorema si dimostra analogamente in qualunque altro caso, per i segmenti e per tutte le altre grandezze che soddisfano le condizioni enunciate. Se A è una di queste grandezze, si può dire che $\frac{A}{2}, \frac{A}{4}, \frac{A}{8}, \ldots$ sono stati di una grandezza variabile, che decresce indefinitamente.

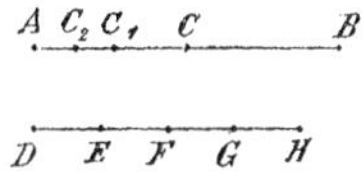

Corollario. — 1° Il teorema precedente regge anche se dalla grandezza data, invece di sottrarre la sua metà, si sottragga una grandezza maggiore della sua metà, e così di seguito.

Teorema 2° — Se una grandezza variabile è sempre somma di grandezze indefinitamente decrescenti o crescenti, si può rendere minore o maggiore di qualunque grandezza assegnata, della stessa specie.

Supponiamo che più grandezze variabili, della stessa specie, $V_1, V_2, V_3, \ldots$ siano indefinitamente decrescenti, e che esista sempre una grandezza variabile $V = V_1 + V_2 + V_3 + \ldots$ Se A è una grandezza assegnata qualunque, della stessa specie delle variabili considerate, possiamo immaginarla divisa in tante parti quanti sono le $V_1, V_2, V_3, \ldots$, chiamandole $A_1, A_2, A_3, \ldots$

abbiamo $A = A_1 + A_2 + A_3 + \ldots$. Ora, se le variabili date sono indipendenti, è chiaro che possiamo trovare stati V_1', V_2', V_3',..., per i quali si abbia $V_1' < A_1$, $V_2' < A_2$, $V_3' < A_3$,...., quindi $V_1' + V_2' + V_3' + \ldots < A_1 + A_2 + A_3 + \ldots$, ossia $V' < A$, essendo $V' = V_1' + V_2' + V_3' + \ldots$; se le variabili non sono indipendenti, troviamo prima uno stato V_1' di V_1, per il quale si abbia $V_1' < A_1$, e seguitiamo a far decrescere insieme le variabili dipendenti V_1, V_2 finchè si abbia uno stato $V_2'' < A_2$ di V_2, certo uno stato corrispondente V_1'' di V_1 sarà minore del primo V_1', e quindi $V_1'' < A_1$, proseguendo in questo modo, arriviamo a trovare stati corrispondenti di tutte le variabili, tali che siano rispettivamente minori di A_1, A_2, A_3,..., e che quindi la loro somma V' sia minore di A. Se poi le $V_1, V_2, V_3,\ldots$ sono indefinitamente crescenti, si dimostra analogamente che V si può sempre rendere maggiore di A.

Corollario. — 2° È indefinitamente decrescente una grandezza che è sempre multipla o summultipla, secondo un numero dato, di una grandezza indefinitamente decrescente.

Se W è una grandezza indefinitamente decrescente, e se V è una grandezza multipla di W, secondo un numero dato, abbiamo sempre $V = W + W + \ldots$, quindi sappiamo (383, T.) che V si può rendere minore di qualunque grandezza assegnata della stessa specie; ma, essendo W *continuamente* decrescente, anche V è *continuamente* decrescente, dunque decresce indefinitamente. Se invece V è una grandezza summultipla di W, secondo un numero dato, abbiamo sempre $V < W$; ora, assegnata una grandezza A della stessa specie di V, W, possiamo trovare uno stato $W' < A$ di W, e, se V' è lo stato corrispondente di V, si ha $V' < W' < A$, quindi V, essendo *continuamente* decrescente, decresce indefinitamente.

2. *Variabili convergenti e loro limite.*
Estensione del concetto di grandezze equivalenti.

384. Definizioni. — 1ª Chiameremo *convergenti* due variabili principali, una continuamente decrescente e sempre maggiore dell' altra continuamente crescente, quando la loro differenza decresce indefinitamente.

2ª Una grandezza costante si dice *limite* di due variabili convergenti, quando è sempre compresa fra esse (343, D. 2ª).

Sia C il punto medio di un segmento AB, C_1 il punto medio di CB, C_2 il punto medio di CC_1, C_3 il punto medio di CC_2,...; e sia C_1' il punto medio di AC, C_2' il punto medio di $C_1'C$, C_3' il punto medio di $C_2'C$,...... I segmenti $AC_1 > AC_2 > AC_3 > ....$,

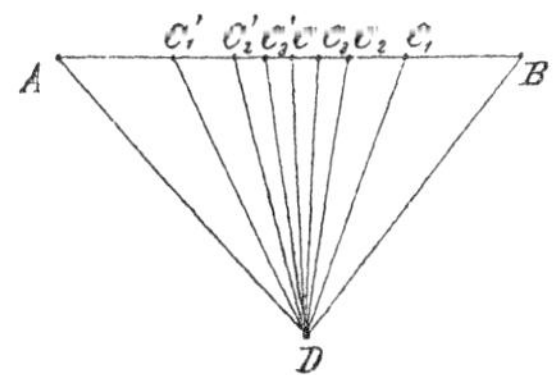

tutti maggiori di AC, si possono considerare come stati successivi di un segmento variabile continuamente decrescente, ed i segmenti $AC_1' < AC_2' < AC_3' < .....$, tutti minori di AC, come stati successivi di un altro segmento variabile continuamente crescente; di più la differenza di questi segmenti variabili passa per gli stati

$$C_1'C_1 \equiv \frac{1}{2} AB, \; C_2'C_2 \equiv \frac{1}{4} AB, \; C_3'C_3 \equiv \frac{1}{8} AB, ...,$$

e quindi decresce indefinitamente (383, T. 1°), dunque AC è limite dei due segmenti variabili, che sono convergenti.

Se fuori della retta AB si prende un punto D, i triangoli $AC_1D > AC_2D > AC_3D > ......$, $AC_1'D < AC_2'D < AC_3'D < .....$ sono stati successivi di due triangoli variabili convergenti, che hanno ACD per limite.

Quando la costante L è limite di due variabili convergenti V, W, per tutti i loro stati abbiamo $V > L > W$. Scriveremo: *lim.* $(V, W) = L$, e leggeremo: il *limite* di V, W è *equivalente* ad L.

Corollario. — Evidentemente se $V' = V$, $W' = W$, si ha pure *lim.* $(V', W') = L$.

385. Teorema 1° — Date due grandezze qualunque equivalenti, se una è limite di due variabili convergenti, anche l'altra è limite delle stesse variabili.

Date le grandezze costanti $L = L'$, se *lim.* $(V, W) = L$, essendo $V > L > W$, abbiamo pure $V > L' > W$ (345, T. 2°), e quindi *lim.* $(V, W) = L'$ (384, D. 2ª).

Il teorema inverso è vero per due limiti principali: possiamo enunciarlo e dimostrarlo come segue.

Teorema 2° — Sono equivalenti due grandezze *principali*, se sono limiti delle stesse variabili convergenti.

Se L, L' sono due grandezze principali, e se *lim.* $(V, W) = L$, *lim.* $(V, W) = L'$, abbiamo $L = L'$. Infatti, se fosse $L > L'$, sarebbe $V - W > L - L'$, essendo per ipotesi $L < V, L' > W$ e trattandosi di grandezze tutte principali (346, C. 2°), perciò $V - W$ non decrescerebbe indefinitamente, e V, W non sarebbero convergenti, dunque una delle due grandezze L, L' non può essere maggiore dell'altra, e perciò, sempre essendo grandezze principali, dobbiamo avere $L = L'$ (346).

386. Finora abbiamo detto equivalenti due grandezze solamente quando è possibile dividerle in uno stesso numero di parti rispettivamente uguali (336, D.); avendo poi dimostrato che due grandezze principali, se sono limiti delle stesse variabili convergenti, sono equivalenti, e che, viceversa, date due grandezze qualunque equivalenti, se una è limite di due variabili convergenti l'altra è limite delle stesse variabili, ne segue che possiamo estendere la definizione di equivalenza, dicendo:

Definizione. — Sono *equivalenti* due grandezze qualunque, se sono limiti delle stesse variabili convergenti.

Se A, B sono equivalenti seguiteremo a porre $A = B$.

387. Teorema 1° — Date due coppie di variabili convergenti, se la variabile decrescente della prima è sempre maggiore della variabile crescente della seconda, per ogni stato della variabile decrescente della prima coppia si possono trovare stati minori della variabile decrescente della seconda coppia, e per ogni stato della variabile crescente della seconda coppia si possono trovare stati maggiori della variabile crescente della prima coppia.

Siano V, W e V', W' le due date coppie di variabili convergenti, e sia $V > W$, $V' > W'$. Se abbiamo sempre $V > W'$, per ogni stato V_0 di V si possono trovare stati minori di V', e per ogni stato W_0' di W' si possono trovare stati maggiori di W. Infatti, essendo V continuamente decrescente, possiamo trovare un suo stato $V_1 < V_0$, ed essendo per ipotesi $V > W'$, abbiamo $V_1 > W'$; ora se fosse sempre $V' > V_0$, avremmo $V' - W' > V_0 - V_1$ (346, C. 2°), quindi $V' - W'$ non decrescerebbe indefinitamente, contro l'ipotesi; dunque V' non può sempre essere maggiore di V_0 e, decrescendo continuamente, deve acquistare stati minori di V_0. Analogamente si dimostra che W deve acquistare stati maggiori di W'_0.

Il teorema « Date due grandezze qualunque equivalenti, se una è limite di due variabili convergenti, anche l'altra è limite delle stesse variabili » (385, T. 1°), dimostrato attribuendo alla parola *equivalenti* il primitivo senso ristretto, si può ora dimostrare anche ritenendo che le due grandezze siano *equivalenti* perchè limiti delle stesse variabili convergenti.

Teorema 2° — Date due grandezze equivalenti, limiti delle stesse variabili convergenti, se una è limite di altre due variabili convergenti, l'altra è limite delle stesse variabili.

Supponiamo $L = L'$, perchè sia *lim.* $(V, W) = L$, *lim.* $(V, W) = L'$, allora, se *lim.* $(V_1, W_1) = L$, è anche *lim.* $(V_1, W_1) = L'$. Essendo sempre $V_1 > L$, $L > W$, si ha sempre $V_1 > W$, quindi per uno stato qualunque di V_1 se ne possono trovare minori di V (387, T. 1°); ma $V > L'$, dunque $V_1 > L'$. Essendo sempre $V > L$, $L > W_1$, si ha sempre $V > W_1$, quindi per uno stato qualunque di W_1 se ne possono trovare maggiori di W (387, T. 1°); ma $W < L'$, dunque $W_1 < L'$. Avendo così dimostrato che $V_1 > L'$, $L' > W_1$, ne deduciamo che *lim.* $(V_1, W_1) = L'$.

Corollario. — Due grandezze equivalenti ad una terza sono equivalenti fra loro.

Questa proprietà è stata dimostrata (341, T.) supponendo che tutte le grandezze fossero equivalenti perchè divisibili in uno stesso numero di parti rispettivamente uguali; ora si tratta di dimostrarla anche quando tutte, o in parte, sono equivalenti perchè limiti delle stesse variabili convergenti.

Se $A = C$, perchè $A = lim. (V, W)$, $C = lim. (V, W)$, e se $B = C$ perchè $B = lim. (V_1, W_1)$, e $C = lim. (V_1, W_1)$, essendo $A = C$, $C = lim. (V_1, W_1)$, abbiamo $A = lim. (V_1, W_1)$ (385, T. 1°) (387, T. 2°); ma $B = lim. (V_1, W_1)$, quindi (386, D.) si deduce che $A = B$.

388. Nei due esempî di variabili convergenti che abbiamo considerato (384) è stato facile trovare una grandezza sempre compresa fra esse, grandezza che è il limite delle due variabili; però non si può in ogni caso dimostrare l'esistenza del limite per due variabili convergenti, noi l'ammetteremo come postulato, ritenendo individuata una grandezza limite di due date variabili convergenti, e dicendo:

Postulato XI.

Due variabili convergenti ammettono sempre un limite.

Dato un segmento AB, prendiamo

$$AC_1' \equiv AB - \frac{1}{3} AB \ , \ AC_1 \equiv AC_1' + \frac{1}{5} AB,$$

$$AC_2' \equiv AC_1 - \frac{1}{7} AB \ , \ AC_2 \equiv AC_2' + \frac{1}{9} AB,$$

$$AC_3' \equiv AC_3 - \frac{1}{11} AB \ , \ AC_3 \equiv AC'_3 + \frac{1}{13} AB,$$

. . . . ;

A C B

ora i segmenti $AC_1 > AC_2 > AC_3 > ...$, $AC_1' < AC_2' < AC_3' < ...$ si possono considerare come stati successivi di due segmenti variabili, uno continuamente decrescente e l'altro continuamente crescente, ma sempre minore del primo, di più la loro differenza passa per gli stati successivi $\frac{1}{5}AB$, $\frac{1}{9}AB$, $\frac{1}{13}AB$,..., i quali decrescono indefinitamente, dunque i due segmenti variabili sono convergenti, ed il postulato precedente ci permette di dire che hanno un limite, che esiste cioè un segmento AC, tale che sia

$$...AC_1 > AC_2 > AC_3 > .... > AC > .... > AC_3' > AC_2' > AC_1'....;$$

questo segmento non può essere costruito adoperando solamente la retta ed il circolo.

3. *Estensione del concetto di somma e differenza di date grandezze.*

389. Teorema 1° — Date più coppie di variabili convergenti, gli stati successivamente decrescenti della somma di tutte le variabili decrescenti, e gli stati successivamente crescenti della somma di tutte le variabili crescenti, si possono considerare come stati di due variabili convergenti.

Date le coppie di variabili convergenti V_1, W_1; V_2, W_2;... essendo V_1, V_2, ... le decrescenti e W_1, W_2,... le crescenti, se poniamo $V = V_1 + V_2 + ...$, $W = W_1 + W_2 + ...$, essendo sempre $V_1 > W_1$, $V_2 > W_2$, ..., abbiamo sempre $V > W$ (346, C. 1°), e $V - W = V_1 - W_1 + V_2 - W_2 + ...$; ma $V_1 - W_1$, $V_2 - W_2$,.... decrescono indefinitamente, dunque $V - W$ si può rendere minore di qualunque grandezza assegnata della stessa specie (383, T. 2°). Ne segue che gli stati *successivamente decrescenti* di V e gli stati *successivamente crescenti* di W si possono considerare come stati successivi di due variabili, una continuamente decrescente e l'altra continuamente crescente, che sono convergenti.

Osserviamo che in virtù del postulato precedente possiamo ritenere come esistente il limite di ciascuna coppia delle date variabili convergenti, ed il limite della coppia V, W.

Date più coppie di variabili convergenti, parlando del limite della somma delle decrescenti e delle crescenti, intenderemo sempre di considerare il limite della variabile *continuamente* decrescente e della variabile *continuamente* crescente, i cui stati successivi sono gli stati *successivamente decrescenti* della somma delle variabili decrescenti e gli stati *successivamente crescenti* della somma delle variabili crescenti.

Teorema 2° — Una grandezza somma di altre grandezze, limiti di variabili convergenti, è limite della somma di tutte le variabili decrescenti e della somma di tutte le variabili crescenti.

Supponiamo che si abbia $L = L_1 + L_2 + ...$, e che sia $L_1 = lim. (V_1, W_1)$, $L_2 = lim. (V_2, W_2)$,......; allora ponendo $V = V_1 + V_2 + ...$, $W = W_1 + W_2 + ...$, deduciamo $L = lim. (V, W)$ (389, T. 1°). Infatti, essendo $V_1 > L_1$, $V_2 > L_2$,...., si ha $V > L$, ed essendo $W_1 < L_1$, $W_2 < L_2$,....., si ha $W < L$ (346, C. 1°).

Posto ciò, possiamo estendere come segue la definizione della *somma* di date grandezze (342, D.).

Definizione. — Una grandezza si dice *somma* di altre grandezze limiti di variabili convergenti, quando è limite della somma di tutte quelle decrescenti e della somma di tutte quelle crescenti.

Se la grandezza A è somma delle grandezze B, C, D,....., seguiteremo a porre (342) $A = B + C + D + ...$, prendendo arbitrariamente l'ordine delle B, C, D,......

390. Corollari. — 1° Applicando alle variabili principali V_1, V_2,....; W_1, W_2,..... le proprietà dimostrate per la somma di date grandezze, intesa nel primitivo senso ristretto (342, D.), si dimostrano le proprietà stesse per la somma dei loro limiti L_1, L_2,...., cioè anche per la somma di grandezze limiti di grandezze principali; così possiamo dire:

« La somma di più grandezze non muta, se ad una qualunque « si sostituiscono altre grandezze delle quali essa sia somma, e « viceversa (340, T. 1°). »

« Sono equivalenti due grandezze somme di altre grandezze « rispettivamente equivalenti, e viceversa (340, T. 2°). »

2° Una grandezza, comunque divisa, è somma di altre grandezze, pure comunque divise, quando ogni sua parte è equivalente ad una parte di queste, e viceversa.

3° Una grandezza somma di altre grandezze, perchè divise in parti equivalenti alle parti di quella, è indipendente dal modo in cui sono divise e dal modo col quale, per formarla, si riuniscono le parti ad esse equivalenti.

4° Esiste sempre la somma di quante si vogliano grandezze principali, ovvero dedotte dalle principali come limiti di variabili convergenti.

5° Possiamo estendere alle grandezze limiti di variabili convergenti le definizioni date di grandezza multipla o summultipla, ecc.

Così possiamo vedere che se L' è multipla o summultipla di $L = lim.\,(V, W)$, e se V', W', L' sono equimultiple o equisummultiple di V, W, L, si ha $L' = lim.\,(V', W')$.

Se $L' = lim.\,(V, W)$, $L' = lim.\,(V', W')$ e se V', W' sono equimultiple, o equisummultiple, di V, W, L' è multipla, o equisummultipla, di L, come $V'\,W'$ sono multiple o summultiple di V, W. Se esistono grandezze V', W' equimultiple, o equisummultiple, di V, W, esiste anche una grandezza L' multipla, o summultipla, di L secondo lo stesso numero (P. XI).

6° Se $A = B$ e se C è multipla, o summultipla, di B, secondo un numero dato, è anche multipla, o summultipla di A, secondo lo stesso numero, ecc. ecc.

391. **Teorema 1°** — Date due coppie di variabili convergenti, la variabile decrescente di una coppia è sempre maggiore della variabile crescente dell'altra.

Se V, W e V', W' sono due coppie di variabili convergenti, e $V > W$, $V' > W'$, o si ha $V > W'$, o si ha $V' > W$. Infatti supponiamo che non sia sempre $V > W'$, cioè che si possano trovare stati V_0, W_0' di V, W' per i quali sia $V_0 < W'_0$. Essendo $W < V_0$, si deduce $W < W_0'$; ora in questo caso deve essere sempre $V' > W$, poichè se così non fosse, cioè se si potessero trovare stati V_0', W_0 di V', W, per i quali fosse $V_0' \leqq W_0$, essendo $W_0 < W_0'$, si dedurrebbe $V_0' < W'_0$, ciò che è assurdo.

Corollario. — 1° Ne segue che necessariamente o $V > W'$, o $V' > W$, o insieme $V > W$, $V' > W'$.

Teorema 2° — Date due coppie di variabili convergenti, se la variabile decrescente della prima è sempre maggiore della variabile crescente della seconda, la stessa proprietà ha luogo per altre due coppie di variabili convergenti, che abbiano limiti equivalenti a quelli delle prime.

Prendiamo $lim. (V. W) = L$, $lim. (V', W') = L'$
e $lim. (V_1, W_1) = L_1$, $lim. (V_1', W_1') = L_1'$;
allora, se $L = L_1$, $L' = L_1'$ e se $V > W'$, si ha pure $V_1 > W_1'$. Essendo $V_1 > L_1$, è pure $V_1 > L$ (342, T. 2°), e quindi $V_1 > W$ (342, T. 1°) (390), perciò per ogni stato di V_1 si possono trovare stati minori di V (387, T. 1°); ma sempre $V > W'$, quindi anche $V_1 > W'$. Essendo $V' > L'$, è pure $V' > L_1'$, e quindi $V' > W_1'$, perciò per ogni stato di W_1' si possono trovare stati maggiori di W'; ma sempre $V_1 > W'$, dunque $V_1 > W_1'$.

Corollario. — 2° Se $V > W'$, o $V > W$, o $V > W'$ e $V' > W$, si ha pure $V_1 > W_1'$, o $V_1' > W_1$, o $V_1 > W_1'$ e $V_1' > W_1$.

392. **Teorema 1°** — Se due coppie di variabili convergenti hanno per limiti due grandezze equivalenti, la variabile decrescente di ciascuna coppia è maggiore della variabile crescente dell' altra, e viceversa.

Se $lim. (V, W) = L$, $lim. (V', W') = L'$, essendo $V > L > W$, $V' > L' > W'$, quando $L = L'$ evidentemente si ha $V > W'$ e $V' > W$. Viceversa, se $V > W'$ e $V' > W$, preso uno stato di W' se ne può trovare uno maggiore di W (387, T. 1°), quindi, essendo $L > W$, abbiamo sempre $L > W'$, di più per uno stato di V' se ne può trovare uno minore di V (387, T. 1°), quindi, essendo $V > L$, abbiamo sempre $V' > L$: da ciò si deduce che *lim.* $(V', W') = L$, e quindi $L = L'$.

Teorema 2° — Date due grandezze qualunque limiti di due coppie di variabili convergenti, se la prima è maggiore della seconda, la variabile decrescente della prima coppia è maggiore della variabile crescente della seconda.

Se *lim.* $(V, W) = L$, *lim.* $(V', W') = L'$, supposto $L > L'$, essendo $V > L > W$, $V' > L' > W'$, si vede subito che $V > W'$.

Teorema 3° — Se due coppie di variabili convergenti hanno per limiti due grandezze *principali*, e solamente la variabile decrescente della prima coppia è sempre maggiore della variabile crescente della seconda, il limite della prima coppia è maggiore del limite della seconda.

Sia *lim.* $(V, W) = L$, *lim.* $(V', W') = L'$, sia $V > W'$ senza essere $V' > W$, e siano principali le grandezze L, L'. Non possiamo avere $L = L'$, poichè non solo sarebbe $V > W'$, ma anche $V' > W$ (392, T. 1°), contro l'ipotesi fatta, non possiamo avere $L < L'$, perchè sarebbe $V' > W$ (392, T. 2°), dunque, trattandosi di grandezze principali, deve essere $L > L'$.

393. Finora date due grandezze abbiamo detto che la prima è *maggiore* della seconda, e la seconda *minore* della prima (341, D.), quando è possibile dividerle in modo che nella prima, insieme ad altre, vi siano tutte le parti della seconda; avendo poi dimostrato che date due grandezze principali limiti di due coppie di variabili convergenti, se solamente la variabile decrescente della prima coppia è sempre maggiore della variabile crescente della seconda, la prima grandezza principale è maggiore della seconda, e che, viceversa, date due grandezze qualunque limiti di due coppie di variabili convergenti, se la prima è maggiore della seconda, solamente la variabile decrescente della prima coppia è maggiore della variabile crescente della seconda, ne segue che possiamo estendere la definizione di grandezze maggiori o minori di altre, dicendo:

Definizione. — Date due grandezze, limiti di due coppie di variabili convergenti, la prima è *maggiore* della seconda e la seconda è *minore* della prima, quando solamente la variabile decrescente della prima coppia è sempre maggiore della variabile crescente della seconda.

Corollario. — Date due grandezze limiti di variabili convergenti, se non sono equivalenti, necessariamente ciascuna è maggiore o minore dell'altra (391. C. 1°).

Se la grandezza A è maggiore della grandezza B, e quindi B minore di A, seguiteremo a porre $A > B$, o $B < A$.

394. Esteso il concetto di somma, si può estendere anche quello di *differenza* (344, D.), dicendo sempre:

Definizione. — Se una grandezza è somma di più grandezze, ciascuna di esse è *differenza* della somma e delle altre.

Se $A = B + C + D + ...$, la grandezza B è differenza della grandezza A e delle grandezze $C, D,......$, e seguiteremo a porre $B = A - C - D - ......$, prendendo arbitrariamente l'ordine delle $C, D,....$

Corollario. — Supponiamo $lim.\ (V,\ W) = L$, $lim.\ (V', W') = L'$ ed $L > L'$, per cui $V > W'$.

Evidentemente, poichè è V decrescente, W' crescente e $V > W'$, la variabile $V - W' = V_1$ è continuamente decrescente; di più non potendo essere sempre $V' > W$, perchè sarebbe $L = L'$ (392, T. 1°), a partire da un certo stato di V', minore di uno di W, per tutti i successivi di W e V' sarà $W > V'$, $W - V' = W_1$ sarà una variabile continuamente crescente. Essendo $V > W$, $W' < V'$, è chiaro che è sempre $V_1 > W_1$, ed avendo $V_1 - W_1 = V - W + V' - W'$, ne deduciamo che le variabili V_1, W_1 sono convergenti (389, T. 1°). Poniamo *lim.* $(V_1, W_1) = L_1$ (P. X.). Ora *lim.* $(V_1 + V', W_1 + W') =$ $= L_1 + L'$ (389, D.), ma $V_1 + V' = V + V' - W'$ e $V > L$, $V' > W'$, quindi $V_1 + V' > L$; di più $W_1 + W' = W + W' - V'$ e $W < L$, $V' > VV'$, quindi $W_1 + W' < L$, perciò ne deduciamo *lim.* $(V_1 + V', W_1 + W') = L$, dunque $L = L_1 + L'$, ossia $L_1 = L - L'$.

Esiste sempre una grandezza differenza di due grandezze, una maggiore dell'altra.

395. Corollari. — 1° Evidentemente se $A = B + C$..... abbiamo $A > B$; viceversa, se $A > B$ e se $C + ... = A - B$ (394, C.), possiamo porre $A = B + C + ...$

2° Posto il corollario precedente, si vede subito che si estendono tutte le proprietà dimostrate nel primitivo senso ristretto per la differenza di grandezze date e per le grandezze maggiori o minori di altre.

Così anche per le grandezze limiti di grandezze principali potremo dire che:

« Se una grandezza è differenza di altre, è anche differenza « di grandezze ad esse equivalenti (344, C. 1°).

« Sono equivalenti due grandezze limiti di variabili convergenti, e differenze di altre grandezze rispettivamente equi- « valenti (344, T.).

« Date più grandezze, se la prima è maggiore o minore della « seconda, la seconda maggiore o minore della terza, e così « di seguito, la prima è pure maggiore o minore dell' ultima « (342, C. 1°), ecc. ecc. »

3° Se *lim.* $(V, W) = L$, poniamo $V - L = D$, $L - W = D_1$. Essendo $V > L > W$, abbiamo $V - L < V - W$, $W - L < V - W$; ma $V - W$ decresce indefinitamente, dunque anche D, D_1 decrescono indefinitamente.

Decresce indefinitamente la differenza tra ciascuna di due variabili convergenti ed il loro limite.

VI. Poliedri equivalenti.

1. Tetraedri e piramidi equivalenti.

396. Teorema 1° — Se due tetraedri hanno equivalente una base ed uguale l'altezza corrispondente, sono equivalenti.

Siano ABCD, A'B'C'D' due tetraedri, siano equivalenti le basi BCD, B'C'D' e siano uguali le altezze corrispondenti. Dividiamo quella di ABCD in un numero arbitrario di parti uguali (129, Pr.), per esempio in tre, dai punti di divisione conduciamo i piani paralleli a quello base e chiamiamo rispettivamente B_1, B_2; C_1, C_2; D_1, D_2 i punti in cui segano gli spigoli AB, AC, AD. Se $BEF.B_1C_1D_1$, $B_1E_1F_1.B_2C_2D_2$ sono i prismi che hanno per

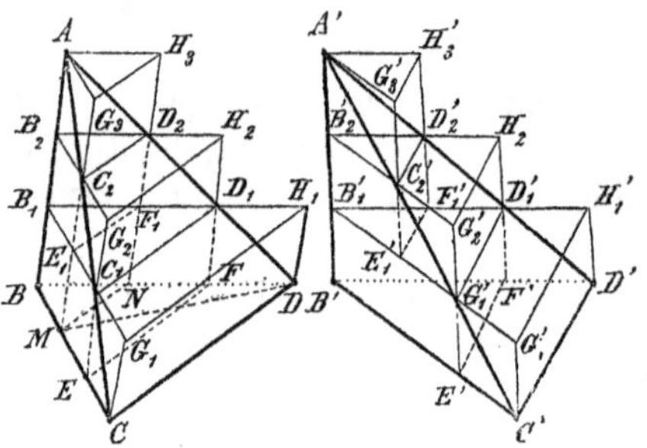

base i triangoli $B_1C_1D_1$, $B_2C_2D_2$ ed i segmenti B_1B, B_2B_1 come spigoli laterali, evidentemente $W = BEF.B_1C_1D_1 + B_1E_1F_1.B_2C_2D_2$ è una grandezza che varia continuamente crescendo, quando si raddoppia successivamente il numero delle parti uguali in cui è divisa l'altezza del tetraedro, e che è sempre minore di esso. Se $BCD.B_1G_1H_1$, $B_1C_1D_1.B_2G_2H_2$, $B_2C_2D_2.AG_3H_3$ sono i prismi che hanno per basi i triangoli BCD, $B_1C_1D_1$, $B_2C_2D_2$ ed i segmenti BB_1, B_1B_2, B_2A come spigoli laterali, evidentemente

$$V = BCD.B_1G_1H_1 + B_1C_1D_1.B_2G_2H_2 + B_2C_2D_2.AG_3H_3$$

è una grandezza che varia continuamente decrescendo, quando si raddoppia successivamente il numero delle parti uguali in cui è divisa l'altezza del tetraedro, e che è sempre maggiore di esso.

Si vede subito che

$B_2C_2D_2 . AG_3H_3 \equiv B_2C_2D_2 . B_1E_1F_1$, $B_1C_1D_1 . B_2G_2H_2 \equiv B_1C_1D_1 . BEF$,

quindi $V - W = BCD . B_1G_1H_1$; ora ad ogni successiva divisione dell'altezza del tetraedro si toglie la metà dall'altezza del prisma $BCD . B_1G_1H_1$, e quindi la metà del prisma stesso, dunque il prisma, e per conseguenza $V - W$, decresce indefinitamente (383, T. 1°), V, W sono variabili convergenti, e, essendo sempre ABCD compreso fra V, W, si ha *lim.* $(V, W) = ABCD$. Eseguendo le analoghe costruzioni sul tetraedro A'B'C'D', e ponendo

$$W' = B'E'F' . B_1'C_1'D_1' + B_1'E_1'F_1' . B_2'C_2'D_2',$$
$$V' = B'C'D' . B_1'G_1'H_1' + B_1'C_1'D_1' . B_2'G_2'H_2' + B_2'C_2'D_2' . A'G_3'H_3',$$

dimostriamo analogamente che V', W' sono variabili convergenti, e che *lim.* $(V', W') = A'B'C'D'$.

Chiamiamo M, N i punti comuni alle rette C_2E_1, BC; D_2F_1, BD. È chiaro che $B_2C_2D_2 \equiv BMN$; ma $BN \equiv \frac{1}{3}$ BD (129, T. 4°), quindi (357, C. 5°) $BMN = \frac{1}{3} BMD$, e pure $B_2C_2D_2 = \frac{1}{3}$ BMD; di più $BM \equiv \frac{1}{3}$ BC, quindi $BMD = \frac{1}{3}$ BCD, e perciò $B_2C_2D_2 = \frac{1}{9}$ BCD. Nell' altro tetraedro troviamo pure $B_2'C_2'D_2' = \frac{1}{9}$ B'C'D', ma per ipotesi BCD = B'C'D', dunque $B_2C_2D_2 = B_2'C_2'D_2'$ (350, T.); analogamente dimostriamo che $B_1C_1D_1 = B_1'C_1'D_1'$. Dopo ciò possiamo ritenere che sono equivalenti i prismi costruiti sulle basi equivalenti BCD, B'C'D'; $B_1C_1D_1$, $B_1'C_1'D_1'$; $B_2C_2D_2$, $B_2'C_2'D_2'$, perchè hanno tutti la stessa altezza (371, T.), quindi $V = V'$, $W = W'$, e finalmente (386, D.) ABCD = A'B'C'D'.

Teorema 2° — Sono equivalenti due piramidi che hanno basi equivalenti ed altezze uguali.

Infatti le due piramidi si possono dividere in uno stesso numero di tetraedri rispettivamente equivalenti, dividendo le due basi in uno stesso numero di triangoli rispettivamente uguali (359, C. 4°), quindi sono equivalenti (390, C. 1°).

Corollarî. — 1° Due piramidi, che hanno basi equivalenti ed altezze uguali, sono equivalenti e si possono dividere in uno stesso numero di tetraedri rispettivamente equivalenti.

2° Una piramide è equivalente ad un tetraedro che abbia una base equivalente a quella della piramide, ed uguale l'altezza corrispondente.

397. Teorema 1° — Una piramide è il terzo di un prisma che ha una base equivalente a quella della piramide ed uguale l'altezza corrispondente.

Dato il tetraedro ABCD, costruiamo il prisma ABC . DEF, che ha per base ABC e BD come spigolo laterale. Evidentemente i due tetraedri ACED , FCED sono equivalenti, perchè hanno le basi uguali ACE, FCE ed uguali le altezze corrispondenti; anche i tetraedri ABCD, CDEF sono equivalenti, perchè hanno le basi uguali ABC, DEF, ed uguali le altezze corrispondenti:

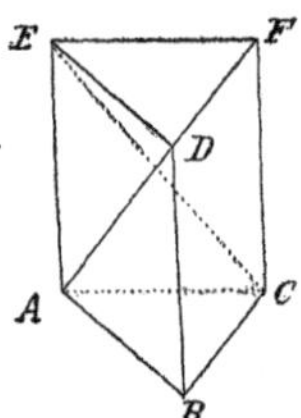

ma $\quad ABC . DEF = ABCD + CDEF + CDEA,$

dunque $\frac{1}{3}$ ABC . DEF = ABCD (390, C. 5°).

È poi chiaro che ABCD è il terzo di ogni prisma che ha una base equivalente ad ABC e l'altezza corrispondente uguale a quella di ABCD, perchè tutti questi prismi sono equivalenti ad ABC . DEF (371, T.).

Il teorema resta così dimostrato per un tetraedro; trattandosi di dimostrarlo per una piramide qualunque, prendendo un prisma con una base equivalente a quella della piramide e coll'altezza corrispondente uguale, basta osservare che, dividendo le basi equivalenti in uno stesso numero di triangoli uguali (359, C. 4°), possiamo dividere la piramide in tetraedri ed il prisma in prismi triangolari, in modo che ciascun tetraedro sia il terzo di uno dei prismi triangolari.

Corollarî. — 1° Una piramide è equivalente ad un parallelepipedo rettangolo, che ha una base equivalente a quella della piramide e l'altezza corrispondente uguale al terzo di quella della piramide.

2° Una piramide convessa circoscritta ad un cono è equivalente al terzo del parallelepipedo della sua superficie laterale e della distanza del centro della base del cono da una delle generatrici.

Una piramide convessa circoscritta ad un cono è equivalente a due terzi del parallelepipedo rettangolo della sua altezza, del perimetro e dell'apotema del suo poligono base.

3° Una piramide variabile è indefinitamente decrescente o crescente, se l'altezza o la base è costante, e se la base o l'altezza è indefinitamente decrescente o crescente (383, C. 2°), e viceversa.

Teorema 2° — Un tronco di prisma triangolare è equivalente alla somma di tre tetraedri, che hanno una faccia triangolare del tronco per una delle loro basi, e per vertici opposti quelli dell'altra faccia triangolare.

Se il tronco di prisma triangolare è ABC . A'B'C', dividendolo col piano ABC' in un tetraedro ABCC' ed in una piramide quadrangolare C' . ABB'A', abbiamo ABC . A'B'C' = ABCC' + C' . ABB'A'; ma C' . ABB'A' = C . ABB'A' (396, T. 2°), e C . ABB'A' = ABCA' + A'B'CB, ossia C . ABB'A' = ABCA' + ABCB', perchè ABCB' = A'B'CB (396, T. 1°), dunque ABC . A'B'C' = ABCA' + ABCB' + ABCC', relazione che dimostra il teorema.

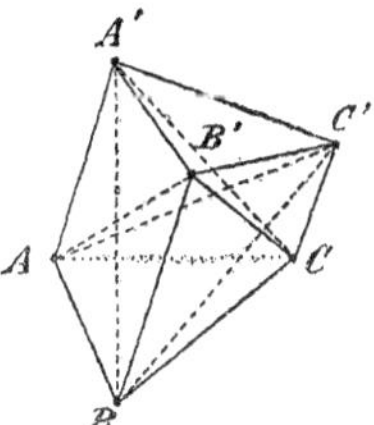

2. *Trasformazione dei poliedri.*

398. Definizione. — *Trasformare* un poliedro significa costruirne un altro equivalente ad esso.

Così abbiamo veduto che una piramide si può sempre trasformare in un parallelepipedo rettangolo (397, C. 1°), ed in un tetraedro (396, C. 2°).

Problema 1° — Trasformare un tetraedro in un altro che abbia una base data.

Dato il tetraedro ABCD, sul piano ABC costruiamo il triangolo ABC' equivalente alla base data, in modo che C' sia un punto della retta BC (358, Pr. 2°), e poi sul piano BCD costruiamo il triangolo BC′D′ = BCD (358, P. 1°).

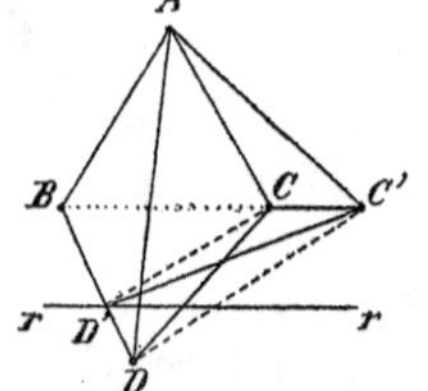

I tetraedri ABCD, ABC′D′ hanno le basi equivalenti BCD, BC′D′ ed uguali le altezze corrispondenti, quindi sono equivalenti (396, T. 1°); ma ABC′D′ ha una base ABC′ equivalente a quella data, dunque il problema è risoluto.

Corollario.— 1° Tutti i tetraedri che hanno una base equivalente ad ABC′, e l'altezza corrispondente uguale a quella corrispondente di ABC′D′, sono soluzioni del problema proposto.

Problema 2° — Trasformare un tetraedro in un altro che abbia un'altezza uguale ad un segmento dato.

Dato il tetraedro ABCD, costruiamo uno dei due piani paralleli ad ABC che hanno da esso una distanza uguale al dato segmento, e chiamiamo r la retta in cui sega il piano BCD. Se il triangolo BC′D′ è equivalente a BCD ed ha l'altezza uguale alla distanza delle rette parallele BC, r, ed il vertice C′ sulla retta BC (358, P. 2°), il tetraedro ABC′D′ è equivalente ad ABCD, perchè sono equivalenti le basi BC′D′, BCD ed uguali le altezze corrispondenti, di più ABC′D′ ha l'altezza corrispondente alla base ABC′ uguale al segmento dato.

Corollario.— 2° Tutti i tetraedri che hanno una base equivalente ad ABC′, e l'altezza corrispondente uguale a quella corrispondente di ABC′D′, sono soluzioni del problema proposto.

399. Problema 1° — Trasformare una piramide qualunque in un'altra che abbia per base un poligono dato.

Trasformiamo la piramide in un tetraedro (396, C. 2°), e poi costruiamo un altro tetraedro equivalente ad esso, e che abbia una base equivalente al poligono dato (398, Pr. 1°), l'altezza corrispondente è quella di tante piramidi che hanno per base il poligono dato, che si possono facilmente costruire, e che sono equivalenti alla piramide data (396, T. 2°).

Problema 2° — Trasformare una piramide qualunque in un'altra che abbia l'altezza uguale ad un segmento dato.

Trasformiamo la piramide data in un tetraedro e poi costruiamo un altro tetraedro equivalente ad esso, e che abbia un'altezza uguale al segmento dato (398, Pr. 2°); ogni piramide che ha la stessa altezza, e la base equivalente a quella corrispondente di questo tetraedro, si può facilmente costruire, ed è equivalente alla piramide data (396, T. 2°).

Corollari. — 1° È facile vedere che volendo trasformare una piramide in un'altra, qualunque sia la costruzione adoperata, se è data la base, è individuata l'altezza, e viceversa.

2° Sappiamo che quante si vogliano piramidi date si possono sempre sommare (390, C. 4°); per costruire una piramide somma di quelle date basta trasformarle in altrettante tutte colle altezze uguali (399, Pr. 2°), o colle basi equivalenti (399, Pr. 1°), e poi costruire una piramide la cui altezza sia uguale, o la cui base sia equivalente, a quella delle piramidi costruite, mentre la sua base, o la sua altezza, sia la somma delle loro basi, o delle loro altezze.

3° Possiamo costruire una piramide multipla o summultipla di un'altra, secondo qualunque numero.

4° Sappiamo che, prese due piramidi, o sono equivalenti, o una è maggiore dell'altra (393, C.). Trasformandole in due altre piramidi che abbiano equivalenti le due basi, o uguali le due altezze, se le altezze sono uguali, o le basi sono equivalenti, evidentemente sono equivalenti le due piramidi, e quindi quelle date, se le altezze non sono uguali e le basi non sono equivalenti, una è certamente maggiore dell'altra, e si vede subito che la piramide equivalente a quella che ha questa altezza, o questa base, è la maggiore.

400. Problema 1° — Trasformare un poliedro in un tetraedro.

Ogni poliedro si può dividere in piramidi. Infatti, se il poliedro è convesso, prendendo un punto interno ad esso e dividendolo con i triangoli che hanno un vertice in questo punto ed i lati opposti negli spigoli del poliedro, questo viene diviso in tante piramidi, ciascuna delle quali ha per base una faccia del poliedro e per vertice opposto il punto preso; se il poliedro è concavo, cioè se alcuni dei suoi piani lo dividono in parti, queste parti sono poliedri necessariamente convessi, perchè non sono più divisi dai loro piani, quindi dividendo ciascuno di essi in piramidi, anche il poliedro dato rimane diviso in piramidi. Posto ciò, onde trasformare un poliedro in un tetraedro basta prima dividere il poliedro in piramidi, e poi costruire un tetraedro che sia la loro somma (399, C. 2°).

Corollari. — 1° Potendo sempre trasformare un poliedro in un tetraedro, ed essendo un tetraedro limite di somme di prismi (396, T. 1°), ne deduciamo che un poliedro si può sempre considerare come limite di grandezze principali.

2° Due poliedri equivalenti si possono sempre dividere in uno stesso numero di tetraedri equivalenti (396, C. 1°).

3° Un poliedro si può sempre trasformare in un parallelepipedo rettangolo (397, C. 1°).

4° Possiamo facilmente costruire un poliedro somma di poliedri dati (399, C. 2°); un poliedro multiplo o summultiplo di un altro secondo un numero dato (399, C, 3°).

5° Dati due poliedri, o sono equivalenti, o uno dei due è certamente maggiore dell'altro: possiamo sempre riconoscere quale di questi casi sia verificato (399, C. 4°).

6° Un poliedro regolare è equivalente ad un parallelepipedo rettangolo, la cui base è equivalente alla superficie del poliedro, e la cui altezza è uguale al suo apotema.

7° Potendo sempre costruire un prisma, grandezza principale, equivalente ad un dato poliedro, è chiaro che possiamo immaginare dei poliedri variabili convergenti, e il loro limite sarà quello dei prismi equivalenti.

401. Ai poliedri si estendono tutte le altre proprietà delle grandezze principali, poichè, come abbiamo veduto, si possono sempre considerare come limiti di grandezze principali (400, C. 1°); così, per esempio, dati due poliedri, non equivalenti, possiamo costruire un poliedro multiplo del minore e maggiore dell'altro; un poliedro summultiplo del maggiore o minore dell'altro, ecc., ecc.

VII. Applicazione della teoria delle grandezze equivalenti al circolo, al cono, al cilindro ed alla sfera.

1. Il circolo e la sua superficie.

402. Teorema. — La superficie di un circolo è limite dei poligoni regolari inscritti e circoscritti, che hanno uno stesso numero di vertici, e variano raddoppiando successivamente questo numero.

Consideriamo due poligoni regolari *V*, *W*, uno circoscritto e l'altro inscritto ad uno stesso circolo *c*, col centro in C, e che abbiano uno stesso numero di vertici. Raddoppiando successivamente questo numero, è chiaro che *W* è continuamente crescente e che *V* è continuamente decrescente, mentre è sempre $V > W$.

Ora supponiamo, per esempio, che *V*, *W* siano due triangoli equilateri (325, Pr. 2°); se AB è un lato di *W*, se AD,DB sono le tangenti a *c* in A,B, e se H è il punto comune alle rette CD, AB, abbiamo $V - W \equiv 3$ ABD $\equiv 6$ AHD. Chiamando G il punto comune alla retta CD ed all'arco $\widehat{AB}$, e chiamando E, F i punti comuni alla retta che tocca *c* in G ed alle rette AD,BD, abbiamo due lati AG,GB di un esagono regolare inscritto, ed un lato EF di uno circoscritto: la differenza di questi due esagoni è evidentemente 6AGE. Sappiamo che AE $\equiv$ EG; ma EG $<$ ED (100, C.),

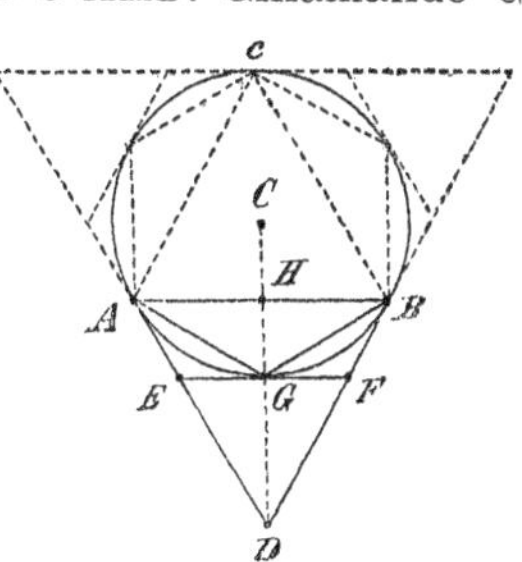

dunque AE $<$ ED, e perciò AGE $<$ EGD, ossia AGE $< \frac{1}{2}$ AHD.

Ora le differenze tra i poligoni regolari di 6 lati e tra i poligoni regolari di 3 lati, che abbiamo considerato, sappiamo che sono equimultiple di AGE,AHD, dunque la prima è minore della metà della seconda. Analogamente si dimostra che la differenza fra due poligoni regolari di 12 lati, uno inscritto e l'altro circoscritto a *c*, è minore della metà della differenza di due di 6 lati, e così di seguito. Ciò basta per ritenere che $V - W$ decresce indefinitamente (383, C. 1°), quindi *V*, *W* sono variabili convergenti. Adesso è evidente che la superficie di *c*, essendo sempre compresa fra *V*, *W*, è limite di *V*, *W*.

Corollari. — 1° In ogni circolo si possono inscrivere e circoscrivere poligoni regolari, dunque la superficie di ogni circolo si può considerare come limite di grandezze principali.

2° Possiamo concepire poligoni inscritti o circoscritti ad uno stesso circolo, variabili con leggi diverse, ed anche non regolari, i quali siano convergenti, e quindi abbiano il circolo per limite.

403. Teorema. — Esiste sempre un triangolo equivalente alla superficie di un circolo dato.

Immaginiamo la superficie di un circolo c come limite di due poligoni V, W, il primo sempre circoscritto ed il secondo sempre inscritto, che varino con una legge assegnata (402, C. 1°, 2°). Preso $V \equiv$ ABC, in modo che l'altezza di ABC corrispondente alla base BC sia uguale al raggio di c, ossia all'apotema di V, prendiamo sopra BC il punto C', in modo che sia $W \equiv$ ABC'. Essendo V continuamente decrescente e W continuamente crescente, è chiaro che BC è un segmento variabile continuamente decrescente, e BC' è un segmento variabile continuamente crescente; essendo $V > W$, avremo sempre BC $>$ BC'.

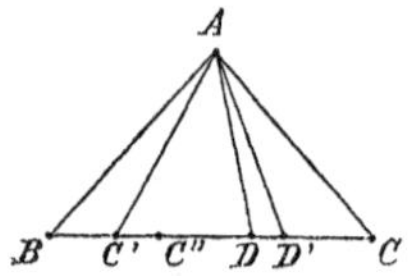

Ora la differenza $V - W \equiv$ ACC' decresce indefinitamente, perciò deve decrescere indefinitamente il segmento

CC' $\equiv$ BC — BC' (382, C. 1°),

dunque BC, BC' sono variabili convergenti. Se BD è il loro limite (P. XI), abbiamo $V >$ ABD $> W$, dunque *lim.* $(V, W) \equiv$ ABD, e la superficie del circolo c è pure equivalente ad ABD (386, D.). Ogni altro triangolo ottenuto mutando la legge che fa variare V, W, purchè sempre abbiano per limite la superficie di c, è pure ad essa equivalente, come è ad essa equivalente ogni altro triangolo equivalente ad ABD (387, C.).

Corollario. — 1° La base BC del triangolo ABC è uguale al perimetro di V, perchè l'altezza corrispondente è uguale al suo apotema (358, C. 5°). Essendo poi la distanza di ciascun lato di W dal centro di c minore del raggio, si deduce che BC' è minore del perimetro di W. Se prendiamo BC'' uguale a questo perimetro, in modo che C'' stia sulla BC dalla stessa parte di C rispetto a B, abbiamo BC'' $>$ BC' e BC'' $<$ BC (137, T. 2°), perciò BC — BC'' $<$ BC — BC', dunque CC'' decresce indefinitamente, e gli stati successivi di BC insieme a quelli *successivamente crescenti* di BC'' si possono considerare come stati di due segmenti variabili convergenti. Considerando le coppie di variabili convergenti BC, BC'; BC, BC'', ed osservando che sempre BC $>$ BC'', BC$>$BC', ne deduciamo (392, T. 1°)

che i loro limiti sono equivalenti, quindi vediamo che il limite di BC, BC″ è BD.

Facendo variare *V*, *W* con un'altra legge, sempre però in modo che siano convergenti, e quindi abbiano per limite la superficie del circolo, se invece di BD per limite di BC,BC″ trovassimo un altro segmento BD′, sarebbe ABD′ equivalente alla superficie del circolo, quindi ABD $\equiv$ ABD′ (387, C.), perciò BD $\equiv$ BD′, D′ coinciderebbe con D, e si avrebbe lo stesso limite di prima.

Abbiamo così dimostrato che se due poligoni *V*, *W*, il primo circoscritto ed il secondo inscritto in un dato circolo, sono variabili convergenti, e quindi hanno per limite la superficie del circolo, i successivi stati del perimetro di *V* e gli stati *successivamente* crescenti del perimetro di *W* si possono considerare come stati di due variabili convergenti, che per conseguenza hanno un limite, e che questo limite rimane sempre lo stesso, comunque si muti la legge che fa variare *V*, *W*, purchè sempre rimangano convergenti, e quindi abbiano per limite la superficie del circolo.

Definizione. — Diremo che *un circolo è equivalente* al limite dei perimetri dei poligoni variabili inscritti e circoscritti, quando sono convergenti, e quindi hanno per limite la superficie del circolo.

Corollario. — 2° La superficie di un circolo è equivalente ad un triangolo, che ha per una base il circolo e per altezza corrispondente il raggio.

404. Corollario. — Potendo considerare un circolo e la sua superficie come limiti di grandezze principali, ne deduciamo che esiste sempre un segmento somma di circoli dati, un triangolo somma delle loro superficie.

Possiamo anche dire che esiste sempre un segmento o un triangolo multiplo, o summultiplo, secondo un numero dato, di un circolo o della sua superficie (390, C. 6°) ecc. ecc.

405. Teorema 1° — Dato un circolo, possiamo sempre trovarne un altro in modo che le loro superficie differiscano di una grandezza minore di qualunque grandezza assegnata, della stessa specie.

Nel circolo dato *c* inscriviamo un poligono regolare, per

esempio, un triangolo equilatero W, un cui lato sia AB; le tangenti AD, DB a c in A, B sono rette di un triangolo equilatero V circoscritto a c. I punti medî dei lati di W sono vertici di un altro triangolo equilatero W' inscritto nel circolo c', che è inscritto nel triangolo equilatero W. Per il punto H medio di AB passa un lato di W', che incontra la retta CB in un punto K. È evidente che

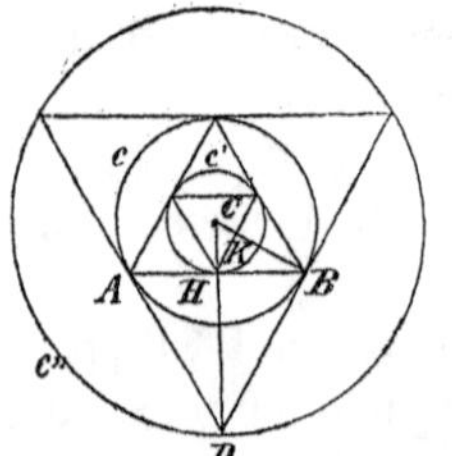

$$V - W' = 6\,\text{HKBD},$$

ossia $V - W' = 6\,\text{HBD} + 6\,\text{HKB}$; ma $V - W = 6$ HBD, dunque $V - W' = V - W + 6\,\text{HKB}$. Ora, essendo parallele le rette HK,BD, abbiamo HK $<$ BD, quindi HKB $<$ HBD, e perciò 6 HKB $< V - W$; ma $V - W$ decresce indefinitamente, se raddoppiamo successivamente il numero dei lati di V, W (402, T.), dunque decresce indefinitamente anche 6 HKB, ed anche $V - W'$. Si vede poi subito che $V - W'$ è maggiore della differenza delle superficie dei circoli c, c', quindi anche questa differenza decresce indefinitamente, ed il teorema è dimostrato. Se c'' è il circolo circoscritto a V, si dimostra analogamente che la differenza tra le superficie dei circoli c'', c pure decresce indefinitamente.

Teorema 2° — Se la differenza tra le superficie di due circoli, uno di raggio costante e sempre maggiore o minore del raggio variabile dell'altro, decresce indefinitamente, anche la differenza dei due raggi decresce indefinitamente, e viceversa.

Siano c, c' due circoli, che possiamo supporre concentrici, sia C il loro centro, CA il raggio costante di c, che supporremo sempre maggiore o minore del raggio variabile di c'. Sulla retta CA prendiamo un segmento AA_1, in modo che A_1 appartenga al segmento CA o A al segmento CA_1, secondochè il raggio di c è maggiore o minore di quello di c'. Se c_1 è il circolo, concentrico a c, c', che ha per raggio CA_1, possiamo per ipotesi sempre trovare c' in modo che la differenza della sua superficie da quella di c sia

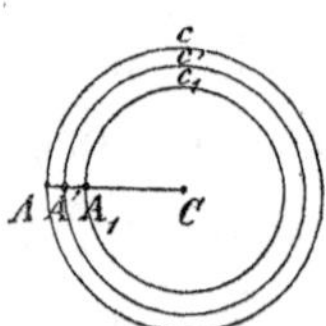

minore della differenza della superficie di c_1 da quella di c (405, T. 1°). È evidente che c' sega AA_1 in un punto A', e che la differenza dei raggi CA, CA', di c, c', è minore di AA_1, e quindi decresce indefinitamente.

Viceversa, supponiamo che la differenza dei raggi di c, c' decresca indefinitamente. Troviamo un circolo c_1, il cui raggio sia minore o maggiore di quello di c, secondochè questo è maggiore o minore di quello di c', in modo che le superficie di c, c_1 differiscano di una grandezza minore di una grandezza qualunque assegnata della stessa specie (405, T. 1°). Siano A_1, A' i punti di c_1, c' situati sulla parte di retta CA uscente da C; possiamo per ipotesi trovare c' in modo che la differenza dei raggi CA,CA' sia minore di AA_1, allora è chiaro che A' è un punto del segmento AA_1, e che la differenza tra le superficie di c, c', essendo minore di quella tra le superficie di c, c_1, è minore della grandezza assegnata.

2. *Superficie laterale e solido di un cilindro e di un cono.*

406. Teorema. — Il solido di un cilindro è limite dei prismi regolari inscritti e circoscritti, che hanno uno stesso numero di facce laterali, e variano raddoppiando successivamente questo numero.

Ogni prisma regolare $ABC.A_1B_1C_1$, inscritto in un cilindro, è equivalente al parallelepipedo di una base ABC e dell'altezza (371, C. 2°), che è quella del cilindro.

Raddoppiando successivamente il numero delle facce laterali di questo prisma, abbiamo stati di una variabile W continuamente crescente. Analogamente si vede che un prisma regolare $A'B'C'.A_1'B_1'C_1'$, circoscritto allo stesso cilindro, e che varia avendo sempre lo stesso numero di facce laterali di W, è una variabile V continuamente decrescente. Ora $V > W$, e $V - W$ è equivalente al parallelepipedo della differenza

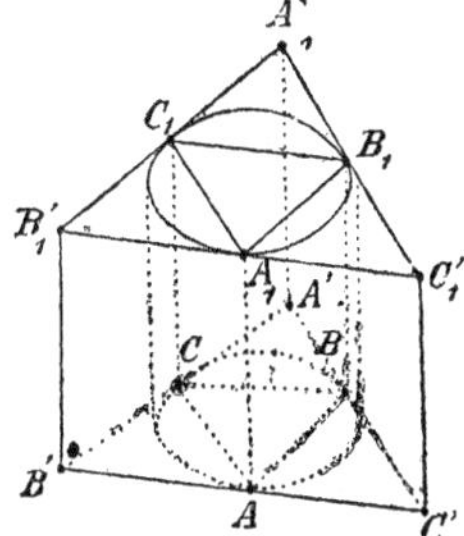

di due basi di V, W e dell'altezza del cilindro; ma questa differenza decresce indefinitamente (402, T.), dunque decresce indefinitamente $V - W$ (382, C. 2°), e V, W sono convergenti. Il solido di un cilindro, essendo sempre compreso fra V, W, è limite di V, W.

Corollari. — 1° In ogni cilindro si possono inscrivere e circoscrivere prismi regolari, dunque il solido di ogni cilindro si può considerare come limite di grandezze principali.

2° Se due poligoni variabili, uno inscritto e l'altro circoscritto ad un circolo base di un cilindro dato, sono convergenti, e quindi hanno per limite la superficie del circolo, sono basi di due prismi variabili, uno inscritto e l'altro circoscritto al cilindro, che sono convergenti, e quindi hanno per limite il suo solido, e viceversa.

3° Il parallelepipedo dell'altezza di un cilindro e della superficie di un circolo base è compreso fra i solidi dei prismi regolari V, W, perchè ha la stessa altezza di questi, mentre la sua base è compresa fra le loro basi, quindi è limite di V, W, dunque:

Il solido di un cilindro è equivalente al parallelepipedo della sua altezza e di una delle sue basi.

407. Corollario.— 1° Se due prismi variabili, uno inscritto e l'altro circoscritto ad un dato cilindro, sono convergenti, e quindi hanno per limite il solido del cilindro, le superficie laterali dei due prismi sono variabili convergenti, ed hanno per limite il rettangolo dell'altezza del cilindro e di uno dei suoi circoli base, limite che rimane sempre lo stesso, comunque si muti la legge che fa variare i due prismi, purchè siano sempre convergenti, e quindi abbiano per limite il solido del cilindro.

Infatti la superficie laterale di uno di questi prismi è equivalente al rettangolo dell'altezza del cilindro e del perimetro di uno dei suoi poligoni base (358, C. 6°): ora i poligoni base dei prismi variano avendo per limite le superficie dei circoli basi del cilindro (406, C. 2°), quindi i loro perimetri sono convergenti ed hanno per limite i circoli basi del cilindro (403, C.1°), perciò si vede che il rettangolo di uno di questi circoli e dell'altezza del cilindro è limite delle superficie laterali dei detti prismi.

Definizione. — Diremo che *la superficie laterale di un cilindro è equivalente* al limite delle superficie laterali dei prismi variabili inscritti e circoscritti, quando sono convergenti, e quindi hanno per limite il solido del cilindro.

Corollarî.—2° La superficie laterale di un cilindro è equivalente al rettangolo della sua altezza e di uno dei suoi circoli base.

3° Il solido di un cilindro è equivalente al parallelepipedo della sua superficie laterale e del suo raggio.

408. Corollario. — Potendo considerare il solido e la superficie laterale di un cilindro come limiti di grandezze principali, deduciamo che esiste sempre un rettangolo somma delle superficie laterali di cilindri dati, un parallelepipedo somma dei loro solidi.

Possiamo anche dire che esiste sempre un rettangolo o un parallelepipedo multiplo, o summultiplo, secondo un numero dato, della superficie laterale di un cilindro o del suo solido (390, C. 6°), ecc. ecc.

409. Teorema. — Il solido di un cono è limite delle piramidi regolari inscritte e circoscritte, che hanno uno stesso numero di facce laterali, e variano raddoppiando successivamente questo numero.

Ogni piramide regolare V . ABC, inscritta in un cono, è equivalente al terzo del parallelepipedo della base ABC e dell'altezza, che è quella del cono (397, C. 1°). Raddoppiando successivamente il numero delle facce laterali di questa piramide, abbiamo stati di una variabile W continuamente crescente. Analogamente si vede che una piramide regolare V . A'B'C', circoscritta allo stesso cono, e che varia avendo sempre lo stesso numero di facce laterali di W, è una variabile V continuamente decrescente. Ora $V > W$, e $V - W$ è equivalente al terzo del parallelepipedo della differenza delle basi di V, W e dell'altezza del cono; ma questa differenza decresce indefinitamente (402, T.), dunque decresce indefinitamente $V - W$ (382, C. 2°), e V, W sono convergenti. Il solido del cono, essendo sempre compreso fra V, W, è limite di V, W.

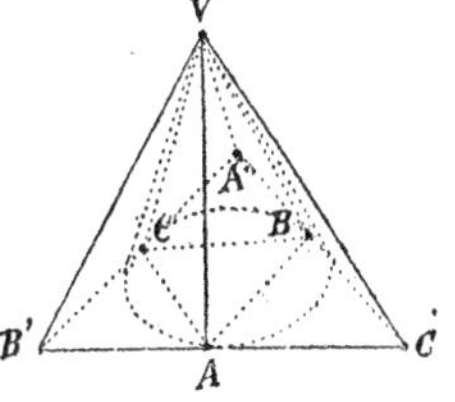

Corollari. — 1° In ogni cono si possono inscrivere e circoscrivere piramidi regolari, e sappiamo sempre costruire un prisma equivalente ad una data piramide, dunque il solido di ogni cono si può considerare come limite di grandezze principali.

2° Se due poligoni variabili, uno inscritto e l'altro circoscritto al circolo base di un dato cono, sono convergenti, e quindi hanno per limite la superficie del circolo, sono basi di due piramidi variabili, una inscritta e l'altra circoscritta al cono, che sono convergenti, e quindi hanno per limite il suo solido, e viceversa.

3° Il terzo del parallelepipedo dell'altezza di un cono e della base è compreso fra i solidi delle piramidi *V*, *W*, perchè ha la stessa altezza di questi, mentre la sua base è compresa fra le loro basi, quindi è limite di *V*, *W*; ma anche il solido del cono è limite di *V*, *W*, dunque:

Il solido di un cono è equivalente al terzo del parallelepipedo della sua altezza e della sua base.

410. Corollario 1° — Immaginiamo il solido di un cono come limite di due piramidi *V*, *W*, la prima sempre circoscritta e la seconda sempre inscritta, che varino con una legge assegnata (409, C. 1°, 2°). Preso $V = $ ABCD, in modo che l'altezza di ABCD corrispondente alla base BCD sia uguale alla distanza del centro della base del cono, da una delle generatrici, prendiamo sopra BD, dalla stessa parte di D rispetto a B i punti D', E, in modo che sia $W = $ ABCD', ed il tetraedro ABCE equivalente al solido del cono (409, C. 3°). Essendo *V* continuamente decrescente e *W* continuamente crescente, è chiaro che BCD, e quindi BD, è continuamente decrescente, mentre BCD', e quindi BD', è continuamente crescente; essendo poi $V > W$, sarà BCD > BCD', e BD > BD'. Ora la differenza $V - W = $ ACDD' decresce indefinitamente, quindi decresce indefinitamente l'altra BCD — BCD' = CDD' (397, C. 3°), e perciò anche BD — BD' ≡ DD' (382, C. 1°); ma *lim.* $(V, W) = $ ABCE dunque i triangoli BCD, BCD' sono convergenti ed hanno per limite BCE, i segmenti BD, BD' sono convergenti ed hanno per limite BE.

La piramide *V* è equivalente al terzo del parallelepipedo della sua superficie laterale e della distanza del centro dell base del cono da una delle generatrici (397, C. 2°), ossia dell'altezza di ABCD corrispondente alla base BCD, dunque BCD deve essere equivalente alla superficie di *V*. Siccome poi la piramide *W* è equivalente al terzo della somma dei parallelepipedi delle sue facce laterali e delle loro distanze dal centro della base del cono, e siccome queste distanze sono tutte minori della distanza del centro stesso da una generatrice, la superficie laterale di *W* è maggiore di BCD', prendiamo BCD'' equivalente a questa superficie, in modo che D'' stia sulla BD dalla stessa parte di D rispetto a B. Essendo il perimetro del poligono di *V* sempre maggiore del perimetro del poligono di *W* (137, T. 2°), ne segue subito che la superficie laterale di *V* è maggiore di quella di *W*, cioè che BCD > BCD''; ma abbiamo detto che BCD'' > BCD', perciò BCD — BCD'' < BCD — BCD', quindi CDD'' decresce indefinitamente, e gli stati successivi di BCD, o BD, insieme a quelli *successivamente crescenti* di BCD'', o BD'', si possono considerare come stati di due triangoli, o segmenti, variabili convergenti.

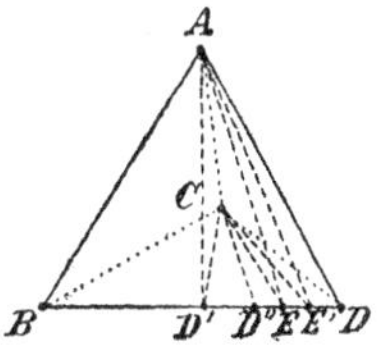

Considerando le coppie di variabili convergenti BCD, BCD'; BCD, BCD'' ed osservando che sempre BCD > BCD'', BCD > BCD', ne deduciamo (392, T. 1°) che i loro limiti sono equivalenti; quindi vediamo che il limite di BCD,BCD'' è BCE, e quindi che il limite di BD,BD'' è BE.

Facendo variare *V*, *W* con un'altra legge, sempre però in modo che siano convergenti e quindi abbiano per limite il solido del cono, se invece di BCE, per limite di BCD, BCD'', trovassimo un altro triangolo BCE', sarebbe ABCE' equivalente al solido del cono, quindi ABCE = ABCE' (387, C.), per cui BCE' = BCE, ossia BE' ≡ BE, E' coinciderebbe con E, e si avrebbe lo stesso limite di prima.

Abbiamo così dimostrato che se due piramidi *V*, *W*, la prima circoscritta e la seconda inscritta ad un dato cono, sono variabili convergenti, e quindi hanno per limite il solido del cono, i successivi stati della superficie laterale di *V* e gli stati *successivamente crescenti* della superficie laterale di *W* si possono considerare come stati di due variabili convergenti, che per conseguenza hanno un limite, e che questo limite rimane sempre lo stesso, comunque si muti la legge che fa variare V, W, purchè sempre rimangano convergenti, e quindi abbiano per limite il solido del cono.

Definizione. — Diremo che *la superficie laterale di un cono è equivalente* al limite delle superficie laterali delle piramidi variabili inscritte e circoscritte, quando sono convergenti, e quindi hanno per limite il solido del cono.

Corollarî. — 2° La superficie laterale di ogni piramide V, essendo equivalente al triangolo del perimetro del suo poligono per l'apotema (358, C. 7°), che è quello del cono inscritto, è maggiore del triangolo del circolo base del cono e del suo apotema; la superficie laterale di ogni piramide W è minore dello stesso triangolo, dunque:

La superficie laterale di un cono è equivalente ad un triangolo, che ha per base il circolo base e per altezza corrispondente l'apotema.

Osservando che il rettangolo dell'apotema del cono e della sua sezione media è maggiore della superficie laterale della piramide W e minore della superficie laterale della piramide V, si può dire che:

La superficie laterale di un cono è equivalente al rettangolo del suo apotema e della sua sezione media.

3° Il solido di un cono è equivalente al terzo del parallelepipedo della superficie laterale e della distanza del centro del circolo base da una delle generatrici.

411. Corollarî. — 1° Potendo considerare la superficie laterale ed il solido di un cono come limite di grandezze principali, ne deduciamo che esiste sempre un rettangolo somma delle superficie laterali di coni dati, un parallelepipedo somma dei loro solidi.

Possiamo anche dire che esiste sempre un rettangolo o un parallelepipedo multiplo, o summultiplo, secondo un numero dato, della superficie laterale di un cono o del suo solido (390, C. 6°), ecc., ecc.

2° Se la base di un cono è uguale a ciascuna delle basi di un cilindro, e se le loro altezze sono uguali, il solido del cono è il terzo del solido del cilindro.

3° Se la base di un cono è uguale a ciascuna delle basi

di un cilindro, e se l'apotema del cono è uguale all'altezza del cilindro, la superficie laterale del cono è la metà della superficie laterale del cilindro.

412. Corollario. — Un cono ed una piramide, inscritta o circoscritta, con un piano parallelo a quello delle basi si possono dividere in un altro cono ed un'altra piramide, inscritta o circoscritta ad esso, ed in un tronco di cono ed in un tronco di piramide, inscritto o circoscritto ad esso. Il solido o la superficie laterale del tronco di cono è la differenza dei solidi o delle superficie laterali dei due coni, il tronco di piramide o la sua superficie laterale è la differenza delle due piramidi o delle loro superficie laterali. La superficie laterale del tronco di cono si può anche ottenere considerando le piramidi inscritte o circoscritte al cono, che variano avendo per limite il suo solido, poichè dànno tronchi di piramidi inscritti o circoscritti, che variano avendo per limite il tronco di cono. Ora la superficie laterale di ciascuno dei tronchi di piramide è equivalente al rettangolo del suo apotema e del perimetro della sua sezione media (358, C. 7°), dunque:

La superficie laterale di un tronco di cono è equivalente al rettangolo del suo apotema e della sua sezione media.

413. Teorema. — Le superficie laterali di due cilindri, o di due coni, sono equivalenti, se il rettangolo dell'altezza, o dell'apotema, e del raggio della base di uno è equivalente al rettangolo dell'altezza, o dell'apotema, e del raggio della base dell'altro.

Supponiamo dati due cilindri, e disponiamoli in modo che due loro basi siano circoli concentrici, ed i cilindri cadano da una stessa parte rispetto al loro piano. Chiamiamo CC_1, CC_1' le altezze, CA, CA' i raggi delle basi, e supponiamo $\overline{CC_1 . CA} = \overline{CC_1' . CA'}$. Se AB è un lato di un poligono base di un prisma regolare inscritto nel cilindro, la cui altezza è CC_1, e se CA, CB incontrano un circolo base dell'altro nei punti A', B', situati rispetto a C dalla stessa parte di A, B, evidentemente A'B' è un lato di un poligono base di un prisma regolare inscritto nell'altro cilindro, e che ha lo stesso numero di facce laterali del primo. Conduciamo la retta CD parallela alle AB, A'B', le rette BD, B'D' parallele alla CA, e chiamiamo D, D' i punti in cui incontrano la CD. Le coppie di vertici corrispondenti dei triangoli ABD, A'B'D' stanno in linea retta col punto C, i lati corrispondenti delle coppie AB, A'B'; BD, B'D' sono paralleli, dunque sono paralleli anche i lati DA, D'A' (114, T.). Ora, essendo per ipotesi $\overline{CC_1 . CA} = \overline{CC_1' . CA'}$, dobbiamo avere $C_1CA = C_1'CA'$, perciò $C_1AC_1' = A'AC_1'$, e le rette C_1A', $C_1'A$ sono parallele. Considerando i triangoli $C_1A'D'$, $C_1'AD$, vediamo che le coppie di vertici corrispondenti stanno in linea retta col punto C, che i lati corrispondenti delle coppie AD, A'D'; AC_1', $A'C_1$ sono paralleli, quindi ne deduciamo che sono paralleli anche i lati $C_1'D$, C_1D' (114, T.). Ciò basta per vedere che $C_1CD = C'_1CD'$, ossia che $\overline{CC_1 . CD} = \overline{CC_1' . CD'}$, ovvero $\overline{CC_1 . AB} = \overline{CC_1' . A'B'}$, essendo $CD \equiv AB$, $CD' \equiv A'B'$. Possiamo quindi ritenere che le superficie laterali dei due prismi sono equivalenti, perchè sono equimultiple dei rettangoli $\overline{CC_1 . AB}$, $\overline{CC_1' . A'B'}$. Analogamente si dimostra che sono equivalenti le superficie laterali di due prismi regolari circoscritti ai due cilindri, e che hanno lo stesso numero di facce laterali, dunque le superficie laterali dei due cilindri sono pure equivalenti, perchè limiti di grandezze equivalenti.

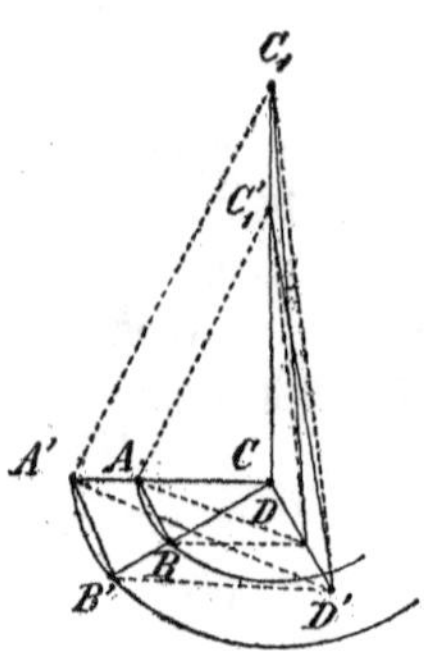

La superficie laterale di un cono è la metà della superficie laterale di un cilindro che ha un circolo base uguale a quello del cono e l'altezza uguale al suo apotema (411, C. 3°), dunque se i rettangoli degli apotemi e dei raggi delle basi di due coni sono equivalenti, sono equivalenti le loro superficie laterali.

Corollario. — È facile, dato un circolo base o l'altezza, costruire l'altezza o un circolo base di un cilindro o di un cono, la cui superficie laterale sia equivalente a quella di un cilindro o di un cono dato.

414. Teorema. — I solidi di due cilindri, o di due coni, sono equivalenti, se il parallelepipedo del quadrato del raggio della base e dell' altezza di uno è equivalente al parallelepipedo del quadrato del raggio della base e dell'altezza dell'altro.

Supponiamo dati due cilindri, e disponiamoli in modo che due loro basi siano circoli concentrici, e che i cilindri cadano da una stessa parte rispetto al loro piano. Chiamiamo CC_1, CC_1' le altezze, CA, CA′ i raggi delle basi, e supponiamo che il parallelepipedo del quadrato di CA e dell'altezza CC_1 sia equivalente al parallelepipedo del quadrato di CA′ e dell'altezza CC_1'. Se CA, CD sono perpendicolari ed incontrano i circoli base concentrici nei punti A, A′ e D, D′, in modo che A′, D′ siano dalla stessa parte di A, D rispetto a C, avremo $C_1ADC = C_1'A'D'C$, perchè ADC, A′D′C sono ciascuno la metà di $\overline{CA}^2$, $\overline{CA'}^2$, e quindi ciascuno di questi due tetraedri è il sesto di uno dei due parallelepipedi, che per ipotesi supponiamo equivalenti. Conducendo da A la retta AE parallela alla $A'C_1$, se incontra CC_1 in E, abbiamo $ACC_1 = A'CE$, e quindi

$$C_1ADC = EA'DC = C_1'A'D'C\,;$$

perciò $ECD = C_1'CD'$ e le rette ED′, $C_1'D$ sono parallele. Dai triangoli EA′D′, $C_1'AD$ si deduce che sono parallele pure le rette $C_1'A$, EA′ (114, T.).

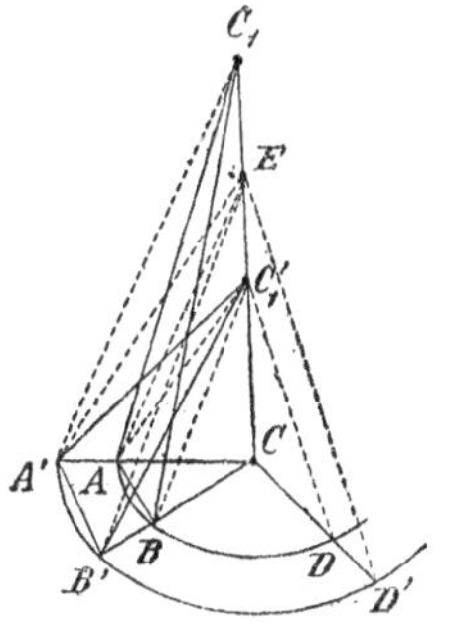

Consideriamo un prisma regolare inscritto nel cilindro la cui altezza è CC_1, e sia AB un lato di un suo poligono base: evidentemente un lato A′B′ di un poligono base di un prisma regolare che ha lo stesso numero di facce laterali del primo, ed è inscritto nell'altro cilindro, è parallelo ad AB, e BB′ sono in linea retta con C. Ora dai triangoli EA′B′, $C_1'AB$ si deduce subito che sono parallele le rette $C_1'B$, EB′, e quindi si vede che $C_1ABC = C_1'A'B'C$, e che un prisma triangolare che ha per altezza CC_1 e per base ABC, triplo di C_1ABC, è equivalente ad un prisma triangolare che ha per altezza CC_1' e per base A′B′C, triplo di $C_1'A'B'C$; dunque sono equivalenti i due prismi regolari inscritti nei due dati cilindri, perchè equimultipli di questi due prismi triangolari. Analogamente si dimostra che sono equivalenti due prismi regolari circoscritti ai due cilindri, e che hanno uno stesso numero di facce laterali; dunque sono equivalenti i solidi dei due cilindri, perchè limiti di grandezze equivalenti.

Il solido di un cono è il terzo di quello di un cilindro che ha la stessa altezza ed un circolo base uguale a quello del cono (411, C. 2°), dunque, se i parallelepipedi delle altezze e dei quadrati dei raggi dei circoli base di due coni sono equivalenti, sono pure equivalenti i solidi dei due coni.

Corollario. — È facile, dato un circolo base o l'altezza, costruire l'altezza o un circolo base di un cilindro o di un cono, il cui solido sia equivalente a quello di un cilindro o di un cono dato.

3. *La sfera ed il suo solido.*

415. Teorema. — I lati delle linee poligonali regolari, inscritte e circoscritte ad uno stesso arco, decrescono indefinitamente, quando si raddoppia successivamente il loro numero.

Sia AD un lato di una linea poligonale regolare inscritta in un arco dato $\widehat{ADB}$, col centro in C. Se E è il punto medio dell'arco $\widehat{AED}$, staccato da AD su quello dato, evidentemente AE è lato della linea poligonale regolare inscritta che ha un numero di lati doppio di quello della prima; se F è il punto medio dell'arco $\widehat{AFE}$, staccato da AE su quello dato, evidentemente AF è lato della linea poligonale regolare inscritta che ha un numero di lati quadruplo di quello della prima,.... Ora $\widehat{AFE} \equiv \frac{1}{2}\widehat{AED}$, $\widehat{AGF} \equiv \frac{1}{2}\widehat{AFE}$,...., dunque $\widehat{AED}$, $\widehat{AFE}$, $\widehat{AGF}$,..... si possono considerare come stati successivi di un arco che decresce indefinitamente (383, T. 1°). Se ne deduce subito che anche le corde AD, AE, AF,..... sono stati di un segmento variabile che decresce indefinitamente (251, T. 2°), quindi il teorema è dimostrato per le linee poligonali regolari inscritte.

Se E'D' tocca l'arco dato in E, e se è un lato di una linea poligonale regolare circoscritta, che ha lo stesso numero di lati di quella inscritta, un cui lato è AD, il segmento EE' è la metà di E'D'; se le tangenti in F,... incontrano la retta CA in F',.... i segmenti FF',.... sono metà di un lato delle linee poligonali regolari circoscritte che hanno un numero di lati doppio, quadruplo,.... di quelli della prima. Ora i triangoli rettangoli CEE', CFF',..... hanno tutti uguali i cateti CE, CF,....., mentre gli angoli $\widehat{C.EE'}$, $\widehat{C.FF'}$,..... decrescono indefinitamente, decrescendo indefinitamente gli archi compresi $\widehat{AFE}$, $\widehat{AGF}$,..., dunque si vede che gli altri cateti EE', FF',.... decrescono indefinitamente, e lo stesso avviene per i segmenti doppî di essi. Il teorema è così dimostrato anche per le linee poligonali regolari circoscritte.

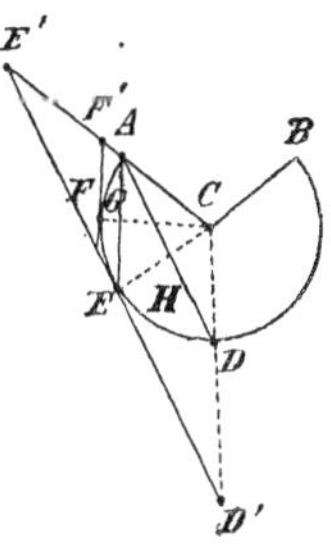

Corollarî. — 1° Se la retta CE incontra AD in H, il segmento CH è apotema della linea poligonale regolare inscritta in $\widehat{ADB}$, che ha AD per lato. Ora dal triangolo CAH abbiamo CA — CH < AH, ossia HE < AH; ma AH decresce indefinitamente, raddoppiando successivamente il numero dei lati della linea poligonale regolare inscritta, dunque HE pure decresce indefinitamente.

Decresce indefinitamente la differenza tra il raggio di un arco e l'apotema di una linea poligonale regolare inscritta, quando questa si fa variare raddoppiando successivamente il numero dei suoi lati.

2° Il segmento CE' è raggio di una linea poligonale regolare circoscritta all'arco $\widehat{ADB}$, e che ha E'D' per lato. Ora dal triangolo CEE' abbiamo CE' — CE < EE', ossia AE' < EE'; ma EE' decresce indefinitamente, raddoppiando successivamente il numero dei lati della linea poligonale regolare circoscritta, dunque anche AE' decresce indefinitamente.

Decresce indefinitamente la differenza tra il raggio di un arco ed il raggio di una linea poligonale regolare circoscritta, quando questa si fa variare raddoppiando successivamente il numero dei suoi lati.

416. **Teorema 1°** — Se una linea poligonale regolare compie un giro, rotando intorno ad un diametro del circolo inscritto, che non la divide, genera una superficie equivalente al rettangolo del circolo inscritto e della somma delle proiezioni dei suoi lati sull'asse.

Consideriamo un segmento AB ed una retta r situata in uno dei suoi piani, ma che non divida AB, e che non sia ad esso perpendicolare. Chiamiamo C il punto medio di AB ed A′, B′, C′ le proiezioni di A, B, C sopra r; poi conduciamo la retta perpendicolare ad AB in C, situata nel piano che contiene AB ed r, chiamiamo D il punto in cui incontra r, conduciamo da A la parallela ad r, e chiamiamo E il punto in cui incontra BB′.

Il segmento AB, compiendo un giro intorno ad r, genera una superficie che è quella laterale di un tronco di cono, il quale ha AB per apotema, il circolo descritto da C per sezione media, ed è perciò equivalente alla superficie laterale di un cilindro che ha AB per altezza, ed il circolo descritto da C per base (412, C.) (407, C. 2°). Ora ciascun lato del triangolo ABE è perpendicolare ad un lato corrispondente del triangolo CDC′, quindi sono uguali gli angoli corrispondenti dei due triangoli (69, C. 6°), e perciò $\overline{AE}.\overline{CD} = \overline{AB}.\overline{CC'}$ (362, T. 1°), ossia $\overline{A'B'}.\overline{CD} = \overline{AB}.\overline{CC'}$, perchè AE ≡ A′B′, dunque la superficie generata da AB è equivalente alla superficie laterale del

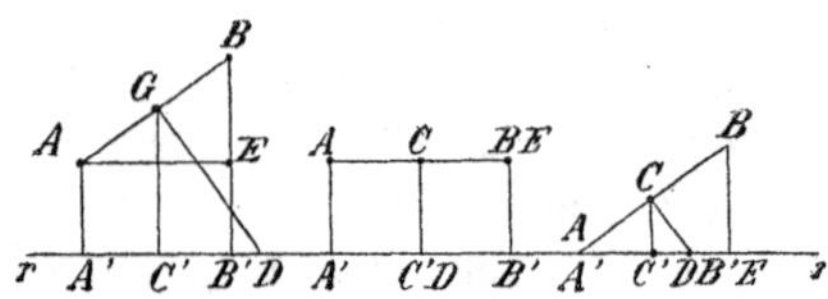

cilindro che ha per altezza A′B′ e CD per raggio di un circolo base (413, T.), ossia è equivalente al rettangolo di A′B′ e del circolo che ha CD per raggio (407, C. 2°).

Se AB è parallelo ad r, o se un suo estremo A è un punto di r, la superficie generata è quella laterale di un cilindro o di un cono: nel primo caso D, E coincidono con C′, B, nel secondo caso coincidono A, A′ e B′, E; ma sempre la superficie generata da AB è equivalente al rettangolo di A′B′ e del circolo che ha CD per raggio.

Consideriamo ora una qualunque linea poligonale regolare, per esempio ABD; chiamiamo c il circolo inscritto, C il suo centro, A′, B′, D′ le proiezioni di A, B, D sopra una retta condotta per C nel piano della linea poligonale, in modo che non la divida, e CE, CF le distanze dei lati AB, BD dal centro. Evidentemente nessun lato della linea poligonale può essere perpendicolare ad r, quindi, se essa compie un giro rotando intorno ad r, abbiamo dimostrato che la superficie generata da AB è equivalente al rettangolo di A′B′ e del circolo c, la superficie generata da BD è equivalente al rettangolo dl B′D′ e del circolo c, perciò la somma di questi rettangoli, cioè il rettangolo della somma A′D′ delle proiezioni dei lati della linea poligonale regolare, eseguite sopra r e del circolo inscritto c, è equivalente alla superficie generata dalla linea poligonale.

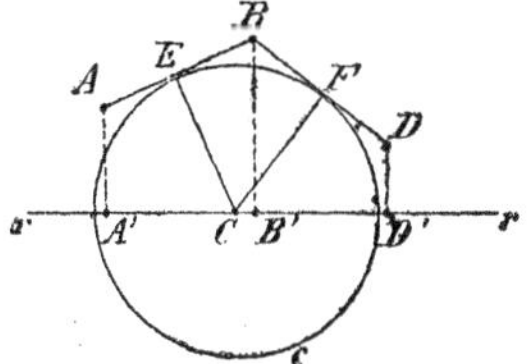

Teorema 2° — Se un settore poligonale regolare compie un giro rotando intorno ad un diametro del circolo inscritto, che non lo divide, genera un solido equivalente a due terzi del parallelepipedo della superficie del circolo inscritto e della somma delle proiezioni dei lati della sua linea poligonale sull'asse.

Consideriamo un triangolo ABC insieme ad una retta r del suo piano, che passando per C non divida ABC, e chiamiamo CD l'altezza corrispondente ad AB. Se il lato CB appartiene ad r, e se la proiezione A′ di A sopra r è un punto del lato BC, il solido generato da ABC, rotando intorno ad r e compiendo un giro, è equivalente alla somma dei solidi dei coni generati da ACA′, ABA′, cioè equivalente al terzo del parallelepipedo della superficie del circolo generato da A e di BC; ma la superficie di questo circolo è la metà del rettangolo di AA′ e del circolo descritto da A, dunque il solido generato da ABC è equivalente al terzo del parallelepipedo di $\overline{AA'.BC}$ e della metà del circolo descritto da A. È poi evidente che $\overline{AA'.BC} = 2ABC = \overline{AB.CD}$, perciò lo stesso solido è equivalente al terzo del parallelepipedo del rettangolo $\overline{AB.CD}$ e della metà del circolo descritto da A, ossia al terzo del parallelepipedo di CD e della metà del rettangolo di AB e del circolo descritto da A, ma la metà di questo rettangolo è la superficie

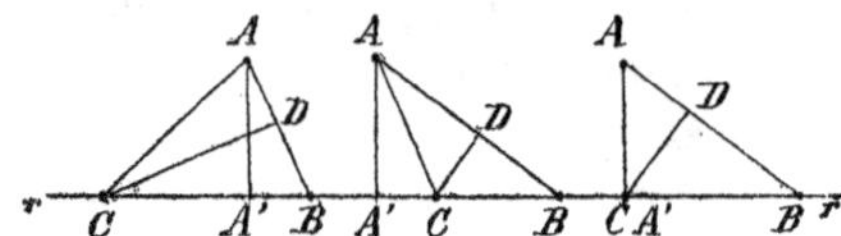

generata da AB, dunque il solido generato da ABC è equivalente al terzo del parallelepipedo della superficie generata da AB e di CD. Allo stesso risultato si arriva sempre, supponendo che BC appartenga ad r, se A′ non è compreso in BC, considerando il solido generato da ABC come differenza dei solidi dei coni generati da ABA′, ACA′, e se A′ cade in C, poichè allora il solido generato da ABC è quello di un cono.

Quando BC non appartiene ad r ed AB non è parallela ad r, chiamiamo E il punto comune alle rette r, AB. Il solido generato da ABC è la differenza di quelli generati da AEC, BEC; ora il primo è equivalente al terzo del parallelepipedo della superficie generata da AE e di CD, il secondo è equivalente al terzo del parallelepipedo della superficie generata da BE e di CD, dunque il solido generato da ABC è equivalente al terzo del parallelepipedo della superficie generata da AB e di CD, come nel caso precedente.

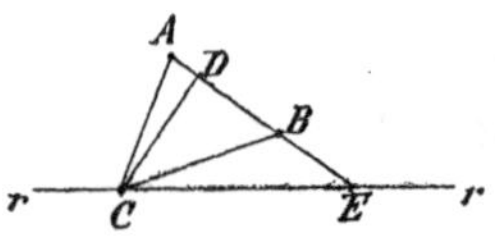

Quando AB è parallelo ad r, e C è compreso fra le proiezioni A′, B′ di A, B sopra r, il solido generato da ABC è equivalente alla differenza del solido del cilindro generato da ABB′A′ e dei solidi dei coni generati da ACA′, BCB′, cioè equivalente alla differenza del parallelepipedo della superficie del circolo descritto da D e di A'B' e dei parallelepipedi della stessa superficie circolare e del terzo di A'C + CB' ≡ A'B'. Ora il doppio della superficie del circolo descritto da D è equivalente al rettangolo di CD e del circolo descritto da D, perciò il solido generato da ABC è equivalente al parallelepipedo del rettangolo di A'B' e del circolo descritto da D e del terzo di CD, ossia al terzo del parallelepipedo della superficie generata da

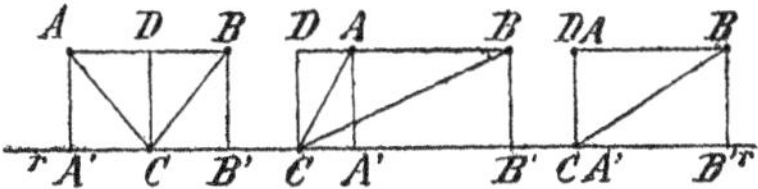

AB e di CD, come nei casi precedenti. Allo stesso risultato si arriva sempre, ritenendo che AB sia parallelo ad r, se uno dei punti A', B', per esempio A', è compreso fra C, B', considerando il solido generato da ABC come differenza tra la somma del solido del cilindro generato da ABB'A' insieme al solido del cono generato da ACA' e del solido del cono generato da BCB', e se uno dei lati CA, CB, per esempio CA, è perpendicolare ad r, considerando il solido generato da ABC come differenza del solido del cilindro generato da ABB'A' e del solido del cono generato da BB'C.

Consideriamo ora un qualunque settore poligonale regolare ABDC, chiamiamo c il circolo inscritto, C il suo centro, A',D' le proiezioni di A,D sopra una retta r condotta per C nel piano del settore poligonale, in modo che non lo divida. Evidentemente se il settore poligonale compie un giro rotando intorno ad r, il solido che genera è la somma dei solidi generati dai triangoli ABC, BDC, ossia è equivalente al terzo del parallelepipedo della superficie generata dalla linea poligonale ABD e dal raggio del circolo inscritto c; ma la superficie generata dalla linea poligonale ABD è equivalente al rettangolo di A'D' e del circolo c, dunque il solido generato dal settore poligonale è equivalente al terzo del parallelepipedo di A'D' e del rettangolo di c e del suo raggio, dunque finalmente vediamo che il solido in questione è equivalente a due terzi del parallelepipedo della superficie di c e di A'D'.

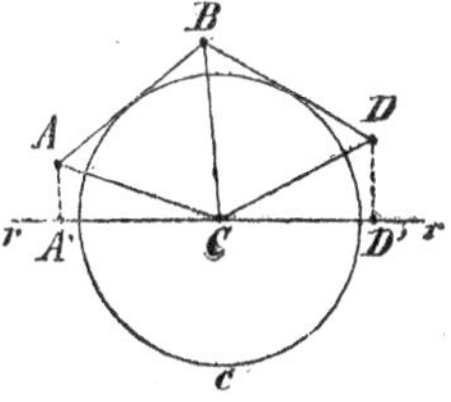

Corollario. — Se un settore poligonale regolare compie un giro rotando intorno ad un diametro del circolo inscritto, che non lo divide, genera un solido equivalente al terzo del parallelepipedo della superficie generata dalla linea poligonale del settore poligonale e del raggio del circolo inscritto.

417. Teorema. — Un settore sferico è limite dei solidi generati dai settori poligonali regolari inscritti e circoscritti al settore circolare, che lo genera, le cui linee poligonali hanno uno stesso numero di lati, e variano raddoppiando successivamente questo numero.

Sia $\widehat{ADB}$ l'arco che comprende il settore circolare, il quale, compiendo un giro rotando intorno alla retta *r*, genera un settore sferico di una sfera σ col centro in C. Consideriamo due settori poligonali regolari, per esempio ADBC, $A_1D_1B_1C$, uno inscritto e l'altro circoscritto al settore circolare, che abbiano uno stesso numero di lati; facendoli rotare, compiendo un giro intorno ad *r*, generano due solidi *W*, *V*, che variano raddoppiando successivamente il numero dei lati delle linee poligonali dei settori poligonali che li generano. Chiamiamo A′, A_1', B′, B_1' le proiezioni dei punti A, A_1, B, B_1 sopra *r*, chiamiamo K il punto di contatto di A_1D_1 coll'arco, e H il punto comune a CK ed AD.

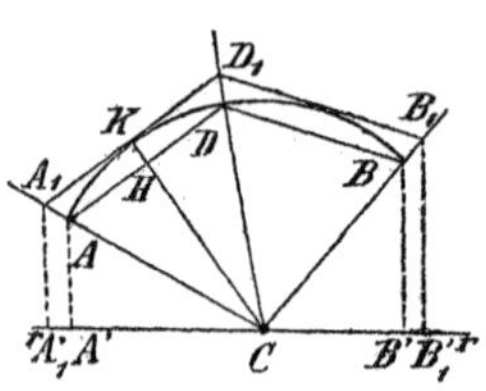

Il solido *V* è equivalente a due terzi del parallelepipedo della superficie di *c* e di $A_1'B_1'$ (416, T. 2°), ora, variando *V*, le differenze $CA_1 - CA \equiv A_1A$, $CB_1 - CB \equiv B_1B$ sono continuamente decrescenti (415, C. 2°), quindi è chiaro che anche le loro proiezioni $A_1'A'$, $B_1'B'$ sono continuamente decrescenti; ma $A_1'B_1' \equiv A_1'A' + A'B' + B'B_1'$, dove A′B′ è costante, dunque è continuamente decrescente $A_1'B_1'$, e perciò *V*.

Il solido *W* è equivalente a due terzi del parallelepipedo della superficie del circolo che ha per raggio CH e di A′B′ (416, T. 2°); ora, variando *W*, il segmento A′B′ rimane costante, il segmento CH è continuamente crescente (415, C. 1°), quindi è continuamente crescente la superficie del circolo che ha per raggio CH, e perciò W. Osserviamo poi che evidentemente si ha sempre $V > W$.

Ora la differenza $V - W$ è equivalente a due terzi della differenza del parallelepipedo della superficie del circolo che ha CK per raggio e di $A_1'B_1'$, e del parallelepipedo della superficie del circolo che ha per raggio CH e di $A'B'$; ma $A'B' \equiv A_1'A' + B'B_1' + A'B'$, dunque la stessa differenza è equivalente a due terzi di quella dei parallelepipedi che hanno una stessa altezza $A'B'$ e per basi le superficie dei circoli che hanno per raggi CK, CH, insieme ai due terzi del parallelepipedo della superficie di c e di $A_1'A' + B'B_1'$, la differenza fra le superficie dei circoli che hanno per raggi CK, CH, decresce indefinitamente, perchè decresce indefinitamente la differenza CK — CH (415, C. 1°) (405, T, 2°), ed abbiamo anche veduto che $A_1'A' + B'B_1'$ decresce indefinitamente, dunque decresce indefinitamente $V - W$, e V, W sono convergenti.

Il settore sferico dato essendo sempre compreso fra V, W, è naturalmente limite di V, W.

Corollari. — 1° In ogni settore circolare si possono inscrivere e circoscrivere settori poligonali regolari, le cui linee poligonali abbiano due, quattro,..... lati; quando il settore circolare genera un settore sferico, i settori poligonali generano solidi che sono equivalenti a noti parallelepipedi (416, T. 2°), dunque ogni settore sferico si può considerare come limite di grandezze principali.

2° Possiamo concepire settori poligonali, inscritti e circoscritti ad un settore circolare, variabili con leggi diverse, ed anche non regolari, in modo che quando il settore circolare genera un settore sferico, questi settori poligonali generino solidi che siano convergenti, e quindi abbiano il settore sferico per limite.

3° Uno stato qualunque di V, per esempio quello generato da $A_1D_1B_1C$, essendo equivalente a due terzi del parallelepipedo della superficie di c e di $A'_1B'_1$, è maggiore di due terzi del parallelepipedo di c e di $A'B'$; uno stato qualunque di W, per esempio quello generato da ADBC, essendo equivalente a due terzi del parallelepipedo della superficie del circolo che ha per raggio CH e di $A'B'$, è minore di due terzi del parallelepipedo della superficie di c e di A′B′, quindi i due terzi di questo parallelepipedo sono una grandezza limite di V, W. Ora c è un circolo massimo della sfera, cui appartiene il settore sferico, che è pure limite di V, W, A′B′ è evidentemente l'altezza della zona sferica, base del settore sferico, dunque:

Un settore sferico è equivalente a due terzi del parallelepipedo della superficie di un circolo massimo e dell'altezza della zona sferica, che è base del settore.

418. Corollario. — 1° Immaginiamo un settore sferico come limite di due solidi V, W, il primo generato da un settore poligonale circoscritto al settore circolare che genera il settore sferico, il secondo generato da un settore poligonale inscritto allo stesso settore circolare, che varino con una legge assegnata (417, C. 1°, 2°). Preso $V =$ ABCD, in modo che l'altezza di ABCD corrispondente alla base BCD sia uguale al raggio della sfera, e quindi al raggio del circolo massimo c, inscritto al settore poligonale che genera V, prendiamo sopra BD, dalla stessa parte di D rispetto a B, i punti D′, E, in modo che sia $W =$ ABCD′, ed il tetraedro ABCDE equivalente al settore sferico (417, C. 3°). Essendo V continuamente decrescente e W continuamente crescente, è chiaro che BCD, e quindi BD, è continuamente decrescente, mentre BCD′, e quindi BD′, è continuamente crescente; essendo poi $V > W$, sarà BCD > BCD′, e BD > BD′. Ora la differenza $V - W =$ ACDD′ decresce indefinitamente, quindi decresce indefinitamente l'altra BCD — BCD′ = CDD′ (397, C. 3°), e perciò anche BD — BD′ ≡ DD′ (382, C. 1°); ma *lim.* $(V, W) =$ ABCE, dunque i triangoli BCD, BCD′ sono convergenti ed hanno per limite BCE, i segmenti BD, BD′ sono convergenti ed hanno per limite BE. Il solido V è equivalente al terzo del parallelepipedo del raggio della sfera e della superficie V' generata dalla linea poligonale del settore poligonale che genera V (416, C.), per conseguenza $V' =$ BCD. Siccome poi il solido W è equivalente al terzo della somma dei parallelepipedi delle superficie generate dai lati della linea poligonale del settore poligonale che genera W, e delle loro rispettive distanze dal centro della sfera, le quali sono tutte minori del raggio, ne segue che la superficie W', generata dalla linea poligonale del settore poligonale che genera W, è maggiore di BCD′: prendiamo $W' =$ BCD″, in modo che D″ stia sulla BD dalla stessa parte di D rispetto a B. Essendo V' equivalente al rettangolo del circolo massimo c e della somma delle proiezioni sull'asse dei lati della linea poligonale che la genera, è V' maggiore del rettangolo di un circolo massimo e dell'altezza della zona base del settore sferico; essendo W' la somma dei rettangoli delle proiezioni di ciascun lato della linea poligonale che la genera e del circolo che ha per raggio la distanza del lato dal centro della sfera, evidentemente W' è minore del rettangolo di un circolo massimo e dell'altezza della zona base del settore sferico; così vediamo che sempre $V' > W'$ ossia BCD > BCD″. Abbiamo poi detto che BCD″ > BCD′, perciò BCD — BCD″ < BCD — BCD′, quindi CDD″ decresce indefinitamente, e gli stati successivi di BCD, o BD, insieme a quelli *successivamente crescenti* di BCD″, o BD″, si possono considerare come stati di due triangoli, o segmenti, variabili convergenti.

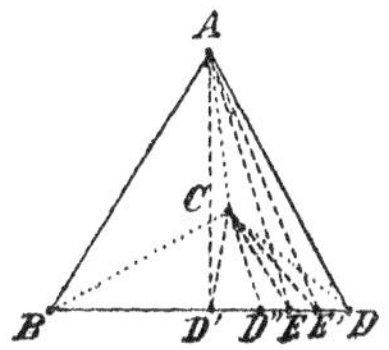

Considerando le coppie di variabili convergenti BCD, BCD′; BCD, BCD″, ed osservando che sempre BCD > BCD″, BCD > BCD′, ne deduciamo (392, T. 1°) che i loro limiti sono equivalenti; quindi vediamo che il limite di BCD, BCD″ è BCE, e quindi che il limite di BD, BD″ è BE. Facendo variare V, W con un'altra legge, sempre però in modo che siano convergenti e quindi abbiano per limite il settore sferico, se invece di BCE, per limite di BCD, BCD″, trovassimo un altro triangolo BCE′, sarebbe ABCE′ = ABCE (387, C.), per cui BCE = BCE′, ossia BE ≡ BE′, E′ coinciderebbe con E, e si avrebbe lo stesso limite di prima.

Abbiamo così dimostrato che se due solidi V, W, il primo generato da un settore poligonale circoscritto ad un settore circolare che genera un settore sferico, ed il secondo generato da un settore poligonale inscritto allo stesso settore circolare, sono variabili convergenti, e quindi hanno per limite il settore sferico, i successivi stati della superficie V' generata dalla linea poligonale del settore poligonale che genera V, e gli stati *successivamente crescenti* della superficie W' generata dalla linea poligonale del settore poligonale che genera W, si posson considerare come stati di due variabili convergenti, che pe conseguenza hanno un limite, e che questo limite riman sempre lo stesso, comunque si muti la legge che fa variar V, W, poichè sempre rimangono convergenti, e quindi hann per limite il settore sferico.

Definizione. — Diremo che *una zona sferica è equivalente* al limit delle linee poligonali variabili inscritte e circoscritte all'arco che la g nera, quando i solidi generati dai loro settori poligonali sono convergent e quindi hanno per limite il settore sferico che ha per base la zona.

Corollarî. — 2° Abbiamo veduto che il rettangolo dell'a tezza di una zona sferica e di un circolo massimo della su sfera è maggiore della superficie W' e minore della superfici V' (418, C. 1°), che hanno per limite la zona, quindi:

Una zona, o calotta sferica, è equivalente al rettangolo dell sua altezza e di un circolo massimo della sua sfera.

3° Un settore sferico è equivalente al terzo del parall lepipedo della sua zona base e del raggio della sua sfera.

419. Corollarî. — 1° Il solido di una sfera è limite dei solic generati dai poligoni regolari inscritti e circoscritti ad u circolo massimo che generi la sfera, i quali hanno uno stess numero di lati, e variano raddoppiando successivamente quest numero (417, T.).

2° Una sfera è equivalente al limite delle superficie ge nerate dai contorni dei poligoni variabili inscritti o circoscrit al circolo massimo che genera la sfera, quando i solidi ge nerati da questi poligoni sono convergenti, e quindi hanno pe limite il solido della sfera (418, C. 1°), (418, D.).

3° Il solido di una sfera è equivalente a due terzi de parallelepipedo della superficie di un circolo massimo e de diametro (417, C. 3°).

4° Una sfera è equivalente al rettangolo di un suo circol massimo e di un diametro (418, C. 2°).

Una sfera è quadrupla della superficie di un suo circol massimo.

5° Il solido di una sfera è equivalente al terzo del para lelepipedo della sfera e di un suo raggio (418, C. 3°).

420. Corollario. — Potendo considerare una zona sferica ed un settore sferico come limiti di grandezze principali, ne deduciamo che esiste sempre un triangolo somma di date zone sferiche, un tetraedro somma di dati settori sferici.

Possiamo anche dire che esiste sempre un triangolo o un tetraedro multiplo, o summultiplo, secondo un numero dato, di una zona sferica o di un settore sferico (390, C. 6°); ecc. ecc. (N. XXX).

LIBRO V.

TEORIA DELLE PROPORZIONI

I. Proprietà generali delle proporzioni.

421. Nelle seguenti ricerche, senza dirlo esplicitamente ciascuna volta, ci riferiremo sempre a grandezze principali o limiti di due serie convergenti di grandezze principali. Riterremo quindi che, date due grandezze A, B, sia sempre verificato uno dei tre casi $A \gtreqless B$, ed uno solo, che esista sempre una grandezza somma di quante si vogliano grandezze omogenee, e perciò esista sempre una grandezza multipla di una data secondo un numero dato, ecc., ecc. Riterremo pure che date due grandezze non equivalenti, esista sempre una grandezza multipla della minore e maggiore dell'altra. Questa proprietà, che abbiamo domandato per i segmenti (P.X), è stata poi dimostrata per tutte le altre specie di grandezze che abbiamo introdotto fin qui.

Teorema. — Date due grandezze, non equivalenti, esiste sempre una grandezza multipla di una terza e compresa fra due grandezze equimultiple delle prime.

Siano A, B, C le tre grandezze date, e sia $A > C$, per cui potremo porre $A = C + D$. Tra le successive grandezze multiple di D prendiamone una $D' > B$, allora, se C' è multipla di C come D' è multipla di D, sappiamo che $A' = C' + D'$ e C' sono equimultiple di A, C (348, T.). Tra le successive grandezze multiple di B, e maggiori di C', consideriamo la minore $B' > C'$. Se B'' è la precedente, si ha $B' = B'' + B$, ed evidentemente $B'' \leqq C'$, per cui, ricordandoci che $B < D'$, vediamo che $B' < C' + D'$, ossia $B' < A'$; ma abbiamo preso $B' > C'$, dunque A', C' sono le grandezze cercate equimultiple di A, C, e B' è la grandezza cercata multipla di B e compresa fra esse.

422. Definizione. — Date due grandezze, la seconda *entra* 1, 2, 3,... *volte* nella prima, la quale *contiene* 1, 2, 3,.... *volte* la seconda, quando tra le grandezze successivamente multiple di questa, e non maggiori della prima, la maggiore è equivalente alla seconda grandezza, è doppia, è tripla,.... di essa.

Così, per esempio, date le grandezze A, B, se $2B \leqq A$ e $3B > A$, diciamo che la grandezza B entra due volte in A, o che A contiene due volte la grandezza B.

Date sempre le due grandezze A, B, se troviamo $2B < A$, possiamo solamente dire che B entra in A due o più volte, se troviamo $3B > A$, possiamo solamente dire che B entra in A meno di tre volte.

423. Teorema 1° — Dati due gruppi formati da uno stesso numero di grandezze, se ciascuna grandezza del primo contiene uno stesso numero di volte una grandezza del secondo, una grandezza somma di quelle del primo gruppo pure contiene lo stesso numero di volte una grandezza somma di quelle del secondo gruppo.

Supponiamo che le grandezze A, B, C,...... contengano uno stesso numero di volte, per esempio due, rispettivamente le grandezze A', B', C',.... Avremo $2A' \leqq A < 3A'$, $2B' \leqq B < 3B'$, $2C' \leqq C < 3C'$, ... quindi, se è $S = A + B + C + \ldots$, $S' = A' + B' + C' + \ldots$, sarà $2S' = 2A' + 2B' + 2C' + \ldots\ldots$ (348, T.), e perciò $2S' \leqq S$, sarà $3S' = 3A' + 3B' + 3C' + \ldots$, e perciò $3S' > S$, dunque pure S conterrà due volte S'.

Teorema 2° — Se due grandezze contengono uno stesso numero di volte altre due grandezze, contengono pure uno stesso numero di volte due loro equimultiple.

Se A, B contengono uno stesso numero di volte rispettivamente C, D, la grandezza A si ottiene sommando un certo numero di grandezze equivalenti a C ed una grandezza minore di C, la grandezza B si ottiene sommando un ugual numero di grandezze equivalenti a D ed una grandezza minore di D. Ora due grandezze equimultiple di C, D si ottengono sommando un ugual numero di grandezze equivalenti a C e a D, dunque sono contenute uno stesso numero di volte in A, B.

Teorema 3° — Si può sempre fare in modo che la somma di una grandezza costante e di una variabile, indefinitamente decrescente, contenga un'altra grandezza data quante volte la contiene la grandezza costante.

Consideriamo una grandezza $A + V$, essendo A costante e V variabile indefinitamente decrescente. Se, per esempio, A contiene tre volte una grandezza B, o abbiamo $3B = A$, o $3B < A$; nel primo caso $A + V = 3B + V$, e, preso $V < B$, allora anche $A + V$ contiene B tre volte; nel secondo caso $A = 3B + C$, dove $C < A$, perciò $A + V = 3B + C + V$, e, preso $V < B - C$, si ha $C + V < B$, ed allora anche $A + V$ contiene B tre volte.

424. Date quattro grandezze A, B, C, D, prendiamo A', C' equimultiple di A, C secondo un numero qualunque (421); quando $A = B$ e $C = D$, le B, D sono contenute uno stesso numero di volte in A', C', e precisamente due, tre ,..... volte, se A', C' sono doppie, triple,... di A, C; quando $A = C$, $B = D$, abbiamo $A' = C'$ (349, T.), e B, D sono contenute lo stesso numero di volte in A', C'.

Definizione. — Date quattro grandezze, prese in un certo ordine, si dice che formano una *proporzione*, se la seconda e la quarta sono contenute sempre uno stesso numero di volte in due grandezze equimultiple della prima e della terza, secondo qualunque numero.

L'osservazione precedente mostra l'esistenza di grandezze che formano una proporzione; possiamo dire:

Corollari. — 1° Quattro grandezze formano una proporzione, se la prima è equivalente alla seconda, e la terza alla quarta; ovvero se la prima è equivalente alla terza, e la seconda alla quarta.

Quattro grandezze equivalenti formano una proporzione.

2° Se le grandezze A, B, C, D, prese nell'ordine scritto, formano una proporzione, la formano anche prese nell'ordine C, D, A, B.

3° Se A, B, C, D formano una proporzione, e se $A = A'$, $B = B'$, $C = C'$, $D = D'$, anche A', B', C', D' formano una proporzione.

Quando A, B, C, D formeranno una proporzione, scriveremo $A : B :: C : D$, o $C : D :: A : B$, e leggeremo *A sta a B come C sta a D*, o *C sta a D come A sta a B*.

Evidentemente, se $A : B :: C : D$, devono essere separatamente omogenee le A, B, e le C, D; quando intenderemo che *tutte* le grandezze della proporzione siano omogenee, lo diremo esplicitamente.

425. Definizioni. — 1ª Se quattro grandezze formano una proporzione, si dice pure che la *ragione* della prima alla seconda è uguale a quella della terza alla quarta.

Parlando di ragione di due grandezze, naturalmente intendiamo che siano omogenee. Se sono uguali le ragioni di A, B; C, D; E, F;....., cioè se $A : B :: C : D$, $C : D :: E : F$,....., possiamo scrivere semplicemente $A : B :: C : D :: E : F :: ....$

2ª Se quattro grandezze formano una proporzione, la prima e la quarta si dicono le *estreme*, la seconda e la terza le *medie*. Le grandezze *antecedenti* sono la prima e la terza, e le *conseguenti* sono la seconda e la quarta.

Se $A : B :: C : D$, le grandezze estreme sono A, D, le medie sono B, C; le grandezze antecedenti sono A, C, le conseguenti sono B, D.

426. Teorema 1° — Due ragioni uguali ad una terza sono uguali fra loro.

Se $A : B :: H : K, \quad C : D :: H : K,$
si ha pure: $A : B :: C : D.$

Infatti, se prendiamo A', C', H' equimultiple di A, C, H, per ipotesi H' contiene tante volte K, quante volte A' contiene B e C' contiene D; dunque A', C' contengono B, D uno stesso numero di volte, e perciò $A : B :: C : D$.

Teorema 2° — Se sono uguali più ragioni di grandezze tutte omogenee, ciascuna di esse è uguale a quella della somma di tutte le grandezze antecedenti e della somma di tutte le conseguenti.

Se $H : K :: A : B :: C : D :: E : F :: ....$, supponendo omogenee tutte queste grandezze, abbiamo

$$A + C + E + ... : B + D + F + ... :: H : K.$$

Infatti, se $H', A', C', E', ...$ sono arbitrarie equimultiple di $H, A, C, E, ...$, le $H', A', C', E', ...$, per ipotesi, contengono rispettivamente uno stesso numero di volte le $K, B, D, F, ...$; ora $A' + C' + E' + ...$ è multipla di $A + C + E ......$ come H' è multipla di H (348, T.), e di più $A' + C' + E' + ...$ contiene tante volte $B + D + F + ...$ quante volte $B, D, F, ...$ sono rispettivamente contenute in $A', C', E', ...$ (423, T. 1°), ossia quante volte K è contenuta in H', dunque

$$A + C + E + ... : B + D + F + ... :: H : K.$$

Corollarî. — 1° Se $A : B :: C : D$ ne deduciamo

$$A + C : B + D :: A : B :: C : D,$$

ossia: data una proporzione, la somma delle grandezze antecedenti sta alla somma delle conseguenti, come una antecedente alla sua conseguente.

2° Se $A = C = E = ...$, e $B = D = F = ...$, è chiaro che $A' = A + C + E + ...$, e $B' = B + D + F + ...$ sono due grandezze equimultiple di A, B, e che $A : B :: A' : B'$. Viceversa, se sono date le grandezze A', B' e due loro equisummultiple A, B, le A', B' sono equimultiple di A, B, e pure $A' : B' :: A : B$, dunque:

La ragione di due grandezze è uguale a quella di due loro equimultiple o equisummultiple.

3° Se A', A'' sono due grandezze una multipla e l'altra summultipla di A, secondo lo stesso numero, le A', A sono equimultiple di A, A'', quindi $A' : A :: A : A''$.

Definizione. — Una proporzione si dice *continua*, quando sono equivalenti le due grandezze medie. La grandezza media di una proporzione continua si dice *media geometrica* fra le due estreme.

Così una grandezza è media geometrica tra una sua multipla ed una sua summultipla, secondo uno stesso numero.

427. Teorema 1° — In una proporzione alle prime due grandezze, e alle ultime due, si possono sostituire due loro equimultiple, o equisummultiple.

Se $A : B :: C : D$, e se A', B' sono due equimultiple, o equisummultiple, di A, B, abbiamo che $A : B :: A' : B'$ (426, C. 2°), e perciò che $A' : B' :: C : D$ (426, T. 1°). Analogamente, se C', D' sono due equimultiple, o equisummultiple, di C, D, ne deduciamo che $A : B :: C' : D'$, ed anche che $A' : B' :: C' : D'$ (426, T. 1°).

Teorema 2° — In una proporzione alle grandezze antecedenti, e alle conseguenti, si possono sostituire due loro equimultiple, o equisummultiple.

Se $A : B :: C : D$, e se A', C' sono due grandezze equimultiple di A, C, sappiamo che tutte le grandezze equimultiple di A', C' sono pure equimultiple di A, C (349, C.), e quindi contengono per ipotesi uno stesso numero di volte le B, D; perciò

$A' : B :: C' : D$. Ora, se B', D' sono equimultiple di B, D, sappiamo che, essendo B, D contenute uno stesso numero di volte in A', C', anche B', D' sono contenute uno stesso numero di volte in A', C' (423, T. 2°), dunque $A : B' :: C : D'$. Combinando i due risultati troviamo che $A' : B' :: C' : D'$.

Se B', D' sono equisummultiple di B, D, ed A'', C'' sono equimultiple di A, C come B, D lo sono di B', D', si ha che $A'' : B :: C'' : D$; ma $A : B' :: A'' : B$, $C : D' :: C'' : D$ (426, C. 2°), dunque $A : B' :: C : D'$ (426, T. 1°).

Se A', C' sono equisummultiple di A, C, e se B'', D'' sono equimultiple di B, D come A, C lo sono di A', C', si ha che $A : B'' :: C : D''$; ma $A' : B :: A : B''$, $C' : D :: C : D''$ (426, C. 2°), dunque $A' : B :: C' : D$ (426, T. 1°).

Combinando i due risultati troviamo che $A' : B' :: C' : D'$.

Corollario. — Una grandezza sta ad una sua multipla, o summultipla, come un'altra grandezza sta alla sua equimultipla, o equisummultipla.

428. Teorema 1° — Data una proporzione, se una grandezza antecedente è maggiore, equivalente o minore, della sua conseguente, anche l'altra grandezza antecedente è maggiore, equivalente o minore, della sua conseguente.

Data la proporzione $A : B :: C : D$, se $A \gtreqless B$, se ne deduce che $C \gtreqless D$, e viceversa.

Se $A < B$, la B non è contenuta in A, quindi nemmeno la D può essere contenuta in C, perciò $C < D$; e viceversa.

Se $A > B$, poniamo $A = B + E$, e prendiamo una grandezza E' doppia, tripla,.... di E, tale che sia $E' > B$ (421), ed una grandezza B' pure doppia, tripla,... di B. Se $A' = B' + E'$, la A' è pure doppia, tripla,.... di A (349, T.), ed evidentemente B è contenuta in A' più di due, tre,.... volte, perchè è contenuta due, tre,.... volte in B', e almeno una volta in E', essendo $E' > B$. Ora, se C' è doppia, tripla,.... di C, anche D deve essere contenuta più di due, tre,.... volte in C', perciò sarà $C > D$; e viceversa. Se $A = B$, non possiamo avere $C \gtrless D$, perchè sarebbe $A \gtrless B$, dunque deve essere $C = D$, e viceversa.

Corollario 1° — Data la proporzione $A : B :: C : D$, se A', C' sono equimultiple, o equisummultiple, di A, C, e se B', D' sono equimultiple, o equisummultiple, di B, D, abbiamo che $A' : B' :: C' : D'$ (427, T. 2°), quindi se $A' \gtreqless B'$ se ne deduce che $C' \gtreqless D'$, e viceversa.

Teorema 2° — Data una proporzione, fra grandezze tutte omogenee, se la prima grandezza è maggiore, equivalente o minore, della terza, la seconda grandezza è maggiore, equivalente o minore, della quarta, e viceversa.

Data la proporzione $A : B :: C : D$, fra grandezze tutte omogenee, se $A \gtreqless C$, se ne deduce che $B \gtreqless D$, e viceversa.

Se $A > C$, sappiamo che esiste una grandezza B' multipla di B, e che esistono due grandezze A', C' equimultiple di A, C, in modo che sia $A' > B' > C'$ (421, T.). Ora se D' è multipla di D, come B' è multipla di B, essendo $A' > B'$, ne deduciamo (428, C. 1°) che $C' > D'$; ma $B' > C'$, dunque $B' > D'$ (342, T. 1°) e $B > D$ (350, T.), (421). Viceversa, se $B > D$, sappiamo che esiste una grandezza C' multipla di C, e che esistono due grandezze B', D' equimultiple di B, D, in modo che sia $B' > C' > D'$. Ora se A' è multipla di A come C' è multipla di C, essendo $C' > D'$, ne deduciamo che $A' > B'$; ma $B' > C'$, dunque $A' > C'$ e $A > C$.

Analogamente si dimostra che se $A < C$ è $B < D$, e viceversa. Se poi $A = C$, non può essere $B \gtrless D$, perchè sarebbe $A \gtrless C$, dunque deve essere $B = D$, e viceversa.

Corollario 2° — Data la proporzione $A : B :: C : D$, se A', B' sono equimultiple, o equisummultiple, di A, B, e se C', D' sono equimultiple, o equisummultiple, di C, D, abbiamo che $A' : B' :: C' : D'$ (427, T. 1°), quindi, se $A' \gtreqless C'$, se ne deduce che $B' \gtreqless D'$.

429. Teorema 1° — Quando quattro grandezze, tutte omogenee, formano una proporzione, formano ancora una proporzione se fra loro mutano posto le medie o le estreme.

Se $A : B :: C : D$, essendo A, B, C, D tutte omogenee, abbiamo pure che $A : C :: B : D$ e che $D : B :: C : A$.

Prendiamo due grandezze A', B' equimultiple di A, B, in modo che sia $A' > C$, e fra le successive grandezze multiple di C, e minori di A', prendiamo la maggiore C', per cui C è contenuta tante volte in A' quante volte è contenuta in C', e avremo $C' < A' < C' + C$. Ora, se D' è multipla di D come C' è multipla di C, anche $D' + D$ è multipla di D come $C' + C$ è multipla di C, e perciò $A' : B' :: C' : D'$ e $A' : B' :: C' + C : D' + D$. Essendo $C' < A'$, deduciamo dalla prima proporzione che $D' < B'$, ed essendo $A' < C' + C$, deduciamo dalla seconda che $B' < D' + D$ (428, T. 2°), dunque $D' < B' < D' + D$, e perciò vediamo che D è contenuta tante volte in B', quante volte è contenuta in D'; ma C, D sono contenute lo stesso numero di volte nelle loro equimultiple C', D', dunque sono contenute uno stesso numero di volte anche nelle A', B', ed abbiamo che $A : C :: B : D$. Le date grandezze formano ancora una proporzione se mutano posto le medie. Scrivendo la proporzione data sotto la forma $C : D :: A : B$ (424, C. 2°), ne deduciamo, mutando posto alle medie, che $C : A :: D : B$, e quindi che $D : B :: C : A$. Le date grandezze formano ancora una proporzione se mutano posto le estreme.

Teorema 2° — Quando quattro grandezze formano una proporzione, formano ancora una proporzione se fra loro mutano posto ciascuna antecedente e la sua conseguente.

Se $A : B :: C : D$ abbiamo pure che $B : A :: D : C$.

Prendiamo due grandezze B', D' equimultiple di B, D, in modo che sia $B > A$, e fra le successive grandezze multiple di A, e minori di B', prendiamo la maggiore A', per cui A è contenuta tante volte in B' quante volte è contenuta in A', e avremo $A' < B' < A' + A$. Ora, se C' è multipla di C come A' è multipla di A, anche $C' + C$ è multipla di C come $A' + A$ è multipla di A, e perciò $A' : B' :: C' : D'$ e $A' + A : B' :: C' + C : D'$. Essendo $A' < B'$, deduciamo dalla prima proporzione che $C' < D'$, ed essendo $B' < A' + A$, deduciamo dalla seconda che $D' < C' + C$ (482, T. 1°), dunque $C' < D' < C' + C$, e perciò vediamo che C è contenuta tante volte in D' quante volte è contenuta in C'; ma C, A sono contenute lo stesso numero di volte nelle loro equimultiple C', A', dunque sono contenute uno stesso numero di volte anche nelle D', B', ed abbiamo che $B : A :: D : C$.

Definizioni. — 1ª Data una proporzione fra grandezze tutte omogenee, *permutare le medie*, o *permutare le estreme*, significa dedurre l'altra proporzione che si trova quando fra loro mutano posto le medie, o le estreme,

2ª *Invertire* una data proporzione, significa dedurre l'altra proporzione che si trova quando fra loro mutano posto ciascuna antecedente e la sua conseguente.

Corollari. — 1° Se le grandezze di una proporzione non sono *tutte* omogenee, possiamo scriverla sotto quattro differenti aspetti:

$$A : B :: C : D \quad C : D :: A : B$$
$$B : A :: D : C \quad D : C :: B : A.$$

Se *tutte* le grandezze della proporzione sono omogenee, possiamo scriverla sotto altri quattro aspetti:

$$A : C :: B : D \quad B : D :: A : C$$
$$C : A :: D : B \quad D : B :: C : A.$$

2° Date due proporzioni, se tre grandezze della prima sono equivalenti a tre della seconda, prese nello stesso ordine, anche le due rimanenti grandezze sono equivalenti.

Invertendo convenientemente possiamo sempre fare in modo che le tre grandezze equivalenti delle due proporzioni siano le prime tre, cioè che le due proporzioni si scrivano sotto la forma:

$$A : B :: C : D, \quad A' : B' :: C' : D',$$

essendo $A = A'$, $B = B'$, $C = C'$. Ora abbiamo che $A : B :: A' : B'$ (426, C. 2°), quindi pure $C : D :: C' : D'$ (426, T. 1°); ma $C = C'$, dunque $D = D'$ (428, T. 2°).

Definizioni. — 3ª Prese tre grandezze, in un dato ordine, un'altra grandezza si dice *quarta proporzionale* rispetto ad esse, se la prima sta alla seconda, come la terza sta alla quarta.

4ª Prese due grandezze, in un dato ordine, un'altra grandezza si dice *terza proporzionale* rispetto ad esse, se la prima sta alla seconda, come la seconda sta alla terza.

5ª Prese due grandezze, in un dato ordine, un'altra grandezza si dice *quarta proporzionale* rispetto ad esse, se la seconda sta alla terza proporzionale, come la terza proporzionale sta alla quarta.

430. Teorema 1° — Data una proporzione, la somma delle prime due grandezze sta alla prima, o alla seconda, come la seconda delle ultime due sta alla terza, o alla quarta.

Se $A : B :: C : D$, si ha che $A + B : B :: C + D : D$, $A + B : A :: C + D : C$.

Infatti, se A', B', C', D' sono equimultiple arbitrarie di A, B, C, D, sappiamo che $A' + B'$, $C' + D'$ sono equimultiple di $A + B$, $C + D$; ora B è contenuta in $A' + B'$ tante volte quante è contenuta in A' ed in B', e così D è contenuta in C' D' tante volte quante è contenuta in C' ed in D'; ma B, D sono contenute uno stesso numero di volte nelle loro equimultiple B', D' ed uno stesso numero di volte in A', C', perchè $A : B :: C : D$, dunque sono contenute uno stesso numero di volte anche in $A' + B'$, $C' + D'$, e perciò $A + B : B :: C + D : D$. Dalla data proporzione, invertendo, si ha che $B : A :: D : C$, e, applicando a questa proporzione il ragionamento fatto precedentemente, ne deduciamo che $A + B : A :: C + D : C$.

Teorema 2° — Quattro grandezze formano una proporzione, se la somma delle prime due sta alla prima, o alla seconda, come la somma delle ultime due sta alla terza, o alla quarta.

Se $A + B : A :: C + D : C$ o $A + B : B :: C + D : D$, se ne deduce che $A : B :: C : D$.

Infatti, se A', B', C', D' sono equimultiple arbitrarie di A, B, C, D, sappiamo che $A' + B'$, $C' + D'$ sono equimultiple di $A + B$, $C + D$; ora B è contenuta, per ipotesi, tante volte in $A' + B'$, quante volte D è contenuta in $C' + D'$, ma B, D sono contenute uno stesso numero di volte nelle loro equimultiple B', D', dunque devono essere contenute uno stesso numero di volte anche in A', C', e perciò $A : B :: C : D$. Analogamente, supponendo che $A + B : A :: C + D : C$, se ne deduce che $B : A :: D : C$, e, invertendo, $A : B :: C : D$.

Corollario. — Data la proporzione $A : B :: C : D$, se $A > B$ sappiamo che $C > D$, ed allora possiamo considerare A come la somma di B e di $A - B$, possiamo considerare C come la somma di D e di $C - D$, quindi per il teorema precedente possiamo porre

$$A - B : B :: C - D : D, \text{ o } A - B : A :: C - D : C.$$

Definizioni. — 1ª *Comporre* una proporzione significa scrivere che la somma delle prime due grandezze sta alla prima, o alla seconda, come la somma delle ultime due sta alla terza, o alla quarta.

2ª *Dividere* una proporzione, quando la prima e quindi la terza grandezza sono maggiori rispettivamente della seconda e della quarta, significa scrivere che la differenza della prima e della seconda grandezza sta alla prima, o alla seconda, come la differenza della terza e della quarta sta alla terza, o alla quarta.

431. **Teorema 1°** — Dati due gruppi ciascuno formato da tre grandezze omogenee, se la ragione della prima e della seconda di uno è uguale alla ragione della prima e della seconda dell'altro, e se la ragione della seconda e della terza di questo è uguale alla ragione della seconda e della terza di quello, quando in un gruppo la prima grandezza è maggiore, equivalente o minore, della terza, anche nell'altro gruppo la prima grandezza è maggiore, equivalente o minore, della terza.

Date tre grandezze omogenee A, B, C, ed altre tre pure omogenee D, E, F, se $A : B :: D : E$, $B : C :: E : F$, quando $A \gtreqless C$ se ne deduce che $D \gtreqless F$.

Supponendo $A > C$ prendiamo A', C' equimultiple di A, C e B' multipla di B in modo che sia $A' > B' > C'$, poi prendiamo le grandezze D', E', F' multiple rispettivamente di D, E, F come A', B', C' sono multiple di A, B, C. Avendo $A' > B'$ dalla proporzione $A : B :: D : E$ ne deduciamo che $D' > E'$, ed avendo $B' > C'$ dalla proporzione $B : C :: E : F$ ne deduciamo che $E' > F'$, quindi $D' > F'$; ma D', F' sono multiple di D, F come A', C' sono equimultiple di A, C, dunque anche D', F' sono equimultiple di D, F, e perciò $D > F$ (350, T.) (421). Analogamente, supposto $A < C$, si dimostra che $D < F$. Se poi $A = C$ non può essere $D \lesseqgtr F$, perchè sarebbe $A \gtreqless C$, dunque deve essere $D = F$.

Teorema 2° — Dati due gruppi ciascuno formato da tre grandezze omogenee, se la ragione della prima e della seconda di uno è uguale alla ragione della prima e della seconda dell'altro, e la ragione della seconda e della terza di questo, è uguale alla ragione della seconda e della terza di quello, si deduce che la ragione della prima e della terza di uno è uguale alla ragione della prima e della terza dell'altro.

Date tre grandezze omogenee A, B, C, ed altre tre pure omogenee D, E, F, se $A : B :: D : E$, $B : C :: E : F$, se ne deduce che $A : C :: D : F$.

Prendiamo A', D' equimultiple di A, D, in modo che sia $A' > C$, e fra le successive grandezze multiple di C e minori di A' prendiamo la maggiore C'; avremo $C' < A' < C' + C$. Ora, se F' è multipla di F come C' è multipla di C, anche $F' + F$ è multipla di F come $C' + C$ è multipla di C, e la proporzione $B : C :: E : F$ ci dà $B : C' :: E : F'$ e

$$B : C' + C :: E : F' + F;$$

avendo pure $A' : B :: D' : E$ (427, T. 2°), poichè $A' > C'$ troviamo $D' > F'$, e poichè $A' < C' + C$ troviamo $D' < F' + F$ (431, T. 1°), quindi $F' < D' < F' + F$, ossia F è contenuto in D' quante volte è contenuto in F', ma $C' < A' < C' + C$, ossia C è contenuto in A' quante volte è contenuto in C', e C', F' essendo equimultiple di C, F le contengono uno stesso numero di volte, dunque anche A', D' contengono uno stesso numero di volte C, F, e perciò $A : C :: D : F$.

432. Teorema 1° — Dati due gruppi ciascuno formato da tre grandezze omogenee, se la ragione della prima e della seconda di ciascuno è uguale alla ragione della seconda e della terza dell'altro, quando in un gruppo la prima grandezza è maggiore, equivalente o minore, della terza, anche nell'altro gruppo la prima grandezza è maggiore, equivalente o minore, della terza.

Date tre grandezze omogenee A, B, C, ed altre tre pure omogenee D, E, F, se $A : B :: E : F$, $B : C :: D : E$, quando $A \gtreqless C$ se ne deduce che $D \gtreqless F$.

Supponendo $A > C$ possiamo prendere A', C' equimultiple di A, C e B' multipla di B in modo che sia $A' > B' > C'$. Allora, se E', F' sono rispettivamente multiple di E, F come A', B' sono multiple di A, B, avendo che $A : B :: E : F$ ed essendo $A' > B'$, ne deduciamo che $E' > F'$, e se D' è multipla di D come B' è multipla di B, essendo A', C' equimultiple di A, C ed E', A' equimultiple di E, A, ne segue che E', C' sono equimultiple di E, C, ed avendo $B : C :: D : E$ e $B' > C'$, ne deduciamo che $D' > E'$, per cui $D' > F'$; ma D', F' sono equimultiple di D, F, perchè multiple di D, F come B' è multipla di B, dunque anche $D > F$. Analogamente, supposto $A < C$, si dimostra che $D < F$. Se poi $A \doteq C$ non può essere $D \gtrless F$, perchè sarebbe $A \gtrless C$, dunque deve essere $D = F$.

Teorema 2° — Dati due gruppi ciascuno formato da tre grandezze omogenee, se la ragione della prima e della seconda di ciascuno è uguale alla ragione della seconda e della terza dell'altro, si deduce che la ragione della prima e della terza di uno è uguale alla ragione della prima e della terza dell'altro.

Date tre grandezze omogenee A, B, C, ed altre tre pure omogenee D, E, F, se $A : B :: E : F$, $B : C :: D : E$, se ne deduce che $A : C :: D : F$.

Prendiamo A', E', D' equimultiple di A, E, D, in modo che sia $A' > C$, e fra le successive grandezze multiple di C e minori di A' prendiamo la maggiore C', avremo $C' < A' < C' + C$. Ora, se B', F' sono equimultiple di B, F come C' è multipla di C, anche $B' + B$, $F' + F$ sono equimultiple di B, F come $C' + C$ è multipla di C, e perciò dalle due proporzioni supposte discendono le altre $A' : B' :: E' : F'$, $B' : C' :: D' : E'$ e $A' : B' + B :: E' : F' + F$, $B' + B : C' + C :: D' : E'$ (427. T. 1°, 2°). Dalle prime due, essendo $A' > C'$, deduciamo che $D' > F'$, ed essendo $A' < C' + C$, dalle altre due deduciamo che $D' < F' + F$ (432, T. 1°), dunque $F' < D' < F' + F$, e perciò F è contenuta in D' quante volte è contenuta in F'; ma C è contenuta in A' quante volte è contenuta in C', e C', F' equimultiple di C, F le contengono lo stesso numero di volte, dunque anche A', D' contengono uno stesso numero di volte C, F, e perciò $A : C :: D : F$.

433. Corollari. — 1° Le proporzioni $A : B :: D : E$, $B : C :: E : F$ poste sotto la forma $A : B :: D : E$, $C : B :: F : E$, o sotto l'altra $B : A :: E : D$, $B : C :: E : F$, hanno le stesse conseguenti, o le stesse antecedenti, ed allora (431, T. 2°) fra le loro antecedenti, o conseguenti, sussiste la proporzione $A : C :: D : F$.

2° Le proporzioni $A : B :: E : F$, $B : C :: D : E$ poste sotto la forma $A : B :: E : F$, $C : B :: E : D$, o sotto l'altra $B : A :: F : E$, $B : C :: D : E$, hanno le stesse medie, o le stesse estreme, ed allora (432, T. 2°) fra le loro estreme, o medie, sussiste la proporzione $A : C :: D : F$.

3° Se $A : B :: C : D$, $E : B :: F : D$, $G : B :: H : D$,...... dalle prime due proporzioni, che hanno le stesse conseguenti, ne deduciamo che $A : E :: C : F$, quindi, componendo,

$$E : A + E :: F : C + F,$$

proporzione che ha le stesse antecedenti della seconda, e quindi combinata con essa ci dà $A + E : B :: C + F : D$. Introducendo ora la terza proporzione, con considerazioni analoghe alle precedenti, troviamo che $A + E + G : B :: C + F + H : D$, e così di seguito, dunque in generale

$$A + E + G + \ldots\ldots : B :: C + F + H + \ldots\ldots : D.$$

II. Grandezze direttamente e inversamente proporzionali.

434. Se V è una data grandezza variabile e W è multipla o summultipla di V, secondo un numero fissato, gli stati di V, W si corrispondono univocamente (381, D. 2ª). Chiamando V_1, V_2 due stati di V e W_1, W_2 gli stati corrispondenti di W, abbiamo che $V_1 : V_2 :: W_1 : W_2$ (426, C. 2°). Se V è una grandezza variabile e W', W'' sono una multipla e l'altra summultipla di V, secondo uno stesso numero fissato, gli stati di W', W'' si corrispondono univocamente. Chiamando W_1', W_2' due stati di W' e W_1'', W''_2 gli stati corrispondenti di W'', essendo W_1', V equimultiple di V_1, W_1'', si ha che $W_1' : V :: V : W_1''$, ed essendo V'_2, V equimultiple di V, W_2'', abbiamo che $V : W'_2 :: W''_2 : V$. Da queste due proporzioni si deduce che $W'_1 : W'_2 :: W''_2 : W''_1$ (433, C. 2°).

Definizioni. — 1ª Due grandezze variabili, ed univocamente dipendenti, si chiamano *direttamente proporzionali*, quando uno stato qualunque di una sta ad un altro, pure qualunque, della stessa variabile, come lo stato dell'altra corrispondente al primo sta a quello, pure dell'altra, corrispondente al secondo.

2ª Due grandezze variabili, ed univocamente dipendenti, si dicono *inversamente proporzionali*, quando uno stato qualunque di una sta ad un altro, pure qualunque, della stessa variabile, come lo stato dell'altra corrispondente al secondo sta a quello, pure dell'altra, corrispondente al primo.

Le osservazioni precedenti mostrano l'esistenza di variabili direttamente o inversamente proporzionali, e possiamo dire:

Corollario. — Una grandezza variabile ed una sua multipla, o summultipla, secondo un numero fissato, sono direttamente proporzionali.

Le grandezze multiple e summultiple di una variabile data, secondo uno stesso numero fissato, sono inversamente proporzionali.

435. Teorema 1° — Due grandezze variabili sono dipendenti univocamente, e direttamente o inversamente proporzionali, se uno stato qualunque di una sta ad una grandezza costante, come uno stato dell' altra sta pure ad una grandezza costante o come una grandezza costante sta ad uno stato dell'altra.

Se V, W sono due variabili, A, B due costanti, e se per ogni stato V_1 di V esiste uno stato W_1 di W, tale che si abbia $V_1 : A :: W_1 : B$, prendendo come corrispondenti gli stati V_1, W_1, le variabili dipendono fra loro univocamente, poichè se per un altro stato W_2 di W si avesse pure $V_1 : A :: W_2 : B$, sarebbe necessariamente $W_1 = W_2$ (429, C. 2°). Di più, considerando altri due stati corrispondenti V_2, W_2 di V, W, abbiamo pure che $V_2 : A :: W_2 : B$, dunque $V_1 : V_2 :: W_1 : W_2$ (433, C. 1°), e V, W sono direttamente proporzionali.

Analogamente, se abbiamo che $V_1 : A :: B : W_1$, si dimostra che V, W dipendono univocamente, e per due coppie di stati corrispondenti V_1, W_1; V_2, W_2 si ha che $V_1 : V_2 :: W_2 : W_1$, per cui le due variabili sono inversamente proporzionali.

Teorema 2° — Quando due grandezze sono direttamente proporzionali, a stati crescenti, o decrescenti, di una corrispondono stati crescenti, o decrescenti, dell'altra; quando sono inversamente proporzionali, a stati crescenti, o decrescenti, di una corrispondono stati decrescenti, o crescenti, dell'altra.

Siano V, W due grandezze direttamente, o inversamente, proporzionali, siano $V_1 \gtrless V_2$ due stati, decrescenti o crescenti, di V e siano W_1, W_2 i due stati corrispondenti di W. Se le grandezze sono direttamente proporzionali, abbiamo che $V_1 : V_2 :: W_1 : W_2$ e quindi, essendo $V_1 \gtrless V_2$, se ne deduce che $W_1 \gtrless W_2$, e W_1, W_2 sono stati pure decrescenti o crescenti di W; se le grandezze sono inversamente proporzionali, abbiamo che $V_1 : V_2 :: W_2 : W_1$, e quindi, essendo $V_1 \gtrless V_2$, se ne deduce che $W_1 \lesseqgtr W_2$, e W_1, W_2 sono stati crescenti o decrescenti di W.

Teorema 3° — Se due grandezze omogenee sono direttamente proporzionali, e se uno stato di una è maggiore, equivalente o minore, dello stato corrispondente dell'altra, ogni altro stato della prima è pure maggiore, equivalente o minore, dello stato corrispondente della seconda.

Se V, W sono direttamente proporzionali, se $V_1 \gtreqless W_1$ sono due stati corrispondenti di V, W, e se V_2, W_2 sono altri due loro stati pure corrispondenti, si ha che $V_1 : V_2 :: W_1 : W_2$, quindi, essendo $V_1 \gtreqless W_1$, se ne deduce che $V_2 \gtreqless W_2$.

Definizione. — Date due grandezze omogenee direttamente proporzionali, una qualunque è *maggiore, equivalente* o *minore*, dell'altra, quando tutti i suoi stati sono maggiori, equivalenti o minori, degli stati corrispondenti dell'altra.

Teorema 4° — Quando due grandezze sono direttamente proporzionali, se una cresce o decresce indefinitamente, anche l'altra cresce o decresce indefinitamente, quando sono inversamente proporzionali, se una cresce o decresce indefinitamente, l'altra decresce o cresce indefinitamente.

Siano V, W due variabili e V_1, W_1 due loro stati corrispondenti fissi. Se A è una grandezza piccola quanto si vuole, ed omogenea con W, sarà contenuta un certo numero di volte in W_1, allora, se V decresce indefinitamente, possiamo sempre trovare un suo stato V_2 tale che V_1 lo contenga un numero di volte maggiore del numero delle volte che W_1 contiene A. Chiamato W_2 lo stato corrispondente a V_2, quando V, W sono direttamente proporzionali, avendo che $V_1 : V_2 :: W_1 : W_2$, deve essere W_2 contenuto in W_1 tante volte quante V_2 è contenuto in V_1, ossia un numero di volte maggiore del numero delle volte che W_1 contiene A e perciò deve essere evidentemente $W_2 < A$, quindi pure W decresce indefinitamente. Se A è grande quanto si vuole, ed omogenea con W, conterrà W_1 un certo numero di volte, allora, se V cresce indefinitamente, possiamo sempre trovare un suo stato V_2 tale che contenga V_1 un numero di volte maggiore del numero delle volte che A contiene W_1. Chiamato W_2 lo stato corrispondente a V_2, quando V, W sono direttamente proporzionali, avendo che $V_2 : V_1 :: W_2 : W_1$, deve essere W_1 contenuto in W_2 tante volte quante V_1 è contenuto in V_2, ossia un numero di volte maggiore del numero delle volte W_1 è contenuto in A, perciò deve essere evidentemente $W_2 > A$, e quindi pure W cresce indefinitamente.

Analogamente si dimostra che, quando V, W sono inversamente proporzionali, se V cresce o decresce indefinitamente, W decresce o cresce indefinitamente.

436. Teorema 1° — Due variabili, univocamente dipendenti, sono direttamente proporzionali, se a stati crescenti, o decrescenti, di una corrispondono pure stati crescenti, o decrescenti, dell'altra, e se sono corrispondenti due stati equimultipli di due stati corrispondenti.

Supponiamo che V, W siano due variabili dipendenti univocamente, $V_1 \gtreqless V_2$ siano due stati di V, e $W_1 \gtreqless W_2$ i due stati corrispondenti di W. Se V'_1, W'_1 sono equimultiple di V_1, W_1, tra le successive grandezze multiple di V_2 e minori di V'_1 scegliamo la maggiore V'_2, per cui avremo $V'_2 < V'_1 < V'_2 + V_2$. Se W'_2 è multipla di W_2 come V'_2 è multipla di V_2, ne segue che $W'_2 + W_2$ è multipla di W_2 come $V'_2 + V_2$ è multipla di V_2; ora, per ipotesi, essendo corrispondenti due stati equimultipli di stati corrispondenti, W'_2, $W'_2 + W_2$ sono gli stati corrispondenti a V'_2, $V'_2 + V_2$, ed essendo $V'_2 < V'_1 < V'_2 + V_2$, e crescenti o decrescenti gli stati che corrispondono a stati crescenti o decrescenti, deve essere $W'_2 < W'_1 < W'_2 + W_2$, perciò W_2 deve essere contenuta in W'_1 tante volte quante è contenuta in W'_2, cioè tante volte quante V_2 è contenuta in V'_2, ossia quante volte V_2 è contenuta in V'_1, dunque $V_1 : V_2 :: W_1 : W_2$, e V, W sono direttamente proporzionali.

Teorema 2° — Se due grandezze sono limiti di due coppie di variabili convergenti, e se le variabili decrescenti, o crescenti, sono direttamente proporzionali, uno stato qualunque di una sta al proprio limite, come lo stato corrispondente dell'altra sta al proprio limite.

Supponiamo di avere *lim.* $(V, W) = L$, *lim.* $(V', W') = L_1$, e supponiamo che V, V' siano direttamente proporzionali, in modo che, chiamando V_1, V'_1 due loro qualunque stati corrispondenti, si abbia sempre che $V : V_1 :: V' : V'_1$. Se D, D_1 sono le differenze fra i limiti L, L_1 e le V, V', abbiamo $V = L + D$, $V' = L_1 + D_1$ e le D, D_1 decrescono indefinitamente (421). Ora, se L', D', L'_1, D'_1 sono equimultiple di L, D, L_1, D_1, ne segue che $L' + D'$, $L'_1 + D'_1$ sono equimultiple di $L + D$, $L_1 + D_1$, e decrescendo indefinitamente D, D_1, anche D', D'_1 decrescono indefinitamente (383, C. 2°), quindi possiamo evidentemente fare in modo che $L' + D'$, $L'_1 + D'_1$ contengano rispettivamente V_1, V'_1 tante volte quante volte le contengono L', L'_1 (423, T. 3°), ma dalla proporzione stabilita si deduce che $L + D : V_1 :: L_1 + D_1 : V'_1$, dunque $L' + D'$, $L'_1 + D'_1$, e quindi L', L'_1, contengono uno stesso numero di volte V_1, V'_1, e perciò $L : V_1 : : L_1 : V'_1$.

Analogamente, se le due variabili crescenti W, W' sono direttamente proporzionali, e se W_1, W'_1 sono due loro stati corrispondenti, si dimostra che $L : W_1 : : L_1 : W'_1$.

Corollario. — Se le V, V', e quindi anche le W, W' e le L, L_1, sono omogenee, possiamo anche porre $V_1 : V'_1 : : L : L_1$, o $W_1 : W'_1 : : L : L_1$.

III. Applicazioni della teoria delle proporzioni ai segmenti, ai poligoni ed ai poliedri.

1. Segmenti proporzionali.

437. **Teorema 1°** — Se i punti di due rette si corrispondono univocamente, in modo che siano parallele le rette determinate dalle coppie di punti corrispondenti, sono direttamente proporzionali i segmenti corrispondenti, cioè quelli che hanno per estremi punti corrispondenti.

Date, in uno stesso piano, due rette r, r', prendiamo su di esse i punti A, A'; la retta $A_1A'_1$, condotta per un punto qualunque A_1 di r parallelamente alla AA', sega r' in un punto A'_1; come A_1 individua A'_1 viceversa A'_1 individua A_1, e viene stabilita una corrispondenza univoca tra i punti delle due rette r, r' (12, D. 6). Considerati due segmenti corrispondenti AA_1, $A'A'_1$, sulla r, in una posizione qualunque, costruiamo $BB_1 \equiv AA_1$, e costruiamo sopra r' il segmento corrispondente $B'B'_1$. Se le parallele alla r', condotte per i punti A,B, incontrano rispettivamente le rette $A_1A'_1$, $B_1B'_1$ nei punti C,D, i triangoli AA_1C, BB_1D sono uguali, quindi $AC \equiv BD$; ma $AC \equiv A'A'_1$, $BD \equiv B'B'_1$ (126, T. 1°), dunque $A'A'_1 \equiv B'B'_1$, e possiamo dire che sono uguali i segmenti, di ciascuna retta, che corrispondono a segmenti uguali dell'altra. Ne segue che sono corrispondenti due segmenti equimultipli di segmenti corrispondenti. Di più ogni segmento di r maggiore di AA_1 ha per corrispondente un segmento maggiore di $A'A'_1$; infatti, se prendiamo $AA_2 > AA_1$, in modo che AA_2 comprenda A_1, e se $A'A'_2$ è il segmento corrispondente ad AA_2, la retta $A_2A'_2$ cade tutta da uno stesso lato rispetto ad $A_1A'_1$, quindi $A'A'_2$ comprende A'_1, e perciò $A'A'_2 > A'A'_1$. Ne segue che a stati crescenti, o decrescenti, di un segmento corrispondono stati crescenti, o decrescenti, dell'altro. E dalle due proprietà dimostrate deduciamo che i i segmenti corrispondenti sono direttamente proporzionali (436, T. 1°).

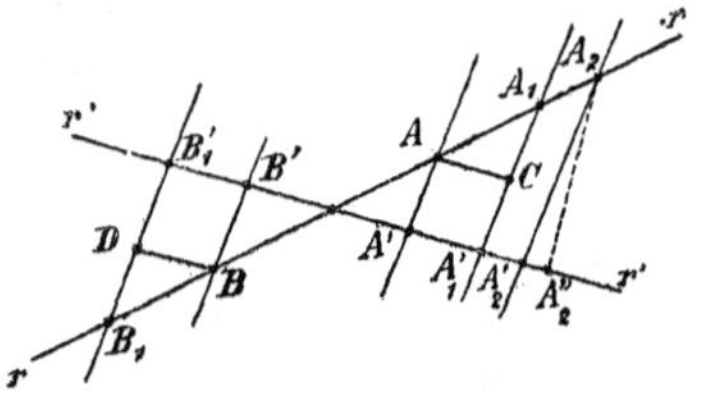

Se le r, r' sono parallele, sono uguali i segmenti corrispondenti, ed il teorema è evidente.

Corollarî. — 1° Se due rette r, r' sono date comunque nello spazio, e se per due punti A, A′ di esse conduciamo un piano ad arbitrio, per ogni punto A_1, di una r, si può condurre il piano parallelo al primo e far corrispondere ad A_1 il punto A'_1 in cui questo piano sega r', così abbiamo una corrispondenza univoca fra i punti ed i segmenti delle due

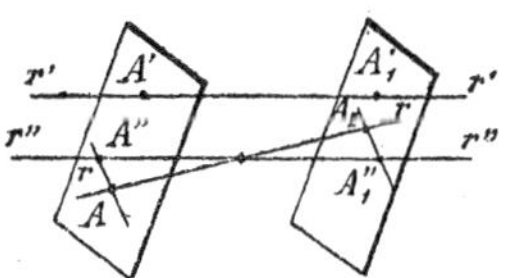

rette. Se per un punto qualunque di r conduciamo una retta r'' parallela alla r', e se chiamiamo A″, A''_1 i punti in cui sega i piani condotti per AA′, $A_1A'_1$, sappiamo che AA″, A_1A_1'' sono rette parallele, perciò i segmenti corrispondenti AA_1,$A''A''_1$ sono direttamente proporzionali; ma $A''A''_1 \equiv A'A'_1$ (126, T. 2°), dunque anche i segmenti corrispondenti AA_1, $A'A'_1$ sono direttamente proporzionali.

2° Dato un triangolo ABC, se dividiamo con punti arbitrarî un lato AB, per esempio con i punti C′,C″, e se conduciamo

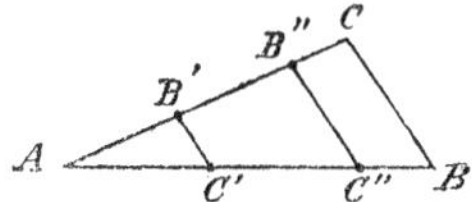

le rette C′B′, C″B″ parallele a BC, che seghino AC in B′, B″, abbiamo che AB′ : AC′ : : B′B″ : C′C″ : : B″C : C″B.

Se un lato di un triangolo è comunque diviso in parti, le parallele condotte dai punti di divisione ad un altro lato, dividono il lato rimanente in parti direttamente proporzionali alle prime.

Nello stesso triangolo abbiamo pure che

AC′ : AB′ :: AC″ : AB″ : : AB : AC.

Quando un lato è diviso in parti uguali, come caso particolare, ritroviamo una proprietà già dimostrata (129, T. 4°).

Teorema 2° — Se i punti di due rette si corrispondono univocamente, in modo che siano direttamente proporzionali i segmenti corrispondenti, cioè quelli che hanno per estremi punti corrispondenti, e se due coppie di punti corrispondenti determinano due rette parallele, tutte le coppie di punti corrispondenti determinano rette parallele fra loro.

I punti delle rette r, r' si corrispondano univocamente, e siano A, A_1, A_2 tre punti di r ed A', A'_1, A'_2 i punti corrispondenti di r'. Supponiamo che i segmenti corrispondenti siano direttamente proporzionali, per cui si abbia

$$AA_1 : A'A'_1 :: A_1A_2 : A'_1A'_2,$$

e supponiamo che siano parallele le rette AA', $A_1A'_1$. Se la parallela ad $A_1A'_1$, condotta per A_2, sega r' in un punto A_2'', dobbiamo avere $AA_1 : A'A'_1 :: A_1A_2 : A'_1A''_2$ (437, T. 1°), e quindi $A'_1A_2'' \equiv A'_1A'_2$ (429, C. 2°). Ne segue che A_2'' deve coincidere con A_2', dunque tutte le rette $A_2A'_2$, determinate dalle coppie di punti corrispondenti, sono parallele alle rette AA', A_1A_1', e quindi fra loro.

Corollarî. — 3° Se i punti di due rette, comunque prese nello spazio, si corrispondono univocamente, in modo che siano direttamente proporzionali i segmenti corrispondenti, e se due coppie di punti corrispondenti stanno sopra due piani paralleli, tutte le coppie di punti corrispondenti stanno sopra piani paralleli fra loro.

4° Dato il triangolo ABC, se dividiamo i lati AB, AC con i punti C', C'' e B', B'', in modo che si abbia

$$AB' : AC' :: B'B'' : C'C'' :: B''C : C''B,$$

ovvero $AC' : AB' :: AC'' : AB'' :: AB : AC$, le rette $B'C'$, $B''C''$ sono parallele a BC.

Se due lati di un triangolo sono divisi in parti rispettivamente proporzionali, le rette che uniscono i punti di divisione corrispondenti sono parallele al terzo lato.

Quando i due lati sono divisi in uno stesso numero di parti uguali, come caso particolare, ritroviamo una proprietà già dimostrata (129, T. 3°).

438. Teorema 1° — Dati due triangoli, se ciascun angolo di uno è uguale ad un angolo corrispondente dell'altro, sono uguali le ragioni dei lati corrispondenti.

Siano ABC, A′B′C′ i triangoli dati, e le tre coppie di lati corrispondenti siano BC, B′C′; CA, C′A′; AB, A′B′. Facciamo

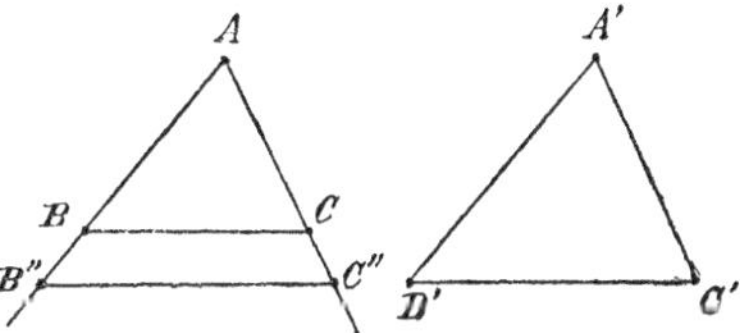

coincidere contemporaneamente i lati A′B′, A′C′ dell'angolo $\widehat{A'.B'C'}$ con i lati AB, AC dell'angolo uguale $\widehat{A.BC}$, e chiamiamo B″,C″ le posizioni che prendono i punti B′,C′. Essendo $\widehat{B.CA} \equiv \widehat{B''.C''A}$, ne segue che le rette BC, B″C″ sono parallele, dunque AB : AC : : AB″ : AC″ (437, C. 2°). Sostituendo per AB″, AC″ i segmenti uguali A′B′, A′C′, e permutando i segmenti medî, troviamo che AB : A′B′ : : AC : A′C′.

Proporzioni analoghe si dimostrano facendo invece coincidere le altre due coppie di angoli uguali, e raccogliendole tutte possiamo scrivere BC : B′C′ : : CA : C′A′ : : AC : A′C′.

Teorema 2° — Dati due triangoli, se sono uguali le ragioni che ogni lato di uno forma con un lato corrispondente dell'altro, sono uguali i loro angoli corrispondenti.

Dati i triangoli ABC, A′B′C′, se abbiamo che

BC : B′C′ : : CA : C′A′ : : AB : A′B′,

presi sulle rette AB, AC, dalla stessa parte di B, C, i segmenti AB″ ≡ A′B′, AC″ ≡ A′C′, avendo la proporzione

AB : AB″ : : AC : AC″,

ne deduciamo che sono parallele le rette BC,B″C″ (437, C. 4°), quindi sono uguali gli angoli corrispondenti dei due triangoli ABC, AB″C″, e perciò AB : AB″ : : BC : B″C″ (438, T. 1°). Ora abbiamo per ipotesi che AB : A′B′ :: BC : B′C′, ed è A′B′ ≡ AB″, dunque si deduce dalle due ultime proporzioni che B′C′ ≡ B″C″ (429, C. 2°), per cui devono essere uguali i due triangoli AB″C″, A′B′C′, e per conseguenza devono essere uguali gli angoli corrispondenti dei triangoli dati ABC, A′B′C′.

Teorema 3° — Se due triangoli hanno uguali due angoli corrispondenti, e se sono uguali le ragioni dei lati corrispondenti che li comprendono, anche gli angoli corrispondenti delle altre due coppie sono uguali.

Dati i triangoli ABC, A'B'C', se $\widehat{A.BC} \equiv \widehat{A'.B'C'}$, e se AB : A'B' : : AC : A'C', facendo coincidere le rette A'B', A'C', lati di $\widehat{A'.B'C'}$, colle rette AB, AC, lati di $\widehat{A.BC}$, se B',C' prendono le posizioni B'', C'', abbiamo che AB : AB'' : : AC : AC'', quindi B''C'' è parallela a BC (437, C. 4°), e perciò

$$\widehat{B''.C''A} \equiv \widehat{B'.C'A'} \equiv \widehat{B.CA},$$

e ciascun angolo di un triangolo è uguale ad un angolo corrispondente dell'altro.

439. **Teorema 1°** — Se quattro segmenti formano una proporzione, il rettangolo dei medî è equivalente a quello degli estremi.

Se $A_1B_1 : A_2C_2 : : A_1'B_1' : A'_2C'_2$, prendendo sopra i lati di un angolo arbitrario $\widehat{A.BC}$ i segmenti $AB \equiv A_1B_1$, $AC \equiv A_2C_2$, e sopra i lati di un altro angolo $\widehat{A'.B'C'}$, uguale al primo, i seg-

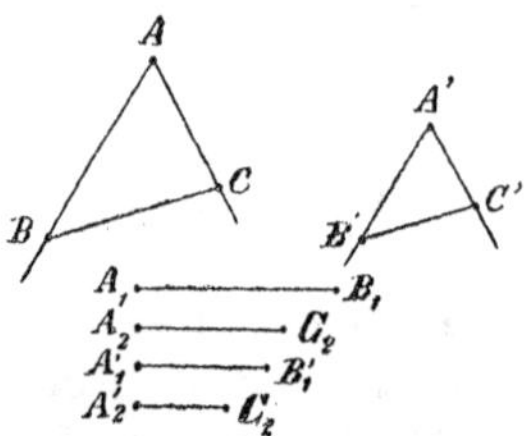

menti $A'B' \equiv A'_1B'_1$, $A'C' \equiv A'_2C'_2$, abbiamo due triangoli ABC, A'B'C', che hanno uguali gli angoli corrispondenti (438, T. 3°), dunque sappiamo che $\overline{AB.A'C'} = \overline{A'B'.AC}$ (362, T. 1°), e perciò pure $\overline{A_1B_1 . A'_2C'_2} = \overline{A'_1B'_1 . A_2C_2}$.

Teorema 2° — Quattro segmenti formano una proporzione, se il rettangolo di due è equivalente a quello degli altri due.

Se $\overline{A_1B_1 . A'_2C'_2} = \overline{A'_1B'_1 . A_2C_2}$, sappiamo che, presi sui lati di due angoli uguali $A.\widehat{BC}$, $A'.\widehat{B'C'}$ i segmenti $AB \equiv A_1B_1$, $AC \equiv A_2C_2$, $A'B' \equiv A_1B_1$, $A'C' \equiv A'_2C'_2$, i triangoli ABC, A'B'C' hanno gli angoli corrispondenti uguali (362, C. 1°), dunque $AB : AC : : A'B' : A'C'$, e perciò $A_1B_1 : A_2C_2 : : A'_1B'_1 : A'_2C'_2$.

Corollari. — 1° Un segmento è medio geometrico fra altri due (426, D.), se il suo quadrato è equivalente al loro rettangolo, e viceversa.

2° L'altezza di un triangolo rettangolo, corrispondente al vertice dell'angolo retto, è media geometrica fra i segmenti in cui divide l'ipotenusa.

Un cateto di un triangolo rettangolo è medio geometrico fra l'ipotenusa e la sua proiezione su di essa (362, T. 2°).

440. Teorema 1° — Se i punti di due rette parallele si corrispondono univocamente, in modo che passino per uno stesso punto le rette determinate dalle coppie di punti corrispondenti, i segmenti corrispondenti, cioè quelli che hanno per estremi punti corrispondenti, sono direttamente proporzionali.

Date due rette parallele r, r', ed un punto P del loro piano, un punto qualunque A di una r determina la retta PA che sega la r' in un punto A'; viceversa A' determina A, così abbiamo una corrispondenza univoca fra i punti delle due rette.

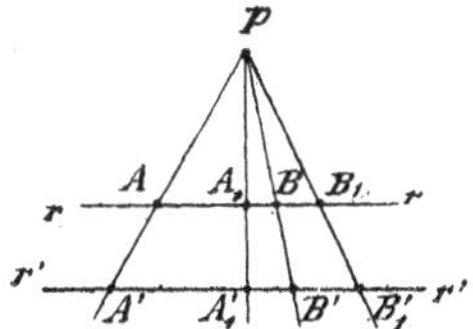

Se AA_1, BB_1 sono due segmenti qualunque di r e $A'A'_1$, $B'B'_1$ i segmenti corrispondenti di r', anche A_1B, A'_1B' sono segmenti corrispondenti, ed i triangoli PAA_1, $PA'A'_1$ e PA_1B, PA'_1B' hanno gli angoli corrispondenti uguali, quindi

$$AA_1 : A'A'_1 : : PA_1 : PA'_1 \text{ , } PA_1 : PA'_1 : : A_1B : A'_1B'$$

(438, T. 1°), da cui si deduce che $AA_1 : A'A'_1 : : A_1B : A'_1B'$.

Analogamente possiamo dimostrare che $A_1B : A'_1B' : : BB_1 : B'B'_1$, dunque $AA_1 : A'A'_1 : : BB_1 : B'B'_1$, e sono direttamente proporzionali i segmenti corrispondenti.

Corollario 1° — Se i punti di due rette parallele si corrispondono univocamente, in modo che passi un piano per una retta fissa e per ogni coppia di punti corrispondenti, i segmenti corrispondenti sono direttamente proporzionali.

Per vedere che questa proprietà discende immediatamente dal teorema precedente, basta considerare i punti comuni alla figura ed al piano delle due date rette parallele.

Teorema 2° — Se i punti di due rette parallele si corrispondono univocamente, in modo che siano direttamente proporzionali i segmenti corrispondenti, cioè quelli che hanno per estremi punti corrispondenti, le rette determinate dalle coppie di punti corrispondenti sono tutte parallele fra loro, o passano tutte per uno stesso punto.

I punti delle rette parallele r, r' si corrispondano univocamente e siano A, A_1, B tre punti di r ed A', A'_1, B' i tre punti corrispondenti di r'. Supponiamo che i segmenti corrispondenti siano direttamente proporzionali, per cui si abbia $AA_1 : A'A'_1 : : A_1B : A_1'B'$; se $AA_1 \equiv A'A'_1$ tutte le altre coppie di segmenti corrispondenti sono uguali, ed è evidente che tutte le rette AA', A_1A_1', BB',.... sono parallele; se le rette AA', A_1A_1' si tagliano in un punto P, e se la retta PB sega r' in un punto B'', dobbiamo avere $AA_1 : A'A'_1 : : A_1B : A'_1B''$ (440, T. 1°), e quindi $A_1'B' \equiv A'_1B''$. Ne segue che B'' deve coincidere con B', dunque tutte le rette BB' determinate dalle coppie di punti corrispondenti passano per un punto fisso P.

Corollario 2° — Se i punti di due rette parallele si corrispondono univocamente, in modo che siano direttamente proporzionali i segmenti corrispondenti, i piani determinati dalle coppie di punti corrispondenti e da un punto fisso passano per una retta fissa.

Per vedere che questa proprietà discende immediatamente

dal teorema precedente, basta considerare i punti comuni alla figura ed al piano delle due date rette parallele.

441. Problema 1°. — Dati tre o due segmenti, e fissato il loro ordine, costruire il segmento quarto o terzo proporzionale rispetto ad essi.

Sopra un lato di un angolo arbitrario prendiamo i segmenti AB,AC uguali al primo ed al secondo dei segmenti dati, e sull' altro lato prendiamo il segmento AB′ ugualo al torzo; se la retta CC′, parallela a BB′, sega la AB′ in C′, abbiamo che AB : AC : : AB′ : AC′ (437, C. 2°), quindi il segmento costruito AC′ è il quarto proporzionale cercato.

Il problema si può risolvere anche prendendo sopra una retta r i segmenti AB, AC uguali al primo ed al secondo di quelli dati, e prendendo sopra una retta r', parallela ad r, il segmento A′B′ uguale al terzo segmento dato; allora, se

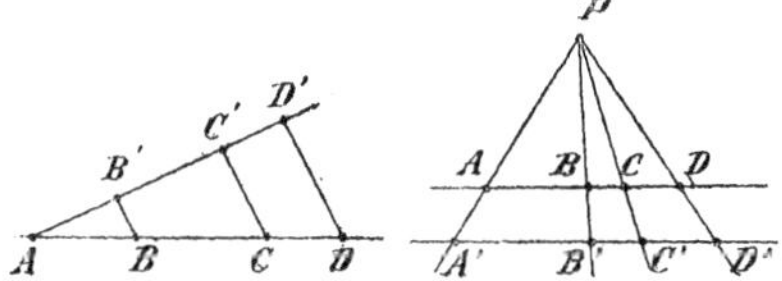

A′B′ $\gtrless$ AB, le rette AA′, BB′ determinano un punto P, la PC sega r' in un punto C′, e, sapendo che AB : AC : : A′B′ : A′C′ (440, T. 1°), vediamo che A′C′ è il segmento cercato; se A′B′ $\equiv$ AB, il segmento cercato A′C′ è uguale ad AC.

Quando si tratta di costruire il segmento terzo proporzionale rispetto a due segmenti dati, basta prendere il terzo segmento uguale al secondo, cioè AB′ $\equiv$ AC o A′B′ $\equiv$ AC, secondo che si tratta della prima o della seconda costruzione.

Problema 2°. — Dividere un segmento dato in parti rispettivamente proporzionali a segmenti dati in un ordine fissato.

Sopra un lato di un angolo $\widehat{A.DD'}$ prendiamo un segmento AD uguale al segmento dato, che deve essere diviso nel modo detto, e sull'altro lato costruiamo successivamente i segmenti AB′, B′C′, C′D′ uguali agli altri segmenti dati, presi nell'ordine stabilito. Dopo ciò, descritta la retfa DD′, costruiamo le rette B′B, C′C parallele a DD′, se queste rette segano AD in B, C, si ha che AB′ : AB :: B′C′ : BC:: C′D′ : CD, quindi i punti B, C dividono AD nel modo voluto.

Il problema si può anche risolvere prendendo sopra una retta parallela ad AD i segmenti consecutivi A′B′, B′C′, C′D′ uguali agli altri segmenti dati, presi nell'ordine voluto, poi tirando le rette AA′, DD′, che s'incontrano in un punto P, se AD ≷ A′D′, tirando le rette PB′, PC′, e prendendo i punti B, C in cui segano AD, infatti sappiamo che

A′B′ : AB : : B′C′ : BC : : C′D′ : CD

(437, T. 1°); quando AD ≡ A′D′ il problema è già risoluto, poichè allora AB ≡ A′B′, BC ≡ B′C′, CD ≡ C′D′. Se i segmenti che devono essere proporzionali alle parti in cui si deve dividere il segmento dato si prendono tutti uguali fra loro, veniamo a dividere il segmento dato in parti uguali (129, Pr.).

Corollarî. — 1° Possiamo costruire il segmento medio geometrico fra due segmenti dati, perchè sappiamo costruire un quadrato equivalente ad un rettangolo dato (362, Pr.).

2° Possiamo dividere un segmento in due parti, in modo che una di esse sia media geometrica fra il segmento dato e l'altra parte, perchè sappiamo dividere un segmento in due parti, in modo che il quadrato di una sia equivalente al rettangolo del segmento dato e dell'altra parte (362, C. 3°).

442. **Teorema 1°** — La bisettrice di un angolo interno di un triangolo taglia il lato opposto in due segmenti, che stanno fra loro come gli altri due lati, e viceversa.

La bisettrice AD, dell'angolo interno $A.\widehat{BC}$ del triangolo ABC, sega il lato BC in due parti BD, DC, ed abbiamo che BD : DC :: BA : AC. Infatti, se la parallela ad AD condotta da C incontra la retta AB in E, abbiamo $A.\widehat{DC} \equiv C.\widehat{AE}$, $A.\widehat{BD} \equiv E\widehat{AC}$; ma per ipotesi $A.\widehat{DC} \equiv A.\widehat{BD}$, dunque $C.\widehat{AE} \equiv E.\widehat{AC}$, il triangolo ACE è isoscele, ed AC ≡ AE. Ora, essendo le rette BE, BC segate dalle parallele AD, CE, abbiamo che BD : DC :: BA : AE, dunque avremo pure che BD : DC :: BA : AC. Viceversa, se esiste questa proporzione e D è un punto di BC, esistendo pure l'altra BD : DC :: BA : AE, deduciamo AE ≡ AC, quindi $C.\widehat{AE} \equiv E.\widehat{AC}$, perciò $A.\widehat{BD} \equiv A.\widehat{DC}$, e la AD è la bisettrice dell'angolo $A.\widehat{BC}$.

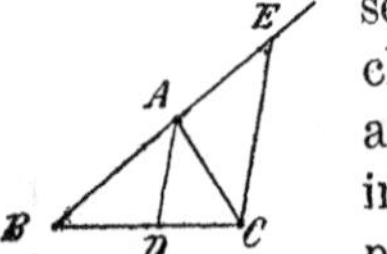

Teorema 2° — Se la bisettrice di un angolo esterno di un triangolo taglia la retta opposta, le distanze del punto d'intersezione dai suoi due vertici stanno fra loro come gli altri due lati.

Se la bisettrice AD, di un angolo esterno $\widehat{A.CE}$ del triangolo ABC, sega la retta BC in D, abbiamo che BD : DC :: BA : AC. Infatti, se la parallela ad AD condotta da C incontra la retta

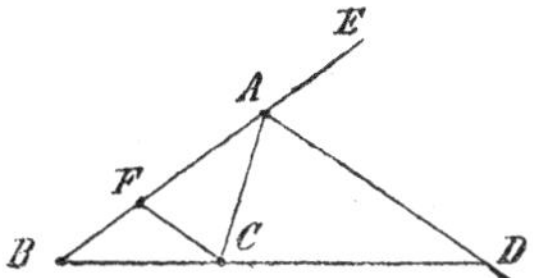

AB in F, abbiamo $\widehat{C.AF} \equiv \widehat{A.CD}$, $\widehat{F.CA} \equiv \widehat{A.ED}$, ma per ipotesi $\widehat{A.CD} \equiv \widehat{A.ED}$, dunque $\widehat{C.AF} \equiv \widehat{F.CA}$, il triangolo ACF è isoscele, ed AF ≡ AC. Ora, essendo le rette BE, BC tagliate dalle parallele AD, CF, abbiamo che BD : DC :: BA : AF, dunque avremo pure che BD : DC :: BA : AC. Viceversa si dimostra che se esiste questa proporzione, e D è un punto della retta BC, la retta AD è la bisettrice dell'angolo esterno $\widehat{A.CE}$ di ABC.

2. *Ragione di due poligoni e di due poliedri.*

443. Riterremo determinata, *costruita*, la ragione di due grandezze geometriche, quando siano costruiti due segmenti la cui ragione sia uguale a quella delle due grandezze. Così possiamo sempre costruire la ragione dei perimetri di due poligoni, perchè possiamo sempre costruire due segmenti uguali a questi perimetri.

444. **Teorema.** — I triangoli ed i parallelogrammi che hanno costante un'altezza, o una base, sono direttamente proporzionali alle basi, o alle altezze, corrispondenti.

Consideriamo tutti i triangoli, che hanno un'altezza uguale ad un segmento dato, come stati di un triangolo variabile, e tutte le basi, corrispondenti all'altezza costante, come stati di un segmento variabile. Queste due variabili sono univocamente dipendenti, poichè sappiamo che dato il triangolo e l'altezza rimane individuata la base corrispondente, e viceversa (358, C. 1°). A stati crescenti, o decrescenti, del triangolo corrispondono stati crescenti, o decrescenti, della base, e viceversa (360, T. 2°); sono corrispondenti due stati equimultipli di stati corrispondenti (358, C. 4°), dunque il triangolo è direttamente proporzionale alla base (436, T. 1°).

Analogamente dimostriamo che i triangoli, i quali hanno costante una base, sono direttamente proporzionali alle altezze.

Se un parallelogrammo ed un triangolo hanno uguale un'altezza e la base corrispondente, il parallelogrammo è doppio del triangolo, quindi il teorema rimane dimostrato anche per i parallelogrammi.

Corollario 1° — Il teorema precedente si può enunciare dicendo:

Due parallelogrammi, o due triangoli, che hanno uguale una base, o un'altezza, stanno fra loro come le altezze, o le basi, corrispondenti.

Problema. — Costruire la ragione di due poligoni.

Possiamo trasformare i due poligoni in due triangoli (359, C. 2°) con un'altezza, o una base, uguale; evidentemente la ragione dei due poligoni è uguale a quella dei due triangoli, e quindi a quella delle due basi, o delle due altezze, corrispondenti (444, C. 1°).

Corollario 2° — Possiamo costruire un poligono che formi una data ragione con un poligono dato.

Possiamo costruire un poligono medio geometrico fra due poligoni dati.

445. Teorema. — I prismi e le piramidi che hanno costante l'altezza, o la base, sono direttamente proporzionali alle basi, o alle altezze.

Consideriamo tutti i prismi, che hanno l'altezza uguale ad un segmento dato, come stati di un prisma variabile, e tutte le basi come stati di un poligono variabile. Queste due variabili sono univocamente dipendenti, poichè sappiamo che dato il prisma e l'altezza rimane individuata la base, e viceversa (373, C.). A stati crescenti, o decrescenti, del prisma corrispondono stati crescenti, o decrescenti, della base, e viceversa (374, T. 2°), sono corrispondenti due stati equimultipli di stati corrispondenti (374, T. 1°), dunque il prisma è direttamente proporzionale alla base (436, T. 1°).

Analogamente dimostriamo che i prismi, i quali hanno costante la base, sono direttamente proporzionali alle altezze.

Se una piramide ed un prisma hanno uguale l'altezza ed equivalenti le basi, il prisma è triplo della piramide, quindi il teorema rimane dimostrato anche per le piramidi.

Corollario 1° — Il teorema precedente si può enunciare dicendo:

Due prismi, o due piramidi, che hanno uguali le altezze, o equivalenti le basi, stanno fra loro come le altezze, o le basi.

Problema. — Costruire la ragione di due poliedri.

Possiamo trasformare i due poliedri in due tetraedri (400, Pr.) (398, Pr. 1°, 2°) colle basi equivalenti; evidentemente la ragione dei due poliedri è uguale a quella dei due tetraedri, e quindi a quella delle altezze corrispondenti (445, T.).

Corollario 2° — Possiamo costruire un poliedro che formi una data ragione con un poliedro dato.

Possiamo costruire un poliedro medio geometrico fra due poliedri dati.

3. Poligoni simili.

446. Definizioni — 1ª Due poligoni convessi, collo stesso numero di vertici, si dicono *simili*, quando possiamo far corrispondere i loro elementi in modo che siano uguali due angoli corrispondenti qualunque, e le ragioni delle coppie di lati corrispondenti.

2ª Dati due poligoni simili, la loro *ragione di similitudine* è la ragione delle coppie di lati corrispondenti.

Corollarî — 1° Due triangoli sono simili, se ciascun angolo di uno è uguale ad un angolo corrispondente dell'altro (438, T. 1°).

2° Due triangoli sono simili, se sono uguali le ragioni che ciascun lato di uno forma con un lato corrispondente dell'altro (438, T. 2°).

3° Due triangoli sono simili, se hanno uguali due angoli corrispondenti, e sono uguali le ragioni dei lati corrispondenti che li comprendono (438, T. 3°).

4° Due poligoni convessi uguali sono simili fra loro.

5° Due poligoni regolari, che hanno lo stesso numero di vertici, sono simili fra loro (324, C. 5°).

447. Teorema. — Due poligoni simili ad un terzo sono simili fra loro.

Se ABCD, A'B'C'D' sono due poligoni simili al poligono A''B''C''D'', abbiamo $\widehat{A.BD} \equiv \widehat{A''.B''D''} \equiv \widehat{A'.B'D'}$, quindi due loro angoli

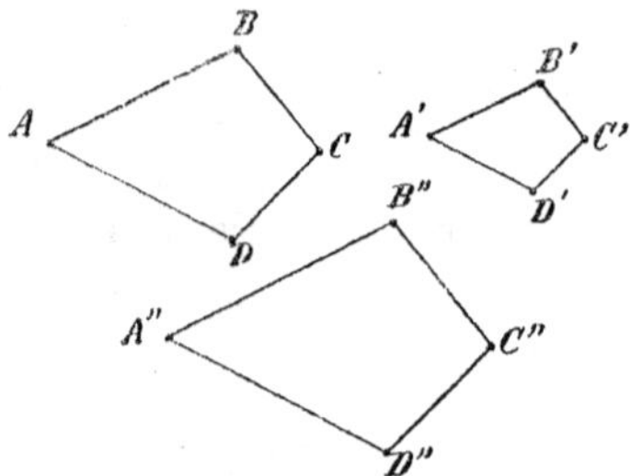

corrispondenti sono uguali. Abbiamo pure che

$$AB : A''B'' :: BC : B''C'' :: CD : C''D'' :: DA : D''A'',$$
$$A'B' : A''B'' :: B'C' : B''C'' :: C'D' : C''D'' :: D'A' : D''A'',$$

quindi AB : A'B' :: BC : B'C' :: CD : C'D' :: DA : D'A', dunque ABCD, A'B'C'D' sono simili fra loro.

Definizione. — Due poligoni simili, di uno stesso piano, si dicono *direttamente simili* o *inversamente simili*, secondochè due punti che percorrono il loro perimetro, incontrando successivamente i vertici corrispondenti, si movono in uno stesso senso o in senso opposto.

Corollari. — 1° In uno stesso piano, due poligoni convessi direttamente o inversamente uguali sono direttamente o inversamente simili fra loro.

2° Dati due poligoni simili, facendo coincidere il piano di uno con quello dell'altro, possiamo sempre fare in modo che vengano direttamente o inversamente simili, secondo le facce dei due piani che si fanno coincidere.

3° Due poligoni, ambedue direttamente o inversamente simili ad un terzo, sono sempre direttamente simili fra loro. Due poligoni simili ad un terzo, uno direttamente e l'altro inversamente, sono sempre inversamente simili fra loro.

448. Corollari. — 1° Dati due poligoni simili, possiamo sempre disporli in modo che siano paralleli i lati corrispondenti.

2° Due triangoli sono simili, se ciascun lato di uno è parallelo ad un lato corrispondente dell'altro; infatti allora ciascun angolo di un triangolo è uguale ad un angolo corrispondente dell'altro.

Definizione. — Due poligoni direttamente simili, si dicono *similmente posti,* quando sono paralleli i loro lati corrispondenti.

449. Teorema — Due poligoni simili, e similmente posti, si possono sempre dividere in uno stesso numero di triangoli rispettivamente simili, e similmente posti.

Se i due poligoni ABCD, A'B'C'D' sono simili e similmente posti, prendiamo un punto O interno al primo, e costruiamo

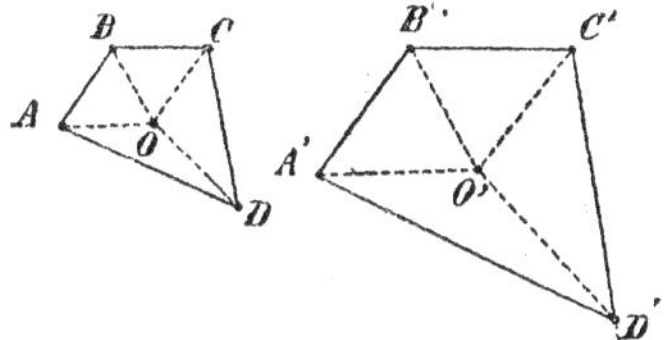

le rette A'O',B'O' parallele alle rette AO,BO, che si incontreranno in un punto O'. I triangoli OAB,O'A'B' sono simili e similmente posti, e $\widehat{B'.A'O'} \equiv \widehat{B.AO}$; ma $\widehat{B'.C'A'} \equiv \widehat{B.CA}$, essendo angoli corrispondenti dei due poligoni, dunque $\widehat{B'.C'O'} \equiv \widehat{B.CO}$. Ora abbiamo, dai triangoli OAB, O'A'B', che OB : O'B' :: AB : A'B', e siccome AB : A'B' :: BC : B'C', abbiamo pure che OB:O'B' :: BC : B'C', dunque i triangoli O'B'C', OBC sono simili (446, C. 3°) e similmente posti. Analogamente si dimostra che sono simili e similmente posti i rimanenti triangoli O'C'D', OCD ed O'D'A', ODA, in cui vengono divisi i due poligoni.

Corollario 1° — Viceversa, se sono simili e similmente posti i triangoli O′A′B′, OAB; O′B′C′, OBC; O′C′D′, OCD; O′D′A′, ODA, abbiamo subito che AB : A′B′ :: OB : O′B′ :: BC : B′C′ :: :: OC : O′C′ :: CD : C′D′ :: OD : O′D′ :: DA : D′A′, per cui AB : A′B′ :: :: BC : B′C′ :: CD : C′D′ :: DA : D′A′. Di più i due angoli $\widehat{B.AO}$, $\widehat{B.CO}$, in cui viene diviso un angolo $\widehat{B.CA}$ del primo poligono, sono uguali a due angoli $\widehat{B'.A'O'}$, $\widehat{B'.C'O'}$, in cui viene diviso l'angolo corrispondente $\widehat{B'.C'A'}$ del secondo, poichè angoli corrispondenti di triangoli simili, dunque sono uguali gli angoli corrispondenti dei due poligoni, che sono direttamente simili. I due poligoni sono pure similmente posti, perchè ogni lato di uno è parallelo al lato corrispondente dell'altro, essendo lati corrispondenti di triangoli simili e similmente posti.

2° Possiamo prendere O coincidente con A, allora O′ coincide con A′ ed i triangoli in cui vengono divisi i due poligoni sono quelli ottenuti conducendo le diagonali che partono da A e da A′.

Problema. — Dato un poligono convesso, costruirne un altro simile e similmente posto, che abbia con esso una data ragione di similitudine.

Sia ABCDE un poligono convesso dato, e nel suo piano sia A′B′ un segmento parallelo ad AB, descritto nello stesso senso e tale che la ragione di AB, A′B′ sia uguale alla data ragione di similitudine. Sappiamo sempre costruire A′B′, essendo un segmento quarto proporzionale rispetto a tre segmenti dati (441, Pr. 1°).

Costruendo nel piano del poligono dato gli angoli $\widehat{A'.B'C'} \equiv \widehat{A.BC}$, $\widehat{B'.C'A'} \equiv \widehat{B.CA}$, abbiamo il triangolo A′B′C′ simile e similmente

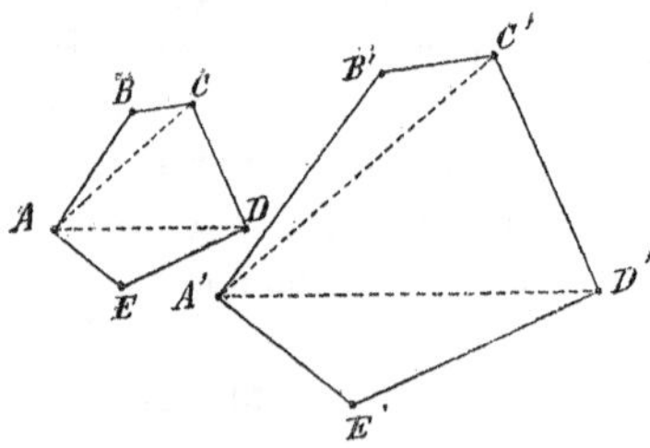

posto rispetto ad ABC. Costruendo nello stesso piano gli angoli $\widehat{A'.C'D'} \equiv \widehat{A.CD}$, $\widehat{C'.D'A'} \equiv \widehat{C.DA}$, abbiamo il triangolo A′C′D′

simile e similmente posto rispetto ad ACD. Analogamente costruiamo, sempre nello stesso piano, il triangolo A′D′E′ simile e similmente posto rispetto ad ADE. Ora i due poligoni ABCDE, A′B′C′D′E′ vengono divisi, dalle diagonali che passano per A,A′, in uno stesso numero di triangoli simili e similmente posti, dunque pure essi sono simili e similmente posti (449, C. 2°), e A′B′C′D′E′ è il poligono che volevamo costruire.

Corollario 3° — In un piano dato, si può costruire un poligono simile ad un poligono convesso dato, e che abbia un segmento scelto ad arbitrio come lato corrispondente ad un lato fissato del poligono dato.

450. Parlando dei criterî per riconoscere se due poligoni sono simili, si ritiene sempre che abbiano lo stesso numero di vertici.

Teorema 1° — Due poligoni convessi sono simili, se è possibile far corrispondere i loro elementi in modo che si riconoscano uguali tutte le ragioni dei lati corrispondenti, e tutti gli angoli corrispondenti, eccetto due lati consecutivi e gli angoli compresi.

Dati i poligoni convessi ABCDE, A′B′C′D′E′, supponiamo che sia $\widehat{A.EB} \equiv \widehat{A'.E'B'}$, $\widehat{B.AC} \equiv \widehat{B.'A'C'}$, $\widehat{C.BD} \equiv \widehat{C'.B'D'}$, $\widehat{D.CE} \equiv \widehat{D'.C'E'}$, e che AB : A′B′ :: BC : B′C′ :: CD : C′D′. Preso un segmento A″B″ ≡ A′B′, costruiamo un poligono A″B″C″D″E″

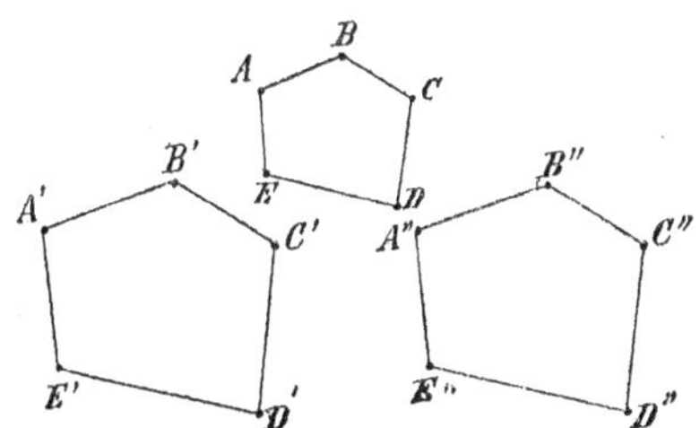

simile ad ABCDE (449, C. 3°). Sarà $\widehat{A''.E''B''} \equiv \widehat{A.EB}$, ma $\widehat{A.EB} \equiv \widehat{A'.E'B'}$ dunque $\widehat{A''.E''B''} \equiv \widehat{A'.E'B'}$, analogamente si vede che $\widehat{B''.A''C''} \equiv \widehat{B'.A'C'}$, $\widehat{C''.B''D''} \equiv \widehat{C'.B'D'}$, $\widehat{D.''C''E''} \equiv \widehat{D'.C'E'}$. Sapendo poi che AB : A″B″ :: BC : B″C″ :: CD : C″D″, ed essendo

$A''B'' \equiv A'B'$, abbiamo che $AB : A'B' :: BC : B''C'' :: CD : C''D''$, e, dalle proporzioni stabilite per ipotesi, deduciamo che $B''C'' \equiv B'C'$, $C''D'' \equiv C'D'$. Posto ciò, vediamo che i due poligoni convessi $A''B''C''D''E''$, $A'B'C'D'E'$ sono uguali (141, T. 1°), quindi i due poligoni ABCDE, $A'B'C'D'E'$ sono simili al poligono $A''B''C''D''E''$, e perciò sono simili fra loro (447, T.).

Teorema 2° — Due poligoni convessi sono simili, se è possibile fare corrispondere i loro elementi in modo che si riconoscano uguali tutte le ragioni dei lati corrispondenti, e tutti gli angoli corrispondenti, eccetto due angoli consecutivi ed il lato comune.

Dati due poligoni convessi ABCDE, $A'B'C'D'E'$, supponiamo $\widehat{B.AC} \equiv \widehat{B'.A'C'}$, $\widehat{C.BD} \equiv \widehat{C'.B'D'}$, $\widehat{D.CE} \equiv \widehat{D'.C'E'}$, e che

$$AB : A'B' :: BC : B'C' :: CD : C'D' :: DE : D'E'.$$

Preso un segmento $A''B'' \equiv A'B'$, costruiamo un poligono $A''B''C''D''E''$ simile ad ABCDE. Si vede subito che i poligoni $A'B'C'D'E'$, $A''B''C''D''E''$ sono uguali (141, T. 2°), perchè $\widehat{B''.A''C''} \equiv \widehat{B'.A'C'}$, $\widehat{C''.B''D''} \equiv \widehat{C'.B'D'}$, $\widehat{D''.C''E''} \equiv \widehat{D'.C'E'}$, $A''B'' \equiv A'B'$, $B''C'' \equiv B'C'$, $C''D'' \equiv C'D'$, $D''E'' \equiv D'E'$. Essendo poi ABCDE, $A'B'C'D'E'$ simili ad $A''B''C''D''E''$, deduciamo che sono simili fra loro.

Teorema 3° — Due poligoni convessi sono simili, se è possibile fare corrispondere i loro elementi in modo che si riconoscano uguali tutte le ragioni dei lati corrispondenti, e tutti gli angoli corrispondenti, eccetto tre angoli consecutivi.

Dati due poligoni convessi ABCDE, $A'B'C'D'E'$, supponiamo che si abbia $\widehat{B.AC} \equiv \widehat{B'.A'C'}$, $\widehat{C.BD} \equiv \widehat{C'.B'D'}$, e che
$AB : A'B' :: BC : B'C' :: CD : C'D'' :: DE : D'E' :: EA : E'A'$.
Preso un segmento $A''B'' \equiv A'B'$ costruiamo un poligono $A''B''C''D''E''$ simile ad ABCDE. Si vede subito che i poligoni $A'B'C'D'E'$, $A''B''C''D''E''$ sono uguali (141, T. 3°), perchè $\widehat{B''.A''C''} \equiv \widehat{B'.A'C'}$, $\widehat{C''.B''D''} \equiv \widehat{C'.B'D'}$, $A''B'' \equiv A'B'$,

B″C″ ≡ B′C′, C″D″ ≡ C′D′, D″E″ ≡ D′E′, E″A″ ≡ E′A′. Essendo poi ABCDE, A′B′C′D′E′ simili ad A″B″C″D″E″, deduciamo che sono simili fra loro.

451. Teorema 1° — Dati due poligoni simili, il perimetro del primo sta al perimetro del secondo, come un lato qualunque del primo sta al lato corrispondente del secondo.

Se ABCDE, A′B′C′D′E′ sono due poligoni simili, abbiamo che AB : A′B′ :: BC : B′C′ :: CD : C′D′ :: DE : D′E′ :: EA : E′A′, e quindi che (426, T. 2°) AB + BC + CD + DE + EA : A′B′ + B′C′ + C′D′ + + D′E′ + E′A′ :: AB : A′B′, ossia la ragione dei perimetri dei due poligoni è uguale alla loro ragione di similitudine.

Teorema 2° — Dati due poligoni simili, il primo sta al secondo, come un lato qualunque del primo sta al segmento terzo proporzionale rispetto ad esso ed al lato corrispondente del secondo.

Consideriamo in primo luogo due triangoli simili ABC, A′B′C′, e sulla retta A′C′, dalla stessa parte di C′ rispetto ad A′, prendiamo A′C″ ≡ AC. Se la retta C′B″, parallela a C″B′, sega

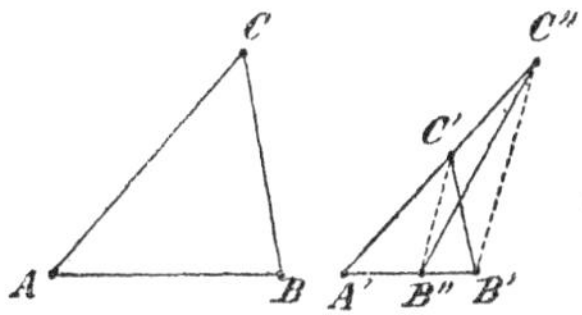

A′B′ in B″, abbiamo A′B′C′ = A′B″C″, e quindi, essendo uguali le altezze dei triangoli ABC, A′B″C″, corrispondenti ai lati AB, A′B″, si deduce che ABC : A′B′C′ :: ABC : A′B″C″ :: AB : A′B″ (444, C. 1°).

Ci rimane da dimostrare che A′B″ è terzo proporzionale rispetto ad AB, A′B′. Essendo parallele le rette C″B′, C′B″, si ha che A′B′ : A′B″ : : A′C″ : A′C′ : : AC : A′C′ ; ma

AC : A'C' : : AB : A'B', perchè i triangoli dati sono simili dunque AB : A'B' :: A'B' : A'B'', ed il teorema è dimostrato per due triangoli simili.

Se sono dati due poligoni simili ABCDE, A'B'C'D'E', qualunque sia il numero dei loro vertici, dividiamoli nei triangoli simili ABC, A'B'C'; ACD, A'C'D'; ADE, A'D'E'. Chiamati A_1B_1, A_2C_2, A_3D_3 i segmenti terzi proporzionali rispetto ad AB, A'B'; AC, A'C'; AD, A'D', abbiamo che ABC : A'B'C' :: AC : A_2C_2 :: ACD : A'C'D' :: AD : A_3D_3 :: ADE : A'D'E', quindi ABC : A'B'C' :: ACD : A'C'D' :: ADE : A'D'E', da cui abbiamo che ABC + ACD + ADE : A'B'C' + A'C'D' + A'D'E' :: ABC : A'B'C'; ma ABC : A'B'C' :: AB : A_1B_1, dunque ABCDE : A'B'C'D'E' : AB : A_1B_1. Il teorema è dimostrato in generale e ci dà un metodo per costruire la ragione dei due dati poligoni simili, che è più breve di quello trovato per due poligoni qualunque (444, Pr.).

Corollario. — I quadrati $\overline{AB}^2$, $\overline{A'B'}^2$ di due lati corrispondenti sono simili (446, C. 5°), quindi $\overline{AB}^2$: $\overline{A'B'}^2$ :: AB : A_1B_1, e perciò ABCDE : A'B'C'D'E' :: $\overline{AB}^2$: $\overline{A'B'}^2$.

Dati due poligoni simili, il primo sta al secondo come il quadrato di un lato qualunque del primo sta al quadrato del lato corrispondente del secondo.

452. Teorema. — Se quattro segmenti formano una proporzione, due poligoni simili, che hanno per lati corrispondenti i primi due, stanno fra loro come due poligoni simili, che hanno per lati corrispondenti gli ultimi due, e viceversa.

Dimostriamo prima il teorema nel caso in cui i poligoni simili siano quadrati. Sui lati degli angoli $\widehat{A.BC} \equiv \widehat{A'.B'C'}$ possiamo prendere i segmenti AB, AC, A'B', A'C' uguali ai quattro segmenti dati, e dire che AB : A'B' : : AC : A'C'. Allora i triangoli ABC, A'B'C' sono simili (446, C. 3°), e perciò ABC : A'B'C' :: $\overline{AB}^2$: $\overline{A'B'}^2$, ABC : A'B'C' :: $\overline{AC}^2$: $\overline{A'C'}^2$ (451, C.), dunque $\overline{AB}^2$: $\overline{A'B'}^2$ :: $\overline{AC}^2$: $\overline{A'C'}^2$. Nel caso generale sappiamo che un poligono, che ha per lato AB, sta al poligono simile, che ha per lato corrispondente A'B', come $\overline{AB}^2$ sta ad $\overline{A'B'}^2$, mentre un poligono, che ha per lato AC, sta ad un poligono simile, che ha per lato corrispondente $A'C'$, come $\overline{AC}^2$ sta ad $\overline{A'C'}^2$; ma $\overline{AB}^2 : \overline{A'B'}^2 :: \overline{AC}^2 : \overline{A'C'}^2$, dunque il primo poligono sta al secondo come il terzo sta al quarto. Viceversa, se il primo poligono sta al secondo come il terzo sta al quarto,

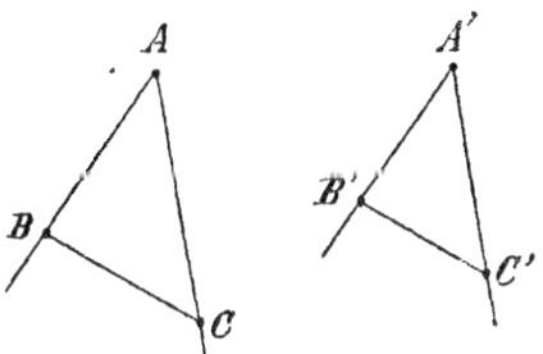

sapendo che il primo sta al secondo come $\overline{AB}^2$ sta ad $\overline{A'B'}^2$, e che il terzo sta al quarto come $\overline{AC}^2$ sta ad $\overline{A'C'}^2$, ne deduciamo che $\overline{AB}^2 : \overline{A'B'}^2 :: \overline{AC}^2 : \overline{A'C'}^2$. Ora, se il segmento $A''C''$ è quarto proporzionale rispetto ad AB, $A'B'$, AC, cioè se $AB : A'B' :: AC : A''C''$, si ha che $\overline{AB}^2 : \overline{A'B'}^2 :: \overline{AC}^2 : \overline{A''C''}^2$, quindi $\overline{A''C''}^2 \equiv \overline{A'C'}^2$, ossia $A''C'' \equiv A'C'$, e $AB : A'B' :: AC : A'C'$.

Corollari. — 1° Dati due poligoni possiamo costruire un poligono simile al primo ed equivalente al secondo.

Trasformato ciascuno dei due poligoni dati in un quadrato, chiamiamo A_1B_1, A_2B_2 due loro lati, e, se AB è un lato qualunque del primo poligono, costruiamo il segmento $A'B'$ tale che si abbia $A_1B_1 : A_2B_2 :: AB : A'B'$. Avremo pure (452, T.) che $\overline{A_1B_1}^2 : \overline{A_2B_2}^2 :: \overline{AB}^2 : \overline{A'B'}^2$, ora $\overline{A_1B_1}^2$, $\overline{A_2B_2}^2$ sono equivalenti per costruzione ai due poligoni dati, $\overline{AB}^2$, $\overline{A'B'}^2$ sono il quadrato del lato AB del primo poligono dato e del lato $A'B'$ corrispondente di un poligono simile ad esso, che sappiamo costruire, dunque il primo poligono dato sta al secondo poligono dato, come il primo poligono dato sta al poligono costruito, ne segue che questo poligono costruito è simile al primo ed equivalente al secondo.

2° Sapendo costruire un poligono somma, o differenza, di poligoni dati, possiamo sempre costruire un poligono che sia simile ad un poligono dato e somma, o differenza, di altri poligoni dati.

3° Sapendo costruire un poligono che formi con un altro una data ragione (444, C. 2°), possiamo, dati due poligoni, costruirne uno simile al primo e che formi col secondo una ragione data.

453. Teorema — Dato un triangolo rettangolo, ogni poligono convesso, che ha l'ipotenusa per lato, è equivalente alla somma dei poligoni simili, che hanno i cateti per lati corrispondenti.

Supponiamo dato un triangolo rettangolo ABC, ed un poligono qualunque convesso BCDE, che abbia l'ipotenusa BC per lato; se i poligoni ABFG, CAHK sono simili a BCDE, abbiamo BCDE = ABFG + CAHK. Infatti, se AA' è l'altezza del triangolo corrispondente all'ipotenusa, sappiamo che BA' è terzo proporzionale rispetto a BC ed AB (439, C. 2°), quindi (451, T. 2°)

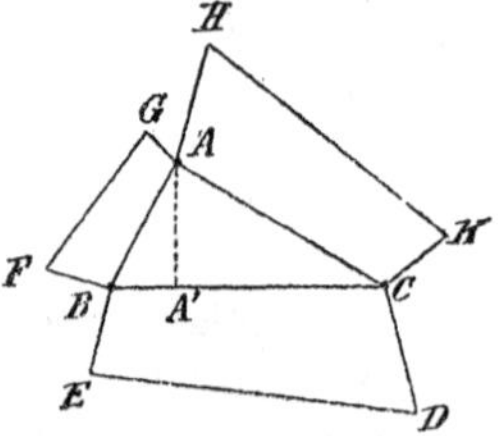

ABFG : BCDE :: BA' : BC. Così pure, essendo A'C terzo proporzionale fra BC ed AC, abbiamo che CAHK : BCDE :: A'C : BC. Ora, dalle proporzioni stabilite, si deduce che (433, C. 3°)

ABFG + CAHK : BCDE : : BA' + A'C : BC,

ma BA' + A'C ≡ BC, dunque BCDE = ABFG + CAHK. Abbiamo già dimostrato (364, T.) questo teorema quando i tre poligoni simili sono quadrati.

454. Teorema. — I perimetri di due poligoni regolari, che hanno lo stesso numero di vertici, stanno fra loro come gli apotemi, o i raggi, ed i due poligoni stanno fra loro come i quadrati degli apotemi, o dei raggi.

Siano AB, BC due lati consecutivi di un poligono regolare, ed A'B', B'C' due lati consecutivi di un altro poligono regolare, che abbia lo stesso numero di vertici del primo, e quindi sia simile ad esso (446, C. 5°). Chiamiamo O, O' i centri dei poligoni,

OB, O'B' sono due loro raggi, e le distanze OH, O'H', dei centri

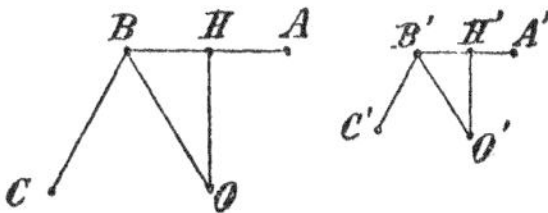

dai lati AB, A'B', sono due loro apotemi. Gli angoli $\widehat{H.OB}$, $\widehat{H'.O'B'}$ sono uguali, essendo ambedue retti, e gli angoli $\widehat{B.AO}$, $\widehat{B'.A'O'}$ sono pure uguali, essendo ciascuno metà di uno dei due angoli uguali $\widehat{B.CA}$, $\widehat{B'.C'A'}$ (324, C. 1°), quindi sono simili i triangoli OHB, O'H'B', ed abbiamo le proporzioni BH : B'H' :: OH : O'H' :: OB : O'B'; ma 2.BH $\equiv$ BA, 2B'H' $\equiv$ B'A' (324, C. 1°), perciò BA : B'A' :: OH : O'H' :: OB : O'B', e pure (452, T.) $\overline{BA}^2 : \overline{B'A'}^2 :: \overline{OH}^2 : \overline{O'H'}^2 :: \overline{OB}^2 : \overline{O'B'}^2$. Ora è noto che i perimetri dei due poligoni stanno fra loro come BA : B'A' (451, T. 1°), dunque stanno fra loro come gli apotemi OH, O'H', o come i raggi OB, O'B'; è noto che i due poligoni stanno fra loro come $\overline{BA}^2$ sta a $\overline{B'A'}^2$ (451, C.), dunque stanno fra loro come i quadrati $\overline{OH}^2$, $\overline{O'H'}^2$ degli apotemi, o i quadrati $\overline{OB}^2$, $\overline{O'B'}^2$ dei raggi.

455. Teorema. — Le sezioni fatte in una piramide convessa, da due piani paralleli, sono poligoni simili, che stanno fra loro come i quadrati delle distanze dei loro piani dal vertice della piramide.

Siano A'B'C'D', A''B''C''D'' due sezioni fatte in una piramide P.ABCD da due piani paralleli, e siano PH', PH'' le loro distanze da P. Evidentemente sono parallele le coppie di lati A'B', A''B''; B'C', B''C''; C'D', C''D''; D'A', D''A'', quindi

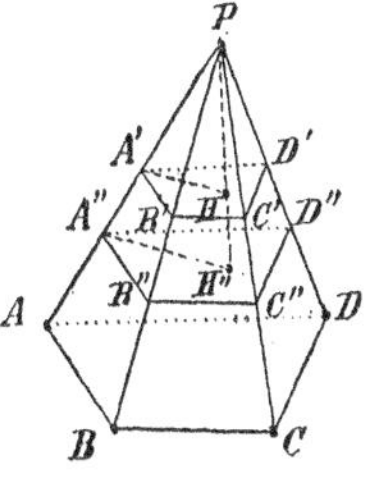

A'B' : A''B'' :: PB' : PB'' :: B'C' : B''C'' :: PC' : PC'' :: C'D' : C''D'' :: :: PD' : PD'' :: D'A' : D''A'' :: PA' : PA'', ossia A'B' : A''B'' :: B'C' :

: B″C″ :: C′D′ : C″D″ :: D′A′ : D″A″ ; abbiamo poi $A'.\widehat{D'B'} \equiv A''.\widehat{D''B''}$, $B'.\widehat{A'C'} \equiv B''.\widehat{A''C''}$, $C'.\widehat{B'D'} \equiv C''.\widehat{B''D''}$, $D'.\widehat{C'A'} \equiv D''.\widehat{C''A''}$ perchè sono uguali le sezioni di uno stesso diedro fatte co: piani paralleli, dunque A′B′C′D′, A″B″C″D″ sono poligon simili.

I triangoli PA′H′, PA″H″ sono evidentemente simili, perci(A′B′:A″B″::PA′:PA″::PH′:PH″, e quindi $\overline{A'B'}^2 : \overline{A''B''}^2 :: \overline{PH'}^2 : \overline{PH''}^2$ ma A′B′C′D′ : A″B″C″D″ : : $\overline{A'B'}^2 : \overline{A''B''}^2$ (351, C.), dunqu(A′B′C′D′ :: A″B″C″D″ :: $\overline{PH'}^2 : \overline{PH''}^2$.

4. *Poliedri simili.*

456. Definizioni. — 1ª Due poliedri si dicono *simili*, quando i loro elementi si possono far corrispondere, ed in modo che siano uguali due angoloidi corrispondenti, e siano simili due poligoni corrispondenti.

2ª Dati due poliedri simili, la loro *ragione di similitudine* è quella delle coppie di spigoli corrispondenti, e quindi quella delle coppie di poligoni corrispondenti.

Teorema. — Due piramidi, o due prismi, sono simili, se sono simili i loro poligoni, se sono uguali due triedri corrispondenti, e se la ragione degli spigoli laterali, che hanno un estremo nei loro vertici, è uguale a quella di similitudine dei due poligoni.

Date le due piramidi P.ABCD, P′.A′B′C′D′, supponiamo che siano simili i loro poligoni ABCD, A′B′C′D′, che siano uguali i

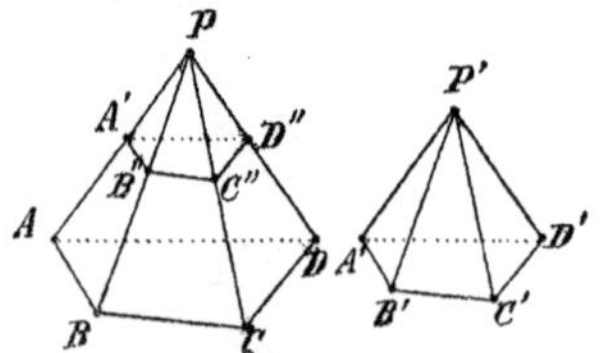

triedri corrispondenti $A.\widehat{PBD}$, $A'.\widehat{P'B'D'}$, e che la ragione degli spigoli PA, P'A' sia uguale a quella di similitudine dei due poligoni, cioè che PA : P'A'::AB : A'B'. I triangoli PAB, P'A'B' sono evidentemente simili, perciò $\widehat{B.PA} \equiv \widehat{B'.P'A'}$; ma $\widehat{B.AC} \equiv \widehat{B'.A'C'}$, perchè sono simili i poligoni delle piramidi, e sono uguali i diedri che hanno AB, A'B' come spigoli, perchè $\widehat{A.PBD} \equiv \widehat{A'.P'B'D'}$, dunque $\widehat{B.PCA} \equiv \widehat{B'.P'C'A'}$. Ora PB : P'B' :: AB : A'B' :: BC : B'C', quindi sono simili i triangoli PBC, P'B'C'. Proseguendo in questo modo, arriviamo a dimostrare che sono uguali due triedri corrispondenti, e che sono simili due facce corrispondenti. Si deduce così che $\widehat{P.ABCD} \equiv \widehat{P'.A'B'C'D'}$, trattandosi di due angoloidi che hanno uguali tutte le facce ed i diedri corrispondenti, e che sono simili le due piramidi.

Analogamente si dimostra il teorema nel caso di due prismi.

Corollarî. — 1° Due tetraedri sono simili, se hanno uguali i triedri corrispondenti.

2° Data una piramide convessa P.ABCD, se facciamo una sezione A''B''C''D'', con un piano parallelo alla base, la dividiamo in due parti, una delle quali P.A''B''C''D'' è una piramide simile alla data. Infatti sappiamo che sono simili i poligoni ABCD, A''B''C''D'' (455, T.), è chiaro che $\widehat{A.PBD} \equiv \widehat{A''.PB''D''}$, e sappiamo che PA : PA'' :: AB : A''B''.

3° Due poliedri regolari, che hanno lo stesso numero di vertici, sono simili fra loro (331, C. 3°).

457. Teorema. — Due poliedri simili ad un terzo sono simili fra loro.

Infatti è chiaro che i due primi poliedri dati hanno uguali due angoloidi corrispondenti, essendo uguali all'angoloide corrispondente del terzo poliedro, ed è chiaro che sono simili le facce corrispondenti dei due primi poliedri dati, essendo simili alla faccia corrispondente del terzo poliedro (447, T.).

Corollarî. — 1° Dati due poliedri simili possiamo sempre disporli in modo che siano parallele le loro facce corrispondenti, e quindi anche i loro spigoli corrispondenti.

2° Due tetraedri sono simili, se ciascuna faccia di uno è parallela ad una faccia corrispondente dell'altro; infatti allora ciascun diedro di uno è uguale ad un diedro corrispondente dell'altro, e quindi ciascun triedro di uno è uguale ad un triedro corrispondente dell'altro.

Definizione. — Due poliedri simili si dicono *similmente posti* quando sono parallele le loro facce corrispondenti.

Quando due poliedri sono simili, e similmente posti, le loro facce corrispondenti sono pure simili, e similmente poste.

458. Teorema. — Due poliedri simili, e similmente posti, si possono sempre dividere in uno stesso numero di tetraedri rispettivamente simili, e similmente posti.

Supponiamo in primo luogo che siano date due piramidi P.ABCD, P'.A'B'C'D' simili e similmente poste. Possiamo dividere le basi nei triangoli OAB, O'A'B'; OBC, O'B'C'; OCD, O'C'D'; ODA, O'D'A' simili e similmente posti. In questo modo le due piramidi vengono divise nei tetraedri POAB, POBC, POCD, PODA e P'O'A'B', P'O'B'C', P'O'C'D', P'O'D'A': consideriamone

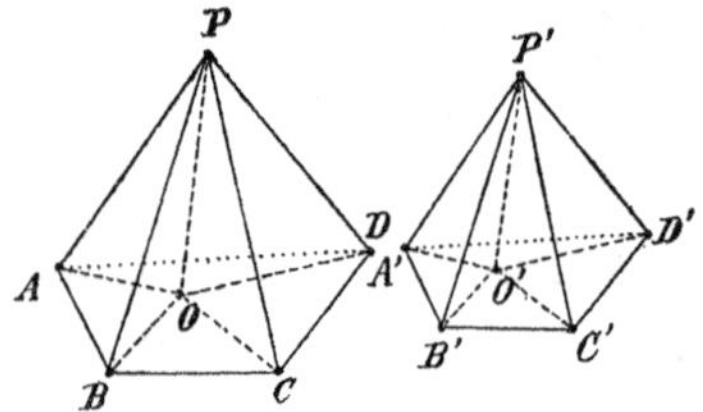

due corrispondenti, come POAB, P'O'A'B'. I piani delle facce PAB, OAB di POAB, essendo due piani della piramide P.ABCD, sono paralleli ai piani delle facce P'A'B', O'A'B' corrispondenti della piramide P'.A'B'C'D'. Sono parallele le facce POA, P'O'A', perchè sono parallele le PA, P'A', essendo spigoli corrispondenti delle due piramidi, e le OA, O'A', essendo lati corrispondenti dei triangoli OAB, O'A'B' simili e similmente posti. Analogamente si vede che sono parallele le facce POB, P'O'B', dunque due tetraedri corrispondenti qualunque, come POAB, P'O'A'B', sono simili e similmente posti.

Se sono dati due poliedri qualunque ABCDEF, A'B'C'D'E'F',

simili e similmente posti, prendiamo un punto O interno al primo, e costruiamo le rette A′O′, B′O′ parallele alle AO,BO, e

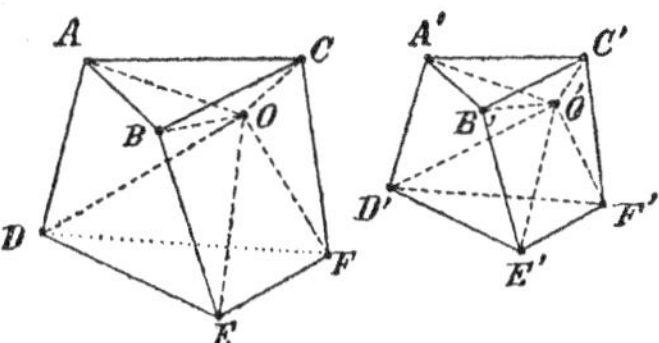

che s'incontreranno naturalmente in un punto O′ interno al secondo poliedro. Le due piramidi OABED, O′A′B′E′D′ hanno le basi simili e similmente poste, perchè facce corrispondenti dei due poliedri, hanno i triedri corrispondenti $A.\widehat{BDO}$, $A'.\widehat{B'D'O'}$ uguali, perchè i loro spigoli sono paralleli e diretti nello stesso senso, di più, essendo simili per costruzione i triangoli OAB, O′A′B′, la ragione degli spigoli laterali AO, A′O′ è uguale a quella di AB, A′B′, dunque sono simili e similmente poste. Altre due piramidi, che hanno i vertici in O, O′ e per basi due facce corrispondenti dei due poliedri, come O.BCFE, O′.B′C′F′E′, sono pure simili e similmente poste. Infatti sono simili e similmente poste le loro basi, sono uguali i loro triedri corrispondenti $B.\widehat{EAO}$, $B'.\widehat{E'A'O'}$, perchè i loro spigoli sono paralleli e diretti nello stesso senso, e la ragione degli spigoli laterali BO, B′O′ è uguale a quella di BE, B′E′, essendo simili e similmente posti i triangoli OBE, O′B′E′. Posto ciò è chiaro che i due poliedri si possono dividere in uno stesso numero di piramidi rispettivamente simili e similmente poste; ma due di queste si possono dividere in uno stesso numero di tetraedri simili e similmente posti, dunque è dimostrato il teorema.

Corollarî.—1° Viceversa, se le piramidi O.ABED, O.′A′B′E′D′; O.BCFE, O.′B′C′F′E′; O.ACFD, O.′A′C′F′D′; O.ABC, O.′A′B′C ; O.DEF, O′.D′E′F′ sono rispettivamente simili e similmente poste, sono simili e similmente posti i due poliedri dati.

2° Possiamo prendere O coincidente con A, allora O′ coincide con A′, e le piramidi in cui vengono divisi i due poliedri sono quelle ottenute conducendo le diagonali, dei poliedri stessi, che partono da A ed A′, e le diagonali delle loro facce, che pure partono da A ed A′.

459. Teorema 1° — Dati due poliedri simili, la superficie del primo sta a quella del secondo, come uno spigolo qualunque del primo sta al segmento terzo proporzionale rispetto ad esso ed allo spigolo corrispondente del secondo.

Consideriamo, per esempio, i poliedri simili ABCDEF, A′B′C′D′E′F′; essendo simili le loro facce corrispondenti, abbiamo che ABC : A′B′C′ :: AB : A″B″, ABED : A′B′E′D′ :: AB : A″B″, se A″B″ è il terzo segmento proporzionale rispetto ad AB, A′B′ (451, T. 2°). Se ne deduce che ABC : A′B′C′ : : ABED : : A′B′E′D′; analogamente troviamo le altre proporzioni

ABED : A′B′E′D′ :: DEF : D′E′F′,
DEF : D′E′F′ :: BEFC : B′E′F′C′
BEFC : B′E′F′C′ :: ACFD : A′C′F′D′.

Ora la somma di tutte le grandezze antecedenti è la superficie del poliedro ABCDEF, la somma delle grandezze conseguenti è la superficie del poliedro A′B′C′D′E′F′, dunque queste superficie stanno fra loro come ABC sta ad A′B′C′, ossia come AB sta ad A″B″.

Corollario 1° — Sappiamo che $\overline{AB}^2 : \overline{A'B'}^2$ :: AB : A″B″, dunque: Dati due poliedri simili, la superficie del primo sta alla superficie del secondo, come il quadrato di uno spigolo del primo sta al quadrato dello spigolo corrispondente del secondo.

Teorema 2° — Dati due poliedri simili, il primo sta al secondo, come uno spigolo qualunque del primo sta al segmento quarto proporzionale rispetto ad esso ed allo spigolo corrispondente.

Consideriamo in primo luogo due tetraedri simili ABCD, A′B′C′D′, e sulla retta A′D′, dalla stessa parte di D′ rispetto ad A′, prendiamo A′D″ ≡ AD. Se la retta D′B″, parallela a D″B′, sega A′B′ in B″, sappiamo che A′B′D′ = A′B″D″, quindi A′B′C′D′ = A′B″C′D″. Sulla retta A′C′, dalla stessa parte di C′

rispetto ad A′, prendiamo A′C″ ≡ AC. Se la retta C′B‴, parallela a C″B″, sega A′B′ in B‴, sappiamo che A′B″C′ = A′B‴C″,

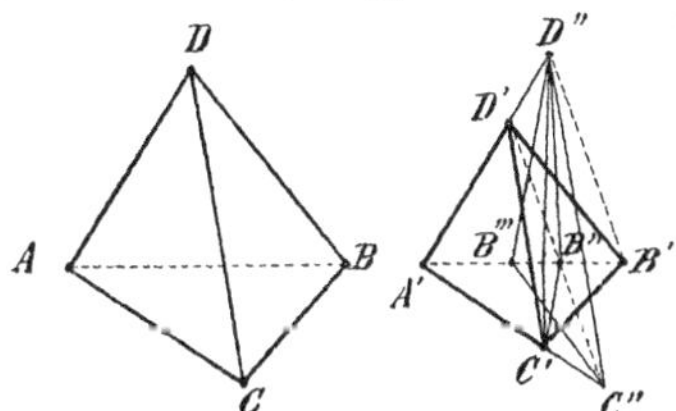

e quindi A′B″C′D″ = A′B‴C″D″, per cui A′B′C′D′ = A′B‴C″D″, ed ABCD : A′B′C′D′ :: ABCD : A′B‴C″D″. Ora i tetraedri ABCD, A′B‴C″D″ hanno evidentemente uguali le altezze corrispondenti alle basi ABC, A′B‴C″, dunque ABCD : A′B′C′D′ :: ABC : A′B‴C″ (445 C. 1°); ma i triangoli ABC, A′B‴C″ hanno evidentemente uguali le altezze corrispondenti alle basi AB, A′B‴, dunque ABC : A′B‴C″ :: AB : A′B‴ (444, C. 1°), e ABCD : A′B′C′D′ :: AB : A′B‴. Ci rimane da dimostrare che A′B‴ è quarto proporzionale rispetto ad AB, A′B′. Essendo parallele le rette D′B″, D″B′ abbiamo che A′B′ : A′B″ : : A′D″ : A′D′ : : AD : A′D′, perchè AD ≡ A′D″; ma AB : A′B′ :: AD : A′D′, perchè i tetraedri dati sono simili, dunque AB : A′B′ :: A′B′ : A′B″. Essendo parallele le rette C″B″, C′B‴, abbiamo che A′B″ : A′B‴ :: A′C″ : A′C′ :: AC : A′C′, perchè AC ≡ A′C″; ma AC : A′C′ :: AB : A′B′, perchè i tetraedri dati sono simili, dunque AB : A′B′ :: A′B″ : A′B‴. Combinando questi due risultati, deduciamo che AB : A′B′ :: A′B′ : A′B″ :: A′B″ : A′B‴, e vediamo che A′B‴ è quarto proporzionale rispetto ad AB, A′B′, quindi il teorema è dimostrato per due tetraedri simili.

Se sono dati due poliedri simili ABCDEF, A′B′C′D′E′F′, dividiamoli nei tetraedri simili ADEF, A′D′E′F′, ABCE, A′B′C′E′;

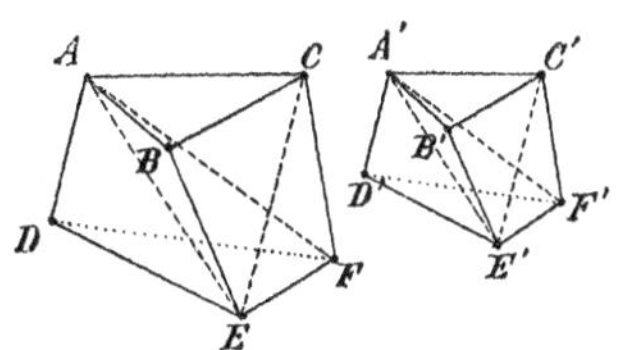

ACFE, A′C′F′E′ (458, C. 2°). Chiamati A_1B_1, A_2E_2, C_3E_3 i segmenti quarti proporzionali rispetto ad AB, A′B′; AE, A′E′; CE, C′E′, abbiamo che ADEF : A′D′E′F′ :: AE : A_2E_2 :: ABCE : A′B′C′E′ :: CE : : C_3E_3 :: ACFE : A′C′F′E′, quindi ADEF : A′D′E′F′ :: ABCE : A′B′C′E′ ::

ACFE : A'C'F'E', da cui abbiamo che la somma delle grandezze antecedenti, ossia il poliedro ABCDEF, sta alla somma delle grandezze conseguenti, ossia al poliedro A'B'C'D'E'F', come il tetraedro ABCE sta al tetraedro simile A'B'C'E', ossia come AB sta ad A_1B_1.

Il teorema è dimostrato in generale, e ci dà un metodo per costruire la ragione dei due dati poliedri simili, che è più breve di quello trovato per due poliedri qualunque (445, Pr.).

Corollario 2° — I cubi $\overline{AB}^3$, $\overline{A'B'}^3$ di due spigoli corrispondenti sono simili (456, C. 3°), quindi $\overline{AB}^3 : \overline{A'B'}^3 :: AB : A_1B_1$. Dati due poliedri simili, il primo sta al secondo come il cubo di uno spigolo qualunque del primo sta al cubo dello spigolo corrispondente del secondo.

460. Teorema. — Le superficie di due poliedri regolari, che hanno lo stesso numero di vertici, stanno fra loro come i quadrati degli apotemi, o dei raggi, ed i due poliedri stanno fra loro come i cubi degli apotemi, o dei raggi.

Siano AB ed O uno spigolo ed il centro di un poliedro regolare dato, ed A'B', O' lo spigolo corrispondente ed il centro di un altro poliedro regolare, che abbia lo stesso numero di vertici del primo, e quindi sia simile ad esso. I segmenti OA, OB ed O'A', O'B' sono raggi dei due poliedri, e le distanze OH,

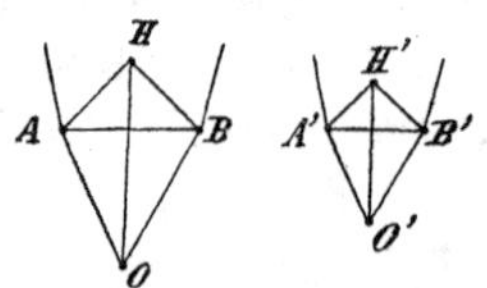

O'H' dei centri da due facce corrispondenti, che passano per AB ed A'B', sono due loro apotemi. Sono simili i tetraedri OHAB, O'H'A'B', quindi la superficie del primo sta a quella del secondo come $\overline{AB}^2$ sta ad $\overline{A'B'}^2$, o come $\overline{OA}^2$ sta ad $\overline{O'A'}^2$, o come $\overline{OH}^2$ sta ad $\overline{O'H'}^2$, perciò $\overline{AB}^2 : \overline{A'B'}^2 :: \overline{OA}^2 : \overline{O'A'}^2 :: \overline{OH}^2 : \overline{O'H'}^2$; ma le superficie dei due poliedri stanno fra loro come $\overline{AB}^2$ sta $\overline{A'B'}^2$ (459, C. 1°), dunque le superficie dei poliedri stanno fra loro come i quadrati dei raggi, o degli apotemi. Sappiamo pure che OHAB sta ad O'H'A'B' come $\overline{AB}^3$ sta ad $\overline{A'B'}^3$, o come $\overline{OA}^3$ sta ad $\overline{O'A'}^3$, o come $\overline{OH}^3$ sta ad $\overline{O'H'}^3$, quindi $\overline{AB}^3 : \overline{A'B'}^3 :: \overline{OA}^3 : \overline{O'A'}^3 :: \overline{OH}^3 : \overline{O'H'}^3$; ma i due poliedri stanno fra loro come $\overline{AB}^3$ sta ad $\overline{A'B'}^3$ (459, C. 2°), dunque i due poliedri stanno fra loro come i cubi dei raggi, o degli apotomi.

IV. Applicazione della teoria delle proporzioni ai circoli, ai cilindri, ai coni ed alle sfere.

1. Ragione di due circoli e delle loro superficie.

461. **Teorema 1°** — Gli archi di uno stesso circolo, o di circoli uguali, sono direttamente proporzionali agli angoli al centro che li comprendono.

Gli archi di uno stesso circolo, o di circoli uguali, e gli angoli al centro che li comprendono, sono variabili univocamente dipendenti, perchè ogni stato dell'arco individua un solo stato corrispondente dell'angolo, e viceversa. Di più, dati due archi disuguali, uno si dice maggiore o minore dell'altro, secondochè l'angolo al centro che lo comprende è maggiore o minore di quello che comprende l'altro arco (245), dunque a stati crescenti, o decrescenti, dell'arco corrispondono stati crescenti, o decrescenti, dell'angolo. Finalmente un arco si dice doppio, triplo,..... di un altro, se l'angolo al centro che lo comprende è doppio, triplo,... di quello che comprende l'altro arco (245), dunque sono corrispondenti uno stato dell'angolo ed uno stato dell'arco equimultipli di due stati corrispondenti. Tutte queste proprietà sono necessarie e sufficienti per dedurne la verità del teorema (436, T. 1°).

Corollario 1° — In uno stesso circolo, o in circoli uguali, due archi stanno fra loro come gli angoli al centro che li comprendono.

Teorema 2° — I settori di uno stesso circolo, o di circoli uguali, sono direttamente proporzionali agli angoli al centro, ed agli archi, che li comprendono.

Questo teorema si dimostra come quello precedente.

Corollario 2°. — Due settori di uno stesso circolo, o di circoli uguali, stanno fra loro come gli angoli al centro, e come gli archi, che li comprendono.

462. Corollario 1°. — La ragione di un arco e del suo circolo è uguale a quella dell'angolo al centro che lo comprende e di due angoli piatti. Dato un segmento equivalente al circolo (403, D.), un segmento, che stia ad esso come l'angolo al centro che comprende l'arco sta a due angoli piatti, è un segmento equivalente all'arco dato (429, C. 2°).

Esiste sempre una grandezza summultipla di un arco dato secondo qualunque numero dato.

Teorema. — Un settore circolare è equivalente ad un triangolo che ha un'altezza uguale al raggio, e per base corrispondente l'arco che lo comprende.

Infatti un settore circolare sta alla superficie del suo circolo come l'arco che lo comprende sta al circolo (461, C. 2°), ossia un settore circolare sta ad un triangolo che ha un'altezza uguale al raggio, e per base corrispondente il circolo (403, C. 2°), come l'arco che lo comprende sta al circolo. Ora anche un triangolo che ha un'altezza uguale al raggio, e per base corrispondente l'arco che comprende il settore circolare, sta ad un triangolo che ha un'altezza uguale al raggio e per base corrispondente il circolo come l'arco sta al circolo (444, C. 1°), dunque il settore circolare è equivalente ad un triangolo che ha un'altezza uguale al raggio, e per base corrispondente l'arco che lo comprende (429, C. 2°).

Corollario 2°. — Un settore circolare è la metà del rettangolo del raggio e dell'arco che lo comprende.

Esiste sempre una grandezza summultipla di un settore dato secondo un numero qualunque dato.

463. **Teorema 1°** — Due circoli stanno fra loro come i raggi; le superficie di due circoli stanno fra loro come i quadrati dei raggi.

Consideriamo due circoli *c*, *c'* come limiti dei perimetri dei poligoni regolari inscritti e circoscritti, che hanno uno stesso numero di lati e variano raddoppiando successivamente questo numero (403, T.) Ad ogni poligono regolare inscritto a *c* corrisponde un poligono regolare che ha lo stesso numero di lati inscritto a *c'*, i loro perimetri si corrispondono dunque univocamente, di più stanno fra loro come i raggi dei due circoli (454, T.), perciò sono direttamente proporzionali (435, T. 1°). Sappiamo poi che la ragione dei detti perimetri è uguale a quella dei due circoli (436, T. 2°, C.), dunque i due circoli stanno fra loro come i raggi.

Consideriamo le superficie dei due circoli *c*, *c'* come limiti dei poligoni regolari inscritti e circoscritti, che hanno uno stesso numero di lati e variano raddoppiando successivamente questo numero (402, T.). I poligoni regolari inscritti nei circoli *c*, *c'* si corrispondono univocamente, essendo corrispondenti due che hanno lo stesso numero di lati, di più stanno fra loro come i quadrati dei raggi (454, T.), dunque sono direttamente proporzionali (435, T. 1°). Posto ciò sappiamo che la ragione dei detti poligoni é uguale a quella delle superficie dei due circoli (436, T. 2°, C.), dunque le superficie dei due circoli stanno fra loro come i quadrati dei raggi.

Corollario 1° — È costante la ragione di un circolo e del suo raggio, o del suo diametro.

Teorema 2° — Due archi, se sono compresi da angoli al centro uguali, stanno fra loro come i raggi. Due settori circolari, se sono compresi da angoli al centro uguali, stanno fra loro come i quadrati dei raggi.

Dati due archi, ciascuno sta al proprio circolo come l'angolo al centro che lo comprende sta a due angoli piatti (461, T. 1°), ne segue che, se i due archi sono compresi da angoli al centro uguali, sono uguali le ragioni di ciascuno al proprio circolo, quindi i due archi stanno fra loro come i due circoli, e perciò come i loro raggi (463, T. 1°).

Dati due settori circolari, ciascuno sta alla superficie del proprio circolo come l'angolo al centro che lo comprende sta a due angoli piatti (461, T. 2°), ne segue che, se i due settori circolari sono compresi da angoli al centro uguali, sono uguali le ragioni di ciascuno alla superficie del proprio circolo, quindi i due settori circolari stanno fra loro come le superficie dei due circoli, e perciò come i quadrati dei loro raggi (463, T. 1°).

Corollari. — 2° La superficie di un circolo è equivalente alla metà del rettangolo che ha per altezza il raggio e per base corrispondente il circolo (403, C. 2°), ora questo rettangolo sta al quadrato del raggio come il circolo sta al raggio (444, C. 1°), quindi la superficie di un circolo sta al quadrato del suo raggio come il circolo sta al doppio del raggio, cioè al diametro.

È costante la ragione della superficie di un circolo e del quadrato del raggio, ed uguale alla ragione del circolo e del diametro.

3° Due settori circolari, compresi da angoli al centro uguali, ed in particolare le superficie di due circoli, stanno fra loro come il raggio del primo sta al segmento terzo proporzionale rispetto a questo raggio ed a quello dell'altro (451, T. 2°).

2. Ragione delle superficie di due coni, o cilindri, e dei loro solidi.

464. Teorema 1° — Se due cilindri hanno uguali le altezze, o i raggi, le loro superficie laterali stanno fra loro come i raggi, o le altezze.

La superficie laterale di un cilindro è equivalente al rettangolo dell'altezza e di un circolo base (407, C. 2°). Le superficie laterali di due cilindri, che hanno le altezze uguali, stanno fra loro come i rettangoli di due circoli base e dell'altezza comune, ossia come due circoli base (444, C. 1°), ossia come i loro raggi (463, T. 1°). Le superficie laterali di due cilindri, che hanno i raggi uguali, stanno fra loro come i rettangoli delle altezze e di un circolo base comune, ossia come le altezze.

Teorema 2° — Se due cilindri hanno uguali le altezze, o i raggi, i loro solidi stanno fra loro come i quadrati dei raggi, o come le altezze.

Il solido di un cilindro è equivalente al parallelepipedo della superficie di un circolo base e dell'altezza (406, C. 3°). I solidi di due cilindri, che hanno le altezze uguali, stanno fra loro come i parallelepipedi delle superficie di due circoli base e dell'altezza comune, ossia come le superficie di due circoli base (445, C. 1°), ossia come i quadrati dei loro raggi (463, T. 1°). I solidi di due cilindri, che hanno raggi uguali, stanno fra loro come i parallelepipedi delle altezze e della superficie di un circolo base comune, ossia come le altezze.

465. Teorema 1° — Se due coni hanno uguali gli apotemi, o i raggi delle basi, le superficie laterali stanno fra loro come i raggi delle basi, o come gli apotemi.

La superficie laterale di un cono è equivalente alla metà del rettangolo dell'apotema e del circolo base (410, C. 2°). Le superficie laterali di due coni, che hanno uguali gli apotemi, stanno fra loro come i rettangoli dei circoli base e dell'apotema comune, ossia come i circoli base (444, C. 1°), ossia come i loro raggi (463, T. 1°). Le superficie laterali di due coni, che hanno i raggi delle basi uguali, stanno fra loro come i rettangoli degli apotemi e del circolo base comune, ossia come gli apotemi.

Teorema 2° — Se due coni hanno uguali le altezze, o i raggi delle basi, i loro solidi stanno fra loro come i quadrati dei raggi delle basi, o come le altezze.

Il solido di un cono è equivalente al terzo del parallelepipedo della superficie del circolo base e dell'altezza (409, C. 3°). I solidi di due coni, che hanno le altezze uguali, stanno fra loro come i parallelepipedi delle superficie dei circoli base e dell'altezza comune, ossia come le superficie dei circoli base (445, C. 1°), ossia come i quadrati dei loro raggi (463, T. 1°). I solidi di due coni, che hanno uguali i raggi delle basi, stanno fra loro come i parallelepipedi delle altezze e della superficie del circolo base comune, ossia come le altezze.

3. Ragione di due sfere e dei loro solidi.

466. Teorema. — I diedri sono direttamente proporzionali alle loro sezioni normali.

Essendo uguali fra loro tutte le sezioni normali di uno stesso diedro (69, C. 1°), è chiaro che i diedri e le loro sezioni normali si possono considerare come stati di due variabili univocamente dipendenti. Di più, dati due diedri qualunque, se il primo è maggiore, uguale o minore, del secondo, una sezione normale del primo è pure maggiore, uguale o minore, di una sezione normale del secondo, e viceversa (69, T. 1°). Ne segue che a stati crescenti, o decrescenti, di un diedro corrispondono stati crescenti, o decrescenti, di una sua sezione normale, e che sono corrispondenti due stati equimultipli di due stati corrispondenti. Il teorema rimane così dimostrato (436, T. 1°).

467. Teorema 1°— Gli angoli sferici di una stessa sfera, o di sfere uguali, sono direttamente proporzionali ai diedri al centro che li comprendono.

Questo teorema si dimostra come quello analogo stabilito per gli archi (461, T. 1°).

Corollario 1°. — Due angoli sferici di una stessa sfera, o di sfere uguali, stanno fra loro come i diedri al centro che li comprendono, come le sezioni normali di questi diedri, e come le sezioni normali dei due angoli sferici.

Teorema 2° — I solidi degli angoli sferici di una stessa sfera, o di sfere uguali, sono direttamente proporzionali ai diedri al centro, ed agli angoli sferici, che li comprendono.

Questo teorema si dimostra come quello analogo stabilito per i settori circolari (461, T. 2°).

Corollario 2°. — I solidi di due angoli sferici di una stessa sfera, o di sfere uguali, stanno fra loro come i diedri al centro che li comprendono, come le loro sezioni normali, come gli angoli sferici che li comprendono, e come le loro sezioni normali.

468. Teorema 1° — Un angolo sferico è equivalente al rettangolo della sua sezione normale e del diametro.

Infatti un angolo sferico sta alla sua sfera come la sua sezione normale sta ad un circolo massimo della sfera (467, C. 1°), ossia un angolo sferico sta al rettangolo di un circolo massimo e del diametro (419, C. 4°) come la sua sezione normale sta ad un circolo massimo. Ora anche il rettangolo della sezione normale dell'angolo sferico e del diametro sta al rettangolo di un circolo massimo e del diametro come la sezione normale sta ad un circolo massimo (444, C. 1°), dunque l'angolo sferico è equivalente al rettangolo della sua sezione normale e di un diametro (429, C. 2°).

Corollario 1°. — Un poligono sferico convesso è equivalente alla metà del suo eccesso (378, C. 4°), quindi:

Un poligono sferico convesso è equivalente al rettangolo della sezione normale del suo eccesso e del raggio della sua sfera.

Esiste sempre una grandezza summultipla di un poligono sferico secondo qualunque numero dato.

Teorema 2° — Il solido di un angolo sferico è equivalente ad un tetraedro che ha un'altezza uguale al raggio e per base corrispondente l'angolo sferico.

Infatti il solido di un angolo sferico sta al solido della sua sfera come l'angolo sferico sta alla sfera (467, C. 2°), ossia il solido di un angolo sferico sta ad un tetraedro che ha un'altezza uguale al raggio e per base corrispondente la sfera (419, C. 5°), come l'angolo sferico sta alla sfera. Ora anche un tetraedro che ha un'altezza uguale al raggio e per base corrispondente l'angolo sferico, sta ad un tetraedro che ha un'altezza uguale al raggio e per base corrispondente la sfera, come l'angolo sferico sta alla sfera (445, C. 1°), dunque il solido dell'angolo sferico è equivalente ad un tetraedro che ha un'altezza uguale al raggio della sua sfera e per base corrispondente l'angolo sferico (429, C. 2°).

Corollario 2° — Un angolo sferico è equivalente al rettangolo della sua sezione normale e di un diametro, quindi è doppio del rettangolo della sua sezione normale e del raggio. Ne segue che il solido di un angolo sferico è i due terzi del parallelepipedo del quadrato del raggio e della sua sezione normale. Esiste sempre una grandezza summultipla del solido di un angolo sferico secondo qualunque numero dato.

469. **Teorema 1°** — Due zone o calotte sferiche, che hanno altezze uguali, stanno fra loro come i raggi delle loro sfere.

Infatti una zona o calotta sferica è equivalente al rettangolo della sua altezza e di un circolo massimo della sua sfera (418, C. 2°), quindi se due zone o calotte sferiche hanno uguali le altezze, stanno fra loro come i rettangoli di queste altezze e dei circoli massimi delle loro sfere, ossia come questi circoli massimi (444, C. 1°), ossia come i loro raggi (463, T. 1°).

Teorema 2° — Due angoli sferici, compresi da diedri al centro uguali, stanno fra loro come i quadrati dei raggi.

Un angolo sferico è equivalente al rettangolo della sua sezione normale e del diametro della sua sfera (468, T. 1°), quindi due angoli sferici stanno fra loro come i rettangoli delle loro sezioni normali e dei diametri delle loro sfere. Se i due angoli sferici sono compresi da diedri al centro uguali, i due rettangoli sono simili, considerando come corrispondenti i lati uguali ai diametri ed i lati equivalenti alle sezioni normali, poichè in questo caso la ragione dei primi è uguale a quella dei raggi e quindi a quella dei secondi (463, T. 2°). Ora sappiamo che due poligoni simili stanno fra loro come i quadrati di due lati corrispondenti, dunque questi due rettangoli, e perciò i due angoli sferici, stanno fra loro come i quadrati dei raggi.

Teorema 3° — I solidi di due angoli sferici, compresi da diedri al centro uguali, stanno fra loro come i cubi dei raggi.

Il solido di un angolo sferico è i due terzi del parallelepipedo della sua sezione normale e del quadrato del raggio (468, C. 2°), quindi i solidi di due angoli sferici stanno fra loro come i parallelepipedi dei quadrati dei raggi e delle sezioni normali. Se i due angoli sferici sono compresi da diedri al centro uguali, due parallelepipedi rettangoli equivalenti ai loro solidi sono simili, considerando come corrispondenti gli spigoli uguali ai raggi e gli spigoli uguali alle sezioni normali, poichè in questo caso la loro ragione è pure uguale a quella dei raggi (463, T. 2°). Ora sappiamo che due poliedri simili stanno fra loro come i cubi di due lati corrispondenti (459, C. 2°), dunque questi due parallelepipedi rettangoli, e perciò i solidi dei due angoli sferici, stanno fra loro come i cubi dei raggi.

Corollarî. — 1° Due sfere stanno fra loro come i quadrati dei raggi.

I solidi di due sfere stanno fra loro come i cubi dei raggi.

2° È costante la ragione di una sfera e del quadrato del suo diametro, ed uguale alla ragione di un circolo e del suo diametro.

È costante la ragione del solido di una sfera e del cubo del suo raggio, ed uguale a quattro terzi della ragione di un circolo e del suo diametro.

3° Due angoli sferici, compresi da diedri al centro uguali, ed in particolare due sfere, stanno fra loro come il raggio del primo sta al segmento terzo proporzionale rispetto a questo raggio ed a quello dell'altro (451, T. 2°).

4° I solidi di due angoli sferici, compresi da diedri al centro uguali, ed in particolare i solidi di due sfere, stanno fra loro come il raggio del primo sta al segmento quarto proporzionale rispetto a questo raggio ed a quello dell'altro (459, T. 2°).

LIBRO VI.

TEORIA DELLA MISURA

I. Generalità sulla misura delle grandezze.

470. Corollario. — Dato un arco qualunque $\widehat{AB}$ possiamo sempre prendere una sua parte $\widehat{AC'}$ in modo che un arco multiplo di essa, secondo un dato numero, per esempio 3, sia minore di $\widehat{AB}$, ciò è evidente perchè basta per esempio dividere $\widehat{AB}$ in 4 parti uguali e prendere per $\widehat{AC'}$ una di esse. Ora se C′, C″ sono punti di $\widehat{AB}$ e se $\widehat{BC''} \equiv \widehat{2AC'}$, ab-

biamo $\widehat{C'C''} \equiv \widehat{AB} - \widehat{3AC'}$ e $\widehat{C'C''}$ decresce indefinitamente quando i punti C′, C″ si movono sull'arco rispettivamente nel senso $\widehat{AB}$ o $\widehat{BA}$; infatti, preso un arco qualunque $\widehat{A'B'}$, sullo stesso circolo di $\widehat{AB}$, si può sempre fare in modo che sia $\widehat{C'C''} < \widehat{A'B'}$, basta prendere $\widehat{AB} - \widehat{3AC'} < \widehat{A'B'}$, ossia $\widehat{3.AC'} < \widehat{AB} - \widehat{A'B'}$, ciò che abbiamo veduto essere sempre possibile. Gli archi $\widehat{AC'}$, $\widehat{AC''}$ si possono considerare come due archi variabili convergenti, esiste dunque un arco $\widehat{AC}$ che è il loro limite. Evidentemente abbiamo $\widehat{AC} \equiv \frac{\widehat{AB}}{3}$.

Dato un arco, sullo stesso suo circolo, *esiste* sempre un altro arco summultiplo di esso secondo un numero qualunque dato.

Se ne deduce pure che *esiste* sempre un angolo, o un diedro, summultiplo di un dato angolo, o diedro, secondo qualunque numero dato, ecc. ecc.

Per ciascuna delle grandezze fin qui considerate abbiamo dimostrato l'*esistenza* di una grandezza summultipla secondo qualunque numero dato, nelle seguenti ricerche intenderemo sempre di riferirci a grandezze che godano di questa proprietà. Supporremo pure nota l'Algebra elementare, ed introdurremo i simboli di cui essa si serve.

471. Dato un numero qualunque m, intero e positivo, e data una grandezza A, esiste sempre una grandezza $B = mA$, multipla di A secondo m, ed una grandezza $C = \frac{1}{m} A$, summultipla di A secondo m. Questi simboli si prestano a rappresentare convenientemente molti dei risultati ottenuti, così abbiamo per esempio:

Corollarî. — 1° Se $A = mB$ possiamo porre $B = \frac{1}{m} A$, (347, D. 2ª).

2° Se $A = mB$, $B = nC$, si può porre $A = mnC$; se $A = \frac{1}{m} B$, $B = \frac{1}{n} C$ si può porre $A = \frac{1}{mn} C$ (347).

3° La grandezza multipla di $\frac{1}{n} A$ secondo mn è la grandezza multipla secondo m della grandezza multipla secondo n di $\frac{1}{n} A$, ossia di A; perciò possiamo porre

$$mn \frac{1}{n} A = \frac{mn}{n} A = mA.$$

4° Se $mA = nB$, ossia $\frac{1}{n} A = \frac{1}{m} B$, ed $A \gtreqless B$, si deduce che $m \lesseqgtr n$, perchè se $A > B$ non può essere $m \geqq n$, poichè allora sarebbe $mA > nB$, quindi deve essere $m < n$; così pure se $A \leqq B$ si vede analogamente che deve essere $m \geqq n$.

5° Se $mA \gtreqless nB$, ossia $\frac{1}{n} A \gtreqless \frac{1}{m} B$, e se $A = B$, deve essere $m \gtreqless n$. Infatti se $mA > nB$ non può essere $m \leqq n$, perchè sarebbe $mA \lesseqgtr nB$, quindi deve essere $m > n$; così pure se $mA \lesseqgtr nB$ si vede analogamente che deve essere $m \lesseqgtr n$.

6° Se $A = mB + nB + pB + \ldots\ldots$, possiamo porre $A = (m + n + p + \ldots) B$.

7° Se $A = mB - nB$ possiamo porre $A = (m - n) B$.

I. Grandezze commensurabili ed incommensurabili.

472. Definizione. — 1ª Una grandezza si dice *multipla comune*, o *summultipla comune*, rispetto a più grandezze date, quando è multipla, o summultipla di ciascuna di esse.

Corollarî. — 1° Tutte le grandezze multiple, o summultiple, di una multipla comune, o summultipla comune, rispetto a più grandezze date, sono pure multiple comuni, o summultiple comuni, rispetto ad esse.

Se esiste una grandezza multipla comune, o summultipla comune, rispetto a date grandezze, ne esiste un numero illimitato.

Se $A = mB = nC = pD = \ldots$, e se $A' = qA$, abbiamo $A' = qA = mqB = nqC = pqD = \ldots.$ (349, T.). Se invece $A = \frac{1}{m} B = \frac{1}{n} C = \frac{1}{p} D = \ldots$, e se $A' = \frac{1}{q} A$, abbiamo $A' = \frac{1}{q} A = \frac{1}{mq} B = \frac{1}{nq} C = \frac{1}{pq} D = \ldots$ (350, T.) (421).

2° Se rispetto a più grandezze date esistono multiple comuni, esistono pure summultiple comuni, e viceversa.

Supponiamo, per esempio, che rispetto alle due grandezze A, B esistano multiple comuni, ed una sia $C = mA = nB$, avremo $\frac{1}{mn} C = \frac{1}{n} A = \frac{1}{m} B$, ed $\frac{1}{mn} C$ sarà una summultipla comune rispetto ad A, B. Viceversa, se esistono, per esempio, summultiple comuni di A, B, e se una è $D = \frac{1}{m} A = \frac{1}{n} B$, abbiamo $mnD = nA = mB$, ed mnD è una grandezza multipla comune rispetto ad A, B.

Definizione. — 2ª Se date grandezze hanno multiple comuni, la minore tra tutte si dice la loro *minima multipla comune;* se date grandezze hanno summultiple comuni, la maggiore tra esse si dice la loro *massima summultipla comune.*

Corollario. — 3° Se $A = mB$, è chiaro che A è la minima multipla comune rispetto ad A, B, e che B è la massima summultipla comune, pure rispetto ad A, B.

473. Evidentemente esistono grandezze che ammettono multiple comuni e summultiple comuni, ora, cercando di stabilire una regola per trovare fra esse la minima e la massima, vedremo discendere naturalmente che esistono anche grandezze le quali non ammettono multiple comuni e summultiple comuni.

Definizione. — Due o più grandezze si dicono *commensurabili* o *incommensurabili* fra loro, secondochè ammettono o no grandezze multiple e grandezze summultiple comuni (472, C. 1°, 2°).

Corollarî. — 1° Se due grandezze sono commensurabili, o incommensurabili, evidentemente anche due grandezze ad esse equivalenti sono commensurabili, o incommensurabili.

2° Se più grandezze sono commensurabili, o incommensurabili, con un'altra, anche la loro somma è evidentemente commensurabile, o incommensurabile, con essa.

3° Una grandezza differenza di grandezze commensurabili, o incommensurabili, con un' altra, è pure commensurabile, o incommensurabile, con essa.

474. Definizioni. — 1ª *Dividere* una grandezza, *dividendo*, per un'altra non maggiore di essa, *divisore*, significa vedere quante volte la prima grandezza contiene (422, D.) la seconda.

2ª Date due grandezze, se la prima non è multipla della seconda, e la contiene m volte, è equivalente ad una grandezza multipla della seconda, secondo m, più un'altra grandezza che si dice *resto.*

Se la grandezza A contiene m volte la grandezza B, e non è $A = mB$, ma bensì $mB < A < (m+1)B$, abbiamo $A = mB + R$. Il dividendo è A, B è il divisore, R è il resto, e naturalmente $R < B$.

475. **Teorema 1°** — Data una grandezza dividendo ed una grandezza divisore, ogni summultipla comune è pure summultipla del resto.

Infatti, se A è la grandezza dividendo, B la grandezza divisore, ed R il resto, possiamo porre $A = mB + R$, o anche $R = A - mB$. Ora, supposto che una grandezza C sia summultipla comune rispetto ad A, B, e precisamente sia $A = pC$, $B = qC$, troviamo $R = pC - mqC = (p - mq)\,C$, ossia $C = \frac{1}{p - mq} R$, dunque il teorema è dimostrato.

Teorema 2° — Data una grandezza dividendo ed una grandezza divisore, ogni summultipla comune del divisore e del resto è pure summultipla del dividendo.

Infatti se A è la grandezza dividendo, B la grandezza divisore, ed R il resto, possiamo porre $A = mB + R$. Ora, supponendo che una grandezza C sia summultipla comune rispetto a B ed R, e precisamente sia $B = pC$, $R = qC$, troviamo $A = mpC + qC = (mp + q)\,C$, ossia $C = \frac{1}{mp + q} A$, ed il teorema è dimostrato.

Teorema 3° — La massima summultipla comune di una grandezza dividendo e di una grandezza divisore è anche la massima summultipla comune della grandezza divisore e del resto.

Se A è la grandezza dividendo, B la grandezza divisore, ed R il resto, sappiamo che ogni summultipla comune di A, B è anche summultipla comune di B, R (475, T. 1°), e viceversa ogni summultipla comune di B, R è anche summultipla comune di A, B (475, T. 2°), dunque la massima summultipla comune di A, B è massima summultipla comune di B, R.

476. Problema 1° — Date due grandezze commensurabili, trovare la loro massima summultipla comune.

Siano A, B due date grandezze commensurabili. Se $A=B$, la loro massima summultipla comune è evidentemente equivalente ad esse; se $A>B$, o abbiamo $A=mB$, ed allora la massima summultipla comune di A, B è B (472, C. 3°), o abbiamo $A=mB+R$, ed allora la massima summultipla comune di B, R è anche quella di A, B (475, T. 3°). Essendo $B>R$, o abbiamo $B=nR$, ed allora la massima summultipla comune di A, B è R, o abbiamo $B=nR+R_1$ ed allora la massima summultipla comune di R, R_1 è anche quella di B, R, e quindi di A, B. Essendo $R>R_1$, o abbiamo $R=pR_1$, ed allora la massima summultipla comune di A, B è R_1, o abbiamo $R=pR_1+R_2$, ed allora la massima summultipla comune di R_1, R_2 è anche quella di R, R_1, di B, R, di A, B. Proseguendo in questo modo, se arriviamo ad un resto che sia summultiplo del precedente, siamo sicuri che questo resto è la grandezza massima summultipla comune fra A, B. Possiamo poi dimostrare che, essendo per ipotesi A, B commensurabili, cioè esistendo per ipotesi una grandezza C massima summultipla comune, si deve necessariamente arrivare ad un resto summultiplo del precedente. Siano R, R_1, R_2, R_3, R_4,... i successivi resti. Essendo $A=mB+R$ e $B>R$, si trova $A>2R$, ossia $R<\frac{1}{2}A$; essendo $R=pR_1+R_2$ ed $R_1>R_2$, si trova $R>2R_2$, ossia $R_2<\frac{1}{2}R$, per cui $R_2<\frac{1}{4}A$; analogamente si deduce che $R_4<\frac{1}{8}A$, ecc. ecc. Se non si avesse mai un ultimo resto, se ne potrebbe sempre trovare uno minore di C, perchè $\frac{1}{2}A$, $\frac{1}{4}A$, $\frac{1}{8}A$,... decrescono indefinitamente; ma ciò è assurdo perchè C, essendo summultipla comune di A, B, deve dividere tutti i resti successivi, dunque si deve necessariamente trovare un ultimo resto, che sarà la grandezza massima summultipla comune cercata.

Corollario. — Se le due grandezze date sono incommensurabili, applicando l'operazione di cui ci siamo serviti per risolvere il problema precedente, non si arriva mai ad un ultimo resto, e viceversa.

Problema 2° — Date due grandezze commensurabili, trovare la loro minima multipla comune.

Se le date grandezze commensurabili sono A, B, e se la loro massima summultipla comune, che sappiamo sempre trovare (476, Pr. 1°), è $C = \frac{1}{m} A = \frac{1}{n} B$, abbiamo $nA = mB = D$, e D è la minima multipla comune che si cerca. Infatti, presa un'altra grandezza multipla comune $D' = n'A = m'B$, si ha $\frac{1}{m'} A = \frac{1}{n'} B = C'$, e C' è una summultipla comune minore della massima C, quindi $\frac{1}{m} A > \frac{1}{m'} A$, ossia $m < m'$ (471, C. 5°), e perciò $mB < m'B$, ossia $D' > D$.

477. I seguenti teoremi ci forniscono esempî importanti di grandezze incommensurabili.

Teorema 1° — Due segmenti sono incommensurabili, se il quadrato di uno è equivalente al rettangolo dell'altro e della loro differenza.

Se un segmento AB è diviso da un suo punto D in modo che sia $\overline{AD}^2 = \overline{AB} . \overline{BD}$ (362, C. 3°), i segmenti AB, AD sono incommensurabili.

Se ABC è un triangolo isoscele, e se l'angolo $\widehat{A . BC}$ è la metà degli angoli $\widehat{B . CA}$, $\widehat{C . AB}$ (114, Pr.), essendo $\overline{AD}^2 = \overline{AB} . \overline{BD}$,

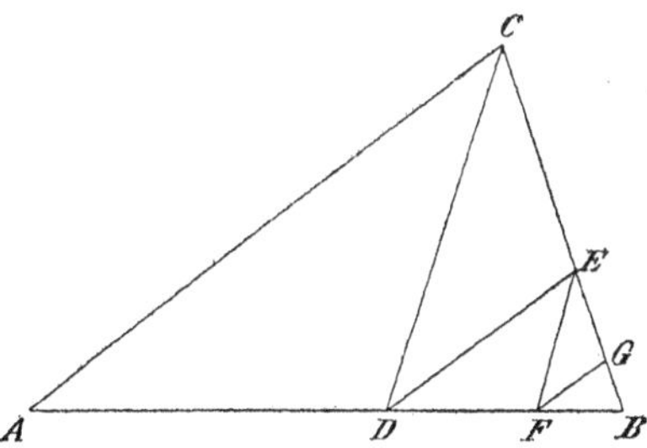

abbiamo $AD \equiv CD \equiv BC$ (362, C. 3°), e BCD è pure un triangolo isoscele che ha ciascuno dei due angoli uguali doppio del rimanente.

Applichiamo ai segmenti AB, AD la regola stabilita (476, Pr. 1°) per trovare il segmento massimo summultiplo comune, se esiste. Dividendo AB per AD troviamo BD come resto, ora dobbiamo dividere AD per BD. La retta DE, parallela ad AC e condotta per D, incontri BC in E; l'angolo $\widehat{C.DB}$ essendo la metà di $\widehat{B.CA}$ è pure la metà di $\widehat{C.AB}$, e quindi uguale a $\widehat{C.DA}$, ma evidentemente $\widehat{D.EC} \equiv \widehat{C.DA}$, dunque $\widehat{D.EC} \equiv \widehat{C.DB}$, il triangolo CDE è isoscele, e DE ≡ CE. Anche BDE è isoscele e BD ≡ BE, dunque BD ≡ CE, e BE è il resto della divisione di BC, ossia AD, per BD. Ora dobbiamo dividere BD per BE. Se la retta EF, parallela a CD e condotta per E, incontra la AB in F, evidentemente EFB è isoscele e ciascuno dei suoi angoli uguali è doppio del rimanente, per cui EB ≡ EF ≡ FD, ed il resto della divisione di BD per BE è BF. Dividendo BE per BF, se la retta FG, parallela ad AC e condotta per F, sega BC in G, troviamo BG per resto. Proseguendo con queste costruzioni è chiaro che si trovano tutti i successivi resti, che andranno indefinitamente decrescendo, senza mai trovarne uno summultiplo del precedente, dunque i due segmenti AB, AD sono incommensurabili (476, C.).

Teorema 2° — Una diagonale di un quadrato ed uno dei lati sono due segmenti incommensurabili.

Dato un quadrato ABCD è noto che una diagonale AC è maggiore di un lato AB. Dividiamo AC per AB; se sopra AC prendiamo il punto E, in modo che sia AE ≡ AB, il resto è EC, poichè essendo AC < AB + BC, ossia AC < 2 AB, il segmento AB non può essere contenuto in AC più di nna volta. Adesso dividiamo BC per il primo resto CE, se nel piano del quadrato conduciamo la retta EF perpendicolare ad AC, che incontri

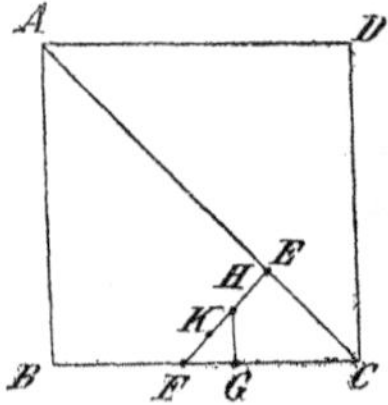

BC in F, si vede facilmente che CE ≡ EF ≡ BF, quindi CE è

contenuta due volte in BC, e se G è un punto di CF, tale che sia CE ≡ CG, il resto della divisione è FG. Proseguendo colle successive costruzioni dobbiamo dividere EC ≡ EF per FG, quindi ci troviamo nello stesso caso precedente, avremo un resto HK, ed FG sarà contenuta due volte in EF, e così di seguito, sempre l'ultimo resto sarà contenuto due volte nel penultimo e vi sarà ancora un resto, dunque i due segmenti AC, AB sono incommensurabili (476, C.).

2. *Misura di una grandezza rispetto ad una data unità.*

478. Teorema. — Date due grandezze commensurabili, se una loro summultipla comune è contenuta m volte in una ed n volte nell'altra, il numero $\frac{m}{n}$ è costante qualunque sia la summultipla comune che si considera.

Siano A, B due date grandezze commensurabili; se una summultipla comune è contenuta m volte in A ed n volte in B, e se un'altra summultipla comune è contenuta m' volte in A ed n' volte in B, abbiamo $nA = mB$, $n'A = m'B$ (472, C. 2°), da cui deduciamo $nm'A = mm'B$, $mn'A = mm'B$ (349, T.), quindi $nm'A = mn'A$, perciò $mn' = m'n$ (471, C. 4°, 5°), e finalmente $\frac{m}{n} = \frac{m'}{n'}$, relazione la quale esprime che il numero $\frac{m}{n}$ è costante.

Definizione. — Date due grandezze commensurabili, se una loro summultipla comune è contenuta m volte nella prima ed n volte nella seconda, il numero $\frac{m}{n}$ si chiama *misura* della prima grandezza, quando si prenda per *unità* la seconda.

Se $A = mC$, $B = nC$, o, ciò che è lo stesso, se $nA = mB$, la misura di A rispetto all'unità B è il numero $\frac{m}{n}$, la misura di B rispetto all'unità A è il numero $\frac{n}{m}$.

Qualora fosse $A = mB$, la misura di A rispetto all'unità B sarebbe m, e la misura di B rispetto all'unità A sarebbe $\frac{1}{m}$.

479. Corollari. — 1° Se $A = A'$, la misura di A rispetto ad U come unità è evidentemente uguale alla misura di A' pure presa rispetto ad U come unità (473, C. 1°), e viceversa.

2° Se $nA = mU$, $n'A' = m'U'$ troviamo che $nm'A = mm'U$, $mn'A' = mm'U$, per cui $nm'A = mn'A'$. Ora, supposto $A \gtreqless A'$, deve essere $nm' \lesseqgtr mn'$ (471, C. 4°), e quindi $\frac{m}{n} \gtreqless \frac{m'}{n'}$. Analogamente si dimostra che se $\frac{m}{n} \gtreqless \frac{m'}{n'}$ è $A \gtreqless A'$.

Date due grandezze, se la prima è maggiore o minore della seconda, e se sono commensurabili con una stessa unità, la misura della prima è maggiore o minore della misura della seconda, e viceversa.

3° Se $n_1 A_1 = m_1 U$, $n_2 A_2 = m_2 U, \ldots$, abbiamo subito $A_1 = \frac{m_1}{n_1} U$, $A_2 = \frac{m_2}{n_2} U, \ldots$, da cui si deduce, avendo posto $\frac{m}{n} = \frac{m_1}{n_1} + \frac{m_2}{n_2} + \ldots$, $A = A_1 + A_2 + \ldots$, che $A = \frac{m}{n} U$. Analogamente si dimostra che se $A = \frac{m}{n} U$, la grandezza A è somma delle $A_1, A_2, \ldots$

Date più grandezze, commensurabili rispetto ad una stessa unità, la somma delle loro misure è la misura della loro somma (473, C. 2°), e viceversa.

4° Avendo detto (344, D.) che se una grandezza è somma di altre grandezze, ciascuna di esse è differenza della somma e delle altre, deduciamo dal corollario precedente che:

Data una grandezza differenza di altre, commensurabili con una stessa unità, la misura della differenza (473, C. 3°) è la differenza delle misure delle altre grandezze.

480. Teorema. — Se due variabili convergenti sono commensurabili rispetto ad una stessa unità, le loro misure sono due numeri, uno continuamente crescente e l'altro continuamente decrescente, la cui differenza decresce indefinitamente.

Siano $V < W$ le due date variabili convergenti, commensurabili rispetto ad una stessa unità U, in modo che si abbia $nV = mU$, $n'W = m'U$, e quindi siano $\frac{m}{n}$, $\frac{m'}{n'}$ due numeri, variabili, misure di V, W. Considerato uno stato qualunque V della variabile decrescente, ne esiste sempre un altro $V_1 < V$, supposto che sia $\frac{m_1}{n_1}$ la misura di V_1, sappiamo che $\frac{m_1}{n_1} < \frac{m}{n}$ (479, C. 2°), dunque $\frac{m}{n}$ è continuamente decrescente. Considerato uno stato qualunque W della variabile crescente, ne esiste sempre un altro $W_1 > W$, supposto che sia $\frac{m'_1}{n'_1}$ la misura di W_1, sappiamo che $\frac{m_1'}{n_1'} > \frac{m'}{n'}$ (479, C. 2°), dunque $\frac{m'}{n'}$ è continuamente crescente. Ora sia $\frac{p}{q}$ un numero razionale qualunque, esiste sempre una grandezza pU ed una sua summultipla secondo q (470), sia $A = \frac{p}{q} U$. Poichè $V - W$ decresce indefinitamente, potremo prendere sempre $V - W < A$, ossia $\frac{m}{n} U - \frac{m'}{n'} U < \frac{p}{q} U$; ma la misura di $\frac{m}{n} U - \frac{m'}{n'} U$ è $\frac{m}{n} - \frac{m'}{n'}$ (479, C. 4°), la misura di $\frac{p}{q} U$ è $\frac{p}{q}$, dunque avremo $\frac{m}{n} - \frac{m'}{n'} < \frac{p}{q}$ (479, C, 2°), ciò mostra che la differenza delle misure di V, W decresce indefinitamente.

Corollario. — Abbiamo convenuto, concedendo un postulato, di ammettere l'esistenza di una grandezza limite di due variabili convergenti. Le loro misure sono due numeri variabili razionali, uno continuamente decrescente e l'altro continuamente crescente, tali che la loro differenza decresce indefinitamente, e nell'Algebra esprimiamo questa proprietà con un postulato analogo, convenendo di dire che esiste un numero, razionale o irrazionale, limite dei due numeri variabili.

481. Teorema 1° — Se due variabili convergenti e la loro grandezza limite sono commensurabili con una stessa unità, le misure delle due variabili hanno per limite la misura del limite.

Infatti se $L = lim. (V, W)$, e se le misure di L, V, W, rispetto ad una unità U colla quale siano commensurabili, sono i numeri $l, \frac{m}{n}, \frac{m'}{n'}$, essendo $V > L > W$ abbiamo $\frac{m}{n} > l > \frac{m'}{n'}$, e quindi l è limite di $\frac{m}{n}, \frac{m'}{n'}$ (480, C.).

Teorema 2° — Se le variabili convergenti di due coppie sono commensurabili con una stessa unità, ed hanno limiti equivalenti, le loro misure hanno limiti uguali.

Sia $L = lim. (V, W)$, $L_1 = lim. (V_1, W_1)$, $L = L_1$, siano V, W, V_1, W_1 commensurabili con una stessa unità U, e siano rispettivamente $\frac{m}{n}, \frac{m'}{n'}$; $\frac{m_1}{n_1}, \frac{m_1'}{n_1'}$ le loro misure, l, l_1 i loro limiti, per cui potremo porre $\frac{m}{n} > l > \frac{m'}{n'}$, $\frac{m_1}{n_1} > l_1 > \frac{m_1'}{n_1'}$. Essendo equivalenti i limiti L, L_1 avremo sempre $V > W_1$, $V_1 > W$ (392, T. 1°), e per ogni stato di V potremo trovare uno stato minore di V_1, per ogni stato di W potremo trovare uno stato maggiore di W_1 (387, T. 1°). Ne segue che per uno stato qualunque del numero $\frac{m}{n}$ ne esisterà uno minore di $\frac{m_1}{n_1}$, ma $\frac{m_1}{n_1} > l_1$, dunque $\frac{m}{n} > l_1$; per uno stato qualunque del numero $\frac{m'}{n'}$ ne esisterà uno maggiore di $\frac{m_1'}{n_1'}$, ma $\frac{m_1'}{n_1'} < l_1$, dunque $\frac{m'}{n'} > l_1$, ed abbiamo $\frac{m}{n} > l_1 > \frac{m'}{n'}$. Essendo l, l_1 compresi fra $\frac{m}{n}, \frac{m'}{n'}$, sappiamo dall'Algebra che si pone $l = l_1$.

482. I teoremi precedenti giustificano la seguente estensione della definizione per la misura di una grandezza, la quale definizione, nel caso di grandezze commensurabili, racchiude quella già data.

Definizione. — Si dice *misura* di una grandezza, limite di due variabili convergenti, commensurabili rispetto ad una stessa grandezza, *unità*, il numero limite delle misure delle due variabili.

Teorema. — Una grandezza data, rispetto ad una data unità, ha sempre una misura, ed una sola.

Sia A la grandezza data, ed U la data unità. Se A ed U sono commensurabili, è chiaro che A ha sempre una misura rispetto ad U, ed una sola (478, T.). Supponiamo ora che A ed U siano incommensurabili. Presa una grandezza $nA > U$, ciò che è sempre possibile, anche se $A < U$, tra le successive grandezze multiple di U nessuna sarà equivalente ad nA, perchè per ipotesi A ed U sono incommensurabili, e due consecutive mU, $(m+1)U$ comprenderanno nA, per cui avremo $mU < nA < (m+1)U$, ovvero $\frac{m}{n}U < A < \frac{m+1}{n}U$. Essendo $\frac{m+1}{n}U - \frac{m}{n}U = \left(\frac{m+1}{n} - \frac{m}{n}\right)U = \frac{1}{n}U$ è chiaro che, aumentando n, la differenza delle variabili $\frac{m+1}{n}U$, $\frac{m}{n}U$ decresce indefinitamente, e che gli stati *successivamente decrescenti* della prima e gli stati *successivamente crescenti* della seconda si possono considerare come stati successivi di due variabili convergenti V, W, che hanno per limite A. Ora V, W sono evidentemente grandezze commensurabili con U, dunque A, rispetto all'unità U, ha una misura, ed una sola (481, T. 2°).

Corollario. — Inversamente, data l'unità di misura U, un numero qualunque l è misura di una grandezza A. Se l è razionale, supponiamo $l = \frac{p}{q}$, la grandezza $A = \frac{p}{q}U$ ha per misura l, rispetto all'unità U. Se l è irrazionale si può sempre considerare come limite di numeri razionali $\frac{m}{n}$, $\frac{m'}{n'}$, il primo continuamente decrescente, il secondo continuamente crescente, e tali che il primo sia sempre maggiore del secondo, mentre la loro differenza decresca indefinitamente. Ora si vede subito che $V = \frac{m}{n} U$, $W = \frac{m'}{n'} U$ sono due variabili convergenti, e se $A = lim. (V, W)$ (P. XI) l è la misura di A rispetto all'unità U.

483. Le considerazioni precedenti mettono bene in evidenza lo scopo della richiesta del nostro ultimo postulato, e dell'analogo che si domanda nell'Algebra.

484. **Corollari.** — 1° Se $A = A'$, la misura di A rispetto ad U come unità, anche quando A, U e quindi A', U sono incommensurabili (479, C. 1°), è uguale a quella di A' rispetto ad U come unità (385, T. 1°), e viceversa.

2° Sia $L = lim. (V, W)$, $L_1 = lim. (V_1, W_1)$, V, W; V_1, W_1 siano commensurabili con U, siano rispettivamente $\frac{m}{n}$, $\frac{m'}{n'}$; $\frac{m_1}{n_1}$, $\frac{m_1'}{n_1'}$ le loro misure, ed l, l_1 i limiti di queste misure, cioè le misure di L, L_1. Noi poniamo $L > L_1$ se $V > W_1$, senza essere sempre $V_1 > W$ (393, D.); ora, quando $V > W_1$, per ogni stato di V si può trovare uno stato minore di V_1 (387, T. 1°), quindi per ogni stato di $\frac{m}{n}$ si può trovare uno stato minore di $\frac{m_1}{n_1}$, e sappiamo dall'Algebra che in questo caso si dice $l > l_1$. Analogamente si dimostra che se $l > l_1$ si ha sempre $V_1 > W_1$, e quindi $L > L_1$.

Date due grandezze, se la prima è maggiore o minore della seconda, anche se sono incommensurabili con una stessa unità (479, C. 2°), la misura della prima è maggiore o minore della misura della seconda, e viceversa.

3° Se $L_1 = lim. (V_1, W_1)$, $L_2 = lim. (V_2, W_2)$, ..., e se $L = L_1 + L_2 + \ldots$, $V = V_1 + V_2 + \ldots$, $W = W_1 + W_2 + \ldots$, sappiamo che $L = lim. (V, W)$ (389, D.). Ora, se V_1, W_1; V_2, W_2; ... sono commensurabili con U, e le loro misure sono rispettivamente $\frac{m_1}{n_1}$, $\frac{m_1'}{n_1'}$; $\frac{m_2}{n_2}$, $\frac{m_2'}{n_2'}$; ..., anche V, W sono commensurabili con U (473, C. 2°), e le loro misure sono $\frac{m}{n}=\frac{m_1}{n_1}+\frac{m_2}{n_2}+,\ldots,\ \frac{m'}{n'}=\frac{m_1'}{n_1'}+\frac{m_2'}{n_2'}+\ldots$ (479, C. 3°). Chiamati $l_1, l_2,\ldots$ i limiti di $\frac{m_1}{n_1}, \frac{m_1'}{n_1'}; \frac{m_2}{n_2}, \frac{m_2'}{n_2'};\ldots$, cioè le misure di $L_1, L_2,\ldots$, la misura l di L è il limite di $\frac{m}{n}, \frac{m'}{n'}$, e sappiamo dall'Algebra che proprio in questo caso si pone $l=l_1+l_2+\ldots$ Analogamente si dimostra che se $l=l_1+l_2+\ldots$, il numero l è misura di una grandezza L limite di V, W, e quindi somma di $L_1, L_2,\ldots$

Date più grandezze, anche se sono incommensurabili rispetto ad una stessa unità (479, C. 3°), la somma delle loro misure è la misura della loro somma, e viceversa.

4° Dalla definizione stessa di differenza discende che:

Data una grandezza differenza di altre, anche se sono incommensurabili con una stessa unità (479, C. 4°), la misura della differenza è la differenza delle misure delle altre grandezze, e viceversa.

485. Teorema 1° — Date due grandezze ed una stessa unità, il rapporto della misura della prima per quella della seconda è costante, ed uguale alla misura della prima quando si prenda per unità la seconda.

Siano A, B le date grandezze, ed U la data unità di misura. Presa la grandezza $nB > U$, se nB contiene U m volte, sarà $mU \leqq nB < (m+1)\,U$, e la misura l_2 di B rispetto all'unità U sarà il limite dei numeri $\frac{m}{n}, \frac{m+1}{n}$ (482, T.). Presa la grandezza $n'A > B$, se $n'A$ contiene B m' volte, sarà $m'B \leqq n'A < (m'+1)B$, e la misura l di A rispetto all'unità B sarà il limite dei numeri $\frac{m'}{n'}, \frac{m'+1}{n'}$ (482, T.). Ora, essendo $mU \leqq nB < (m+1)\,U$, ne deduciamo che $mm'U \leqq m'nB$, $(m+1)(m'+1)U > n(m'+1)B$, ed essendo $m'B \leqq n'A < (m'+1)B$ ne deduciamo che $m'nB \leqq n'nA$, $n(m'+1)B > nn'A$, dunque evidentemente si ha $mm'U \gtreqless nn'A < (m+1)(m'+1)U$. Si vede così che la misura l_1 di A rispetto all'unità U è il limite dei numeri $\frac{mm'}{nn'}$, $\frac{(m+1)(m'+1)}{nn'}$ (482, T.), avendo poi dimostrato che l_2 è limite dei numeri $\frac{m}{n}$, $\frac{m+1}{n}$, e che l è limite dei numeri $\frac{m'}{n'}$, $\frac{m'+1}{n'}$, siccome $\frac{mm'}{nn'} : \frac{m}{n} = \frac{m'}{n'}$, e $\frac{(m+1)(m'+1)}{nn'} : \frac{m+1}{n} = \frac{m'+1}{n'}$, sappiamo dall'Algebra che in questo caso si pone $l = \frac{l_1}{l_2}$, dunque il teorema è dimostrato.

Corollario. — 1° Questo teorema può servire per *cambiare l'unità di misura*. Se la misura di A rispetto ad U è l, presa un'altra unità di misura U', la cui misura rispetto ad U sia l', la misura di A rispetto ad U' è $\frac{l}{l'}$.

Teorema 2° — Se quattro grandezze formano una proporzione, la misura della prima sta alla misura della seconda, presa rispetto alla stessa unità, come la misura della terza sta alla misura della quarta, presa rispetto alla stessa unità.

Sia data la proporzione $A : B :: C : D$, se a, b sono le misure di A, B, rispetto ad una stessa unità U_1, e se c, d sono le misure di C, D, rispetto ad una stessa unità U_2, tra i numeri a, b, c, d esiste la proporzione $a : b :: c : d$. Infatti se prendiamo due grandezze nA, nC, equimultiple di A, C, sappiamo che, qualunque sia n, devono contenere rispettivamente B, D uno stesso numero m di volte, in modo che si avrà $mB \gtreqless nA < (m+1)B$, $mD \gtreqless nC < (m+1)D$, e le misure l, l' di A, C rispetto alle unità B, D saranno uguali, perchè limiti ambedue di $\frac{m}{n}$, $\frac{m+1}{n}$; ma abbiamo dimostrato che $l = \frac{a}{b}$, $l' = \frac{c}{d}$ (485, T. 1°), dunque $\frac{a}{b} = \frac{c}{d}$, ossia $a : b :: c : d$.

Corollario. — 2° Quando due coppie di grandezze formano ragioni uguali, sono uguali i rapporti delle loro misure.

Si potrebbe facilmente dimostrare la proprietà inversa.

II. Applicazioni della teoria della misura.

1. Misura delle grandezze elementari.

486. Riguardo alla misura delle grandezze elementari, oltre alle considerazioni che abbiamo svolte, sono solamente necessarie poche osservazioni speciali, relative alle unità di misura che comunemente si scelgono.

487. Nell'Aritmetica si insegna a misurare i segmenti scegliendo come unità un segmento chiamato *metro*, che è diviso in dieci parti uguali chiamate *decimetri*, ciascuna delle quali è divisa in dieci parti uguali chiamate *centimetri*, ciascuna delle quali è divisa in dieci parti uguali chiamate *millimetri*, ecc. ecc.

488. Per misurare gli angoli si sceglie ordinariamente come unità un angolo retto, che viene diviso in 90 parti uguali chiamate *gradi*, ciascuno dei quali viene diviso in 60 parti uguali chiamate *minuti primi*, ciascuno dei quali viene diviso in 60 parti uguali chiamate *minuti secondi*, ecc. ecc.

Se un circolo è diviso in 360 parti uguali ciascuna è un arco compreso in un angolo al centro uguale ad un grado, il quale arco pure si chiama *grado*. Dividendo ciascun grado del circolo in 60 parti uguali ciascuna, sarà un arco compreso in un angolo al centro uguale ad un minuto primo, e che pure si chiama *minuto primo*. Dividendo ciascun minuto primo del circolo in 60 parti uguali ciascuna, sarà un arco compreso in un angolo al centro uguale ad un minuto secondo, e che pure si chiama *minuto secondo*, ecc., ecc.

Corollario. — Sapendo che in uno stesso circolo due archi stanno fra loro come gli angoli al centro che li comprendono, ne deduciamo che, dati due archi, la misura del primo, quando si prenda per unità il secondo, è uguale alla misura dell'angolo al centro che comprende il primo, quando si prenda per unità l'angolo al centro che comprende il secondo.

Un arco e l'angolo al centro che lo comprende contengono uno stesso numero di gradi, minuti primi, minuti secondi, ecc.

489. Per misurare i diedri si sceglie ordinariamente come unità un diedro retto, che viene diviso in 90 parti uguali chiamate *gradi*, ciascuno dei quali viene diviso in 60 parti uguali chiamate *minuti primi*, ciascuno dei quali viene diviso in 60 parti uguali chiamate *minuti secondi*, ecc. ecc.

Corollario. — Sapendo che due diedri stanno fra loro come le loro sezioni normali, ne deduciamo che, dati due diedri, la misura del primo, quando si prenda per unità il secondo, è uguale alla misura della sezione normale del primo, quando si prenda per unità la sezione normale del secondo.

Un diedro e la sua sezione normale comprendono uno stesso numero di gradi, minuti primi, minuti secondi, ecc.

2. *Misura dei poligoni e dei poliedri.*

490. Quando si tratta di misurare una linea, o una superficie, o un solido, conveniamo di prendere come unità un segmento, o il suo quadrato, o il suo cubo.

Definizione. — La *lunghezza* di una linea, o l'*area* di una superficie, o il *volume* di un solido, è la misura della linea, o della superficie, o del solido.

Riterremo determinata una lunghezza, un'area, o un volume, se ciò sia ridotto a trovare la lunghezza di dati segmenti.

Corollario. — La lunghezza, o l'area, o il volume, della somma o della differenza di date linee, o superficie, o solidi, è la somma o la differenza delle loro lunghezze, o aree, o volumi (484).

491. Teorema 1° — Il prodotto delle lunghezze di due segmenti sta al prodotto delle lunghezze di altri due, come l'area del rettangolo dei primi sta all'area del rettangolo dei secondi.

Dati i rettangoli R, R', dei segmenti CA, CB e C'A', C'B', costruiamo il rettangolo R'' dei segmenti C''A'' ≡ C'A', C''B'' ≡ CB. Avremo evidentemente che $R : R'' :: \mathrm{CA} : \mathrm{C''A''}$, e

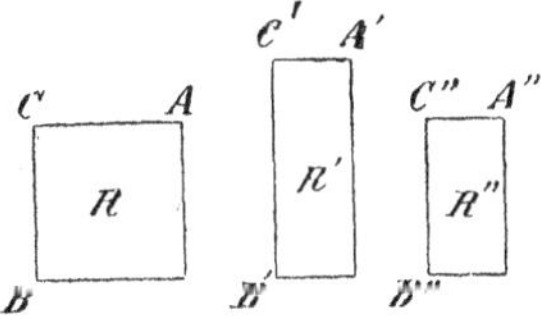

che $R'' : R' :: \mathrm{C''B''} : \mathrm{C'B'}$ (444. C. 1°). Ora, chiamando r, r', r'' le aree dei rettangoli R, R', R'', chiamando a, b le lunghezze di CA, CB ≡ C''B'' ed a', b' le lunghezze di C'A' ≡ C''A'', C'B', abbiamo (485, T. 2°) $\frac{r}{r''} = \frac{a}{a'}$, $\frac{r''}{r'} = \frac{b}{b'}$, da cui deduciamo $\frac{r}{r''} \cdot \frac{r''}{r'} = \frac{a}{a'} \cdot \frac{b}{b'}$, ossia $\frac{r}{r'} = \frac{a \cdot a'}{b \cdot b'}$, relazione che dimostra il teorema enunciato.

Corollario. — 1° Se R' è il quadrato unità di misura, abbiamo $r' = 1$, $a' = b' = 1$, e quindi $r = a \cdot b$.

« L'area del rettangolo di due segmenti è il prodotto delle « loro lunghezze ».

« L'area di un quadrato è la seconda potenza della lun- « ghezza di un lato ».

Teorema 2° — Il prodotto delle lunghezze di tre segmenti sta al prodotto delle lunghezze di altri tre, come il volume del parallelepipedo rettangolo dei primi sta al volume del parallelepipedo rettangolo dei secondi.

Dati i parallelepipedi rettangoli R, R', dei segmenti DA, DB,

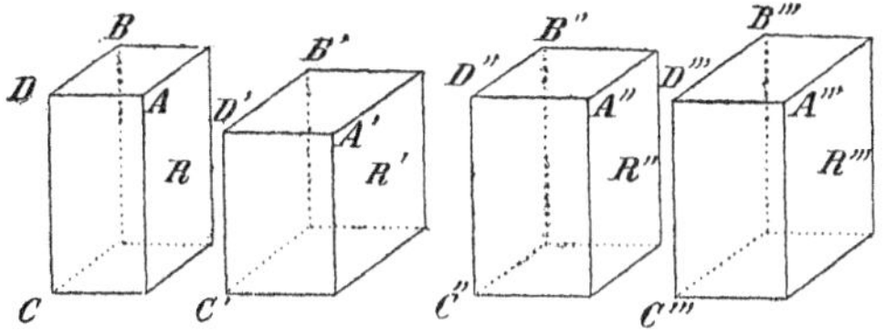

DC e D'A', D'B', D'C', costruiamo il parallelepipedo rettangolo R''

dei segmenti $D''A'' \equiv D'A'$, $D''B'' \equiv DB$, $D''C'' \equiv DC$, ed il parallelepipedo rettangolo R''' dei segmenti $D'''A''' \equiv D'A'$, $D'''B''' \equiv D'B'$, $D'''C''' \equiv DC$. Avremo evidentemente che $R : R'' :: DA : D''A''$, che $R'' : R''' :: D''B'' : D'''B'''$, e che $R''' : R' :: D'''C''' : D'C'$ (445, C. 1°).

Ora, chiamando r, r', r'' r''' i volumi dei parallelepipedi R, R', R'', R''', chiamando a, b, c le lunghezze dei segmenti DA, $DB \equiv D''B''$, $DC \equiv D''C'' \equiv D'''C'''$ ed a', b', c' le lunghezze dei segmenti $D'A' \equiv D''A'' \equiv D'''A'''$, $D'B' \equiv D'''B'''$, $D'C'$, abbiamo (485, T. 2°) $\frac{r}{r''} = \frac{a}{a'}$, $\frac{r''}{r'''} = \frac{b}{b'}$, $\frac{r'''}{r'} = \frac{c}{c'}$, da cui deduciamo $\frac{r}{r''} \cdot \frac{r''}{r'''} \cdot \frac{r'''}{r'} = \frac{a}{a'} \cdot \frac{b}{b'} \cdot \frac{c}{c'}$, ossia $\frac{r}{r'} = \frac{a \cdot b \cdot c}{a' \cdot b' \cdot c'}$, relazione che dimostra il teorema enunciato.

Corollario. — 2° Se R' è il cubo unità di misura, abbiamo $r' = 1$, $a' = b' = c' = 1$, e quindi $r = a \cdot b \cdot c$.

« Il volume del parallelepipedo rettangolo di tre segmenti è « il prodotto delle loro lunghezze, cioè il prodotto dell'area « di una base per la lunghezza dell'altezza corrispondente « (491, C. 1°) ».

« Il volume di un cubo è la terza potenza della lunghezza « di uno spigolo ».

492. Corollarî. — 1° « L'area di un parallelogrammo è « il prodotto della lunghezza di una sua base e della lun- « ghezza dell'altezza corrispondente (356, C. 2°) ».

2° « L'area di un triangolo è la metà del prodotto delle « lunghezze di una base e dell' altezza corrispondente « (357, C. 2°) ».

3° « L'area di un trapezio è la metà del prodotto della « somma delle lunghezze delle basi per la lunghezza dell'al- « tezza corrispondente (356, C. 3°) ».

4° « Per trovare l'area di un poligono possiamo dividerlo « prima in triangoli (359, Pr.), e poi sommare le loro aree « (490, C.); ovvero possiamo prima trasformarlo in un trian- « golo, e poi trovare l'area di questo triangolo ».

5° « L'area di un poligono convesso circoscritto ad un cir- « colo è la metà del prodotto delle lunghezze dell'apotema e « del perimetro (358, C. 5°) ».

« L'area di un poligono regolare di n lati è n volte la « metà del prodotto della lunghezza di un lato per la lun- « ghezza dell'apotema ».

6° « L'area della superficie laterale di un prisma è il pro- « dotto delle lunghezze di uno spigolo laterale e del perimetro « di una sezione normale ».

« L'area della superficie laterale di un prisma retto è il « prodotto delle lunghezze dell'altezza e del perimetro di un « poligono base (358, C. 6°) ».

7° « L'area della superficie laterale di una piramide circo- « scritta ad un cono è il prodotto delle lunghezze dell'apotema « e del perimetro della sezione media (358, C. 7°) ».

493. **Corollarî.** — 1° « Il volume di un prisma è il pro- « dotto dell'area di una sezione normale e della lunghezza di « uno spigolo laterale (369, C. 4°), ovvero il prodotto dell'area « di una base per la lunghezza dell'altezza (371, C. 2°) ».

2° Il volume di un prisma convesso, circoscritto ad un « cilindro, è la metà del prodotto delle lunghezze dell' al- « tezza, dell'apotema, e del perimetro di una delle sue basi « (371, C. 3°) ».

3° « Il volume di una piramide è il terzo del prodotto del- « l'area della base e della lunghezza dell'altezza corrispondente « (397, C. 1°) ».

4° « Il volume di una piramide convessa, circoscritta ad un « cono, è due terzi del prodotto delle lunghezze della sua al- « tezza, del perimetro e dell'apotema del suo poligono base « (397, C. 2°) ».

5° « Per trovare il volume di un poliedro possiamo divi- « derlo prima in piramidi (400, Pr. 1°), e poi sommare i loro « volumi, ovvero possiamo prima trasformarlo in un tetraedro, « e poi trovare il volume di questo tetraedro ».

3. *Misura del circolo.*

494. Sappiamo che la ragione di un circolo e del suo diametro è costante ed uguale alla ragione della superficie del circolo e del quadrato del suo raggio (463, C. 1°, 2°). Se chiamiamo r la lunghezza del raggio di un circolo c, l la lunghezza ed a l'area di questo circolo, il rapporto $\frac{l}{2r}$ è uguale al rapporto $\frac{a}{r^2}$, ed è un numero costante irrazionale che si indica con π e si può calcolare approssimativamente con un errore piccolo quanto si vuole (N. XXXI).

Prendendo per unità di misura il raggio di c ed il suo quadrato, abbiamo $r=1$, $r^2=1$, e deduciamo che $\frac{l}{2}=\pi=a$, dunque il numero π è la metà della lunghezza del circolo il cui raggio è l'unità di misura, o anche l'area di questo circolo.

495. **Corollarî.** — 1° « La lunghezza di un circolo è $2\pi r$, « se r è la lunghezza del suo raggio ».

Infatti la lunghezza di un circolo sta a quella del circolo di raggio unità, cioè a 2π, come la lunghezza r del suo raggio sta ad 1 (463, T. 1°).

2° « Se a è la lunghezza di un arco, se r è la lunghezza del « raggio del suo circolo, e se α è la misura dell'angolo al centro « che lo comprende, abbiamo $a=\frac{2\pi r \cdot \alpha}{360}$, $\alpha=\frac{360 \cdot a}{2\pi r}$ ».

Infatti la lunghezza a dell'arco sta a quella $2\pi r$ del suo circolo, come la misura α dell'angolo al centro che lo comprende sta alla misura di due angoli piatti (461, C. 1°), ossia a 360 gradi (488).

496. **Corollarî.**— 1° « L'area di un circolo è πr^2, se r è la « la lunghezza del suo raggio, ossia è la metà del prodotto « delle lunghezze del circolo e del raggio (403, C. 2°) ».

2° « L'area di un settore circolare è la metà del prodotto « delle lunghezze del raggio e dell'arco che lo comprende « (462, T.) ».

Se r, a sono le lunghezze del raggio e dell'arco di un settore circolare, e se α è la misura dell'angolo al centro che lo comprende, sostituendo nella sua area, che è $\frac{a \cdot r}{2}$, il valore $\frac{2\pi r \cdot \alpha}{360}$ di a (495, C. 2°), troviamo che l'area del settore è $\frac{\pi r^2 \cdot \alpha}{360}$.

4. *Misura del cono e del cilindro.*

497. Corollarî. — 1° « L'area della superficie laterale di « un cilindro è $2\pi rh$, se r ed h sono le lunghezze del suo « raggio e della sua altezza, ossia è il prodotto delle lunghezze « dell'altezza e di un suo circolo base (407, C. 2°) ».

2° « L' area della superficie laterale di un cono è πra, « se r ed a sono le lunghezze del raggio della sua base e del- « l'apotema, ossia è $2\pi r'a$, se $r' = \frac{r}{2}$ è la lunghezza del raggio « della sua sezione media (410, C. 2°) ».

3° « L'area della superficie laterale di un tronco di cono è « $\pi(r + r')a$, essendo r, r', a le lunghezze dei raggi delle « basi e dell'apotema, ossia è $2\pi Ra$, essendo $R = \frac{r + r'}{2}$ la « lunghezza del raggio della sua sezione media (412, C.) ».

498. Corollarî. — 1° « Il volume di un cilindro è $\pi r^2 h$, « essendo r ed h le lunghezze del raggio e dell'altezza « (406, C. 3°) ».

2° « Il volume di un cono è $\frac{\pi r^2 h}{3}$, essendo r ed h le lun- « ghezze del raggio della base e dell'altezza (409, C. 3°) ».

5. *Misura della sfera.*

499. **Corollarî.** — 1° « L'area di una sfera è $4\pi r^2$, se « r è la lunghezza del suo raggio (419, C. 4°) ».

2° « L'area di una zona o calotta sferica è $2\pi r h$, se h « ed r sono le lunghezze della sua altezza e del raggio della « sua sfera (418, C. 2°) ».

3° « L'area di un angolo sferico è $2ar$, se a ed r sono « le lunghezze della sua sezione normale e del suo raggio « (468, T. 1°) ».

4° « L'area di un poligono sferico convesso è ar, se a « ed r sono le lunghezze della sezione normale del suo eccesso « e del suo raggio (468, C. 1°) ».

500. **Corollarî.** — 1° « Il volume di una sfera è $\frac{4\pi r^3}{3}$, se « r è la lunghezza del suo raggio (419, C. 3°) ».

2° « Il volume di un settore sferico è $\frac{2\pi r^2 h}{3}$, se r ed h « sono le lunghezze del suo raggio e dell'altezza della zona « sferica che è la sua base (417, C. 3°) ».

3° « Il volume del solido di un angolo sferico è $\frac{2ar^2}{3}$, se « a ed r sono le lunghezze della sua sezione normale e del « suo raggio (468, C. 2°) ».

NOTE

N. I. (Pag. 1) Le *Nozioni preliminari* sono state raccolte in parte nel primo volume dell'opera del DUHAMEL, *Des méthodes dans les sciences de raisonnement.* Può darsi che lo studente non riesca ad afferrarne subito il concetto e l'importanza, però tutta la responsabilità pesa sull'insegnante, che deve metterle in evidenza, farne comprendere lo spirito, e farne vedere l'applicazione freqnente per mezzo di opportuni schiarimenti ed esempî, tratti, per quanto è possibile, dalle questioni che si presentano nella vita ordinaria. Nei vari casi lo studente sarà bene esercitato facendogli riconoscere se un certo ragionamento è induttivo o deduttivo, se una definizione racchiude tutti i i caratteri domandati, ecc. ecc. Un abile insegnante può anche innestare opportunamente queste nozioni nel testo, porgendo allora di mano in mano i migliori esempî, che sono quelli tratti dalla Geometria. Questo cómpito può anche essere agevolato da alcune delle seguenti note.

N. II. (Pag. 1). Insistiamo sul fatto che non tutte le cose possono essere definite. Bisogna ammettere certe cognizioni, certe idee comuni, individuate dalla sola parola che le indica. Tutti concepiscono nettamente lo *spazio*, l'*estensione*, una *grandezza*,...., tutte cose che nessuno potrà mai definire.

N. III. (Pag. 1). I mezzi di deduzione si possono compendiare in questi due:

Ammesso e provato che tutte le cose di un certo gruppo godono una certa proprietà comune, se riconosciamo che un'altra cosa appartiene allo stesso gruppo, possiamo affermare che anche essa gode la stessa proprietà.

Due cose riconosciute identiche possono scambiarsi in ogni ragionamento, qualunque sia il modo in cui vengano considerate.

Osserviamo poi che un rapporto si può ridurre a dipendere da rapporti diversi, tra i quali si possono scegliere i più convenienti allo scopo proposto.

N. IV. (Pag. 2). Stabilita la verità di una proposizione, non sempre si può affermare senza altro la verità della inversa.

Date due proposizioni reciproche, riconosciuta la verità di una si può affermare la verità dell'altra.

Due proposizioni incompatibili non possono essere vere contemporaneamente; ma possono essere ambedue false. Così se prima diciamo che una cosa è più grande di un' altra, e poi diciamo che è più piccola, abbiamo due proposizioni incompatibili, che potrebbero essere ambedue false, se le cose fossero uguali.

Se una proposizione è falsa, la sua contraddittoria è vera, ed inversamente.

N. V. (Pag. 2). Ogni scienza posa sugli assiomi e sui postulati. In quanto agli assiomi non possiamo fare altro che riconoscerli, poichè l'*evidenza* è il carattere che li distingue da tutte le altre verità. In quanto ai postulati siamo sempre liberi di concederli, purchè non involgano contraddizioni. Sopra gli assiomi e i postulati, cioè sopra verità evidenti ed ipotetiche, purchè compatibili ed immutabili, si può sempre costruire un sistema scientifico *logicamente* rigoroso. È poi naturale che trattandosi di cose le quali cadono sotto i sensi, volendo stabilirne la scienza effettiva, e non ideale, dobbiamo domandare un sistema di postulati sperimentali, cioè confermati dalla esperienza ripetuta.

N. VI. (Pag. 2). Molti autori nella esposizione dei loro trattati introducono i *lemmi* e gli *scolî*. Chiamano *lemma* una proposizione impiegata sussidiariamente per la dimostrazione di un teorema, o per la soluzione di un problema, chiamano *scolî* quelle osservazioni fatte sulle proposizioni, e che tendono a farne vedere il legame e l'utilità.

N. VII. (Pag. 2). PASCAL (*Pensées*) propone le seguenti regole:

Regole per le definizioni.

« 1. Non imprendere a definire alcuna delle cose talmente « cognite per se stesse, che non vi siano termini più chiari « onde spiegarle ».

« 2. Definire tutti i termini oscuri o equivoci ».

« 3. Nella definizione dei termini impiegare solamente « parole perfettamente cognite e già spiegate ».

Regole per gli assiomi.

« 1. Non mettere alcuno dei principî fondamentali senza « avere domandato se si accorda, per quanto sia chiaro ed « evidente ».

« 2. Non domandare come assiomi altro che cose evidenti « per se stesse ».

Regole per le dimostrazioni.

« 1. Non imprendere la dimostrazione delle cose che sono « talmente evidenti per se stesse, che non vi sia nulla più « chiaro per provarle ».

« 2. Provare tutte le proposizioni un poco oscure, e nella « loro dimostrazione non impiegare altro che assiomi eviden- « tissimi, o proposizioni già accordate o dimostrate ».

« 3. Sostituire sempre mentalmente le definizioni al posto « dei definiti, onde non ingannarsi coll'equivoco dei termini « che le definizioni hanno ristretto ».

« Le prime regole di ciascuna parte possono trascurarsi « senza errore ».

« Possono muoversi tre obiezioni principali. Una, che questo « metodo non ha nulla di nuovo, l'altra che è facilissimo ad « impararsi, e infine che è abbastanza inutile, perchè il suo « uso è quasi rinchiuso nelle sole materie geometriche ».

« Bisogna dunque far vedere che nulla è così sconosciuto, « nulla più difficile a porre in pratica, e nulla è più utile e « più universale ».

N. VIII. (Pag. 3.). EUCLIDE negli *Elementi* definisce così l'analisi e la sintesi:

« Che cosa è l'analisi e che cosa è la sintesi? »

« L'analisi è l'ammissione della cosa cercata, come accor-
« data, per dedurne delle conseguenze che conducano a qualche
« verità stabilita ».

« La sintesi al contrario consiste nel partire dalle cose
« accordate, e dedurne conseguenze che conducano alla cono-
« scenza della cosa cercata ».

Anche PAPPO nelle *Collezioni matematiche* definisce l'analisi e la sintesi come EUCLIDE.

Ora, ammessa una proposizione, se si deducono « conseguenze che conducano a qualche verità stabilita » non possiamo concluderne la verità della proposizione, perchè una proposizione vera si può ridurre a dipendere, con ragionamenti giusti, da proposizioni false. Non è dunque sempre esatto il metodo analitico come l'intendevano gli antichi. Anche altre obiezioni si potrebbero fare riguardo all'applicazione della loro analisi alla risoluzione dei problemi. Il metodo esposto nel testo è stato enunciato così rigorosamente da DUHAMEL, il quale dopo avere discussa l'analisi e la sintesi definita dai Greci, conclude dicendo: « Ciò farebbe credere che non comprendessero
« bene nettamente il valore del loro metodo ».

N. IX. (Pag. 4). « Nelle questioni più ordinarie della vita,
« qualunque cosa ci proponiamo, ci domandiamo necessaria-
« mente quale è quella che dobbiamo fare prima, e che con-
« durrà alla proposta. Se questa nuova cosa non può essere
« fatta immediatamente, si cerca da quale dipende, e così di
« seguito, finchè troviamo quella dalla quale si deve cominciare.
« Conoscendo allora il punto di partenza, ci resta da fare suc-
« cessivamente tutte queste cose nell'ordine inverso a quello in
« cui le abbiamo scoperte. In questo modo facciamo prima
« un' analisi, e poi una sintesi..... Lo spirito umano procede
« nello stesso modo nelle questioni più umili, e nelle più tra-
« scendenti » (DUHAMEL, l. c.).

N. X. (Pag. 4). La riduzione all'assurdo è stata usata troppo frequentemente dai Geometri antichi, e specialmente da EU-

CLIDE « il quale prima di tutto si preoccupava di chiudere la « bocca ai sofisti, che la Grecia aveva il torto di prendere sul « serio ». (HOÜEL, *Essai critique sur les principes fondamentaux de la Géomètrie élèmentaire*).

N. XI. (Pag. 5). Ammettendo che nello spazio non vi siano interruzioni, non vi siano limiti, non si deve dedurre che è infinito, ma solamente illimitato. Infatti noi possiamo concepire spazî, come quello occupato dalla nostra terra, i quali siano rientranti in se stessi, illimitati e non infiniti.

N. XII. (Pag. 5). La parola Geometria, *misura della terra*, accenna ad uno scopo primitivo, ad una serie di ricerche da cui poi è sorta la scienza dell'estensione.

N. XIII. (Pag. 5). Siamo liberi di prendere per fondamento della Geometria qualunque sistema di postulati, purchè non involgano contradizioni. È quindi possibile pensare estensioni e spazî di natura diversa, e stabilire diverse Geometrie *ideali*, tutte logicamente possibili (N. V). Volendo però studiare l'estensione quale si manifesta ai nostri sensi, ossia le proprietà dello spazio in cui viviamo, dovremo trarre il sistema dei postulati fondamentali osservando razionalmente i risultati della esperienza ripetuta. Con tutto ciò rimane sempre un certo arbitrio nella scelta dei postulati fondamentali, conviene prendere quelli più semplici e più facilmente verificabili. Dovrebbero essere tutti indipendenti, e ridotti al minor numero possibile.

N. XIV. (Pag. 5). HELMHOLTZ (*Ueber den Ursprung und die Bedeutung der geometrischen Axiome — Populäre wissenschaftliche Vorträge — Heft* 3) osserva che per assicurarci della solidità, della posizione invariabile dei corpi e dei loro elementi, possiamo ricorrere solamente alla esperienza come testimonio, poichè ci mostra che possono sovrapporsi in qualunque luogo, in qualunque tempo, prima o dopo il loro movimento. Però non potrebbe darsi che i due corpi sovrapposti variassero nello stesso modo? Cioè non potrebbe darsi che gli oggetti i quali ci sembrano solidi, compreso il nostro corpo, provassero simultaneamente delle variazioni corrispondenti? In questo caso dovremmo modificare contemporaneamente tutto il sistema dei fondamenti della Geometria.

N. XV. (Pag. 7). Per convincersi che la retta ed il piano non possono essere definiti è utile esaminare criticamente le più note definizioni che ne sono state date. Cominciamo dalla retta.

EUCLIDE dice: « La retta è quella linea che giace ugualmente « sopra i suoi punti ». Questa definizione, abbastanza oscura, s'interpreta da tutti dicendo: « La retta è quella linea che « viene divisa in due parti uguali da ciascuno dei suoi punti », ma la proprietà non è sufficiente, perchè la posseggono anche altre linee, p. es. l'elica. EUCLIDE stesso trova necessario completare la sua definizione, poichè nel 1° postulato dice: « Si può « tirare da un punto qualunque a qualsivoglia altro punto una « linea retta », e nella 10ª delle *Nozioni comuni* aggiunge: « Due linee rette non possono racchiundere uno spazio ». Ora ciò equivale ad ammettere che per due punti passa una retta, e che ve ne passa una sola, e quindi a riconoscere che la definizione, non bastando a caratterizzare la linea retta, non è una definizione. Le proprietà della retta richieste da Euclide si potrebbero riassumere nel seguente postulato, che poco differisce da quello domandato da noi nel testo. « Esiste una linea « chiamata retta, che è divisa in due parti uguali da ciascuno « dei suoi punti, ed è determinata ed unica quando ne sono « assegnati due ».

Molti autori, tra i quali LEGENDRE, abbandonando la via seguita da EUCLIDE, hanno detto: « La retta è il più corto cam- « mino da un punto ad un altro », e sono caduti in una definizione meno accettabile della prima. È vero che tra tutte le linee che congiungono due punti la retta è la minima; ma questa proposizione è effettivamente un teorema la cui dimostrazione ha già bisogno del concetto di distanza, di misura, e di molte altre proposizioni. « Che diremmo di un autore il « quale definisse il circolo come la curva di area massima tra « quelle che hanno un dato perimetro? Sarebbe difficile dedurre « semplicemente da questa definizione le proprietà fondamen-

« tali del circolo. Contuttociò è questo stesso processo che « seguono la maggior parte degli autori per definire la retta, « e solamente la forza dell'abitudine ci impedisce di sentirne « la stranezza » (Hoüel, l. c.).

Alcuni definiscono la retta come la linea che conserva in tutti i suoi punti la stessa *direzione;* ma come farebbero a dare il concetto di direzione, senza supporre posseduta l'idea della retta?

Anche il piano non può essere definito. Euclide dice: « Il « piano è quella superficie che giace ugualmente sopra le sue « linee rette ». Erone dice: « La superficie piana è quella su « cui si può adattare ovunque la linea retta ». Quest'ultima definizione si riduce a dire: « Il piano è quella superficie la « quale contiene tutte le rette che la incontrano in due punti ». Però, se già non si possedesse nettamente l'idea della superficie piana, e delle sue proprietà fondamentali, potremmo domandarci: esiste realmente una superficie che contiene tutte le rette le quali la incontrano in due punti? Ammessa pure la sua esistenza, potremmo con una simile proprietà farci un concetto chiaro del piano?

Varî autori hanno cercato di togliere i postulati del piano ammettendo solamente quelli della retta, e poi determinando il piano con una sua generazione.

Però lo scopo non è stato raggiunto. O hanno introdotto altri postulati, i quali si riducono a quelli del piano che volevano evitare, o i loro ragionamenti non posseggono quel rigore che si deve pretendere in questioni così delicate. La causa nascosta sta in ciò: il nostro postulato III completa il postulato II, ammettendo l'esistenza di una superficie che contiene tutte le rette le quali la incontrano in due punti.

Gli autori moderni, convinti dell'impossibilità di definire la retta ed il piano, hanno opportunamente domandato le loro proprietà caratteristiche per mezzo di postulati. Citeremo p. es. Hoüel (l. c.), Faifofer, (*Elementi di Geometria*). I nostri postulati II, III sono quelli di Faifofer completati, ed enunciati più rigorosamente, dicendo che colla rotazione della retta intorno ad un suo punto, o del piano intorno ad una sua retta, ambedue le parti della retta, o del piano, possono venire a passare per un punto arbitrario dello spazio.

N. XVI. (Pag. 7). Hoüel (l. c.) osserva che:

« È in seguito ad una confusione d'idee che molti Geometri « vogliono bandire dagli Elementi di Geometria la considera- « zione del *movimento*. L'idea di movimento, astrazione fatta « dal tempo impiegato a compirlo, non può dipendere da altra « scienza che dalla Geometria pura. È vantaggioso introdurre « questa idea di movimento geometrico più presto, più esplici- « tamente che è possibile. Si guadagna molto sotto l'aspetto « della chiarezza e della precisione del linguaggio......... « D'altra parte è ciò che fanno tutti gli altri senza saperlo, « e loro malgrado, e sarebbe difficile trovare una sola dimo- « strazione di una proposizione fondamentale di Geometria, « nella quale non entri l'idea di movimento geometrico, più « o meno travisata ».

N. XVII. (Pag. 9). Per dimostrare l'uguaglianza di due figure bisogna far vedere che possono coincidere, ciò suppone che sia possibile il loro movimento senza deformazione. È manifesta dunque l'importanza del postulato I, dovendo ricorrere ad esso ogni volta si tratti di vedere se due figure sono o no uguali. Euclide l'usa sempre tacitamente.

N. XVIII. (Pag. 17). Fra gli autori che conosciamo, Sannia e D'Ovidio (*Elementi di Geometria*) sono i soli che introducono questo postulato, enunciandolo separatamente per i segmenti, per gli angoli e per i diedri. Pure è di un uso continuo ed Euclide stesso lo applica fino dalle prime proposizioni. Da questo postulato discendono immediatamente i due seguenti teoremi:

« 1° Se due rette, o due piani, s'incontrano, gli angoli op- « posti al vertice, o i diedri opposti allo spigolo, sono uguali « (33, T. 1°) (39, T. 1°) ».

« 2° Gli angoli alla base di un triangolo isoscele sono uguali (99, T. 1°) ».

N. XIX. (Pag. 29). Euclide basa la teoria delle parallele sopra la 11ª delle *Nozioni comuni:* « Se una linea retta ca- « dendo sopra due altre fa gli angoli interni da una medesima

« parte la cui somma sia minore di due retti, quelle due pro« lungate da questa parte s'incontreranno (113, C. 2°) », ammettendo così un postulato che equivale al VII da noi domandato. Da EUCLIDE fino a LEGENDRE furono fatti numerosi tentativi per dimostrare il postulato delle parallele, finchè GAUSS, LOBATSCHEWSKY e J. BOLYAI facendone astrazione stabilirono un sistema completo di Geometria, e posero fuori di dubbio che si era tentato di dimostrare una cosa la quale non è dimostrabile. Altre bellissime ricerche sull'argomento si devono a RIEMANN, HELMHOLTZ, BELTRAMI,...., ma non è qui il luogo di parlarne. Dei lavori di GAUSS, iniziati fino dal 1792, abbiamo solo poche notizie nelle sue lettere scritte a SCHUMACHER nel 1831, però conosciamo le ricerche fatte indipendentemente da LOBATSCHEWSKY (*) e da J. BOLYAI (**).

Noi faremo vedere solamente come si possa stabilire una teoria delle parallele indipendente dal postulato di EUCLIDE. Potremo così riconoscere la differenza che esiste tra l'antica Geometria, detta *euclidea*, e la nuova, detta da varî autori *astratta, immaginaria, non-euclidea.*

Data una retta A_1B_1 ed un punto P_1, fuori di essa, facendo astrazione del postulato VII, ammetteremo che per P_1, nel piano $P_1A_1B_1$, si possano condurre infinite rette che incontrino A_1B_1 ed infinite che non la incontrino. Se una CD di queste rette taglia A_1B_1 in P_2, rotando nel piano $P_1A_1B_1$ intorno al

---

(*) *Neue Anfangsgründe der Geometrie mit einer vollständigen Theorie der Parallelen* (Corriere di Kasan 1829 — Memorie dell'Università di Kasan, 1836-38).

Géométrie imaginaire (1837, G. DI CRELLE, vol. 17).

Geometrische Untersuchungen zur Theorie der Parallellinien. (Berlin, 1840), tradotto in francese da HOÜEL col titoto: *Études géométriques sur la théorie des parallèles, par* N. LOBATSCHEWSKY, suivi d'un extrait de la correspondence de GAUSS et SCHUMACHER (Paris, Gauthier-Villars, 1866).

Pangéométrie (Kasan, 1855).

(**) *Appendix scientiam spatii absolute veram exhibens.....* Inserito nel vol. 1° nel *Tentamen in elementa matheseos.....* (Maros Vasarhely, 1833) di suo padre U. BOLYAI.

punto P_1, in un dato senso, seguiterà a segare la retta A_1B_1, e poi finirà per non incontrarla più. Ora può darsi che vi sia o no una posizione A'B' *limite* tra quelle che incontrano A_1B_1 e quelle che non la incontrano, chiamando A'B' *parallela* ad AB, diremo: « può darsi che vi siano o no parallele condotte da un punto dato ad una retta data ». Consideriamo il primo caso. La retta CD, proseguendo a moversi sempre nel dato modo, passando per la posizione A'B' comincerà a non incontrare A_1B_1, ma poi finirà per incontrarla nuovamente, avremo così un'altra posizione limite A''B'', ossia un'altra parallela, ecc.

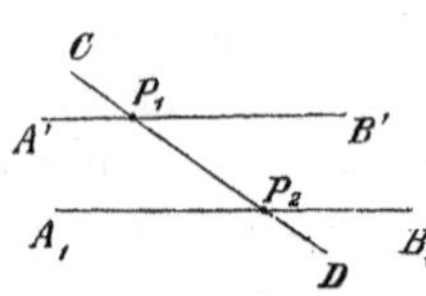

Senza ammettere il postulato VII vediamo quante sono le parallele A'B', A''B'',.....

Da P_1 tiriamo la retta P_1P_2 perpendicolare ad A_1B_1, e nel punto P_1 tiriamo nel piano $P_1A_1B_1$ la retta A_2B_2 perpendicolare a P_1P_2. È certo che A_2B_2 non incontra A_1B_1 (42, C. 1°), e che

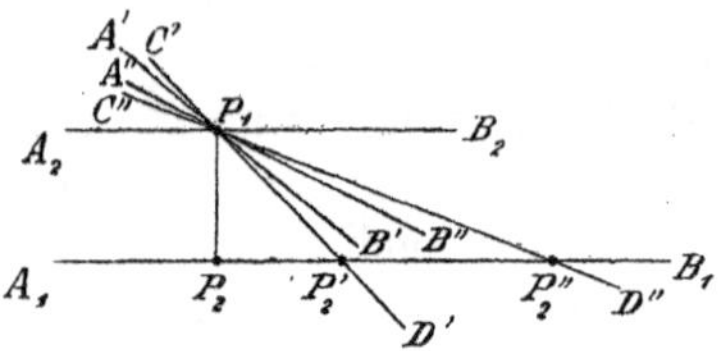

quindi A_1B_1 sta tutta da uno stesso lato di A_2B_2 (42, C. 3°). Posto ciò, le parallele A'B', A''B'',..... sono divise da P_1 ciascuna in due parti e P_1B', P_1B'',...... insieme ad A_1 B_1 stanno da uno stesso lato di A_2B_2. Di queste parti non ve ne può essere più di una da uno stesso lato di P_1P_2, infatti, se ve ne fossero due P_1B', P_1B'', due rette C'D', C''D'', le cui posizioni si incontrino prima e dopo di A'B', A''B'', incontrerebbero A_1B_1 in P_2', P_2'', e le P_1B', P_1B'' si troverebbero nell'angolo $P_1.\widehat{P_2'P_2''}$ del triangolo $P_1P_2'P_2''$, quindi esse, taglierebbero il lato $P_2'P_2''$, ossia A_1B_1 (96, C.), contro l'ipotesi, dunque è possibile una sola parte da un lato di P_1P_2, ed una sola parte dall'altro lato di P_1P_2, e perciò non sono possibili più di due parallele condotte da P_1 ad A_1B_1.

Se $A'B'$, $A''B''$ sono due parallele condotte dal punto P_1 alla retta A_1B_1, facendo rotare il piano $P_1A_1B_1$ intorno a P_1P_2, finchè si scambino le due parti in cui è diviso dall'asse, la $A'B'$ deve necessariamente venire in $A''B''$, e viceversa, quindi $P_1.\widehat{B'P_2} \equiv P_1.\widehat{B''P_2}$. Ciascuno di questi due angoli uguali si dice *angolo di parallelismo*.

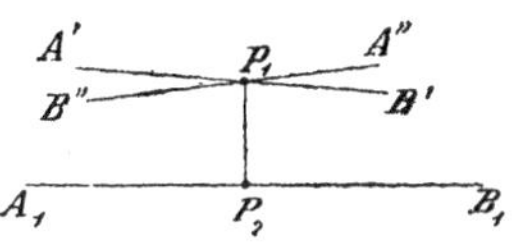

Riassumendo: per un punto non si possono condurre rette parallele ad una retta data, o se ne può condurre una, ed una sola, o se ne possono condurre due, e due sole; basando tutte le ulteriori ricerche sopra una qualunque di queste ipotesi, possibili perchè non involgono contraddizioni, fondiamo tre Geometrie, logicamente rigorose; si chiama *ellittica* la prima, *parabolica* la seconda, ed *iperbolica* la terza. Come caso particolare della Geometria iperbolica si può dedurre la Geometria parabolica, che è l'ordinaria Geometria euclidea, supponendo retto l'angolo di parallelismo, infatti allora coincidono $A'B'$, $A''B''$, e da P_1 si può condurre una retta parallela ad A_1B_1, ed una sola.

Quale delle tre Geometrie è quella dello spazio nostro? La questione non è ancora risoluta, però è indiscutibile che, *se la Geometria euclidea non è assolutamente vera, è verificata nei limiti della nostra esperienza.*

I seguenti teoremi sono dimostrati ammettendo tutti i postulati da noi richiesti, eccetto il VII sulle parallele, e sono veri per la Geometria euclidea, cioè parabolica, e per la Geometria iperbolica. A tempo opportuno l'insegnante potrà far distinguere altre tra le principali proposizioni indipendenti dal postulato di Euclide.

Teorema 1° — Un angolo esterno di un triangolo è maggiore di ciascuno dei due interni opposti (97, C. 2°).

Preso un triangolo qualunque ABC, costruiamo il punto O medio del lato AC, e sulla retta BO prendiamo il punto D in modo che sia $BO \equiv OD$. Essendo D un punto dell'angolo esterno

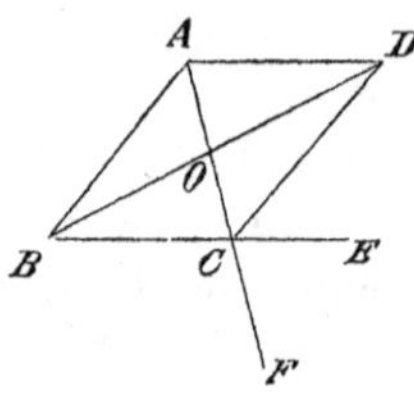

$\widehat{C.AE}$, in esso è compresa la parte di retta CD, quindi $\widehat{C.AD} < \widehat{C.AE}$; ora sono evidentemente uguali i triangoli OAB, OCD, dunque $\widehat{C.AD} \equiv \widehat{A.BC}$, e $\widehat{C.AE} > \widehat{A.BC}$. Analogamente dimostriamo che l'angolo esterno $\widehat{C.BF} \equiv \widehat{C.AE}$ è maggiore di $\widehat{B.CA}$, dunque anche $\widehat{C.AE} > \widehat{B.CA}$.

Corollario. — 1° Abbiamo $\widehat{C.AB} + \widehat{C.AE}$ uguale a due retti, ma $\widehat{B.CA} < \widehat{C.AE}$, dunque $\widehat{B.CA} + \widehat{C.AB}$ è minore di due retti. La somma di due angoli di un triangolo qualunque è sempre minore di due retti (97, C. 3°).

Teorema 2° — La somma degli angoli di un triangolo non può essere maggiore di due retti.

Dato il triangolo ABC chiamiamo O il punto medio del lato AC, e sulla retta BO prendiamo il punto D in modo che sia $BO \equiv OD$. Evidentemente $OAB \equiv OCD$, $OBC \equiv ODA$, quindi $\widehat{A.BC} \equiv \widehat{C.DA}$, $\widehat{A.CD} \equiv \widehat{C.AB}$, $\widehat{B.CD} \equiv \widehat{D.AB}$, $\widehat{B.DA} \equiv \widehat{D.BC}$, perciò la somma degli angoli del triangolo ABC è uguale a quella degli angoli del triangolo ABD e del triangolo BCD. Ora, essendo $\widehat{B.CA} \equiv \widehat{B.CD} + \widehat{B.DA}$, uno degli angoli $\widehat{B.CD}$, $\widehat{B.DA}$, per esempio $\widehat{B.DA}$, è certamente uguale o minore della metà di $\widehat{B.CA}$, dunque dato ABC possiamo sempre costruire ABD, in modo che la somma degli angoli di ABC, ABD sia la stessa, ed ABD abbia un angolo uguale o minore della metà di un angolo di ABC. Posto ciò, se la somma degli angoli di ABC è due retti più un altro angolo $\widehat{A_1.B_1C_1}$, replicando successivamente questa costruzione si può pervenire ad un triangolo $A'B'C'$ nel quale la somma degli angoli sia pure due retti più $\widehat{A_1.B_1C_1}$, ed un angolo $\widehat{A'.B'C'}$ sia minore di $\widehat{A_1.B_1C_1}$ (383, T. 1°, C. 1°), allora la somma

$\widehat{B'.C'A'} + \widehat{C'.A'B'}$ degli altri due angoli sarebbe naturalmente maggiore di due retti; ma ciò è assurdo, dunque la somma degli angoli di ABC non può essere maggiore di due retti.

Corollario. — 2° Se in un triangolo ABC la somma degli angoli è uguale a due retti, preso un punto D sopra un lato, anche in ciascuno dei triangoli ABD, ACD la somma degli angoli è uguale a due retti; infatti la somma $\widehat{A.BD} + \widehat{A.DC} + \widehat{B.CA} + \widehat{C.AB} + \widehat{D.AB} + \widehat{D.AC}$ è uguale a quattro retti, dunque la somma $\widehat{A.BD} + \widehat{B.DA} + \widehat{D.AB}$, che non può essere maggiore di due retti e non può essere minore di due retti, perchè allora sarebbe $\widehat{A.DC} + \widehat{D.AC} + \widehat{C.AB}$ maggiore di due retti, sarà uguale a due retti, e lo stesso dicasi per il triangolo ACD.

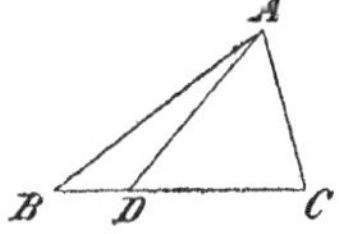

Teorema 3° — Se la somma degli angoli di un dato triangolo è uguale a due retti, anche la somma degli angoli di un altro triangolo qualunque è uguale a due retti.

Supponiamo che sia uguale a due retti la somma degli angoli di ABC, e supponiamo che l'angolo $\widehat{A.BC}$ non sia minore di nessuno degli altri due, allora ciascuno di essi è acuto, poichè se fosse retto o ottuso anche $\widehat{A.BC}$ sarebbe retto o ottuso e la somma degli angoli di ABC non sarebbe uguale a due retti. Ne discende immediatamente che la perpendicolare AD, condotta da A al lato opposto BC, lo sega in un punto D e ci dà due triangoli rettangoli ABD, ACD, in ciascuno dei quali la somma degli angoli è due retti. Facendo compiere ad ACD la metà di un giro intorno ad AC, finchè prenda la posizione ACE, abbiamo un quadrangolo ADCE, tale che ciascuno dei suoi angoli è retto e ciascuno dei suoi lati è uguale all'opposto. Facendo compiere al quadrangolo mezzo giro, intorno a CE, prende la nuova posizione CEGF, ed è chiaro che anche ADFG è un quadrangolo che ha gli angoli retti ed i lati opposti uguali. Queste successive rota-

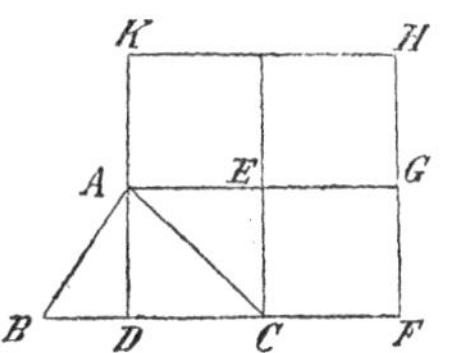

zioni possono essere proseguite finchè si giunga ad un quadrangolo con un lato, per es. DF, maggiore di un segmento dato. Analogamente, facendo rotare quest'ultimo quadrangolo, compiendo la metà di un giro, intorno al lato AG, finchè prenda la posizione AGHK, è chiaro che anche DFHK è un quadrangolo che ha gli angoli retti ed i lati opposti uguali, e che queste successive rotazioni possono essere proseguite finchè si giunga ad un quadrangolo con un altro lato, per es. DK, maggiore di un altro segmento dato. Posto ciò, il teorema si può dimostrare per un qualunque triangolo rettangolo ABC, infatti se DEFG è un quadrangolo che ha gli angoli retti ed uguali i lati opposti, tale che GD, GF siano maggiori dei cateti AB, AC, sottraendo da GD, GF i segmenti GH, GK uguali ad AB, AC, abbiamo $GHK \equiv ABC$; ora il triangolo GDF è uguale al triangolo DEF, perchè $GD \equiv EF$, $GF \equiv ED$, $\widehat{G.DF} \equiv \widehat{E.DF}$, e quindi, essendo retto ciascun angolo di DEFG, è due retti la somma degli angoli di GDF, da ciò discende che è due retti quella di DGK e quindi quella di GHK, ossia di ABC. Giunti a questo punto il teorema è subito dimostrato per un triangolo qualunque ABC, perchè se $\widehat{A.BC}$ non è minore di nessuno degli altri due angoli, e se AD è la distanza di A da BC, D è un punto di BD ed è due retti la somma degli angoli di ABD ed ACD, perciò è quattro retti la somma

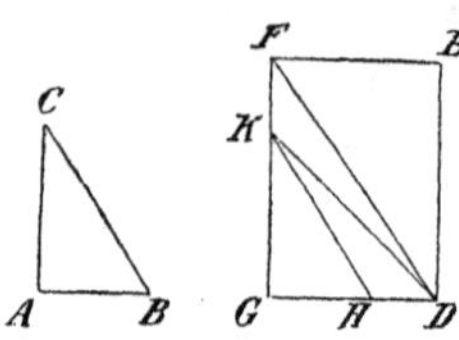

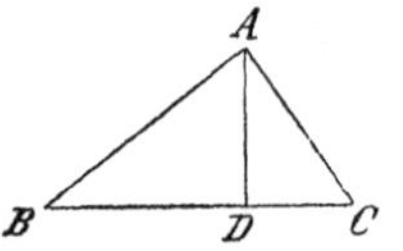

$$\widehat{A.BC} + \widehat{B.CA} + \widehat{C.AB} + \widehat{D.AB} + \widehat{D.AC};$$

ma $\widehat{D.AB}$, $\widehat{D.AC}$ sono angoli retti, dunque è due retti la somma degli angoli di ABC.

Corollario. — 3° Un angolo esterno di un triangolo è uguale alla somma dei due interni ed opposti.

Ammesso il postulato:

Esiste un triangolo tale che la somma dei suoi angoli sia uguale a due retti,

si può rigorosamente dimostrare quello di Euclide nel modo seguente:

Teorema 4° — Data una retta, per un punto fuori di essa si può sempre condurre un'altra retta che faccia colla prima un angolo più piccolo di un angolo qualunque dato.

Siano A_1B_1 e P_1 la retta data ed il punto dato fuori di essa. Da P_1 conduciamo la retta P_1C perpendicolare alla A_1B_1, e da un lato arbitrario di C prendiamo sulla A_1B_1 un punto C_1. Tirando la P_1C_1 e prendendo, sempre dallo stesso lato di C, un

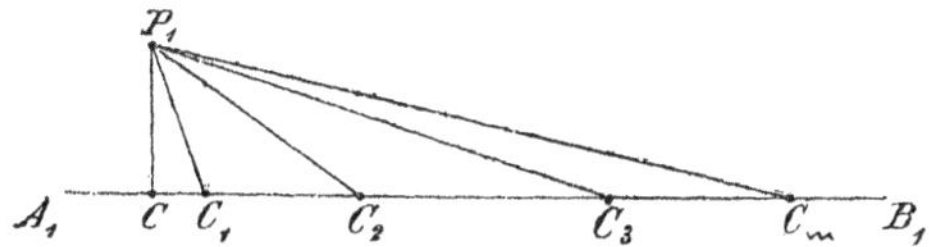

punto C_2, in modo che sia $C_1C_2 \equiv C_1P_1$, abbiamo un triangolo isoscele $C_1C_2P_1$, quindi l'angolo esterno $\widehat{C_1.P_1C}$ è la somma di $\widehat{C_2.C_1P_1} + \widehat{P_1.C_1C_2}$; ma questi angoli sono uguali, dunque $\widehat{C_2.P_1C}$ è la metà dell'angolo $\widehat{C_1.P_1C}$. Analogamente possiamo prendere $C_2C_3 \equiv C_2P_1$, ed ottenere l'angolo $\widehat{C_3.P_1C}$ metà di $\widehat{C_2.P_1C}$, e perciò il quarto di $\widehat{C_1.P_1C}$, e così di seguito. Ora arriveremo certamente ad un punto C_m per il quale l'angolo $\widehat{C_m.P_1C}$ sarà minore di un angolo dato qualunque (383, T. 1°).

Teorema 5° — Ad una retta data, per un punto dato fuori di essa, si può condurre una sola retta parallela.

Siano A_1B_1, A_2B_2 due date rette, incontrate nei punti P_2, P_1 da una terza CD. Se la somma degli angoli $\widehat{P_2.B_1P_1}$, $\widehat{P_1.B_2P_2}$ è due retti, A_1B_1, A_2B_2 non s'incontrano (42, C. 2°), e rimane da dimostrare che qualunque altra retta AB, condotta per P_1 nel piano $P_1A_1B_1$, incontra la A_1B_1, e quindi A_2B_2 è la sola parallela che da P_1 si può condurre ad A_1B_1. La AB viene divisa in due parti da

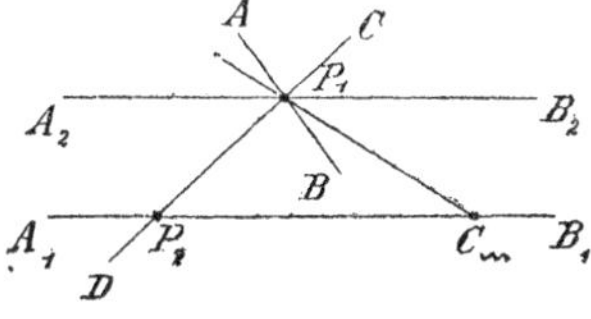

P_1, una P_1B insieme ad A_1B_1 si trova da uno stesso lato di A_2B_2, ed insieme ad una parte P_2B_1 di A_1B_1 si trova da uno stesso lato di CD. Se AB incontra A_1B_1 il punto di incontro deve essere comune alle due parti P_1B, P_2B_1. Su P_2B_1 prendiamo un punto C_m in modo che sia $\widehat{C_m.P_1P_2} < \widehat{P_1.B_2B}$. Nel triangolo $C_mP_1P_2$ abbiamo $\widehat{P_1.C_mP_2} + \widehat{P_2.C_mP_1}$ uguale alla differenza di due retti e di $\widehat{C_m.P_1P_2}$; ma per ipotesi $\widehat{P_1.C_mP_2} + \widehat{P_2.C_mP_1}$ è uguale alla differenza di due retti e di $\widehat{P_1.B_2C_m}$, dunque $\widehat{P_1.B_2C_m} \equiv \widehat{C_m.P_1P_2}$, e quindi $\widehat{P_1.B_2C_m} < \widehat{P_1.B_2B}$, e P_1B, cadendo dentro l'angolo $\widehat{P_1.P_2C_m}$, incontra necessariamente A_1B_1 in un punto di P_2C_m.

N. XX. (Pag. 31). Al postulato di Euclide si può sostituire l'altro:

Quando un piano scorre su se stesso, strisciando lungo un asse, esiste almeno uno dei suoi punti, non situato sull'asse, che si muove sopra una retta.

Un piano π scorra su se stesso strisciando lungo l'asse DE, e un suo punto C, situato fuori dell'asse, si mova sopra una retta FG. Chiamiamo CA la distanza di C dall'asse DE, e chiamiamo C′ la posizione che prende C quando A viene in B col movimento accennato. Evidentemente $\widehat{A.CD} \equiv \widehat{B.C'A}$, quindi $\widehat{B.C'A}$ è retto; di più $\widehat{C.AF} \equiv \widehat{C'.BF}$, quindi $\widehat{C.AC'} + \widehat{C'.BC}$ è uguale a due retti, e la somma degli angoli del quadrangolo ABC′C è quattro retti. I due triangoli rettangoli ABC, ABC′ sono uguali, perchè hanno comune il lato AB mentre AC ≡ BC′, dunque C′A ≡ CB e $\widehat{A.BC'} \equiv \widehat{B.AC}$. Sottraendo questi due angoli uguali dagli angoli retti $\widehat{A.BC}$, $\widehat{B.AC'}$ si trova che $\widehat{A.CC'} \equiv \widehat{B.CC'}$, perciò i due triangoli CAC′, C′BC sono uguali, essendo uguali i lati AC, BC′; AC′, BC e gli angoli compresi, ne deduciamo che $\widehat{C.C'A} \equiv \widehat{C'.CB}$; ma la loro somma è due retti, dunque ciascuno è un angolo retto, ed è costruito un quadrangolo ABC′C che ha gli angoli retti ed uguali i lati opposti. Abbiamo poi veduto (N. XIX, T. 3°) che ciò basta per dedurre rigorosamente tutta l'ordinaria teoria delle parallele.

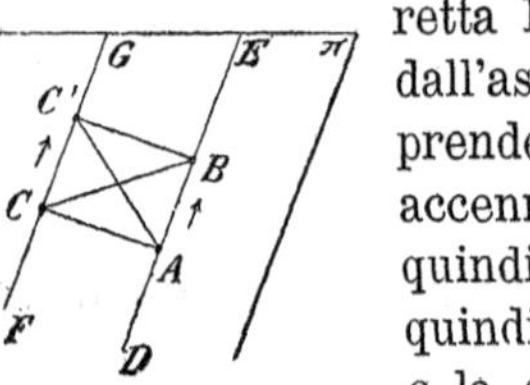

N. XXI. (Pag. 38). La definizione esatta di angolo, come una parte di piano, si deve a BERTRAND (*Dèveloppement nouveau de la partie èlèmentaire des mathèmatiques,* Genève, 1778). In LEGENDRE poi si trova la distinzione degli angoli in concavi e convessi (*engle rentrant, angle saillant*).

La prima idea di estendere il concetto di angolo in modo che possa contenere più giri, e quindi la conseguenza naturale di estendere anche il concetto di diedro', di arco, di angolo sferico, forse è dovuta a NEWTON, certo è stata completamente sviluppata da MÖBIUS (*Kreisverwandtschaft,* ecc.).

Più che il concetto di angolo contenente l'intero piano, potrà forse rimanere difficile, per i principianti, quello di diedro contenente l'intero spazio, ed allora potrà essere anche utile di considerare una sezione normale del diedro. È poi indubitato che bisogna introdurre questo concetto subito negli elementi di Geometria, facendo altrimenti non si potrebbe nemmeno dire che più angoli, o diedri, si possono sempre sommare.

N. XXII. (Pag. 54). EUCLIDE dimostra il teorema: « Se una retta è perpendicolare a due rette di un piano, non parallele, è anche perpendicolare a tutte le altre sue rette » ricorrendo ai criterî che fanno riconoscere l'uguaglianza di due triangoli. Altre due dimostrazioni più semplici, pure poggiate sulle proprietà dei triangoli, sono dovute a LEGENDRE ed a CRELLE, anzi l'ultima è quella adottata ordinariamente. La dimostrazione data nel testo ha solamente bisogno delle prime proprietà degli angoli e dei diedri.

N. XXIII. (Pag. 65) Si possono definire la sfera ed il circolo indipendentemente dal concetto di retta e di piano. Immaginando due punti C, P di una stessa figura, invariabilmente connessi, e fisssando C, si può chiamare sfera il luogo di tutte le posizioni possibili del punto P. Considerando due sfere σ, σ', tali che il centro C di σ sia un punto di σ', mentre il centro C' di σ' sia un puntn di σ, ed ammettendo che la sfera *divida* lo spazio in due parti, ne segue che σ, σ' devono avere comune una linea (89, C. 3°), che si può chiamare circolo.

W. Bolyai (l. c.), partendo dalla sfera e dal circolo, è giunto a generare il piano e la retta, e quindi a stabilire le loro proprietà, con considerazioni molto eleganti.

N. XXIV. (Pag. 75). Euclide ha veduto la necessità di domandare alcune concessioni per costruire le figure geometriche, poichè nel primo libro degli *Elementi* scrive :

« I. Si può tirare da un punto a qualsivoglia altro punto « una linea retta ».

« II. Si può prolungare indefinitamente, e secondo la sua « direzione, una linea retta terminata ».

« III. Da qualsivoglia centro, e con qualsivoglia intervallo, « si può descrivere un cerchio ».

In seguito alcuni autori hanno continuato a domandare questi postulati, ed altri li hanno omessi completamente.

N. XXV. (Pag. 76). Il postulato ammesso per costruire le figure ci permette di risolvere colla Geometria elementare tutti i problemi la cui soluzione si può ottenere colla riga e col compasso; ma non altri. Ogni problema che si può risolvere colla sola riga o è di primo grado, o la sua risoluzione si può ridurre a quella di problemi di primo grado; ogni problema che si può risolvere colla riga e col compasso o è di secondo grado, o la sua risoluzione si può ridurre a quella di problemi di primo e secondo grado. Un esempio di questi problemi, la cui soluzione si riduce a quella di altri di grado inferiore, si ha cercando le tangenti comuni a due circoli di uno stesso piano (233, C. 1°).

È certo importante trovare le soluzioni dei problemi della Geometria elementare; ma però se ne presentano anche altri che importa risolvere per le loro utili applicazioni, e la cui risoluzione non si può ottenere se non supponiamo esteso il postulato delle costruzioni, cioè se non supponiamo di poter porre altre linee, o superficie, diverse dalla retta e dal circolo, o dal piano e dalla sfera. Questi problemi, che escono dal campo della Geometria elementare, sono di grado superiore al secondo.

N. XXVI. (Pag. 75). Chiudiamo queste note, sulle verità fondamentali della Geometria, ripetendo ancora che non possiamo individuare l'*estensione* senza sottoporla alla esperienza, perciò la Geometria non è una scienza di puro ragionamento. Bisogna diffidare dei trattati *facili*, dove si pretende di dimostrare tutte le verità fondamentali della Geometria. PASCAL (l. c.) dice:

« Sembra forse strano che la Geometria non possa definire « alcuna delle cose che ha per oggetti principali. Ma ciò non « sorprenderà, osservando che questa scienza ammirabile non « poggia che sopra le cose più semplici, questa stessa qualità, « che le rende degne di essere i suoi oggetti, le rende inca- « paci di essere definite, in modo che la mancanza di defini- « zione è piuttosto una perfezione che un difetto, perchè non « viene dalla loro oscurità, ma al contrario dalla loro estrema « evidenza, tale che quantunque non abbia la convinzione delle « dimostrazioni, pure ne ha tutta la certezza ».

N. XXVII. (Pag. 79). Riconosciuta la necessità di domandare il postulato delle parallele, è meglio concederlo subito e trarne le principali conseguenze. Si potranno poi utilmente distinguere le proprietà che esisterebbero anche se il postulato non fosse ammesso.

N. XXVIII. (Pag. 93). EUCLIDE, applicando la teoria delle proporzioni, risolve il problema: « Costruire un triangolo iso- « scele che abbia ciascuno dei due angoli uguali doppio del « rimanente »; un'altra risoluzione dello stesso problema, elegante ed indipendente dalla teoria delle proporzioni, è dovuta a FAIFOFER, che applica invece la teoria dei poligoni equivalenti. Ora l'enunciato stesso mostra che il problema si deve potere risolvere senza impiegare tanti mezzi, non si vede che la teoria delle proporzioni o dell'equivalenza si debba assolutamente applicare, ed infatti noi lo abbiamo risoluto servendoci solamente delle proprietà più semplici dei triangoli.

N. XXIX. (Pag. 275). Consigliamo la lettura di due opuscoli pubblicati da DE ZOLT sulla teoria dell'equivalenza (*Principii della eguaglianza di poligoni, preceduti da alcuni cenni critici sulla teoria dell'equivalenza geometrica*, Milano 1881. — *Principii della eguaglianza di poliedri e di poligoni sferici*, Milano, 1883).

N. XXX. (Pag. 373). Qualora sapessimo costruire un segmento equivalente ad un dato circolo, si saprebbe costruire un quadrato equivalente alla superficie di un circolo dato, *quadratura del circolo*, un quadrato equivalente ad una sfera data, un tetraedro equivalente al solido di una sfera data, ecc. ecc. Ora tutti sanno quanti tentativi sono stati fatti per trovare la quadratura del circolo, ed è naturale che tutti siano stati inutili, avendo LINDEMANN (*Ueber die Zahl* π. - *M. Annalen. Bd. XX.* 1882) dimostrato che il problema non si può risolvere colla retta e col circolo (perchè il numero π non può essere radice di un'equazione algebrica con i coefficienti razionali). Bisogna dunque contentarsi di poter costruire dei segmenti che siano *approssimativamente* uguali ad un dato circolo; possiamo ottenerli, per esempio, costruendo le somme dei lati dei poligoni regolari inscritti, o circoscritti, che variano raddoppiando successivamente il numero dei loro vertici.

N. XXXI. (Pag. 454). Sono stati dati varî metodi per calcolare approssimativamente il numero π, con un errore minore di qualunque numero dato. Fra i più semplici è certo il seguente: In un circolo *c*, col centro in C, supponiamo inscritto un poligono regolare di *n* vertici, un cui lato sia AB. Se le tangenti a *c* in A, B si incontrano in D, se la retta CD sega $\widehat{AB}$ in F, e se la tangente a *c* in F sega AD in G, è chiaro che AD è la metà di un lato di un poligono regolare circoscritto che ha *n* vertici, che AF è un lato di un poligono regolare inscritto che ha 2*n* vertici, ed AG è la metà di un lato di un poligono regolare circoscritto che ha 2*n* vertici. Se indichiamo con P_n, P_{2n} i perimetri dei due poligoni inscritti di

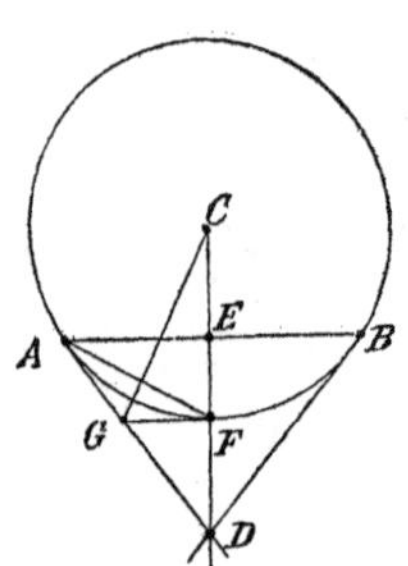

n, $2n$ vertici, e con P'_n, P'_{2n} i perimetri dei due poligoni circoscritti di n e $2n$ vertici, avremo evidentemente $P_n = n\text{AB}$, $P_{2n} = 2n\text{AF}$, $P'_n = 2n\text{AD}$, $P'_{2n} = 4n\text{AG}$. Sappiamo che due poligoni regolari sono simili se hanno uno stesso numero di vertici, e sappiamo che i loro perimetri stanno fra loro come i raggi, per cui $P'_n : P_n = \text{CD} : \text{CA}$; ma CG è la bisettrice dell'angolo $\widehat{\text{C}.\text{AF}}$, dunque CD : CA :: DG : AG, perciò $P'_n : P_n$ :: DG : GA e componendo

$$P'_n + P_n : P_n :: \text{AD} : \text{AG} :: 4n\text{AD} : 4n\text{AG},$$

ossia $P'_n + P_n : P_n :: 2P'_n : P'_{2n}$. I due poligoni regolari di $2n$ vertici hanno i raggi CA, CG, quindi deduciamo che $P_{2n} : P'_{2n}$ :: CA : CG, ma i triangoli rettangoli AEF, CAG sono simili, essendo $\widehat{\text{C}.\text{AG}} \equiv \widehat{\text{C}.\text{GF}} \equiv \widehat{\text{A}.\text{EF}}$,

per cui CA : CG :: AE : AF,

dunque $P_{2n} : P'_{2n}$ :: AE : AF :: $2n$AE : $2n$AF :: nAB : $2n$AF, essendo 2AE ≡ AB, e perciò $P_{2n} : P'_{2n} :: P_n : P_{2n}$.

Ora prendiamo il raggio di c per unità di misura, e chiamiamo l_n, l_{2n}, l'_n, l'_{2n} rispettivamente le lunghezze di P_n, P_{2n}, P'_n, P'_{2n}; siccome c è il limite dei perimetri continuamente crescenti ...., P_n, P_{2n}, ... e dei perimetri continuamente decrescenti ...., P'_n, P'_{2n}, ..., ne segue che la sua misura 2π sarà limite dei numeri continuamente crescenti .., l_n, l_{2n}, ... e dei numeri continuamente decrescenti .., l'_n, l_{2n}, ..., ed $\frac{1}{2\pi}$ sarà limite dei numeri ...., $\frac{1}{l_n}$, $\frac{1}{l_{2n}}$, ..., $\frac{1}{l'_n}$, $\frac{1}{l'_{2n}}$, ...

Avendo trovato che $P'_n + P_n : P_n :: 2P'_n : P'_{2n}$, possiamo porre $l'_n + l_n : l_n :: 2l'_n : l_{2n}$, perciò $\frac{l'_n + l_n}{l_n} = 2\frac{l'_n}{l'_{2n}}$, e $\frac{1}{l'_{2n}} = \frac{1}{2}\left(\frac{1}{l_n} + \frac{1}{l'_n}\right)$; avendo trovato che $P_{2n} : P'_{2n} :: P_n : P_{2n}$, possiamo porre $l_{2n} : l'_{2n} :: l_n : l_{2n}$, perciò $l_n l'_{2n} = l^2_{2n}$, e $\frac{1}{l_{2n}} = \sqrt{\frac{1}{l_n} \cdot \frac{1}{l'_{2n}}}$. Questi risultati si possono interpretare dicendo che i numeri della serie $\frac{1}{l'_n}$, $\frac{1}{l_n}$, $\frac{1}{l'_{2n}}$, $\frac{1}{l_{2n}}$, $\frac{1}{l'_{4n}}$, $\frac{1}{l_{4n}}$, ..., a partire dal terzo, sono alternativamente medî aritmetici e geometrici, ciascuno rispetto ai due che lo precedono immediatamente, per cui, trovati i primi due, è facilissimo trovarne quanti altri se ne vogliono. I primi due si possono avere partendo da un quadrato inscritto e da un quadrato circoscritto; il quadrato inscritto è doppio del quadrato del raggio del circolo, quindi ha per misura 2, il lato del quadrato circoscritto è doppio del raggio, e nel caso nostro uguale a 2, dunque avremo $\frac{1}{l_4} = \frac{1}{4\sqrt{2}}$, $\frac{1}{l'_4} = \frac{1}{8}$, e potremo trovare quanti altri termini vorremo della serie. Essendo poi $\frac{1}{2\pi}$ sempre compreso fra $\frac{1}{l_n}$, $\frac{1}{l'_n}$; $\frac{1}{l_{2n}}$, $\frac{1}{l'_{2n}}$; ..... potremo scegliere $\frac{1}{l_n}$ o $\frac{1}{l'_n}$; ovvero $\frac{1}{l_{2n}}$ o $\frac{1}{l'_{2n}}$; ..... come valore approssimato di $\frac{1}{2\pi}$, possiamo arrivare a due termini che abbiano comuni un numero dato di cifre decimali, e perciò possiamo sempre trovare per π un valore approssimato commettendo un errore minore di un dato numero. Applicando questo metodo si trova

$$\pi = 3{,}14159265358979323846\,.....$$

Il primo valore approssimato di π è stato dato da Archimede (morto 212 anni av. l'èra v.), il quale dimostrò che π era compreso fra $3 + \frac{10}{71}$ e $3 + \frac{10}{70}$, prendendo il secondo numero, cioè $\frac{22}{7}$, si ha un valore approssimato che coincide con quello di π per le due prime cifre decimali.

Mezio (1700) ha dato il numero $\frac{355}{113}$, che coincide con π per le prime sei cifre decimali.

Ludolf van Ceulen (1539) ha calcolato 32 cifre decimali di π;

Georg Vega (1793) ne ha calcolate 140;

Zacharias Dase (1844) ne ha calcolate 200;

Richter (1854) ne ha calcolate 500.

Si conoscono poi le seguenti altre espressioni di π:

WALLIS $$\frac{\pi}{2}=\frac{2.2.4.4.6.6.8.8\ldots}{1.3.3.5.5.7.7.9\ldots}$$

BROUNKER $$\frac{\pi}{4}=\cfrac{1}{1+\cfrac{1}{2+\cfrac{9}{2+\cfrac{25}{2+\cfrac{49}{2+\ldots\ldots}}}}}$$

LEIBNITZ $$\frac{\pi}{4}=1-\frac{1}{3}+\frac{1}{5}-\frac{1}{7}+\frac{1}{9}-\ldots\ldots$$

BERNOUILLI $$\frac{\pi}{2}=\frac{\log\sqrt{-1}}{\sqrt{-1}}.$$

ERRATA-CORRIGE

A pagina 4, linea 18, invece di *proporzioni* si legga: *proposizioni.*

A pagina 5, linea 8, invece di *definirne* si legga: *definire.*

A pagina 104, linea 23, alle parole *equidistante da esse* si aggiunga: *e perpendicolare al loro piano.*

A pagina 104, linee 28, 29, si legga: *è da esse equidistante e perpendicolare al loro piano.*

A pagina 105, linea 2, si legga: *parallelo, equidistante da esso e perpendicolare al loro piano.*

A pagina 105, linea 13, si legga: *equidistante da esse (127, C. 1°), e perpendicolare al loro piano.*

A pagina 278, linea 35, si legga: *un esempio nella figura.*

A pagina 287, linea 31, si legga: $B'' = 3B + 3B$.

A pagina 288, linea 34, si legga: (*340, T. 2°*).

A pagina 298, linea 5, alle parole: *la retta EF*, si aggiunga: *parallela a BC.*

A pagina 305, linea 11, si legga: $\overline{AB.BD} = \overline{AD}^2$.

A pagina 433, linea 12, si legga: $3.\widehat{AC'} > \widehat{AB} - \widehat{A'B'}$, *ciò che è sempre possibile.*